国家出版基金项目
NATIONAL PUBLICATION FOUNDATION

航空发动机系列

主 编 陈懋章

燃气涡轮发动机性能

（中文修订第3版）

Gas Turbine Performance

【英】P.P.沃尔什 P.弗莱彻 著

郑建弘 胡忠志 华 清 邓 潇 汤 彬 等译

上海交通大学出版社
SHANGHAI JIAO TONG UNIVERSITY PRESS

内容提要

本书是在罗罗公司和通用电气公司等国际知名航空发动机公司有着丰富工作经验的两位工程师撰写，其涵盖所有类型的燃气涡轮发动机在不同领域的应用，论述了在设计研发、试验验证和使用维护中出现的大量与发动机性能有关的问题。它包括了在其他同类专业书中不易找到的专题，如瞬态性能、起动、风车状态和发动机试验数据分析以及经济性分析等等。书中给出了大量简洁的设计准则、实用且通俗易懂的文字叙述、数据和图表以及公式，因此对所有从事航空发动机或燃气轮机性能研究的工程技术人员和高校师生都有宝贵的学习参考价值。

© 1998，2004 by Blackwell Science Ltd a Blackwell Publishing Company

All Rights Reserved. Authorised translation from the English language edition published by Blackwell Publishing Limited. Responsibility for the accuracy of the translation rests solely with Shanghai Jiaotong University Press and is not the responsibility of Blackwell Publishing Limited. No part of this book may be reproduced in any form without the written permission of the original copyright holder，Blackwell Publishing Limited.

上海市版权局著作权合同登记号：图字 09 - 2012 - 865 号

图书在版编目(CIP)数据

燃气涡轮发动机性能/(英)P. P. 沃尔什
(P. P. Walsh)，(英)P. 弗莱彻(P. Fletcher)著；郑建
弘等译. —3 版(修订本). —上海：上海交通大学出
版社，2022.9

(大飞机出版工程. 航空发动机系列)

ISBN 978 - 7 - 313 - 25874 - 8

Ⅰ.①燃…　Ⅱ.①P…②P…③郑…　Ⅲ.①航空发动
机—燃气轮机—性能　Ⅳ.①V235.1

中国版本图书馆 CIP 数据核字(2022)第 016024 号

燃气涡轮发动机性能(中文修订第 3 版)
RANQI WOLUN FADONGJI XINGNENG(ZHONGWEN XIUDING DI-SAN BAN)

著　　者：[英]P. P. 沃尔什　P. 弗莱彻	译　　者：郑建弘　胡忠志　华　清　邓　潇　汤　彬等
出版发行：上海交通大学出版社	地　　址：上海市番禺路 951 号
邮政编码：200030	电　　话：021 - 64071208
印　　制：苏州市越洋印刷有限公司	经　　销：全国新华书店
开　　本：710mm×1000mm　1/16	印　　张：43
字　　数：856 千字	
版　　次：2018 年 3 月第 1 版　2022 年 9 月第 3 版	印　　次：2022 年 9 月第 4 次印刷
书　　号：ISBN 978 - 7 - 313 - 25874 - 8	
定　　价：398.00 元	

大飞机出版工程

丛书编委会

总主编

顾诵芬（中国航空工业集团公司科技委原副主任、中国科学院和中国工程院院士）

副总主编

贺东风（中国商用飞机有限责任公司董事长）

林忠钦（上海交通大学校长、中国工程院院士）

编委会（按姓氏笔画排序）

王礼恒（中国航天科技集团公司科技委主任、中国工程院院士）

王宗光（上海交通大学原党委书记、教授）

刘　洪（上海交通大学航空航天学院副院长、教授）

任　和（中国商飞上海飞机客户服务公司副总工程师、教授）

李　明（中国航空工业集团沈阳飞机设计研究所科技委委员、中国工程院院士）

吴光辉（中国商用飞机有限责任公司副总经理、总设计师、中国工程院院士）

汪　海（上海市航空材料与结构检测中心主任、研究员）

张卫红（西北工业大学副校长、教授）

张新国（中国航空工业集团副总经理、研究员）

陈　勇（中国商用飞机有限责任公司工程总师、ARJ21飞机总设计师、研究员）

陈迎春（中国商用飞机有限责任公司CR929飞机总设计师、研究员）

陈宗基（北京航空航天大学自动化科学与电气工程学院教授）

陈懋章（北京航空航天大学能源与动力工程学院教授、中国工程院院士）

金德琨（中国航空工业集团公司原科技委委员、研究员）

赵越让（中国商用飞机有限责任公司总经理、研究员）

姜丽萍（中国商用飞机有限责任公司制造总师、研究员）

曹春晓（中国航空工业集团北京航空材料研究院研究员、中国工程院院士）

敬忠良（上海交通大学航空航天学院常务副院长、教授）

傅　山（上海交通大学电子信息与电气工程学院研究员）

航空发动机系列编委会

总　序

国务院在 2007 年 2 月底批准了大型飞机研制重大科技专项正式立项,得到全国上下各方面的关注。"大型飞机"工程项目作为创新型国家的标志工程重新燃起我们国家和人民共同承载着"航空报国梦"的巨大热情。对于所有从事航空事业的工作者,这是历史赋予的使命和挑战。

1903 年 12 月 17 日,美国莱特兄弟制作的世界第一架有动力、可操纵、比重大于空气的载人飞行器试飞成功,标志着人类飞行的梦想变成了现实。飞机作为 20 世纪最重大的科技成果之一,是人类科技创新能力与工业化生产形式相结合的产物,也是现代科学技术的集大成者。军事和民生的需求促进了飞机迅速而不间断的发展和应用,体现了当代科学技术的最新成果;而航空领域的持续探索和不断创新,也为诸多学科的发展和相关技术的突破提供了强劲动力。航空工业已经成为知识密集、技术密集、高附加值、低消耗的产业。

从大型飞机工程项目开始论证到确定为《国家中长期科学和技术发展规划纲要》的十六个重大专项之一,直至立项通过,不仅使全国上下重视我国自主航空事业,而且使我们的人民、政府理解了我国航空事业半个多世纪发展的艰辛和成绩。大型飞机重大专项正式立项和启动标志着我国的民用航空进入新纪元。经过 50 多年的风雨历程,当今中国的航空工业已经步入了科学、理性的发展轨道。大型客机项目产业链长、辐射面宽、对国家综合实力带动性强,在国民经济发展和科学技术进步中发挥着重要作用,我国的航空工业迎来了新的发展机遇。

大型飞机的研制承载着中国几代航空人的梦想,在 2016 年造出与波音公司

B737和空客公司A320改进型一样先进的"国产大飞机"已经成为每个航空人心中奋斗的目标。然而，大型飞机覆盖了机械、电子、材料、冶金、仪器仪表、化工等几乎所有工业门类，集成数学、空气动力学、材料学、人机工程学、自动控制学等多种学科，是一个复杂的科技创新系统。为了迎接新形势下理论、技术和工程等方面的严峻挑战，迫切需要引入、借鉴国外的优秀出版物和数据资料，总结、巩固我们的经验和成果，编著一套以"大飞机"为主题的丛书，借以推动服务"大飞机"作为推动服务整个航空科学的切入点，同时对于促进我国航空事业的发展和加快航空紧缺人才的培养，具有十分重要的现实意义和深远的历史意义。

2008年5月，中国商用飞机有限公司成立之初，上海交通大学出版社就开始酝酿"大飞机出版工程"，这是一项非常适合"大飞机"研制工作时宜的事业。新中国第一位飞机设计宗师——徐舜寿同志在领导我们研制中国第一架喷气式歼击教练机——歼教1时，亲自撰写了《飞机性能及算法》，及时编译了第一部《英汉航空工程名词字典》，翻译出版了《飞机构造学》《飞机强度学》，从理论上保证了我们的飞机研制工作。我本人作为航空事业发展50多年的见证人，欣然接受上海交通大学出版社的邀请担任该丛书的主编，希望为我国的"大飞机"研制发展出一份力。出版社同时也邀请了王礼恒院士、金德琨研究员、吴光辉总设计师、陈迎春副总设计师等航空领域专家撰写专著、精选书目，承担翻译、审校等工作，以确保这套"大飞机"丛书具有高品质和重大的社会价值，为我国的大飞机研制以及学科发展提供参考和智力支持。

编著这套丛书，一是总结整理50多年来航空科学技术的重要成果及宝贵经验；二是优化航空专业技术教材体系，为飞机设计技术人员的培养提供一套系统、全面的教科书，满足人才培养对教材的迫切需求；三是为大飞机研制提供有力的技术保障；四是将许多专家、教授、学者广博的学识见解和丰富的实践经验总结继承下来，旨在从系统性、完整性和实用性角度出发，把丰富的实践经验进一步理论化、科学化，形成具有我国特色的"大飞机"理论与实践相结合的知识体系。

"大飞机出版工程"丛书主要涵盖了总体气动、航空发动机、结构强度、航电、制造等专业方向，知识领域覆盖我国国产大飞机的关键技术。图书类别分为译著、专著、教材、工具书等几个模块；其内容既包括领域内专家们最先进的理论方法和技术成果,也包括来自飞机设计第一线的理论和实践成果。如:2009 年出版的荷兰原福克飞机公司总师撰写的 *Aerodynamic Design of Transport Aircraft*(《运输类飞机的空气动力设计》);由美国堪萨斯大学 2008 年出版的 *Aircraft Propulsion*(《飞机推进》)等国外最新科技的结晶;国内《民用飞机总体设计》等总体阐述之作和《涡量动力学》《民用飞机气动设计》等专业细分的著作;也有《民机设计 1000 问》《英汉航空缩略词词典》等工具类图书。

　　该套图书得到国家出版基金资助,体现了国家对"大型飞机"项目以及"大飞机出版工程"这套丛书的高度重视。这套丛书承担着记载与弘扬科技成就、积累和传播科技知识的使命,凝结了国内外航空领域专业人士的智慧和成果,具有较强的系统性、完整性、实用性和技术前瞻性,既可作为实际工作指导用书,亦可作为相关专业人员的学习参考用书。期望这套丛书能够有益于航空领域里人才的培养,有益于航空工业的发展,有益于大飞机的成功研制。同时,希望能为大飞机工程吸引更多的读者来关心航空、支持航空和热爱航空,并投身于中国航空事业做出一点贡献。

2009 年 12 月 15 日

序　　言

作为创新型国家的标志工程,大型飞机研制重大科技专项已于 2007 年 2 月由国务院正式批准立项。为了对该项重大工程提供技术支持,2008 年 5 月,上海交通大学出版社酝酿"大飞机出版工程",并得到了国家出版基金资助,现已正式立项。"航空发动机系列丛书"是"大飞机出版工程"的组成部分。

航空发动机为飞机提供动力,是飞机的心脏,是航空工业的重要支柱,其发展水平是一个国家综合国力、工业基础和科技水平的集中体现,是国家重要的基础性战略产业,被誉为现代工业"皇冠上的明珠"。新中国成立以来,发动机行业受到国家的重视,从无到有,取得了长足的进步,但与航空技术先进国家相比,我们仍有较大差距,飞机"心脏病"的问题仍很严重,这已引起国家高度重视,正采取一系列有力措施,提高科学技术水平,加快发展进程。

航空发动机经历了活塞式发动机和喷气式发动机两个发展阶段。在第二次世界大战期间,活塞式发动机技术日臻成熟,已达到很高水平,但由于其功率不能满足不断提高的对飞行速度的要求,加之螺旋桨在高速时尖部激波使效率急剧下降,也不适合高速飞行,这些技术方面的局限性所带来的问题表现得日益突出,客观上提出了对发明新式动力装置的要求。在此背景下,1937 年,英国的 Frank Whittle,1939 年德国的 von Ohain 在相互隔绝的情况下,先后发明了喷气式发动机,宣布了喷气航空新时代的来临。喷气发动机的问世,在很短的时间内得到了飞速发展,在很大程度上改变了人类社会的各个方面,对科学技术进步和人类生活产生了深远的影响。

喷气式发动机是燃气涡轮发动机的一种类型,自其问世以来,已出现了适于不同用途的多种类型,得到了长足的发展。在20世纪的下半叶,它已占据航空动力装置的绝对统治地位,预计起码在21世纪的上半叶,这种地位不会改变。现在一般所说的航空发动机都是指航空燃气涡轮发动机。本系列丛书将只包含与这种发动机有关的内容。

现代大型客机均采用大涵道比涡轮风扇发动机,它与用于战斗机的小涵道比发动机有一定区别,特别是前者在低油耗、低噪声、低污染排放、高可靠性、长寿命等方面有更高的要求,但两者的基本工作原理、技术等有很大的共同性,所以除了必须指明外,本系列丛书不再按大小涵道比(或军民用)分类型论述。

航空发动机的特点是工作条件极端恶劣而使用要求又非常之高。航空发动机是在高温、高压、高转速特别是很快的加减速瞬变造成应力和热负荷高低周交变的条件下工作的。以高温为例,目前先进发动机涡轮前燃气温度高达 $1800\sim2000\,\mathrm{K}$,而现代三代单晶高温合金最高耐温为 $1376\,\mathrm{K}$;这600多度的温度差距只能靠复杂的叶片冷却技术和隔热涂层技术解决。发动机转速高达 $10\,000\sim60\,000\,\mathrm{r/min}$,对应的离心加速度约为 $100\,000\,\mathrm{g}$ 的量级,承受如此高温的叶片在如此高的离心负荷下要保证安全、可靠、长寿命工作,难度无疑是非常之高的。

航空发动机是多学科交融的高科技产品,涉及气动力学、固体力学、热力学,传热学、燃烧学、机械学、自动控制、材料学、加工制造等多个学科。这些学科的科学问题,经科学家们长期的艰苦探索、研究,已取得很大成就,所建立的理论体系,可以基本反映客观自然规律,并用以指导航空发动机的工程设计研制。这是本系列丛书的基本内容。但是必须指出,由于许多科学问题,至今尚未得到根本解决,有的甚至基本未得到解决,加之多学科交叉,大大增加了问题的复杂性,人们现在还不能完全靠理论解决工程研制问题。以流动问题为例,气流流过风扇、压气机、燃烧室、涡轮等部件,几何边界条件复杂,流动性质为强三维、固有非定常、包含转捩过程的复杂湍流流动,而湍流理论至今基本未得到解决,而且在近期看不见根本解决的前景。其他学科的科学问题也在不同程度上存在类似情况。

由于诸多科学问题还未得到很好解决,而客观上又对发展这种产品有迫切的需求,人们不得不绕开复杂的科学问题,通过大量试验,认识机理,发现规律,获取知识,以基本理论为指导,理论与试验数据结合,总结经验关系,制定各种规范……并以此为基础研制发动机。在认识客观规律的过程中,试验不仅起着揭示现象、探索机理的作用,也是检验理论的最终手段。短短七八十年,航空发动机取得如此惊人的成就,其基本经验和技术途径就是如此。

总之,由于科学问题未得到很好解决,多学科交叉的复杂性,加之工作条件极端恶劣而使用要求又非常之高的特点,使得工程研制的技术难度很大,这些因素决定了航空发动机发展必须遵循以大量试验为支撑的技术途径。

随着计算机和计算数学的发展,计算流体力学、计算固体力学和计算传热学、计算燃烧学等取得了长足的进展,对深入认识发动机内部复杂物理机理、优化设计和加速工程研制进程、逐步减少对试验的依赖起着非常重要的作用。但是由于上述诸多科学问题尚未解决,纯理论的数值计算不能完全准确反映客观真实,因而不能完全据此进行工程研制。目前先进国家的做法,仍是依靠以试验数据为基础建立起来的经验关联关系。在数值技术高度发展的今天,人们正在做出很大的努力,利用试验数据库修正纯理论的数值程序,以期能在工程研制中发挥更大作用。

钱学森先生曾提出技术科学的概念,它是搭建科学与工程之间的桥梁。航空发动机是典型的技术科学,而以试验为支撑的理论、经验关系、设计准则和规范等则是构建此桥梁的水泥砖石。

对于航空发动机的科学、技术与工程之间的关系及其现状的上述认识将反映在本系列丛书中,并希望得到读者的认同和注意。

"发动机系列丛书"涵盖总体性能、叶轮机械、燃烧、传热、结构、固体力学、自动控制、机械传动、试验测试、适航等专业方向,力求达到学科基本理论的系统性,内容的相对完整性,并适当结合工程应用。丛书反映了学科的近期和未来的可能发展,注意包含相对成熟的先进内容。

本系列丛书的编委会由来自高等学校、科研院所和工业部门的教师和科技工作者组成,他们都有很高的学术造诣,丰富的实际经验,掌握全局,了解需求,对于形成系列丛书的指导思想,确定丛书涵盖的范围和内容,审定编写大纲,保证整个丛书质量,发挥了不可替代的重要作用。我对他们接受编委会的工作,并做出了重要贡献表示衷心感谢。

　　本系列丛书的编著者均有很高的学术造诣,理论功底深厚,实际经验丰富,熟悉本领域国内外情况,在业内得到了高度认可,享有很高的声望。我很感谢他们接受邀请,用他们的学识和辛勤劳动完成本系列丛书。在编著中他们融入了自己长期教学科研生涯中获得的经验、发现和创新,形成了本系列丛书的特色,这是难能可贵的。

　　本系列丛书以从事航空发动机专业工作的科技人员、教师和与此专业相关的研究生为主要对象,也可作为本科生的参考书,但不是本科教材。希望本丛书的出版能够有益于航空发动机专业人才的培养,有益于提高行业科学技术水平,有益于航空工业的发展,为中国航空事业做出贡献。

陈懋章

2013 年 10 月

中文修订第3版说明

十年前,在我刚走出校门,加入航空发动机研发工作时,就接触了 *Gas Turbine Performance* 一书。从此,它犹如良师益友,指引我构建起自己的专业知识框架,积累下很多实用的经验准则。同时,我有幸先后参与了该书中文版《燃气涡轮发动机性能》的翻译和第2版修订。在此期间,每次重读该书,我都有不一样的认识和体会。也正因如此,尽管三年多前投入了不少精力完成了第2版修订,但在后来的学习和使用中,我们还是发现了若干处不足乃至错误。当得知中文版又将再版后,我再次对照英文原著,系统地检查了全书,包括所有的图表、公式以及算例。最终,在与郑建弘老师频繁讨论和反复推敲后,我们做了大量不同程度的更改。

本次修订主要涉及对语句加以调整和重新组织,力求措辞准确、行文规范、阅读通顺。同时,进一步找出了原著中的一些错误,尤其是部分算例的计算过程中的错误。部分算例计算结果中的错误可能是由于计数保留或其他原因所致,在此不作更正,仅在译注中标注"原文计算结果如此"。此外,根据全国科学技术名词审定委员会审定发布的科学技术名词,统一了大多数专业术语的译法。

在本次修订过程中,郑建弘老师给了我诸多启发和指导,苏其女士作为职场新人协助整理和校对了若干章节,我的家人则为我营造了良好的业余办公环境,在此一并致以衷心的感谢。最后,同样感谢广大读者的热心支持,真诚希望本次修订能够赢得你们的认可。

汤 彬

2022 年 1 月

译　者　序

　　十多年前，第一次读到 *Gas Turbine Performance*（《燃气涡轮发动机性能》）这本书时，我正在国外从事航空发动机性能方面的工作。我对这本书爱不释手，因为它的内容和形式与我日常工作中使用的设计规范一脉相承：提纲挈领且可操作性强，使用起来得心应手。Philip P. Walsh 和 Paul Fletcher 两位作者在罗罗和通用电气等国际知名航空发动机公司有着长期的工作经验，因此本书内容带有英美主要发动机制造商对于发动机研制过程的理解和实施方法的深刻印记。毫无疑问，这是一本为从事燃气涡轮发动机性能研究的工程技术人员编写的优秀参考书。

　　来到中国航发商用航空发动机有限责任公司（中国航发商发）之后，我注意到一些同事在工作中使用这本书的新版作为参考。然而，由于原著不是母语，时常会有隔靴搔痒之感。刚从英国帝国理工学院毕业回国的邓潇姑娘初生之犊不畏虎，提出了将这本六百多页的巨著翻译成中文并出版发行的建议。胡忠志教授对这本书亦相当熟悉并高度赞赏，他将该书推荐给了上海交通大学出版社"大飞机出版丛书"的负责人钱方针老师。最终，在得到航空发动机领域著名专家陈懋章院士和严成忠研究员的首肯后，本书的翻译工作正式启动。

　　起初，精通数国语言的航空发动机老专家华清研究员打算承担整个翻译工作的技术把关工作。但因为工作关系的变更，这一任务便自然地落到了胡忠志教授和我的肩上，也算是因缘际会吧。本书的翻译团队由中国航发商发设计研发中心的一线工程师组成，多为跨出校门工作仅数年的年轻人。经过一年多的辛勤耕耘，这本燃气涡轮发动机工程专业的译著终于问世。这是中国航发商发一群阳光、自信又尽心尽职的年轻工程师的杰作，而华清先生、胡忠志教授和我本人主要扮演了指导和把关的角色。

　　本书的翻译在忠实于原著与符合国内使用习惯之间进行了权衡取舍，为此说明如下：

　　● 由于国内主要使用国际标准单位制（SI），故删除了价值不大却占据大量篇幅的从 SI 制到英制单位的转换旁注。

● 对所有公式的形式和科技符号,保留了作者有意采用的 FORTRAN/BASIC 程序表达方式,尽管这不符合国标的规定。

● 保留了原著的独特结构:每一章开始是文字叙述,其中的图和表统一用图×.×表示;文字结束后介绍公式,之后介绍算例;最后是一些在实际中应用的图和表,统一用图表×.×表示。因此阅读本书时若在文中看到图、公式、算例或图表,应到相应的部分去寻找。

参加本书翻译的人员及具体承担的工作如下:前言、第一版序言—郑建弘;第0章 燃气涡轮发动机构型—邓潇;第1章 燃气涡轮发动机的应用—邱建;第2章 工作包线—王玉东;第3章 干空气、燃烧产物和其他工质的性质及图表—汤彬;第4章 无量纲、准无量纲、换算和缩放参数组—芮鹏亮;第5章 燃气涡轮发动机部件—邓潇、严红明、华清、汤彬、许荣孙;第6章 设计点性能和发动机概念设计—华清、邱建、汤彬;第7章 非设计点性能—邱建;第8章 瞬态性能—汤彬;第9章 起动—邓潇;第10章 风车—黄求原;第11章 发动机性能试验—华清;第12章 水的影响—液态水、水蒸气和冰—黄求原;第13章 燃油、滑油的性质及其影响—许荣孙;第14章 在役发动机产品的性能—黄求原;第15章 燃气涡轮发动机的性能与经济性—陈继悦;附录A 发动机截面编号和符号命名、附录B 单位换算—汤彬;索引、目录—华清。

胡忠志教授对全书译稿进行了技术审核,并负责落实本书的出版事宜;华清先生对有关技术术语进行把关,在翻译工作启动时设定了统一的标杆;邓潇工程师除承担有关章节的翻译外,还负责翻译团队的行政事务及与出版社的工作协调;我本人则对全书进行了校对和统稿。

本书的翻译工作得到中国航发商发各级领导和很多同事的大力支持与积极协助,得到上海交通大学出版社编辑部有关领导和工作人员的全力配合,在此表示衷心感谢。

我们相信,本书对所有从事航空发动机或燃气轮机性能研究与开发工作的工程技术人员均有重要的参考价值,同时也希望本书对于我国发动机的自主研制起到一定的借鉴作用。

郑建弘 于上海

2014 年 12 月

第一版序言

自从弗兰克·惠特尔爵士的喷气发动机于 1937 年 3 月问世以来,燃气涡轮发动机对社会产生了无可估量的影响。如今,它已和发达世界人们的日常生活密不可分。便捷的全球航空旅行、廉价的电力、横跨大陆泵送的天然气,以及国家的海空防御等,仅是我们习以为常的对燃气涡轮发动机动力依赖的几个例证。

在过去的 60 年间,人们在燃气轮机设计、制造和使用方面获得了巨大的成就。今天最大的涡扇发动机的推力已百倍于惠特尔发动机和冯·奥海因于 1939 年 8 月首飞的燃气涡轮发动机。今后的数十年中,降低污染排放和能源消耗,为子孙后代留下美好世界的任务面临艰巨挑战。同时,还要持续努力降低使用成本,开发新的应用领域,如用作量产车辆的动力。挑战不仅仅是技术性的,而且还包括去适应变化着的工作环境。例如,自从我 35 年前加入燃气涡轮发动机行业以来,计算机使我们的工作方式发生了革命性的变化。的确,倘若不使用最先进的计算技术就不可能设计出今天的燃气涡轮发动机,恰如本书的作者充分利用了计算机桌面出版技术中的"最佳实践",才得以使这本教科书出版一样。

对有幸面临以上挑战的我们而言,"燃气涡轮发动机性能"是我们的基石。客户要购买的就是性能,这也是需要我们这些工程技术人员的理由。性能是把所有燃气涡轮发动机技术元素整合到产品中之后的最终成果。无论我们在本行业中担任何种工作,我们都必须清晰地认识到这一点,而不能等闲视之。

本书是人们期待已久的。它以清晰、实用和易懂的方式编写,能使处于本行业不同职业阶段的工程师们从中受益。它极好地为初涉入者介绍了燃气涡轮发动机性能和整机设计的基础知识,同时,也为有经验者提供了丰富的参考资料。本书介绍了所有的燃气涡轮发动机类型及其应用。这一点尤其有价值是因为工业界变化迅速的特点,决定了工程师不太可能一辈子单一从事航空发动机,或者工业燃气轮机和船用燃气轮机。因为技术投资如此巨大，必须拥有广阔的产品基础来支撑收益，所以几乎所有燃气涡轮发动机公司都会涉足不同的市场领域。

总之，我相信无论您在本行业担负什么责任，这本书都会使您受益匪浅。我也希望您的燃气涡轮发动机行业生涯能像我加入后至今所感受的那样，始终甘之如饴。

P.C.拉弗尔斯

工程技术董事

英国罗罗公司

前　　言

　　燃气涡轮发动机公司销售的最终产品不是别的,正是发动机性能。此外,发动机性能也是一缕将所有其他燃气涡轮发动机技术联系在一起的丝线。燃气涡轮发动机的性能可以概括如下:给定燃料流量所发出的推力或轴功率、发动机寿命、重量、污染物排放、直径和成本。在达到以上目标的同时还必须在所有的稳态和瞬态条件下,在整个工作包线范围内实现发动机的稳定和安全运行。要在燃气涡轮发动机公司有所作为,各学科的工程师以及营销人员都必须了解燃气涡轮发动机性能的基本知识。

　　撰写本书的动机源于作者在英国和美国三家知名燃气涡轮发动机公司工作期间的经验,深感迫切需要一本实用、能满足工业界以及大学读者日常工作需要的讲解性能基本知识的书籍。本书写作自始至终贯彻的宗旨以及与众不同的特点阐述如下:

　　● 主要正文部分未包含代数式,并且以易于引用的方式编排。这是通过精心的章节编号、使用要点、大量的附图、图表和表格以及将难于理解的概念置于章节的结尾来实现的。

　　● 完整的公式排列和算例一起安排在每一章的结尾。公式均采用FORTRAN/BASIC/电子表格的格式,以方便直接应用到个人计算机程序中。

　　● 主导单位采用 SI 国际单位制。但是对每一张附图、图表和表格都附有主要的单位转换,以满足全球所有读者的需要。此外,附录中还提供了一个完整的单位转换表。

　　● 全面使用了国际公认的根据 ARP 755A 规定的航空术语和发动机截面编号。ARP 755A 规定列于附录并贯彻于全书。

　　● 本书的附图、图表、表格和公式不仅提供了关系式或参数关系的趋势与形式,而且还给出了可用于设计的数据库。图表位于每章结尾,而图片则穿插在文字中。发动机设计准则则贯穿了全文。

- 本书涵盖了燃气轮机性能的所有领域,包括在其他教科书中不易找到的专题章节,如瞬态性能、起动、风车状态和发动机试验数据分析。

- 对所有类型的燃气涡轮发动机进行了讨论,包括涡喷发动机、涡扇发动机、涡桨发动机、涡轴发动机、辅助动力装置和冲压发动机。

- 第1章是燃气涡轮发动机的应用简介。其后的章节着眼于在所有主要应用领域的各类需求,如发电、机械驱动、车辆、船舶和航空器。

- 自始至终强调无量纲参数组和其他参数组在理解燃气涡轮发动机性能方面的重要性。

- 讲解了从发动机总体性能角度出发对部件性能和设计的要求。本书为希望寻求部件的气动热力和机械设计详细答案的读者提供了全面的参考文献清单。

本书主要面向燃气涡轮发动机产业内各学科的工程师,同时对机械和航空工程专业的学生也有重要价值。对那些燃气涡轮发动机行业外对燃气涡轮机械有兴趣的读者,本书也会具有吸引力。经验丰富的工程师尤其会喜欢本书的数据库和公式列表,这也是作者的初衷——使本书成为一本宝贵的参考工具书。

从教学讲解或提纲挈领的角度看,书中的准则、图表和公式极具价值,尤其是其言简意赅的形式易于付诸实施。但是,一旦项目进展超出了这个范围,必须要随之落实相应的质量计划,包括严格控制编制软件的准确性。从这一层意义上说,作者对书中的任何不准确性造成的后果概不负责。

本书的第二版对所有原有的章节进行了复查,并做了少量改进和变更。此外,还新增添了两章,以涵盖与发动机"在役"的性能有关的问题和燃气轮机的经济性。近年来,不遗余力降低运行成本的努力增加了对理解使用中的性能问题的需求,如发动机健康监控问题,以及确定燃气轮机项目是否能盈利的"技术经济"问题。

作者感谢我们的两位夫人对本书的重要贡献。玛丽·弗莱彻(Mary Fletcher)女士提供了大量的技术输入,而玛丽亚·沃尔什(Maria Walsh)女士提供了秘书服务。我们还要感谢所有的同事和友人,从他们那里我们获益匪浅。

在此不可能将他们一一列出。不过,我们必须提到已故的罗伯特·谢维斯(Mr. Robert Chevis)先生的名字。他曾给了两位作者巨大的鼓励,并也曾是两位作者的知识源泉。此外,尼尔·詹宁斯(Mr. Neil Jennings)先生——现任罗尔斯·罗伊斯工业和船用燃气轮机有限公司的董事和总经理,对本项目给予了宝贵支持。我们非常感激菲利普·拉弗尔斯先生(Mr. Philip Ruffles)撰写的序言和欧洲燃气轮机公司的约翰·汉尼斯教授(Prof. John Hannis)建设性的稿评。最后,我们还要感谢克里斯托弗·泰瑞尔先生(Mr. Christopher Tyrrell)对原稿准备工作的建议。

P. P. 沃尔什(P. P. Walsh)

P. 弗莱彻(P. Fletcher)

目　　录

目　录　　　**13**

7.7　敏感性　404

7.8　额定等级和控制　404

　　7.8.1　标准定义　405

　　7.8.2　最大功率或推力　406

　　7.8.3　部分功率或推力　406

　　7.8.4　慢车　407

公式、算例与图表　407

参考文献　432

8　瞬态性能　433

8.0　引言　433

8.1　基本的瞬态机理　433

　　8.1.1　涡喷与涡扇发动机　433

　　8.1.2　带自由动力涡轮的轴功率发动机　433

　　8.1.3　单转子轴功率发动机　434

8.2　瞬态机动过程　434

　　8.2.1　急加速和急减速　434

　　8.2.2　慢加速和慢减速　437

　　8.2.3　遭遇加速　437

　　8.2.4　冷起动加速　437

　　8.2.5　轴断裂　438

　　8.2.6　紧急停车　438

　　8.2.7　甩负荷或螺旋桨出水　438

　　8.2.8　吸鸟或吸水　439

8.3　发动机加速和减速要求　439

　　8.3.1　发电　439

　　8.3.2　油气泵送　440

　　8.3.3　机动车辆　440

　　8.3.4　船舶　440

　　8.3.5　民用飞机　441

　　8.3.6　军用飞机　441

　　8.3.7　直升机　441

　　8.3.8　冲压推进航空器　442

8.4　瞬态性能现象　442

　　8.4.1　吸放热　442

　　8.4.2　容积效应　442

0 燃气涡轮发动机构型

作为正文的铺垫,本章从基本的部件模块出发,阐述各类燃气涡轮发动机的构型。本书第 5 章中对这些部件有详尽的介绍。对于每一类构型都展示了示意图,图中采用了附件 A 中介绍的国际标准 ARP 755A 的截面编号规则。3.6.5 节和 6.7 节—6.11 节讨论了每一种构型发动机的热力学,而第 1 章介绍了它们对于各类应用的适用性。6.2 节定义了所提到的发动机性能参数。

常规涡喷发动机[**图 0.1(a)**]

图 0.1(a)在中线上方展示了一台常规单转子涡喷发动机,而中线下方的构型额外地增添了加力燃烧室、收敛-扩张(即收扩)进气道和收扩喷管。

环境空气从自由流进入飞行进气道前缘。如第 5 章所描述,如果发动机处于静止状态,空气由自由流加速;而在高马赫数飞行中,空气则由自由流扩压,即产生冲压。通常,空气在通过发动机进气道到达压气机进口之前,先在飞行进气道中进行扩压,这导致了小的总压损失。

然后,压气机同时提高了气体的压力和温度。如第 3 章所讨论的,产生压比需要功输入,其对应的温升取决于效率。涡喷发动机压气机压比的范围可以从 4∶1 直至 25∶1,具体取决于发动机的复杂性。

压气机出口扩压器将空气送入燃烧室。取决于不同的技术水平,喷射的燃油在燃烧后可以将出口燃气温度提升到 1100~2000 K 之间。扩压器和燃烧室均会造成小的总压损失。

接下来高温高压燃气通过涡轮膨胀,提取的能量转化为轴功率;温度和压力均下降。轴功率用来驱动压气机以及发动机和客户附件,并克服例如轮盘风阻及轴承摩擦之类的发动机机械损失。涡轮导向叶片和转子叶片常常需要冷却,以保证金属温度在高温燃气下处于可接受的水平。这里使用了来自压缩系统的温度相对较低的空气,它们通过空气系统的流路绕过燃烧室,进入涡轮叶片内部高度复杂的冷却通道中。

涡轮出口的燃气通常仍然具有至少 2 倍于大气压的压力。这是源自较高的涡轮进口温度以及如 3.6.5 节所描述的其温熵(T‐S)图的基本形式。

在涡轮下游,燃气在延伸管(jet pipe)中扩压。这是一个很短的过渡段,它在推进喷管入口前将流道从环形转变为完全的圆形。延伸管带来小的总压损失。推进喷管是一个收敛流道,通过加速气流提供高速的喷气以产生推力。如果可用的膨胀比小于堵塞值,则喷管出口平面的静压为环境压力。如果其大于堵塞值,那么喷管马赫数为1(即声速情况),静压则大于环境压力,并且下游会产生激波。在后一种情况中,喷管出口平面的静压较进气道的更高,因而产生了喷气动量之外的额外推力。

在双转子发动机中,有由高低压涡轮分别驱动的高低压压气机。低压轴穿过同心的高压转子,每个转子都有不同的旋转速度。如果各个转子的气流通道的半径不同,有必要采用短的压气机间或涡轮间过渡段,这样带来小的总压损失。

带有加力燃烧室和收敛-扩张喷管的涡喷发动机[**图0.1(a)**]

对于高飞行马赫数的应用,常常使用加力燃烧室,以期从同样的叶轮机械中获得更高的推力。这种方法又称为再热(reheat),涉及在延伸管下游的额外燃烧室中燃烧燃油。这显著地提升了出口排气温度,由此产生高得多的喷气速度,同时发动机的推重比和单位迎面推力也显著提升。

为了使喷射出的气流为超声速的,以完全发挥加力燃烧室的优势,可以使用收敛-扩张喷管。此外,如第7章所述,加力燃烧室下游的喷管必须是面积可调的,以避免因为加力燃烧室点燃时发动机的背压增大而引起的压气机喘振的问题。通常对于在高马赫数区域使用的发动机,还可以使用收敛-扩张进气道。这使得冲压空气可以有效地从超声速的飞行马赫数扩压至适合于风扇或压气机的亚声速气流。这通常由一系列斜激波来实现,其造成的总压损失比一个正激波造成的更小。

分排涡扇发动机[**图0.1(b)**]

双转子分排涡扇发动机的构型图如图0.1(b)中线以上所示。在这里第一个压气机被称为风扇,它同时为外涵和内涵提供气流。内涵气流与涡喷类似,提供热推力;然而,内涵的涡轮还提供动力来压缩风扇外涵气流。

外涵气流从外涵道绕过内涵的部件,这产生小的总压损失。然后气流进入冷喷管。总的推力是热喷管和冷喷管所产生的推力之和。如第6章所描述,使用外涵气流的目的是利用高的质量流量而又低的喷气速度产生额外的推力;相比纯涡喷发动机,这改善了耗油率(SFC)。然而,这导致发动机的推重比和单位迎面推力的降低。

有些涡扇发动机有三个转子,即除了高压和低压转子外,还增加了中压转子。

带有加力燃烧室的混排涡扇发动机[**图0.1(b)**]

这个构型如图0.1(b)中线以下所示。这里两股气流在共用的延伸管前的混合器中汇合,然后通过加力燃烧室和收敛-扩张喷管来提供超声速飞行所需的高喷气速度。对于不带加力燃烧室的涡扇发动机,混合两股气流往往也会带来好处,如第5章所讨论的。

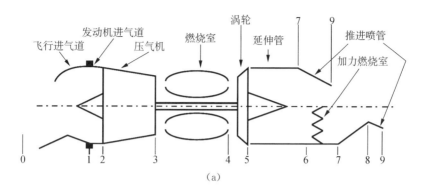

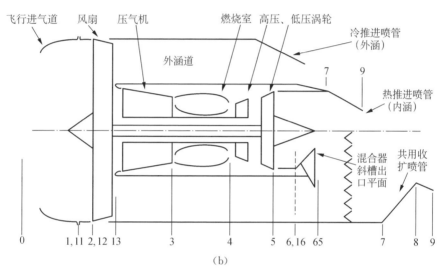

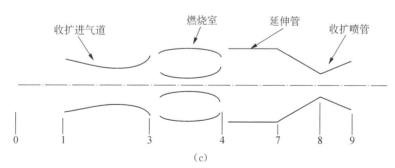

图 0.1 推力发动机构型与截面编号

(a) 常规的涡喷发动机与带收扩喷管的加力涡喷发动机

(b) 分排涡扇发动机与带收扩喷管的混排加力涡扇发动机

(c) 带收扩进气道与收扩喷管的冲压发动机

冲压发动机[图0.1(c)]

在推力发动机中,冲压发动机的构型最简单,它没有使用任何旋转叶轮机械。冲压空气在收敛-扩张进气道中扩压后直接进入燃烧室。然后气流经收敛-扩张喷管加速至超声速的喷气速度。如第1章和第6章所述,冲压发动机仅适用于高超声速飞行领域。

简单循环单转子轴功率发动机[图0.2(a)]

除了进气道和排气装置之外,这种发动机构型与涡喷发动机相似。主要的差异在于涡轮进口的所有可用压力均膨胀至环境压力以产生轴功率,除了在排气装置中有小的总压损失外。在经排气流道扩压后,气流出口速度几乎可以忽略不计。这导致了涡轮所产生的功率远大于驱动压气机所需的,因此多余的功率用来带动负载,例如螺旋桨(涡桨)或发电机(涡轴)。排气出口平面的燃气温度典型情况下比环境温度高250~350℃,这在工业应用中代表相当可观的余热。

进气道与排气装置的形式根据应用的不同而变化多样,虽然本质上排气装置一般为扩张型的扩压系统,它与涡喷发动机用以加速气流的延伸管和喷管大不相同。

术语"简单循环"是用来区别这种构型与后面介绍的"复杂循环"构型,后者使用了额外的部件,如换热器或者蒸汽锅炉。

简单循环自由动力涡轮发动机[图0.2(b)]

此处使用一个自由动力涡轮来驱动负载,其独立于驱动发动机压气机的涡轮。正如第7章所述,这对非设计点性能有显著的影响。它允许在给定的功率下提供灵活得多的输出转速。

燃气发生器

"燃气发生器"这个术语是描述提供高温、高压气体的压气机和涡轮的组合,这些气体进入涡喷发动机的延伸管和推进喷管,或者进入涡轴发动机的自由动力涡轮。通常的做法是将给定的燃气发生器设计用于涡喷(或涡扇)发动机和航空派生型自由动力涡轮发动机两者。此处,延伸管和推进喷管被替换为动力涡轮和排气系统;对于涡扇发动机,去除掉了风扇和外涵道。

回热发动机[图0.2(c)]

在这种发动机中,原本会在简单循环排气中损失掉的部分余热返回到发动机中。取决于其构型,所使用的换热器可以是间壁式的,也可以是蓄热式的(见第5章)。

压气机出口的空气被引入换热器的空气侧,在这里吸收流过燃气侧的排气中的热量。然后,加热后的空气再被引回燃烧室,这样可以使用较少的燃油达到相同的涡轮进口温度,从而降低SFC。在换热器的空气侧和燃气侧以及输送管道中有一些压力损失。

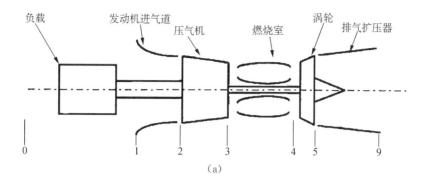

（a）

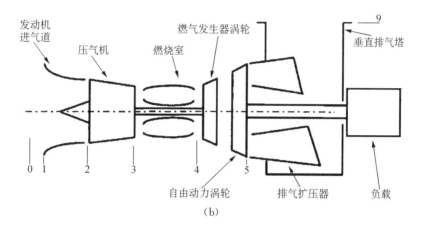

（b）

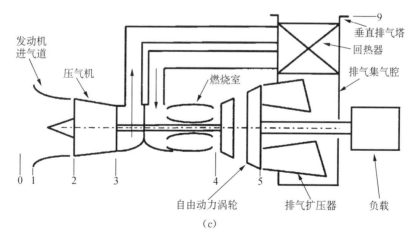

（c）

图 0.2　轴功率发动机构型与截面编号

（a）单转子轴功率发动机——冷端（前端）驱动

（b）自由动力涡轮发动机——热端（后端）驱动

（c）回热式自由动力涡轮发动机——热端（后端）驱动

间冷轴功率发动机［图 0.3（a）］

此处，位于第一个和第二个压缩部件之间的级间冷却器吸收热量。人们也许会觉得，去除热量通常会使得 SFC 更差，因为必须消耗更多的燃油将压气机出口降低了的气流温度提升至给定的涡轮前温度（SOT）。然而，间冷可以提高发动机的功率输出，在高压比时甚至可能通过降低第二个压缩部件的功率需求来降低 SFC。这是因为对于给定的压比，进口温度降低了，所需的压缩功就减少了（见第 6 章）。

间冷器将移走的热量排至外部介质，例如海水。间冷器的空气侧，以及所有管道都会带来总压损失。

间冷回热轴功率发动机

此处，同时用到间冷器和回热器。间冷带来的功率输出的增大伴随着 SFC 的改善，这是因为间冷器吸收的热量使得压气机出口温度更低，从而也增加了回热器中的热量回收。

闭式循环［图 0.3（b）］

以上描述的发动机构型均属于开式循环，这种情况下空气从大气吸入，仅流经发动机一次。在闭式循环构型中，工质则连续地重复循环。该工质可以是空气或其他气体，例如氦气。

通常燃气轮机采用的是间冷回热构型，如图 0.3（b）所示。然而因为不能直接燃烧燃料，燃烧室由换热器取代。闭式循环的热源可以是一个独立的燃烧室，使用通常不适合于燃气轮机的燃料，例如煤炭、核反应堆等。

离开回热器的工质必须通过预冷器将热量释放至外界介质（例如海水）中，以此使得其温度回到固定的进口温度，通常在 15～30℃。为了对付系统中的泄漏，通过辅助压缩机向大型储气罐（又称蓄压器）供气来保持燃气轮机的进口压力。发动机进口高密度的工质使得给定尺寸的装置可以输出非常高的功率，这也是闭式循环的主要优点。燃气轮机的进口压力典型情况下在 20 个大气压左右。此外，改变压力水平使得可以在 SFC 不变的情况下对功率输出进行调节。

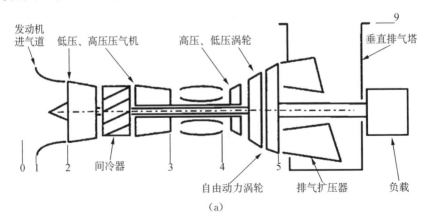

（a）

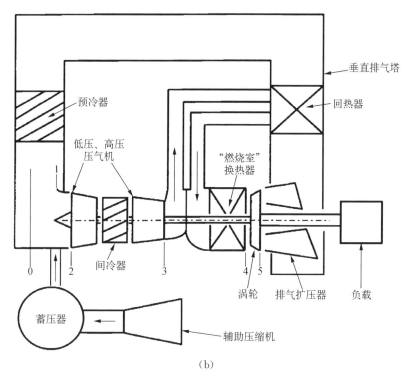

（b）

图 0.3 间冷发动机构型与截面编号

（a）间冷自由动力涡轮发动机——热端（后端）驱动 （b）闭式循环，单转子间冷回热轴功率发动机

联合循环［图 0.4(a)］

图 0.4(a)展示了最简单的联合循环构型。其中燃气轮机使用的是简单循环构型，不过有相当一部分的余热通过余热锅炉（HRSG）得到了回收利用。HRSG 是一个换热器，其热侧为燃气轮机的排气，冷侧为泵送的高压水（最终形成蒸汽）。HRSG 的第一部分是节热器，这里水在恒压下加热，直到达到其饱和温度，然后蒸发。一旦蒸汽完全蒸发，其温度在过热器中继续升高。

然后，高温高压蒸汽在蒸汽轮机中膨胀，提供了燃气轮机功率以外的高达 45％的额外功率。离开蒸汽轮机的蒸汽的湿度典型情况下为 10％。其余的蒸汽再通过数个可行方法之一进行冷凝。其中最常用的方法是使用冷却塔，在这里热量通过冷水带走，而冷水通常可从当地水源（如河流）直接抽取得到。当所有的蒸汽经过冷凝后，形成的液态水回到加压泵并再次循环。因此蒸汽动力装置也是一个闭式循环。

图 0.4(a)展示了一个单压蒸汽循环构型。所使用的最复杂的蒸汽循环形式为三压再热式，在这里蒸汽在串联的三个涡轮中持续膨胀。在相邻的涡轮之间，蒸汽回到 HRSG，使得温度再次升高，通常达到与第一个涡轮的进口温度相同的水平。

这个循环的效率和单位功率均为最高。

在联合循环装置中,燃气轮机由于处于热端而经常被称为顶循环,蒸汽动力装置则被称为底循环。

热电联供系统——CHP[图 0.4(b)]

通常有几种形式的热电联供(CHP)装置,以下根据其复杂程度从低到高逐个介绍。

在最简单的配置中,燃气轮机的余热可直接用于工业过程,例如造纸厂或水泥厂中的烘干过程。

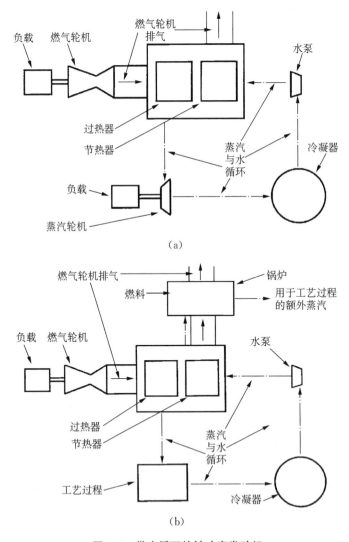

(a)

(b)

图 0.4 带底循环的轴功率发动机

(a) 单压联合循环 (b) 带补燃的热电联供(CHP)系统

其次,在燃气轮机下游增添 HRSG 将余热转换为蒸汽,这样可以更灵活地用于各类工艺过程,例如化工生产,或医院及工厂的空间供暖。

最后,图 0.4(b)展示了最复杂的 CHP 构型,其使用了补燃。在此构型中,简单循环燃气轮机的余热同样用来在 HRSG 中产生蒸汽,然后燃气进入锅炉,加入锅炉的燃料在乏气中进行燃烧,从而产生更多的蒸汽。锅炉使得可以灵活调节热电比。一旦蒸汽不再具有可用热量,就流入冷凝器冷凝后供水泵循环使用。

航空派生型和重型燃气轮机

在航空应用之外,产生轴功率的燃气轮机主要有两类:航空派生型和重型燃气轮机。正如其名,前者直接改造自航空发动机,有着许多共用的部件。后者设计的重点在于成本低,而不是重量轻,因此可能采用诸如整锻转子和厚重机匣等特征。截至本书写作日期[1],这两个类型燃气轮机的功率均可以达到 50 MW,而只有重型燃气轮机可以达到更高功率。

---

[1] 英文原著第 2 版写于 2004 年。——译注

1 燃气涡轮发动机的应用

1.0 引言

本章剖析了为什么燃气涡轮发动机在某些应用领域占有绝对优势,却在其他领域鲜有斩获的缘由。毫无疑问,受燃气涡轮发动机影响最大的是航空动力领域,然而本书还是提供了所有潜在应用领域的背景资料,包括对电网系统的描述及如何评估船舶和车辆的轴功率需求。只有理解了其应用,才能充分领会燃气涡轮发动机性能的更广泛的含义。

针对各种应用的需求,本章对比了燃气涡轮发动机和与之竞争的其他动力装置的相关属性。讨论内容包括选择特定燃气涡轮发动机构型和循环的原因。当然高可靠性和高可用性是必要条件。同时还列举了一些现役发动机及其应用的实例。

在第0章已全面描述了本书所讨论的发动机的构型,如简单循环和联合循环。所使用的性能方面的术语将在6.2节中定义。在后续几章中将全面介绍对于给定的应用,影响发动机选型的燃气涡轮发动机性能方面的问题。这些问题包括详细循环设计、瞬态性能、起动性能等。

1.1 燃气轮机与柴油机的比较

在10MW以下的所有非航空轴功率应用领域,燃气轮机均与中高速柴油机相竞争。所以在讨论个体应用之前,有必要对这两种动力装置进行对比。低速柴油机比中高速柴油机更重而且尺寸更大,它们之间的主要差别是,由于低速柴油机冲程更长、速度更低,以及使用间接喷油,其燃油汽化的停留时间更长。低速柴油机主要用在尺寸空间不太受限的地方,并且可以燃烧成本低一些的非精炼燃油。在大多数情况下,柴油机与燃气轮机的属性差别巨大,以致很少在某一个特定的应用上会同时考虑两者的使用。

燃气轮机与中高速柴油机的总结性比较列举如下,与具体的市场板块有关的更多细节将在后面讨论。

● 图表 1.1[①] 比较了大型卡车的典型功率级别下燃气轮机和柴油机的耗油率 (SFC)和功率百分比。该图表还包括了 1.4.2 节中讨论的汽油发动机的曲线。在额定功率下,简单循环燃气轮机的 SFC 比柴油机的差。一般来说,额定功率越低, SFC 相差越大,因为此时只有比较简单的燃气轮机构型才有生存力。当发动机收油门时,燃气轮机的压比和燃烧温度的下降,这种 SFC 的劣势更加明显。

● 如图表 1.1 所示,在 $500\,kW$[②] 的额定功率下,回热循环燃气轮机的 SFC 与柴油机的接近。如果额定功率显著增大,则两者的 SFC 将相当。然而即使是高额定功率的燃气轮机,尽管动力涡轮采用了可调导向器叶片,但部分负荷下的 SFC 仍然较差。

● 图表 1.1 还表明,相比于柴油发动机,在低的发动机输出转速下,带自由动力涡轮的燃气轮机能够提供明显更大的扭矩因而功率。正如第 7 章描述的那样,负载和压气机在同一根(也是唯一的)轴上的单转子燃气轮机具有较差的部分转速扭矩能力。

● 在能够利用发动机排气余热的场合,燃气轮机具有显著的优势。这是因为在没有转化为有用输出功率的那部分燃油能量输入中,有超过 95% 是储存在燃气轮机的排气中,这是高品位的(高温)热源。而对柴油机来说,相当一部分的余热是以低品位形式出现的,比如对滑油的加热。

● 燃气轮机的单位输出功率重量明显较低。比如一台功率 5 MW 的航空派生型燃气轮机的单位功率重量不到 1 t/MW,而一台中速柴油机的将近 5 t/MW。上述数据包含了典型的包装和底座。这种优势随发动机输出功率的增大而愈发明显,以至于功率超过 10 MW 时,中速柴油机与燃气轮机相比基本没有什么竞争力。

● 燃气轮机具有明显的单位输出功率体积的优势。在前面提到的功率 5 MW 的例子中,燃气轮机的包装体积差不多是柴油机的 50%。同样地,这种优势随着输出功率的增大而更加明显。

● 在与高速柴油机竞争的应用中,燃气轮机的起动至慢车的时间一般在 10~60 s 之间。柴油机的优势是可在 5 s 内成功起动。从慢车到满负荷,柴油机和单转子燃气轮机只需要 1 s,而带自由动力涡轮的燃气轮机则需要 5 s,或者甚至更长时间。

● 燃气轮机具有使用两种燃料的能力,可在运行过程中把燃料从天然气切换成柴油,这在柴油机上是很难实现的。

● 燃气轮机在低污染物排放方面具有高一个数量级的优势。对于氢氮化物 (NO_x)来说尤为如此,这是由于柴油机排气中有富余的氧,因而无法使用排气催化剂来降低(还原)NO_x。然而迄今为止,相对于柴油机,燃气轮机的这种优势并没有明显地带动销售,因为立法机构关注到了把柴油机从它最有竞争力的应用领域排挤出去会给宏观经济带来不利影响。还有,由于其优异的 SFC,柴油机产生的二氧化

---

① 为了保持与原书的一致,文中的图和表统一编为"图号",文后的图和表统一编为"图表号"。这里的图表 1.1 是指第 51 页的图表 1.1 而不是第 14 页的图 1.1。——译注

② 图表 1.1 中的 100% 功率实际为 500 hp。——译注

碳(CO_2)较少。

　　● 燃气轮机的维护费用通常比柴油机的低。其原因之一是燃气轮机的滑油消耗量相对较低。

　　● 燃气轮机的振动水平天然地比柴油机的低。

　　要对这两种类型发动机的单位成本做出概括不太现实,因为影响因素实在太多了。

1.2　发电应用

　　第一台投产的发电用燃气轮机由瑞士人 Brown Boveri 于 1937 年引入。它是一台热效率为 17% 的备用机组。如今,燃气轮机在巨大的电力市场中扮演着主要角色,每年的订单大约有 30 GW。这方面的成功应部分归功于天然气庞大的储量导致的低廉价格,而且天然气的氢含量较多,燃烧时释放的二氧化碳比液体燃料的少。另外一个主要因素是热效率,联合循环发电厂的热效率接近 60%。而最后一个决定性优势是燃气轮机可以适用于范围很宽的不同功率级别,如简单循环的单台发动机功率高达 300 MW,联合循环的则高达 500 MW。发电市场按频率均衡地分为 50 Hz 和 60 Hz 两个板块,前者包括西欧的大部分和苏联,后者包括北美洲。

1.2.1　发电应用的主要类别

　　图 1.1 概括了燃气轮机作为候选动力的发电应用领域的主要类别,还包括一些在役燃气轮机实例。在下文中引用了图 1.1 中的序号。

　　图表 1.2 利用图 1.1 最左一列中的序号,给出了这些应用的热效率和利用率。利用率是每年在应用中典型的点燃工作小时数。感兴趣的读者如果想了解更多的信息,可以查阅每年都会更新并重新发布的参考文献[1]。

1.2.2　电网系统

　　图 1.2 是一个典型的配电电网系统,标明了关键点的电压。轴功率系统必须以恒定的同步转速工作,从而在固定的频率下通过交流发电机产生电力。交流电频率因国家而异,通常是 50 Hz 或 60 Hz。参考文献[2]提供了更多的背景资料。

　　直到不久以前,趋势是用为数不多的大型发电站为电网供电。然而,更加灵活的分布式电力系统越来越流行,这主要应归功于燃气轮机即使是小尺寸也有较强的适应能力。此处,通过热电联供(CHP)电厂,或者少量的通过下文提及的中间负荷发电站,将发出的电力提供给当地居民消费。多余的电力则输送给电网。

　　为了说明所需输送的电力水平,举个例子,一座拥有百万人口的城市的峰值需求量可高达 2 GW。一个四口之家的平均用电量和峰值用电量分别是 1 kW 和 6 kW,这还不包括住房取暖耗电量。

1.2.3　备用发电机组(图 1.1 中序号 1 和 2)

　　备用发电机组是应急的,用于不允许断电的地方,诸如医院和像日本这种地震易发国家或地区的公共建筑。发出的电力提供给当地使用而不接入电网系统。通

常备用发电机使用柴油作为燃料。关键需求主要受其低利用率的驱动,以下将按重要性顺序列出要点:

(1) 单位成本低。

(2) 单位重量轻和单位体积小常常是关键要求(见下文)。

(3) 快速起动和加速至额定功率的时间短非常重要。

(4) 热效率和排放水平是次要的。

柴油机是最常用的,主要归功于该功率范围内使用的数量庞大的车用和船用发动机,因而通过高的产量降低了单位成本。燃气轮机已经取得某些进展,尤其是在必须限制重量和体积的应用领域,比如要在一个办公大楼的屋顶安装一个备用发动机组,就必须考虑建筑物的承载能力限制。

这一应用领域通常使用简单循环单转子燃气轮机,而不是带自由动力涡轮的。这是因为减少部件数量可以降低单位成本,并且低转速扭矩也并不重要。发动机在起动时序后一直保持同步转速,以保证交流电的频率恒定不变。采用压比 5:1 到 10:1 的离心压气机系统可以使单位成本达到最小,而且是因为流量较小时轴流压气机的效率较低。涡轮转子叶片,以及大多导向叶片都不带冷却,这使得静叶出口温度(SOT,见 6.2.2 节)的典型值为 1100~1250 K。

序号	动力装置类型	应用实例	发动机实例	单台功率/MW
A	微型涡轮	商店,餐厅,小型办公大楼	Capstone Turbec Ingersoll-Rand	0.04~0.25
1	备用发电机,简单循环燃气轮机	办公楼,医院	Yanmar AT36C, 60C, 180C	0.25~1.5
2	备用发电机,柴油机	办公楼,医院	Caterpillar 352 V12 MTU 396	0.25~1.5
3	小型热电联供,燃气轮机	医院,小型加工厂	NP PGT2 Allison 501 Solar Mars Alstom Tempest	0.5~10
4	小型热电联供,柴油机或者天然气活塞发动机	医院,小型加工厂	Petter A MB 190	0.5~10
5	大型热电联供,燃气轮机	为最多 25000 人口的城镇供电供暖,大型加工厂,输出电力	Alstom GT10 GE LM2500 RR RB211	10~60
6	尖峰负荷机组,简单循环燃气轮机	向电网供电	Alstom GT10 RR RB211 GE LM600	20~60
7	中间负荷发电站,简单循环燃气轮机	向电网供电	GE LM6000 RR Trent	30~60

(续前)

序号	动力装置类型	应用实例	发动机实例	单台功率/MW
8	基本负荷发电站, 联合循环燃气轮机	向电网供电	WEC 501F GE PG9331(FA)	50~450
9	基本负荷发电站, 燃煤蒸汽装置	向电网供电		200~800
10	基本负荷发电站, 核动力蒸汽装置	向电网供电		800~2000

图1.1   发电设备主要类别(1 MW=1341.0 hp)

注:本章图中的发动机制造商译名见书末的"发动机制造商"索引。

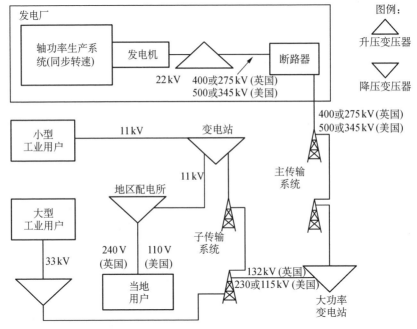

图1.2   电网中电力的生产与配送

注:主要轴功率生产系统:
联合循环燃气轮机装置,其中燃气轮机的废热在余热锅炉(HRSG①)中产生蒸汽,用以驱动蒸汽
涡轮;燃煤锅炉,产生蒸汽用以驱动蒸汽涡轮;核动力锅炉,产生蒸汽用以驱动蒸汽涡轮。

1.2.4   小型热电联供(图1.1中序号3和4)

在这一应用领域,产生的废热一般用于工业过程。废热可以直接用于干燥工艺,或者更多的是通过余热锅炉(HRSG)将其转化为蒸汽用于其他用途。图表1.3是制造商通常用来公布燃气轮机的蒸汽生产能力的演示图片,具体的例子可查阅参

---

① 原文误为"HSRG"。——译注

考文献[1]。大多数的 CHP 系统以天然气为燃料。发出的电力大多为当地所用,富余的则输送给电网。选择发电厂的关键指标按照其重要性排序如下:

(1) 热效率,包括 CHP 的和简单循环运行的,都很重要。如果一年中的部分季节无法利用全部排气废热,那么后者的热效率就尤为重要。

(2) 热电比很重要,因为电能是比热能更有价值的商品。低的热电比是有利的,因为此时机组的大小可以按满足供热需要来设计,所有多余的电力可以出售给电网。

(3) 热能的品位(温度)在通常要求很高温度的工艺过程中非常重要。

(4) 由于利用率较高,低单位成本、起动和加速时间都是次要的,重量、体积、低转速扭矩也一样。

燃气轮机的属性能够最好地满足上述条件,所以它成为市场的领跑者。但是柴油机仍然扮演着重要角色,在可接受品位相当低的热能或者最看重简单循环热效率的应用领域尤其如此。

燃气轮机通常是为用户定制设计的,并且趋向于单转子结构。功率低于 3 MW 时,全部使用压比介于 8∶1 到 15∶1 之间的离心压气机。这是在单位成本与简单循环和 CHP 热效率(见第 6 章)之间的折中考虑。在该功率范围的下端,SOT 可达 1300～1400 K,只需要对涡轮第一级导向器叶片进行冷却。在该功率范围的上端,第一级转子叶片可能也需要冷却,才能承受高达 1450 K 的 SOT。这种做法是可行的,因为叶片的尺寸大了,而且较大的功率也使单位成本的增加可以承受。

近年来微型涡轮发动机市场逐渐形成,许多预测者认为该市场将具有戏剧性的增长。40～250 kW 功率级别的小型燃气轮机用于诸如商店、餐厅等建筑物的供电、供暖以及提供热水。通常保持与电网的连接,以进行受电/送电。

由于微型叶轮机械的尺寸非常小,导致低的部件效率和压比,因此要达到 30% 左右的热效率,必须采用回热技术。除此之外,由于低的单位成本十分关键,微型燃气轮机的构造极其简单。通常它由单级离心压气机、干式低排放(DLE)管式燃烧室、单级径流式或两级轴流式涡轮以及回热器组成。微型燃气轮机的另一个重要特征是不用变速齿轮箱而直接驱动高速发电机,因为要将高达 90 000 r/min 的叶轮机械转速降至 3 000～3 600 r/min,齿轮箱体积会大到不切实际。当然,还需要采用电力电子技术将发电机的杂乱的高频输出整流成直流电(DC),然后再转变回 50 Hz 或者 60 Hz 交流电(AC)。

1.2.5　大型热电联供(图 1.1 中序号 5)

这里的余热几乎专门被用来产生蒸汽,然后用在诸如造纸厂这样的大型工业过程应用,或者用于区域供暖。同样,发出的电力供当地使用或者输送给电网。对于大型 CHP,选择发动机时的性能指标的重要性是和小型 CHP 一样的,除了对于较大型的燃气轮机,排放法规更加严苛。

在这一领域,燃气轮机几乎占据专用地位。高品位的热能是必需的,考虑到重量和体积因素,该功率级别基本不用柴油机。此外,所使用的燃气轮机常常还适用于其他市场,如石油和天然气工业、船舶,这样可以降低单位成本。尽管也使用一些重型的发动机,但航空派生型燃气轮机应用最为普遍。航空派生型燃气轮机通常采用民用涡扇发动机的核心机作为其燃气发生器,配上为客户定制的自由动力涡轮用于工业过程。重型的发动机是专门为工业应用设计的,正如其名,其重量远超过航空派生型燃气轮机的,这是由于采用了整锻转子和厚重机匣等低成本的构造。

燃气轮机的构型通常带一个自由动力涡轮。对于 CHP 这不是必需的,但是对于石油和天然气工业以及船舶动力的应用却是必不可少的。当总压比达 15∶1～25∶1 时,就只能使用轴流压气机。航空派生型燃气轮机的压比位于该范围的上端,因为该压比水平源自民用涡扇发动机的核心机。这个压比是最佳 CHP 热效率对应的压比 20∶1 与最佳简单循环效率对应的压比 35∶1 之间的折中。这些压比值对应的典型 SOT 为 1450～1550 K。至少高压涡轮第一级静子叶片和转子叶片都采用了先进的冷却技术。

1.2.6 专门为电网系统供电的应用（图 1.1 中序号 6—10）

为电网系统供电的发电厂分为三类:

(1) 尖峰负荷发动机组的利用率一般低于 10%。它们用来满足电力的峰值负荷需求,比如工作日的晚上人们回到家中打开好些个家用电器的时候。

(2) 基本负荷发电厂的利用率将近 100%,从而尽可能满足持续不断的电力要求。

(3) 中间负荷发电厂的利用率一般为 30%～50%。它们用来满足季节性的额外电力要求,比如在温带气候地区的冬季,家庭供暖和照明的用电量会有所增加。

选择基本负荷电站的发电装置要考虑以下因素:

(1) 热效率和可用性是首要的。

(2) 单位成本很重要,因为投资金额巨大,且电站投入运行取得回报所需时间很长。

(3) 电力的成本是选择电厂类型的一个关键因素,而燃料价格是决定它的主要因素。燃煤、核能和燃油蒸汽动力装置都可以和燃气轮机竞争。

在所有情况下,重量和体积都是次要的。其他需要特别说明的有以下几点:

● 对于基本负荷发电厂,起动和加速时间不重要。

● 对于尖峰负荷发电站,单位成本至关重要,加载到全负荷的时间也很重要,而热效率相对不重要。

● 中间负荷发电站是折中方案,它的单位成本有所增加,甚至超过尖峰负荷发电站的,但这是可以接受的,因为它的热效率更高一些。

尖峰负荷发动机大多是简单循环燃气轮机,以柴油或者天然气为燃料,在较低功率端也使用一些柴油机。这是因为它的单位成本和加载时间远低于其他可替代产品的,比如蒸汽发电厂。航空派生型和重型燃气轮机都可被用作尖峰负荷发动机,它可以是单转子的或者带自由动力涡轮的,压比在 15∶1～25∶1 之间,SOT 可高达 1500 K,尤其是这一装置也在热效率要求高的 CHP 和机械驱动应用领域销售时。

对于基本负荷应用,为了实现尽可能高的热效率,采用带燃气轮机的联合循环。它与燃煤或核动力蒸汽发电厂相竞争。历史上,燃煤蒸汽发电厂曾经拥有最大的市场占有率。近年来,由于天然气的可得性带来的燃料价格优势、高热效率和低排放污染,以及电厂的建造资本投资往往可以比较低,越来越多新建的发电厂开始采用联合循环的燃气轮机。这是通过燃气轮机的技术进步支撑的,这些进步提升了燃气轮机的热效率和单台发动机的功率输出。尤其是机械设计的进步使得所能承受的 SOT 和末级涡轮应力水平有显著的提高。这一特定的应力是大型单转子发动机的一个限制特征,因为在同步转速下,随着质量流量上升,涡轮出口面积也必须增加,从而保持合理的马赫数。转子叶片根部应力正比于 AN^2(见第 5 章)而增长。在一些国家,甚至相对现代的燃煤发电厂在优势排行榜上已经降格,当今仅用于中间负荷应用。然而,对于天然气匮乏但是煤炭资源丰富的地方,比如中国,在可以预计的未来仍将继续建造燃煤蒸汽发电厂。核电厂的情况相对复杂,它取决于各个政府的政策和补贴。

在 50 MW 以上的基本负荷应用领域,燃气轮机几乎都是为用户专门定制的单转子重型构型。在给定 SOT 下,所选取的压比对应最佳的联合循环热效率,而从图表6.5 可以看出该曲线在较宽的压比范围内是相对平坦的。出于机械设计方面考虑,通常会在这个相对平坦范围内选取较高的压比用以降低蒸汽装置的进口温度。目前在生产中的燃气轮机的 SOT 在 1450～1550K 之间,压比在 13：1～16：1 之间。很多概念设计燃气轮机正考虑把 SOT 和压比分别提高到 1700～1750K 之间和 19：1～25：1 之间。这将引进诸如蒸汽冷却涡轮导向器叶片(NGV)和转子叶片等先进的循环技术。如图表 1.2 所示,这些燃气轮机的目标是把联合循环热效率提升到 60%。由于航空发动机最大尺寸的限制,目前航空派生型燃气轮机的功率限制在 50 MW 左右之内。在这一功率范围内,尤其是在较高的 SOT 下,它们在联合循环中是具有竞争力的。

中间负荷发电站采用简单循环燃气轮机,其发动机的技术水平要高于用于尖峰负荷的燃气轮机的。考虑到高利用率,高热效率带来的高单位成本是可以接受的。大多数的燃气轮机是航空派生型的,其最佳简单循环热效率对应的压比在25：1～35：1 之间,相应的 SOT 是 1500～1600 K。

1.2.7　闭式循环

闭式循环中的工质常常是氦气,它从涡轮出口通过预冷换热器回到压气机进口循环利用。相对于开式循环,闭式循环的优点如下:

- 不需要进口过滤,无叶片侵蚀问题。
- 由于工质维持高压和高密度,叶轮机械尺寸减少了。另外,氦气具有高的比热容。
- 可以使用不适合于开式燃气轮机循环的燃烧过程的燃料,如核反应堆或者诸如木头和煤炭等替代燃料。氦气在放射性环境中的半衰期较短。
- 由于压气机进口压力可调,因此可保持压比和 SOT,使部分功率下的 SFC 特性比较平坦。

然而，尽管在发电和潜水艇推进领域这方面的研究很多，但真正生产出来的闭式循环燃气轮机还是寥寥无几。这是因为上述优势被高的单位成本以及不算高的热效率抵消了。高的单位成本是由设备的复杂度和工作环境的高压造成的。中等的热效率是由于核反应堆或者换热器的机械完整性使得 SOT 被限制在 1100 K 左右而导致的。

1.3 工业机械驱动的应用

这里讲的是用燃气轮机驱动泵或压缩机。最突出的例子是天然气和石油工业，每年通常有 1 GW 的新燃气轮机订单。尽管也有装在离岸海上平台上的，但大多数的燃气轮机是安装在近岸陆地上的。这种行业也有本地的主要发电厂和应急发电站方面的需求。燃气轮机的需求按照 1.2 节，但是更强调 1.3.2 节讨论的重量轻和体积小的重要性。

1.3.1 天然气和石油管道系统

图 1.3 给出了一个天然气管道系统的构型，天然气通过管道从井口被泵送给工

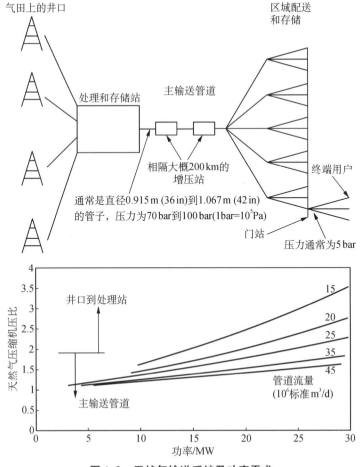

图 1.3 天然气输送系统及功率需求

业或家庭用户。管道的直径典型的为 915 mm(36 in) 到 1420 mm(56 in)，并且通常是埋在地底下的。一个显著的例外是在永久冻土区，管道必须抬高以免将冻土融化。这些系统可以绵延数千公里，大约每隔 200 km 设置一个压缩站。举个例子，管道可以从加拿大的艾伯塔省通到美国的东海岸。动力装置燃烧从管道里引出的天然气，驱动离心压缩机。图 1.3 还给出了典型情况下天然气流量与泵功率和管道压缩机压比之间的关系。作为对照，一个四口之家在冬季每天会消耗 10 基准立方米的天然气。燃气轮机的另一个作用是将水注入贫化气田，以此提高天然气的提取。

石油管道相对简单。石油从井口被泵送到炼油厂，然后馏分燃料偶尔被泵送给大型工业用户。从油井中抽取石油的过程可能需要向油井中泵气，以此提高井内压力，并产生气泡来迫使原油顺着抽油管上升。

1.3.2　发动机需求

主要的功率需求区间为 6～10 MW、15 MW 以及 25～30 MW。考虑到下面列出的需求，这些功率级别通常超出了高速柴油机的实用尺寸的范围，所以几乎专门使用燃气轮机。动力装置需求按重要性排序如下：

（1）重量轻，因为发动机经常要被运到遥远的地方，而且在那里修建相当规模的基础设施既困难又代价昂贵。

（2）基本负荷热效率高，因为利用率要尽可能接近 100%。

（3）具有合理的部分功率扭矩，以响应天然气压缩机上的负载变化。然而快速起动不是必需的，通常从慢车加速到全功率需要 2 分钟。

对于海上钻井，发动机必须装在钻井平台上，因此重量轻的重要性提高了，并且体积小也是必需的。天然气和石油从地下抽出时压力很高，但总是需要进一步加压，从而通过管道输送回陆地。就像上面描述的那样，压缩机可以通过燃气轮机以机械方式驱动，或者有时也通过电机驱动。对于后一种情形，CHP 布置还能提供其他用途的动力，比如为钻井提供电力，以及为天然气处理或空间供暖提供热量。

对于中间或更高功率范围，简单循环、带自由动力涡轮的航空派生型燃气轮机可以最好地满足上述标准，并且几乎专用于这一级别市场。20∶1～25∶1 的压比和 1450～1550 K 的 SOT 是典型的水平，这使得其热效率达到 35% 至接近 40% 的水平。这些发动机包括罗罗公司的 RB211 和 GE 公司的 LM2500，它们也被用于发电应用。对于较低功率级别，客户定制的工业燃气轮机（如 Solar 的 Mars）以及航空派生型燃气轮机（如 Allison 的 501）都有使用，由于压比和 SOT 相对较低，因此热效率在 30% 多一点。更多细节可参阅参考文献[1]。

1.4　机动车辆应用

1.4.1　燃气轮机与活塞发动机

1950 年，英国研制了第一台由燃气轮机推进的汽车 Rover JET1，设计团队由 Maurice Wilks 和 Frank Bell 领导。其发动机是一台功率为 150 kW 的带自由动力涡轮的简单循环燃气轮机，车辆的耗油量为 $5.4\,km/L(15.2\,m/g)$。在随后的几十年中，尽管在汽车项目中付出了很多努力，然而柴油发动机和汽油发动机一直占据着主导地位，燃气轮机仅仅在一些特殊应用中占得一席之地。影响因素将在这一节里探讨，主要原因有三个：

（1）即使采用了带可调面积导向器叶片的回热循环，燃气轮机的部分负荷热效率还是很低（见图表1.1）。为了提高热效率，陶瓷涡轮技术的研究已经开展数十年了，但迈向达到产品标准的道路依旧步履维艰。

（2）燃气轮机的燃气发生器转子从慢车加速到全功率状态的时间相对较长。

（3）燃气轮机的生产制造设备需要大量的资金投入。

这些不利因素超过了燃气轮机所能带来的以下好处：

- 如图表1.1描述的较好的部分转速扭矩能力，从而可以减少对变传动比的需求。
- 较低的单位功率重量和体积。
- 可观的低排放潜力。

燃气轮机的另一个应用是尝试作为汽车的动力，以创造陆地上最快车速记录。1983年，Richard Nobel 的"Thrust 2"以罗罗公司的 Avon 涡喷发动机为动力跑出了 $1019\,km/h(633\,mi/h)$ 的时速。1997年，Andrew Green 驾驶着 Richard Nobel 的以罗罗公司的 Spey 涡扇发动机为动力的"Thrust SSC"突破了声速，并创造了时速 $1220\,km/h$（$763\,mi/h$）的新的世界纪录。

1.4.2　汽油发动机与柴油发动机

图表1.1给出了汽油发动机的热效率、扭矩与部分负荷功率关系的曲线。总体上，它的耗油率比柴油机的高，因为为了避免提前点火，汽油发动机的增压比比较低，通常为 $8:1\sim10:1$，而柴油机的可达到 $15:1\sim20:1$。汽油发动机的奥托循环采用的是定容燃烧，压力在过程中增加，而柴油机则采用定压燃烧。这两种发动机都可以通过涡轮增压器提高进口空气密度进而提高质量流量来增大功率。尽管因为涡轮增压器转子加速时的涡轮滞后现象而要增加一定的响应时间，但可以显著地减少发动机重量和尺寸。

汽油发动机的主要优势是重量较轻和体积较小，与典型家用轿车所需的 $50\,kW$ 燃气轮机的很接近。因此汽油发动机用在要求快速加速、空间紧张而对 SFC 要求不是很高的地方。柴油发动机在比如卡车之类的应用领域占绝对优势，此处由于利用率高，所以耗油量是首要的，发动机相对车辆本身体积较小、重量较轻，而高的加速度则是次要的。

另一个区别在于排放。尽管柴油机耗油少，因而产生的 CO_2 也少，但是它的排气中含有更多的微粒和 NO_x。

1.4.3　机动车辆的主要类别

图1.4给出了主要机动车辆种类的概况，包括实际的机动车辆和所使用发动机的例子。图表1.4使用图1.4中定义的每个类别对应的序号，介绍了每种类型机动

车辆与所需推进功率的关键方面特征。参考文献[3]提供了更详细的信息。

序号	机动车辆类型	机动车辆实例	使用的发动机	ISO 条件功率/kW
1	家用轿车	Ford Mondeo Honda Accord Pontiac Phoenix(试验性的)	4 缸,1.6～2.0L 汽油发动机 4 缸,1.6～2.3L 汽油发动机 Allison AGT 100 燃气轮机	40～100
2	家用混合动力轿车	Volvo ECC(试验性的)	硫化钠电池加燃气轮机	50～60
3	家用豪华轿车	Jaguar XKR Mercedes Benz S 级	8 缸,4L 汽油发动机 6 缸,3.2L 汽油发动机	190～220
4	超级跑车	Porsche 911 turbo Ferrari Testarossa	6 缸,3.3L 涡轮增压汽油发动机 12 缸,5.3L 菲亚特汽油发动机	180～350
5	F1 赛车	Williams FW12 Benetton B189	8 缸,3.5L 汽油发动机 8 缸,Ford HBV8 汽油发动机	500～550
6	大型卡车	Scania 4 系列 Ford Transcontinental H 系列 British Leyland Marathon T37（试验性的）	11.7L 6 缸 DSC12 柴油发动机 Cummins NTC355 柴油发动机 Rover 2S/350R 燃气轮机	300～450
7	主战坦克	Royal Ordanance Challenger Chrysler M1 Abrams Bofors STRV 103（试验性的）	Caterpillar 12 缸柴油发动机 TL AGT - 1500 燃气轮机 2×柴油发动机,1×燃气轮机（增压）	900～1150

图 1.4　机动车辆主要类别、实例和发动机类型

1.4.4　机动车辆的功率需求(公式 F1.1—F1.5)

图 1.5 给出了构成机动车辆总功率需求的要素,即:

- 气动阻力。
- 滚动阻力,即轮胎消耗的功率。
- 爬坡。
- 加速度。

读者可根据公式 F1.1—F1.5(见 1.9.3 节之后)和图表 1.4 提供的数据计算某一给定机动车辆的大致所需功率。图 1.6 提供了计算滚动阻力所需的典型系数,算例 C1.1 给出了一辆家用轿车所需功率的计算过程。

图表 1.5 给出了卡车和家用轿车功率需求的组成因素与车速关系的相对量级。卡车的滚动阻力贡献更大是显而易见的。对于这两个例子,在水平道路上恒速行驶所需功率(克服气动阻力和滚动阻力)近似呈三次方关系。这一点对家用轿车有着

特殊的意义,其典型的巡航速度为 50 km/h 和 100 km/h,相对使用功率分别只有 6% 和 20%,剩余的功率可用于加速以及很少使用的最高速度。作为鲜明对比,当卡车以 100 km/h 车速巡航时,相对使用功率为 65%。

汽车所受作用力

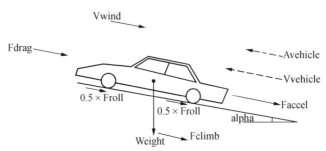

图 1.5　机动车辆受力分析以及功率需求①

Vwind—风速;Vvehicle—车速;Avehicle—加速度;Fdrag—气动阻力;Froll—滚动阻力;alpha—斜坡角度;Weight—重力;Faccel—加速力;Fpropulsive—维持车速和加速度的总推进力;PWpropulsive—维持车速和加速度的总推进功率;Fclimb—与前进方向相反的重力分力

Fclimb = Weight * sin (alpha)

Fdrag = (Vwind + Vvehicle)^2 * 阻力系数 * 迎风面积

Fpropulsive = Fdrag + Froll + Fclimb + Faccel

PWpropulsive = Fpropulsive * Vvehicle

注:力以阻力的形式给出,见公式 F1.1—F1.5。

表面	滚动摩擦系数	表面	滚动摩擦系数
铺路石	0.015	柏油路	0.025
光滑水泥	0.015	泥土路	0.05
卷砂石	0.02	履带式车辆在耕地上	0.07~0.12

图 1.6　子午线轮胎与不同表面接触时的滚动摩擦系数

1.4.5　齿轮传动的需要(公式 F1.6—F1.7)

在几乎所有的应用中,满足功率输出而所需的发动机转速与车轮的转速是不同的,这就需要在传动装置中设置一定的齿轮传动比。另外,因为汽油和柴油发动机的功率和转速之间都不遵循近似的三次方关系(见图 1.7),因此,这两种发动机的传动比必须是基于车速可变的。此外,变传动比可以使活塞发动机能够为车轮提供剩余功率和扭矩用以加速。图表 1.1 表明活塞发动机的输出扭矩随发动机转速下降而下降。固定传动比意味着车速较低时发动机转速也很低,只能提供很小的扭矩因而功率。变传动比可以使车速较低时发动机工作在高转速和高功率,从而为车轮提供高的扭矩。

正如第 7 章描述的那样,带自由动力涡轮的燃气涡轮发动机的输出功率和转速

---

① 本书正文及图和图表中的量与符号均采用计算机编程的表示法。——译注

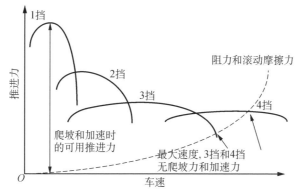

图 1.7 柴油发动机和汽油发动机对齿轮传动的需求

注：发动机的输出功率等于推进力乘以车速；1 挡时的高功率
可以提供较大的爬坡力和加速力，但不适用于高速行驶；4 挡时的
高功率适用于高速行驶，但爬坡和加速时的功率受限；图示的是典
型的活塞发动机，燃气轮机需要的挡数较少。

之间可以很好地遵循三次方关系，能更好地与车辆需求相匹配。如图表 1.1 所示，
它还可以在发动机输出转速较低时提供较高的功率和扭矩用于爬坡和车辆加速。
这是通过使燃气发生器运行在高转速和高输出功率，同时使动力涡轮运行在低转速
来实现的。所以尽管传动比更高，但需要的变速挡位数目却很少，这也是燃气涡轮
发动机在机动车辆应用上的一大优势。

公式 F1.6 和 F1.7 给出了由齿轮传动带来的重要相互关系。算例 C1.2 展示
了公式的应用，并就对上述齿轮传动的需要做了说明。

1.4.6 普通和豪华家用轿车（图 1.4 中序号 1 和 3）

家用轿车的发动机有几项关键需求。按重要性排序如下：

（1）重量轻、体积小。

（2）快速加速（为了车辆的性能）。

（3）良好的部分功率 SFC（低至 5% 功率以下，因为相当一部分的行驶循环处于
这个功率范围）。

尽管有许多研发项目，比如图 1.4 中突出显示的通用汽车 AGT100，但是尚没
有基于燃气轮机的汽车发动机实现生产。原因在 1.4.1 节中已经讨论过。汽油发
动机是使用最广泛的，和柴油机比起来它的重量更轻、体积更小，这盖过了汽油发动
机油耗差的缺点。柴油机占据着 20% 左右的市场份额，这里燃油效率的提高是以增
大发动机重量从而牺牲加速性为代价的。

如第 7 章介绍的，车用燃气涡轮发动机通常采用带可调动力涡轮导向器叶片的
回热循环，以尽可能降低部分负荷的 SFC。间冷回热循环将会带来进一步的性能提
升，但由间冷器带来的重量、体积和成本问题使其不适用于这种尺寸的发动机。这
种发动机始终采用离心压气机以适应较小的空气流量，并采用自由动力涡轮以在部

分功率时提供较高的扭矩。最高功率时的 SOT 通常在 1200 K 左右,以免需要对涡轮进行冷却,因为这对如此小尺寸的发动机来说既困难又昂贵。由图表 6.5 可知,最佳 SFC 对应的压比在 5:1 左右。上述的这两个参数值一同使得动力涡轮和回热器燃气侧进口的温度都可接受。从中期来看,陶瓷涡轮叶片可以承受更高的 SOT,从而提高发动机性能。

1.4.7　混合动力车(图 1.4 中序号 2)

在世界的有些地方,比如加利福尼亚州,严苛的零排放法律为混合动力车辆提供了一个重要的小众市场。即使使用如钠硫电池那样最先进的电池系统,纯电动车也需要充电,否则其驾驶性能和距离会受到限制。为了解决这个问题,热力发动机也可以配上目前正在研发的两种可能的混合动力构型中的一种。

图 1.8 描述了两种混合动力车构型各个可能的运行模式:

● 对于增程式混合动力,有两种运行模式。模式 A 是常规的电动车模式,电池通过电力电子装置向轮毂电机供电以提供牵引动力。模式 B 是热力发动机驱动发电机给电池充电。在这一应用中,燃气轮机工作时运行在最高功率,其响应特性并不重要,且它与活塞发动机的 SFC 差别最小。

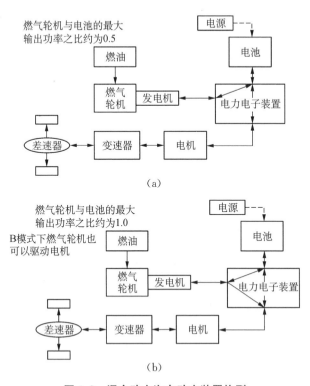

图 1.8　混合动力汽车动力装置构型

(a) 增程式混合动力装置　　(b) 全混合动力装置

注:箭头表示电力传输方向;如果采用多个轮毂电机,则不需要差速器;模式 A—电池驱动汽车;模式 B—发动机给电池充电。

● 对于模式 B 下的全混合动力装置,发动机也可以通过发电机、电力电子装置和电机为车轮提供牵引力。这通常在城外高速公路上车速快、功率高的情况下使用。

在这两种模式下,如果使用轮毂电机,则将采用再生制动,让电机充当发电机的角色为电池充电从而回收能量。在行驶循环中,电池也可用来起动燃气轮机。参考文献[4-7]对混合动力汽车提供了更全面的描述。

动力装置需求按重要性排序如下:

(1) 低排放。

(2) 体积小、重量轻,从而能够容纳电池等系统。

(3) 高的输出转速,以满足紧凑高速直驱发电机的要求。

(4) 额定功率的 SFC 低。

燃气轮机是最符合上述要求的,因为在混合动力汽车运行的区域中,油耗高和加速慢这两个似乎致命的弱点并不重要。而且事实上,燃气轮机也确实正在应用于大多数进行中的混合动力汽车研发项目。

燃气轮机的构型通常是单转子的,驱动发电机在某一固定转速下工作。此外,也使用回热循环,不过没有采用涡轮可变几何结构,这是因为部分功率的 SFC 并不重要。

1.4.8　超级跑车和高速赛车(图 1.4 中序号 4 和 5)

超级跑车对发动机的需求和家用轿车的差不多,但更加注重车辆的性能而不是油耗。汽油发动机因其相对于柴油发动机具有重量和体积的优势,而在这领域占有独霸的地位。超级跑车从满功率到慢车的功率下调幅度甚至比家用轿车的更大,因此不宜使用燃气涡轮发动机。

高速赛车对发动机体积和重量的要求程度达到了极致,而且同样专门使用汽油发动机,尽管部分功率下的耗油率不太重要。燃气轮机偶尔也装备于赛车,如 19 世纪 60 年代作为演示用途引入的 Rover-BRM Le Mans。以燃气轮机为动力的赛车最显著的成就是好几次赢得了印第安纳波利斯 500 大奖赛,但最终由于对进气口尺寸的限制而丧失了竞争力。

1.4.9　卡车(图 1.4 中序号 6)

大型卡车拥有很高的利用率,其行驶循环中通常有 80% 处于 65%～100% 功率。因此它对动力装置的要求为:

(1) 高功率时的 SFC 低。

(2) 低转速时的扭矩大,以保证加速性能。

(3) 发动机重量和体积不那么重要,因为发动机只占卡车体积的百分之几。

目前,卡车完全使用柴油机。由于低工况时间缩短了,相对于家用轿车和超级跑车,燃气轮机更适合卡车,并且其较高的部分负荷扭矩使得需要的变速挡位数目从大约 12 降到 3～5。尽管全世界有很多研发项目,但由于 1.4.1 节介绍的三个主要原因,它仍然没有实现量产。近年来,由于更加苛刻的排放法规的出台,已经在开展更多的卡车用燃气轮机研发项目。然而,由于巨额成本的因素,法规不太可能禁止柴油机的使用。

迄今为止，卡车用燃气轮机项目都采用与家用轿车类似的构型和循环。不过，如果此项目是在编写本书的时候推出的，SOT 很可能达到 1350 K，这就需要高压涡轮静子叶片冷却以及 7∶1 左右的对应最佳 SFC 的压比。由于陶瓷叶片可以承受更高的 SOT，世界上许多公司正在积极地对它进行研究。

1.4.10　主战坦克（图 1.4 中序号 7）

坦克对动力装置的技术要求按重要性排序如下：

（1）由于需要容纳众多车载系统，动力装置要求体积小。

（2）爬坡和加速所需的优异的部分转速扭矩。

（3）高功率和部分负荷状态下的 SFC 都低。

（4）重量轻。

对于上述要求，柴油机和燃气轮机各具优势。燃气轮机具有体积和重量优势，辅以出类拔萃的维护性、冷起动能力、多种燃料的兼容和静音运行能力。柴油机具有更低的 SFC，但是由于其功率水平超过了其他大量生产的车辆应用的，因而成本优势并不明显。在这一市场，柴油机拥有最大的份额，但燃气轮机也有大量的应用。

燃气轮机在这方面最著名的应用是图 1.4 介绍的 Abrams M1 坦克，此坦克已经生产了大约 11000 辆。发动机构型同样是回热式的，带导向器叶片面积可调的自由动力涡轮。SOT 在 1470 K 左右，需要对高压涡轮转子和静子叶片进行冷却；由于发动机尺寸较大，因此这是切实可行的。轴流式低压压气机和混流式高压压气机提供超过 14∶1 的总压比。此压比高于设计点的最佳 SFC 所对应的压比，但对于单位功率是最佳的，这对发动机尺寸和重量有利。为此采用的一个有效的办法是减小了回热器的体积，因为回热器的体积和发动机其余部分的相当。同样地，将来的陶瓷叶片可以进一步提高 SOT，从而提升发动机性能。

1.5　船舶应用

船舶推进采用柴油机、燃气轮机或者以燃油或核能为燃料的蒸汽动力装置。柴油机主要分为两种。一种是小型中高速柴油机（750～1500 r/min），它和船用燃气轮机一样燃烧高度精炼的轻质柴油。另一种是大型低速柴油机，由于其转速低（120 r/min），且采用间接喷射，燃烧不需要燃料快速汽化，所以它燃烧重得多的柴油。尽管船舶推进普遍采用柴油机，但是燃气轮机在某些领域还是有用武之地的。

燃气轮机作为军舰动力的初次应用是 1947 年英国使用一台 Metrovick 的 Gatric 发动机作为一艘改装炮艇的动力。它由 F2 喷气发动机发展而来，在尾管中加装自由动力涡轮，并且燃烧柴油。持续四年的海上测试使人们不再怀疑简单循环的小型发动机在海上工作是可行的。Metopolitan Vickers 公司后来被罗罗公司收购。

另一个早期的研发项目是罗罗公司的 4.0 MW 功率的 RM60 双间冷回热发动机。它具有平坦的 SFC 曲线，设计意向是作为单发小型船舶的动力，或者大型船舶的巡航发动机。它于 1953 年装备英国皇家海军舰艇(HMS)"灰鹅"号,后者成为世界上第一艘只用燃气轮机驱动的船只,并在海上度过了四年。若主要从技术上考量,该发动机是成功的,但它并没有量产,因为对于巡逻艇来说它过于复杂,作为巡航发动机它又不如柴油机。

燃气轮机在舰船上的第一个运行的案例是 1958 年装备一艘快速巡逻艇的三台 Proteus 发动机,它由 Bristol 发动机公司研发。后来这家公司也被罗罗公司收购了。

船舶推进系统需求和地面装置的区别很大。由于大型船舶的惯性,发动机的加速时间一般不是很重要。并且目前排放法规的影响是可以忽视的,尤其是在污染浓度较低的远海。国际海事组织(IMO)不愿意那种引进燃气轮机可以满足、而柴油机则不能的严格法规。

1.5.1 船舶主要类别

图 1.9 总结了以燃气轮机作为候选动力的船舶的主要类别,并提供了一些在役船舶和所使用发动机的例子。燃气轮机与柴油机以及使用锅炉和蒸汽轮机的核动力装置竞争。在编写本书的时候,已经很少有新的船舶装备以燃油为燃料的蒸汽动力装置,但老的依然在役。

序号	船舶类型	船舶实例	装备发动机	总功率/MW
1	中型气垫船	BHC AP1-88 多用途 Textron LACV-30 登陆艇	4×DEUTZ BF12L 12 缸柴油发动机 2×PW ST6T 燃气轮机	1.5~3
2	大型气垫船	BHC SR N4 客轮 Westamarin 客轮	4×RR Proteus 燃气轮机 2×MTU 396 柴油发动机 2×DEUTZ MWM 柴油发动机	3.5~10
3	巡逻艇	Souter 船厂的 Wasp Bollinger 船厂的岛级	2×GM 16 V 柴油发动机 2×PV 柴油发动机	2.5~4.5
4	豪华游艇	Chritensen CXV Denison Marine Thunderbolt	2×CAT 3412 柴油发动机 2×MTU 12U 396 柴油发动机	0.5~3
5	高速船	Yuet Hing 双体船 Aquastrada 单体船	2×TL TF40 燃气轮机 1×LM2500 燃气轮机加 2×MTU 595 柴油发动机,形成柴燃交替动力	6~30
6	大型集装箱船	Hellenic Explorer Lloyd Nipponica	6×柴油发动机 锅炉加蒸汽轮机	20~40
7	超级油轮	Sumitomo King Opama Uddevalla Nanny	锅炉加蒸汽轮机 锅炉加蒸汽轮机	30~40
8	攻击潜艇	通用动力 Sturgeon (USN) Vickers Fleet 级 (RN)	1×压水反应堆加蒸汽轮机 1×压水反应堆加蒸汽轮机	10~20

（续前）

序号	船舶类型	船舶实例	装备发动机	总功率/MW
9	弹道导弹潜艇	通用动力 Ohio 级（USN） Vickers Fleet 级（RN）	1×压水反应堆加蒸汽轮机 1×压水反应堆加蒸汽轮机	40～45
10	护卫舰	Yarrow 造船厂 23 型（RN） BIW Oliver Hazard Perry 级（USN）	2×RR SM1C 燃气轮机加 4×PV 柴油发动机形成柴燃联合动力 2×GE LM2500 燃气轮机	30～40
11	驱逐舰	BIW Arleigh Burke 级（USN） RN 22 型	4×GE LM2500 燃气轮机 2×RR SM1C 燃气轮机加 2×RR Tyne 燃气轮机形成燃燃联合动力	45～75
12	轻型航母	BIW Intrepid 级（USN） Vickers Invincible 级（RN）	锅炉加 4×蒸汽轮机 4×RR Olympus 燃气轮机	100～120
13	大型航母	Newport News Nimitz 级（USN） Newport News J F Kennedy 级（USN）	2×PWRs 加蒸汽轮机 锅炉加 4×蒸汽轮机	180～220

图 1.9　船舶的主要类别

图表 1.6 以图解的方式展示了这些不同船舶类别的主要的特征。有兴趣的读者可以通过查阅参考文献[8]和[9]得到更多信息。

1.5.2　船舶推进需求（公式 F1.8 和 F1.9）

图 1.10 说明了构成推动船舶向前运动所需总功率的要素以及其量级。船舶在平静的水面运动时会产生两种波形：一种位于水压升高的船首，另一种位于水压降低的船尾。产生这一波系的能量来源于船舶的兴波阻力。高速时，波阻占主导地位。事实上，对于给定的船体设计，当其达到一个兴波阻力临界速度时，船舶就像在攀越一座由波浪构成的山丘，此时推力是向斜上方的，超过这一速度则经济性变差。叠加在兴波阻力波型线上可见的正弦效应是由船首和船尾的波系相互作用形成的。表面摩擦阻力，或者说摩擦力形式的阻力，也是总的阻力的主要构成部分。这种摩擦力作用于船体和水之间。

黏压阻力，即水动阻力或者形状阻力，是由于船体周围的水的流动分离形成一个逆压场而造成的。除了所有由此产生的漩涡或涡流外，还存在由兴波阻力形成的波浪。

吃水线以上的船体产生的空气阻力占总阻力的比例低于 5%。时常对于低速行驶的船舶，气动外形的影响较小，因此没人在乎。

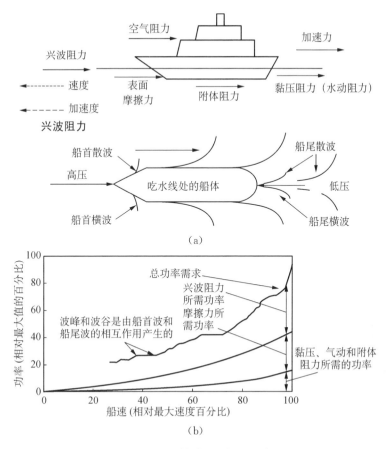

图 1.10 船舶功率和推力需求

（a）船体所受作用力 （b）总功率需求的各个分量的相对量（非加速）

注：力以阻力的形式给出；功率＝合力＊速度；合力＝所有分力之和，见公式 F1.8—F1.9；产生波系的能量来自船体，所以对船体来说属于阻力。

　　上面四种阻力构成了船的裸船体阻力。计算总的阻力时必须考虑附体阻力。这是由船舵、龙骨、螺旋桨等产生的损失，它占总阻力的比例小于10％。

　　传统上，对于给定的船舶设计，这些阻力通过水池中的模型试验来评估，然后利用无量纲参数组将得到的公式和系数放大到船舶的实际尺寸。这一过程很复杂，参考文献[10]和[11]提供了全面的介绍。对于排水型船体，其重量单纯由浮力来支撑，所需的功率近似随航行速度按三次方关系变化。对简单的计算，可以用公式F1.9，其表明阻力还取决于排水量（即重量）。算例C1.3介绍了如何通过图表1.6和公式F1.9计算船舶的功率需求。对于半滑行型船体，其通过水动力产生升力，功率接近于航行速度的平方关系。

1.5.3 发动机负载特性（公式F1.10）

　　船舶发动机通过齿轮箱驱动常规的螺旋桨，或者驱动喷水推进器。后者由一个向后喷水的闭式水泵组成。由于两者泵送的都是不可压缩的水，因此功率与轴转速近似遵循三次方关系式，如公式 F1.10 所示。对于螺旋桨，船速决定了轴的转速；当没有桨叶滑移的时候，它们是唯一关联的。随着工作发动机数量的变化，发动机的运行在各种可能的三次方关系式之间转换，而且工作的螺旋桨数量变少时很可能会产生滑移。在发动机概念设计阶段，三次方关系式是合理的假设，然而应该尽早从制造商那里得到真实螺旋桨或者喷水推进器的特性。可调桨距螺旋桨经常用到，它主要影响最低转速特性。

图表 1.7 展示了典型排水型船体的功率需求与船速之间的关系，它们遵循公式 F1.9。曲线是针对双发动机双螺旋桨船舶的，螺旋桨可用一台或者两台发动机驱动。由于不工作的螺旋桨的阻力，一个螺旋桨工作时维持稳定船速所需的功率比两个螺旋桨工作时的大致高 20%。但这对于喷水推进器不适用，因为对于不工作的装置，阻流门通常是关闭的。

图表 1.7 还展示了发动机输出功率和输出转速之间的关系。它同样遵循近似的三次方关系式，给出的两条不同曲线分别对应一台发动机和两台发动机驱动的情形。此外还给出了由此产生的发动机转速和船速关系的特性。功率和船速之间，以及功率和发动机输出转速之间均遵循三次方关系，因此发动机输出转速正比于船速。可是只有一台发动机驱动时，为了达到要求的船速，也就是螺旋桨的转速，发动机输出转速比两台发动机工作时的几乎高 20%，原因是承受负载的螺旋桨发生滑移。在设计装备于多发动机船舶的燃气轮机时，必须考虑这些多样的负载特性。

1.5.4　CODAG、CODOG、COGAG 和 CODLAG 推进系统

图 1.11 给出了上述系统的示意图。

● 在柴油机和燃气轮机联合动力（CODAG）系统中，柴油机在低船速时提供推进动力，而在高速时，燃气轮机点燃并提供相对较大的遵循三次方关系的额外功率。

● 在柴油机或燃气轮机交替动力（CODOG）系统中，传动系统的设计使得柴油机或者燃气轮机其中之一在给定的时间段内单独驱动螺旋桨或者喷水推进器。

● 燃气轮机和燃气轮机联合动力（COGAG）和燃气轮机或燃气轮机交替动力（COGOG）系统在低船速时使用小燃气轮机，在高船速时使用大燃气轮机，或者两者同时使用。

● 柴油发电机和燃气轮机联合动力（CODLAG）系统在低船速时使用电动机和柴油发电机。它的一个重要特征是针对反潜的低噪声。

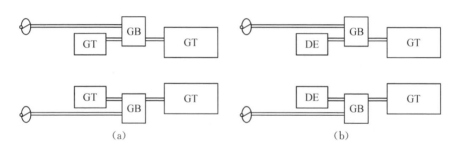

　　　　　　　　　（a）　　　　　　　　　　　　　　　　　（b）

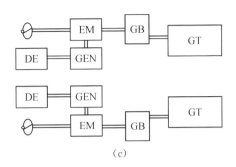

(c)

图 1.11   使用燃气轮机的舰船动力装置构型

(a) 燃气轮机和/或燃气轮机联合/交替动力(GOGAG/GOGOG)
(b) 柴油机和/或燃气轮机联合/交替动力(CODAG/CODOG)
(c) 柴-电和燃气轮机联合动力(CODLAG)

注:GT—燃气轮机;DE—柴油发动机;EM—电动机;GEN—发电机;GB—齿轮箱①。

● 综合电力驱动(IED),即全电力推进(FEP),是针对大型军舰而认真研究的课题。这里的燃气轮机驱动发电机发电,以提供电力给动力装置、舰船本身以及最关键的是未来的武器系统。尽管可以使用变速箱甚至新型大功率变频器,但是最有可能的还是以3600 r/min 恒定转速输出。这种电力推进系统很早就应用于商船,但至今尚未应用于燃气轮机军舰。

1.5.5 气垫船 (图 1.9 中序号 1 和 2)

气垫船通过一个风扇保持船体裙边下面的压力,从而使之悬浮于水面上方,同时利用空气螺旋桨推进器提供推力。用于推进和悬浮的功率之比介于5:1到10:1之间。如图表 1.6 所示,这些气垫船专为高速而设计。它们主要被用作为商用客运渡轮或者登陆艇,大部分时间工作于最高速度。动力装置的关键指标按照重要性排序如下:

(1) 重量轻。
(2) 高功率时的 SFC 低。
(3) 部分功率时的 SFC 低。

输出功率在 10 MW 以下,因此使用柴油机比较实际。柴油机拥有最低的高功率 SFC,但是燃气轮机的重量最轻。因此这两种形式的动力装置均有应用。为了使重量最小化,燃气轮机一般为简单循环构型,并带自由动力涡轮。通常 SOT 可达 1 250 K,压比在 7:1 左右,这些较低的数值部分地反映出比较老旧的发动机设计在当前的应用中仍占主导地位。

1.5.6 单体巡逻艇和豪华游艇 (图 1.9 中序号 3 和 4)

这些船大多时候处于低速巡航状态。由于输出功率和船速之间的三次方关系,

---

① "GB"注释为译者添加。——译注

大部分时间工作在输出功率非常低的状态,双发动机船舶甚至只需要依靠一台发动机巡航。最关键的需求是部分负荷的 SFC 要低,有鉴于此以及小的体积,柴油机在这一领域占有统治地位。

1.5.7 高速船（图 1.9 中序号 5）

商用客运高速船是一个正在成长的市场。它们经常采用双船体或多船体构型,在高速时水翼的升力面将大部分船体托于水面之上。尽管其船速仍然低于气垫船的,但它很适合在风大浪急的海上航行。同气垫船一样,它大多数时间在高功率下运行,其关键需求也和气垫船的一样。鉴于它们具有比其他类别船舶更快的速度,因此重量轻显得尤其重要。即使是水翼艇,功率要求也随着重量而增加,而且高速运行时必须考虑给定航程所需的燃油重量。

大型高速船的功率要求超出了柴油机的范围,所以燃气轮机占主导地位。常常采用 CODOG 系统,其中配有一台柴油机用于港口机动操作。对于更小级别的,燃气轮机和柴油机共享这部分市场。

这里使用简单循环的燃气轮机,通常是重量较轻的航空派生型,压比介于 15：1 到 25：1 之间。先进的带冷却的导向器叶片和转子叶片可使 SOT 高达 1450～1550 K。

1.5.8 大型集装箱船和超级油轮（图 1.9 中序号 6 和 7）

大型集装箱船舶也使用带蒸汽轮机的燃油锅炉作为动力,现在也有使用柴油机的,可使最高船速达到 25 kn 左右。最高船速的选择是变化的,这主要取决于燃料价格。当燃料价格低的时候,将货物尽快运往市场占主导地位,时速高达 40 kn 的横穿大西洋的货船可以考虑使用燃气轮机。当燃料价格高的时候,燃料成本的考虑就决定了低的船速。

大型油轮(或者超级油轮)是在海洋上航行的最大的船舶。它们通常以 15 kn 左右、相对较低的最高速度航行。由于船体庞大,发动机的尺寸和重量相对不重要,在船员起居舱上层建筑的下方是空余的可用空间。它们几乎全部采用大型低速单缸柴油机作为动力装置,而老式油轮采用的是燃油蒸汽动力。这种柴油机极其庞大笨重,但是它使用的燃料精炼程度不高,并且每千瓦的成本远低于使用高速柴油机和燃气轮机的。

1.5.9 攻击型潜艇和弹道导弹潜艇（图 1.9 中序号 8 和 9）

由于无须加油,并且能够在水下保持全速,核反应堆和蒸汽轮机被用在大多数的现代潜艇上。一些低成本的小型攻击潜艇采用柴电联合动力。

1.5.10 护卫舰、驱逐舰和轻型航空母舰（图 1.9 中序号 10—12）

这些船大多数时间处于待命状态,航速较低。但是在驶往执行任务区域的持续航行期间,也需要用到相当高的功率。因此动力装置的关键指标是:

（1）部分负荷 SFC 低。

（2）重量轻，从而保证达到较高的船速。

（3）体积小，从而给舰载系统和船员留下更多空间。

（4）可用性高，即维修量低和可靠性高。

这里 CODOG、COGAG 和 CODLAG 系统占主导地位。高速时所需的输出功率会要求装备大量的柴油机，这将导致不可接受的体积和重量，所以主发动机采用燃气轮机。为了达到较低的巡航 SFC，也采用柴油机或小型燃气轮机。使用的燃气轮机构型和高速船的一样。

在编写本书的时候，有一个重要的船用燃气轮机项目 WR21，它是由美、英、法三国海军联合出资研制的 25 MW 级别的带间冷回热的发动机。它的目标是相对于现有的简单循环发动机减少 30% 的燃油消耗，通过换热器和可调动力涡轮导向器叶片来获得十分平坦的 SFC 曲线，从而满足海军的航行剖面（见第 7 章）。旋转部件基本上以罗罗 RB211 和 Trent 系列航空涡扇发动机为基础设计。

1.5.11　大型航空母舰（图 1.9 中序号 13）

在所有的军舰中，超级航母的功率需求最大。它的航行剖面和上面介绍的其他军舰的类似。

在这一功率级别，柴油机或者燃气轮机装置要比核动力装置大得多，尤其是考虑到所需的发动机数量及其油箱和管道所占的空间。因此采用带锅炉和蒸汽轮机的压水核反应堆。由于没有发动机进气和排气流道，舰岛（上层建筑）尺寸有所减小，同样排水量的航母甲板上可以多停大约 2 架飞机。由此带来的更小的船舶外廓也减小了雷达截面积，而且由于没有排烟和废热，进一步减少了其特征信号。消除了发动机加油是它的一个优势，尽管舰载飞机仍然需要加油机。

1.6　航空器应用——推进系统需求

以燃气涡轮发动机作为喷气式推进器的概念由法国的 Guillame 于 1921 年取得专利。在这之前，Rene Lorin 已经于 1908 年获得了冲压喷气发动机的专利。在不知道之前的法国专利的情况下，Frank Whittle 爵士于 1930 年 1 月在英国也取得了涡轮喷气发动机的专利。Whittle 的第一台发动机也是世界上的第一台涡轮喷气发动机，于 1937 年 4 月在试车台上进行了运行。1939 年 8 月 27 日，借助于 Hans von Ohain 的 He S - 3b 发动机，Heinkel He 178 飞机在德国实现了世界上首次由涡轮喷气发动机推进的飞行。该发动机于 1939 年初进行了台架试验；更早的试验于 1937 年 3 月进行，当时以氢气为燃料，因此并不是一台实用的发动机。备受投资短缺困扰的 Whittle 最终在 1941 年 5 月 15 日将他的 W1A 发动机投入试飞，推进 Gloster E28/39 飞机。涡桨发动机的首次飞行于 1945 年 9 月 20 日在改进的 Meteor 飞机上进行，由罗罗公司的 Trent 提供动力。由于罗罗公司将注意力转移到日后首台在航空公司服役的涡桨发动机 Dart 上，Trent 在制造了 5 台之后就终止了。需要提到的是，罗罗公司于 20 世纪 90 年代将其最新的大型民用涡扇发动机再次命名为"Trent"(遄达)。

在大多数的飞机上,活塞发动机已经完全被燃气涡轮发动机取代。这和前面讨论的机动车辆市场形成了鲜明的对比。对于飞机推进,这两种发动机的区别在于燃气涡轮发动机能够提供一些活塞发动机无法提供的东西——实用的高速飞行的飞机,重量轻得多,尺寸也小得多的发动机。举个例子,当代波音747飞机4台涡扇发动机的推力需要约100台二战时期的Merlin发动机,这实在是太重了。

1.6.1　飞行力学(公式F1.11—F1.16)

图1.12展示了飞机受到的4个力:

(1)由飞机周围静压场导致的升力,它主要产生自机翼,其外拱形的上翼面使气流加速以及静压减小。升力与来流速度垂直,并通过压力中心。如下面将要介绍的,对于给定的飞机,增大升力通常也增大了阻力。

(2)飞机的重力作用于重心,并垂直向下。水平飞行时,升力必须等于重力。

(3)阻力作用于阻力中心,并与飞行方向相反。水平飞行时,阻力沿水平方向。

(4)发动机推力沿着发动机的中心线方向。水平飞行时,稳定飞行推力基本沿水平向前,且必须等于阻力。

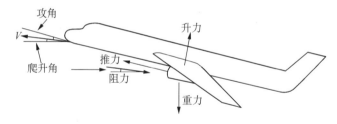

图1.12　飞机受力分析

注:对于螺旋桨飞机,功率=所需推力 * 真空速/螺旋桨效率;对于所有飞机,推力一阻力=重力 * 爬升角的正弦值;用于爬升的剩余功率=爬升速度 * 重力。接近水平飞行时:升力=重力,推力=阻力,加速时需要剩余推力或升力。

稳定飞行时,必须通过设置飞机的操纵面来平衡任何上述的力产生的力偶。重心随着燃油的消耗而改变,因此现代大型飞机用燃油分配控制使阻力最小化。如果飞机需要水平或垂直加速,则必须打破上述力的平衡,如1.6.2节所述。

公式F1.11和公式F1.12使用升力系数和阻力系数,给出了升力和阻力与来流动压,进而当量空速和真空速之间的关系。升力和阻力与当量空速平方成正比(在高空中,当量空速小于真空速,等于后者乘以密度比的平方根,如第2章所述)。对于一个确定的飞机设计,升力系数和阻力系数仅仅是攻角的函数。它们的数值通常通过计算机仿真和风洞中的模型试验得到,然后进行验证性的飞行试验。

对于确定的飞机重量,在所有的稳定飞行状态下,升力必须是恒定的。改变攻角同时改变了升力和阻力系数,因此为了保持稳定飞行,每个当量空速都有一个对应的攻角。因此如公式 F1.13 和 F1.14 显示的,对于一个确定的飞机设计,升力系数和阻力系数也仅仅是当量空速的函数,这一关系的形式也显示于图 1.13。失速和最大当量空速对应的典型攻角分别为 15°和 0°[①]。

公式 F1.14 表明阻力系数由以下两部分组成:

(1) 诱导阻力系数,它是升力系数的函数。低速飞行时,它是总阻力的主要构成部分,此时需要较大的升力系数,因此所需攻角较大。

(2) 附加阻力系数,它反映了由机身和其附属物形状以及表面摩擦力导致的基本阻力。高速飞行时,它是总阻力的主要构成部分。

上面两项的相互作用决定了阻力系数随当量空速变化的特性曲线的形状,如图 1.13 所示。

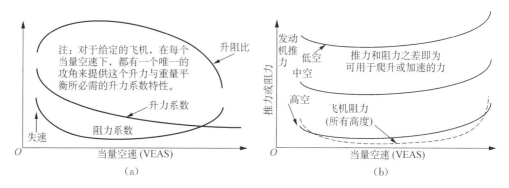

图 1.13　飞机升力和阻力特性以及推力需求

(a) 升力系数和阻力系数以及升阻比(水平匀速飞行)　(b) 发动机推力和飞机阻力匹配

注:功率比推力更急剧地随当量空速而上升;当量空速＝真空速 * SQRT(某高度空气密度/海平面空气密度)(该定义保证相同动压)。

公式 F1.15 定义的升阻比反映了机体设计的效率。公式 F1.16 也反映了这一点,它表明对于某一给定的当量空速,所需的净推力与升阻比成反比。它和当量空速之间的关系也显示于图 1.13,由升阻比决定。亚声速运输机巡航时的升阻比可接近 20,但超声速运输机的则低于 10。战斗机在低空格斗时,其升阻比可低至 5 以下,而高性能滑翔机的可高达 55。

算例 C1.4 给出了上面公式的应用。参考文献[12]—[14]给出了飞行力学的综合介绍。

1.6.2　飞行任务和航空器推力需求

飞行任务主要包括起飞、爬升、巡航、下降和着陆阶段。军机还必须考虑格斗,所有的飞机都需要转弯,尽管这一过程很短暂。图 1.13 给出了阻力和当量空速之间的关系,由定义(见公式 F1.12)可知这种关系和高度无关。低空、中空和高空推

---

① 原文误为"158 和 08",原文多处类似的错误。——译注

力与当量空速之间的曲线关系叠加在图 1.13 上。这些曲线的构成背景将在第 7 章介绍。在中低空,可观的超过飞机阻力的剩余推力可供使用。接下来,结合图 1.13 讨论飞行任务的主要阶段。

在起飞期间,有着很大的剩余推力可用于加速。战斗机的典型起飞速度和起飞距离分别为 140 kn(马赫数 0.21)和 1.2 km。民航飞机的对应数值分别高至 180 kn (马赫数 0.27)和 3 km。对于发动机设计来说,起飞是一个关键的飞行状态,通常此时的 SOT 最高。

为了爬升,需要额外向上的力。这是通过保持较大的攻角从而增大升力系数来实现的。由此导致的阻力增加(见公式 F1.14)要通过增加推力来克服,这时存在超过了稳态飞行时需求的剩余推力。另外,推力的一个分量是垂直向上的。低空时的可用剩余推力提供了较高的爬升率,通常亚声速运输机的可达 500 m/min,而战斗机的则高达 8000 m/min。出于机体结构的考虑(保持恒定的动压),爬升初始阶段的当量空速是定值,一直到马赫数达到机体气动对应的限制值。在爬升顶点,发动机的最大推力正好等于飞机阻力。这是确定发动机尺寸的重要状态,此时的换算转速因而换算流量最大。由于环境温度较低,所以这个状态的 SOT 不是最高。

飞机通常在较高的高度巡航,因为对于给定的当量空速,此处的真空速高得多 (见公式 F2.16),并且相应的较低的推力需求使得发动机燃油消耗最小化。巡航高度的选择是一个复杂的问题,它取决于达到飞行高度而所需的发动机大小、真空速以及市场部门所要求的航程等;对于这些,参考文献[12]提供了不错的说明。第 2 章介绍的飞行包线给出了综合考虑上述因素后的结果,巡航点通常位于包线的右上角。最佳的巡航高度通常随着所需飞行马赫数的增大而增加。经过一段长时间的巡航飞行后,由于剩余燃油重量的减少,巡航的推力需求可以比爬升顶点的减少 20%。有些飞机因此选择随着重量的减少逐渐地爬升,也就是所谓的巡航-爬升。

在下降阶段,发动机油门收回至飞行慢车等级,并且飞机的攻角减小。这两个因素都使得升力减小,飞行方向低于水平线。此时,沿着飞行方向的重力分量添补了发动机推力以克服飞机阻力。当发动机推力为零时,飞机处于滑翔状态。

转弯时需要向心力,这通过倾斜飞机,从而使机翼升力沿径向向内来提供。为了平衡重力,总的升力必须增大,因此推力也随阻力的增大而增大。

着陆进近时的下滑倾角大概是 3°,在满足所需升力的前提下,通过较大的攻角和调整襟翼来尽可能降低飞行速度。典型的着陆速度介于 120 kn(马赫数 0.18) 和 140 kn(马赫数 0.21)之间。着陆距离比起飞距离短得多,因为着陆时通过反推力装置或刹车和扰流板使得减速过程快于起飞时的加速过程。大多数以涡扇发动机为动力的飞机都使用反推力装置,它通过短舱上的格栅或者后面的抓斗式阻流门使外涵道的气流转向并朝前喷出。

战斗机和超声速运输飞机的发动机经常使用加力燃烧室,即再热装置。由于燃油消耗量大,因此战斗机只会短暂地使用这一装置。使用加力燃烧的特定机动动作包括起飞、加速至超声速飞行、格斗或者飞行包线内的极限角落。超声速客机,比如协和号,通常在起飞和超声速加速时使用加力。

1.6.3　根据要求的飞行范围选择发动机构型(公式 F1.17)

关注的重要参数有:

● SFC,尤其是在对应于巡航状态的适当的高推力或高功率水平下。对于短航程,其他的水平,比如爬升和下降,变得更加重要。

● 重量和迎风面积(进而发动机短舱阻力),尤其是对于高马赫数应用。

● 成本,它随着发动机/飞机的尺寸增加而增加,但是对于消耗性应用,比如导弹,成本必须尽可能低。

民用和军用燃气涡轮发动机分别要满足大约 5 s 和 4 s 的加速时间,所以活塞发动机没有任何竞争优势。

在评估发动机构型对于某一指定飞行任务的适用性时,航程系数(公式 F1.17)是最常用的参数。它是在一定航程和飞行速度下,发动机和燃油的总重与发动机净推力减去短舱阻力(见 5.5.4 节)之比。很明显,航程系数越小越好。算例 C1.5 给出了涡扇发动机航程系数的计算方法。图表 1.8 给出了包括活塞发动机在内的一系列发动机构型在航程 1 000 km 和 8 000 km 时,航程系数随飞行马赫数的变化关系。

对于大多数的飞机推进,燃气涡轮发动机为何能如此轻而易举地取代活塞发动机是显而易见的:后者仅仅在马赫数低于 0.3 左右时具有竞争力。这主要是因为推进功率需求随着马赫数的增大而迅速增大,如图 1.13 所示。相对于燃气涡轮发动机,活塞发动机的重量和迎风面积随输出功率的增大更快。高飞行速度时的这些因素的巨大重要性可以通过航程系数图量化。

当马赫数大于 0.3 时,出于重量和迎风面积的考虑,涡桨发动机取代活塞发动机成为最佳动力装置。由于它是通过来自螺旋桨的喷气速度低、质量流量高的空气来实现推力的,因而推进效率(见第 6 章)高,所以它的燃油消耗比涡喷和涡扇发动机的少。当马赫数大于 0.6 时,涡桨发动机反而变得不再具有竞争力,主要是由于重量和迎风面积增加了。另外,所需的高的螺旋桨叶尖切线速度增加了机械设计的难度,并且高的叶尖相对马赫数会产生极度的噪声。

当马赫数大于 0.6 时,涡扇发动机和涡喷发动机相互竞争,最佳选择取决于应用。如第 6 章的设计点性能曲线图所示,涡扇发动机的 SFC 优于涡喷发动机的,但是代价是单位推力、进而重量和迎风面积都更差。增加涵道比可以给发动机带来如下得失:

● SFC 降低。

● 反推力能力提升。

● 单位推力重量增加。

● 单位推力迎风面积增加(见 5.5.4 节短舱阻力的计算)。

● 驱动风扇的低压涡轮级数迅速增加。

● 单位推力成本增加。

● 附件功率和引气提取对发动机性能的不利影响增大。

大涵道比发动机在飞行马赫数 0.8 左右最具竞争力,而当马赫数达到 2.2 时,最佳涵道比将小于 1,因此涡喷发动机变得愈发具有优势。

如第 6 章所示,当马赫数超过 2.0 左右时,冲压发动机的单位推力优于涡喷发动机的,但是其耗油率较差。这对航程系数的影响如图表 1.8 所示。由单位推力高导致的迎风面积小和重量轻在短航程和高马赫数应用中占压倒性优势,所以冲压发动机成为最具竞争力的动力装置。迄今为止要求这种飞行状态的应用是导弹,因此冲压发动机的低单位成本是有利的。此外,图表 2.11 给出了发动机进口冲压温比与飞行马赫数和高度之间的关系。出于涡喷发动机机械完整性的考虑,压气机出口温度必须低于 950 K 左右,因此当马赫数超过 2.5 时,留给压气机温升的空间将非常小。

另外一个可能的动力装置是火箭,但是它超出了本书的讨论范围。

1.7 桨轴驱动航空器——涡轮螺旋桨和涡轮轴发动机

这一节介绍以轴功率发动机为动力的航空器需求,而 1.8 节则涵盖了以推力发动机为动力的飞机。这里介绍的涡桨发动机是指提供轴功率来驱动螺旋桨,使之推进固定翼飞机的燃气涡轮发动机。那些为旋翼机或者直升机提供动力的则属于涡轴发动机。

1.7.1 轴功率和推力推进航空器的动力需求对比

涡桨发动机的当量推力和当量 SFC 是可以计算的,这就可以用来针对给定的应用初步对比推力发动机和轴功率发动机。公式 F1.18 和 F1.19 提供了近似的转换因子。此外,这些公式可用来将涡桨发动机排气具有的少量推力转化为当量轴功率。这部分功率加上输出轴功率即为总的当量轴功率,相应的 SFC 也就可以确定。

1.7.2 轴功率动力航空器的主要类别

图 1.14 介绍了轴功率动力航空器的主要类别,并给出了实际航空器及所用发动机的例子。图表 1.9 使用图 1.14 中的序号,给出了这几种航空器的关键且引人关注的特性,绘出了航空器的起飞重量、航程、最大速度、座级和所需功率之间的关系。有兴趣的读者可以查阅参考文献[15]以获取更多信息。

序号	航空器类型	航空器实例	装备发动机	总轴功率 /kW
1	轻型飞机,活塞发动机	Piper Warrior Ⅱ	1×TL 0320 - D3G 水平对置双缸	120~220
		Beech Bonanza	1×TC IO 520 BB flat 6 水平对置 6 缸	
2	涡桨动力商务机/公务机	Piper Cheyenne 400	2×Garrett TPE331	500~1200
		Cessna Caravan	1×PW PT6A - 114	
		Dornier 228 - 100	2×Garrett TPE331	

序号	航空器类型	航空器实例	装备发动机	总轴功率 /kW
3	涡桨动力通勤/支线运输机	BAE Jetstream 41 Shorts 330 BAe ATP Fokker 50	2×Garrett TPE331 2×PW PT6A‑45R 2×PW 126A 2×PW 125B	1 800～4 000
4	轻型直升机,活塞发动机	Robinson R22 Schweizer 300C	1×TL O‑32‑B2C 水平对置4 缸 1×TL HIO‑360‑DIA	120～170
5	轻型直升机,涡轴发动机	Bell-Jetranger Ⅲ Bell 406	1×Allison 250‑C20J 1×Allison 250‑C30R	300～500
6	多用途中型直升机	Sikorsky S‑70A (Black Hawk) Westland/Augusta EH101	2×GE T700‑700 3×GE T700‑410A 或 3×RR/TM RTM322	2 300～3 500
7	重型直升机	Sikorsky H53E Boeing Chinook CH‑47	3×GE T64‑416 2×TL T55‑712	6 500～10 000

图 1.14　涡桨/涡轴动力航空器的主要类别

1.7.3　固定翼飞机(图 1.14 中序号 1—3)

轻型飞机时常为私人所有,用于短程运输或者娱乐休闲。商务/公务用涡桨飞机通常为公司所有,用于灵活运送高级行政人员。通勤或者支线涡桨飞机通常由商业航空公司在中程航线上运营,此处由推力飞机缩短飞行时间带来的好处是微不足道的。

目前活塞发动机在飞机工业中的应用所剩无几,其中之一是用于最高速度低于 200 kn(马赫数 0.3)的轻型飞机。由 1.6.3 节介绍的航程系数可知,活塞发动机只有在如此低的飞行速度下才具有竞争力。另外,在此处所需的低功率水平下,燃气涡轮发动机会受到诸如叶片高度小、尾缘和圆角半径相对较厚这样的小尺度效应的不利影响;随着尺寸减小,这些都会降低发动机效率。

对于商务和通勤飞机所要求的飞行速度和航程,航程系数图显示涡桨发动机更具优势。并且当发动机功率高于 250 kW 时,燃气轮机可以摆脱小尺度效应最糟糕部分的影响。

这种发动机几乎都是带有自由动力涡轮的构型,燃气发生器采用单转子结构,偶尔也会采用双转子。压气机要么是离心式的,要么是轴流—离心混流式的,以此使得成本最小化;在如此小流量水平下,其效率相比于轴流压气机的具有一定竞争力,并且在所涉及的中等飞行速度时迎风面积不是决定性的。压比通常介于 7:1～10:1 之间。涡轮采用轴流式,SOT 介于 1 250～1 450 K,当超过 1 350 K 时,需要对转子叶片进行冷却。压比的选取反映了如下的折中:如果保持压气机的效率不变,那么低的压比可以降低压缩系统的成本和重量,而高的压比可以降低 SFC 并且提高单位功率。

1.7.4　旋翼航空器(图 1.14 中序号 4—7)

这里的关键指标按照重要性排序如下:

(1)发动机重量。

(2)部分功率时的 SFC,因为最大功率大小的确定要么是针对热天运行情况,要么是针对多发动机直升机的发动机失效情况。

(3)额定 SFC。

(4)考虑到飞行速度低并且采用埋入式安装方式,所以发动机迎风面积不是特别重要。

为了减轻重量,有些小型涡轴发动机是单转子的,这种情况是有可能的,因为转子桨距是可变的,从而可调节恒定转速下的负荷。对于中等的涡轴发动机直升机,其发动机构型如同上面介绍的涡桨发动机。压比和 SOT 的水平可分别达到 17∶1 和1500 K 左右,后者则需要对涡轮叶片进行冷却。该压比对应单位功率的最佳值。对于最大尺寸的发动机,使用完全轴流式的压气机。远程直升机偶尔也会考虑采用回热循环的发动机以减轻燃油重量,然而至今仍未取得成果,主要是因为这会增加发动机的成本、重量和体积,且可靠性令人担忧。只有在最小功率级别,才采用活塞式发动机。

1.8　推力推进航空器——涡轮风扇、涡轮喷气和冲压喷气发动机

1.8.1　推力推进航空器的主要类别

图 1.15 给出了推力推进航空器的主要类别,配以实际航空器及所用发动机的例子。图表 1.10 使用图 1.15 中的序号,介绍了这几种航空器的特性。同样地,可以查阅参考文献[15]以获取更多信息。

序号	航空器类型	航空器实例	装备发动机	ISA SLS 起飞推力/kN
1	无人机(UVS)	Beech MQM 107B 靶机 IMI Delilah 诱饵弹 GD BGM - 109 战斧 远程巡航导弹	1×MT TRI60 - 2 - 097 涡喷 1×NPT 151 涡喷 1×WI F107 - WR - 103 涡扇	1~5
2	商务机/公务机	Swearingen SJ30 Gulfstream Ⅳ - Ⅹ BAe 125 800 系列	2×WI/RR FJ44 涡扇 2×RR TAY 611 - 8 涡扇 2×GT TFE731 - 5R - 1H 涡扇	15~120
3	中短程客机	Fokker 100 Boeing 737 - 400 Airbus A320	2×RR TAY 620 涡扇 2×CFM56 - 3B - 2 涡扇 2×IAE V2500 - A1 涡扇或 2×CFM56 - 5 涡扇	120~220

（续前）

序号	航空器类型	航空器实例	装备发动机	ISA SLS 起飞推力/kN
4	中短程客机	Airbus A340-500 Boeing 777	4×RR Trent 500 涡扇 2×PW4090 涡扇 或 2×GE90 涡扇 或 2×RR Trent 892 涡扇	500~1000
5	超音速客机	BAe/Aerospatiale 协和式	4×SNECMA/RR Oympus 593 涡喷	600~700
6	军用教练/轻型攻击机	BAe Hawk Aermachi MB-339C	1×RR/TM Adour 涡扇 1×RR Viper 涡喷	20~25
7	先进战斗机	通用动力 F16 Falcon	1×GE F110-GE-100 涡扇 或 1×PW F100-PW-220 涡扇	80~220
		欧洲战斗机 Typhoon 麦道 F15C	2×EJ 200 涡扇 2×PW F100-PW-220 涡扇	
8	冲压发动机推进导弹	BAe 海矛（舰对空） BAe 猎犬（地对空）	1×RR ODIN 1×RR THOR	N/A N/A

图 1.15 推力推进航空器主要类型

1.8.2 无人飞行器系统（图 1.15 中序号 1）

无人飞行器系统包括靶机和无人侦察机之类的飞机、被军用飞机用来转移威胁的诱饵飞行器以及远程巡航导弹。

对于消耗性的靶机和无人侦察机,最优先考虑的是尽可能降低单位成本。通常要求其马赫数至少达到 0.8,航程不需要太长。通常采用单转子涡喷发动机,压气机经常是离心式的,因为其单位成本低、流量小,而且重量和迎风面积的增大是可以接受的。发动机压比通常介于 4∶1~8∶1,因为折中考虑到低的压比对重量和迎风面积有好处,而高的压比对 SFC 和单位推力有好处。1 250 K 左右低水平的 SOT 避免了对涡轮冷却的需要(对于涡喷发动机,这还可以降低 SFC)。这里轴流式涡轮和径流式涡轮都有使用。

巡航导弹的长航程需求意味着 SFC 是关键因素,所以涡扇发动机是最合适的,但是发动机尺寸和成本也至关重要,因为导弹必须要运输,并且是消耗品。此处使用带离心压气机的中等涵道比涡扇发动机。指示性的循环参数为:涵道比 1.5∶1、压比 10∶1、SOT 1 250 K。

1.8.3 亚声速商用飞机和军用教练机（图 1.15 中序号 2、3、4 和 6）

商务/公务喷气飞机和亚声速民用运输机的航程和飞行马赫数要求决定了其适合采用涡扇发动机。它们都采用多转子的燃气发生器,带有轴流式叶轮机械(最小尺寸的除外)和先进的涡轮冷却系统以保证最佳的 SFC。对于给定的 SOT,可以从循环图上选取压比以达到最佳的巡航 SFC。

　　在编写本书时,在役发动机的最大涵道比为 8.5:1。在国际标准大气海平面静止条件(ISA SLS)起飞情况下,先进发动机的风扇压比在 1.8:1 左右,而总压比则超过 40:1。对应的 SOT 在 1650 K 左右,而在热天则可超过 1750 K。在 ISA 巡航时,总压比下降 10%左右,SOT 在 1400 K 左右。在整个飞行包线内,总压比最高可达 45:1 左右,发生在爬升顶点状态。对于技术较低的发动机,涵道比接近 4:1。在 ISA SLS 起飞情况下,发动机的风扇压比在 1.8:1 左右,总压比和 SOT 分别为 25:1 和 1525 K 左右。在巡航时,压比比起飞时的低 10%左右,SOT 约为 1350 K。

　　军用教练机也属于亚声速飞机,但是航程要求变短,而且单位成本非常重要。这里涡喷发动机和涡扇发动机相互竞争。

1.8.4　超声速民用运输机和先进战斗机(图 1.15 中序号 5 和 7)

　　如 1.6.3 节讨论的航程系数图所示,此处切实可行的方案只有涡喷发动机,或者涵道比小于 1:1 的涡扇发动机。采用多转子构型和全部轴流式的叶轮机械,以达到最高的效率和最小的迎风面积。所有发动机都配有加力系统,在飞行包线内的一些关键点使用(见第 5 章)。

　　迄今为止,在有限的民用飞机的应用上,如协和号以及美国和俄罗斯的一些研发项目,使用了带加力燃烧室的涡喷发动机。起飞时的 SOT 超过 1600 K,不过更加现代的发动机设计可能选择更高的数值。压比大约为 14:1,这样可以使重量最小,并且太高的压比也是不现实的,因为飞行马赫数较高时压气机出口温度会很高。另外,对于马赫数约为 1.0 时的纯涡喷发动机单位推力,以及对于马赫数 2.2 时的加力运行,该压比都是最佳的。在马赫数 2.2 的飞行速度下,加力燃油在足够高的压力下燃烧,其 SFC 比纯涡喷发动机的只差一点,但是推力显著提高。未来应用的研究致力于变循环,此处通过更高的涵道比来降低在陆地上空亚声速飞行时的噪声和 SFC。

　　先进的战斗机采用小涵道比的加力涡扇发动机,最高 SOT 超过 1850 K,压比在 25:1 左右。燃烧室进口温度接近 900 K。未来的发动机设计将考虑 2000～2100 K 的 SOT 水平,燃烧室进口温度接近 1000 K,所以需采用陶瓷材料。同样也有建议使用变循环,以实现在低飞行马赫数下提高涵道比从而降低 SFC。

　　还有一种短距离垂直起降(VTOL 或者 STOVL)的战斗机,有两种主要工作形式。英国/美国的鹞式战斗机装备一台几何固定的涡扇发动机(罗罗公司的飞马动机),它具有四个可旋转的推进喷管,内外涵各两个。与之成鲜明对比,俄罗斯的 Yakalov 飞机采用单独垂直安装的升力发动机。未来的变循环发动机对鹞式飞机这类设计是有利的,因为它可以提供额外的外涵气流用于喷射飞行。

1.8.5　冲压推进导弹(图 1.15 中序号 8)

　　1.6.3 节表明,当马赫数超过 2.5 时,冲压发动机是理想的动力装置。燃烧温度接近耗尽所有氧气时的化学当量值。这一数值在 2300～2500 K 之间,取决于进口温度,进而取决于飞行马赫数;由于没有涡轮叶片,所以如此高的温度是切实可行的。在这样的马赫数下,只有火箭能与之匹敌。确实如第 9 章讨论的那样,冲压发动机的起动需借助短时间工作的助推火箭将其加速至可以运行的马赫数。

迄今为止的空空导弹几乎全都以火箭发动机为动力,因为它更适合于短时间的大推力需求。然而试验性的冲压发动机已有生产,尤其是在法国和苏联。随着空空导弹射程需求的增加,现在就有一些采用冲压发动机的建议。

由于射程需求更加合适,以冲压发动机为动力的地对空导弹已在生产,如英国的"猎犬"。典型的飞行任务为:发射、爬升至 20 000 m 左右、巡逻,然后攻击。射程覆盖 50 km 左右。

1.9　辅助动力装置(APU)

飞机的辅助动力装置(auxiliary power unit,APU)通常有以下功能:
- 起动主发动机。
- 为飞机辅助系统提供冷却空气,尤其是热天地面慢车状态。
- 当主发动机停车时,包括飞机系统的地面检查时,提供电力。

这些功能使飞机在地面上自给自足。另外,当主发动机空中熄火时,APU 应该具有起动能力以向电力系统供电,后者对电传飞控的飞机是至关重要的。在低的飞行马赫数下,APU 还可以提供带转辅助,帮助主发动机再起动。

截至目前,APU 已经很少有新的发展,但是其复杂性却越来越高,足以匹配最新的飞机,此处 APU 运行的间歇性降低了。对于民用飞机,现在要求 APU 能在飞行包线内的所有区域正常工作;对于军用飞机,如参考文献[17]介绍的那样,则要求先进 APU 系统的起动时间低至 1 s。目前在 15 000 m 处,典型的起动时间在 6 s 左右。偶尔也有一些关于永久运行动力装置益处的研究,它可以避免在设计推进发动机时受到功率提取和引气的牵掣。

以往对 APU 的主要要求有:
(1) 研发和单位成本低。
(2) 可靠性和可维修性高。
(3) 体积小、重量轻。
(4) SFC 低。
参考文献[17]详细讨论了这些要求。

1.9.1　燃气涡轮发动机与活塞发动机

飞机上用的 APU 几乎都是简单循环的燃气涡轮发动机。以单位重量和体积轴功率定义的功率密度远远超过活塞发动机的,大约为 4.4 kW/kg 和 8 MW/m³。这直接导致了活塞发动机无用武之地,尽管它的单位成本更低。对于间歇性的运行,燃油消耗变成了次要因素。

1.9.2　主要飞机类别的 APU 功率需求

APU 输出功率的范围在 10～30 kW 之间,供气则需要消耗额外的涡轮功率。

图 1.16 给出了一些量产飞机使用的 APU 的具体例子。

型号	构型	应用	功率/kW
透博梅卡 T－62T－40－8	单轴： 1 级离心压气机 回流环形燃烧室 1 级径流涡轮	喷气燃油起动机 通用动力 F16 战斗机	190
Allied Signal 131－9(D)	单轴： 1 级离心压气机 2 级轴流涡轮 1 级离心负载压气机	引气,如用于发动机起动 供电 环境调节 麦道 MD90	300/100
Allied Signal 331－500B	单轴： 2 级离心压气机 回流环形燃烧室 2 级轴流涡轮 1 级离心负载压气机	引气,如用于发动机起动 供电 波音 777	850/170
APIC APS 3200	单轴： 1 级离心压气机 回流环形燃烧室 2 级轴流涡轮 1 级离心负载压气机	供电 滑油和燃油泵 空客 A321	385/90

图 1.16　辅助动力装置(APU)实例及应用

注:所有数据为指示性的。给出两个功率时,较大数值包含负载压气机的驱动功率。

1.9.3　APU 的各种构型

所有的 APU 构型都只用离心式压气机,常常配上径流式涡轮,偶尔也将两者结合做成整体转子以降低成本。SOT 水平典型情况下在 1250～1350 K 之间,以减少对涡轮冷却的需要。压比通常在 4∶1～8∶1 之间,而趋势朝高的方向发展。

最常用的 APU 形式是给安装在主发动机上的空气涡轮起动机提供高压空气,这一类被称作气动 APU。APU 必须将空气增压至 5 倍甚至更多倍的环境压力,而其尺寸必须满足主发动机热天起动的要求。最常用的气动 APU 是带整体引气的单轴燃气涡轮发动机。这里的发动机是单转子构型,高压空气从压气机出口引出。这是最简单的装置,因此成本也最低。另外,发电机或泵也可以通过转子驱动,以此提供电力或者液压动力。

有一种构型越来越流行,即用单轴燃气涡轮发动机来驱动离心式负载压气机以及应用上的泵或发电机。这种构型具有最高的单位重量和单位体积输出功率,尽管其成本也更高。

少部分的 APU 直接通过齿轮箱和离合器向发动机的高压轴提供扭矩,而不是供应高压空气。这种系统被称为喷气燃油起动机。在这种情况下,APU 时常带有自由动力涡轮,以提供合适的部分转速扭矩特性。

公式、算例与图表

公式[①]

F1.1 汽车:阻力(kN)＝fn(阻力系数,空气密度(kg/m³),迎风面积(m²),车速(m/s),风速(m/s))

Fdrag＝0.5 * RHO * Cdrag * A * (Vvehicle＋Vwind)^2/1 000

(i) 典型的阻力系数和车辆迎风面积如图1.5和图表1.4所示。

F1.2 汽车:滚动阻力(kN)＝fn(滚动阻力系数,车辆质量(t))

Froll＝Croll * m * g

(i) 典型的滚动阻力系数如图1.5和图1.6所示。

(ii) g＝9.807 m/s²

F1.3 汽车:爬坡阻力(kN)＝fn(坡度(deg),车辆质量(t))

Fclimb＝m * g * sin(alpha)

(i) 如图1.5所示。

(ii) g＝9.807 m/s²

F1.4 汽车:加速力(kN)＝fn(加速度(m/s²),车辆质量(t))

Faccel＝m * a

F1.5 汽车:总推进功率需求(kW)＝fn(推进力(kN),车速(m/s))

Fpropulsive＝Fdrag＋Froll＋Fclimb＋Faccel

PWpropulsive＝Fpropulsive * Vvehicle

F1.6 汽车:发动机转速(r/min)＝fn(车速(m/s),传动比,车轮半径(m))

N＝60 * Vvehicle * GR/(2 * π * RADwheel)

F1.7 汽车:传递给车轮的推进力(kN)和推进功(W)＝fn(发动机输出扭矩(N·m),传动比,车轮半径(m),传递效率(分数),发动机转速(r/min))

Fpropulsive＝TRQengine * GR * ETAtransmission/(RADwheel * 1 000)

PWpropulsive＝TRQengine * ETAtransmission * N * 2 * π/60

(i) 传递效率典型情况下为0.88～0.93。

F1.8 船舶:推进功率(kW)＝fn(推进力(kN),船速(m/s))

Fpropulsive＝Fwave making＋Fskinfriction＋Fform drag＋
　　　　　　Fair resistance＋Fappendage＋Faccel

PWpropulsive＝Fpropulsive * Vvessel

(i) 总推进力公式中的各项分量的计算公式可查阅图1.10以及参考文献[9]和[10]。

F1.9 船舶:近似的推进功率(kW)＝fn(排水量(t),船速(m/s))

---

① 本书的公式和算例均按计算机编程格式排列。——译注

PWpropulsive[①]＝K1 * m^(alpha) * Vvessel^(beta)

(i) 系数 K1 的取值在 0.0025 到 0.0035 之间,由船体设计决定。

(ii) 指数 alpha 的取值在 0.8 到 1 之间,由船体设计决定。

(iii) 排水型船体的指数 beta 值可近似取 3,而半滑行艇的可低至 2。

(iv) 因此对于重量和设计给定的排水型船体,功率和船速之间近似遵循三次方关系。

F1.10　船舶:近似的发动机输出功率(kW)＝fn(螺旋桨或喷水推进器转速(r/min))

PW＝K2 * Npropeller^3

(i) 常数 K2 的取值由螺旋桨或喷水推进器的设计决定。

F1.11　飞机:升力(N)＝fn(空气密度(kg/m³),真空速(m/s),升力系数,机翼面积(m²))

Flift＝0.5 * RHO * VTAS^2 * Clift * Awing

或者结合公式 F2.16,有:

Flift＝0.5 * 1.2248 * VEAS^2 * Clift * Awing

F1.12　飞机:阻力(N)＝fn(空气密度(kg/m³),真空速(m/s),阻力系数,机翼面积(m²))

Fdrag＝0.5 * RHO * VTAS^2 * Cdrag * Awing

或者结合公式 F2.16,有:

Fdrag＝0.5 * 1.2248 * VEAS^2 * Cdrag * Awing

F1.13　飞机:稳定飞行时的升力系数＝fn(飞机质量(kg),空气密度(kg/m³),真空速(m/s),机翼面积(m²))

Clift＝m * g/(0.5 * RHO * VTAS^2 * Awing)

或者结合公式 F2.16,有:

Clift＝m * g/(0.5 * 1.2248 * VEAS^2 * Awing)

(i) 升力系数仅仅是飞机攻角的函数,或者说对于稳定飞行,仅仅是当量空速的函数,因为一个攻角对应一个升力系数。

(ii) 在低当量空速下,升力系数可高达 4,在最高当量空速下,则降至 0.1 左右。

F1.14　飞机:阻力系数＝fn(升阻系数曲线,升力系数)

Cdrag＝Cdrag polar＋Clift^2/K1

(i) 升阻系数曲线由外形和摩擦阻力决定。

(ii) 剩下的阻力为升力诱导阻力。

F1.15　飞机:升阻比＝fn(升力(N),阻力(N))

LDratio＝Lift/Drag

或

LDratio＝Clift/Cdrag

(i) 升阻比仅仅是攻角或者当量空速的函数。

(ii) 典型情况下,升阻比的最大值出现在攻角 5°附近,可达 10 到 15,而在最大或最

---

① 原文误为"Ppropulsive";本章有多处类似情况。

小攻角时升阻比可低至 3。

F1.16 飞机:稳定飞行时的净推力需求(N)=fn(飞机质量(kg),升阻比)

FN=m * g/LDratio

F1.17 飞机:发动机航程系数(kg/N)=fn(发动机质量(kg),推力(N),耗油率[kg/(N·h)],航程(m),真空速(km/h),发动机短舱阻力系数,发动机迎风面积(m²),空气密度(kg/m³))

Krange=((m/FN)+((SFC/3 600) * Range/VTAS))/(1-(0.5 * Cnacelle * Aengine * RHO * VTAS^2)/FN)

F1.18 飞机:发动机推力(N)=fn(发动机轴功率(kW))—近似的

FN=PW * 15

F1.19 飞机:发动机推力耗油率[N/(kg·h)]=fn(发动机轴功率耗油率[kW/(kg·h)]—近似的

SFCthrust=SFCshaft/15

算例

C1.1 (i) 典型的家用轿车在 ISA、无顶风条件下,行驶于柏油平路上,计算车速为 150km/h 时的所需功率。

(ii) 计算车速为 50km/h 时的所需功率。

(iii) 在上 20° 的斜坡时,于 15s 内从 50km/h 加速至 150km/h,计算所需功率。

    F1.1   Fdrag=0.5 * RHO * Cdrag * A * (Vvehicle+Vwind)^2/1 000

    F1.2   Froll=Croll * m * g

    F1.3   Fclimb=m * g * sin(alpha)

    F1.4   Faccel=m * a

    F1.5   Fpropulsive=Fdrag+Froll+Fclimb+Faccel

               PWpropulsive= Fpropulsive * Vvehicle

根据图表 1.4,对于典型的家用轿车有:Cdrag=0.4,A=2.2 m²,mass=1.25 t。

根据图 1.6 有:Croll=0.025。

根据图表 2.1 有:RHO=1.225 kg/m³。

(i) 在平路上有:150km/h=150 * 1 000/3 600=41.67 m/s

将数值代入公式 F1.1、F1.2 和 F1.5:

     Fdrag=0.5 * 1.225 * 0.4 * 2.2 * (41.67+0)^2/1 000

     Fdrag=0.936 kN

     Froll=0.025 * 1.25 * 9.807

     Froll=0.306 kN

     PWpropulsive=(0.936+0.306+0+0) * 41.67

     PWpropulsive=51.75 kW

（ii）在平路上有：50 km/h＝50 ∗ 1 000/3 600＝13.89 m/s

重复问题（i）中的步骤：

Fdrag＝0.5 ∗ 1.225 ∗ 0.4 ∗ 2.2 ∗ (13.89 ＋0)^2/1 000

Fdrag＝0.104 kN

Froll＝0.306 kN

PWpropulsive＝(0.104＋0.306＋0＋0) ∗ 13.89

PWpropulsive＝5.69 kW

（iii）在上 20°的斜坡时，在 15 s 内从 50 km/h 加速至 150 km/h

计算 50 km/h 和 150 km/h 时的平均值：

Fdrag＝(0.104 ＋0.936)/2＝0.52 kN

Froll＝(0.306＋0.306)/2＝0.306 kN

将数值代入公式 F1.3—F1.5：

Faccel＝1.25 ∗ 100 ∗ 1 000/3 600/15

Faccel ＝2.315 kN

Fclimb＝1.25 ∗ 9.807 ∗ sin(20)

Fclimb＝4.193 kN

PWpropulsive＝(0.52＋0.306＋2.315＋4.193) ∗ 13.89

PWpropulsive＝101.87 kW

上面的例子和图表 1.4 给出的数据是一致的。需要注意的是，如果发动机尺寸是按满足第（iii）条的性能要求而确定的，则汽车在柏油平路上的最高时速可达 200 km/h。这差不多也是家用汽车的最高时速。

C1.2 分别计算使用汽油活塞发动机和燃气涡轮发动机、最高时速为 210 km/h 的家用汽车在下列情况下的传动比：

（i）最高速时；

（ii）与算例 C1.1 中第（iii）步一样的加速过程和斜坡，50 km/h 时。

车轮半径为 0.29 m，汽油发动机和燃气涡轮发动机的 100%转速分别为 4 500 r/min 和 60 000 r/min 时。

F1.6 N＝60 ∗ Vvehicle ∗ GR/(2 ∗ PI ∗ RADwheel)

F1.7 Fpropulsive＝TRQengine ∗ GR ∗ ETAtransmission/(RADwheel ∗ 1 000)

PWpropulsive ＝TRQengine ∗ ETAtransmission ∗ N ∗ 2 ∗ PI/60

根据公式 F1.7 的设计准则，传递效率取 0.905。

（i）210 km/h(58.33 m/s)时的传动比

汽车处于最高速度时，发动机工作在 100%转速。将数值代入公式 F1.6：

汽油发动机：

4 500＝60 ∗ 58.33 ∗ GR/(2 ∗ PI ∗ 0.29)

GR＝2.343

燃气涡轮发动机：

　　$60\,000 = 60 * 58.33 * GR/(2 * PI * 0.29)$

　　$GR = 31.23$

(ii) 在上 20° 的斜坡时，在 15 s 内从 50 km/h 加速至 100[①] km/h 时的传动比

首先将数值代入公式 F1.7，得到最高速度时的发动机扭矩：

汽油发动机：

　　$96\,090 = TRQengine * 0.905 * 4\,500 * 2 * PI/60$

　　$TRQengine = 225\,N \cdot m$

燃气涡轮发动机：

　　$96\,090 = TRQengine * 0.905 * 60\,000 * 2 * PI/60$

　　$TRQengine = 16.9\,N \cdot m$

从 C1.1 得到，汽车推进力 $= 6.918\,kN$，代入公式 F1.7：

　　$6.918 = TRQengine * GR * 0.905/(0.29 * 1\,000)$

　　$2\,217 = TRQengine * GR$

　　$GR = 2\,217/TRQengine$

对于汽油发动机和燃气涡轮发动机，将数值分别代入以上公式。

　　对于汽油发动机，扭矩最大时传动比最小。从图表 1.1 可以看出这发生在 100% 转速，扭矩为 225 N·m。根据以上过程，传动比必须为 9.85。这是在平路上以最高速度行驶时的 4.2 倍。

　　对于燃气涡轮发动机，根据图表 7.2 中的第 3 张图，此时发动机可能工作在 96.09 kW 的全功率状态，燃气发生器处于 100% 转速，而动力涡轮则工作在部分转速。如果这个例子中动力涡轮工作在比如 23.8%（50/210）转速，则由图表 1.1 可得，扭矩大约为 100% 转速时的 2.1 倍，即 35.49 N·m。因此由上可得，传动比为 62.47，是在平路上以最高速度行驶时的 2 倍。使用燃气涡轮发动机时，传动比更高，但是需要的变速挡位数目较少。

C1.3　计算排水型护卫舰分别以 32 kn（16.46 m/s）、15 kn（7.72 m/s）和 5 kn（2.57 m/s）的速度航行时的功率需求。

　　F1.9　$PWpropulsive = K1 * m\char`^(alpha) * Vvessel\char`^(beta)$

根据公式 F1.9 的设计准则，$K1 = 0.003$，$alpha = 0.9$，$beta = 3$。

根据图表 1.6，取船的质量为 4000 t。将数值代入 F1.9，计算 32 kn 时的功率：

　　$PWpropulsive = 0.003 * 4\,000\char`^0.9 * 16.46\char`^3$

　　$PWpropulsive = 23\,349\,kW$

重复上述步骤，计算得到船速为 15 kn 和 5 kn 时的功率分别为 2409 kW 和 89 kW。

C1.4　计算重量为 2 t、机翼面积为 10 m² 的无人机以 400 kn（206 m/s）最大当量空速

---

① 该数据以及下面的"96090"、"6.918"均与算例 C1.1 中的相应数据不一致。——译注

稳定飞行时的推力需求。

> **F1.12**　Fdrag＝0.5 ＊ 1.224 8 ＊ VEAS^2 ＊ Cdrag ＊ Awing

> **F1.13**　Clift＝m ＊ g/(0.5 ＊ 1.224 8 ＊ VEAS^2 ＊ Awing)

> **F1.15**　LDratio＝Clift/Cdrag

首先将数值代入公式 F1.13,计算升力系数:

Clift＝2 000 ＊ 9.807/(0.5 ＊ 1.224 8 ＊ 206^2 ＊ 10)

Clift＝0.075 5

400 kn 当量空速是飞机的最大飞行速度,因此对应的攻角最小。根据公式 F1.15 的准则,取升阻比为 12.5:

12.5＝0.075 5/Cdrag

Cdrag ＝0.006 0

因为飞机处于稳定飞行状态,推力＝阻力,将数值代入公式 F1.12:

Fdrag＝0.5 ＊ 1.224 8 ＊ 206^2 ＊ 0.006 0 ＊ 10

Fdrag＝1 559 N

注:也可以通过公式 F1.16 直接计算。

C1.5　计算设计参数如下所列、航程为 8 000 km 的涡扇发动机的航程系数(H＝11 000 m、Ma＝0.8、ISA)。

发动机质量＝3.5 t

发动机推力＝35 000 N

耗油率＝0.065 kg/N h

短舱阻力系数＝0.005

直径:发动机＝2.5 m,进气道＝2 m,推力喷管＝1.25 m

发动机长度＝4 m

> **F1.17**　Krange＝((m/FN)＋(SFC/3 600 ＊ Range/VTAS))/
> 　　　　　　(1－(0.5 ＊ Cnacelle ＊ Aengine ＊ RHO ＊ VTAS^2)/FN)

> **F2.5**　RHOrel＝RHO/1.224 8

> **F2.15**　VTAS＝1.943 84 ＊ M ＊ SQRT(γ ＊ R ＊ TAMB)

> **F5.5.1**　PodDrag＝0.5 ＊ RHO ＊ VTAS^2 ＊ C ＊ A

> **F5.5.2**　NacelleArea＝PI ＊ L ＊ (D.ENGINE＋D.INTAKE＋D.NOZZLE)/3

根据图表 2.1,在 ISA、11 000 m 时,RHOrel＝0.297, TAMB＝216.7 K。

根据公式 F2.15 的设计准则,R＝287.05, γ＝1.4。

根据公式 F5.5.1 的设计准则,Cnacelle ＝ 0.002 5。

首先利用公式 F2.5 和 F2.15 进行基本计算:

VTAS＝1.943 84 ＊ 0.8 ＊ SQRT(1.4 ＊ 287.05 ＊ 216.7)

VTAS＝458.9 kn

0.297＝RHO/1.224 8

RHO=0.364 kg/m³

Aengine=4 * PI * (2.5+2+1.25)/3

Aengine =24.1 m²

将数值代入公式 F1.17:

Krange=((3 500/35 000)+(0.065/3 600 * 8 000 * 1 000/458.9)
/(1−(0.5 * 0.002 5 * 24.1 * 0.364 * 458.9^2)/35 000)

Krange=(0.1+0.315)/(1−0.066 0)

Krange=0.444 kg/N

这一结果与图表 1.8 吻合得很好。

图表

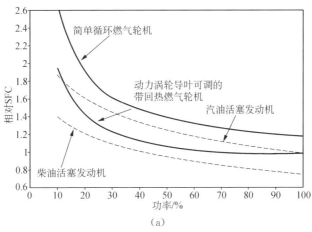

(a)

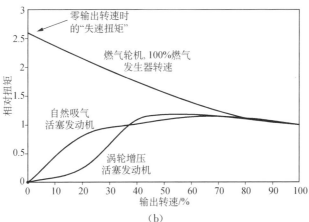

(b)

图表 1.1　燃气涡轮发动机与活塞发动机性能对比

(a) SFC 与功率的关系　(b) 扭矩与发动机输出转速的关系

注:SFC 归一化到回热燃气轮机 100%功率状态;燃气轮机 SOT 为 1 350 K,压比分别为 5∶1(回热)和 12∶1(简单循环);100%功率为 375 kW(500 hp);负载功率和转速之间遵循三次方关系;图中显示的为活塞发动机典型水平。

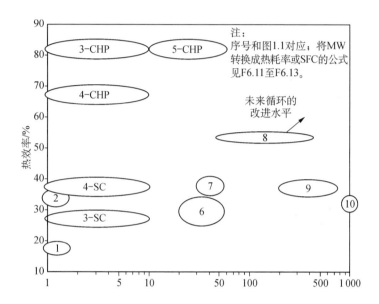

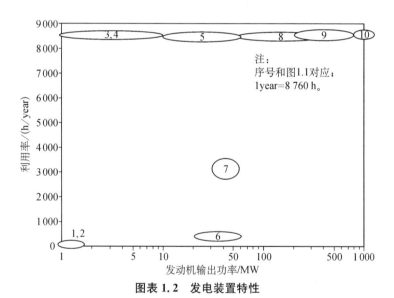

图表 1.2 发电装置特性

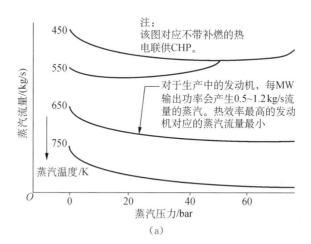

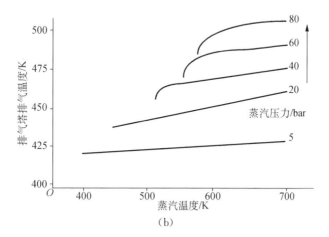

图表 1.3 燃气轮机热电联供产生蒸汽的能力

（a）蒸汽流量与蒸汽压力和温度的关系
（b）排气塔排气温度与蒸汽压力和温度的关系

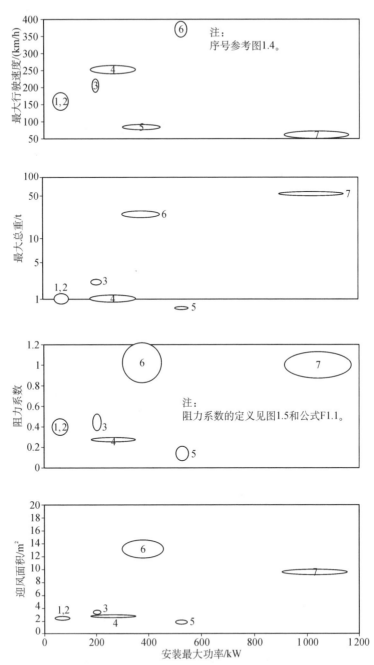

图表 1.4 机动车辆主要数据与安装功率的关系

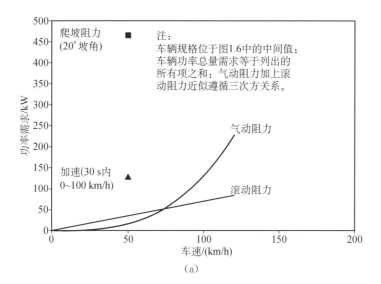

(a)

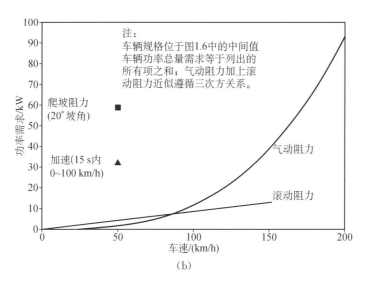

(b)

图表 1.5　卡车和家用轿车的功率需求

（a）卡车　（b）家用轿车

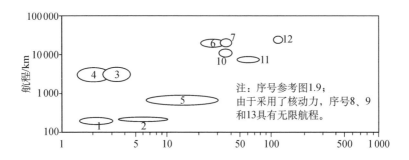

注：序号参考图1.9；
由于采用了核动力，序号8、9
和13具有无限航程。

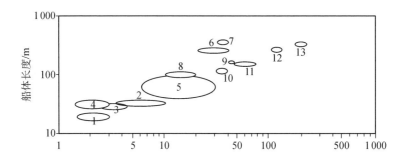

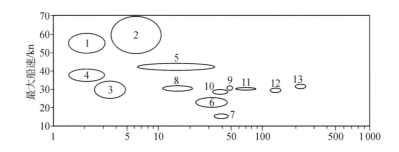

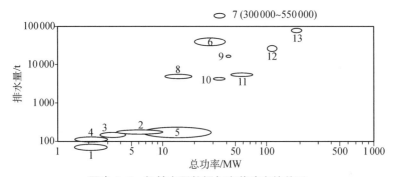

图表 1.6　船舶主要数据与安装功率的关系

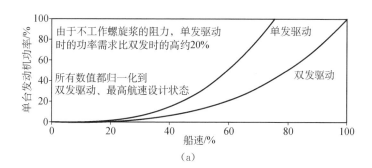

（a）

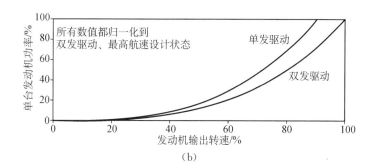

（b）

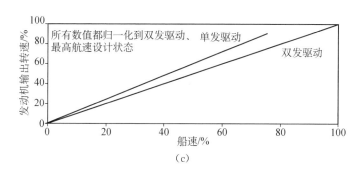

（c）

图表 1.7　船舶发动机:船速和驱动发动机数量对发动机功率的影响(排水型船体)

（a）发动机功率与船速的关系　（b）发动机功率与发动机输出转速的关系
（c）发动机输出转速与船速的关系

注:图中给出的都是双发船只,每台发动机驱动各自螺旋桨;备选方案是四发船只,每两
台发动机驱动一个螺旋桨;如果只使用一对发动机中的一台,所需的输出转速较低。

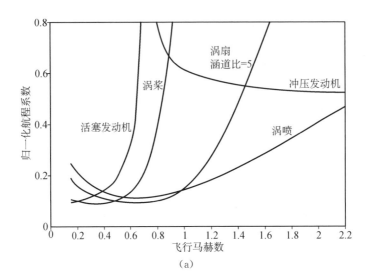

(a)

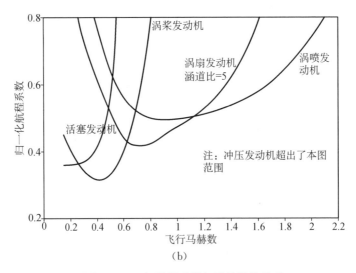

(b)

图表 1.8 飞机航程系数与马赫数的关系

(a) 1000 km 航程　(b) 8000 km 航程

注:航程系数归一化到 10 kg/daN(9.8 lbm/lbf)、马赫数 0.2、航程 8000 km 的涡扇发动机的数值,数据是指示性的。

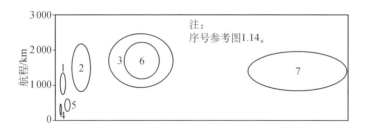

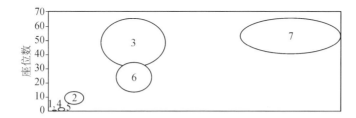

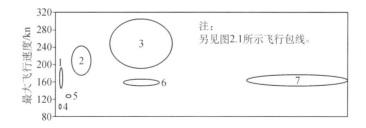

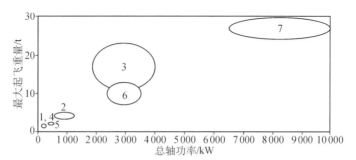

图表 1.9 涡桨/涡轴动力飞机主要特性

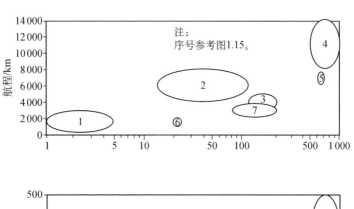

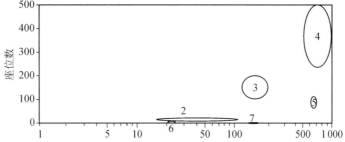

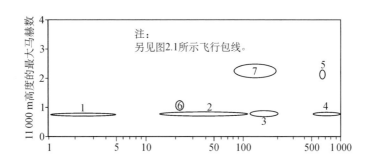

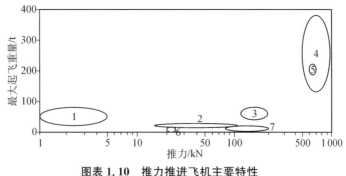

图表 1.10　推力推进飞机主要特性

参考文献

[1] The Diesel and Gas Turbine Worldwide Catalog [M]. Diesel and Gas Turbine Publications, Brookfield, Wisconsin.

[2] Cochrane R.. Power to the People—The Story of the National Grid, Newnes Books (Hamlyn, Middlesex) [M]. In association with the CEGB, 1985.

[3] Foss (ed.) C F.. Jane's All The World's Military Vehicles [M]. Jane's Information Group, Coulsdon, Surrey, 1977.

[4] Chevis R W, Everton J, Coulson M. , et al. Hybrid Electric Vehicle Concepts Using Gas Turbines [M]. Noel Penny Turbines Ltd, Birmingham, 1991.

[5] Burke A F. , Somnah C B.. Computer aided design of electric and hybrid vehicles [J]. International Journal of Vehicle Design, 1982, FP2:61－81.

[6] Pullen K R.. A case for the gas turbine series hybrid vehicle [C]. The Electric and Hybrid Vehicles Conference. I. Mech. E. , London, December 1992.

[7] Pullen K R. , Etemad S.. Further developments of a gas turbine series hybrid for automotive use [C]. The European Automobile Engineers Cooperation 5th International Congress, Conference A, Strasbourg, 21－23 June 1995.

[8] Trillo R L. (ed.). Jane's High Speed Marine Craft and Air Cushioned Vehicles [M]. Jane's Information Group, Coulsdon, Surrey, 1995.

[9] Sharpe R. (ed.). Jane's Fighting Ships, Jane's Information Group, Coulsdon, Surrey, 1997.

[10] Gillmer T C. , Johnson B.. An Introduction to Naval Architecture [M]. E. & F. Spon, London, 1982.

[11] Rawson K J. , Tupper E C.. Basic Ship Theory [M]. Volume 2, Longman, London, 1984.

[12] McMahon P J.. Aircraft Propulsion [M]. Pitman, London, 1971.

[13] Kermode A C.. Mechanics of Flight [M]. Longman, London, 1995.

[14] Anderson, Jr. J D. Introduction to Flight [M]. 3rd edn, McGraw-Hill, New York, 1989.

[15] Gunston B.. World Encylopaedia of Aero Engines [M]. Patrick Stephens Publishing, Wellingborough, 1987.

[16] Rodgers C.. Small auxiliary power unit design constraints [C]. 19th Joint Propulsion Conference, AIAA/SAE/ASME, Seattle, June 1983.

[17] Rodgers C.. Secondary Power Unit Options for Advanced Fighter Aircraft [M]. AIAA, New York, 1985.

2 工 作 包 线

2.0 引言

燃气涡轮发动机的性能,包括推力或功率、燃油消耗、温度、转速等,相当大程度上取决于进口和出口条件。其中最重要的条件是压力和温度。其数值取决于环境压力和温度以及由飞行速度或者安装压力损失导致的变化的联合作用。

发动机工作包线包含给定发动机使用中能够遇到的全部进口条件,包括:

- 环境包线,规定了环境压力、温度和湿度范围。
- 安装压力损失。
- 航空发动机飞行包线。

本章给出了与上述内容有关的数据以及有用的背景信息。由于在定义工作包线方面,工业界广泛使用英制单位,因此除国际单位制外,本章还提供了用英制单位表示的表格。所有图表均包括国际单位和其他单位体系的转换系数,而在附录 B 中给出了更全面的单位转换列表。

2.1 环境包线

环境包线界定了发动机必须满意工作的环境压力(或压力高度,见 2.1.2 节)、环境温度和湿度的范围。这些当地的大气条件对发动机性能有着巨大的影响。

2.1.1 国际标准

国际标准大气(ISA)定义了高度直至 30 500 m(100 066 ft)的"标准天"的环境温度和压力。而仅仅说 ISA 条件,则意味着相对湿度为零。

美国军用标准 210(MIL 210)是最常用的定义很可能的极端条件下环境温度与高度关系的标准。其原为航空航天标准,但也广泛地应用于地面应用,尽管还需要对热天和冷天温度范围也加以扩展。图表 2.1 给出了 MIL 210 和 ISA 的环境温度与压力的关系,而 2.1.2 节和 2.1.3 节给出了更全面的描述。

对地面上使用的发动机,报价的性能参数常常基于单点的、由国际标准化组织规定的 ISO 条件。即:

- 海平面环境压力为 101.325 kPa(14.696 psia)。
- 环境温度为 15℃。
- 相对湿度为 60%。
- 安装压力损失为零。

关于上述标准和其他一些不常用的标准,可参见文献[1]—[5]。若读者有兴趣,关于地球大气的详细指导可参见文献[6]。

2.1.2 环境压力与压力高度(公式 F2.1)

根据国际标准大气(ISA),某点上的压力高度或地势高度由环境压力的高低决定。因此,压力高度不是所考虑的点离海平面的高度。比如,由于气候条件的不同,在海上航行的船只可能遇到比如 97.8 kPa 的低气压,于是其压力高度就会为 300 m。

图表 2.1 给出了 ISA 定义的压力高度与环境压力的关系表格,相应的曲线见图表 2.2。由图可知,环境压力从海平面处的 101.325 kPa(14.696 psia)以指数方式衰减至 30 500 m(100 066 ft)高度处的 1.08 kPa。公式 F2.1 给出了压力高度与环境压力的关系,并在算例 C2.1 中给出了其具体的应用。

发动机设计的环境压力最大值为 108 kPa(15.7 psia)。此压力可能是由局部条件导致的,相当于压力高度 -600 m(-1968 ft)。

2.1.3 环境温度(公式 F2.2 和 F2.3)

图表 2.1 还分别给出了 ISA 标准天以及 MIL 210 冷天和热天的环境温度与压力高度之间的关系表格。这三个关系的曲线如图表 2.3 所示。公式 F2.2 给出了 ISA 环境温度与压力高度之间的函数关系式,而公式 F2.3 给出了环境压力的关系式。算例 C2.2 则展示了 ISA 压力和温度的计算。

在标准天条件下,随高度增加,环境温度每 1 000 m 下降约 6℃(每 1 000 ft 约 2℃),直至压力高度达到 11 000 m(36 089 ft)。然后,在达到 25 000 m(82 000 ft)之前,环境温度保持恒定。高度 11 000 m 处即为对流层顶,其下为对流层,其上为平流层。而在 25 000 m 以上高度,标准天温度重新开始升高[①]。

MIL 210 冷天温度的最低值为 185.9 K,出现于 15 545 m(51 000 ft)与 18 595 m(61 000 ft)之间。而 MIL 210 热天温度的最高值为海平面处的 312.6 K(39.5℃)。

2.1.4 相对密度与声速(公式 F2.4—F2.7)

相对密度等于当地大气密度除以 ISA 海平面条件下的大气密度。图表 2.1 中包括了冷天、热天和标准天条件下的相对密度、相对密度平方根以及声速。而图表 2.4—图表 2.6 给出了上述参数变化的曲线图。这些参数对于理解 2.3.4 节讨论的不同飞行速度定义之间的相互联系起着至关重要的作用。

---

① 该段描述以及公式 F2.1—F2.3 中的部分数值并不完全与国际标准 ISO 2533—1975 相一致。——译注

　　大气密度随压力高度的升高而下降，以至于在 30 500 m(100 066 ft) 高度时减小到仅相当于 ISA 海平面密度的 1.3%。声速的最大值 689.0 kn(1 276 km/h、792.8 mph①) 发生在海平面热天条件下。而声速的最小值 531.6 kn(984.3 km/h、611.6 mph) 则发生在高度为 15 545 m(51 000 ft) 至 18 595 m(61 000 ft) 之间的区域。

2.1.5　比湿度与相对湿度（公式 F2.8—F2.10）

　　大气比湿度有两种不同的定义方式：

　　(1) 水蒸气与干空气质量的比值。

　　(2) 水蒸气与湿空气质量的比值。

　　在大多数实际应用中，这两种定义方式差别很小，本文采用前一种定义方式。相对湿度是比湿度与当前环境温度和压力条件下饱和比湿度的比值。

　　在这三个环境参数中，湿度对发动机性能的影响最小。然而，由于它改变了空气的分子量，继而改变了比热容和气体常数，其影响是不能忽略的。另外，冷凝有时也会对温度有重大的影响。无论在什么情况下，如果有可能，湿度影响都应该予以考虑，特别是在相对湿度很大的热天环境。第 12 章讨论了计入湿度对发动机性能影响的方法。

　　讨论燃气涡轮发动机性能时，在 0℃ 以下或 40℃ 以上，比湿度可以忽略不计。对于后一种情况，是因为最高的温度只发生在缺水的沙漠环境中。MIL 210 以 35℃ 作为考虑 100% 相对湿度的最高环境温度。

　　图表 2.7 给出了在标准天、冷天和热天条件下，相对湿度 100% 时比湿度与压力高度的关系。对于 MIL 210 冷天，比湿度在所有高度下都几乎为零。最大比湿度绝无超过 4.8%，此种情况发生在 MIL 210 热天、海平面条件下。在对流层(11 000 m 以下)，由于环境温度下降，相对湿度 100% 对应的比湿度随压力高度的上升而下降。在此之上的平流层中，水蒸气含量可忽略不计，这是由于在这以下高度的较低温度下，几乎所有的水蒸气都已经冷凝出来了。

　　图表 2.8 和图表 2.9 为比湿度与相对湿度的转换提供了方便。图表 2.8 提供了海平面的比湿度与环境温度和相对湿度的关系。对于其他高度，图表 2.9 则给出了应用于图表 2.8 中的比湿度的修正因子。对给定的相对湿度，随高度上升，比湿度变大。其原因是空气压力显著地降低，而水蒸气的压力只取决于温度。算例 C2.3 演示了公式 F2.8—F2.10 的使用，其计算结果可与从图表 2.8 和图表 2.9 得到的数值相互比较印证。

2.1.6　工业燃气轮机

　　用于发电和机械驱动的工业燃气轮机的环境包线通常根据图表 2.1 确定，最高到 4 500 m(或 15 000 ft) 左右的压力高度。超过 MIL 210 范围的热天与冷天环境也经常用到，在海平面一般为 ±50℃。对特定的固定地点来说，高度是已知的，S 曲线

---

① mph＝mi/h，英里每小时。——译注

可用来定义环境温度的年度分布:这些可用于寿命评估和额定值的选择。(S 曲线的名称源于曲线的形状特征,此曲线描绘的是超过特定温度的时间百分比。)

对于工业燃气轮机,在大多数环境温度下,比湿度的范围相当于相对湿度 0~100%;而在极端的热天和冷天条件下,比湿度范围有所缩小,见 2.1.5 节。

2.1.7 机动车辆燃气轮机

大多数的说明与工业燃气轮机的相同,除了固定地点的特定应用所对应的狭窄的环境条件范围不再适用外。

2.1.8 船舶燃气轮机

在海面上,因为对其他类型的燃气轮机起显著作用的高度的影响不复存在,天气条件是决定压力高度范围的唯一条件。作为船用燃气轮机最具资格的用户,美国海军的惯例是取环境压力很可能的范围为 87~108 kPa(12.6~15.7 psia)。这相当于 −600~1800 m(−1968~5905 ft)的压力高度范围。

在海面上,不论白天或夜晚,自由流温度(即不受太阳加热甲板效应影响的温度)与海洋表面的温度相当。由于海洋的巨大热惯性,与陆地或航空燃气涡轮发动机相比,船用燃气轮机的环境温度范围显著缩小。然而,船舶必须也能够在靠近陆地的区域航行,包括极地冰原和波斯湾。因此,讨论可操作性(而非寿命)时,船用燃气轮机一般仍要考虑一个较宽的环境温度范围。最常用的环境温度范围为美国海军使用的 −40~50℃。为留出一定的寿命裕度,美国海军在 38℃ 条件下进行发动机额定值考核。更全面的世界海洋温度数据见参考文献[7]。

由于在靠近水的环境中工作,船用燃气轮机的相对湿度不太可能为零。实际的典型值高于 80%。对大多数环境温度来说,相对湿度的上限可取 100%。同样地,如 2.1.5 节所讨论的,在极端冷天和热天条件下,湿度范围有所缩小。

2.1.9 航空发动机

航空发动机的环境包线一般考虑高至航空器升限的图表 2.1 中的数据。比湿度的范围与 0%~100% 的相对湿度范围相当,如图表 2.7 所示。

2.2 安装压力损失

在 ISO 条件下报价的发动机性能水平并不包括安装流道压力损失。这种水平的发动机性能被称为非安装的,即发动机制造厂商所提供的发动机进口和出口平面之间的性能。相关例子包括从第一个压气机(即风扇)机匣进口安装边到发动机排气管道出口安装边,或到推力发动机的推进喷管出口平面。当包括安装压力损失和其他安装影响(见 6.13.5 节)时,所得到的发动机性能水平被称为安装状态的。

对工业、车辆及船舶燃气轮机而言,压力安装损失通常是由动力装置进气口和排气流道造成的。而对于航空发动机,在发动机进口安装边的上游,通常有一段飞行进气道,它是飞机机体(而非发动机)的一部分。不过,对大涵道比涡扇发动机而言，并没有安装排气流道。航空发动机需要额外考虑的一个因素是进气道冲压恢复系数。此参数是由安装装置或飞行进气道恢复成发动机进气道前端面总压的自由流动压所占的份额。

由安装流道造成的压力损失决不应近似为压力高度的变化引起发动机进气道安装边的压力降低。进气道压力损失的确使得进口压力减小，同时排气损失则使发动机排气口平面的压力升高，人为改变环境压力显然无法同时模拟这两种效应。

对工业、机动车辆及船舶燃气轮机，安装压力损失多用毫米水柱（mmH_2O）表示。在海平面，$100\,mmH_2O$ 约为 1% 的总压损失（$0.981\,kPa$、$0.142\,psi$）。而对航空发动机，安装压力损失常用总压的损失百分比（%$\Delta P/P$）表示。

2.2.1 工业燃气轮机

在高功率状态下，实际管道、过滤器和消声器引起的总的进口压力损失典型值为 $100\,mmH_2O$，安装排气损失典型值则为 $100\sim300\,mmH_2O$（$0.981\,kPa$、$0.142\,psi$ 至 $2.942\,kPa$、$0.427\,psi$）；较高的压力损失值发生在燃气轮机下游有蒸汽动力装置的情况。

2.2.2 机动车辆燃气轮机

在这种情况中，进气和排气的安装压力损失一般均为 $100\,mmH_2O$（$0.981\,kPa$、$0.142\,psi$）。

2.2.3 船舶燃气轮机

取决于不同的船舶设计，额定功率下的进气和排气安装损失值可以分别达到 $300\,mmH_2O$（$2.942\,kPa$、$0.427\,psi$）和 $500\,mmH_2O$（$4.904\,kPa$、$0.711\,psi$）。美国海军使用的标准的进气和排气损失则分别为 $100\,mmH_2O$（$0.981\,kPa$、$0.142\,psi$）和 $150\,mmH_2O$（$1.471\,kPa$、$0.213\,psi$）。

2.2.4 航空发动机

对于安装在短舱中的涡扇发动机，在马赫数 0.8 巡航时，由于不完全的冲压恢复和进气道安装，从自由气流到飞行进气道/发动机进气道界面的总压损失可低至 0.5% $\Delta P/P$。而对于冲压发动机，在马赫数 3 时损失接近 15%。对于埋置于过滤器后面的直升机发动机，进气道安装总压损失可达 2%，而且可能还有与排气特征抑制装置有关的排气安装压力损失。

2.3 飞行包线

2.3.1 主要航空器类型的典型飞行包线

除环境包线外，航空发动机还必须工作在一定的前向速度的范围内。在给定高度条件下，飞行马赫数的范围由飞行包线定义。图 2.1 给出了 7 种主要类型航空器的典型飞行包线。

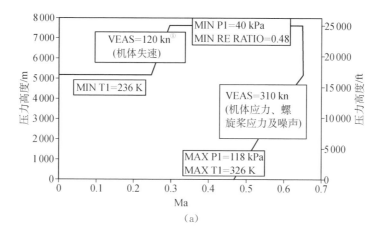

（a）

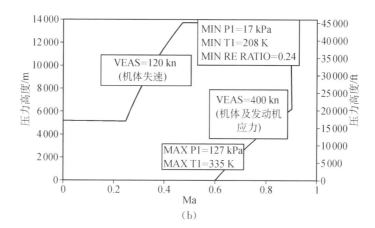

（b）

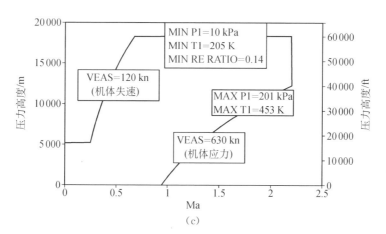

（c）

① 1 kn＝1.852 km/h，kn 是国标速度单位"节"。——译注

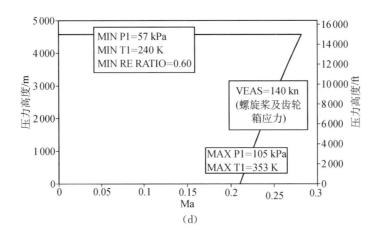

(d)

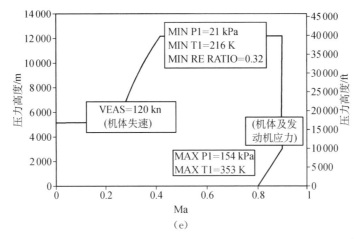

(e)

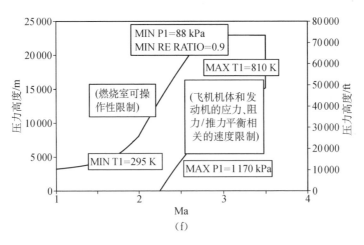

(f)

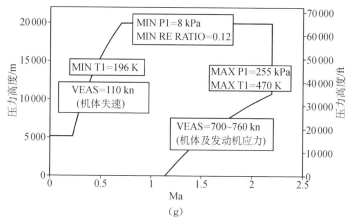

图 2.1　主要类型航空器的飞行包线

(a) 常规民用涡桨运输机　(b) 亚声速民用涡扇运输机　(c) 超声速民用运输机　(d) 直升机
(e) 亚声速吸气式导弹、无人机或遥控飞行器(RPV)　(f) 超声速吸气式导弹　(g) 先进战斗机

注:APU 的进气道冲压恢复系数比推进发动机的低;压力为自由流压力,即 100% 冲压恢复系数;最高温度对应 MIL - STD - 210 热天;最低温度对应 MIL - STD - 210 冷天;最小雷诺数比对应 MIL - STD - 210 热天;桨扇和民用涡扇发动机具有相似的飞行包线;所有数据仅为示意性的。

对每一个飞行包线,给出了发动机承受的最低和最高自由流温度和压力,以及包线形状形成的基本原因。后者在第 1 章中有详细的讨论。在使用辅助动力装置的场合,辅助动力装置承受与推进器相同的自由流条件。然而,由于安置于机身后面,以及进气道设计上的阻力约束,进气道冲压恢复系数经常是较低的。

2.3.2　自由流总压和总温(公式 F2.11 和 F2.12)

自由流总压(P_0)是压力高度和飞行马赫数的函数,而自由流总温(T_0)是环境温度和飞行马赫数的函数。对发动机性能来说,进口压力和温度两者都是最基本的参数。它们常被用来通过如第 4 章描述的准无量纲参数组将发动机参数换算到 ISA 海平面静止条件。为此,需定义如下比值:

DELTA(δ)=P_0/101.325 kPa,亦见公式 F2.11。

THETA(θ)=T_0/288.15 K,亦见公式 F2.12。

本书中的"换算"使用"referred",不过也可以使用"corrected",特别是在美国。对于发动机部件设计来说,θ 和 δ 也可用部件进口的温度和压力进行定义。

图表 2.10 给出了基于自由流条件的 δ 与压力高度和马赫数的关系,其范围覆盖了图 2.1 中的所有飞行包线。进气道压力损失对发动机性能的影响是附加的,正如 2.2 节讨论的。图表 2.11 则给出了基于自由流条件的 θ 与压力高度和马赫数的关系,涵盖了 MIL 210 冷天、标准天和 MIL 210 热天,其范围与图表 2.10 的

相似。算例 C2.4 演示了这些图表以及公式 F2.11 和 F2.12 的使用。

2.3.3　雷诺数比(公式 F2.13 和 F2.14)

雷诺数对发动机性能的影响方式见第 4 章和第 7 章。

对任意状态下的流动气体而言,雷诺数表征了惯性力(反映速度与动量的影响)与黏性力(导致摩擦性的压力损失)之比。低的雷诺数会由于气体黏性效应的增加而对发动机性能造成显著的二阶效应影响。一般来说,雷诺数比可以反映雷诺数随冲压条件的变化,它是指给定工作状态与 ISA SLS 状态的雷诺数之比(见公式 F2.13 和 F2.14)。图表 2.12 给出了雷诺数比在整个工作包线内随高度、马赫数和环境温度的变化关系。在图 2.1 所示的典型飞行包线中,给出了最小雷诺数比。算例 C2.5 演示了公式 F2.13 和 F2.14 的用法以及与图表 2.12 之间的关系。

图表 2.12 中的雷诺数比是基于自由流条件的,而进气道和压气机的雷诺数在工作包线中有类似的变化;自由流条件与发动机进口条件是相似的。但是,对于涡轮,雷诺数还额外地依赖于功率或推力水平。功率或推力水平决定了涡轮压力和温度相对于冲压条件的变化。尽管如此,对于这些热端部件,图表 2.12 仍然提供了一个十分有用的表征雷诺数变化的一阶近似。

2.3.4　飞行速度定义(公式 F2.15—F2.19)

传统上,飞机速度从来都是由从机翼或机首向前伸出的一根长管上的皮托静压探针测量出来的。总压与静压之差用来计算飞行速度,这一速度显示在驾驶舱的显示器或仪表上。测量装置一般在海平面进行标定,由此引出一系列的飞行速度定义:

● 指示空速(indicated air speed, VIAS):基于上述标定并显示在驾驶舱的速度。

● 校准空速(calibrated air speed, VCAS):约等于 VIAS,它与 VIAS 的唯一差异在于针对飞机对皮托静压探针周围静压场的干扰,进行了微小修正。

● 当量空速(equivalent air speed, VEAS):是通过修正 VCAS 而得到的,因为高空的环境压力低于校准探针时使用的海平面压力。换言之,对于给定的马赫数,高空的动压头较低。在海平面,VEAS 等于 VCAS。

● 真空速(true air speed, VTAS):为飞机相对于空气的实际速度。它可由 VEAS 除以[①]相对密度平方根(见图表 2.5)得到。此修正源于在校准时用来提供 VIAS 的探针时,使用的是海平面大气密度。速度和密度两者构成了动压。

● 马赫数(Ma):为真空速与当地声速之比。

● 地速(ground speed):进行了风速修正的 VTAS。

VEAS 和 VCAS 仅为压力高度和马赫数的函数。VEAS 与 VCAS 之间的差异

---

① 原文误为"multiplying"(乘以)。——校注

被称为高度标定效应(SAE),与环境温度无关。与此相反,VTAS 是环境温度和马赫数的函数,与压力高度无关。这些飞行速度定义之间复杂的数学关系可参见公式F2.15—F2.19。参考文献[8]全面地给出了这些定义的来源。

　　对驾驶员来说,马赫数与地速都很重要。前者决定了飞机的临界空气动力学条件,如激波或失速;而后者则对导航很重要。对燃气涡轮发动机工程师来说,在根据静止环境条件确定进口滞止条件时,马赫数是头等重要的。然而,当分析飞行试验得到的发动机性能数据时,常常只有 VCAS 或 VEAS 可供使用。下述图表给出了用一种飞行速度得出另一种的转换关系:

- 图表 2.13:VCAS 与压力高度、马赫数关系。
- 图表 2.14:VEAS 与压力高度、马赫数关系。
- 图表 2.15:VTAS 与压力高度、马赫数关系。
- 图表 2.16:SAE 与压力高度、马赫数关系。

　　通过应用上面的公式,算例 C2.6 展示了上述各种飞行速度之间的关系,其结果与图表 2.13—图表 2.16 一致。

公式、算例与图表

公式

F2.1　压力高度(m)＝fn(环境压力(kPa))

PAMB＞22.633 kPa

　　　ALT＝44 330.48 * (1－(PAMB/101.325)^0.190 263 2)

If PAMB＜22.633 kPa and ＞1.6 kPa

　　　ALT＝6 341.58 * ln(22.632 53/PAMB)＋10 999.93

F2.2　ISA 环境温度(K)＝fn(压力高度(m))

If ALT＜11 000 m

　　　TAMB＝288.15－0.006 5 * ALT

If ALT＞11 000 m and ＜24 994 m

　　　TAMB＝216.65

If ALT＞24 994 m and ＜30 000 m

　　　TAMB＝216.65＋0.002 989 2 * (ALT－24 994)

F2.3　环境压力(kPa)＝fn(ISA 环境温度(K),压力高度(m))

If ALT＜11 000 m

　　　PAMB＝101.325 * (288.15/TAMB)^(－5.255 88)

If ALT＞11 000 m and ＜24 994 m

　　　PAMB＝22.632 53/EXP(0.000 157 689 * (ALT－10 998.1))

If ALT＞24 994 m and ＜30 000 m

　　　PAMB＝2.523 7 * (216.65/TAMB)^11.8

F2.4　大气密度(kg/m³)＝fn(环境压力(kPa)，环境温度(K))

$$RHO=PAMB*1\,000/(R*TAMB)$$

(i) 其中，空气为理想气体，其气体常数 R 为 287.05 J/(kg·K)。

F2.5　相对密度＝fn(密度(kg/m³))

$$RHOrel=RHO/1.224\,8$$

(i) 其中，1.224 8 kg/m³ 为空气在 ISA 海平面的密度。

F2.6　声速(m/s)＝fn(环境温度(K))

$$VS=SQRT(\gamma*R*TAMB)$$

(i) 对于空气，气体常数 R 为 287.05 J/(kg·K)。

(ii) 对于空气，γ[①] 可由公式 F3.7 计算得出，在环境温度下 γ 近似为 1.4。

F2.7　相对声速＝fn(声速(kn))

$$VSrel=VS/661.7$$

(i) 其中，661.7 kn 为 ISA 海平面的声速。

F2.8　比湿度(%)＝fn(大气水分含量)

$$SH=100*样品中的水蒸气质量/样品中的干空气质量$$

(i) 本文使用上述定义。

(ii) 在其他文献中可能使用另外的定义，即水与湿空气的质量之比。

F2.9　相对湿度(%)＝fn(比湿度(%)，当前环境压力、温度下饱和大气的比湿度(%))

$$RH=100*SH/SHsat$$

F2.10　比湿度(%)＝fn(相对湿度(%)，环境温度(K)，环境压力(kPa)，饱和蒸汽压(kPa))

$$SH=0.622*PSAT*RH/(PAMB-PSAT*(RH/100))$$

其中，环境条件下水的饱和蒸汽压为

$$PSAT=(1.000\,7+3.46E-05*PAMB)*0.611\,21*e^\wedge(17.502*(TAMB-273.15)/(TAMB-32.25))$$

F2.11　Delta＝fn(环境压力(kPa)，飞行马赫数)

$$\delta=(PAMB/101.325)*(1+((\gamma-1)/2)*M^\wedge2)^\wedge(\gamma/(\gamma-1))$$

或

$$\delta=P1/101.325$$

(i) 对于空气，γ 可由公式 F3.7 计算，在环境温度下近似为 1.4。

F2.12　Theta＝fn(环境温度(K)，飞行马赫数)

$$\theta=(TAMB/288.15)*(1+((\gamma-1)/2)*M^\wedge2)$$

或

$$\theta=T1/288.15$$

---

① 原文数处"γ"用"g"表示，译文统一用"γ"。——译注

(i) 对于空气，γ 可由公式 F3.7 计算，在环境温度下近似为 1.4。

F2.13 雷诺数＝fn(密度(kg/m³)，动力黏度(N·s/m²))

$$RE = RHO * D * V / VIS$$

(i) D 和 V 分别为特征尺寸和速度。

(ii) VIS 由公式 F3.30 给出。

F2.14 雷诺数比＝fn(雷诺数)

$$RERATIO = RE / 67\,661$$

(i) 其中，67 661 为 ISA SLS 条件下第一个压气机进口的雷诺数，特征尺寸和速度都设为 1 个单位。

(ii) 此处 RE 也使用 1 个单位的特征尺寸和速度进行估算，且使用了发动机进口冲压压力和温度。

(iii) 因此，此变量本质上表示在整个工作包线内雷诺数的变化。

F2.15 真空速(kn)＝fn(飞行马赫数，声速(m/s)，环境温度(K))

$$VTAS = 1.943\,84 * M * VS$$

或者

$$VTAS = 1.943\,84 * M * SQRT(\gamma * R * TAMB)$$

(i) 对空气，气体常数 R 为 287.05 J/(kg·K)。

(ii) 对空气，γ 可由公式 F3.7 计算，在环境温度下近似为 1.4。

F2.16 当量空速(kn)＝fn(真空速(kn)，相对密度)

$$VEAS = VTAS * SQRT(RHOrel)$$

(i) RHOrel 可由公式 F2.5 计算。

F2.17 当量空速(kn)＝fn(飞行马赫数，环境压力(kPa))

$$VEAS = 1.943\,84 * M * SQRT(PAMB * 1\,000 * \gamma / 1.224\,8)$$

F2.18 校准空速(kn)＝fn(飞行马赫数，环境压力(kPa)，皮托管测量的总压和静压之差(kPa))

$$VCAS = 661.478 * SQRT(2/(\gamma-1) * (((PAMB/101.325) * (DP/PAMB)+1)\hat{}((\gamma-1)/\gamma)-1))$$

对 M＜1，DP/PAMB 可由 Q 曲线公式得到：

$$DP/PAMB = (1+(\gamma-1)/2 * M\hat{}2)\hat{}(\gamma/(\gamma-1))-1$$

对 M＞1，计算测量的 DP/PAMB 时要用到激波修正，使用下式：

$$DP/PAMB = 0.7 * M\hat{}2 * (1.839\,4-0.771\,7/M\hat{}2+0.164\,2/M\hat{}4+0.035\,2/M\hat{}6+0.006\,9/M\hat{}8)$$

F2.19 高度标定效应(kn)＝fn(校准空速(kn)，当量空速(kn))

$$SAE = VEAS - VCAS$$

算例

C2.1　计算环境压力为 2.914 kPa 的压力高度

因 PAMB<22.633 且>1.6 kPa，且有

F2.1 ALT＝6 341.58 * ln(22.632 53/PAMB)＋10 999.93

代入 F2.1：

ALT＝6 341.58 * ln(22.632 53/2.914)＋10 999.93

ALT＝24 000 m

此即图表 2.1 中所给出的数值。

C2.2　计算 ISA 天条件、高度为 5 500 m 的环境温度和压力

因高度低于 11 000 m：

F2.2 TAMB＝288.15－0.006 5 * ALT

F2.3 PAMB＝101.325 * (288.15/TAMB)^(－5.255 88)

代入公式 F2.2 和 F2.3：

TAMB＝288.15－0.006 5 * 5 500

TAMB＝252.4 K

PAMB＝101.325 * (288.15/252.4)^(－5.255 88)

PAMB＝50.507 kPa

此即图表 2.1 中所给出的数值。

C2.3　计算压力高度 2 000 m、MIL 210 热天条件下相对湿度为 50% 时每千克干空气所对应的水蒸气的质量

F2.8　SH＝100 * 样品中的水蒸气质量/样品中的干空气质量

F2.9　RH＝100 * SH/SHsat

F2.10　SH＝0.622 * PSAT * RH/(PAMB－PSAT * (RH/100))

PSAT＝(1.000 7＋3.46E－05 * PAMB) * 0.611 21 * e^(17.502 * (TAMB－273.15)/(TAMB－32.25))

由图表 2.1 可知，TAMB＝298.5 K，PAMB＝79.496 kPa。代入 F2.10：

PSAT＝(1.000 7＋3.46E－05 * 79.496) * 0.611 21 * e^(17.502 * (298.5－273.15)/(298.5－32.25))

PSAT＝0.613 3 * e^(1.666 4)

PSAT＝3.123 8 kPa[①]

SH＝0.622 * 3.123 8 * 50/(79.496－3.123 8 * (50/100))

SH＝1.30%

如果将图表 2.7 中 2 000 m、MIL 210[②] 热天条件下的数值乘以 50%，其结果与上面

---

① 原文计算结果如此，而上方公式实际结果应为"3.246 2"。——译注

② 原文误为 ISA。——译注

所得的值是一致的。如果将图表 2.8 中 298.5 K 和 50% 相对湿度条件下的数值乘以图表 2.9 中 2000 m 时的修正因子后,其结果与上面所得的值也是一致的。

代入 F2.8

1.30＝100 * 水蒸气质量/1

水蒸气质量＝0.013 kg

C2.4　计算 MIL 210 冷天、11 000 m、马赫数 0.8 条件下的 δ 和 θ

第 3 章的 Q 曲线公式为

F3.31　T/TS＝(1＋(γ－1)/2 * M^2)

F3.32　P/PS＝(T/TS)^(γ/(γ－1))

查图表 2.1 可知,TAMB＝208.0 K,PAMB＝22.628 kPa。根据公式 F2.15 中的准则,γ＝1.4。

代入 F3.31[①]:

T1/208.0＝(1＋(1.4－1)/2 * 0.8^2)

T1＝234.6 K

THETA＝234.6/288.15

THETA＝0.814

代入 F3.32:

P1/22.628＝(234.6/208.0)^(1.4/(1.4－1))

P1＝34.480 kPa

DELTA＝34.480/101.325

DELTA＝0.340

在给定的高度和马赫数下,查询图表 2.11 和图表 2.10,所得数值与上述计算值一致。

C2.5　(i) 计算进口马赫数为 0.4、叶片弦长 50 mm 的压气机在 ISA SLS 条件下的雷诺数

(ii) 近似地计算 MIL 210 热天、10 000 m、马赫数 0.8 条件下的雷诺数

F2.13　RE＝RHO * D * V/VIS

F3.30　VIS＝1.015E－06 * TS^1.5/(TS＋120)

F3.1　RHO＝PS/(R * TS)

由图表 2.1,ISA 环境压力和温度分别为 101.325 kPa 和 288.15 K。由图表 3.8,在马赫数 0.4 时,P/PS＝1.1166, T/TS＝1.032, V/SQRT(T)＝7.8941。

(i) 计算 ISA SLS 条件下的雷诺数

通过进气道,总温是不变的,因此在压气机进口截面:

TS＝288.15/1.032

---

① 原文为 F3.31 和 F3.32,但 THETA 的计算不涉及 F3.32。——译注

　　TS＝279.21 K

　　V＝7.894 1 * SQRT(288.15)

　　V＝134.0 m/s

近似认为沿进气道，总压无损失：

　　PS＝101.325/1.116 6

　　PS＝90.744 kPa

代入 F3.1、F3.30 和 F2.13：

　　RHO＝90 744/287.05/279.21

　　RHO＝1.132 kg/m^3

　　VIS＝1.015E−06 * 279.21^1.5/(279.21＋120)

　　VIS＝1.18E−05

　　RE＝1.132 * 0.05 * 134.0/1.18E−05

　　RE＝4 926[①]

（ii）MIL 210 热天、10 000 m、马赫数 0.8 条件下的雷诺数

根据图表 2.12，在 MIL 210 热天、10 000 m、马赫数 0.8 条件下，雷诺数比近似为 0.52，因此：

　　RE＝4 926 * 0.52

　　RE＝2 562

C2.6　分别在（i）ISA 海平面和（ii）MIL 210 冷天、5 000 m 条件下计算 EAS 为 400 kn 时的真空速、马赫数、校准空速和高度标定效应

　　F2.16　VEAS＝VTAS * SQRT(RHOrel)

　　F2.17　VEAS＝1.943 84 * M * SQRT(PAMB * 1 000 * γ/1.224 8)

　　F2.18　VCAS＝661.478 * SQRT(2/(γ−1) *

　　　　　　　(((PAMB/101.325) * (DP/PAMB)＋1)^((γ−1)/ γ)−

　　　　　　　1))

若 M＜1，DP/PAMB 可由 Q 曲线公式得到：

　　DP/PAMB＝(1＋(γ−1)/2 * M^2)^(γ/(γ−1))−1

　　F2.19　SAE＝VEAS−VCAS

　　F2.5　RHOrel＝RHO/1.224 8

由图表 2.1 可知，在 ISA SLS 条件下，PAMB＝101.325 kPa，TAMB＝288.15 K，RHOrel＝1.0。在 MIL 210 冷天、5 000 m 条件下，PAMB＝54.022 kPa，TAMB＝236.6 K，RHOrel＝0.649。

根据公式 F2.15 中的准则，γ＝1.4。

（i）ISA 海平面条件下的 VTAS、M、VCAS 和 SAE

将数值代入 F2.16、F2.17、F2.18 和 F2.19：

---

① 原文计算结果如此，与上式实际结果不相符。——译注

400＝VTAS＊SQRT(1.0)

VTAS＝400 kn＝740.8 km/h

400＝1.943 48＊M＊SQRT(101.325＊1 000＊1.4/1.224 8)

M＝0.605

DP/PAMB＝(1＋(1.4－1)/2＊0.605^2)^(1.4/(1.4－1))－1

DP/PAMB＝0.280 5

VCAS＝661.478＊SQRT(2/(1.4－1)＊

(((101.325/101.325)＊0.280 5＋1)^((1.4－1)/1.4)－1))

VCAS＝661.478＊SQRT(5＊(1.280 5^0.286－1))

VCAS＝400 kn＝740.8 km/h

SAE＝400－400

SAE＝0 kn

(ii) MIL 210 冷天、5 000 m 条件下的 VTAS、M、VCAS 和 SAE

将数值代入 F2.16、F2.17、F2.18 和 F2.19：

400＝VTAS＊SQRT(0.649)

VTAS＝496.5 kn＝919.55 km/h

400＝1.943 48＊M＊SQRT(54.022＊1 000＊1.4/1.224 8)

M＝0.828

DP/PAMB＝(1＋(1.4－1)/2＊0.828^2)^(1.4/(1.4－1))－1

DP/PAMB＝0.567 9

VCAS＝661.478＊SQRT(2/(1.4－1)＊(((54.022/101.325)＊0.567 9＋1)^

((1.4－1/1.4)－1))

VCAS＝661.478＊SQRT(5＊(1.302 8^0.286－1))

VCAS＝414.65 kn＝767.9 km/h

SAE＝400－414.65

SAE＝－14.65 kn＝－27.13 km/h

上述答案与图表 2.13—图表 2.16 相一致。

图表

(a) 国际单位:0~15 000 m

压力高度 /m	压力 /kPa	MIL-STD-210A 冷天大气				标准大气				MIL-STD-210A 热天大气			
		温度 /K	相对密度	相对密度平方根	声速 /kn	温度 /K	相对密度	相对密度平方根	声速 /kn	温度 /K	相对密度	相对密度平方根	声速 /kn
0	101.325	222.1	1.298	1.139	581.0	288.2	1.000	1.000	661.7	312.6	0.922	0.960	689.0
250	98.362	228.2	1.226	1.107	589.0	286.6	0.976	0.988	659.8	310.9	0.900	0.949	687.1
500	95.460	234.4	1.158	1.076	596.9	284.9	0.953	0.976	658.0	309.1	0.878	0.937	685.2
750	92.631	240.6	1.095	1.046	604.7	283.3	0.930	0.964	656.1	307.4	0.857	0.926	683.3
1000	89.873	245.3	1.042	1.021	610.7	281.7	0.907	0.953	654.2	305.6	0.836	0.914	681.3
1250	87.180	247.1	1.004	1.002	612.8	280.0	0.885	0.941	652.3	303.8	0.816	0.903	679.3
1500	84.558	247.1	0.973	0.987	612.8	278.4	0.864	0.929	650.4	302.1	0.796	0.892	677.3
1750	81.994	247.1	0.944	0.972	612.8	276.8	0.842	0.918	648.5	300.3	0.777	0.881	675.4
2000	79.496	247.1	0.915	0.957	612.8	275.2	0.822	0.906	646.6	298.5	0.757	0.870	673.3
2250	77.060	247.1	0.887	0.942	612.8	273.5	0.801	0.895	644.7	296.7	0.739	0.859	671.3
2500	74.683	247.1	0.860	0.927	612.8	271.9	0.781	0.884	642.8	294.8	0.720	0.849	669.2
2750	72.367	247.1	0.833	0.913	612.8	270.3	0.761	0.873	640.9	293.0	0.702	0.838	667.2
3000	70.106	247.1	0.807	0.898	612.8	268.6	0.742	0.861	639.0	291.2	0.685	0.827	665.2
3250	67.905	246.8	0.783	0.885	612.4	267.0	0.723	0.850	637.1	289.5	0.667	0.817	663.2
3500	65.761	245.7	0.761	0.872	611.1	265.4	0.705	0.839	635.1	287.8	0.650	0.806	661.3
3750	63.673	244.2	0.741	0.861	609.3	263.8	0.686	0.829	633.2	286.1	0.633	0.796	659.3
4000	61.640	242.7	0.722	0.850	607.4	262.1	0.669	0.818	631.2	284.4	0.616	0.785	657.3
4250	59.657	241.2	0.703	0.839	605.5	260.6	0.651	0.807	629.3	282.6	0.600	0.775	655.3
4500	57.731	239.7	0.685	0.828	603.6	258.9	0.634	0.796	627.3	280.8	0.585	0.765	653.2

（续前）

压力高度 /m	压力 /kPa	MIL-STD-210A冷天大气				标准大气				MIL-STD-210A热天大气			
		温度 /K	相对密度	相对密度平方根	声速 /kn	温度 /K	相对密度	相对密度平方根	声速 /kn	温度 /K	相对密度	相对密度平方根	声速 /kn
4 750	55.852	238.2	0.667	0.817	601.7	257.3	0.617	0.786	625.3	279.1	0.569	0.754	651.2
5 000	54.022	236.6	0.649	0.806	599.7	255.7	0.601	0.775	623.4	277.3	0.554	0.744	649.1
5 250	52.242	235.1	0.632	0.795	597.8	254.1	0.585	0.765	621.4	275.5	0.539	0.734	647.0
5 500	50.507	233.5	0.615	0.784	595.8	252.4	0.569	0.754	619.4	273.7	0.525	0.724	644.9
5 750	48.820	231.9	0.599	0.774	593.8	250.8	0.554	0.744	617.4	271.9	0.511	0.715	642.8
6 000	47.178	230.4	0.582	0.763	591.8	249.2	0.538	0.734	615.4	270.2	0.497	0.705	640.8
6 250	45.584	228.8	0.567	0.753	589.7	247.5	0.524	0.724	613.4	268.5	0.483	0.695	638.8
6 500	44.033	227.2	0.551	0.742	587.7	245.9	0.509	0.714	611.4	266.8	0.469	0.685	636.8
6 750	42.525	225.6	0.536	0.732	585.5	244.3	0.495	0.704	609.3	265.1	0.456	0.675	634.7
7 000	41.063	224.0	0.521	0.722	583.5	242.7	0.481	0.694	607.4	263.4	0.443	0.666	632.7
7 250	39.638	222.3	0.507	0.712	581.3	241.0	0.468	0.684	605.3	261.7	0.431	0.656	630.6
7 500	38.254	220.7	0.493	0.702	579.2	239.4	0.454	0.674	603.2	259.9	0.419	0.647	628.5
7 750	36.909	219.0	0.479	0.692	577.0	237.8	0.441	0.664	601.2	258.2	0.407	0.638	626.5
8 000	35.601	217.4	0.466	0.682	574.9	236.2	0.429	0.655	599.2	256.5	0.395	0.628	624.3
8 250	34.330	215.8	0.453	0.673	572.7	234.5	0.416	0.645	597.1	254.7	0.383	0.619	622.2
8 500	33.096	214.1	0.440	0.663	570.4	232.9	0.404	0.636	595.0	252.9	0.372	0.610	620.0
8 750	31.899	212.3	0.427	0.654	568.1	231.3	0.392	0.626	592.9	251.2	0.361	0.601	617.9
9 000	30.740	210.6	0.415	0.644	565.9	229.7	0.381	0.617	590.9	249.5	0.350	0.592	615.8
9 250	29.616	209.1	0.403	0.635	563.8	228.0	0.369	0.608	588.7	247.9	0.340	0.583	613.8
9 500	28.523	208.0	0.390	0.624	562.3	226.4	0.358	0.599	586.6	246.2	0.329	0.574	611.8
9 750	27.463	208.0	0.375	0.613	562.3	224.8	0.347	0.589	584.6	244.6	0.319	0.565	609.7

(续前)

压力高度 /m	压力 /kPa	MIL-STD-210A 冷天大气				标准大气				MIL-STD-210A 热天大气			
		温度 /K	相对密度	相对密度平方根	声速 /kn	温度 /K	相对密度	相对密度平方根	声速 /kn	温度 /K	相对密度	相对密度平方根	声速 /kn
10 000	26.435	208.0	0.361	0.601	562.3	223.2	0.337	0.580	582.4	242.9	0.310	0.556	607.6
10 250	25.441	208.0	0.348	0.590	562.3	221.5	0.327	0.571	580.3	241.2	0.300	0.548	605.6
10 500	24.475	208.0	0.335	0.578	562.3	219.9	0.317	0.563	578.2	239.7	0.290	0.539	603.6
10 750	23.540	208.0	0.322	0.567	562.3	218.3	0.307	0.554	576.0	238.2	0.281	0.530	601.7
11 000	22.628	208.0	0.309	0.556	562.3	216.7	0.297	0.545	573.9	236.7	0.272	0.521	599.8
11 250	21.758	208.0	0.297	0.545	562.3	216.7	0.286	0.534	573.9	235.2	0.263	0.513	597.9
11 500	20.914	208.0	0.286	0.535	562.3	216.7	0.275	0.524	573.9	233.6	0.255	0.505	595.9
11 750	20.106	208.0	0.275	0.524	562.3	216.7	0.264	0.514	573.9	232.1	0.246	0.496	593.9
12 000	19.331	208.0	0.264	0.514	562.3	216.7	0.254	0.504	573.9	231.0	0.238	0.488	592.5
12 250	18.583	208.0	0.254	0.504	562.3	216.7	0.244	0.494	573.9	230.6	0.229	0.479	592.0
12 500	17.862	208.0	0.244	0.494	562.3	216.7	0.234	0.484	573.9	230.8	0.220	0.469	592.3
12 750	17.176	208.0	0.235	0.485	562.3	216.7	0.225	0.475	573.9	231.0	0.211	0.460	592.5
13 000	16.512	207.0	0.227	0.476	560.9	216.7	0.217	0.466	573.9	231.1	0.203	0.451	592.8
13 250	15.872	205.1	0.220	0.469	558.3	216.7	0.208	0.456	573.9	231.3	0.195	0.442	593.0
13 500	15.257	202.7	0.214	0.463	555.1	216.7	0.200	0.447	573.9	231.5	0.187	0.433	593.2
13 750	14.669	200.3	0.208	0.456	551.8	216.7	0.193	0.439	573.9	231.8	0.180	0.424	593.5
14 000	14.105	197.9	0.203	0.450	548.4	216.7	0.185	0.430	573.9	232.0	0.173	0.416	593.8
14 250	13.558	195.4	0.197	0.444	545.0	216.7	0.178	0.422	573.9	232.2	0.166	0.408	594.1
14 500	13.034	193.0	0.192	0.438	541.6	216.7	0.171	0.414	573.9	232.4	0.160	0.399	594.3
14 750	12.530	190.7	0.187	0.432	538.4	216.7	0.164	0.406	573.9	232.6	0.153	0.391	594.6
15 000	12.045	188.7	0.182	0.426	535.6	216.7	0.158	0.398	573.9	232.8	0.147	0.384	594.9

(b) 国际单位:15 250～30 500 m

压力高度 /m	压力 /kPa	MIL-STD-210A冷天天气				标准大气				MIL-STD-210A热天天气			
		温度 /K	相对密度	相对密度平方根	声速 /kn	温度 /K	相对密度	相对密度平方根	声速 /kn	温度 /K	相对密度	相对密度平方根	声速 /kn
15 250	11.579	187.1	0.176	0.420	533.2	216.7	0.152	0.390	573.9	233.1	0.141	0.376	595.2
15 500	11.131	186.1	0.170	0.412	531.9	216.7	0.146	0.382	573.9	233.2	0.136	0.368	595.4
15 750	10.702	185.9	0.164	0.405	531.6	216.7	0.140	0.375	573.9	233.3	0.130	0.361	595.5
16 000	10.287	185.9	0.157	0.397	531.6	216.7	0.135	0.367	573.9	233.4	0.125	0.354	595.6
16 250	9.889	185.9	0.151	0.389	531.6	216.7	0.130	0.360	573.9	233.5	0.120	0.347	595.7
16 500	9.509	185.9	0.145	0.381	531.6	216.7	0.125	0.353	573.9	233.6	0.116	0.340	595.9
16 750	9.142	185.9	0.140	0.374	531.6	216.7	0.120	0.346	573.9	233.7	0.111	0.334	596.0
17 000	8.789	185.9	0.134	0.367	531.6	216.7	0.115	0.340	573.9	233.7	0.107	0.327	596.0
17 250	8.446	185.9	0.129	0.359	531.6	216.7	0.111	0.333	573.9	233.8	0.103	0.321	596.1
17 500	8.118	185.9	0.124	0.352	531.6	216.7	0.107	0.326	573.9	233.9	0.099	0.314	596.2
17 750	7.806	185.9	0.119	0.346	531.6	216.7	0.102	0.320	573.9	234.0	0.095	0.308	596.4
18 000	7.502	185.9	0.115	0.339	531.6	216.7	0.098	0.314	573.9	234.1	0.091	0.302	596.5
18 250	7.213	185.9	0.110	0.332	531.6	216.7	0.095	0.308	573.9	234.2	0.088	0.296	596.6
18 500	6.936	185.9	0.106	0.326	531.6	216.7	0.091	0.302	573.9	234.2	0.084	0.290	596.7
18 750	6.668	186.8	0.102	0.319	532.8	216.7	0.088	0.296	573.9	234.3	0.081	0.284	596.8
19 000	6.410	188.1	0.097	0.311	534.8	216.7	0.084	0.290	573.9	234.4	0.078	0.279	596.9
19 250	6.162	189.5	0.092	0.304	536.7	216.7	0.081	0.284	573.9	234.5	0.075	0.273	597.1
19 500	5.924	190.9	0.088	0.297	538.7	216.7	0.078	0.279	573.9	234.6	0.072	0.268	597.2
19 750	5.695	192.2	0.084	0.290	540.5	216.7	0.075	0.273	573.9	234.7	0.069	0.263	597.3
20 000	5.475	193.5	0.080	0.284	542.3	216.7	0.072	0.268	573.9	234.8	0.066	0.258	597.4

（续前）

压力高度 /m	压力 /kPa	MIL-STD-210A 冷天大气				标准大气				MIL-STD-210A 热天大气			
		温度 /K	相对密度	相对密度平方根	声速 /kn	温度 /K	相对密度	相对密度平方根	声速 /kn	温度 /K	相对密度	相对密度平方根	声速 /kn
20 250	5.263	194.7	0.077	0.277	544.0	216.7	0.069	0.263	573.9	234.9	0.064	0.252	597.5
20 500	5.060	195.9	0.073	0.271	545.6	216.7	0.066	0.258	573.9	235.1	0.061	0.247	597.8
20 750	4.864	197.0	0.070	0.265	547.2	216.7	0.064	0.253	573.9	235.4	0.059	0.242	598.1
21 000	4.676	198.1	0.067	0.259	548.8	216.7	0.061	0.248	573.9	235.6	0.056	0.238	598.5
21 250	4.495	199.2	0.064	0.253	550.3	216.7	0.059	0.243	573.9	236.0	0.054	0.233	598.9
21 500	4.321	200.2	0.061	0.248	551.7	216.7	0.057	0.238	573.9	236.3	0.052	0.228	599.4
21 750	4.155	201.2	0.059	0.242	553.0	216.7	0.055	0.234	573.9	236.6	0.050	0.223	599.8
22 500	3.690	203.0	0.052	0.227	555.5	216.7	0.048	0.220	573.9	237.6	0.044	0.210	601.0
22 750	3.549	202.9	0.050	0.223	555.4	216.7	0.047	0.216	573.9	237.9	0.042	0.206	601.4
23 000	3.411	202.8	0.048	0.219	555.2	216.7	0.045	0.212	573.9	238.2	0.041	0.202	601.8
23 250	3.280	202.7	0.046	0.215	555.1	216.7	0.043	0.207	573.9	238.6	0.039	0.198	602.2
23 500	3.153	202.6	0.044	0.210	554.9	216.7	0.041	0.203	573.9	238.9	0.038	0.194	602.6
23 750	3.031	202.5	0.043	0.206	554.8	216.7	0.040	0.199	573.9	239.2	0.036	0.190	603.0
24 000	2.914	202.3	0.041	0.202	554.6	216.7	0.038	0.196	573.9	239.5	0.035	0.186	603.4
24 250	2.801	202.2	0.039	0.199	554.4	216.7	0.037	0.192	573.9	239.8	0.033	0.182	603.8
24 500	2.691	202.0	0.038	0.195	554.2	216.7	0.035	0.188	573.9	240.2	0.032	0.179	604.2
24 750	2.594	201.9	0.037	0.191	554.0	216.7	0.034	0.185	573.9	240.5	0.031	0.175	604.7
25 000	2.522	201.7	0.036	0.189	553.7	216.7	0.033	0.182	573.9	240.9	0.030	0.173	605.1
25 250	2.397	201.5	0.034	0.184	553.5	217.4	0.031	0.177	574.9	241.2	0.028	0.168	605.5
25 500	2.299	201.4	0.032	0.180	553.2	218.2	0.030	0.173	575.9	241.6	0.027	0.165	606.0

（续前）

压力高度 /m	压力 /kPa	MIL-STD-210A 冷天大气				标准大气				MIL-STD-210A 热天大气			
		温度 /K	相对密度	相对密度平方根	声速 /kn	温度 /K	相对密度	相对密度平方根	声速 /kn	温度 /K	相对密度	相对密度平方根	声速 /kn
25750	2.212	201.2	0.031	0.177	553.0	218.9	0.029	0.170	576.9	241.9	0.026	0.161	606.4
26000	2.128	201.0	0.030	0.174	552.7	219.7	0.028	0.166	577.8	242.3	0.025	0.158	606.9
26250	2.047	200.8	0.029	0.170	552.5	220.4	0.026	0.163	578.8	242.7	0.024	0.155	607.3
26500	1.969	200.7	0.028	0.167	552.3	221.2	0.025	0.159	579.8	243.0	0.023	0.152	607.8
26750	1.895	200.5	0.027	0.164	552.1	221.9	0.024	0.156	580.8	243.4	0.022	0.149	608.3
27000	1.823	200.3	0.026	0.161	551.8	222.7	0.023	0.153	581.8	243.8	0.021	0.146	608.8
27250	1.754	200.1	0.025	0.158	551.6	223.4	0.022	0.149	582.8	244.2	0.020	0.143	609.2
27500	1.689	200.0	0.024	0.155	551.3	224.2	0.021	0.146	583.7	244.5	0.020	0.140	609.6
27750	1.626	199.8	0.023	0.152	551.1	224.9	0.021	0.143	584.7	244.8	0.019	0.137	610.0
28000	1.565	199.6	0.022	0.149	550.8	225.7	0.020	0.140	585.7	245.2	0.018	0.135	610.4
28250	1.507	199.4	0.021	0.147	550.5	226.4	0.019	0.138	586.7	245.5	0.017	0.132	610.9
28500	1.452	199.2	0.021	0.144	550.3	227.2	0.018	0.135	587.6	245.8	0.017	0.130	611.3
28750	1.398	199.0	0.020	0.141	550.0	227.9	0.017	0.132	588.6	246.2	0.016	0.127	611.8
29000	1.347	198.9	0.019	0.139	549.8	228.7	0.017	0.129	589.6	246.6	0.016	0.125	612.3
29250	1.298	198.7	0.019	0.136	549.5	229.4	0.016	0.127	590.5	247.0	0.015	0.122	612.7
29500	1.250	198.4	0.018	0.134	549.2	230.1	0.015	0.124	591.5	247.3	0.014	0.120	613.2
29750	1.205	198.3	0.017	0.131	549.0	230.9	0.015	0.122	592.4	247.7	0.014	0.118	613.7
30000	1.161	198.1	0.017	0.129	548.7	231.7	0.014	0.119	593.4	248.2	0.013	0.115	614.2
30250	1.119	197.9	0.016	0.127	548.4	232.4	0.014	0.117	594.4	248.6	0.013	0.113	614.7
30500	1.079	197.7	0.016	0.125	548.1	233.1	0.013	0.115	595.3	248.9	0.012	0.111	615.1

(c) 英制单位: 0~50000 ft

压力高度 /ft	压力 /psia	MIL-STD-210A 冷天大气				标准大气				MIL-STD-210A 热天大气			
		温度 /K	相对密度	相对密度平方根	声速 /kn	温度 /K	相对密度	相对密度平方根	声速 /kn	温度 /K	相对密度	相对密度平方根	声速 /kn
0	14.696	222.1	1.298	1.139	581.0	288.2	1.000	1.000	661.7	312.6	0.922	0.960	689.0
1000	14.173	229.6	1.211	1.100	590.7	286.2	0.971	0.985	659.4	310.5	0.895	0.946	686.7
2000	13.664	237.1	1.130	1.063	600.3	284.2	0.943	0.971	657.1	308.4	0.869	0.932	684.4
3000	13.171	244.7	1.056	1.027	609.8	282.2	0.915	0.957	654.8	306.2	0.843	0.918	682.0
4000	12.692	247.1	1.007	1.004	612.8	280.2	0.888	0.942	652.5	304.1	0.818	0.905	679.6
5000	12.228	247.1	0.970	0.985	612.8	278.3	0.862	0.928	650.3	301.9	0.794	0.891	677.2
6000	11.777	247.1	0.935	0.967	612.8	276.3	0.836	0.914	647.9	299.7	0.770	0.878	674.7
7000	11.340	247.1	0.900	0.949	612.8	274.3	0.811	0.900	645.6	297.5	0.747	0.865	672.2
8000	10.916	247.1	0.866	0.931	612.8	272.3	0.786	0.887	643.3	295.3	0.725	0.851	669.7
9000	10.505	247.1	0.834	0.913	612.8	270.3	0.762	0.873	641.0	293.1	0.703	0.838	667.2
10000	10.106	247.1	0.802	0.896	612.8	268.3	0.738	0.859	638.6	290.9	0.681	0.825	664.8
11000	9.720	246.6	0.773	0.879	612.2	266.4	0.715	0.846	636.3	288.8	0.660	0.812	662.4
12000	9.346	244.8	0.749	0.865	610.0	264.4	0.693	0.833	633.9	286.7	0.639	0.799	660.0
13000	8.984	242.9	0.725	0.852	607.7	262.4	0.671	0.819	631.5	284.6	0.619	0.787	657.6
14000	8.633	241.1	0.702	0.838	605.4	260.4	0.650	0.806	629.2	282.5	0.599	0.774	655.2
15000	8.294	239.2	0.680	0.825	603.0	258.4	0.629	0.793	626.7	280.3	0.580	0.762	652.7
16000	7.965	237.4	0.658	0.811	600.7	256.4	0.609	0.780	624.3	278.2	0.561	0.749	650.1
17000	7.647	235.5	0.637	0.798	598.3	254.5	0.589	0.768	621.9	276.0	0.543	0.737	647.6
18000	7.339	233.6	0.616	0.785	595.9	252.5	0.570	0.755	619.5	273.8	0.526	0.725	645.0
19000	7.041	231.7	0.596	0.772	593.4	250.5	0.551	0.742	617.0	271.6	0.508	0.713	642.5

（续前）

压力高度	压力	MIL-STD-210A 冷天大气				标准大气				MIL-STD-210A 热天大气			
/ft	/psia	温度 /K	相对密度	相对密度平方根	声速 /kn	温度 /K	相对密度	相对密度平方根	声速 /kn	温度 /K	相对密度	相对密度平方根	声速 /kn
20000	6.753	229.8	0.576	0.759	591.0	248.6	0.533	0.730	614.7	269.6	0.491	0.701	640.0
21000	6.475	227.8	0.557	0.746	588.5	246.6	0.515	0.718	612.2	267.5	0.475	0.689	637.6
22000	6.206	225.8	0.539	0.734	585.9	244.6	0.498	0.705	609.7	265.4	0.459	0.677	635.1
23000	5.947	223.9	0.521	0.722	583.4	242.6	0.481	0.693	607.3	263.3	0.443	0.665	632.6
24000	5.696	221.9	0.503	0.709	580.8	240.6	0.464	0.681	604.8	261.2	0.428	0.654	630.1
25000	5.434	219.9	0.485	0.696	578.1	238.6	0.447	0.668	602.2	259.1	0.411	0.641	627.5
26000	5.220	217.9	0.470	0.685	575.5	236.7	0.432	0.658	599.8	257.0	0.398	0.631	625.0
27000	4.994	215.9	0.454	0.673	572.9	234.7	0.417	0.646	597.3	254.8	0.384	0.620	622.4
28000	4.776	213.8	0.438	0.662	570.1	232.7	0.402	0.634	594.7	252.7	0.371	0.609	619.7
29000	4.566	211.7	0.423	0.650	567.3	230.7	0.388	0.623	592.2	250.6	0.357	0.598	617.1
30000	4.364	209.7	0.408	0.639	564.5	228.7	0.374	0.612	589.6	248.6	0.344	0.587	614.7
31000	4.169	208.0	0.393	0.627	562.3	226.7	0.361	0.600	587.1	246.6	0.332	0.576	612.2
32000	3.981	208.0	0.375	0.613	562.3	224.8	0.347	0.589	584.5	244.6	0.319	0.565	609.7
33000	3.800	208.0	0.358	0.599	562.3	222.8	0.334	0.578	581.9	242.5	0.307	0.554	607.1
34000	3.626	208.0	0.342	0.585	562.3	220.8	0.322	0.567	579.3	240.5	0.296	0.544	604.6
35000	3.458	208.0	0.326	0.571	562.3	218.8	0.310	0.557	576.8	238.7	0.284	0.533	602.3
36000	3.297	208.0	0.311	0.557	562.3	216.7	0.298	0.546	573.9	236.8	0.273	0.522	600.0
36089	3.282	208.0	0.309	0.556	562.3	216.7	0.297	0.545	573.9	236.7	0.272	0.521	599.8
37000	3.142	208.0	0.296	0.544	562.3	216.7	0.284	0.533	573.9	235.0	0.262	0.512	597.7
38000	2.994	208.0	0.282	0.531	562.3	216.7	0.271	0.521	573.9	233.1	0.252	0.502	595.3

(续前)

压力高度 /ft	压力 /psia	MIL-STD-210A 冷天大气				标准大气				MIL-STD-210A 热天大气			
		温度 /K	相对密度	相对密度平方根	声速 /kn	温度 /K	相对密度	相对密度平方根	声速 /kn	温度 /K	相对密度	相对密度平方根	声速 /kn
39000	2.854	208.0	0.269	0.519	562.3	216.7	0.258	0.508	573.9	231.2	0.242	0.492	592.9
40000	2.720	208.0	0.256	0.506	562.3	216.7	0.246	0.496	573.9	230.5	0.231	0.481	591.9
41000	2.592	208.0	0.244	0.494	562.3	216.7	0.235	0.484	573.9	230.8	0.220	0.469	592.3
42000	2.471	208.0	0.233	0.483	562.3	216.7	0.224	0.473	573.9	231.0	0.210	0.458	592.6
43000	2.355	206.4	0.224	0.473	560.1	216.7	0.213	0.462	573.9	231.2	0.200	0.447	592.9
44000	2.244	203.6	0.216	0.465	556.3	216.7	0.203	0.451	573.9	231.4	0.190	0.436	593.1
45000	2.139	200.6	0.209	0.457	552.2	216.7	0.194	0.440	573.9	231.7	0.181	0.425	593.5
46000	2.039	197.7	0.202	0.450	548.1	216.7	0.185	0.430	573.9	232.0	0.172	0.415	593.9
47000	1.943	194.7	0.196	0.442	544.0	216.7	0.176	0.419	573.9	232.2	0.164	0.405	594.1
48000	1.852	191.7	0.189	0.435	539.8	216.7	0.168	0.409	573.9	232.5	0.156	0.395	594.5
49000	1.765	189.2	0.183	0.428	536.2	216.7	0.160	0.400	573.9	232.8	0.149	0.386	594.8
50000	1.682	187.1	0.176	0.420	533.3	216.7	0.152	0.390	573.9	233.1	0.142	0.376	595.2

(d) 英制单位:51000~100000 ft

压力高度 /ft	压力 /psia	MIL - STD - 210A 冷天大气				标准大气				MIL - STD - 210A 热天大气			
		温度 /K	相对密度	相对密度平方根	声速 /kn	温度 /K	相对密度	相对密度平方根	声速 /kn	温度 /K	相对密度	相对密度平方根	声速 /kn
51000	1.603	185.9	0.169	0.411	531.6	216.7	0.145	0.381	573.9	233.2	0.135	0.367	595.4
52000	1.528	185.9	0.161	0.401	531.6	216.7	0.138	0.372	573.9	233.3	0.128	0.358	595.6
53000	1.456	185.9	0.154	0.392	531.6	216.7	0.132	0.363	573.9	233.4	0.122	0.350	595.7
54000	1.388	185.9	0.146	0.383	531.6	216.7	0.126	0.354	573.9	233.6	0.117	0.341	595.8
55000	1.323	185.9	0.140	0.374	531.6	216.7	0.120	0.346	573.9	233.7	0.111	0.333	596.0
56000	1.261	185.9	0.133	0.365	531.6	216.7	0.114	0.338	573.9	233.7	0.106	0.325	596.0
57000	1.201	185.9	0.127	0.356	531.6	216.7	0.109	0.330	573.9	233.8	0.101	0.317	596.2
58000	1.145	185.9	0.121	0.347	531.6	216.7	0.104	0.322	573.9	233.9	0.096	0.310	596.3
59000	1.091	185.9	0.115	0.339	531.6	216.7	0.099	0.314	573.9	234.1	0.091	0.302	596.5
60000	1.040	185.9	0.110	0.331	531.6	216.7	0.094	0.307	573.9	234.2	0.087	0.295	596.6
61000	0.991	185.9	0.105	0.323	531.6	216.7	0.090	0.300	573.9	234.3	0.083	0.288	596.8
62000	0.945	187.6	0.099	0.314	533.9	216.7	0.086	0.292	573.9	234.4	0.079	0.281	596.9
63000	0.901	189.3	0.093	0.305	536.4	216.7	0.081	0.285	573.9	234.5	0.075	0.274	597.0
64000	0.858	190.9	0.088	0.297	538.7	216.7	0.078	0.279	573.9	234.6	0.072	0.268	597.2
65000	0.818	192.5	0.083	0.289	540.9	216.7	0.074	0.272	573.9	234.7	0.068	0.261	597.3
66000	0.780	194.1	0.079	0.281	543.1	216.7	0.071	0.266	573.9	234.8	0.065	0.255	597.4
67000	0.743	195.5	0.075	0.273	545.1	216.7	0.067	0.259	573.9	235.0	0.062	0.249	597.7
68000	0.708	196.9	0.071	0.266	547.1	216.7	0.064	0.253	573.9	235.3	0.059	0.243	598.1
69000	0.675	198.3	0.067	0.258	549.0	216.7	0.061	0.247	573.9	235.7	0.056	0.237	598.5
70000	0.643	199.6	0.063	0.251	550.8	216.7	0.058	0.241	573.9	236.1	0.053	0.231	599.1

（续前）

压力高度	压力	MIL-STD-210A 冷天大气				标准大气				MIL-STD-210A 热天大气			
		温度	相对密度	相对密度平方根	声速	温度	相对密度	相对密度平方根	声速	温度	相对密度	相对密度平方根	声速
/ft	/psia	/K			/kn	/K			/kn	/K			/kn
71000	0.613	200.8	0.060	0.245	552.4	216.7	0.055	0.236	573.9	236.5	0.051	0.225	599.6
72000	0.584	202.0	0.057	0.238	554.1	216.7	0.053	0.230	573.9	236.9	0.048	0.220	600.1
73000	0.556	203.1	0.054	0.232	555.6	216.7	0.050	0.224	573.9	237.3	0.046	0.214	600.6
74000	0.531	203.0	0.051	0.226	555.5	216.7	0.048	0.219	573.9	237.7	0.044	0.209	601.1
75000	0.506	202.9	0.049	0.221	555.3	216.7	0.046	0.214	573.9	238.1	0.042	0.204	601.5
76000	0.482	202.7	0.047	0.216	555.1	216.7	0.044	0.209	573.9	238.4	0.040	0.199	602.0
77000	0.460	202.6	0.044	0.211	555.0	216.7	0.042	0.204	573.9	238.8	0.038	0.194	602.5
78000	0.438	202.4	0.042	0.206	554.7	216.7	0.040	0.199	573.9	239.2	0.036	0.189	603.0
79000	0.417	202.3	0.040	0.201	554.5	216.7	0.038	0.194	573.9	239.6	0.034	0.185	603.5
80000	0.398	202.1	0.039	0.196	554.3	216.7	0.036	0.190	573.9	240.0	0.032	0.180	604.0
81000	0.379	201.9	0.037	0.192	554.0	216.7	0.034	0.185	573.9	240.4	0.031	0.176	604.6
82000	0.366	201.7	0.036	0.189	553.7	216.7	0.033	0.182	573.9	240.9	0.030	0.173	605.1
83000	0.344	201.5	0.034	0.183	553.4	217.6	0.031	0.176	575.1	241.3	0.028	0.167	605.6
84000	0.328	201.3	0.032	0.179	553.1	218.5	0.029	0.172	576.3	241.7	0.027	0.163	606.2
85000	0.313	201.1	0.031	0.175	552.8	219.4	0.028	0.167	577.5	242.2	0.025	0.159	606.7
86000	0.299	200.8	0.029	0.171	552.5	220.3	0.027	0.163	578.7	242.6	0.024	0.155	607.3
87000	0.285	200.7	0.028	0.167	552.3	221.2	0.025	0.159	579.9	243.1	0.023	0.152	607.8
88000	0.272	200.4	0.027	0.163	552.0	222.1	0.024	0.155	581.1	243.6	0.022	0.148	608.4
89000	0.259	200.2	0.025	0.159	551.7	223.1	0.023	0.151	582.3	244.0	0.021	0.144	609.0
90000	0.248	200.0	0.024	0.156	551.4	223.9	0.022	0.147	583.5	244.4	0.020	0.141	609.5

（续前）

压力高度	压力	MIL-STD-210A 冷天大气				标准大气				MIL-STD-210A 热天大气			
		温度	相对密度	相对密度平方根	声速	温度	相对密度	相对密度平方根	声速	温度	相对密度	相对密度平方根	声速
/ft	/psia	/K			/kn	/K			/kn	/K			/kn
91000	0.236	199.8	0.023	0.152	551.1	224.9	0.021	0.144	584.7	244.8	0.019	0.138	610.0
92000	0.226	199.6	0.022	0.149	550.8	225.8	0.020	0.140	585.8	245.2	0.018	0.134	610.5
93000	0.216	199.3	0.021	0.146	550.5	226.7	0.019	0.137	587.1	245.6	0.017	0.131	611.0
94000	0.206	199.1	0.020	0.142	550.1	227.6	0.018	0.133	588.2	246.1	0.016	0.128	611.6
95000	0.197	198.9	0.019	0.139	549.8	228.6	0.017	0.130	589.4	246.6	0.016	0.125	612.2
96000	0.188	198.7	0.019	0.136	549.5	229.4	0.016	0.127	590.6	247.0	0.015	0.122	612.7
97000	0.180	198.4	0.018	0.133	549.1	230.3	0.015	0.124	591.7	247.4	0.014	0.119	613.3
98000	0.172	198.2	0.017	0.130	548.8	231.3	0.015	0.121	592.9	247.9	0.014	0.117	613.9
99000	0.164	197.9	0.016	0.127	548.5	232.2	0.014	0.118	594.1	248.4	0.013	0.114	614.5
100000	0.157	197.7	0.016	0.125	548.1	233.1	0.013	0.115	595.3	248.9	0.012	0.111	615.1

图表 2.1　环境条件与压力高度关系

注：标准天海平面静止状态下大气密度为 $1.2250\,kg/m^3$ $(0.07647\,lb/ft^3)$；依据惯例，在上面列出高度之间，进行线性插值；本书所提及的 MIL-STD-210A 标准，后用简写 MIL 210。

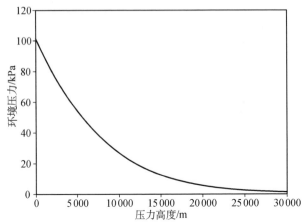

图表 2. 2 环境压力与压力高度的关系

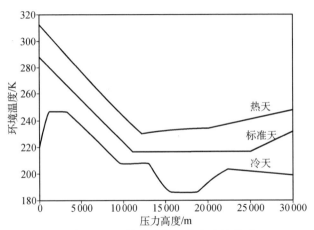

图表 2. 3 环境温度与压力高度的关系

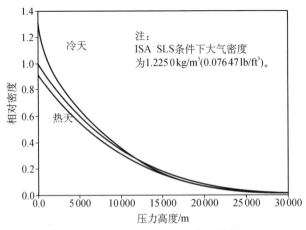

图表 2. 4 相对密度与压力高度的关系

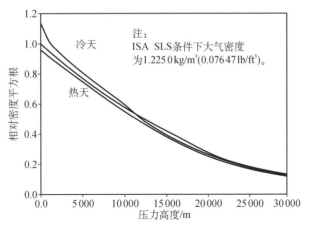

图表 2.5 相对密度平方根与压力高度的关系

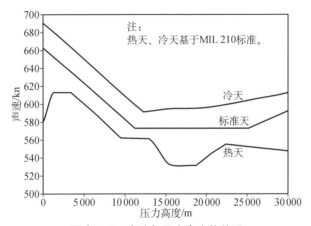

图表 2.6 声速与压力高度的关系

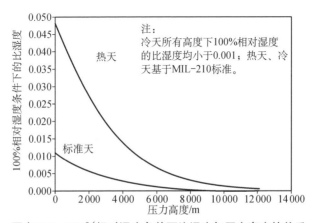

图表 2.7 100%相对湿度条件下比湿度与压力高度的关系

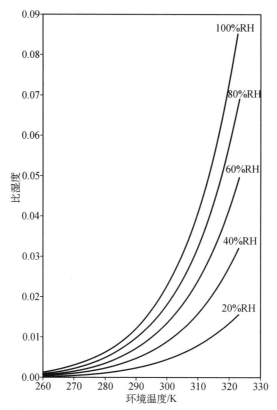

图表 2.8　海平面条件下比湿度与相对湿度和环境温度的关系

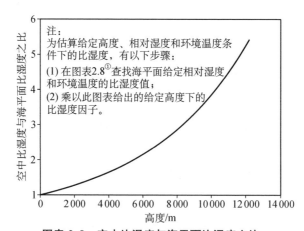

图表 2.9　空中比湿度与海平面比湿度之比

---

① 原文误为图 1.7。——译注

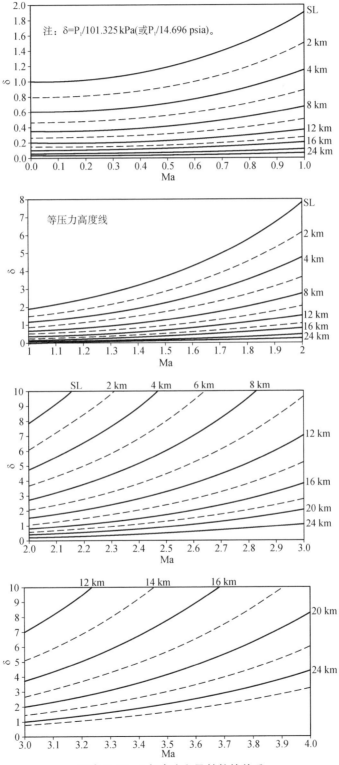

图表 2.10　δ 与高度和马赫数的关系

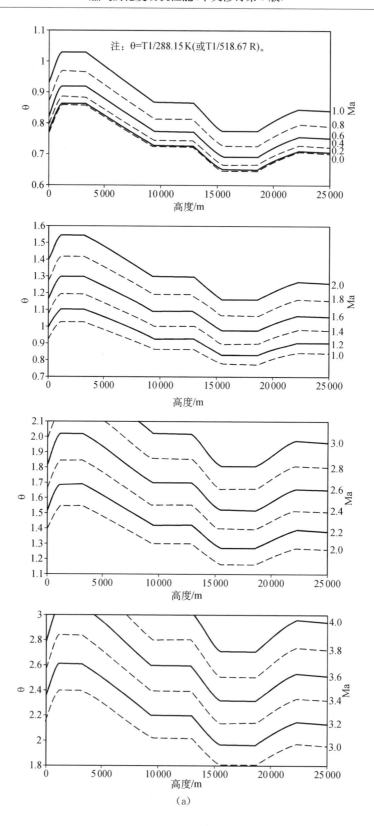

（a）

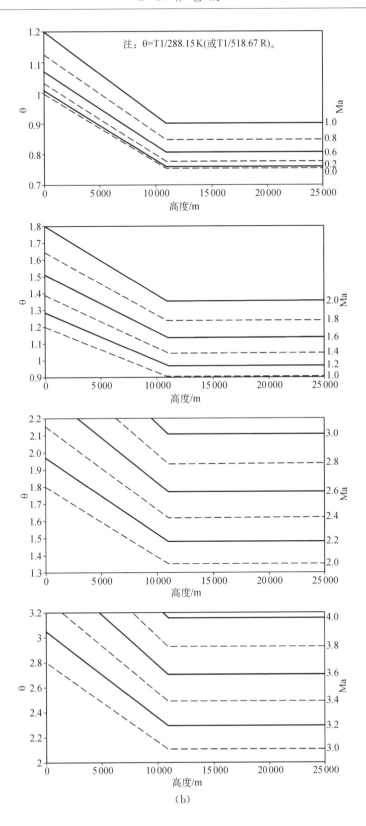

注：θ=T1/288.15 K(或T1/518.67 R)。

(b)

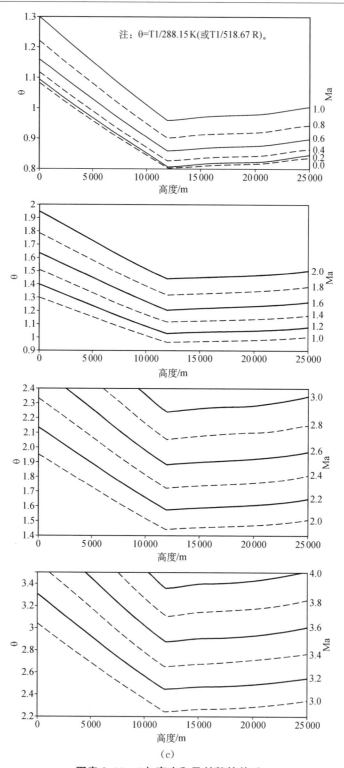

(c)

图表 2.11　θ 与高度和马赫数的关系

（a）MIL 210 冷天　（b）标准天　（c）MIL 210 热天

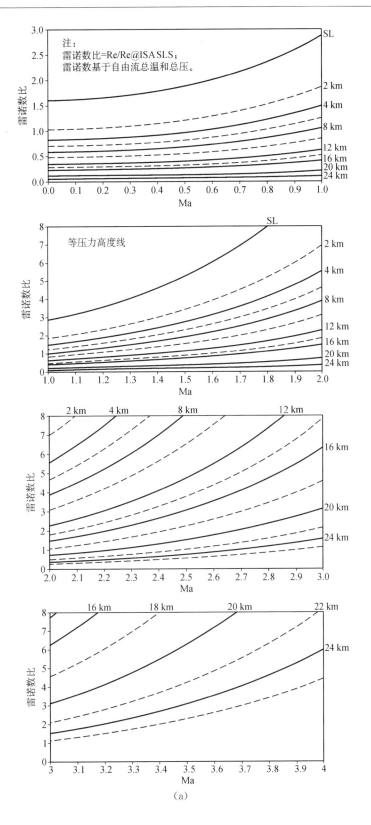

（a）

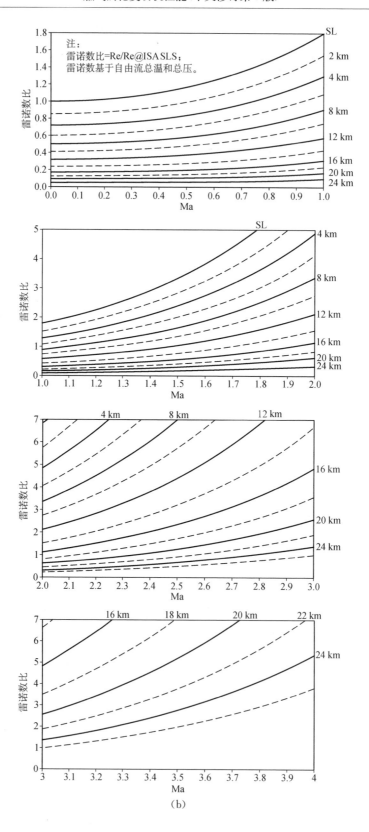

(b)

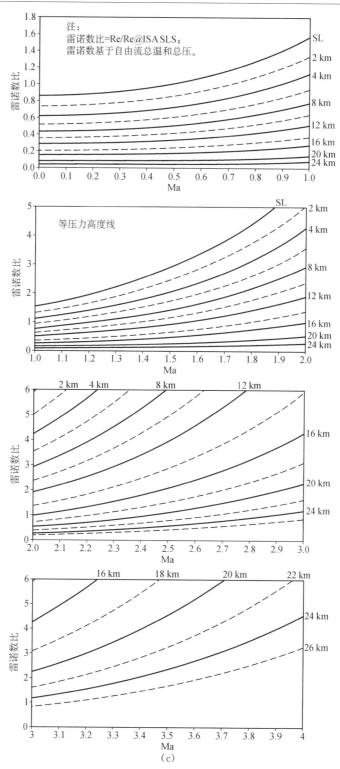

图表 2.12　雷诺数比与高度和马赫数的关系

（a）MIL 210 冷天　（b）标准天　（c）MIL 210 热天

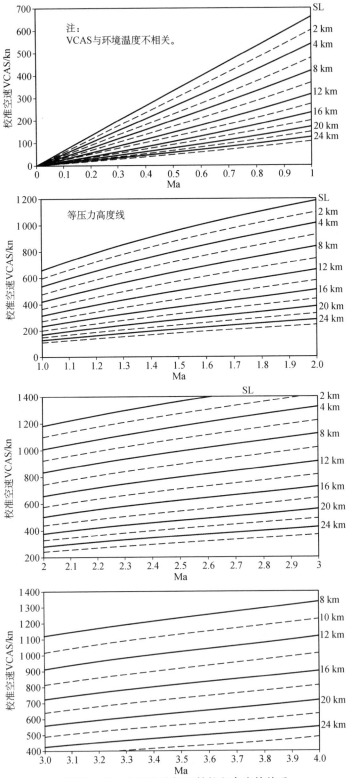

图表 2.13 校准空速与马赫数和高度的关系

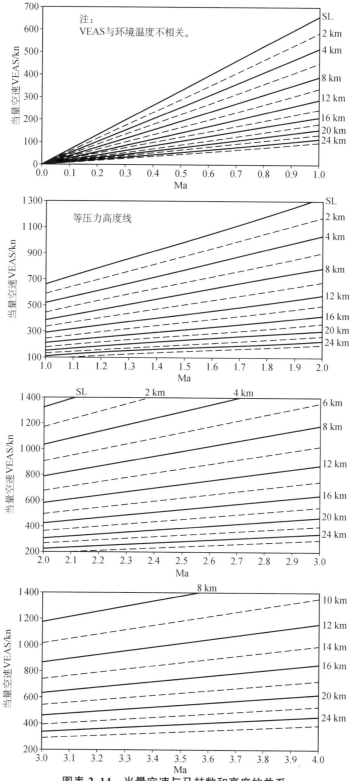

图表 2.14 当量空速与马赫数和高度的关系

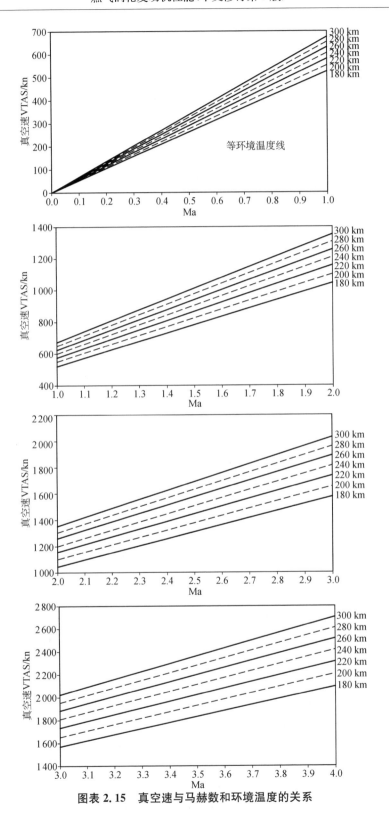

图表 2.15 真空速与马赫数和环境温度的关系

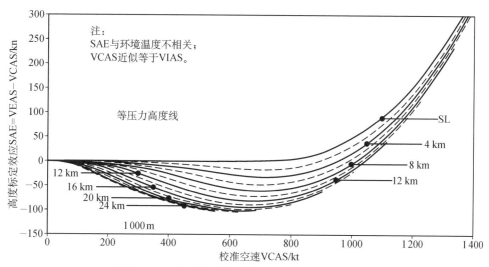

图表 2.16   高度标定效应与校准空速和高度的关系

参考文献

［1］ ISO Standard Atmosphere，ISO 2533［S］. International Organisation for Standardization，Geneva，1975.

［2］ Climatic Information to Determine Design and Test Requirements for Military Equipment MIL 210C，Rev C January 1997，US Department of Defense，Massachusetts.

［3］ ISO Gas Turbine Acceptance Tests，ISO 2314 ［S］. International Organisation for Standardization，Geneva，1975.

［4］ CAA British Civil Airworthiness Requirements，Sub-Section C1，Chapter C1 - 2［S］. Civil Aviation Authority，London，1975.

［5］ MOD Defence Standard A970，Chapter 101［S］. UK Ministry of Defence，HMSO，London，1968.

［6］ Houghton J T. The physics of Atmospheres ［M］. Cambridge University Press，Cambridge，1977.

［7］ UK Meteorological Office. Global Ocean Surface Temperature Atlas（GOSTA）［M］. HMSO，London，1990.

［8］ Hilton W F. High Speed Aerodynamics［M］. Longmans，London，1952.

3 干空气、燃烧产物和其他工质的性质及图表

3.0 引言

燃气涡轮发动机中工质的性质对发动机的性能有着重要的影响。在计算过程中,严格地处理这些气体的性质是十分必要的,更确切地说,任何由于简化假设引起的不准确度要得到量化和理解。本章在工程应用的层面上对所关心的基本气体性质及其各种不同的相互关系进行了讨论。同时,还提供了全面的数据库,以便用于如下气体的计算:

- 干空气。
- 煤油或柴油的燃烧产物。
- 天然气的燃烧产物。
- 氦气(闭式循环中常用的工质)。

第12章包括了由于湿度、凝结、水或蒸汽注入造成的水含量的影响。第13章提供了燃气涡轮发动机燃料的重要性质。

3.1 气体的基本性质

参考文献[1]提供了气体基本性质的详细描述。其中,与燃气涡轮发动机性能相关的将在下文描述,3.5节提供了足够所有性能计算使用的数据库。

3.1.1 完全气体的状态方程(公式 F3.1)

完全气体遵循公式 F3.1。所有在燃气涡轮发动机中使用的工质,除了水蒸气之外,都可以当作完全气体处理,这对计算准确度影响很小。当水蒸气的质量分数小于10%时(通常是由环境湿度和燃烧产物中的水共同导致的),在性能计算中该混合气体仍可以当作完全气体处理。当水蒸气含量超过10%时,完全气体的假设就不再适用;对于严格的计算,必须并行地根据混合物的水蒸气分数使用水蒸气表(见参考文献[2])来计算性质;这在第12章中有进一步的描述。

完全气体的物理含义是,气体的焓只是温度的函数,而与压力无关,因为当气体

密度变化时,并没有分子间作用力来吸收或者释放能量。

3.1.2 分子量和物质的量

纯气体的分子量在元素周期表中有所定义。对于气体混合物,比如空气,其分子量可以通过对其组分的分子量进行摩尔(即体积)平均来计算得到。如下所述,这是因为 1 mol 气体包含的分子数目是固定的。比如,在算例 C3.1 中,3.5.1 节给出的干空气的分子量可以根据 3.3 节提供的空气各组分的分子量以及它们的摩尔分数求得。

当以 g 为单位的物质质量在数值上等于其分子量时,物质的量为 1 mol。在 0℃、101.325 kPa 的条件下,1 mol 的任何完全气体占据的体积均为 22.4 L。1 mol 的物质包含的分子数目等于阿伏伽德罗常数,即 6.023×10^{23}。

3.1.3 比定压热容 CP 和比定容热容 CV(公式 F3.2 和 F3.3)

比定压热容 CP 和比定容热容 CV 分别指的是,在恒定压力或恒定体积的条件下将 1 kg 的气体的温度提高 1℃ 所吸收的能量。对于燃气涡轮发动机,气体是稳定流动的(这不同于活塞式发动机,气流是间歇流动的),只用到比定压热容 CP。为简单起见,后面就将比定压热容简称比热容。

对于常用气体,比热容只是气体组成和静温的函数。在性能计算中,当马赫数小于 0.4 时,通常可以使用总温计算 CP,这对精度的损失可以忽略不计,因为动温(见 3.2.1 节)在总温中占据的比例很小。

3.1.4 气体常数 R(公式 F3.4 和 F3.5)

在将压力与温度变化联系起来的公式中,经常出现气体常数,它在数值上等于 CP 与 CV 的差值。一个特定气体的气体常数等于通用气体常数除以气体分子量,单位为 J/(kg·K)。通用气体常数等于 8.3143 J/(mol·K)[①]。

3.1.5 比热容比 γ(公式 F3.6—F3.8)

比热容比等于比定压热容与比定容热容的比值。它只是气体组成和静温的函数;但是当马赫数小于 0.4 时,可以用总温进行计算。在将压力和温度变化与部件效率联系起来的完全气体公式中,经常出现比热容比 γ。

3.1.6 动力黏度 VIS 和雷诺数 RE(公式 F3.9 和 F2.13)

在计算雷诺数时,需要用到动力黏度;雷诺数反映了流体中动量与黏性力的比值。雷诺数用于很多性能计算,比如轮盘风阻的;它对部件效率有二次影响。动力黏度是黏性力的一种度量方式,它是气体组成和静温的函数。由于黏度对发动机循环仅有二次影响,因此马赫数小于 0.6 时可以使用总温。为了实用目的,不考虑油气比(气体组成)的影响。

黏度的单位(N·s/m²)是从 N/(m/s)/m 得出的;表示每单位速度梯度的力。

---

① 原文 4 处通用气体常数数值均为"8314.3",误差千倍。——校注

在所有被气体冲刷的表面的边界层内,气体的速度沿着垂直于气流的方向变化。

3.2　关键热力学参数

接下来,将描述在燃气涡轮发动机性能计算中广泛使用的关键热力学参数。这些参数之间的相互关系取决于上文提到的基本气体性质。在参考文献[1]和[3]中对这些参数做了进一步的描述;3.5节提供了足以进行所有性能计算的数据库。

3.2.1　总温或滞止温度 T(公式 F3.10 或 F3.31)

总温指的是在没有做功或传热的前提下将气流滞止到静止状态而得到的温度。注意,这里的"静止"是相对于发动机的,而发动机相对于地球可能具有飞行速度。在一个给定的点,总温与静温之间的差值被称为动温。总温与静温的比值只是比热容比 γ 和马赫数的函数,见公式 F3.10 或公式 F3.31。

一般而言,对于燃气涡轮发动机性能计算,在发动机内从头至尾使用总温;在发动机进口,根据环境静温和所有的冲压效应来计算总温。在发动机部件之间的位置上,总温是能量变化的有效度量方法。此外,这也有助于预测结果与试验数据的对比,因为只有总温测量是可行的。然而,就大多数的部件设计而言,静止条件也是相关的,因为例如在压气机静子或涡轮转子叶片进口处,马赫数常常比较高(大于等于1.0)。

当没有做功或传热时,比如在进气道和排气系统中,沿着流道流动的气流的总温是恒定的。如下文所述,相比于总压与静压,总温与静温之间的偏离随马赫数而变大的趋势要慢得多。

3.2.2　总压或滞止压力 P(公式 F3.11 或 F3.32,F3.12 和 F3.13)

总压指的是在没有做功或传热且没有熵变(见3.2.4节)的条件下将气流滞止到静止状态而得到的压力。因此,总压是一个理想化的性质。

在某一点上,总压与静压的差值被称为动压,也被称为动压头或速度头,如公式 F3.12 和公式 F3.13 所示。其中"头"的叫法与水利工程有关。如同温度,总压与静压的比值只是 γ 和马赫数的函数。大多数性能计算中使用总压;在发动机进口,同样根据环境静压和进气道冲压恢复来求得总压。

气流流经流道时,总压并非恒定的,而是降低的,原因是存在壁面摩擦,以及气流方向的改变造成了湍流损失。这两个效应都作用于动压头;如第5章所述,在给定几何尺寸和进口旋流角时,流道内的压力损失几乎总是一个与进口动压头有关的固定量。因此,出于这一原因,对于性能计算,经常要计算流道进口的总压和静压。同样,对于部件设计,总压和静压的数值都需要关注。

相比于总温与静温,总压与静压的偏离随马赫数而变大的趋势要快很多。在平均比热容比的假设下,根据温比来计算压比对误差的敏感性要比反过来计算的大很多。

3.2.3　比焓 H(公式 F3.14—F3.16)

比焓指的是单位质量气体相对于规定的零值基准所具有的能量。焓的变化,而非焓的绝对值,对于燃气涡轮发动机性能来说更重要。根据所使用的温度,可以对应计算出总焓或静焓。类似于总温,总焓在性能计算中更常用。

3.2.4 比熵 S(公式 F3.17—F3.21)

从传统上来看,熵这个性质被蒙上了一层神秘的面纱,主要是因为相比于本章讨论的其他性质,它并不是那么可触知的。3.6.4 节介绍了熵如何同其他与燃气涡轮发动机性能相关的热力学性质相联系,从而有助于加深理解。

在压缩或膨胀过程中,熵增是因摩擦而损失掉的热能(无法成为有用功)的度量方式。同样,我们更感兴趣的是熵的变化,而非熵的绝对值。熵变的计算公式如F3.17 和公式 F3.18 所示。前者结合完全的焓多项式(见 3.4.3 节[①])一起使用,后者则是简化版本,使用了平均温度下的比热容。公式 F3.19—F3.21 提供了等熵情况下(即熵变为 0,见 3.6.4 节)的公式;该理想化的情况广泛用于燃气涡轮发动机性能计算,正如后面提供的算例所示。

3.3 干空气与燃烧产物的组分

3.3.1 干空气

参考文献[4]列出的干空气的组成如下所示:

	摩尔分数或体积分数/%	质量分数/%
氮气 N_2	78.08	75.52
氧气 O_2	20.95	23.14
氩气 Ar	0.93	1.28
二氧化碳 CO_2	0.03	0.05
氖气 Ne	0.002	0.001

此外,空气中还含有微量的氦气、甲烷、氪气、氧化二氮和氙气;从燃气涡轮发动机性能角度来说,这些可以忽略不计。

3.3.2 燃烧产物

当碳氢化合物燃料在空气中燃烧时,燃烧产物会显著改变空气的组成。如第 13 章所示,大气中的氧被消耗掉,从而氧化了燃料中的氢和碳,分别生成水和二氧化碳。空气组成的改变程度取决于油气比和燃料化学性质。如第 13 章所讨论的,所有的氧被消耗掉时的油气比被称为化学当量的。

蒸馏出来的液体燃料,比如煤油或柴油,各自都有相对固定的化学性质;使用基于燃烧化学性质的独特公式,可以得出其燃烧产物的性质与油气比和温度的关系。而天然气就不同了,其化学性质变化很大。所有的天然气都有很高比例的轻质烃,

---

① 原文误为 3.3.3 节。——校注。

经常还有其他气体,如氮气、二氧化碳或氢气。13.1.5 节给出了典型的样品天然气。因为天然气的燃烧产物组成和燃料化学性质都变化多样,因此不存在关于其气体性质的独特公式,相应的计算也会更加复杂。算例 C13.1 描述了如何计算碳氢化合物燃料在空气中燃烧所得到的产物气体组分的摩尔分数和质量分数,进而计算产物气体的基本气体性质。

3.4 CP 和 γ 或比熵和比焓在计算中的使用

不管是比热容 CP 和比热容比 γ,还是比焓和比熵,在性能计算中都得到广泛使用。下面按准确度和计算复杂程度从低到高的顺序介绍它们的使用;这里列出了除燃烧室(将在 3.6.2 节中讨论)以外的所有燃气涡轮发动机部件。后面给出了每一种方法的算例。

3.4.1 恒定的 CP 和 γ 标准值

通常使用如下近似值:

- 冷端气体(空气)性质　CP=1004.7J/(kg·K),γ=1.4。
- 热端气体(燃气)性质　CP=1156.9J/(kg·K),γ=1.33。
- 部件性能　　　　　　　公式中使用上述 CP 和 γ 值。

这是准确度最低的方法,在主要性能参数中产生的误差最高可达 5%。这只能够在教学用的说明性计算或粗略估算中使用。

3.4.2 基于平均温度的 CP 和 γ 值

对于使用 CP 和 γ 的公式来说,最准确的方法是基于每个部件的平均温度(即部件进口和出口温度的算术平均值)来计算相应的 CP 和 γ 值。准确度较低的方法是,对于每个部件,分别求出进口和出口的 CP 和 γ 值,然后取平均。

对于干空气以及煤油或柴油的燃烧产物,以温度和油气比的函数形式求出 CP,然后计算相关公式,得出的主要性能参数的误差在 1.5% 以内。其中,最大的误差发生在最高压比处。

对于天然气的燃烧产物,公式 F3.25 给出了与 13.1.5 节所示的样品天然气组成对应的 CP 值。若将该公式应用于明显不同的天然气混合物(其燃烧产物也就不同),得到的主要性能参数的误差最高可达 3%。为了取得与煤油和柴油计算相同的准确度,必须使用算例 C13.1 中描述的方法来计算 CP。

这一技巧普遍用于手工计算或个人计算机程序。

3.4.3 比焓和比熵——干空气、煤油或柴油

对于完全严格的计算,必须准确求出经过部件时的焓变和熵变。在所有的压比下,这能将主要参数的计算误差缩小到 0.25% 以内。这里用到比焓和比熵的多项式,它们是通过对比热容的标准多项式进行积分而得到的。所以,在这些方法中,仍然需要使用比热容的计算公式。

现在,在大型公司的计算机"库"程序中,使用比焓和比熵进行性能计算几乎成为强制性要求。

3.4.4　比焓和比熵——天然气

对于天然气的燃烧产物,只有在能够准确计算 CP 值时才使用比焓和比熵。这就需要用到算例 C13.1 中的方法,其中考虑了燃料化学性质的变化。

3.5　气体的基本性质和热力学性质数据库

参考文献[2]、[4]和[6]给出了全面的基本气体性质,其中参考文献[6]考虑了高温燃烧下离解的影响。

3.5.1　分子量和气体常数(公式 F3.22)

常用气体的数据列表如下:

	分子量	气体常数/[J/(kg·K)]		分子量	气体常数/[J/(kg·K)]
干空气	28.964	287.05	氩气	39.948	208.13
氧气	31.999	259.83	氢气	2.016	4 124.16
水	18.015	461.51	氖气	20.183	411.95
二氧化碳	44.010	188.92	氦气	4.003	2 077.02
氮气	28.013	296.80			

注:通用气体常数为 8.314 3 J/(mol·K)。

图表 3.1 给出了主要种类的燃料在空气中燃烧后产物的气体常数与油气比的关系曲线。由于天然气的混合物组分变化很大,所以无法提供关于天然气的全部完整数据。出于指示性的目的,使用了样品天然气(见第 13 章)的燃烧作为例子。如下几点是显而易见的:

- 对于煤油,从干空气直到化学当量油气比的情况,分子量和气体常数不会明显变化。

- 对于柴油,分子量、进而气体常数随油气比以线性关系有微小的变化。对性能计算来说,可以忽略这些微小变化,并使用煤油的数据来代替,此时计算准确度的损失可以忽略不计。

- 对于样品天然气,分子量和气体常数随油气比线性变化,分别从干空气的数值到 0.05 的油气比对应的 27.975 和 297.15 J/(kg·K)。如果不考虑这一变化,会造成计算准确度明显下降。

对于上述三种情况,公式 F3.22 给出了气体常数与油气比的函数关系。

气体燃料的影响比液体燃料的强烈得多,这主要是因为其中碳氢化合物组分要轻一些(即所含碳原子较少,而氢原子较多);因此,燃烧后产生更高比例的水蒸气,其分子量比其他组分的低很多。第 13 章中详细阐述了如何计算特定的天然气混合物燃烧后的分子量和气体常数。

3.5.2　比热容和比热容比（公式 F3.23—F3.25）

对于煤油或柴油燃料，图表3.2和图表3.3分别展示了干空气和燃烧产物的比热容和比热容比 γ 与静温和油气比的关系曲线。

图表3.4和公式 F3.25 给出了样品天然气（见第13章）燃烧后的比热容与煤油燃烧后的比热容的比值随油气比的关系；该曲线明显与温度没有关系。如之前所述，由于天然气燃烧后产生的水的含量更高，所以燃烧后气体的比热容明显较高；这对发动机性能有显著的影响。第13章中提供了典型的液体燃料到天然气的发动机性能参数敏感性。

对于空气和燃烧产物中的组分气体，图表3.5和图表3.6分别展示了比热容和比热容比与温度的关系曲线。明显可以看出水蒸气的值要高出很多。对于惰性气体，如氦气（He）、氩气（Ar）和氖气（Ne），其比热容和比热容比并不随温度而变化。

公式 F3.23—F3.25 有助于计算干空气、液体燃料燃烧产物、样品天然气燃烧产物以及各个单独气体的比热容和比热容比。算例 C3.2 展示了这些公式在压气机中的应用方法。

3.5.3　比焓和比熵（公式 F3.26—F3.29）

正如3.4.3节所述，对于完全严格的计算，比焓和比熵的变化必须通过多项式算出，而不是通过平均温度下的比热容。公式 F3.26—F3.29 提供了所需的计算关系式，算例 C3.2 展示了这些公式在压气机中的使用方法。第13章给出了计算任何一种天然气混合物燃烧后的这些性质的完整方法。

3.6.4节描述温熵（T-S）图，它经常用于示意说明。

3.5.4　动力黏度（公式 F3.30）

图表3.7给出了干空气和燃烧产物的动力黏度随静温的关系曲线。如前所述，为了实用目的，可以忽略油气比的影响，公式 F3.30 足以用于所有性能计算。

3.6　关键热力学参数之间的关系图表

3.6.1　可压缩流曲线，即 Q 曲线（公式 F3.31—F3.36）

可压缩流曲线通常被称为 Q 曲线，适用于如进气道、排气系统、压气机或涡轮间过渡段这种没有做功或传热的变面积流道中的流动。这些曲线将关键的参数组关联起来，对快速的手工计算来说是必不可少的，由此可以快速获得各种有用的流动参数随马赫数的变化关系。在流道中的某个截面上，一旦已知一个与流通面积相关的参数组（比如马赫数、总压与静压比、总温与静温比），那么可以求出该截面所有其他参数组。

可压缩流的一个重要现象是堵塞，此时在流道的最小截面积处，马赫数达到了1。下游压力的进一步减小并不会使得质量流量增大。第5章中对此进行了详细讨论。

区分清楚可压缩流关系式与简单的伯努利方程是很重要的,后者只适用于不可压缩流,比如液体流动。不过,当马赫数小于 0.25 时,对完全气体使用伯努利方程是合理的近似方法。

由于其极具价值,0~1 这个最常用的马赫数范围内的 Q 曲线数据被制成了表格,如图表 3.8 所示。后面的图表中也给出了 0~2.5 马赫数范围内最有用的参数组的曲线;在收敛-扩张推进喷管中,可能遇到的最大马赫数即为 2.5 左右。图表中显示出的 γ 为 1.4 和 1.33,它们是发动机冷端和热端中常用的典型值。对于准确度要求较高的计算,或者对于马赫数超过 2.5 的情况,应该结合正确的气体性质数值,使用公式 F3.31—F3.36。算例 C3.33 说明了这些公式的使用方法。

- 总温静温比与马赫数关系——图表 3.9,公式 F3.31。
- 总压静压比与马赫数关系——图表 3.10,公式 F3.32。
- 流量函数 $W\sqrt{T}/(A \cdot P)$(即 Q)与马赫数关系——图表 3.11,公式 F3.33。
- 基于静压的流量函数(q)与马赫数关系——图表 3.12,公式 F3.34。
- 基于总温的速度函数 $V/\sqrt{T}$ 与马赫数关系——图表 3.13,公式 F3.35。
- 动压头占总压的百分比与马赫数关系——图表 3.14,公式 F3.36。

上述最后一个图表特别有用,如第 5 章所述,特定流道中的百分比压力损失与进口动压头占总压的百分比成正比。这个正比因子称为损失系数,而且对于给定几何尺寸和进口旋流角的流道,它具有唯一的值。

Q 曲线的一些使用实例如下:

- 计算由于飞行马赫数造成的发动机进口冲压压力和温度。
- 已知进口总压、总温、质量流量以及出口静压,计算推进喷管所需面积。
- 已测得静压,且已知质量流量、温度和面积,计算流道内的总压。
- 计算流道内的压力损失。

3.6.2　燃烧温升图(公式 F3.37—F3.41)

图表 3.15 给出了煤油燃烧时的温升随油气比和进口温度而变化的关系。这个图表与焓的多项式是一致的,也可以用于柴油燃烧而精度损失可以忽略不计。公式 F3.37—F3.41 是图表 3.15 的拟合曲线,它们对性能计算来说已经够用;算例 C3.4 展示了它们的使用方法。这些公式与基于焓值的求解方法符合得很好,同时又简化了计算过程。上述图表和公式都是针对燃料热值为 43 124 kJ/kg、燃烧效率为 100% 的情况;对于其他热值或燃烧效率,温升或油气比需要相应地乘以一个因子。虽然并不精确,但这是一种标准的方法,造成的误差非常低;这是因为燃油流量远低于空气流量,而且燃烧效率在正常情况下很接近 100%。

同样地,对于天然气燃料,并不存在唯一的图表。不过,对于样品天然气,通过温升除以根据图表 3.4 或[①]公式 F3.25 得到的比热容之比,可以获得良好的指示值。

---

① 原文为"和",实际上图表 3.4 是公式 F3.25 的曲线图。——译注

但是，对于严格计算，则必须按照算例 C13.1 的方法计算 CP 值，然后使用焓的多项式。可以很明显地看出，对于给定的温升，相比于煤油或柴油，燃烧天然气时需要更多的能量输入。不过话又说回来，由此造成的更高的比热容使涡轮能提供额外的功率输出，而且发动机热效率实际上更高。

3.6.3　压气机和涡轮的等熵与多变效率转换（公式 F3.42—F3.45）

压气机和涡轮有两种常用的效率定义方式，即等熵效率与多变效率；第 5 章中进行了讨论。对于标准的 γ 值（1.4 和 1.33），图表 3.16 和图表 3.17 给出了这两种效率之间的转换关系。对于更加精确的计算，则必须结合部件平均温度下的正确 γ 值，使用公式 F3.42—F3.45。算例 C3.5 说明了在压气机中如何使用这种方法。如前所讨论的，完全严格的计算方法是基于焓的多项式的；公式 F3.42—F3.45 展示了它们在多变效率计算中的应用。

3.6.4　干空气的温熵图

在高校教学中，大部分的热力发动机循环是通过温熵（T‑S）图来说明示意的。当延伸到如内部引气、冷却气流等实际发动机效应时，这种方式会变得很费力，不过它仍是解释已知发动机循环的总体热力学的有效方法。图表 3.18 展示了干空气的真实温熵图，图中包含若干条等压线；在公开资料中很少有这样的图表。

图表 3.18 有如下几点重要结论：

- 沿着等压线提高温度（比如通过在燃烧室中添加热量），熵将增加。
- 沿着等压线降低温度（比如通过在级间冷却器中移去热量），熵将减少。
- 如果熵不增加，那么从较低值等压线往较高值等压线的压缩过程（即通过加入功）所导致的温度变化是最小的（即所需的能量输入最少）；等熵压缩是一个理想化的过程。
- 实际上，压缩过程中熵是增加的；因此除了改变压力而所需的理想功之外，还必须提供额外的能量，这部分额外能量转化为热量。
- 如果熵不增加，那么从较高值等压线往较低值等压线的膨胀过程所导致的温度变化是最大的（即产生最大的功）；等熵膨胀也是一个理想化的过程。
- 实际上，膨胀过程中熵是增加的；因此在相同的压力变化下，得到的输出功比理想功要少，这部分损失的能量以热量形式保留在气体中。

熵可以定义为无法用于做功的热能。在真实的压气机和涡轮中，由于比如摩擦这样的实际效应带来一些压力损失，因此一部分能量用来增加熵。如果熵并不改变，即该过程是等熵的，则需要的或将产生的就是理想功。等熵效率定义为实际功与理想功的恰当的比值，总是小于 100% 的。（绝热效率也是常用的叫法，但严格来说并不正确，它只排除了传热的影响，并未排除摩擦的影响；而等熵过程是既绝热又无摩擦的。）

燃气涡轮发动机循环利用了上述几种过程，且依赖于另一个重要的基本热力学效应：在两个压力之间，从低温开始的压缩过程所需要的输入功（近似正比于温升）

要显著低于从高温开始的膨胀过程所产生的输出功。这是因为在 T-S 图上,随着温度和熵的增加,等压线是发散的。

通过使用图表 3.18 所示的 T-S 图,在两条等压线之间考虑一个简单的压缩、加热和膨胀过程,就可以看出上述结论。当熵值为 1.5kJ/(kg·K) 时,从 100kPa 压缩到 5100kPa 所需要的温升为 500K。如果在该压力水平燃烧燃料,使得熵增加到 2.75kJ/(kg·K)、温度增加到 1850K,那么压力回到 100kPa 的膨胀过程所造成的温降约为 1000K。这个例子清楚地阐述了布莱顿循环(见 3.6.5 节)背后的基本原理。

从公式 F3.32 也能看出上述基本效应,该公式给出了总压的理想化定义,说明了等熵过程中压力变化与温度变化的相互关系。可以看出,膨胀或压缩过程造成的温度差值正比于起始温度水平。

3.6.5　主要发动机循环的温熵示意图

图 3.1—图 3.6 展示了燃气涡轮发动机工程师关心的主要发动机循环,关于特定发动机循环的更多细节可见第 0 章和第 6 章。

图 3.1 所示为卡诺循环,这是两个温度水平之间理论上可能的最有效的循环(见参考文献[1])。燃气涡轮发动机有必要不使用卡诺循环,因为它无法像蒸汽循环那样等温加热或放热。

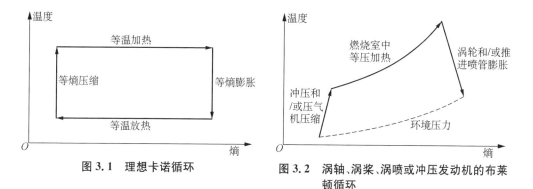

图 3.1　理想卡诺循环　　　　图 3.2　涡轴、涡桨、涡喷或冲压发动机的布莱顿循环

图 3.2 所示为布莱顿循环,这是所有燃气涡轮发动机所采用的基本循环,其中热量是在等压条件下输入的。部件的低效率的影响通过不垂直的压缩或膨胀线来表示,这又与理想卡诺循环不同。对于换热器和外涵流动,需要修改布莱顿循环的形式。

图 3.3 所示为涡扇发动机的循环。外涵气流只经历了部分的压缩,且在膨胀回到环境压力之前没有加热过程。

图 3.4 所示为换热式循环,此处在燃烧之前使用排气余热来加热压气机出口的空气,从而减小所需要的燃油流量。

图 3.5 所示为带级间冷却的循环。其中,从第一个压气机下游抽取热量,从而减少了驱动第二个压气机所需的功,因此增加了循环的输出功率。

图 3.6 所示为带过热的兰金循环,用于联合循环应用,其中由燃气涡轮发动机

的排气提供热量来产生蒸汽。蒸发期间的加热过程是等温的，从而近似实现了卡诺循环；主要的偏差在于非理想的部件效率。

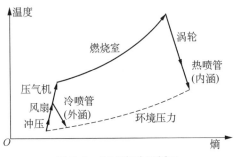

图 3.3 涡扇发动机循环

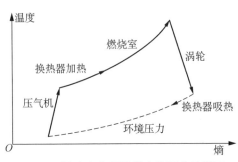

图 3.4 轴功率应用的带余热回收的循环

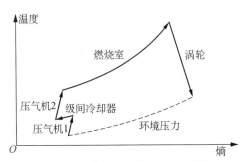

图 3.5 轴功率应用的级间冷却循环

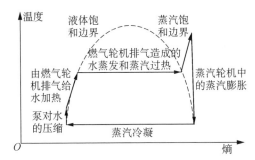

图 3.6 带过热的兰金循环；联合循环发电中的典型蒸汽循环（带燃气轮机）

公式、算例与图表

公式

F3.1 完全气体状态方程

$$RHO = PS/(R * TS)$$

F3.2 比定压热容[J/(kg·K)] = fn(比焓(J/kg)，静温(K))

$$CP = dH/dTS$$

F3.3 比定容热容[J/(kg·K)] = fn(比内能(J/kg)，静温(K))

$$CV = dU/dTS$$

F3.4 气体常数[J/(kg·K)] = fn(通用气体常数[J/(mol·K)]，摩尔质量(kg/mol))[①]

$$R = Runiversal/MW$$

(i) 其中通用气体常数 Runiversal = 8.3143 J/(mol·K)。

F3.5 气体常数[J/(kg·K)] = fn(CP[J/(kg·K)], CV[J/(kg·K)])

$$R = CP - CV$$

---

① 原文公式 F3.4 等号右边第二个参数为"分子量"；根据量纲分析，应为"摩尔质量(kg/mol)"。对于全书中的类似情况，译文作了部分纠正。——校注

F3.6 比热容比 γ= fn(CP[J/(kg·K)],CV[J/(kg·K)])

$\quad$ γ= CP/CV

F3.7 比热容比 γ= fn(气体常数[J/(kg·K)],CP[J/(kg·K)])

$\quad$ γ= CP/(CP−R)

F3.8 γ指数(γ−1)/γ= fn(气体常数[J/(kg·K)],CP[J/(kg·K)])

$\quad$ (γ−1)/γ= R/CP

F3.9 干空气动力黏度(N·s/m²) = fn(剪切应力(N/m²),速度梯度[m/(s·m)])[①]

$\quad$ VIS = Fshear/(dV/dy)

(i) Fshear 是流体中的剪切应力。

(ii) V 是沿着剪切应力方向的速度。

(iii) dV/dy 是垂直于剪切应力方向的速度梯度。

F3.10 总温(K) = fn(静温(K),气体速度(m/s),CP[J/(kg·K)])

$\quad$ T = TS+V^2/(2*CP)

(i) 使用公式 F2.15 和 F3.8,可将本公式转换成 Q 曲线公式 F3.31[②]。

F3.11 总压(kPa) = fn(静压(kPa)[③],总静温比,γ)

$\quad$ P = PS*(T/TS)^(γ/(γ−1))

(i) 注:本公式是总压的定义。

F3.12 动压头(kPa) = fn(总压(kPa),静压(kPa))

$\quad$ VH = P−PS

F3.13 动压头(kPa) = fn(密度(kg/m³),速度(m/s),马赫数)

$\quad$ VH = 0.5*RHO*V^2((1+0.5*(γ−1)*M^2)^(γ/(γ−1))−1)*2/(γ*M^2)/1 000[④]

(i) 对于不可压缩流,比如液体流动,上述公式等号右边仅保留"0.5*RHO*V^2/1 000"就足够了(即著名的伯努利方程)。

F3.14 比焓(kJ/kg) = fn(温度(K),CP[kJ/(kg·K)])

$\quad$ H = H0 +∫CP dT

(i) H0 是任意定义的基准值。在燃气涡轮发动机性能中,焓的基准值并不重要,更关心的是焓的变化。

F3.15、F3.16 焓变(kJ/kg) = fn(温度(K),CP[kJ/(kg·K)])

$\quad$ 对于完全严格的计算,应根据公式 F3.26 和 F3.27 计算状态 1 和状态 2 的比焓,则:

$\quad$ **F3.15 DH = H2−H1**

$\quad$ 对于误差在 1% 内的计算,必须根据公式 F3.23—F3.25 计算平均温度下的 CP

---

① 原文 F3.9 等号右边还有第三个参数"静温(K)",但未用到。——译注

② 原文误为"F3.30"。——译注

③ 原文缺少"静压(kPa)"项。——译注

④ 原文该公式等号右边有误,此处已订正。——译注

值，则：

F3.16 $DH = CP * (T2 - T1)$

F3.17、F3.18 熵变[J/(kg·K)] = fn(CP[J/(kg·K)], 气体常数[J/(kg·K)])，总温和总压变化)

对于完全严格的计算，必须根据公式 F3.28 和 F3.29 计算∫CP/T dT，则：

F3.17 $S2 - S1 = \int CP/T \, dT - R * \ln(P2/P1)$

对于误差在 1‰内的计算，可根据公式 F3.23—F3.25 计算平均温度对应的 CP 值，则：

F3.18 $S2 - S1 = CP * \ln(T2/T1) - R * \ln(P2/P1)$

F3.19—F3.21 等熵过程公式

对于完全严格的计算，必须根据公式 F3.28 和 F3.29 计算∫CP/T dT，则：

F3.19 $\int CP/T \, dT = R * \ln(P2/P1)$

对于误差在 1‰内的计算，可根据公式 F3.23—F3.25 计算平均温度对应的 CP 值，则：

F3.20 $CP * \ln(T2/T1) = R * \ln(P2/P1)$

即 $(T2/T1)^{(CP/R)} = P2/P1$，再使用公式 F3.8，得到：

F3.21 $(T2/T1)^{((\gamma-1)/\gamma)} = P2/P1$

F3.22 干空气燃烧产物的气体常数[J/(kg·K)] = fn(油气比)

$R = 287.05 - 0.00990 * FAR + 1E-07 * FAR^2$，煤油

$R = 287.05 - 8.0262 * FAR + 3E-07 * FAR^2$，柴油

$R = 287.05 + 212.85 * FAR - 197.89 * FAR^2$，样品天然气

F3.23 重要气体的 CP[kJ/(kg·K)] = fn(静温(K))

$CP = A0 + A1 * TZ + A2 * TZ^2 + A3 * TZ^3 + A4 * TZ^4 +$
$\quad\quad A5 * TZ^5 + A6 * TZ^6 + A7 * TZ^7 + A8 * TZ^8$

(i) 其中 TZ = TS/1000，常数的值如下表：

	干空气	O_2	N_2	CO_2	H_2O
A0	0.992313	1.006450	1.075132	0.408089	1.937043
A1	0.236688	−1.047869	−0.252297	2.027201	−0.967916
A2	−1.852148	3.729558	0.341859	−2.405549	3.338905
A3	6.083152	−4.934172	0.523944	2.039166	−3.652122
A4	−8.893933	3.284147	−0.888984	−1.163088	2.332470
A5	7.097112	−1.095203	0.442621	0.381364	−0.819451
A6	−3.234725	0.145737	−0.074788	−0.052763	0.118783
A7	0.794571	—	—	—	—
A8	−0.081873	—	—	—	—
A9	0.422178	0.369790	0.443041	0.366740	2.860773
A10	0.001053	0.000491	0.0012622	0.001736	−0.000219

(ii) 比热容比 γ 可以通过公式 F3.7 计算。

F3. 24　煤油或柴油在干空气中的燃烧产物的 CP[kJ/(kg · K)] = fn(油气比,静温(K))

$$CP = A0 + A1 * TZ + A2 * TZ^2 + A3 * TZ^3 + A4 * TZ^4 +$$
$$A5 * TZ^5 + A6 * TZ^6 + A7 * TZ^7 + A8 * TZ^8 +$$
$$FAR/(1 + FAR) * (B0 + B1 * TZ + B2 * TZ^2 + B3 * TZ^3 +$$
$$B4 * TZ^4 + B5 * TZ^5 + B6 * TZ^6 + B7 * TZ^7)$$

(i) 其中 TZ = TS/1 000;A0—A8 即公式 F3.23 中干空气的系数值。

B0 = −0. 718 874,B1 = 8. 747 481,B2 = −15. 863 157,B3 = 17. 254 096,

B4 = −10. 233 795,B5 = 3. 081 778,B6 = −0. 361 112,B7 = −0. 003 919,

B8 = 0. 055 593 0,B9 = −0. 001 607 9。

(ii) 比热容比 γ 可以通过公式 F3.7 计算。

F3. 25　样品天然气在干空气中的燃烧产物的 CP[kJ/(kg · K)] = fn(液态燃料燃烧产物的 CP[kJ/(kg · K)])

$$CPgas = (1. 000 1 + 0. 924 8 * FAR − 2. 207 8 * FAR^2) * CPliquid$$

F3. 26　重要气体的比焓(MJ/kg) = fn(温度(K))

$$H = A0 * TZ + A1/2 * TZ^2 + A2/3 * TZ^3 + A3/4 * TZ^4 + A4/5 * TZ^5 +$$
$$A5/6 * TZ^6 + A6/7 * TZ^7 + A7/8 * TZ^8 + A8/9 * TZ^9 + A9$$

(i) 其中 TZ = TS/1 000;常数的值与公式 F3.23 中一致。

(ii) 如果已知焓变,则必须使用公式 F3.15 和 F3.26 迭代计算温度变化。

F3. 27　煤油或柴油在干空气中的燃烧产物的比焓(MJ/kg) = fn(油气比,静温(K))

$$H = A0 * TZ + A1/2 * TZ^2 + A2/3 * TZ^3 + A3/4 * TZ^4 + A4/5 * TZ^5 +$$
$$A5/6 * TZ^6 + A6/7 * TZ^7 + A7/8 * TZ^8 + A8/9 * TZ^9 + A9 +$$
$$(FAR/(1 + FAR)) * (B0 * TZ + B1/2 * TZ^2 + B2/3 * TZ^3 +$$
$$B3/4 * TZ^4 + B4/5 * TZ^5 + B5/6 * TZ^6 + B6/7 * TZ^7 + B8)$$

(i) 其中 TZ = TS/1 000,常数的值与公式 F3.23 和 F3.24 中一致;

(ii) 如果已知焓变,则必须使用公式 F3.15 和 F3.27 迭代计算温度变化。

F3. 28[①]　重要气体的 ∫CP/T dT[kJ/(kg · K)] = fn(温度(K))

$$FT2 = A0 * \ln(TS2) + A1 * T2Z + A2/2 * T2Z^2 + A3/3 * T2Z^3 +$$
$$A4/4 * T2Z^4 + A5/5 * T2Z^5 + A6/6 * T2Z^6 +$$
$$A7/7 * T2Z^7 + A8/8 * T2Z^8 + A10$$

$$FT1 = A0 * \ln(TS1) + A1 * T1Z + A2/2 * T1Z^2 + A3/3 * T1Z^3 +$$
$$A4/4 * T1Z^4 + A5/5 * T1Z^5 + A6/6 * T1Z^6 +$$
$$A7/7 * T1Z^7 + A8/8 * T1Z^8 + A10$$

$$\int CP/T \, dT = FT2 − FT1$$

---

① 原文公式 F3.28—F3.29 中 ln(T2Z) 和 ln(T1Z) 有误,应该为 ln(TS2) 和 ln(TS1)。共有 5 处类似问题。——校注。

(i) 其中 T2Z ＝ TS2/1000，T1Z ＝ TS1/1000，常数的值与公式 F3.23 中一致；

(ii) 如果已知熵变，则必须使用公式 F3.17 和 F3.28 迭代计算温度变化。

F3.29　煤油或柴油在干空气中的燃烧产物的∫CP/T dT［kJ/(kg・K)］＝ fn(温度(K))

$$FT2 ＝ A0 * \ln(TS2) + A1 * T2Z + A2/2 * T2Z\hat{\ }2 + A3/3 * T2Z\hat{\ }3 +$$
$$A4/4 * T2Z\hat{\ }4 + A5/5 * T2Z\hat{\ }5 + A6/6 * T2Z\hat{\ }6 + A7/7 * T2Z\hat{\ }7 +$$
$$A8/8 * T2Z\hat{\ }8 + A10 + (FAR/(1+FAR)) * (B0 * \ln(TS2) + B1 * T2Z +$$
$$B2/2 * T2Z\hat{\ }2 + B3/3 * T2Z\hat{\ }3 + B4/4 * T2Z\hat{\ }4 + B5/5 * T2Z\hat{\ }5 +$$
$$B6/6 * T2Z\hat{\ }6 + B7/7 * T2Z\hat{\ }7 + B9)$$

$$FT2 ＝ A0 * \ln(TS1) + A1 * T1Z + A2/2 * T1Z\hat{\ }2 + A3/3 * T1Z\hat{\ }3 +$$
$$A4/4 * T1Z\hat{\ }4 + A5/5 * T1Z\hat{\ }5 + A6/6 * T1Z\hat{\ }6 + A7/7 * T1Z\hat{\ }7 +$$
$$A8/8 * T1Z\hat{\ }8 + A10 + (FAR/(1+FAR)) * (B0 * \ln(TS1) + B1 * T1Z +$$
$$B2/2 * T1Z\hat{\ }2 + B3/3 * T1Z\hat{\ }3 + B4/4 * T1Z\hat{\ }4 + B5/5 * T1Z\hat{\ }5 +$$
$$B6/6 * T1Z\hat{\ }6 + B7/7 * T1Z\hat{\ }7 + B9)$$

$$∫CP/T dT ＝ FT2 - FT1$$

(i) 其中 T2Z ＝ TS2/1000，T1Z ＝ TS1/1000，常数的值与公式 F3.23 和 F3.24 中一致；

(ii) 如果已知熵变，则必须使用公式 F3.15 和 F3.29 迭代计算温度变化。

F3.30　干空气的动力黏度(N・s/m²) ＝ fn(静温(K))

$$VIS ＝ 1.5105E-06 * TS\hat{\ }1.5/(TS + 120)$$

F3.31—F3.36　Q 曲线公式

F3.31　$T/TS ＝ (1+(\gamma-1)/2 * M\hat{\ }2)$

也可参考公式 F3.10。

F3.32　$PT/PS ＝ (T/TS)\hat{\ }(\gamma/(\gamma-1)) ＝ (1+(\gamma-1)/2 * M\hat{\ }2)\hat{\ }(\gamma/(\gamma-1))$

F3.33　$Q ＝ W * SQRT(T)/(A * P)$
$$＝ 1000 * SQRT(2 * \gamma/((\gamma-1) * R) * (P/PS)\hat{\ }(-2/\gamma) * (1-(P/PS)\hat{\ }((1-\gamma)/\gamma)))$$

F3.34　$q ＝ W * SQRT(T)/(A * PS)$
$$＝ (PT/PS) * Q$$

F3.35　$V/SQRT(T) ＝ M * SQRT(\gamma * R)/SQRT(T/TS)$

F3.36　$DP/P ＝ 100 * (1-1/(P/PS))$

(i) 公式中 T、TS 单位为 K，P、PS 单位为 kPa，A 单位为 m²，W 单位为 kg/s，V 单位为 m/s，DP/P 单位为％，R 为气体常数［如干空气的为 287.05J/(kg・K)］。

(ii) DP/P 为压力损失百分比，相当于动压头在总压中所占的百分比。

(iii) 上述公式适用于没有做功或传热的流道中的可压缩流动。

(iv) 在流动中的某一点位置，已知一个参数组，可以计算出所有其他参数组。

F3.37—F3.40　油气比 ＝ fn(燃烧室进口和出口温度(K))

对于完全严格的计算：

F3. 37 FAR = DH/(LHV * ETA34)

（i）DH 必须从公式 F3.15、F3.26、F3.27 计算得到。

对于误差在 0.25% 以内的计算和 LHV 为 43 124 kJ/kg 的煤油燃料：

F3. 38A FAR1 = 0.101 18+2.003 76E-05 * (700－T3)

FAR2 = 3.707 8E-03－5.236 8E-06 * (700－T3)－5.263 2E-06 * T4

FAR3 = 8.889E-08 * ABS(T4－950)

FAR = (FAR1－SQRT(FAR1^2+FAR2)－FAR3)/ETA34

对于误差在 0.25% 以内的计算和柴油或 LHV 不等于 43 124 kJ/kg 的煤油燃料：

F3. 38B FAR = F3.38A[①] * 43 124/LHV

对于误差在 1% 以内的计算和样品天然气，必须根据公式 F3.34、F3.25 计算基于平均温度的 CP 值，并且：

F3. 39 FAR = F3.38A[②] * 43 124 * CPgas/(LHV * CPliquid)

对于误差在 5% 以内的计算，可以使用平均温度下的 CP 值：

F3. 40 FAR = CP * (T4－T3)/(ETA34 * FHV)

F3. 41 燃烧室出口温度 = fn(进口温度(K)，油气比)——迭代

T4 = 1 000

START：

T4previous = T4

FARcalc = F3.37 to F3.39

IF ABS((FAR － FARcalc)/FAR)>0.000 5   THEN

T4 = (T4previous － T3) * FAR/FARcalc+T3

GOTO START：

END IF

F3. 42 压气机等熵效率 = fn(多变效率，压比，γ)

ETA2 = (P3Q2^((γ－1)/γ)－1)/(P3Q2^((γ－1)/(γ * ETAP2))－1)

F3. 43 压气机多变效率 = fn(压比，温比，γ)

使用 γ：

ETAP2 = ln(P3Q2)^((γ－1)/γ)/ln(T3Q2)

使用严格的焓、熵多项式：

ETAP2 = ln(P3Q2)/ ln(P3Q2.isentropic)

（i）P3Q2.isentropic 由公式 F3.19 计算。

F3. 44 涡轮等熵效率 = fn(多变效率，膨胀比，γ)

ETA4 = (1 － P4Q5^(ETAP4 * (1－γ)/γ))/(1 － P4Q5^((1 － γ)/γ))

---

① 原文误为"F3.37"。——译注

② 原文误为"F3.36"。——译注

F3.45　涡轮多变效率 = fn(膨胀比,温比,γ)

使用 γ：

ETAP4 = ln(T4Q5)/ln(P4Q5)^((γ-1)/γ)

使用严格的焓、熵多项式：

ETAP4 = ln(P4Q5. isentropic)/ln(P4Q5)

(i) P4Q5. isentropic 由公式 F3. 19 计算。

算例

C3.1　使用 3.3.1[①] 节所提供的组成,计算干空气的分子量和气体常数。

　　F3.4　R = Runiversal/MW

根据公式 F3. 4 的准则,Runiversal=8. 314 3 J/(mol · K)。

使用 3. 3 节和 3. 5 节[②]中提供的数据,计算所有组分的平均摩尔质量：

MWdry air =(78. 08 * 28. 013+20. 95 * 31. 999+0. 93 * 39. 948+

　　　　　0. 03 * 44. 01+0. 002 * 20. 183)/100 = 28. 964

使用公式 F3. 4 计算气体常数：

Rdry air = 8 314. 3/28. 964 = 287. 05 J/(kg · K)

C3.2　压气机压比为 20 : 1,等熵效率 85%,进口温度 288. 15 K,质量流量 100 kg/s;使用下述条件,计算压气机的出口温度和消耗功率：

(i) CP 值为常数 1. 005 kJ/kg K,γ 为常数 1. 4。

(ii) 基于压气机进出口平均温度计算 CP 值。

(iii) 严格的焓、熵多项式。

(iv) 计算前两种方式得出的功率结果的误差。

　　F5.1.2　PW2 = W2 * CP23 * (T3-T2)

　　F5.1.4　T3-T2 = T2/ETA2 * (P3Q2^((γ-1)/γ)-1)

　　F3.7　γ= CP/(CP-R)

　　F5.1.3　ETA2 = (H3isentropic - H2)/(H3-H2)

　　F3.23　CP = 0. 992 313+0. 236 688 * TZ-1. 852 148 * TZ^2+6. 083 152 *
　　　　　　　TZ^3-8. 893 933 * TZ^4+7. 097 112 * TZ^5-3. 234 725 * TZ^6+
　　　　　　　0. 794 571 * TZ^7-0. 081 873 * TZ^8

　　F3.26　H =0. 992 313 * TZ+0. 236 688/2 * TZ^2-1. 852 148/3 * TZ^3+
　　　　　　　6. 083 152/4 * TZ^4-8. 893 933/5 * TZ^5+7. 097 112/6 * TZ^6-
　　　　　　　3. 234 725/7 * TZ^7+0. 794 571/8 * TZ^8+0. 081 873/9 * TZ^9+
　　　　　　　0. 422 178

---

① 原文误为"3. 4. 1"。——校注
② 原文为"3. 4 节和 3. 6 节",但这两节中并无相关数据。——译注

F3.28 FTZ = 0.992 313 * ln(TS) + 0.236 688 * TZ − 1.852 148/2 * TZ^2 + 6.083 152/3 * TZ^3 − 8.893 933/4 * TZ^4 + 7.097 112/5 * TZ^5 − 3.234 725/6 * TZ^6 + 0.794 571/7 * TZ^7 + 0.081 873/8 * TZ^8 + 0.001 053

∫CP/T dT = FTZ2 − FTZ1

F3.19 ∫CP/T dT = R * ln(P3/P2)

其中,TZ = TS/1 000

根据公式 F3.36 的准则,干空气 R = 287.05 J/(kg · K)。

(i) CP 与 γ 为常数

将相应的数值代入公式 F5.1.4:

T3 − T2 = 288.15/0.85 * (20^((1.4−1)/1.4)−1) = 458.8 K

T3 = 746.95 K

PW2 = 100 * 1.005 * 458.8 = 46 109 kW

(ii) 根据平均温度计算 CP 和 γ

第一次,假设 Tmean = T2 = 288.15 K。由公式 F3.23 和 F3.7,有:

CP = 1 003.3 J/(kg · K)

γ = 1 003.3/(1 003.3−287.05) = 1.401

T3 = 288.15/0.85 * (20^((1.401−1)/1.401)−1) + 288.15 = 748.2 K

Tmean = (288.15+748.2)/2 = 518.2 K

取 Tmean = 518.2 K,重复算得:CP = 1 032.9 J/(kg · K),γ = 1.385,T3 = 728.7 K,Tmean = 508.4 K。

取 Tmean = 508.4 K,重复算得:CP = 1 030.9 J/(kg · K),γ = 1.386,T3 = 729.9 K,Tmean = 509.0 K。

取 Tmean = 509.0 K,重复算得:CP = 1 031 J/(kg · K),γ = 1.385 8,T3 = 729.7 K,Tmean = 508.9 K。

取 Tmean = 508.9 K,重复算得:CP = 1 031 J/(kg · K),γ = 1.385 8,T3 = 729.7 K,Tmean = 508.9 K。

迭代已经收敛,因此 T3 = 729.7 K;代入到公式 F5.1.2,得到:

PW2 = 100 * 1.031 * (729.7−288.15) = 45 524 kW

(iii) 使用焓和熵的多项式

首先,根据公式 F3.19 计算等熵过程的∫CP/T dT,通过代入公式 F3.28 计算 288.15 K 时的 FTZ1:

∫CP/T dT = 0.287 05 * ln(20)

∫CP/T dTisentropic = 0.859 925 kJ/(kg · K)

FTZ1 = 5.648 475 kJ/(kg · K)

现在,通过迭代,直至(∫CP/T dTisentropic)相对于(∫CP/T dT T3isentropic

guess)的偏差在 0.002 以内,从而求解 T3isentropic。

取第一次猜测的 T3isentropic $=$ 700 K,并代入 F3.28:

FTZ2 $=$ 6.559 675 kJ/(kg $\cdot$ K)

$\int$CP/T dTisentropic $=$ 0.911 2 kJ/(kg $\cdot$ K)

计算比值,进而确定第二次猜测的 T3isentropic:

($\int$CP/T dTisentropic)/($\int$CP/T dT T3isentropic guess) $=$ 0.859 925/0.911 2$=$0.943 73

T3isentropic $=$ 700 $*$ 0.943 73 $=$ 660.61 K

使用新的猜测值 T3isentropic guess$=$ 660.61 K,重复计算:

($\int$CP/T dTisentropic)/($\int$CP/T dT T3isentropic guess) $=$ 0.859 925/0.849 247 $=$ 1.012 57

T3isentropic $=$ 660.61 $*$ 1.012 57$=$668.92 K

使用新的猜测值 T3isentropic guess$=$ 668.92 K,重复计算:

($\int$ CP/T dTisentropic)/($\int$ CP/T dT T3isentropic guess) $=$ 0.859 925/0.862 567 $=$0.996 94

T3isentropic $=$ 668.92 $*$ 0.996 94$=$666.87 K

使用新的猜测值 T3isentropic guess$=$ 666.87 K,重复计算:

($\int$ CP/T dTisentropic)/($\int$ CP/T dT T3isentropic guess) $=$ 0.859 925/0.859 295$=$1.000 73

T3isentropic $=$ 666.87 $*$ 1.000 73$=$667.36 K

使用新的猜测值 T3isentropic guess$=$ 667.36 K,重复计算:

($\int$ CP/T dTisentropic)/($\int$ CP/T dT T3isentropic guess) $=$ 0.859 925/0.860 077$=$0.999 82

此时已满足所要求的误差范围,因此 T3isentropic $=$ 667.36 K。

现在,通过将 288.15 K 和 667.36 K 代入公式 F3.26、F5.1.2 和 F5.1.4,计算 DHisentropic、DH 和功率:

DHisentropic$=$1.100 72$-$0.710 724

DHisentropic$=$0.389 997 MJ/kg$=$389.997 kJ/kg

0.85$=$389.997/DH

DH$=$458.82 kJ/kg

PW2$=$100 $*$ 458.82

PW2$=$45 882 kW

使用公式 F3.26,迭代计算 T3:

0.458 82$=$H3$-$0.710 724

H3$=$1.169 53 kJ/kg

取第一次猜测的 T3$=$700 K,代入 F3.26,得到 H3guess$=$1.135 6 68 MJ/kg, DHguess$=$0.424 943 MJ/kg。因此,计算误差与新的 T3guess:

DH/DHguess ＝ 0.458 82/0.424 943＝1.079 7

T3guess ＝ 700 * 1.079 7^0.5＝727.37 K

取 T3guess＝727.37 K，重复计算：

DH/DHguess ＝ 0.458 82/0.454 44＝1.009 64

T3guess ＝ 727.37 * 1.009 64^0.5＝730.86 K

取 T3guess＝730.86 K，重复计算：

DH/DHguess ＝ 0.458 82/0.458 222＝1.001 3

T3guess ＝ 730.86 * 1.001 3^0.5＝731.34 K

取 T3guess＝731.34 K，重复计算：

DH/DHguess ＝ 0.458 82/0.458 74＝1.000 18

此时已经在目标误差以内，因此 T3＝731.34 K。

（iv）计算使用方法（i）和（ii）得到的功率与 T3 的误差

方法（i）的误差：

PW2error ＝ (46 109－45 882)/45 882 * 100＝0.49%

T3error ＝ 746.95－731.34＝15.61 K

方法（ii）的误差：

PW2error ＝ (45 524－45 882)/45 882 * 100＝－0.78%

T3error ＝ 729.7－731.34＝－1.64 K

注：在本算例中，方法（i）算出的功率的误差实际上稍好于基于平均温度的 CP 值算出的功率的误差；不过，对发动机设计来说，使用固定的 CP 和 γ 值算出的 T3 的误差(15.6 K)是不可接受的。使用固定的 CP 和 γ 值算出的其他参数也会产生不可接受的误差。

对于涡轮中的类似的计算，使用平均温度下的 CP 值算出的功率的误差会倾向于抵消压气机功率的误差。

C3.3 空气从截面 A 处进入一个收缩流道，进口总温 1 000 K，总压 180 kPa，静压 140 kPa，面积 2 m²；沿着流道一个短距离后的截面 B 处面积减小 10%。求出截面 A、B 处的重要流动参数，假设两者之间无总压损失。

F3.23 CP ＝0.992 313＋0.236 688 * TZ－1.852 148 * TZ^2＋6.083 152 * TZ^3－8.893 933 * TZ^4＋7.097 112 * TZ^5－3.234 725 * TZ^6＋0.794 571 * TZ^7－0.081 873 * TZ^8

F3.7 γ＝ CP/(CP－R)

F3.31—F3.35 Q 曲线公式

F3.31 T/TS ＝ (1＋(γ－1)/2 * M^2)

也可参考公式 F3.10。

F3.32 PT/PS ＝ (T/TS)^(γ/(γ－1)) ＝ (1＋(γ－1)/2 * M^2)^(γ/(γ－1))

F3.33 Q ＝ W * SQRT(T)/(A * P)

$$= 1000 * SQRT(2 * \gamma/((\gamma-1) * R) * (P/PS)^{\wedge}(-2/\gamma) * (1-(P/PS)^{\wedge}((1-\gamma)/\gamma)))$$

F3.34 $\quad q = W * SQRT(T)/(A * PS) = (PT/PS) * Q$

F3.35 $\quad V/SQRT(T) = M * SQRT(\gamma * R)/SQRT(T/TS)$

(i) T、TS 单位为 K,P、PS 单位为 kPa,A 单位为 m^2,W 单位为 kg/s,V 单位为 m/s,R 为气体常数[如干空气的为 287.05 J/(kg·K)]。

（i）截面 A

使用公式 F3.23 和 F3.7,计算总温为 1 000 K 时的 CP 和 γ:

CP＝1.141 kJ/(kg·K)

γ＝1.141/(1.141－0.287 05)＝1.336

代入 Q 曲线公式 F3.32、F3.31、F3.33 和 F3.35:

$180/140=(1\,000/TS)^{\wedge}(1.336/(1.336-1))$

TS＝938.7 K

$1\,000/938.7=(1+(1.336-1)/2 * M^2)$

M＝0.623

$Q=1\,000 * SQRT(2 * 1.336/((1.336-1) * 287.05) * (180/140)^{\wedge}(-2/1.336) * (1-(180/140)^{\wedge}((1-1.336)/1.336)))$

$Q=1000 * SQRT(0.027704 * 1.285714^{\wedge}(-1.497) * (1-1.285714^{\wedge}(-0.25150)))$

Q＝34.129 1 kg√K/(s·m²·kPa)

$34.129\,1=W * SQRT(1\,000)/(2 * 180)$[①]

W＝388.5 kg/s

$V/SQRT(1\,000)=0.623 * SQRT(1.336 * 287.05)/SQRT(1\,000/938.7)$

V＝373.8 m/s

注:对于上述计算,若完全严格地要求,则应该使用基于静温算得的 CP 和 γ 重复计算,因为马赫数大于 0.4。图表 3.8(γ＝1.33,涡轮)中的 Q 曲线值与上述结果很接近,误差来自 γ 值的微小差异。

（ii）截面 B

由于过程中没有做功或传热,因此总温保持不变;面积为 2 * 0.9＝1.8 m²。另外,由于假设总压无损失,则 P＝180 kPa。

使用公式 F3.33 确定 P/PS:

$Q=388.5 * SQRT(1\,000)/(1.8 * 180)$

Q＝37.918 kg√K/(s·m²·kPa)

$37.918=1\,000 * SQRT(0.027704 * (P/PS)^{\wedge}(-1.497) * (1-(P/PS)^{\wedge}(-0.25150)))$[②]

---

① 原文该公式右侧与 F3.33 不相符,此处已订正。——译注

② 原文该公式有个别括号缺失——译注

迭代解出 P/PS＝1.472；因此 PS＝122.3 kPa。

代入 Q 曲线公式 F3.32、F3.31 和 F3.35：

180/122.3＝(1 000/TS)^(1.336/(1.336−1))

TS＝907.4K

1 000/907.4＝(1+(1.336−1)/2 * M^2)

M＝0.779

V/SQRT(1 000)＝0.779 * SQRT(1.336 * 287.05)/SQRT(1 000/907.4)

V＝459.5 m/s

注：对于 CP 和 γ，参见截面 A 的注释。

C3.4（i）燃烧室使用煤油和 LHV＝42 500 kJ/kg 的柴油，已知如下条件，分别计算油气比：进口温度 T31＝600 K，出口温度 1 500 K，燃烧效率 ETA34＝99.9%。

（ii）使用近似方法，计算煤油燃烧的油气比及结果的误差。

F3.38A FAR1 ＝ 0.101 18+2.003 76E - 05 * (700−T3)

FAR2 ＝ 3.707 8E - 03−5.236 8E - 06 * (700−T3)−5.263 2E - 06 * T4

FAR3 ＝ 8.889E - 08 * ABS(T4−950)

FAR ＝ (FAR1−SQRT(FAR1^2+FAR2)−FAR3)/ETA34

F3.38B FAR ＝ F3.37 * 43 124/LHV

F3.40 FAR ＝ CP * (T4−T3)/(ETA34 * FHV)

（i）使用严格方法计算煤油和柴油燃烧的 FAR

将煤油的数值代入公式 F3.38A：

FAR1 ＝ 0.101 18+2.003 76E - 05 * (700−600)

FAR1 ＝ 0.103 184

FAR2 ＝ 3.707 8E - 03−5.236 8E - 06 * (700−600)−5.263 2E - 06 * 1 500

FAR2 ＝ −0.004 711

FAR3 ＝ 8.889E - 08 * ABS(1 500−950)

FAR3 ＝ 0.000 049

FAR ＝ (0.103 184−SQRT(0.103 184^2−0.004 711)−0.000 049)/0.999

FAR ＝ 0.026 12

将柴油的数值代入公式 F3.38B：

FAR ＝ 0.026 12 * 43 124/42 500

FAR ＝ 0.026 5

煤油的 FAR 值与图表 3.15 中的一致。

（ii）使用近似方法计算煤油燃烧的 FAR

使用猜测的 FAR 值 0.02，从图表 3.5 查找平均温度 1 050 K 对应的 CP，为 1.189 kJ/(kg · K)。

将此值代入公式 F3.40：

FAR = 1.189 * (1 500－600)/0.999/43 124

FAR = 0.024 8

近似方法的误差：

FARerror = (0.024 8－0.026 5)/0.026 5

FARerror = －6.4%

注：即便使用公式 F3.24 精确地计算 CP 值，误差还是很大。这主要是因为大的温升意味着不考虑 DH＝∫CP dT 这一事实会造成明显的误差。公式 F3.38A 是煤油燃烧产物对应的 DH＝∫CP dT 的曲线拟合式。

C3.5 对于 C3.2 中的压气机工作点，使用基于平均温度的 CP 和 γ，求相应的多变效率。

F3.42   ETA 2 = (P3Q2^((γ－1)/γ)－1)/(P3Q2^((γ－1)/(γ * ETAP2))－1)

从算例 C3.2 得到，Tmean = 508.9 K, CP = 1 031 J/kg K, γ= 1.385 8, P3Q2 = 20∶1, ETA2 = 0.85。

代入到公式 F3.42：

0.85 = (20^((1.385 8－1)/1.385 8)－1)/(20^((1.385 8－1)/(1.385 8 * ETAP2))－1)

0.85 = 1.302 5/(20^(0.278 40/ETAP2)－1)

20^(0.278 40/ETAP2)－1 = 1.532 5

ln(20) * 0.278 40/ETAP2 = ln(2.532 35)

ETAP2 = 0.897 6

该结果与图表 3.16 中展示的数据很接近。微小的差异是由于 γ 的不同造成的。

图表

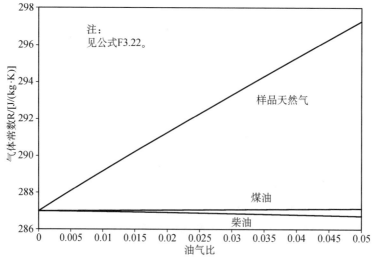

图表 3.1   煤油、柴油和天然气燃烧产物的气体常数 R 与油气比的关系

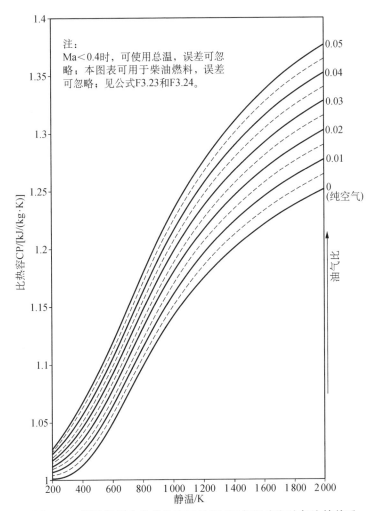

图表 3.2　煤油燃烧产物的比定压热容 CP 与温度和油气比的关系

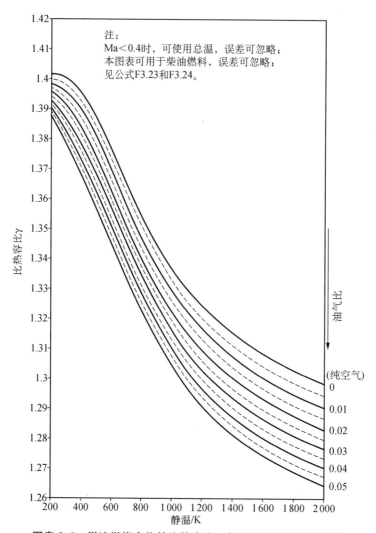

注：
Ma<0.4时，可使用总温，误差可忽略；
本图表可用于柴油燃料，误差可忽略；
见公式F3.23和F3.24。

图表3.3　煤油燃烧产物的比热容比 γ 与温度和油气比的关系

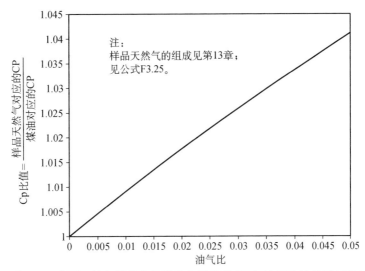

图表 3.4 典型天然气燃烧产物的比定压热容 CP 与油气比的关系（相对于煤油）

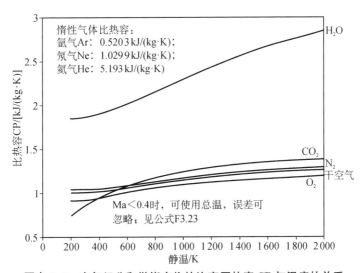

图表 3.5 空气组分和燃烧产物的比定压热容 CP 与温度的关系

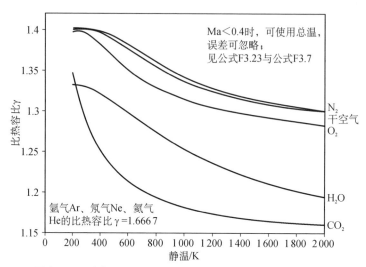

图表 3.6　空气组分和燃烧产物的比热容比 γ 与温度的关系

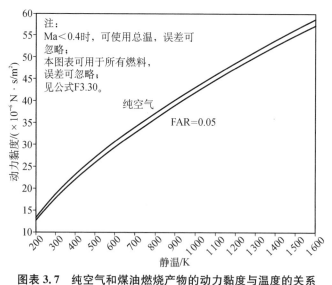

图表 3.7　纯空气和煤油燃烧产物的动力黏度与温度的关系

(a) γ＝1.4(压气机)

Ma	P/Ps	(P−Ps)/P	T/Ts	V/√T	q	Q
		/%		/(m/√Ks)	/[kg√K/(m² · kPa · s)]	/[kg√K/(m² · kPa · s)]
0.01	1.0001	0.0070	1.0000	0.2005	0.6983	0.6983
0.02	1.0003	0.0280	1.0001	0.4010	1.3967	1.3963
0.03	1.0006	0.0630	1.0002	0.6014	2.0951	2.0938
0.04	1.0011	0.1119	1.0003	0.8018	2.7937	2.7906
0.05	1.0018	0.1748	1.0005	1.0022	3.4924	3.4863
0.06	1.0025	0.2516	1.0007	1.2025	4.1914	4.1808
0.07	1.0034	0.3422	1.0010	1.4027	4.8906	4.8738
0.08	1.0045	0.4467	1.0013	1.6028	5.5900	5.5651
0.09	1.0057	0.5649	1.0016	1.8029	6.2899	6.2543
0.10	1.0070	0.6969	1.0020	2.0028	6.9901	6.9414
0.11	1.0085	0.8424	1.0024	2.2027	7.6907	7.6259
0.12	1.0101	1.0015	1.0029	2.4024	8.3918	8.3077
0.13	1.0119	1.1741	1.0034	2.6019	9.0933	8.9866
0.14	1.0138	1.3600	1.0039	2.8013	9.7955	9.6622
0.15	1.0158	1.5592	1.0045	3.0005	10.4982	10.3345
0.16	1.0180	1.7715	1.0051	3.1996	11.2015	11.0031
0.17	1.0204	1.9970	1.0058	3.3984	11.9055	11.6678
0.18	1.0229	2.2353	1.0065	3.5971	12.6102	12.3283
0.19	1.0255	2.4865	1.0072	3.7955	13.3157	12.9846
0.20	1.0283	2.7503	1.0080	3.9937	14.0219	13.6363
0.21	1.0312	3.0267	1.0088	4.1917	14.7290	14.2832
0.22	1.0343	3.3155	1.0097	4.3895	15.4370	14.9252
0.23	1.0375	3.6165	1.0106	4.5869	16.1458	15.5619
0.24	1.0409	3.9297	1.0115	4.7841	16.8557	16.1933
0.25	1.0444	4.2547	1.0125	4.9811	17.5665	16.8191
0.26	1.0481	4.5915	1.0135	5.1777	18.2783	17.4391
0.27	1.0520	4.9400	1.0146	5.3740	18.9913	18.0531
0.28	1.0560	5.2998	1.0157	5.5701	19.7053	18.6610
0.29	1.0601	5.6709	1.0168	5.7658	20.4206	19.2625
0.30	1.0644	6.0530	1.0180	5.9611	21.1370	19.8575
0.31	1.0689	6.4460	1.0192	6.1561	21.8546	20.4459
0.32	1.0735	6.8497	1.0205	6.3508	22.5735	21.0273
0.33	1.0783	7.2638	1.0218	6.5451	23.2938	21.6018
0.34	1.0833	7.6882	1.0231	6.7390	24.0154	22.1690
0.35	1.0884	8.1227	1.0245	6.9325	24.7384	22.7290
0.36	1.0937	8.5670	1.0259	7.1257	25.4628	23.2814
0.37	1.0992	9.0210	1.0274	7.3184	26.1887	23.8263
0.38	1.1048	9.4844	1.0289	7.5107	26.9162	24.3633

（续前）

Ma	P/Ps	(P－Ps)/P	T/Ts	V/√T	q	Q
		/%		/(m/√Ks)	/[kg√K/(m² · kPa · s)]	/[kg√K/(m² · kPa · s)]
0.39	1.1106	9.9570	1.0304	7.7026	27.6452	24.8925
0.40	1.1166	10.4386	1.0320	7.8941	28.3757	25.4137
0.41	1.1227	10.9289	1.0336	8.0851	29.1080	25.9268
0.42	1.1290	11.4278	1.0353	8.2756	29.8418	26.4316
0.43	1.1355	11.9349	1.0370	8.4657	30.5774	26.9280
0.44	1.1422	12.4502	1.0387	8.6553	31.3148	27.4160
0.45	1.1491	12.9733	1.0405	8.8445	32.0539	27.8955
0.46	1.1561	13.5040	1.0423	9.0331	32.7949	28.3663
0.47	1.1634	14.0420	1.0442	9.2213	33.5377	28.8283
0.48	1.1708	14.5872	1.0461	9.4089	34.2824	29.2815
0.49	1.1784	15.1393	1.0480	9.5960	35.0290	29.7259
0.50	1.1862	15.6981	1.0500	9.7826	35.7777	30.1613
0.51	1.1942	16.2633	1.0520	9.9687	36.5283	30.5876
0.52	1.2024	16.8346	1.0541	10.1542	37.2810	31.0049
0.53	1.2108	17.4119	1.0562	10.3392	38.0358	31.4130
0.54	1.2194	17.9950	1.0583	10.5236	38.7927	31.8119
0.55	1.2283	18.5835	1.0605	10.7075	39.5517	32.2016
0.56	1.2373	19.1772	1.0627	10.8908	40.3130	32.5821
0.57	1.2465	19.7759	1.0650	11.0735	41.0765	32.9532
0.58	1.2560	20.3794	1.0673	11.2556	41.8422	33.3150
0.59	1.2656	20.9873	1.0696	11.4372	42.6103	33.6675
0.60	1.2755	21.5996	1.0720	11.6181	43.3807	34.0106
0.61	1.2856	22.2159	1.0744	11.7984	44.1534	34.3443
0.62	1.2959	22.8361	1.0769	11.9781	44.9286	34.6687
0.63	1.3065	23.4598	1.0794	12.1572	45.7062	34.9836
0.64	1.3173	24.0869	1.0819	12.3357	46.4863	35.2892
0.65	1.3283	24.7171	1.0845	12.5135	47.2689	35.5854
0.66	1.3396	25.3502	1.0871	12.6907	48.0541	35.8723
0.67	1.3511	25.9860	1.0898	12.8673	48.8418	36.1498
0.68	1.3628	26.6242	1.0925	13.0432	49.6321	36.4180
0.69	1.3748	27.2647	1.0952	13.2184	50.4251	36.6769
0.70	1.3871	27.9072	1.0980	13.3930	51.2208	36.9265
0.71	1.3996	28.5515	1.1008	13.5669	52.0192	37.1669
0.72	1.4124	29.1975	1.1037	13.7402	52.8204	37.3982
0.73	1.4254	29.8448	1.1066	13.9127	53.6243	37.6203
0.74	1.4387	30.4932	1.1095	14.0846	54.4310	37.8333
0.75	1.4523	31.1427	1.1125	14.2558	55.2406	38.0372
0.76	1.4661	31.7930	1.1155	14.4263	56.0531	38.2322

（续前）

Ma	P/Ps	(P−Ps)/P	T/Ts	V/√T	q	Q
		/%		/(m/√Ks)	/[kg√K/(m² · kPa · s)]	/[kg√K/(m² · kPa · s)]
0.77	1.4802	32.4438	1.1186	14.5961	56.8685	38.4182
0.78	1.4947	33.0950	1.1217	14.7652	57.6868	38.5954
0.79	1.5094	33.7464	1.1248	14.9337	58.5081	38.7637
0.80	1.5243	34.3978	1.1280	15.1014	59.3324	38.9233
0.81	1.5396	35.0491	1.1312	15.2683	60.1597	39.0743
0.82	1.5552	35.7000	1.1345	15.4346	60.9901	39.2167
0.83	1.5711	36.3504	1.1378	15.6002	61.8237	39.3505
0.84	1.5873	37.0000	1.1411	15.7650	62.6603	39.4760
0.85	1.6038	37.6488	1.1445	15.9291	63.5001	39.5930
0.86	1.6207	38.2966	1.1479	16.0925	64.3431	39.7019
0.87	1.6378	38.9431	1.1514	16.2551	65.1893	39.8025
0.88	1.6553	39.5883	1.1549	16.4170	66.0387	39.8951
0.89	1.6731	40.2320	1.1584	16.5782	66.8914	39.9797
0.90	1.6913	40.8740	1.1620	16.7386	67.7475	40.0564
0.91	1.7098	41.5142	1.1656	16.8983	68.6068	40.1253
0.92	1.7287	42.1524	1.1693	17.0573	69.4696	40.1865
0.93	1.7479	42.7886	1.1730	17.2154	70.3357	40.2401
0.94	1.7675	43.4225	1.1767	17.3729	71.2052	40.2862
0.95	1.7874	44.0540	1.1805	17.5296	72.0782	40.3249
0.96	1.8078	44.6830	1.1843	17.6855	72.9547	40.3563
0.97	1.8285	45.3095	1.1882	17.8407	73.8347	40.3806
0.98	1.8496	45.9331	1.1921	17.9951	74.7182	40.3978
0.99	1.8710	46.5540	1.1960	18.1487	75.6052	40.4080
1.00	1.8929	47.1718	1.2000	18.3016	76.4959	40.4114

注：Q 为流量函数 W√T/(A·P)；W 为流量，kg/s；q 为静流量函数 W√T/(A·Ps)；P 为总压，kPa；V 为速度，m/s；T 为总温，K；Ps 为静压，kPa；Ts 为静温，K；流量函数单位从 kg√K/(m²·kPa·s) 转换为 lb√K/(in²·psia·s) 须乘以 0.009806。

（b）γ＝1.33（涡轮）

Ma	P/Ps	(P−Ps)/P	T/Ts	V/√T	q	Q
		/%		/(m/√Ks)	/[kg√K/(m² · kPa · s)]	/[kg√K/(m² · kPa · s)]
0.01	1.0001	0.0066	1.0000	0.1954	0.6806	0.6806
0.02	1.0003	0.0266	1.0001	0.3908	1.3613	1.3609
0.03	1.0006	0.0598	1.0001	0.5862	2.0420	2.0408
0.04	1.0011	0.1063	1.0003	0.7815	2.7229	2.7200
0.05	1.0017	0.1661	1.0004	0.9768	3.4038	3.3982
0.06	1.0024	0.2390	1.0006	1.1721	4.0850	4.0752
0.07	1.0033	0.3252	1.0008	1.3673	4.7663	4.7508

(续前)

Ma	P/Ps	(P-Ps)/P /%	T/Ts	V/√T /(m/√Ks)	q /[kg√K/(m²·kPa·s)]	Q /[kg√K/(m²·kPa·s)]
0.08	1.0043	0.4245	1.0011	1.5624	5.4479	5.4248
0.09	1.0054	0.5368	1.0013	1.7575	6.1297	6.0968
0.10	1.0067	0.6622	1.0017	1.9525	6.8119	6.7668
0.11	1.0081	0.8006	1.0020	2.1473	7.4944	7.4344
0.12	1.0096	0.9519	1.0024	2.3421	8.1772	8.0994
0.13	1.0113	1.1160	1.0028	2.5368	8.8605	8.7616
0.14	1.0131	1.2929	1.0032	2.7313	9.5442	9.4208
0.15	1.0150	1.4824	1.0037	2.9257	10.2283	10.0767
0.16	1.0171	1.6845	1.0042	3.1199	10.9130	10.7292
0.17	1.0194	1.8990	1.0048	3.3140	11.5982	11.3780
0.18	1.0217	2.1259	1.0053	3.5080	12.2840	12.0228
0.19	1.0242	2.3651	1.0060	3.7017	12.9704	12.6636
0.20	1.0269	2.6164	1.0066	3.8953	13.6574	13.3001
0.21	1.0297	2.8798	1.0073	4.0887	14.3451	13.9320
0.22	1.0326	3.1550	1.0080	4.2819	15.0335	14.5592
0.23	1.0356	3.4420	1.0087	4.4749	15.7226	15.1814
0.24	1.0389	3.7406	1.0095	4.6677	16.4125	15.7986
0.25	1.0422	4.0506	1.0103	4.8602	17.1032	16.4104
0.26	1.0457	4.3721	1.0112	5.0525	17.7947	17.0167
0.27	1.0494	4.7047	1.0120	5.2446	18.4871	17.6174
0.28	1.0532	5.0483	1.0129	5.4364	19.1804	18.2121
0.29	1.0571	5.4028	1.0139	5.6279	19.8747	18.8009
0.30	1.0612	5.7680	1.0149	5.8192	20.5699	19.3834
0.31	1.0655	6.1437	1.0159	6.0102	21.2661	19.9595
0.32	1.0699	6.5298	1.0169	6.2009	21.9633	20.5291
0.33	1.0744	6.9260	1.0180	6.3913	22.6616	21.0920
0.34	1.0791	7.3323	1.0191	6.5814	23.3610	21.6481
0.35	1.0840	7.7484	1.0202	6.7712	24.0615	22.1971
0.36	1.0890	8.1741	1.0214	6.9607	24.7632	22.7390
0.37	1.0942	8.6092	1.0226	7.1498	25.4660	23.2736
0.38	1.0995	9.0536	1.0238	7.3386	26.1701	23.8008
0.39	1.1051	9.5070	1.0251	7.5270	26.8755	24.3204
0.40	1.1107	9.9693	1.0264	7.7151	27.5821	24.8324
0.41	1.1166	10.4403	1.0277	7.9029	28.2901	25.3365
0.42	1.1226	10.9196	1.0291	8.0902	28.9994	25.8327
0.43	1.1288	11.4072	1.0305	8.2772	29.7101	26.3210
0.44	1.1351	11.9029	1.0319	8.4638	30.4222	26.8010
0.45	1.1416	12.4064	1.0334	8.6500	31.1357	27.2729
0.46	1.1483	12.9174	1.0349	8.8358	31.8507	27.7364
0.47	1.1552	13.4359	1.0364	9.0212	32.5672	28.1915
0.48	1.1623	13.9615	1.0380	9.2062	33.2853	28.6382

（续前）

Ma	P/Ps	(P－Ps)/P	T/Ts	V/√T	q	Q
		/%		/(m/√Ks)	/[kg√K/(m² · kPa · s)]	/[kg√K/(m² · kPa · s)]
0.49	1.1695	14.4941	1.0396	9.3908	34.0049	29.0762
0.50	1.1769	15.0335	1.0413	9.5749	34.7262	29.5056
0.51	1.1845	15.5793	1.0429	9.7586	35.4490	29.9263
0.52	1.1923	16.1315	1.0446	9.9419	36.1735	30.3382
0.53	1.2003	16.6898	1.0463	10.1247	36.8997	30.7413
0.54	1.2085	17.2539	1.0481	10.3070	37.6277	31.1354
0.55	1.2169	17.8237	1.0499	10.4889	38.3573	31.5206
0.56	1.2255	18.3989	1.0517	10.6703	39.0888	31.8969
0.57	1.2343	18.9794	1.0536	10.8512	39.8221	32.2641
0.58	1.2432	19.5648	1.0555	11.0316	40.5572	32.6222
0.59	1.2524	20.1550	1.0574	11.2116	41.2941	32.9713
0.60	1.2618	20.7497	1.0594	11.3910	42.0330	33.3113
0.61	1.2714	21.3488	1.0614	11.5700	42.7738	33.6421
0.62	1.2813	21.9520	1.0634	11.7484	43.5166	33.9638
0.63	1.2913	22.5591	1.0655	11.9264	44.2613	34.2763
0.64	1.3016	23.1700	1.0676	12.1038	45.0081	34.5797
0.65	1.3121	23.7842	1.0697	12.2807	45.7568	34.8739
0.66	1.3228	24.4018	1.0719	12.4570	46.5077	35.1590
0.67	1.3337	25.0224	1.0741	12.6328	47.2607	35.4349
0.68	1.3449	25.6458	1.0763	12.8081	48.0158	35.7017
0.69	1.3563	26.2719	1.0786	12.9829	48.7730	35.9594
0.70	1.3680	26.9004	1.0809	13.1570	49.5325	36.2080
0.71	1.3799	27.5311	1.0832	13.3306	50.2941	36.4476
0.72	1.3921	28.1639	1.0855	13.5037	51.0580	36.6781
0.73	1.4045	28.7984	1.0879	13.6762	51.8242	36.8996
0.74	1.4171	29.4346	1.0904	13.8481	52.5926	37.1122
0.75	1.4300	30.0723	1.0928	14.0194	53.3634	37.3158
0.76	1.4432	30.7112	1.0953	14.1902	54.1365	37.5106
0.77	1.4567	31.3511	1.0978	14.3604	54.9120	37.6965
0.78	1.4704	31.9919	1.1004	14.5300	55.6899	37.8737
0.79	1.4844	32.6333	1.1030	14.6990	56.4702	38.0421
0.80	1.4987	33.2753	1.1056	14.8673	57.2530	38.2019
0.81	1.5133	33.9176	1.1083	15.0351	58.0383	38.3531
0.82	1.5281	34.5600	1.1109	15.2023	58.8260	38.4958
0.83	1.5433	35.2023	1.1137	15.3689	59.6163	38.6300
0.84	1.5587	35.8445	1.1164	15.5349	60.4092	38.7558
0.85	1.5745	36.4863	1.1192	15.7002	61.2047	38.8734
0.86	1.5905	37.1275	1.1220	15.8649	62.0027	38.9826
0.87	1.6069	37.7681	1.1249	16.0290	62.8034	39.0838
0.88	1.6236	38.4077	1.1278	16.1925	63.6068	39.1768
0.89	1.6406	39.0464	1.1307	16.3553	64.4128	39.2619

（续前）

Ma	P/Ps	(P−Ps)/P	T/Ts	V/√T	q	Q
		/%		/(m/√Ks)	/[kg√K/(m²·kPa·s)]	/[kg√K/(m²·kPa·s)]
0.90	1.6579	39.6839	1.1337	16.5175	65.2216	39.3391
0.91	1.6756	40.3201	1.1366	16.6791	66.0331	39.4085
0.92	1.6936	40.9548	1.1397	16.8400	66.8473	39.4701
0.93	1.7120	41.5879	1.1427	17.0003	67.6643	39.5241
0.94	1.7307	42.2193	1.1458	17.1600	68.4842	39.5706
0.95	1.7497	42.8488	1.1489	17.3190	69.3069	39.6097
0.96	1.7692	43.4763	1.1521	17.4773	70.1324	39.6414
0.97	1.7890	44.1016	1.1552	17.6350	70.9608	39.6659
0.98	1.8091	44.7247	1.1585	17.7921	71.7921	39.6833
0.99	1.8297	45.3454	1.1617	17.9485	72.6264	39.6937
1.00	1.8506	45.9636	1.1650	18.1042	73.4636	39.6971

图表 3.8　干空气或煤油燃烧产物的 Q 曲线数据（Ma＝0.0～1.0）

注：用于柴油时，误差可忽略不计；其余见(a)表下注。

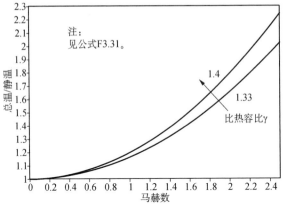

图表 3.9　Q 曲线：总静温比与马赫数的关系

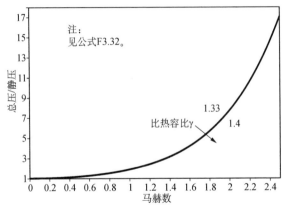

图表 3.10　Q 曲线：总静压比与马赫数的关系

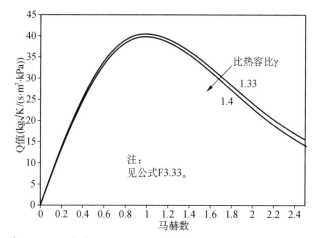

图表 3.11 Q 曲线:总流量函数 Q 与马赫数的关系,Q= W√T/A P

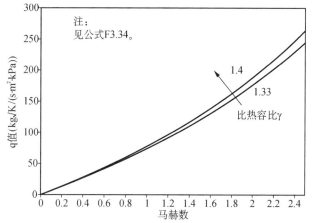

图表 3.12 Q 曲线:静流量函数 q 与马赫数的关系,q= W√T/A PS

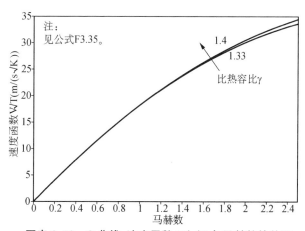

图表 3.13 Q 曲线:速度函数 V/√T 与马赫数的关系

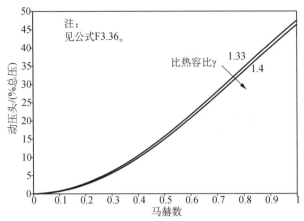

图表 3.14　Q 曲线:动压头占总压百分比与马赫数的关系

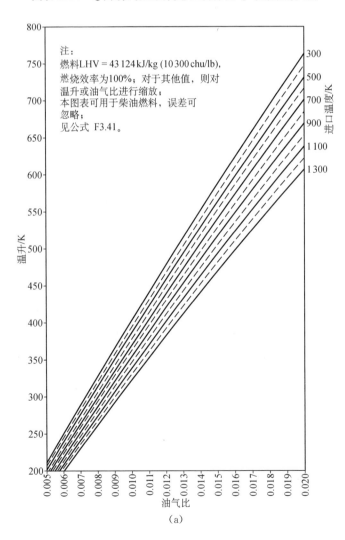

（a）

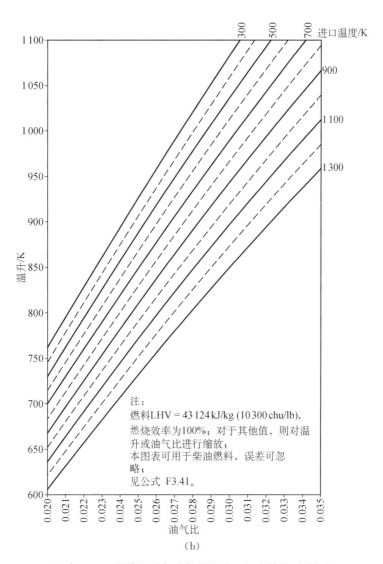

图表 3.15　燃烧温升与油气比和进口温度的关系，煤油

（a）油气比＝0.005～0.02　（b）油气比＝0.02～0.035

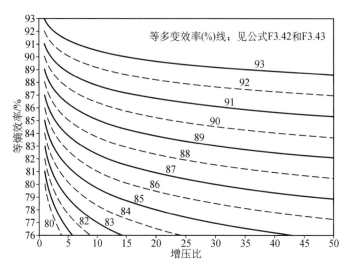

图表 3. 16　等熵效率与多变效率和压比的关系，压气机 γ＝1. 4

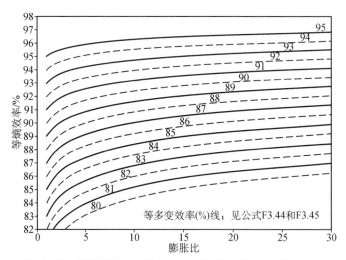

图表 3. 17　等熵效率与多变效率和膨胀比的关系，涡轮 γ＝1. 33

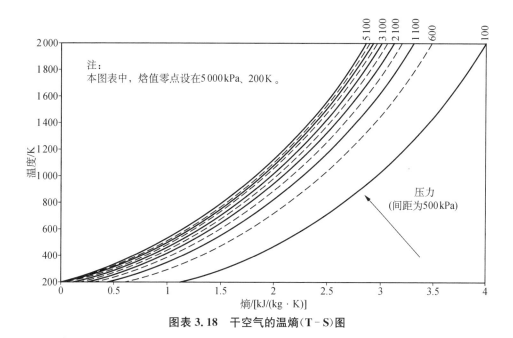

图表 3.18　干空气的温熵(T-S)图

参考文献

[1] Rogers G F C, Mayhew Y R. Engineering Thermodynamics Work and Heat Transfer [M]. Longmans, Harlow, 1967.

[2] Mayhew Y R, Rogers G F C. Thermodynamic and Transport Properties of Fluids [M]. Basil Blackwell, Oxford, 1967.

[3] Massey B S. Mechanics of Fluids [M] van Nostrand Reinhold, Wokingham, 1968.

[4] Howatson A M, Lund P G, Todd J D. Engineering Tables and Data [M]. Chapman and Hall, London, 1972.

[5] US Department of Commerce. JANAF Thermochemical Tables, PB 168370, US Clearinghouse for Federal Scientific and Technical Information, Washington DC, 1965.

[6] Gordon S, McBride B J. Computer Program for Calculation of Complex Equilibrium Compositions [C]. NASA Reference Publication 1311, NASA, Washington DC, 1994.

4 无量纲、准无量纲、换算和缩放参数组

4.0 引言

对燃气涡轮发动机性能的所有方面而言,无量纲、准无量纲、换算和缩放参数组的重要性毋庸强调。理解和掌握这些参数组关系的形式,会有助于现场判断环境条件的改变、发动机的缩放、工质的变化等对性能的影响。所有燃气涡轮发动机性能的计算或多或少都依赖于这些参数组,这些参数组主要用于两种方式:

(1) 作为部件特性的严格表示方法。

(2) 作为发动机总体稳态和瞬态性能的一阶近似。

本章为主要参数组提供了可快速查找参考的主要参数组表格,并解释了它们的背景。这些参数组具体的应用将在涉及部件、非设计点性能、瞬态性能、起动和试验数据分析的后续章节中详细地叙述。本章包括了对这些描述的简要介绍,还讨论了参数组并未计入的二阶的实际发动机效应。

4.1 参数组的重要性

在发动机的整个运行包线内,需要用很多变量以数值形式描述发动机性能。这一问题在考虑发动机的线性缩放或者工质不是干空气时更显突出。比如,对于给定设计的涡喷发动机,其稳态质量流量是 8 个参数的函数,如稍后所示。

参考文献[1]描述的白金汉(Buckingham)π 法则将大量的参数缩减成较少数量的无量纲参数组。在这些参数组中,不同的参数乘在一起,并且每个参数都带一定的指数,这些指数可能是负的,也可能不是整数。这样处理的结果极大地简化了对发动机性能的理解和图形表示。

例如,白金汉 π 法则可以运用于给定设计的涡喷发动机的质量流量。质量流量的参数组就仅仅是 3 个其他参数组的函数,而不再是 8 个参数的了。

与进口质量流量有关的参数	与进口质量流量的无量纲参数组有关的参数
1 环境温度	1 发动机转速的无量纲参数组
2 环境压力	2 飞行马赫数
3 飞行马赫数	3 黏度的无量纲参数组(只有二阶影响,在初始计
4 发动机转速	算时常常忽略)
5 发动机直径(缩放因子)	
6 工质的气体常数	
7 工质的比热容比	
8 工质的黏度	

对于单独的部件,例如压气机和涡轮,白金汉 π 法则的运用更为容易。举一个简单的例子,两股气流混合后的出口温度是由进口的流量比和温度比决定的,也就是说,是由两个参数组而非四个参数决定的。

4.2 参数组列表和说明

4.2.1 参数组列表

图表 4.1 展示了发动机总体性能的参数组,图表 4.2 展示了部件的相应参数组。它们可以根据基本原理,并通过运用上面讨论的白金汉 π 法则而推导出来。参考文献[2]给出了一个压气机的例子。

4.2.2 无量纲参数组

无量纲参数组也称为无因次参数组或完全的无量纲参数组。这些参数组包含了影响发动机或者部件性能的所有变量,包括发动机线性比例缩放和流体性质。如果考虑的是不同工质,例如闭式循环中的氦气,这种形式会成为兴趣所在。图表 4.1 和图表 4.2 的第 1 列展示了发动机和部件主要参数的无量纲参数组。

4.2.3 准无量纲参数组

准无量纲参数组也被称为半量纲参数组。这些参数组忽略了气体常数、比热容比和发动机直径的变化。这符合最常见的情况,即一个发动机或部件设计具有固定的线性缩放,使用干空气作为工质;换句话说,需要考虑的只有运行条件和油门设定。准无量纲参数组经常会与无量纲参数组混淆。虽然这通常不会影响工程运用的有效性,但需要注意的是,这些参数组是有量纲的。例如,质量流量 $W\sqrt{T}/P$ 以 $kg\sqrt{K}/kPa$ 为单位。图表 4.1 和图表 4.2 的第 2 列给出了发动机和部件主要参数的准无量纲参数组。

4.2.4 换算参数组

换算参数组与准无量纲参数组成正比,因此它们在使用中可以互换。不同之处在于,换算参数组用相对压力 δ 和相对温度 θ 替换了发动机或部件进口压力和温度;其中,如第 2 章中定义的:

$$delta(\delta) = 进口压力 / 101.325\,kPa$$
$$theta(\theta) = 进口温度 / 288.15\,K$$

正如第 2 章强调的那样，发动机的总体性能会频繁换算到标准进口压力和温度条件 101.325 kPa 和 288.15 K。换算参数就等于国际标准大气海平面静止（ISA SLS）条件下基本参数将具有的数值。其单位就是基本参数的单位，例如换算质量流量的单位是 kg/s。图表 4.1 和图表 4.2 的第 3 列给出了这样处理后得到的换算参数组。

第 2 章展示了 δ 和 θ 随着高度、环境温度和飞行马赫数的变化。

4.2.5　缩放参数组

缩放参数组是仅仅忽略了工质性质的无量纲参数组。在新发动机的概念设计阶段中，它们的使用具有特殊的价值，由此能够快速地评估线性缩放一台现有的发动机或者匹配以不同比例缩放的现有压气机和涡轮对性能的影响。图表 4.1 和图表 4.2 的第 4 列给出了发动机和部件主要参数的缩放参数组。

4.2.6　组合参数组

更进一步的参数组可以通过组合已有的参数组而推导出来。例如，图表 4.1 中的油气比参数组可以由燃油流量参数组除以发动机质量流量参数组来获得。

4.3　应用实例

本节展示了各种参数组使用的一些实例，作为后面章节全面描述的铺垫。

4.3.1　部件特性

第 5 章描述的压气机和涡轮特性严格定义了部件的性能。由于使用的是参数组，而非大量的基本参数，部件特性的表征方式得到了极大的简化。4.7.1 节举例说明了为什么这种表示方法是有效的。

对一个几何固定的部件，其特性是唯一的。从一阶近似角度来说，改变进口物理条件并不会改变部件的特性。这对发动机的总体性能而言是至关重要的。例如，对压气机，定义了换算转速和换算质量流量后，压比和效率也就确定了；然后工作点就能在特性图中标记出来。一旦确定了两个合适的参数组，其他所有的参数组也都随之确定。

4.3.2　发动机稳态非设计点性能

图 4.1 展示了涡喷发动机的换算参数性能表示方法。从一阶准确性来说，对一个几何固定的发动机，这样的一幅图就能完全定义所有的环境温度和压力、飞行马赫数及油门设定下的发动机性能。如下所述：

● 如果推进喷管堵塞，一旦确定了一个换算参数，所有其他的换算参数就都具有唯一值。

● 如果推进喷管没有堵塞，则必须指定第二个换算参数组，通常是飞行马赫数，来确定所有其他参数组。

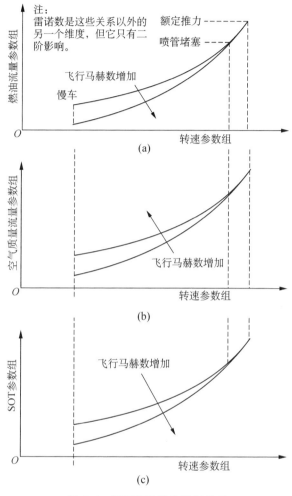

图 4.1 涡喷发动机参数组关系

(a) 换算燃油流量与换算转速的关系 (b) 换算空气质量流量与换算转速的关系 (c) 换算 SOT 与换算转速的关系

  对于在发动机试验时需要现场做出判断,或者讨论极端运行点对发动机设计的影响时,图 4.1 是一个极其有价值的工具。例如,如果控制系统是按恒定的换算转速控制的,而且在给定的飞行马赫数下环境压力减小,那么显而易见,燃油流量、总推力和发动机质量流量将按比例减小,而 SOT 不受影响,原因是这些参数的换算参数组必须保持不变。相反,如果在喷管堵塞的情况下马赫数增大,同样是控制到恒定的换算转速,那么燃油流量、总推力、发动机质量流量和 SOT 将要增大。这是因为换算参数组同样保持不变,但是 P1 和 T1 增大。对发动机流量来说,P1 增加的影响胜过 T1 增加的影响,因为 T1 是被开方的,而且它随马赫数而增加的程度要小得多。算例C4.1就一台涡喷发动机在不同环境条件下的运行表明了这一点。

类似的关系也能运用于涡扇发动机。对提供轴功率的发动机而言，输出转速取决于所驱动的负载，而后者的表现是不需要遵循无量纲关系的。相对于图4.1，这就需要在图形表示中加入另外一个坐标轴。第7章为所有发动机构型都提供了更全面的描述。

总推力参数

飞行高度的变化改变着环境压力。如图表4.1所示，在相同飞行马赫数下，推进喷管不堵塞时，总推力、动量阻力因而净推力都与发动机进口压力成正比。然而，当喷管堵塞时，还有压力推力（根据公式F6.3），因为在喷管出口气流只能膨胀到马赫数1，静压会比环境压力还高。在这种情况下，环境压力的变化必须通过图表4.1所示的总推力参数来计入。

4.3.3　发动机试验数据组别间的比较

在一系列发动机试验的过程中，例如在部件更改前后，环境条件可能有很大变化。通过换算参数组，把所有数据都修正到标准天条件，就能在相同的基础上比较它们了。

4.3.4　发动机和部件设计的缩放

发动机缩放在重型发电行业中尤为普遍，此处采用的是通过单个轴直接驱动负载的发动机。用于频率60 Hz、以转速3600 r/min(rpm)运行的设计经常用因子1.2进行线性缩放，从而使得转速降低到频率50 Hz应用所期望的3000 r/min。在整个燃气轮机工业中，缩放已有的部件以用于新的发动机项目是习以为常的做法。

图表4.1和图表4.2的第4列中的缩放参数组的使用是直截了当的。例如，对一个给定的发动机设计而言，如果所有的几何尺寸都用因子2来进行线性缩放，那么从一阶准确性来说：

- 在特定的无量纲运行条件下，缩放参数组的数值不变。
- 质量流量增加到原来的4倍。
- 推力或者输出功率增加到原来的4倍。
- 转速将降低到原来的1/2（这是要保持关键应力参数不变，例如叶尖速度和盘缘速度）。
- SFC保持不变。

缩放对其他参数的影响可以参见图表4.1。线性缩放部件的影响在图表4.2中的缩放参数组中显而易见。算例C4.2演示了涡喷发动机线性缩放的练习。

在实际应用中，机械设计问题以及更为广泛的成本与收益的考虑意味着发动机尺寸的改变经常会偏离纯粹的线性缩放，这一点将在下面讨论。

缩放对发动机重量的影响不是一目了然的。理论上，发动机重量将随线性缩放因子的3次方变化。实际上，对大型工业重型发动机而言，重量并不是重点需要考虑的问题，因此3左右的指数是很常见的。但总的来说，诸如机匣壁面厚度、叶片尾缘半径等参数常常并不随着发动机的放大而变化。此外,对航空发动机而言,设计的重量要轻是天生固有的要求,因此放大过程将包括所有可能的步骤来减轻重量,例如重新评估盘的厚度(这确实会改变应力)、保持轴向间隙等。这使得发动机重量只以不到 2.5 的指数增加。实际上,对非常小的发动机,由于附件重量的强大影响,其指数可能接近 2.0。很明显,当指数大于 2.0 时,推力或者功率与重量的比值会随着发动机的放大而减小。

线性缩放对转轴加速的影响包含在图表 4.1 中,它是通过 NU 的参数组来反映的,值得进一步讨论。这里,除了 DI 项的影响以外,缩放对转轴惯性以及加速经过的转速范围的影响也必须考虑。理论上说,加速时间也会随线性缩放因子成比例地增加。而实际上,它们并不会变化很大,因为虽然转轴惯性在理论上以线性缩放因子的 5 次方增加,但它实际上以接近 4 次方增加,其原因与上述讨论的重量缩放的类似。缩放过程的其他结果如下所示:

- 如图表 4.1 给出的相应缩放参数所示,可用于加速的扭矩以线性缩放因子的 3 次方增大。

- 加速过程经过的转速范围与线性缩放因子成反比。

在实践中,对特定发动机设计采用高于 1.5 的缩放因子的可行性微乎其微。将构型复杂的大型发动机缩小,经常代价过于昂贵。同样,将构型简单的小型发动机放大,则效率过于低下。出现这种情况是由于大型发动机在其生命周期内的燃油消耗量巨大,因而值得为了获得较低的 SFC 而付出较高的初始单位成本,而且制造成本大多是由工序数量决定的,与发动机尺寸无关。此外,将轴流式叶轮机械缩放到远低于某个点的水平是不切实际的,因为在过了这个点以后,实际的叶尖间隙将由于加工的限制而必须保持不变。这会导致相对叶尖间隙的增加,对部件性能产生强烈的影响。

4.3.5 其他工质

在闭式循环中,使用空气之外的工质,例如氦气。从一阶近似来看,可以使用图表 4.1 和图表 4.2 中给出的无量纲参数组来评估工质变化对主要的部件和发动机性能参数的影响。正如第 3 章提到的,氦气的比热容和气体常数远大于空气的。这会产生非常高的单位功率,从图表 4.1 中轴功率的无量纲参数组可以看到这一点。

完全无量纲参数组展现其价值的另一个场合是在处理由于湿度或者水蒸气或水的注入而引起的高含水量的情况中,正如第 12 章所描述的那样。

4.3.6 发动机瞬态性能

前述的大部分内容涵盖了稳态性能,然而参数组也可以运用于参数随时间变化的瞬态性能问题。图 4.1 的涡喷发动机例子可以再一次用来说明,在瞬态运行的条件下,从一阶准确性而言,以下情况成立:

- 当推进喷管堵塞时,必须固定两个参数组(稳态运行时是一个)来使得其他参数组具有唯一数值。

● 当推进喷管不堵塞时,必须固定两个(而非一个)参数组以及飞行马赫数(或者任何第三个参数组)来确定其他参数组。

以上讨论的在瞬态性能中的应用将在第8章详述。然而有一点在这里值得说明。瞬态时,如果推进喷管是堵塞的,并且换算燃油流量计划是根据换算转速制定的,那么所有其他参数组在瞬态过程中将沿一条独特的轨迹而变化。因此对所有瞬态过程,压气机工作线将保持不变,压气机喘振裕度从一阶近似来看也保持不变。实际上,瞬态运行期间的发动机控制策略确实都是基于参数组之间的关系来制定的。

图表4.1给出的参数组,例如关于发动机增益、时间常数和不平衡轴扭矩的,可以帮助从根本上理解燃气轮机瞬态性能。

4.4 二阶影响——稳态性能

本节阐述对发动机匹配和参数组关系有二阶影响的各种现象。虽然这些影响在只要求一阶准确性时可以忽略不计,但还是需要对可能的误差做一些评估。

当力求对发动机性能进行严格分析时,就必须按第7章描述的方法充分考虑所有的影响。这必定需要用到复杂的计算机代码。

4.4.1 P1效应——雷诺数

描述黏度对发动机性能影响的无量纲参数组是雷诺数,如图表4.1和图表4.2所示。对一个给定的发动机设计,当低于临界雷诺数时,黏度对发动机性能造成二阶的不利影响,导致部件效率和流通能力的降低。在这种情况下,雷诺数实际是参数组关系中的另一个坐标轴,如图4.1所示。雷诺数的这些影响经常被称为P1效应,因为P1对雷诺数的数值影响最大。对一台几何固定的发动机,雷诺数随着进口压力的降低而减小,所以它的影响在高空运行时更为明显,正如第2章所示。从另一个方面来看,如果一台发动机的尺寸缩小了,则雷诺数也将减小。

对于这些效应,第5章介绍的方法提供了一个合理的途径来调整换算参数。临界雷诺数水平反映了从湍流转变为层流所对应的部件流动行为的变化,该变化引起流动分离的增加,进而导致压力损失的增大。

4.4.2 T1效应

正如第3章所示,气体性质(CP和γ)随着温度和油气比而变化。而且,如图表4.1所示,在一个无量纲运行点,油气比会随进口温度的变化而变化。当用无量纲参数组绘制曲线图时,通常将一个环境温度下的气体性质应用于发动机冷端,将一个固定的燃烧温度下的气体性质应用于发动机热端。于是,当在其他运行温度下使用这些关系时,这会引入一个二阶误差。

改变发动机进口温度的一个额外的后果是对发动机几何尺寸的二阶影响。当$N/\sqrt{T}$保持不变时,改变进口温度会改变机械转速。而这会改变转子叶片和轮盘的应力,进而改变其物理增长。然后这会改变叶尖和密封间隙以及转子叶片的反扭程度,而所有这些都会影响部件性能。进口温度变化巨大的一个鲜明的例子就是,在部件台架试验时,台架进口环境温度可能远低于在发动机中遇到的温度。

克服由于 P1 和 T1 效应而造成的不准确度的一种方法就是,对 θ(或 T1)和 δ(或 P1)使用不同于正好 0.50 或者 1.00 的其他指数。这些新的指数可以根据试验或者更严谨的发动机建模来获得。

4.4.3　可变几何特征

一台发动机或者一个部件的参数组关系只有在给定的几何结构下才是唯一的。可调的压气机或涡轮导叶以及可调的推进喷管会改变几何结构,进而改变参数组关系。如果压气机导叶是根据 N/√T 来调节的,则压气机就可以被当作具有单一特性的"黑盒子",其无量纲特性也保持不变。然而,涡轮导向器和喷管的面积通常并不以这种方式调节,必须为它们定义随油门设定而变化的额外规律,以此描述无量纲工作点。

在低功率时,发动机经常需要采取操作放气。如果其开关点不是根据 N/√T 而调节的,那么它们将会明显地损害发动机的无量纲表现。对于安装引气提取,也应该做类似的考虑。

4.4.4　换热器

地面燃气轮机可能在压气机之间进行中间冷却,以及/或者在燃烧室上游进行余热回收。而实际上这些过程都不是完全满足无量纲规律的。

从一阶近似来看,带有间壁式或者蓄热式回热器的发动机依然遵循参数组关系。然而这些发动机经常还采用可调的动力涡轮导向器来改善部分负荷下的 SFC。在这种情况下,发动机总体性能曲线图的绘制需要用到与导向器调节计划相对应的额外曲线,例如等温比线。有了这样的扩展,无量纲参数组依然是非常有用的工具。

对于间冷器而言,如果冷源温度并不紧随环境温度而变化,那么间冷器的特性表达就必须用额外的等冷源温度线加以扩展。

4.4.5　进口和出口条件

对一个给定的发动机设计,非标准的进口和出口条件可能导致发动机偏离其正常的无量纲表现。如以下例子:

- 由于应用的改变、过滤器的堵塞等造成的不同的安装进气和排气损失。
- 由于侧风或者航空器俯仰和偏航造成的第一个压缩部件进口处的气流畸变。

4.4.6　推力发动机的外部功率提取

如前所述,在给定的飞行马赫数下,为了定义一个工作点,产生轴功率的发动机的参数组关系需要固定两个(而非一个)参数组。这种效应可以延伸到推力发动机上的小的功率提取,例如用于提供电力或液压动力的;对于功率提取参数组的每个数值,必须对参数组关系进行微小的调整。

4.4.7　湿度以及水或蒸汽的注入

水蒸气对发动机性能的影响可能是显著的,因为气体性质改变了。第2章展示了比湿度是如何随着环境条件和相对湿度而变化的。从一阶近似来看,它的影响是微小的,可以用图表4.1和图表4.2给出的完全无量纲参数组来评估。

第12章讨论了由水和蒸汽的注入而引起的高含水量是如何影响发动机性能的,同时描述了这些效应的建模方法。

4.5　二阶影响——发动机缩放

当对发动机或者部件进行线性缩小时,将会遇到某些实际效应。如前所述,在超过某个临界点后,诸如叶尖间隙、圆角半径、叶片尾缘厚度、表面光洁度等尺寸就无法保持同比例缩放。如果一台发动机或者部件缩放到这个阈值以下的尺寸,那么相对于由缩放参数组给出的水平,性能将会出现二阶损失。

在缩放燃烧室时,会遇到更为基本的困难。这些将在第5章讨论。

4.6　二阶影响——瞬态性能

就瞬态性能而言,正如下文总结的,存在额外的次要现象使得发动机偏离无量纲表现。第8章对此提供了更为全面的描述。

4.6.1　吸放热

对燃气涡轮发动机的稳态运行而言,气流通道与发动机机体之间净的热传递可以忽略不计。然而,在发动机瞬态运行时,随着机体吸放热到一个新的温度,会产生热量传递。吸放热对换算参数关系的重要性取决于每个部件的热质量和水力直径,以及瞬态机动的转速和温度变化的幅度。

4.6.2　容积效应

对于稳态运行,在给定的瞬间,进入部件的质量流量与离开部件的质量流量相等。而对于瞬态运行,情况并非如此,因为流体的密度会随时间变化。这种现象对瞬态机动时的无量纲参数组关系有二阶影响,而且在例如换热器这样的大容腔中尤其显著。

4.6.3　几何尺寸变化

在瞬态机动期间,发动机几何尺寸可能会出现微小变化,例如加速时由于机匣的热膨胀比盘的更快而造成的叶尖间隙增大。由于发动机几何尺寸改变了,因此它将影响部件的表现,进而影响无量纲关系。

4.7　为什么部件和发动机都遵从参数组关系

对有需求的读者而言,本节从物理角度描述了为什么部件和发动机的表现可以用参数组关系来表示。

4.7.1　部件基本表现

参数组反映了发动机部件内部的基本的流体动力学过程。这可以用一个未堵塞的压气机的运行来进行简单的说明,压气机工作点的 $W\sqrt{T}/P$ 和 $N/\sqrt{T}$ 是给定的,流体性质和几何形状也是确定的:

- 在给定的流量参数组 $W\sqrt{T}/P$ 水平下,当地空气相对于静止叶片的马赫数是确定的。这是因为 Q,即流量参数组 $W\sqrt{T}/(A \cdot P)$,是马赫数的唯一函数,正如第 3 章的 Q 曲线展示的那样,而且面积 A 由压气机的几何尺寸确定。
- 在给定的转速参数组 $N/\sqrt{T}$ 水平下,相对于当地空气的转子叶片马赫数是确定的,因为 N 反映了叶片速度,$\sqrt{T}$ 反映了当地声速。
- 在空气和旋转叶片处的马赫数都确定的情况下,转子和静子叶片的进气攻角也是确定的(通过相似三角形),因而压力损失系数和输入功也是确定的。
- 在给定的马赫数水平下,动压与总压之比是确定的(正如第 3 章 Q 曲线描述的那样)。
- 在压力损失系数以及动压与总压之比确定的情况下,转子和静子叶片的压力损失占各自进口总压的百分比也是确定的。在功已经确定的情况下,总压比也是确定的。
- 在功和压比确定的情况下,效率也是确定的,因此部件性能也就确定了。

对未堵塞的压气机,确定了转速和流量的参数组就确定了所有其他参数组。如果压气机是堵塞的,那么如第 3 章所述,压比和 $W\sqrt{T}/P$ 的变化就变成独立的了,必须指定压比以保证所有级的唯一工作条件。如上所述,有各种适当的两个参数组可以确定所有其他的参数组。

4.7.2　延伸到发动机的匹配

本节讨论的是,对一台推进喷管堵塞的单转子涡喷发动机而言,为什么确定一个参数组以后,所有其他参数组、进而部件的工作点也都确定了。简而言之,涡轮和喷管的特性根据它们的膨胀比来给出流通能力,而发动机的运行则根据流通能力来给出膨胀比。流量参数 $W\sqrt{T}/P$ 反映了流通能力,这是因为参数组 $W\sqrt{T}/(A \cdot P)$ 反映了马赫数,而对确定的马赫数,前面这种更简短的形式就是后面这种形式乘以流通面积 A。

- 如果推进喷管的膨胀比大于 1.86,那么推进喷管就是堵塞的。否则,流量参数组 $W\sqrt{T}/P$ 将仅随喷管膨胀比而变化。(如第 5 章所述,喷管有一个流量系数,但同样仅随膨胀比而变化。)
- 涡轮必须有一个由其特性给定、进而取决于其无量纲转速和膨胀比的流量参数组 $W\sqrt{T}/P$。
- 在任意工作点下,涡轮和推进喷管的 $W\sqrt{T}/P$ 都是唯一的,这一事实决定了发动机中的涡轮必须具有的膨胀比。因此,工作点是唯一的,涡轮功率和转速的改变只能通过改变进口温度(燃油流量)来实现。这就给出了涡轮和喷管的流量参数组随转速而变化的唯一轨迹线（实际上，在较高功率时，涡轮和喷管两者都会堵塞）。

● 因此，每个转速下的压气机压比也是确定的。压气机下游涡轮的 W√T/P 是确定的，燃油流量随转速也是唯一变化的，√T 也是一样：这就决定了压气机出口的 W/P。压气机的运行被限制在一条唯一的工作线上，燃油流量越高，转速也就越高。

● 当进口压力和温度变化时，若以合适的参数组表示相关参数（如转速表示为 N/√T），上述这些效应保持不变。

对于不带有堵塞推进喷管的发动机构型来说，如果固定某些额外的参数，那么仍然可以获得一条唯一的工作线。对未堵塞的推进喷管来说，这样的参数可以是飞行马赫数，对轴功率发动机来说，则可以是输出转速的规律。如前所述，造成发动机偏离理想的无量纲表现的因素有很多，而参数组只提供了一阶处理方法。第 7 章对非设计点发动机的匹配有更加详细的讨论。

算例与图表

算例

C4.1 一台运行在 ISA、海平面、最大额定状态的涡喷发动机具有如下性能：

W1＝5 kg/s	SOT＝1 200 K	P3＝500 kPa
WF＝27.5 kg/h	A9＝0.02 m²	T3＝500 K
FN＝FG＝2.75 kN	SFC＝0.01 kg/(N·h)	N＝28 000 r/min

在最大额定状态下，推进喷管总是堵塞的，控制系统将发动机控制到恒定的换算转速。试以一阶准确性推导出 MIL 210 冷天、11 000 m、马赫数 0.8、最大额定状态的上述参数的数值。

F6.3 FN＝FG－FRAM

F2.15 VTAS＝1.943 84 ∗ M ∗ SQRT(γ ∗ R ∗ TAMB)

（i）估计 ISA SLS 条件下的换算参数组

在 ISA SLS 条件下，THETA＝1.0、DELTA＝1.0，因此图表 4.1 中的换算参数组的数值与以上绝对数值相同。由于推进喷管是堵塞的，所以这里必须运用总推力参数，而不是换算总推力参数组：

FGparameter＝(2 750/(0.02 ∗ 101 325)＋1)/(101 325/101 325)

FGparameter＝2.357

（ii）估计 MIL 210 冷天、11 000 m、马赫数 0.8 的性能数据

从算例 C2.4 中可得，对 MIL 210 冷天、11 000 m、Ma＝0.8 条件，THETA＝0.814，DELTA＝0.340，PAMB＝22.628 kPa。由 F2.15 可得 VTAS＝231.3 m/s。

按照 4.3.2 节，因为推进喷管是堵塞的，一旦一个换算参数组（换算转速）确定了，那么所有其他的参数组都具有与 ISA SLS 状态相同的数值。因此将相应的数值代入换算参数组：

5＝W1 ∗ SQRT(0.814)/0.34

W1＝1.88 kg/s

1 200＝SOT/0.814

SOT＝977 K

500＝P3/0.340

P3＝170 kPa

500＝T3/0.814

T3＝407 K

28 000＝N/SQRT(0.814)

N＝25 262 r/min

27.5＝WF/(SQRT(0.814) ∗ 0.34)

WF＝8.44 kg/h

注:这里假设 ETA34 与 ISA SLS 状态的相同。

用总推力参数和动量阻力来估计净推力:

2.357＝(FG/(0.02 ∗ 22 628)＋1)/(0.34 ∗ 101 325/22 628)

FG＝1 171 N

FRAM＝1.88 ∗ 231.3

FRAM＝435 N

FN＝1 171－435

FN＝736 N

SFC＝8.44/736

SFC＝0.015 kg/(N · h)

C4.2　对于 C4.1 中的发动机,假设其所有的尺寸都用 1.5 的因子进行线性放大,在 **ISA SLS** 最大额定状态下,计算性能参数。

在 THETA＝1.0、DELTA＝1.0 和原始发动机直径 DI 的条件下,运用图表 4.1 的缩放参数组:

5/DI^2＝W1/(DI ∗ 1.5)^2

W1＝11.25 kg/s

28 000 ∗ DI＝N ∗ (1.5 ∗ DI)

N＝18 667 rpm

27.5/DI^2＝WF/(1.5 ∗ DI)^2

WF＝61.88 kg/h

2 750/DI^2＝FN/(1.5 ∗ DI)^2

FN＝6 188 N

在缩放过程中,气路温度和压力以及 SFC 保持不变。

图表

性能参数	无量纲参数组	准无量纲参数组	换算参数	缩放参数
n 截面温度 (Tn)	$\dfrac{CP*(Tn/T1-1)}{\gamma*R}$	$\dfrac{Tn}{T1}$ 或 $\dfrac{TSn}{T1}$	$\dfrac{Tn}{\theta}$ 或 $\dfrac{TSn}{\theta}$	$\dfrac{Tn}{\theta}$ 或 $\dfrac{TSn}{\theta}$
n 截面压力 (Pn)	$\dfrac{CP*((Pn/P1)^{(\gamma-1)/\gamma}-1)}{\gamma*R}$	$\dfrac{Pn}{P1}$ 或 $\dfrac{PSn}{P1}$	$\dfrac{Pn}{\delta}$ 或 $\dfrac{PSn}{\delta}$	$\dfrac{Pn}{\delta}$ 或 $\dfrac{PSn}{\delta}$
质量流量 (W)	$\dfrac{W*\sqrt{(T1*R)}}{DI^2*P1*\sqrt{(\gamma)}}$	$\dfrac{W*\sqrt{(T1)}}{P1}$	$\dfrac{W*\sqrt{(\theta)}}{\delta}$	$\dfrac{W*\sqrt{(\theta)}^①}{DI^2*\delta}$
转速 (N)	$\dfrac{N*DI}{\sqrt{(\gamma*R*T1)}}$	$\dfrac{N}{\sqrt{(T1)}}$	$\dfrac{N}{\sqrt{(\theta)}}$	$\dfrac{DI*N}{\sqrt{(\theta)}}$
燃油流量 (WF)	$\dfrac{WF*FHV*\sqrt{(R)}*ETA31}{CP*DI^2*P1*\sqrt{(T1*\gamma)}}$	$\dfrac{WF*FHV*ETA31}{P1*\sqrt{(T1)}}$	$\dfrac{WF*FHV*ETA31}{\delta*\sqrt{(\theta)}}$	$\dfrac{WF*FV*ETA31}{DI^2*\delta*\sqrt{(\theta)}}$
油气比 (FAR)	$\dfrac{FAR*FHV*ETA31}{CP*T1}$	$\dfrac{FAR*FHV*ETA31}{T1}$	$\dfrac{FAR*FHV*ETA31}{\theta}$②	$\dfrac{FAR*FHV*ETA31}{\theta}$
轴功率 (PW)	$\dfrac{PW}{\gamma*DI^2*P1*\sqrt{(\gamma*R*T1)}}$	$\dfrac{PW}{P1*\sqrt{(T1)}}$	$\dfrac{PW}{\delta*\sqrt{(\theta)}}$	$\dfrac{PW}{DI^2*\delta*\sqrt{(\theta)}}$
轴功率 SFC (SFC)	$\dfrac{SFC*FHV*\gamma*R*ETA31}{CP}$	$SFC*FHV*ETA31$	$SFC*FHV*ETA31$	$SFC*FHV*ETA31$
单位功率 (SPW)	$\dfrac{SPW}{\gamma*R*T1}$	$\dfrac{SPW}{T1}$	$\dfrac{SPW}{\theta}$	$\dfrac{SPW}{\theta}$
总推力 (FG)	$\dfrac{FG}{\gamma*DI^2*P1}$	$\dfrac{FG}{P1}$	$\dfrac{FG}{\delta}$	$\dfrac{FG}{DI^2*\delta}$
动量阻力 (FRAM)	$\dfrac{FRAM}{\gamma*DI^2*P1}$	$\dfrac{FRAM}{P1}$	$\dfrac{FRAM}{\delta}$	$\dfrac{FRAM}{DI^2*\delta}$
总推力参数 (FG)	$\dfrac{FG/(A9*PAMB)+1}{DI^2*\gamma*P1/(PAMB)}$	$\dfrac{FG/(A9*PAMB)+1}{P1/(PAMB)}$	$\dfrac{FG/(A9*PAMB)+1}{P1/(PAMB)}$	$\dfrac{FG/(A9*PAMB)+1}{DI^2*P1/(PAMB)}$

① 原文此处缺少根号,应为笔误。 ——校注
② 原文本行有 2 处误为"$\sqrt{(\theta)}$"。 ——校注

（续前）

性能参数	无量纲参数组	准无量纲参数组	换算参数	缩放参数
推力 SFC(SFC)	$\dfrac{SFC * FHV * \sqrt{(\gamma * R)} * ETA31}{CP * \sqrt{(T1)}}$	$\dfrac{SFC * FHV * ETA31}{\sqrt{(T1)}}$	$\dfrac{SFC * FHV * ETA31}{\sqrt{(\theta)}}$	$\dfrac{SFC * FHV * ETA31}{\sqrt{(\theta)}}$
单位推力(SFG)	$\dfrac{SFG}{\sqrt{(\gamma * R * T1)}}$	$\dfrac{SFG}{\sqrt{(T1)}}$	$\dfrac{SFG}{\sqrt{(\theta)}}$	$\dfrac{SFG}{\sqrt{(\theta)}}$
n 截面气流速度(Vn)	$\dfrac{Vn}{\sqrt{(\gamma * R * T1)}}$	$\dfrac{Vn}{\sqrt{(T1)}}$	$\dfrac{Vn}{\sqrt{(\theta)}}$	$\dfrac{Vn}{\sqrt{(\theta)}}$
n 截面密度(RHOn)	$\dfrac{RHOn * R * T1}{P1}$	$\dfrac{RHOn * T1}{P1}$	$\dfrac{RHOn * \theta}{\delta}$	$\dfrac{RHOn * \theta}{\delta}$
轴扭矩(TRQ)	$\dfrac{TRQ}{(\gamma * DI^3 * P1)}$	$\dfrac{TRQ}{P1}$	$\dfrac{TRQ}{\delta}$	$\dfrac{TRQ}{DI^3 * \delta}$
轴加速率(NU)	$\dfrac{NU * J}{\gamma * DI^3 * P1}$	$\dfrac{NU}{P1}$	$\dfrac{NU}{\delta}$	$\dfrac{NU * J}{DI^3 * \delta}$
轴时间常数(TC)	$\dfrac{TC * J * \sqrt{(R * T1)}}{DI^4 * P1 * \sqrt{(\gamma)}}$	$\dfrac{TC * \sqrt{(T1)}}{P1}$	$\dfrac{TC * \sqrt{(\theta)}}{\delta}$	$\dfrac{TC * J * \sqrt{(\theta)}}{DI^4 * \delta}$
轴增益(K)	$\dfrac{K * J * FHV * ETA34 * \sqrt{(\gamma * R)}}{DI * FHV * ETA31 * CP * \sqrt{(T1)}}$	$K * \sqrt{(T1)}$	$K * \sqrt{(\theta)}$	$\dfrac{K * J * \sqrt{(\theta)}}{DI}$
压气机效率(ETA2)	ETA2	ETA2	ETA2	ETA2
涡轮效率(ETA4)	ETA4	ETA4	ETA4	ETA4
功率参数(ΔH/T)	ΔH/T	ΔH/T	ΔH/T	ΔH/T
雷诺数(RE)	$\dfrac{P1 * Vn * DI}{R * T1 * VIS}$	$\dfrac{P1 * Vn}{T1 * VIS}$	$\dfrac{\delta * Vn}{\theta * VIS}$	$\dfrac{\delta * Vn * DI}{\theta * VIS}$

图表 4.1　发动机参数组

注：雷诺数是无量纲性能表示里的另一个坐标轴。参见 4.4.1 节。

性能参数	无量纲参数组	准无量纲参数组	换算参数	缩放参数
质量流量(W)	$\dfrac{W * \sqrt{(T_{1N} * R)}}{DI^2 * P_{1N} * \sqrt{(\gamma)}}$	$\dfrac{W * \sqrt{(T_{1N})}}{P_{1N}}$	$\dfrac{W * \sqrt{(\theta)}}{\delta}$	$\dfrac{W * \sqrt{(\theta)}}{DI^2 * \delta}$
转速(N)	$\dfrac{N * DI}{\sqrt{(\gamma * R * T_{1N})}}$	$\dfrac{N}{\sqrt{(T_{1N})}}$	$\dfrac{N}{\sqrt{(\theta)}}$	$\dfrac{DI * N}{\sqrt{(\theta)}}$
轴功率 (PW)	$\dfrac{PW}{\gamma * DI^2 * P_{1N} * \sqrt{(\gamma * R * T_{1N})}}$	$\dfrac{PW}{P_{1N} * \sqrt{(T_{1N})}}$	$\dfrac{PW}{\delta * \sqrt{(\theta)}}$	$\dfrac{PW}{DI^2 * \delta * \sqrt{(\theta)}}$
轴扭矩 (TRQ)	$\dfrac{TRQ}{(\gamma * DI^3 * P_{1N})}$	$\dfrac{TRQ}{P_{1N}}$	$\dfrac{TRQ}{\delta}$	$\dfrac{TRQ}{DI^3 * \delta}$
压气机效率 (ETA2)	ETA2	ETA2	ETA2	ETA2
涡轮效率 (ETA4)	ETA4	ETA4	ETA4	ETA4
功参数 ($\Delta H/T$)	$\Delta H/T$	$\Delta H/T$	$\Delta H/T$	$\Delta H/T$
雷诺数 (RE)	$\dfrac{P_{1N} * Vn * DI}{R * T_{1N} * VIS}$	$\dfrac{P_{1N} * Vn}{T_{1N} * VIS}$	$\dfrac{\delta * Vn}{\theta * VIS}$	$\dfrac{\delta * Vn * DI}{\theta * VIS}$
级负荷	$\Delta H/U^2$	$\Delta H/U^2$	$\Delta H/U^2$	$\Delta H/U^2$
速度比	V_A/U	V_A/U	V_A/U	V_A/U
马赫数	Ma	Ma	Ma	Ma

图表 4.2　部件参数组

参考文献

[1] Massey B S. Units, Dimensional Analysis and Physical Similarity [M]. van Nostrand Reinhold, London, 1971.

[2] Cohen H, Rogers G F C, Saravanamuttoo H I H. Gas Turbine Theory [M]. 4th edn, Chapter 4, Section 5, Longmans, Harlow, 1996.

5 燃气涡轮发动机部件

5.0 引言

现在市面上有许多优秀的教材全面地介绍了燃气涡轮发动机的部件设计。本章无意重复这些工作,取而代之的是采取一种截然不同的方式来讲解。本章提供的信息在传统教科书中并不具有,而且与发动机总体性能尤为相关。本书中对非设计点部件性能广泛的涵盖就是这种方式的一个范例。本章的具体目标如下:

(1)使读者能够推算实际的部件性能参数水平,例如效率,从而用于发动机设计点性能计算。以往大多数教材仅简单地提供数值给读者来进行"盲目的"算例计算。

(2)使读者在设计点计算的同时,能够得到每一个部件的基本尺寸。其中包括了根据各种任务需求,选取轴流或离心压气机、涡轮级数等的设计准则。进而让读者在设计点性能计算的同时,可以大致勾勒出整个发动机流道的设计草图,而不仅仅是输入一些数字却不知道由此获得的性能是否可行。

(3)提供了每一个部件的非设计点建模的关键信息,同时还给出了考虑非设计点实际运行限制的设计准则。这些包括了稳态、瞬态、风车和起动性能。

对于每一个部件,都有一个关于设计点的章节来说明上面所述的前两项,然后有一个专门的章节说明第三项所说的非设计点性能。在这里须说明的是对于设计点问题,本章所述内容仅能保证部件或发动机的设计在大致的合理范围内。本章后面提供的大量文献为部件性能水平和尺寸定义提供了更多的参考。不过,部件设计非常复杂,而且对于详细设计而言,燃气涡轮发动机公司专有的设计准则和计算机代码需要用几十年的时间来积累。

除非特别声明,本章介绍的部件性能和基本尺寸定义的设计准则均是针对 ISA 海平面静止最大额定状态。使用本章中给出的部件性能水平、方法及公式进行的发动机设计点和非设计点计算,分别在第 6 章和第 7 章中介绍。而本章中的算例则聚焦在如何使用提供的参考数据库,对部件性能水平和尺寸进行首轮的估算。

5.1 轴流压气机设计点性能和基本尺寸的确定

压气机的目的是在吸收尽可能小的轴功率的情况下,将气流的总压提高至循环所需的水平。对于航空应用,直径与重量也是重要的设计考虑因素。风扇是涵道式发动机即涡扇发动机的第一个压缩部件,通常仅有一级,并且有着独特的设计特征,正如在5.5节和5.6节中讨论的那样。对于多级风扇,这种设计差异会少一些,并且多以低压压气机来称呼。

轴流压气机比起燃气涡轮发动机的任何其他部件有更多的设计参数。因此为压气机提供基本的尺寸设计准则非常具有挑战性,此处提供的设计准则只能对给定的设计点计算出少量的一阶近似的尺寸参数。参考文献[1]—[5]提供了轴流压气机较为全面的说明。至于具体应用究竟选择轴流压气机还是离心压气机,将在5.3.6节与5.3.7节进行讨论。

5.1.1 构型与速度三角形

图5.1描绘了轴流压气机典型的叶片流道构型。一个压气机级包括一排转子叶片及其下游的一排静子叶片。转子安装在同一根轴上的数个级就构成了一台压气机。通常会在最后一排静子叶片后增设一排出口导向叶片(OGV)以承受结构载荷,或消除进入下游过渡段前的残余旋流。另外,如5.2节所述,压气机进口也可以采用可调进口导叶(VIGV)。可调进口导叶是一排静叶,其角度可根据控制系统指令而变化,以此改善非设计点运行性能。静子叶片排中的一些也可以是角度可调的,这些静子叶片被称为可调静子叶片(VSV)。作为一阶近似,在级数多于5的压气机中,每增加一级,就需要增添一排VIGV或VSV,以保证中间状态转速的喘振裕度。但如果有操作放气活门,则这个可调静子叶片排数的比例可以减少。

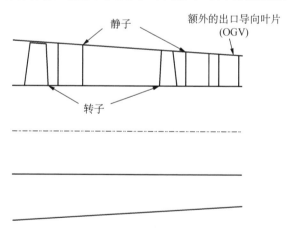

图5.1 轴流压气机流道

图5.2展示了沿压气机中径线,即轮毂和机匣间中径处典型的转子和静子叶片。它还展示了一级中主要参数的变化情况,并定义了攻角。图5.3展示了在设计转速和压比以及近喘、近堵情况下中径线叶片的速度三角形。转子叶片通过增加静温和绝对速度进而总温的方式将输入的轴功率转换成焓。然而如图5.3所示,在所有的转子和静子叶片排中,相对速度都在降低,因此静压得以提高。输入的轴功率

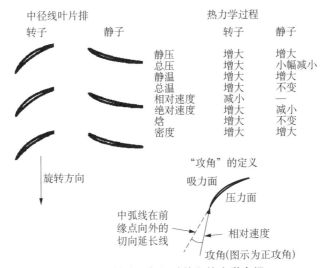

图 5.2　轴流压气机叶片和热力学介绍

注：“攻角”的定义对所有的叶型都有效，无论转子或静子、压气机或涡轮。

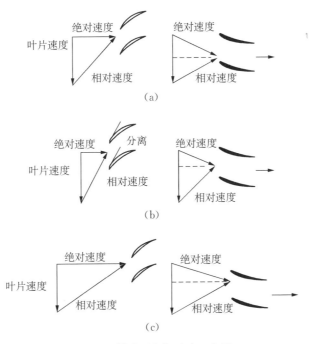

图 5.3　轴流压气机速度三角形

(a) 设计点　(b) 接近喘振边界的运行　(c) 接近堵塞边界的运行

注：(a) 静子叶片几何进出口角与气流绝对进出口角一致；转子叶片几何进出口角与气流相对进出口角一致；(b) 由于流量降低，轴向速度下降；由于动叶工作在较大的正攻角下，吸力面流动分离引发动叶失速；(c) 由于流量增大，轴向速度增大；处于动叶进口的喉部位置发生堵塞；动叶在负攻角下工作。

是流量、叶片速度和气体切向分速度变化的乘积（公式 F5.1.1 和 F5.1.2；前者称为欧拉功方程，可以简单地看作力乘以速度）。对于静子叶片而言，没有做功或热传递，仅仅包含摩擦损失和湍流混合损失。这里的流动仅仅是扩张的，并进一步通过减小速度提高静压。由于通过转子和静子叶片的流动均处于逆静压梯度下，因而单级压比受到气流分离和回流的限制。

5.1.2 缩放已有的压气机设计

如果对一个已有的压气机设计进行线性比例缩放，那么作为一阶近似，根据第 4章介绍的缩放参数相关内容，可以得出以下结论：

- 转速与线性比例系数成反比变化。
- 流量与线性比例系数平方成正比变化。
- 压比和效率没有改变。
- 叶片速度和速度三角形不变。

如果是按比例缩小到一台小型压气机，还必须考虑雷诺数的影响。比例缩放时考虑雷诺数的方法在 5.2 节中进行了描述。还有在这种情况下，不一定能够不多不少地缩放所有的尺寸，例如叶尖间隙或尾缘厚度，而这些都会对等转速下的流量、压比和效率产生二阶的损失。

5.1.3 效率（公式 F5.1.3—F5.1.4）

如公式 F5.1.3 所定义，等熵效率是给定压比下理想的单位功或总温升除以实际的单位功或总温升。等熵效率有时会被错误地称为绝热效率，而等熵的定义是绝热并且可逆，即热传递与摩擦均不考虑。公式 F5.1.4 和第 6 章的算例展示了它如何在设计点分析中使用。一个基本要点，如第 3 章所解释的那样，就是在给定压比下，总温升进而功率的输入与进口总温成正比。

多变效率定义为整个压缩过程被切割成无限小步时每一步的等熵效率，因此该值在整个过程中为常数。如参考文献[1]所述，多变效率反映了一个事实，即压气机后几级进口温度更高，因而需要更多的功来达到同样压比。图表 3.16 和公式F3.42 展示了多变效率和等熵效率之间的关系。

多变效率并没有直接在设计点计算中使用。但这个定义能使不同压比的压气机在同样的条件下进行比较。具有相同技术水平、平均级负荷、几何设计自由度（如迎风面积）的压气机，无论压比为多少，其多变效率将会相同。但如同图表 3.16 中所看到的，在相同的多变效率下，等熵效率随压气机压比的增大而下降。

对于轴流压气机，多变效率随着尺寸增大、详细设计中技术水平改进、单级负荷进而压比降低以及迎风面积等几何约束放宽而提高。图表 5.1 展示了在典型技术水平下多变效率与平均级负荷的关系（见 5.1.4 节）。图中最上面的线适用于有数十年设计经验及完善设计工具的公司所设计的大型的工业重型发动机或民用涡扇发动机，最下面的线则是典型的遥控飞行器（RPV）发动机。由于追求最小的迎风面积这一几何约束，超声速发动机一般比最上面的线低 1～3 个百分点。

5.1.4 基本尺寸确定的指导

用来设定轴流压气机的环面几何轮廓的关键参数的设计准则如下。

进口平均马赫数

压气机进口平均马赫数可以利用 Q 曲线以及已知的流量、压力、温度和进口面积计算得到。虽然高的进口马赫数是所希望的，尤其对于航空发动机，以实现迎风面积最小化，但这将导致第一级转子叶尖产生高的相对速度，进而使效率降低。一般取值在 0.4~0.6 之间，最高值适用于超声速应用中的航空发动机。

叶尖相对马赫数

最高的叶尖相对马赫数发生在第一级。除非使用了 IGV，压气机进口绝对气流速度通常沿轴向方向，并可以认为在整个环面上是恒定的。因此在已知进口平均马赫数和叶尖速度的情况下，叶尖相对马赫数可以由速度三角形关系计算求得。

保守的设计水平下叶尖相对马赫数选 0.9，冒进的设计水平下选 1.3。后者需要相对于叶片较强的减速扩压才能达到亚声速状态，并会因此增加压力损失。可以使用 VIGV 来降低叶尖相对马赫数的水平。

级负荷（公式 F5.1.5 和 F5.1.6）

负荷是用来评估整个压气机或单级期望做多少功的一个衡量指标。如第 4 章所述，负荷是一个无量纲参数，其计算公式为单位空气质量流量的焓增除以叶片速度的平方。公式 F5.1.5 给出了单级压气机负荷的计算方法，公式 F5.1.6 给出了多级压气机的级平均负荷计算方法，该公式应用于图表 5.1。降低级负荷可以提高压气机效率，但也就需要更多的级数才能达到所需压比。

除了超声速的航空发动机以外，对于所有压气机级，叶片中径线处的级负荷应在 0.25~0.5 之间。最低值通常只用于多转子发动机上的低压压气机。对于超声速飞行的发动机，叶片中径线处的负荷可以高达 0.7，由此可减少压气机级数，代价是一些效率的降低。对于首轮设计，可以假设所有级的负荷均相同。对于进一步的迭代设计，在考虑满足可接受的轮缘速度、第一级叶尖相对马赫数和轮毂负荷等因素后，每一级负荷都会变化。通常的设计原则为级负荷从前往后下降，偶尔会允许它在中间级以前提高然后继续下降。

除沿中径线以外，也可以沿其他径向位置计算级负荷。一个重要的设计问题是第一级的轮毂负荷，因为该处的叶片速度较低，所以负荷最高。为了保持可接受的扩散率，0.6 为保守值，而 0.9 则是较为冒进的。

转速

转速的设置必须保证讨论过的其他参数处于目标水平之内，同时兼顾涡轮的设计。由于高的温度和应力水平，涡轮往往是设计的主导因素。对于直接驱动发电机的单转子发动机，转速则必须为 3000 r/min 或 3600 r/min。

压比、级数及转子数量

图表 5.2 展示了对于给定级数，低压压气机可实现的压比范围。因为温度逐级

升高,压气机中的级压比总是从前至后逐级下降。在给定级数的情况下,可以达到的最大压比受很多因素的制约,其中最重要的是须保证令人满意的中间状态转速的喘振裕度和良好的效率。如 5.2 节所述,在多级轴流压气机中,在低转速下前面级更易于逼近失速。而这种不利现象将随着级数增长及单级压比增高而更为严重。为了应对这个问题,如 5.2 节所介绍的,必须引入 VIGV、VSV 或操作放气阀等可变几何结构。此外,如图表 5.1 所示,在给定级数下,总压比越高,则负荷越高,效率就越低。

高压压气机可以达到低于图表 5.2 所示水平的压比。这是因为对于给定压比和叶片速度,负荷与进口温度成正比。公式 F5.1.5 可以用来评估这个影响。

如第 7 章所述,由两个转子分担压气机的压缩过程有一定的好处。第一,中间状态转速时的匹配和喘振问题可以得到缓解。这意味着同样的压比可以由更少的级数和更少的可变几何结构来实现。第二,后面级使用更高的转速使得其负荷降低,同时在相同负荷下中径得以降低,因而缓解以下谈到的轮毂比问题。然而这些好处必须与愈加复杂的结构设计相权衡。

轮毂比

轮毂比是轮毂与叶尖半径之比。在较高的轮毂比下,叶尖间隙占叶片高度的比例会显著上升。如 5.2 节所述,这将降低部件效率和喘振裕度。在较低的轮毂比下,轮盘和叶片应力成为制约因素,二次流的影响更显著。

为了平衡这两个效应,轮毂比在第一级应大于 0.65。在高压比压气机的后面级,该值可以高达 0.92。

子午收缩角

子午面内轮毂(内环)或机匣(外环)流道与轴线的夹角称为子午收缩角。对于工业燃气轮机,外径减小而轮毂处子午收缩角为零度(即等内径)是一个好的起始点,这样可以使得轮盘和叶根固定方式具有一些共通性,从而降低成本。与之相反,对于航空发动机,内径增加而外径子午收缩角为零度(即等外径)则可以降低负荷(详见下述),进而使级数和重量最小化。这也简化了为达到良好叶尖间隙控制效果而进行的机械设计。随着设计迭代的推进,起始点采用的布置可能得根据需要加以调整,例如采用等中径设计,以使其他设计参数达到可接受的水平。

机匣流道子午收缩角最大不大于 10°,并且最好小于 5°。轮毂子午收缩角应保持小于 10°。

轴向速度和轴向速度比（公式 F5.1.7）

压气机中任何点的轴向速度分量都可以从流量函数 Q 曲线得到。轴向速度比 V_a/U 为轴向速度除以中径线处叶片速度。

作为一阶近似,压气机中各处的轴向速度一般设为常数。因此流道面积会因密度增加而从前往后减小,并且轴向马赫数也随着温度上升而减小。轴向速度比一般在各级中通常保持在 0.5～0.75 范围内。最后一级的轴向速度比经常选用此范围的低端值,以达到可接受的出口马赫数(详见下述)。

展弦比(公式 F5.1.8)

展弦比定义为静子或转子叶片的高度除以弦长。轴向弦长和实际弦长均可采用。当重量成为重点关注问题时,会采用较高的展弦比,但这将使得喘振裕度下降,并需要使用更多的叶片,也即更高的成本。

基于轴向弦长,典型设计水平的展弦比在 1.5~3.5 范围内,在高压压气机以及机械问题更突出的小型发动机中,采用较低值更为普遍。

叶片轴向间距

转子叶片排与其下游的静子叶片排之间转子的轴向间距必须足够大,以尽量降低上游弓形激波引起的激振,同时避免因喘振时转子叶尖向前偏移造成的叶尖断裂。反过来,考虑到发动机长度和重量的约束,它又应尽可能小。通常叶片轴向间距设定为上游叶片弦长的 20%。

轮缘速度和叶尖速度

轮缘速度主要受到盘的应力限制的约束,在压气机的末级这个问题最值得关注,因为此时轮缘速度最高。叶尖速度同时影响叶片和盘的应力。通常压气机的限制并不是影响转速选择的主要因素,因为转速一般都由涡轮的要求决定。限制取决于几何尺寸、材料和温度。对于钛合金的低压压气机,轮缘速度可以高达 350 m/s,叶尖速度可以高达 500 m/s。对于高压压气机后面级,需要使用镍合金的盘,允许轮缘速度达到 350 m/s,叶尖速度在使用钛合金叶片的情况下可以达到 400 m/s。

出口马赫数和旋流角

这两个值必须最小化以防止下游产生过大的压力损失。如果这使得最后一级静叶中的气流折转角超出了实际可行范围,则必须考虑另增一排 OGV。出口马赫数一般不高于 0.35,理想值为 0.25。出口旋流角理想值为 0°,且最大一定不超 10°。

喘振裕度(公式 F8.5)

第 8 章将介绍主要用途的发动机设计点喘振裕度的设计目标。

节距/弦长比——DeHaller 数和扩散因子(公式 F5.1.9 和 F5.1.10)

在设计中保证这些参数不超过限制值可以防止由流动减速扩压和潜在的分离造成的过多的压力损失。DeHaller 数简单地说就是叶片排出口速度与进口速度之比,应保持在 0.72 以上。扩散因子比 DeHaller 数更加繁复,它是一个经验系数,用以反映叶片间距(节距/弦长)对流经叶片表面峰值速度的影响。中径线处的扩散因子的最大限制值为 0.6,转子叶尖区域的则为 0.4。

5.1.5 基本效率和尺寸确定准则的应用

轴流压气机的首轮设计需要很多的迭代。算例 C5.1 展示了如何基于以上各项参数得出首轮设计效率水平和尺寸略图。

5.1.6 叶片通流设计

参考文献[6]和[7]描述了现在正在生产的两个型号压气机的设计过程。

5.2　轴流压气机——非设计点性能

5.2.1　压气机特性图

一旦压气机的几何形状在设计点固定后，压气机特性图就可以生成出来，以此来定义所有非设计点的性能。这种形式的图也被称为"特性"，如图 5.4 所示。这是一系列等换算转速线下的压比和等熵效率与换算流量关系的曲线。喘振线将在随后的 5.2.6 节中进行介绍。对于每一条等换算转速线，都有一个无论压比如何降低都不可能超过的最大流量。这个运行区域称为堵塞区。5.1 节描述了设计换算转速下三个不同工作点的速度三角形。

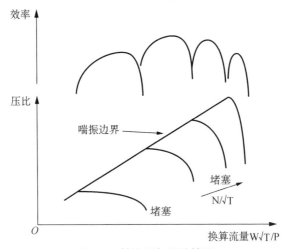

图 5.4　轴流压气机特性图

如果忽略次要影响因素（如雷诺数效应），对于固定的进口气流角度，在没有旋转失速、深度失速或进气畸变的情况下，则以下成立：

- 对于固定的压气机几何设置，特性图是唯一的。
- 压气机特性图上的工作点位置主要取决于压气机周围的部件，而不是压气机本身。
- 特性图上的每一个工作点都有一个唯一的速度三角形（速度用马赫数表示）。
- 压比、$CP \cdot dT/T$ 和效率通过公式 F5.1.3 和 F5.1.4 相互关联，并且这三个参数中的任何两个均可以用作特性图的纵坐标。事实上，定义流量、压比和温升的换算或无量纲参数组的任意组合均可以用来表示特性。

对于给定的压气机几何设置，用来计算压气机特性图的气动设计方法很复杂，并会使用大量的计算机代码。参考文献[8]和[9]描述了相关方法。

5.2.2　线性缩放已有压气机设计对特性图的影响

5.1.2 节讨论了线性缩放压气机对设计点性能的影响。整个特性图，如图 5.4

所示采用换算参数绘制,可以用相似的方法进行比例缩放。图 5.5 展示了采用第 4 章提到的比例缩放参数来绘制的压气机特性图①。从一阶近似来看,该特性图对于任何线性比例缩放的压气机设计是唯一的。

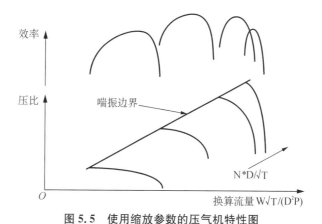

图 5.5　使用缩放参数的压气机特性图

5.2.3　雷诺数(公式 F2.13)和 T1 的影响

当雷诺数低于临界值时,黏性流效应会产生一个二阶影响,导致等转速下的流量、压比和效率降低。低的雷诺数可以由环境条件或线性比例缩小压气机引起。雷诺数其实是图 5.6 所示特性图的第四维参数。公式 F5.2.1—F5.2.2 展示了如何对读取自特性图的数据进行雷诺数修正。

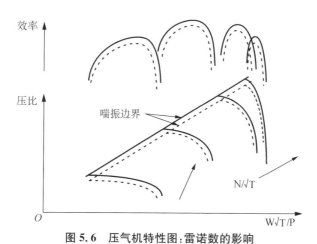

图 5.6　压气机特性图:雷诺数的影响

注:虚线展示了低于临界值的雷诺数的影响。

---

① 该图在换算流量和换算转速中引入了尺寸参数。——译注

当进口温度变化时,由于材料的热膨胀及空气的气体性质改变,压气机的几何尺寸进而特性图都会随之改变。压气机盘和叶片之间的径向增长差异会导致叶尖间隙的改变。通常压气机进口温度 T1 的影响很小,并往往可以忽略。一个重要的例外情况是高压压气机试验台架与发动机的区别,发动机中的高压压气机进口温度比试验台架环境温度高,因此发动机转速更高,这将改变应力引起的变形。

5.2.4　工质的变化

如果工质不仅仅是干空气,如还有水汽时,必须启用第 4 章中提到的完全无量纲参数。当特性图使用如图 5.7 中的无量纲参数和 5.2.1 节中对换算参数特性图相同的规定进行绘制的时候,那么对于所有线性缩放因子和工质,该特性图是唯一的。在实际操作中,基于干空气绘制的特性图在使用过程中一般采取图 5.7 所示方法考虑气体性质的影响。在第 12 章也讨论了该问题。

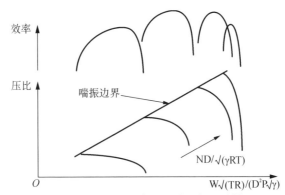

图 5.7　完全无量纲参数下的压气机特性图

注:在非设计点性能模型中使用完全无量纲参数组以考虑例如湿度的影响的步骤如下:装载如图 5.4 由换算参数组定义的干空气特性图;将换算转速乘以干空气下与当前环境下 γ 和 R 比值的平方根;根据调整后的换算转速和 β 值查找特性图;将特性图读出的每一个参数组的输出乘以当前环境下与干空气 γ 和 R 的比值,具体的幂指数参照图表 4.1。

5.2.5　将压气机特性图装入发动机非设计点性能模型——β 线

为了更简便地将压气机特性图加载到发动机非设计点性能计算机模型中,在压气机特性图中引入了 β 线。这些 β 线是一组自定义的线,它们在特性图上大致是等间距的,并且与喘振线相平行。加上 β 线后的特性图以图 5.8 所示方式制成表格。β 线在这里仅作为矩阵坐标位置使用,对于压比作为纵坐标、流量作为横坐标的曲线图,这避免了等转速线上水平和垂直部分的问题。

发动机非设计点性能程序使用图 5.8 所示表格,来得到各换算转速、不同 β 值下的换算流量、压比和效率一致性的数值。第 7 章中描述了如何在整机非设计点性能计算过程中使用 β 线。用于发动机起动模型的特性图使用了另外的替代变量,如 5.2.11 节所述,以帮助模型收敛。

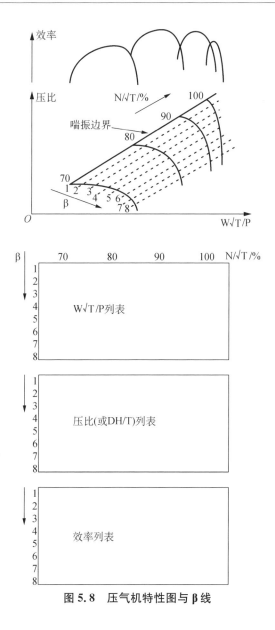

图 5.8　压气机特性图与 β 线

5.2.6　喘振、旋转失速和深度失速

在给定的转速下,叶片排可能发生失速(stall);也就是说,如图 5.2 和图 5.3 所示,随着压比、攻角增加,气流从吸力面上分离。叶型失速点通常定义为叶型损失系数达到了最小值的两倍时对应的攻角。在多级压气机中,运行中发生失速是可以接受的。例如在起动后的低转速区域,前几级可能在正常运行中发生相当程度的失速,但此时是可以稳态运行的,因为后几级并没有失速,气流还是可以稳定地承受逆压梯度。然而当失速变得严重时,或当它突然发生时,则可能导致一些不可接受的

流动状态。

　　喘振（surge）可以在整个转速范围内发生，只要周围的部件迫使压气机工作点沿一条转速线上移，以致其压比增加到了图5.4所示的喘振线上的值。在这个点上，叶片的失速变得如此严重，以至于叶片通流无法再承受逆压梯度，而此时压力稍微再升高一点，气流立刻发生崩溃。其结果是发生一声巨响，伴随着一部分气流从压气机后面的高压区向前面的低压区倒流。在发动机上，经常可看到火焰喷出进气道和喷管出口，这是由于燃烧区域从燃烧室向前后两个方向窜来窜去。如果不立即采取措施，例如打开放气阀或降低燃油流量，以降低工作线使之从喘振中恢复，那么压气机流动会自己重建并再次喘振。喘振循环会以每秒5～10次的频率持续下去，并最终导致发动机损坏。第8章对喘振过程中各类参数的变化情况以及检测喘振的方法进行了讨论，其中最显而易见的信号是压气机出口压力阶梯式的突降。

　　旋转失速（rotating stall）或二级失速（secondary stall）包括压气机前面级的单个或多个小范围失速区域，这些区域以40%～70%压气机转速与压气机同向旋转，如图5.9所示。失速区域周向运动的机理是叶片失速通道周向前面的通道得到了额外的气流，就离开了失速；而在失速通道后面的通道得到的气流减少了，因而失速，这迫使更多的气流进入前面的失速通道，使之从失速解脱。一台设计良好的压气机不会在50%以上转速发生旋转失速。带有旋转失速的稳态运行是不希望发生的，因为此时压气机性能恶化，进而是发动机性能下降，并且有可能会引起破坏性的高周叶片振动。图5.9还展示了压气机特性图中的旋转失速区域。如果共同工作线与"旋转失速进入线"交汇，那么压气机将进入旋转失速。要从该状态恢复，必须降低压气机共同工作线，使之低于低很多的"旋转失速退出线"。当运行在旋转失速区域时，因为空气动力学发生变化，压气机此时呈现出二级特性，流量、压比和效率可能下降达20%。这里还有一个二级喘振线，它在旋转失速进入线的最高转速与高转速喘振线相交。这条线明显低于高转速喘振线，但在旋转失速时驱使转速升高的过程中可能碰上。一般很难从发动机性能参数的变化中检测到旋转失速，除非它进一步引起下游压气机的喘振，这将在第8章进行更多的讨论。

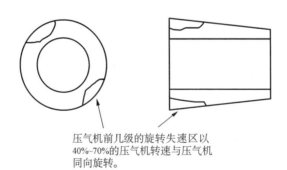

压气机前几级的旋转失速区以
40%~70%的压气机转速与压气机
同向旋转。

(a)

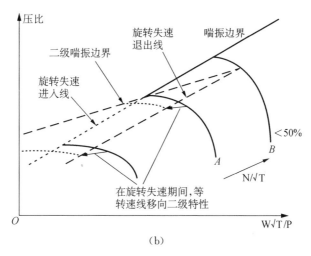

(b)

图 5.9 轴流压气机的旋转失速

（a）压气机空气动力学 （b）压气机特性图

注：高于转速 A 时旋转失速不能进入，高于转速 B 时不存在旋转失速；发生旋转失速时，流量、压比以及效率会降低约 20%。

深度失速（locked stall）或三级失速（tertiary stall）可能在发动机低转速区域喘振后发生。在这种情况下，与流动恢复后又进入喘振不同的是，有一个失速的扇形气流通道保持着约 50% 发动机转速与发动机同向旋转。这与旋转失速仅发生在前几级不同，深度失速覆盖压气机整个轴向长度，如图 5.10 所示。同样由于气动特性的改变，产生了一个三级特性。转速线在特性图上几乎是水平的。图 5.10 表明，深度失速"退出线"大幅度地低于喘振边界。当在深度失速情况下运行时，各换算转速下的换算流量、压比和效率下降约 50%。其特点是发动机降转，同时涡轮进口温度迅速上升，此时必须马上关停发动机以避免损坏。更多关于深度失速的讨论详见第 8 章。

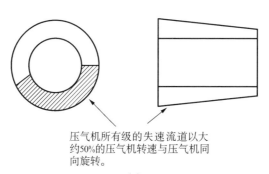

压气机所有级的失速流道以大约 50% 的压气机转速与压气机同向旋转。

（a）

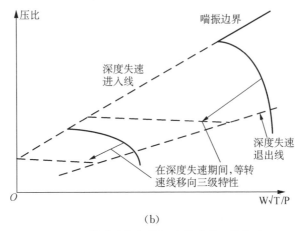

(b)

图 5.10　轴流压气机的深度失速或三级失速

(a)压气机空气动力学　(b)压气机特性图

注:发生深度失速时,流量、压比以及效率会降低约50%。

5.2.7　多级压气机匹配

　　多级压气机中的每个单级都有自己唯一的特性图。在正常情况下,所有单级特性叠加形成一个总的特性图,这样更易于用来进行发动机性能计算。本章参考文献[8]和[9]中提供了叠加方法。图 5.11 展示了在低转速和高转速时前面级、中间级和后面级的工作点在各自特性图上如何变化。在低转速时,前面级被逼向喘振,因为流量受限于趋于堵塞的后面级。在高转速时,情况相反,前面级堵塞而后面级则趋于喘振。这些情况发生是因为后面级的换算流量随换算转速提高而急剧升高。

　　图 5.11 还展示了低转速时怎样通过级间放气来减缓由于过多流量流过前面级而造成的喘振情况。然而在高转速时,后面级的流量变得不足,因而更加靠近喘振。

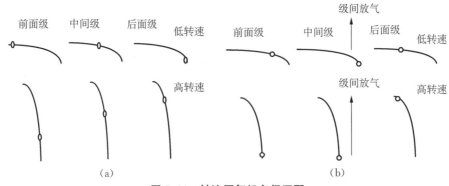

图 5.11　轴流压气机多级匹配

(a)无级间放气　(b)带级间放气

注:这些曲线为等换算转速下,压比与换算流量的关系。

5.2.8 进口气流角的影响——VIGV

如 5.2.1 节所述,压气机特性图对固定的进口气流角是唯一的。在大多数时候,进口气流是轴向的,然而有时会采用 VIGV 来改变进口气流角,以便在某些关键运行范围改变特性图。

图 5.12 展示了 VIGV 对压气机特性图的影响。在低转速区域,它们使得特性图中的换算转速线大致平移;VIGV 被设定在闭合状态(以获得更高的预旋角),以此降低等转速下的流量,更重要的是使得喘振边界向左移动。如第 7 章所述,当发动机收油门时,压气机共同工作线向喘振边界偏移。VIGV 通过提高中间状态转速喘振边界的机制减缓了这个不利影响。值得指出的是,作为一阶近似,以压比与流量关系表示的工作线不受 VIGV 设置的影响。

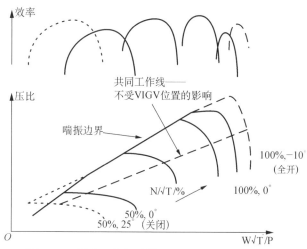

图 5.12 轴流压气机特性图——VIGV 角度的影响

在高转速区域,VIGV 对换算转速线的影响更像对角伸缩。这个时候 VIGV 和 VSV 均完全打开,使得进口气流沿轴向或具有很小的负攻角,因为最重要的是保证有尽可能多的气流通过压气机,以提供尽可能大的输出功率或推力。此时喘振边界仅可能有很小的改善余地,因为是后面级而不是前面级控制着喘振。

VIGV 和 VSV 主要为了使压气机同一根轴上的所有级在低转速区域均具有可接受的喘振裕度。不同的可行调节计划仅对压气机效率以及发动机主要换算参数之间的关系产生二阶影响。例如,虽然可以通过移动 VIGV 和 VSV 得到更大的推力或功率,但是 SFC 随推力或功率的变化关系基本上不变。这样移动仅有的另一个显著影响是推力或功率对应的压气机转速确实有明显变化。

5.2.9 操作放气阀

当压气机部件下游安置的放气阀打开时,压气机的特性图并不会变化,但是工作线会阶跃性地下降,如图 5.13 所示。放气阀可以取代 VIGV,或者和 VIGV 一起,用来在中间状态转速区域维持可接受的喘振裕度。到底是选择 VIGV 还是操作放气阀是一个复杂的问题。放气阀成本更低,更为轻便,并且一般比可调叶片更为可靠。然而它们会带来的严重代价是耗油率的上升,因为放气阀流量可能高达主流流量的 25%,其中吸收了很可观的功,却要流入外涵道或弃至发动机舱外。

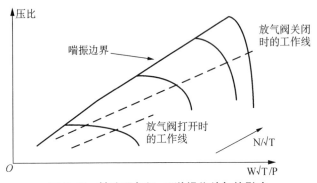

图 5.13　轴流压气机:下游操作放气的影响

注:压气机特性图未改变。

位于多级压气机级间的放气阀的作用是改变压气机内部几何结构,而不仅仅是改变施加在压气机上的边界条件,因此当其打开时,压气机特性图自身发生改变。理想情况下,在台架试验期间,应该在不同的级间放气水平下评估压气机特性图,然后将级间放气作为额外的变量并加载入发动机非设计点性能模型。打开级间放气阀能提高压气机中间状态转速下的整个喘振边界,然而在高转速下却会使之恶化。在以上两种情况下,共同工作线都是降低的。

5.2.10　进口压力和温度畸变

进口畸变是指进口压力或温度在空间上分布不均匀,它可能显著地影响整个压气机特性图。最重要的影响是喘振边界的降低。可以采用平行压气机模型评估这个效应。在该模型中,出口压力和温度认为是周向恒定的。然后特性图被应用于下文所述的两股平行气流。

在侧风或攻角较大情况下,航空发动机的进口气流可能会有周向畸变,导致部分区域的进口压力明显低于平均压力。

DC60 系数通常用来量化进口压力畸变的程度。它是指畸变最严重的 60°扇形区域与 360°进气道全环中的进口平均总压之差,除以平均进口动压头(公式 F5.2.3)。工作包线内最严苛的值为:

- 民用亚声速运输飞机—0.2。
- 军用战斗机—0.9。
- 工业、船舶以及机动车辆发动机一般小于—0.1。

有了这些数值,再加上平均进口动压头的数据,可以估算出畸变最严重的 60°区域内的进口压力的降低数值。压气机出口压力的周向分布认为是均匀的。因此这个进口压力下降的 60°区域的工作线必定较平均区域的更高,由此可以确定考虑进口畸变情况所需的额外喘振裕度。图 5.14 说明了这一点。

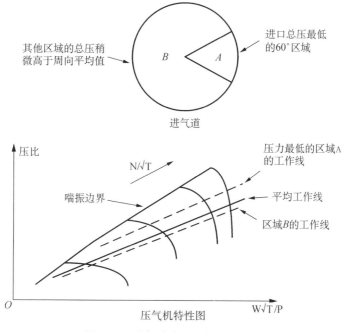

图 5.14　进气畸变对压气机的影响

注:(上图)在整个进气道内,静压被认为是恒定的。
注:(下图)出口压力周向上认为是恒定的;传统上使用所有可能区域内的进口压力最低的 60°区域来说明压气机的表现;对于现代压气机,更常使用 90°区域。

进口温度畸变可能由多种原因所致,例如试车台设计比较糟糕,或者吸入反推装置的排气或其他发动机的尾气。同样的,平行压气机理论也可以用来确定额外所需的喘振裕度。在这种情况下,一般定义温度最低的进口周向 120°扇形区域为一股气流,另一股则使用剩下区域的平均温度。TC120 系数就是从这个定义来的。

5.2.11　特性图低转速区域的特殊性

慢车一般定义在 40%～70%转速范围内。然而正如第 9 章和第 10 章所述,这个范围以下的运行对起动和风车都是重要的。图 5.15 展示了特性图的这个区域内一些特殊的关键特征。

在零转速时,压气机的表现就如同由叶片组成的叶栅,没有输入功,任何气流流动都伴随着压降。压力损失的变化与 5.13[①]节所述的管道流动的一样,而总温则不变。

————————————

① 原文误为 5.12。——校注

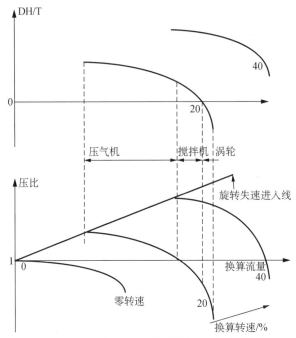

图 5.15 慢车以下区域的轴流压气机特性图

在低转速下的一个区域内,叶轮机运行得就如一台搅拌机,有功输入和温升,但伴随着压降。同时还有一个区域,叶轮机表现得就如压气机,由于功的输入,温度和压力都相应升高。这两种运行模式在起动和风车中都会遇到。理论上,叶轮机也有可能如涡轮一样运行,有功输出,并伴随着温度和压力的下降。

在低转速区域内,不可能使用标准的效率定义(公式 F5.1.3),因为当压气机作为一个搅拌机时,效率会变为负值,并且产生不连续性。为了将特性图装入起动和风车模型中,$N/\sqrt{T}$ 和 beta 线仍可使用,但是流量、压比和效率则被 $W \cdot T/(N \cdot P)$、$CP \cdot DT/N^2$ 和 $E \cdot CP \cdot DT/N^2$ 取代。为了生成新的特性图,现有的版本可以很容易地转换成这种形式,因为这些参数组就是现有参数组的简单组合。然后这些特性图可以被绘制并外插至低转速和低做功区域,并且转速为零必须与做功为零相吻合。

5.2.12 叶尖间隙变化的影响

叶尖间隙是转子叶片和机匣之间的径向间隙,在稳态时通常是 1%~2% 各级叶尖间隙均方根值(rms),在瞬态时数值会增大(公式 F5.2.4)。如果间隙发生变化,这也是压气机几何尺寸变化的一种,因此特性图也发生改变。叶尖间隙对小型压气机有格外大的影响,因为间隙占叶高的百分比更高。

作为典型数值,1%rms 叶尖间隙的增大大约降低 1%~2% 的压气机效率。也许更重要的是喘振边界也降低了。具体的影响量取决于特定压气机的设计,必须通过设计程序或更精确地通过台架试验来确定。这两者之间的敏感性大约为叶尖间隙增加 1%rms 会使喘振裕度(公式 F8.5)降低 2%~15%。

5.2.13　对特性图加载因子和增量

在概念设计阶段,可能需要使用压气机特性图去预测发动机非设计点性能,但是这时还没有通过压气机气动预测计算机程序生成的特性图。普遍的做法是使用来自类似压气机设计的特性图,运用"因子"和"增量"(公式 F5.2.5)将其设计点与所需的设计点对准。这个操作不应与线性缩放压气机相混淆,后者仅用来为早期的发动机非设计点性能提供近似的特性图形状。类似的技巧,如第 11 章所描述,也用来将发动机非设计点性能模型与试验数据吻合。

5.2.14　压气机台架试验

当一台新压气机设计出来后,在装入发动机之前,可以在台架上进行试验。这使得压气机的几何构型可以在受控的环境下得到优化,而且经常是在得到其余发动机硬件之前。轴流压气机的设计牵涉到如此多的相关参数,因此除非该设计充分借鉴了以往经验,否则台架试验是必不可少的。

典型的台架构型如图 5.16 所示。压气机由电动机驱动并控制到规定转速。通过测量的参数可以计算流量、压比和效率。保持压气机转速不变,关小出口阀,可以迫使压比升高以及流量降低。这个过程反复进行,直至压气机碰到喘振边界。然后针对其他转速线进行同样的步骤。对于每一个节流设定[①],改变转速将生成唯一的工作线,就如同压气机在发动机上运行一样。

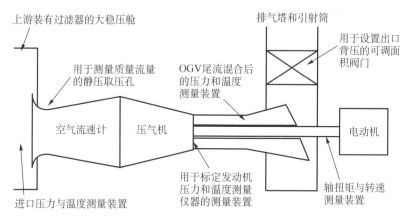

图 5.16　压气机试验台架布局

注:同时测量轴输入功率与温升会分别产生"轴"效率水平和"气路"效率水平;前者包括了轮盘风阻;后者可能不包括,如果加热后的空气分别排出。

5.2.15　颤振

颤振是指由压气机气动力引起的叶片和/或盘的固有频率的激振。堵塞颤振发

生在压气机严重堵塞的运行情况下,激振是由很高的当地马赫数和高的负攻角相关的流动状态引起的。这一现象通常定义了压气机可以运行的换算转速上限。

当压气机靠近喘振边界时,失速颤振可能发生在发动机任何转速上,此时激振是由在高的正攻角下严重失速的不稳定气流引起的。

5.3　离心压气机——设计点和基本尺寸的确定

经由离心压气机转子和静子的关键参数的变化与之前描述的轴流压气机的相似。不同之处在于,气流在离心叶轮中由轴向转为径向,并且离心叶轮下游是径向扩压器。由于出口直径增大导致面积比急剧增大,因而扩压程度远比单级轴流要大。相比单级轴流压气机,单级离心压气机可获得显著的高压比,超过 9∶1。

参考文献[1]、[4]、[10]和[11]对离心压气机设计有更详细的描述,参考文献[12]和[13]提供了实际设计的细节。

5.3.1　构型和速度三角形

图 5.17 给出了离心压气机的构型。叶轮进口称为进口段,出口称为出口段,叶轮相对于静止机匣存在叶尖间隙,并相对于背板设置密封。叶轮出口段的叶片可以是径向的,或者也可以是后掠的,后者为追求更高效率而以迎风面积为代价。在无叶空间中,直到扩压器叶片前缘,流动呈自由涡(切向速度与半径成反比地变化)。通常在活塞发动机的涡轮增压器中,扩压器是无叶的,然而在燃气涡轮发动机中考虑到效率的影响,很少那么做。

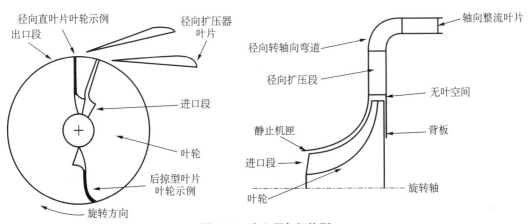

图 5.17　离心压气机构型

刚离开扩压器的气流具有较高的旋流角度,典型的约为 $50°$,因而它往往先经过一段弯道进入一组轴向整流叶片通道整流,然后进入燃烧系统。然而如果采用单管燃烧室(形状为一根单管而不是环形通道),则气流流经扩压器后立即流进蜗壳。

图 5.18 同时给出了径向和后掠叶片通道的速度三角形。和轴流压气机一样,所需要的输入功可由公式 F5.3.1、F5.1.2 和 F5.1.4 确定。理想情况下,对于径向

叶片,出口段处的相对速度应为径向的,绝对速度的切向分量则应等于轮缘速度。然而实际中正如图 5.18 所示,存在少许滑移。如公式 F5.3.2 所示,滑移定义为绝对速度的切向分量与叶片速度之比。公式 F5.3.3 给出了经验表达式,滑移因子是叶片数目的函数。

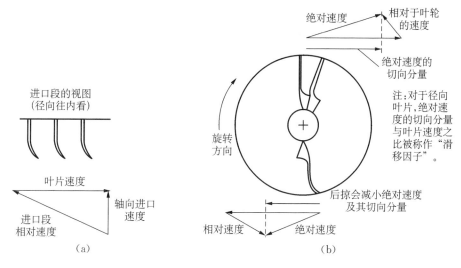

图 5.18　离心压气机的叶轮速度三角形

(a) 进口　(b) 出口

　　后掠会急剧地降低叶轮出口的绝对马赫数,由此降低了无叶空间及扩压器内的压力损失,进而提高效率。然而由于降低了切向速度,在给定直径下,做功(也即压比)下降。对于高压比(约在 5∶1 以上),后掠对于避免因扩压器前缘处的高马赫数造成过大压力损失是必不可少的。

5.3.2　缩放已有的离心压气机

5.1.2 节中对轴流压气机的相关说明同样适用于离心压气机。

5.3.3　效率

5.1.3 节中定义的等熵及多变效率同样可用于离心压气机。然而多变效率最适合与比转速而不是负荷建立关系,比转速是离心叶轮机械特有的参数,最通用的定义是公式 F5.3.4,该定义起源于水利工程。

　　图表 5.3 给出了多变效率随比转速的变化曲线,较低的线适用于低技术水平、后掠角为 0°、较低扩压器半径比以及小尺寸的离心压气机,较高的线则相反。该图表可用于离心压气机最初始的设计点性能估算。对应效率的最佳比转速在 0.75 左右。因此对于给定的设计,一旦确定了质量流量及压比,即可计算进口体积流量以及焓增,同时可推导出为达到最佳比转速所需的旋转速度。随着设计的进展,可能会发现转速必须做调整,因为无法保证所有其他气动及机械设计限制都能得到满

足，或者都能符合涡轮设计者的需要。此时，比转速就会偏离最佳位置，进而使得效率下降。

5.3.4　基本尺寸确定的指导

以下列出了设定离心压气机尺寸略图的关键参数的设计准则，很多参数与轴流压气机的相同，因而它们的定义见 5.1 节。

平均进口马赫数

进口段进口的平均马赫数应在 0.4～0.6 范围内。

进口段叶尖相对马赫数

进口段叶尖相对马赫数的保守值为 0.9，冒进值为 1.3。对于混流压气机的后面离心级，则不可避免要采用更低的数值。

转速

在确保这里讨论的其他参数均达到设计目标的同时，必须通过优化比转速使得效率最大化来确定转速，并且这个转速能为涡轮设计所接受。带离心压气机的单转子发动机在驱动发电机时，很少不使用中间齿轮箱。这是因为对于它们实际可行的尺寸，最佳性能对应的最佳转速大大超过 3 600 r/min。一个例外是混合动力汽车发动机，它采用了高转速的交流发电机。

压比和级数

对于给定的轮缘速度、后掠角和效率，所能获得的压比可用公式 F5.3.5 计算。对于给定的输入功，可以根据公式 F5.3.6 计算轮缘速度。这两个公式一起，连同转速，可以定义叶轮基本几何尺寸。

单级可获得的最高压比大约为 9∶1，两级的可达 15∶1。由于过渡段设计困难，很少有串联超过两级的离心压气机。如果两级在同一个转子上，则第二级的比转速只能低于最佳效率对应的水平。当离心压气机用作工业过程的驱动设备时，情况有所不同，因为要拓宽流量范围而降低每级的压比，所以会采用多级串联。

后掠

为获得最高效率，采用高至 40° 的后掠角是实际可行的。然而对于给定的质量流量和压比，这将导致直径增大。

进口段轮毂比和叶片角度

轮毂比必须足够大，以保证轮毂具有足够的尺寸用于加工制造，并允许合适的轴承及鼻锥设计。因此其下限是由叶轮通道加工制造能力或轴的机械设计决定的。如果轴上没有上游的轴流级，其上限则由进口段叶尖相对马赫数决定。

轮毂比的理想范围在 0.35～0.5，而 0.7 则是绝对的上限。进口段叶尖的叶片角度不应该超过 60°。

轮缘速度及出口段的出口温度

铝合金的出口段轮缘速度不应该超过 500 m/s，钛合金的则不应超过 625 m/s。考虑到温度因素，铝合金可应用于压比在 4.5∶1 以下的低压压气机。

出口段高度

在设计之初,设置该值使得从进口段叶尖到出口段出口的相对速度比处于大约 0.5～0.6 的目标范围内。理想情况下,应该通过台架试验来优化该值。

叶轮长度

典型的叶轮长度可以通过使用公式 F5.3.7 定义的长度参数推算得到。为获得较高的效率,该值应处于 1.1～1.3 范围内。

无叶空间半径比

无叶空间允许自由涡扩压,后者可以在进入扩压器叶片前缘之前稍稍降低马赫数,尽管相对比较慢。如果它过长,则会使得总的直径增大。扩压器叶片前缘与叶轮叶尖的半径之比应至少为 1.05;更低的值会带来因激振造成机械破坏的风险。

径向扩压器出口与叶轮叶尖半径比

该半径比的确定应确保达到给定水平的扩压器面积比,具体取决于使用的叶片数量。叶片数量的下限通常根据使螺栓或维修穿过叶片这一需求来设置。高的半径比提高了效率,而以牺牲迎风面积和重量为代价,以下为设计准则。

涡喷和涡扇发动机	1.3～1.5
涡桨发动机	1.4～1.7
工业、船舶或车辆发动机	1.7～2.2

扩压器径向转轴向弯道半径比

如前所述,对一些发动机构型,气流从径向转到轴向,通过导叶整流使得气流方向变直后再进入下游部件。弯道压力损失随弯道半径比的增加而减小,由此提高效率,但增大压气机直径。

由公式 F5.3.8 定义的弯道参数应介于 0.4～1.5。航空推力发动机宜选用较低数值,而工业、船舶和车辆发动机宜选用较高数值。

出口马赫数和旋流角

采用弯道和轴向整流件时,出口马赫数和旋流角应分别小于 0.2 和 10°。如果不采用弯道和轴向整流件,从扩压器叶片通道出来的气流旋流角可以达到 50°的量级。而这只有在使用如 5.12 节所述的蜗壳式出口流道时才可接受。

5.3.5 基本效率和尺寸确定准则的应用

算例 C5.2 阐明了本章介绍的基本效率和尺寸的设计准则的应用。

5.3.6 离心压气机与轴流压气机的对比

本节给出了轴流压气机和离心压气机的定性比较。下文给出了这两种压气机各自最适合的主要用途所对应的质量流量和压比范围。

轴流压气机具有如下优点:

- 对于给定质量流量和压比,迎风面积较小。例如,在压比为 5∶1、相同质量流量下,轴流压气机直径只有离心压气机的一半左右。

- 轴流发动机直径较小,因此通常重量较轻。
- 当质量流量大于 5 kg/s 时,轴流压气机将具有更高的等熵效率,而且这一优势随着质量流量增加而增大。
- 由于加工制造困难,离心叶轮直径存在一个实际可行的上限,大约为 0.8 m,并因此限制了质量流量和压比的增大。

离心压气机具有如下优点:

- 单级压比可达到 9:1。对于轴流压气机,这会需要 6～12 级,取决于设计需求和约束。对离心压气机来说,更高的压比也是可能的,但由于效率的下降一般并不具有竞争力。
- 在相同质量流量和压比下,离心压气机的单位成本低得多。
- 在质量流量显著小于 5 kg/s 时,具有更好的等熵效率。这是因为在这个流量范围内,随着轴流压气机尺寸减小,在给定制造公差下,叶尖间隙、叶片前缘与尾缘厚度以及叶片表面粗糙度的相对值增大,导致效率迅速下降。
- 在给定流量和压比下,离心压气机轴向长度短很多。该优点随压比增大而增加,直至需要两级时为止。
- 离心压气机出口马赫数通常较低,由此减小了下游流道中的压力损失。
- 离心压气机相比轴流压气机更不容易受到外物损伤(FOD)。在尺寸非常小的情况下,该优点更明显,因为此时轴流压气机可能由整体叶盘组成,而不是由通常的鼓筒和分开的叶片安装组成。这种结构可以用来克服制造困难和降低单位成本。对于这一情形,要是外物损伤发生了,那就必须更换整个叶盘而不仅仅是个别叶片。
- 离心压气机比多级轴流压气机具有更高的低转速喘振和旋转失速裕度。这归结于低转速的空气动力学以及不存在 5.2 节所描述的多级轴流压气机效应这两个因素。因此对于单级压比达到 9:1 的离心压气机,通常不需要使用操作放气活门或可调进口导叶及可调静叶来避免低转速喘振问题。这些都进一步加强了离心压气机成本效益,同时也有利于它的相对重量。
- 相比于轴流压气机,离心压气机喘振边界不易受高的叶尖间隙的不利影响,因为正如前述,压力升高并非都表现为叶片前后的压力差。

总之,对于迎风面积小、重量轻以及效率高的设计要求,轴流压气机是首选,而且在大尺寸时是唯一选择。相反,当单位成本极为重要以及尺寸较小时,离心压气机成为首选。

5.3.7　适合于轴流和离心压气机的流量范围

对于主要的发动机应用,下表列出了在 ISA SLS、最大额定状态适用于轴流或离心压气机的换算质量流量的范围。参考文献[14]和[15]使得读者能细查生产中的发动机的压气机构型。

	航空发动机/(kg/s)	工业、船舶及车辆发动机/(kg/s)
离心式为主	<1.5	<5
根据需求选择离心式或轴流式	1.5～10	5～15
轴流式为主	>10	>15

对于推力发动机,在质量流量低至约 1.5 kg/s 的范围内,轴流压气机占有主导地位,由于迎风面积和重量对减小高速飞行时的阻力非常重要,因而更高的额外成本也是情有可原的。对于航空轴功率发动机,由于飞机速度较低,在流量小于10 kg/s 的范围内,离心压气机更具竞争力。对于工业、船舶及车辆发动机,低的迎风面积和重量不是很重要,为降低单位成本,离心压气机的竞争力可扩大到更高流量。离心压气机对于辅助动力装置几乎是专用的,因为在这种情况下,单位成本是主要驱动因素,相比于飞机,发动机重量和迎风面积的影响非常小。

对于轴流和离心压气机同时适合的质量流量范围,概念设计阶段应该对这两种构型都予以考虑。多级轴流压气机之后紧接着离心压气机的混流式压气机也可以考虑。

5.4　离心压气机——非设计点性能

所有在 5.2 节讨论的关于轴流压气机非设计点运行的内容同样适用于离心压气机,这里仅对需额外阐述的内容进行讨论。

5.4.1　叶尖间隙影响

公式 F5.4.1 给出了离心叶轮和静止机匣之间的叶尖间隙的影响的计算方法。气流从高压区回流到低压区,吸收了额外的功。效率下降,而压比仅仅发生微小变化。如果认为叶尖间隙很有可能会过量,那么在设计阶段中就应予以考虑。叶尖间隙对喘振边界的影响远小于轴流压气机的情况。

5.4.2　叶型失速、喘振、旋转失速和深度失速

如图 5.19 所示,离心压气机低转速的喘振边界和流量范围要比轴流压气机来得宽裕,这同时归结于气体动力学和离心压气机不存在多级轴流压气机的级间匹配困难。还有,离心压气机不易发生旋转失速,也非常不易发生深度失速。

5.4.3　颤振

由于结构原因,离心压气机远比轴流压气机不易产生颤振。

5.5　风扇——设计点和基本尺寸的确定

涡扇发动机的第一个压缩部件称为风扇。这个术语反映了一个事实,即相比内涵的压气机,它具有高的流量和低的压比。紧接着风扇下游,气流被分流环分为冷流(即外涵气流)和热流(即内涵气流)。

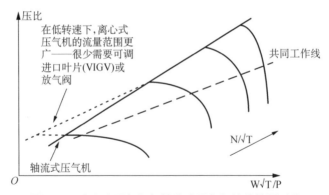

图 5.19　离心式压气机与轴流式压气机的特性图对比

　　本节讨论的是单级风扇。多级风扇实际上即为轴流压气机,因此可以运用 5.1 节中给出的设计准则。就给定级数下的压比而言,多级风扇位于图表 5.2 中的范围带的顶部。这是因为多级风扇一般应用于高马赫数飞行的军用飞机,因此重量必须最小化。还有,如第 7 章所述,当发动机收油门时,涵道比升高,这极大地改善 5.2 节所说的中间状态转速匹配问题。

5.5.1　构型

　　风扇都是轴流式的,因为离心式所需的直径和下游过渡段是难以承受的。单级风扇的典型布置如图 5.20 所示。紧跟着转子叶片的是风扇尖部和风扇根部的静叶。这些静叶通常都在分流环之后,并且它们的气动设计通常受结构功能需求的制约,比如让滑油管等附件穿过气体流道。风扇尖部和风扇根部这两个术语普遍用来分别描述外涵和内涵气流。

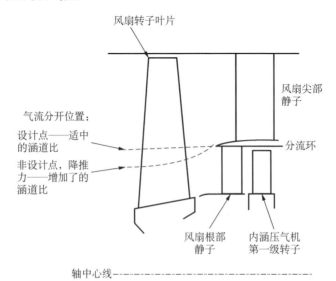

图 5.20　典型单级风扇构型

5.5.2 缩放已有风扇

5.1.2 节中用于轴流压气机的内容全部同样适用于风扇。

5.5.3 效率

图表 5.4 展示了典型的单级风扇多变效率与中径线负荷的关系。给出的范围带反映了由尺寸、技术水平和为满足以下良好的设计准则而做出的折中所造成的差异。如果用阻尼凸台即减振凸肩来达到可接受的叶片振动特性,那么图表 5.4 中的效率水平必须降低大约 1.5 个百分点。对于首轮性能预测,应该用图表 5.4 分别评估风扇尖部和风扇根部的中径线效率,其中的负荷则用公式 F5.1.5 计算。对于小涵道比 RPV 发动机,根部的压比在初始时应该假设与尖部的相同,而对于涵道比最大的民用发动机,根部压比则为尖部压比的 80% 左右。

一旦设计迭代进入到使用计算机进行风扇设计的时候,那么就要应用功也就是负荷的径向分布。各公司的设计做法大相径庭,这主要取决于企业文化和以往经验。在这个阶段,两股气流都可能出现显著不同的效率。

5.5.4 涵道比

第 6 章表明,涵道比的提高通常会改善涡扇发动机的 SFC,但是降低发动机的单位推力。对于给定的发动机设计,有一系列的实际考虑因素来决定其涵道比的上限:

- 发动机的迎风面积增大,进而重量和短舱阻力也增大。公式 F5.5.1 和公式 F5.5.2 展示了如何评估短舱阻力。同样成本也会上升。

- 驱动风扇的涡轮级数会快速上升。这是因为当涵道比上升时,风扇叶尖切线速度必须近似地保持恒定,因此其转速必定下降。对于给定的内涵尺寸,驱动风扇的涡轮的尺寸是固定的,因此它的叶尖切线速度下降。与此同时,驱动风扇的涡轮的单位功必须提高,因为风扇流量与涡轮流量之比上升了,这意味着涡轮负荷(见 5.9.4[①] 节)会高得不可接受。这将使涡轮效率降低,除非涡轮级数增加。迄今已经证明了在低压涡轮和风扇间放置一个齿轮箱是不切实际的,因为对于大型涡扇发动机,齿轮箱需传输大约 50 MW 的功率。

- 座舱空气和飞机附件功率提取将对 SFC 和单位推力带来更大影响。

- 在反推力装置不工作时,所需要的密封周长增加,将带来更多的漏气。

以上这些因素导致远程民用涡扇发动机的涵道比在 4~6 之间。然而近年来,GE90 将之增加到了 8~9 之间。短程涡扇发动机的涵道比则一般在 1~3 之间,不过现代设计趋向于更高的值来降低噪声并允许与远程飞机发动机通用。对于超声速军用发动机,涵道比一般在 0.5~1 之间,以使迎风面积最小。

5.5.5 基本尺寸确定的指导

这里使用的参数及其计算方法与 5.1 节中介绍的轴流压气机的非常相似。如

---

① 原文为"5.5.5",疑似有误。——译注

上所述,此处给出的设计准则仅适用于单级风扇。

进口马赫数

进口马赫数一般在 0.55～0.65 之间,最高值通常用于军事应用。这些值较轴流压气机的更高,因为需要减小风扇迎风面积,还因为此处可以接受更高的叶尖相对马赫数,如下所述。

叶尖相对马赫数

风扇尖部均为跨声速的。这是因为对于可行的涡扇发动机设计,必须在最小的迎风面积内流过高的进口质量流量,并且因为后面没有其他级,所以此处可以使用高马赫数。叶尖叶片角度小于 65°时,1.4～1.8 之间的取值很常见。

级负荷(公式 F5.1.6)

中径线负荷比多级压气机的更高。图表 5.4 展示了典型取值范围和与效率的关系。

转速

这个取值必须既保证在这里讨论的其他参数都达到目标水平,又能为涡轮设计所接受。对于大型涡扇发动机,转速在 3000～3600r/min 范围内大多可以满足这些约束,并可以方便地派生成工业燃气轮机,由驱动风扇的涡轮驱动负载。

压比

单级风扇所能达到的最高压比约为 1.9。这显著高于内涵的多级压气机的第一级所能达到的压比,以上已经讨论了原因。这个压比适用于爬升顶点,此时风扇运行在其工作包线内的最高换算转速。因此在巡航状态,单级风扇最高压比在 1.7～1.8 之间。

涡扇发动机循环的最佳风扇压比在第 6 章中进行了讨论。很明显,对于飞行马赫数为 0.8 的中高涵道比发动机,压比 1.8 是合适的。如图表 5.20 和图表 5.21 所示,如果内外涵气流在共同的排气喷管前混合,则最佳风扇压比降低,并且单级风扇可以适用于甚至更低的涵道比。

如 5.5.3 节所讨论的,风扇根部与风扇尖部的压比之比取决于设计经验。对于初始研究,所提供的设计准则可以作为一个良好的起始点。

轮毂比

轮毂比要最小化,以在给定的质量流量下达到最小的迎风面积。最小值主要受限于须保证盘周长足够长以安装叶片,并且保证二次损失在可接受的范围内。

由于以上原因,中高涵道比单级风扇的轮毂比在 0.3～0.4 之间。

子午收缩角

针对轴流压气机提供的子午收缩角设计准则通常也适用于风扇,虽然在最高压比情况下,轮毂的子午收缩角很可能比较高。

轴向速度和轴向速度比(公式 F5.1.7)

用于轴流压气机的讨论和定义在这里大多适用。各级的轴向速度比通常都在

0.5～0.8之间。

展弦比（公式 F5.1.8）

对于没有阻尼凸台的风扇，基于轴向弦长的中径线叶片展弦比应在2.0～2.5之间。如果为了保证叶片振动特性而必须使用阻尼凸台，那么该值应在2.5～3.5之间。风扇静子叶片的展弦比位于与低压压气机同样的范围内，除非它们还承担结构职责，或者携带管路。在这种情况下，展弦比可以低至2.0。

轮缘速度和叶尖速度

考虑到机械完整性，对于轮毂比在0.3～0.4之间的风扇，风扇轮缘和叶尖切线速度应该分别小于180 m/s和500 m/s。如果使用更高的轮毂比，这些值也需提高。

出口马赫数和旋流角

如5.13节所述，为了权衡发动机迎风面积和流道压力损失，外涵道马赫数必须在0.3～0.35之间。通常风扇叶尖与外涵道外侧内壁直径相同，因此在这两者之间没有扩压，风扇出口马赫数也必定与外涵道的相同。偶尔情况下，风扇叶尖直径可能会小一些，这导致出口马赫数高至0.4。风扇静叶出口旋流角理想情况下应为零。

喘振裕度（公式 F8.5）

设计点目标喘振裕度在第8章中介绍。

节距/弦长比——DeHaller 数和扩散因子（公式 F5.1.9 和 F5.1.10）

所有讨论和定义与轴流压气机的相同。DeHaller 数应保证在0.72以上。取决于部件技术水平，扩散因子的最高限制值可以稍微超过轴流压气机的值（中径线上0.6，叶尖区域0.4）。

5.5.6　基本尺寸确定准则的应用

风扇的尺寸定义过程与轴流压气机的类似，在算例C5.1中进行了展示。

5.6　风扇——非设计点性能

5.2节所讨论的关于轴流压气机非设计点运行的所有内容同样适用于风扇。这里仅对值得额外阐述的内容进行讨论。

5.6.1　中间状态转速下涵道比的变化和风扇复式特性图

当涡扇发动机收油门时，第一个内涵压气机的抽吸能力（$W\sqrt{T}/P$）的下降速率较外涵推进喷管的更快。这导致涵道比上升。如图5.20所示，气流通过风扇的流线曲率也显著变化。由此引出了复式特性图或特性，即对于每一个涵道比，都有一个不同的特性图。

此外，风扇尖部特性图通常与风扇根部特性图不同。因此，对于严格的非设计点建模，需要用到一系列不同涵道比的风扇尖部和风扇根部的特性图。

5.6.2　将风扇特性图装入发动机非设计点性能模型

在5.2节中，描述了β线和通过β线将压气机特性图加载到发动机非设计点性

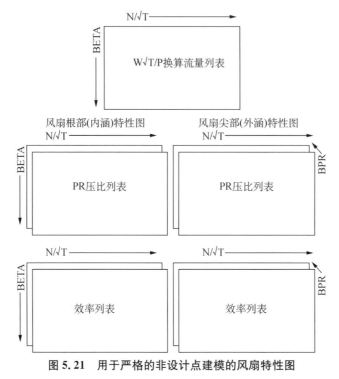

图 5.21　用于严格的非设计点建模的风扇特性图

注：风扇尖部和风扇根部特性图覆盖一系列涵道比（以 0.5 为间隔）。

能模型的方法。图 5.21 展示了对于严格的建模，该如何加载风扇特性图。与压气机一样，将总的风扇进口换算流量与换算转速和 β 值的关系列成表格。不过对于风扇尖部和风扇根部，则以一定的涵道比间隔分别加载一系列的效率和压比的特性图。发动机非设计点性能模型必须先对涵道比进行内插，然后再是转速和 β 值。

对于初始的非设计点性能建模，可以假设尖部和根部的压比和效率分别相同，然后像压气机那样在所有涵道比下使用单个特性图。作为初次的改进，一个特性图，或者一系列随涵道比变化的特性图可以仅用于风扇尖部。基于风扇设计计算机代码，通过应用修正因子与增量（做成与换算转速的变化规律）来估算风扇根部效率和压比。

5.7　燃烧室——设计点性能及基本尺寸的确定

在所有的燃气涡轮发动机部件中，燃烧系统的分析方式是最不能经受检验的。近年来，借助于计算流体动力学（CFD）等工具，燃烧室的设计方法有显著进步，然而大多数设计过程仍然依赖于经验准则。因此，在发动机研发项目之前以及平行于研发项目过程，有必要开展大量的燃烧系统台架试验项目。燃烧系统的台架试验不仅要关注设计点及慢车以上非设计点的运行情况，而且也要关注在起动过程中遇到的极具挑战性的现象，比如点火、联焰、再点火等。

本节讨论的效率及基本尺寸定义的设计准则可适用于除加力燃烧室和冲压发动机之外的所有燃烧系统。上述两个特例将分别在 5.21 节及 5.22 节中详细讨论。参考文献[14]—[19]全面描述了燃烧室设计的基本原理。燃烧的化学原理及选用燃料的数据将在第 13 章中详细描述。

5.7.1　构型

图 5.22 及图 5.24 展示了环形燃烧系统的主要特征,其中包含:

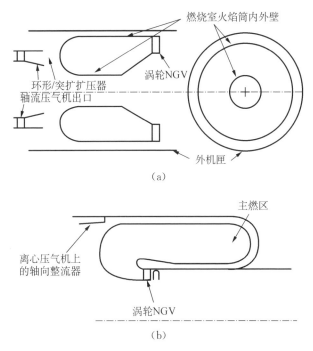

图 5.22　环形燃烧室构型

(a) 顺流环形燃烧室　　(b) 回流环形燃烧室

- 压气机出口扩压器,用来降低进入燃烧室的空气马赫数。
- 穿透燃烧室火焰筒的主燃、补燃和掺混共三级进气孔,这些孔通常为探入式的圆形孔,以提高流量系数(CD)及喷射空气的位置稳定性。上述孔的孔内马赫数约为 0.3,以使得进入燃烧室的空气具有足够的穿透深度。
- 缓慢流动的回流"主燃区",以确保喷入的燃料与空气充分地混合,从而促进燃烧和火焰稳定性。
- 补燃区,在该区域内更多的空气被注入火焰筒,而且燃烧完成。
- 掺混区[1],在该区域内剩下的空气被注入火焰筒来骤冷燃烧室出口气流,使其

---

[1] 原文"primary, secondary, tertiary"燃烧室的三个区根据中文专业习惯分别译为"主燃、补燃、掺混"。——校注。

平均温度满足涡轮进口的要求,并且控制径向和周向的温度分布。

- 火焰筒壁面冷却系统。
- 燃料喷嘴或燃烧器。
- 点火系统。

对于一定的体积,环形燃烧室拥有较小的迎风面积及较轻的重量,因此它几乎专门用于航空发动机。环形燃烧室通常采用顺流设计,但在使用离心压气机时,回流燃烧室更为适用。这是因为离心压气机的较大直径可以允许涡轮被安置于燃烧室的"下方"(径向包在里面),这样就缩短了发动机的总长度。

早先的航空发动机在环形套筒内采用一定数量的管式火焰筒。图5.23展示了上述环管燃烧系统的排布方式。但由于其直径大和重量重,如今该构型已经被环形燃烧室取代。同时,在一个或两个管式火焰筒内点火后,"联焰"所需的管式火焰筒之间的连通管增加了额外的重量,还造成了燃烧室机械完整性的问题。对于工业燃气轮机,迎风面积及重量并不是一个重要的问题,因此有一些依然采用这种设计。环管燃烧系统的设计允许在单个管式火焰筒上进行独立的台架试验,从而减小台架试验设施的尺寸和成本,同时可在维护时对每个火焰筒进行独立的更换。对于小型工业燃气轮机,为了尽量降低成本,可以采用单管燃烧室的设计,如图5.23所示。这种设计尤其适合于与离心压气机的蜗壳出口搭配。

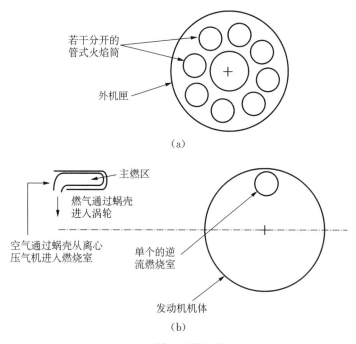

图5.23 环管及单管燃烧室结构

(a) 环管燃烧室 (b) 单管燃烧室

由于干式低排放(DLE)的要求,燃烧室的构型设计变得更加复杂。相关内容将在 5.7.8 节中进行讨论。

燃料供给系统、燃料喷嘴或燃烧器和点火系统的每一个本身都是大的课题。由于本章的目的是在前期的发动机概念设计过程中,以一阶准确性推算每个部件的大体几何轮廓,所以在此不对这些系统进行更深入的描述。参考文献[14]—[18]全面介绍了上述这些系统。

5.7.2 缩放已有的燃烧室设计与无量纲性能

在所有的燃气涡轮发动机部件中,燃烧系统的缩放是最不能经受检验的。如果要尝试对燃烧系统进行缩放,那么在保持进口温度和压力以及温升不变的情况下,下述结论成立:

- 流量变化与线性比例因子的平方成正比。
- 油气比保持不变。
- 空气及燃气速度保持不变。
- 压力损失百分比保持不变。
- 燃烧室负荷及燃烧室容热强度与线性比例因子成反比,而停留时间与线性比例因子成正比(负荷、容热强度及停留时间分别在 5.7.3 节及 5.7.6 节中定义)。

上述最后三个参数的变化会改变燃烧室的效率、点火、稳定性等特性。如需保证这些参数不变,则仅能缩放燃烧室直径,而不能缩放燃烧室长度。但在这种情况下,当线性比例因子小于 1 时,单位表面积的壁面冷却空气量将会减少。此外,无论是线性放大还是缩小,进入主燃区的速度不变,但是燃烧室壁面之间的径向距离却改变了。由此相对穿透深度也有所变化,从而改变了气动性能,进而改变了燃料的混合及火焰的稳定性。所以,单纯地线性缩放燃烧室是不可行的。然而从某一尺寸燃烧室设计中获得的经验可以为其他尺寸燃烧室的设计提供莫大的益处。

此外,燃烧室负荷、燃烧室容热强度以及燃料喷射功能性取决于进口压力和温度的绝对水平。因此与其他部件不同,尽管在相同的无量纲工作点上,如果进口压力和温度的绝对值不同,燃烧室性能依然会大不一样。

5.7.3 燃烧效率(公式 F5.7.1 和 F5.7.2)

燃烧效率是在燃烧室中完成燃烧的燃料与燃料总输入之比(公式 F5.7.1)。早年燃气涡轮发动机工程的大量台架试验经验就表明燃烧效率与燃烧室负荷以及油气比之间存在互相关联。图表 5.5 中提供的通用数据可以满足概念设计的需要。由于燃烧效率与 SFC 间存在一对一的敏感性,通常会做一些其他的折中来确保满足相关设计准则,从而达到图表 5.5 中的无约束设计曲线的水平。

燃烧室负荷(公式 F5.7.2)可以认为是燃烧室设计任务难度的衡量指标。对于效率的关联,负荷使用总的空气流量和火焰筒容积(不含外部环腔)来计算,因为这反映了整个燃烧过程。从图表 5.5 可知,较低的负荷值会提高燃烧效率。该图表的一个特征是无约束设计曲线上负荷为 $50\,kg/(s \cdot atm^{1.8} \cdot m^3)$[①]处的曲线拐点,当负荷大于该值时,燃烧效率急速下降。当设计点质量流量及温度上升时,必须增大火焰筒容积,以维持给定的负荷值,从而维持给定的效率。然而公式中的主导项是燃烧室进口压力,因为它带有幂指数 1.8。当进口压力增大时,保持给定负荷水平所要求的燃烧室容积将急剧减小。在有些公司,负荷被定义为公式 F5.7.2 的倒数。

在设计初期,燃烧室容积取值应能够确保在海平面静止、最大额定状态时,负荷小于 $10\,kg/(s \cdot atm^{1.8} \cdot m^3)$。这个值能够保证无约束设计中的效率大于 99.9%,同时也应保证可观的燃烧稳定性能,如 5.8 节所述。如果要求的容积不切实际,或者非设计点效率欠佳,燃烧室的容积将在概念设计的后续迭代中进行修正。工作包线中任何效率低于 90% 的点都是不可接受的。

5.7.4　压力损失

压气机出口马赫数将在 0.2～0.35 左右。燃烧室进口扩压器必须对气体进行扩压降速,从而将火焰筒附近的马赫数降至 0.05～0.1 之间,否则火焰筒壁面压力损失会过高。燃烧室进口扩压器的设计点性能在 5.13 节介绍。

燃烧室冷态损失是穿过火焰筒壁面的注入空气的流动突扩造成的。一个良好的设计在设计点的冷态损失应介于总压的 2%～4% 之间,具体取决于几何约束。对于较高的飞行马赫数,为了尽量减小迎风面积,航空发动机火焰筒外的马赫数可以高于期望值。在这种情况下,冷态压力损失可能高达 7%。

除此之外,在火焰筒的燃烧区域中存在基本损失即热态损失。在管道内伴随着传热的流动被称为瑞利流(Rayleigh[②] flow),热力学基本原理指出热量释放会带来压力损失;密度的减小造成了流动速度的提高,因此需要相应的压降来平衡动量变化。参考文献[1]描述了这种现象,并且展示了动压头损失与燃烧室马赫数及温比之间的关系。对于 0.025 的典型的燃烧室马赫数,温比为 2 和 4 时的设计点热态损失分别在 0.05% 和 0.15% 左右。

5.7.5　燃烧室温升

燃烧室温升可以表示为进口温度、油气比以及燃料类别的函数,对应的图表及公式见第 3 章。

5.7.6　基本尺寸确定的指导

以下是进行燃烧室首轮初步流道设计的准则。

负荷

燃烧室容积必须基于一定数量不同的运行状态时的负荷(公式 F5.7.2)计算得出。此处提供的准则依然基于管式火焰筒的总容积(不包括外部环腔)及质量流量。

---

① atm 是指标准大气压。
② 原文误为"Raleigh"。——译注

在海平面静止、最大额定状态时,负荷应小于 $10\,kg/(s\cdot atm^{1.8}\cdot m^3)$,小于 $5\,kg/(s\cdot atm^{1.8}\cdot m^3)$ 则更理想。对于工业燃气轮机,可实现更大的燃烧室容积,低至 $1\,kg/(s\cdot atm^{1.8}\cdot m^3)$ 的负荷也是可达到的。

工作包线内的最高负荷值往往发生在最高海拔、最低飞行马赫数、最冷天时的慢车状态。理想情况下,该状态点的负荷应小于 $50\,kg/(s\cdot atm^{1.8}\cdot m^3)$,以保证可接受的效率及熄火裕度。在最坏的情况下,对于受约束设计或无约束设计,负荷应分别小于 $75\,kg/(s\cdot atm^{1.8}\cdot m^3)$ 或 $100\,kg/(s\cdot atm^{1.8}\cdot m^3)$。

此外,在要求的最高海拔和最低马赫数的风车状态,为了实现航空发动机燃烧室再点火,负荷必须小于 $300\,kg/(s\cdot atm^{1.8}\cdot m^3)$。风车状态时燃烧室进口条件可由第 10 章的图表得到。典型的再起动飞行包线在第 9 章中提供。

燃烧室容积必须为根据上述准则获得的三个值中的最大值。

燃烧容热强度

如公式 F5.7.3 所定义的,燃烧容热强度为单位容积内放热速率的量度。如同负荷,燃烧容热强度是燃烧困难程度的另一个度量标准,而且较低的值是所希望的。海平面静止、最大额定状态时,容热强度需要小于 $60\,MW/(m^3\cdot atm)$。这样的要求对工业燃气轮机而言可以容易地达到,但对航空发动机来说依然是一个挑战。燃烧室容积的确定必须确保同时满足负荷和容热强度的准则。

停留时间

停留时间指的是一个空气分子通过整个燃烧室所花费的时间,可通过公式 F5.7.4 计算得到。对于常规燃烧室,停留时间最小值应为 3 ms。

当地马赫数和燃烧系统面积

当地马赫数和当量比的设计准则如图 5.24 所示。在主燃区进气孔之前,内外环腔中的马赫数应为 0.1 左右,马赫数会沿着环腔在下游降至更低值。因此,对于给定的进口条件,每个环腔的面积可以通过 Q 曲线来推算。当进气孔马赫数与环腔马赫数之比大于 2.5 时,才能获得较好的流量系数;因此,如果想要将进气孔马赫数保持在 0.3 左右,低的环腔马赫数是一个关键。进气孔马赫数 0.3 是在最小压力损失和获得良好穿透深度之间的折中选择。如果进气孔不是倾斜的,可以合理地认为通过主燃进气孔进入燃烧室的空气中,各有一半分别进入了上游主燃区和下游补燃区。

主燃区里的流态复杂,最常见的是如图 5.24 所示的双环形线。这种复杂流态对充分的油气混合以及为稳定火焰提供慢速区域来说是非常必要的。气体离开主燃区时的平均轴向马赫数必须在 0.02~0.05 左右。即便有放热,仍然可以通过已知的质量流量(用下一节的流量份额关系计算出)、压力及下面描述的化学当量温度,使用 Q 曲线来评估这一平面的火焰筒面积。

在引入补燃区空气后,火焰筒中的马赫数升至 0.075~0.1 左右。最后,引入掺混空气,气流沿着连接涡轮进口的过渡段加速。当到达涡轮导向器叶片前缘时,气流马赫数约为 0.2。

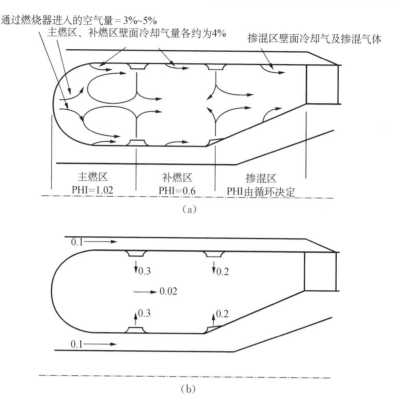

图 5.24　燃烧室设计准则

(a) 化学当量　　(b) 燃烧室马赫数

注:(a) 主燃进气孔气流的 50% 进入主燃区,50% 进入补燃区;补燃进气孔气流的 50% 进入补燃区,50% 进入掺混区;主燃区壁面冷却气参与补燃,以此类推;为了使主燃区当量比(PHI)＝1.02,该区域参与燃烧的空气比例将为 25%～45%。该百分比随着燃烧室出口温度的升高而增加。可以计算补燃进气孔参与燃烧的气流百分比,以保证该区域 PHI＝0.6;用于掺混稀释的空气流量比例取决于可用于冷却的与可用于出口温度控制的空气的平衡;(b) 质量流量可通过图(a)中提供的 PHI 值和设计点燃料流量、压力及温度推算出;随后燃烧室面积可通过 Q 曲线和图(b)中提供的马赫数准则推算;主燃区出口马赫数仅基于主燃质量流量;对于环腔/进气孔来说,温度为压气机出口值,但在主燃区之后则为化学当量温度。

油气比及当量比

当量比的定义是局部油气比与相应的化学当量值之比(见公式 F5.7.5)。化学当量油气比是指燃料的量刚好满足与全部空气燃烧时的油气比,可通过公式 F5.7.6 计算。在海平面静止最大额定状态时,主燃区及补燃区的当量比设计准则分别为 1.02 和 0.6。通过这些准则,可评估出主燃区及补燃区所需的空气量。最终算出主燃区的温度约为 2300 K,补燃区的温度约为 1700 K。

在设计点,主燃区往往需要略富于化学当量以避免低工况时的贫油熄火。另外,可以引入少量的空气用于壁面冷却,它们直到补燃区才参与燃烧过程。

剩下的空气进入火焰筒掺混区,通过掺混稀释将燃气温度降低至涡轮进口所要求的水平。通过合理的排布,掺混孔可以用来控制燃烧室出口平面温度分布(如下讨论),以应对涡轮导向器叶片和涡轮转子叶片的氧化和蠕变问题。

出口温度分布

图 5.25 展示了环形燃烧室出口平面处的周向和径向温度分布。对于一个给定的燃烧室设计,这些温度分布情况可通过两个指标来定量描述。

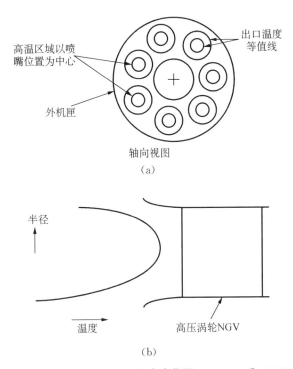

图 5.25　燃烧室出口温度分布变化图——OTDF 和 RTDF

(a) 周向温度分布——整体温度分布系数(OTDF)
(b) 径向温度分布——径向温度分布系数(RTDF)

注:(a) OTDF 等于出口温度峰值减去出口平均温度再除以燃烧室平均温升;(b) RTDF 等于周向平均出口温度峰值减去出口平均温度再除以燃烧室平均温升。

OTDF(整体温度分布系数)由公式 F5.7.7 定义,是燃烧室出口平面内峰值温度和平均温度之差与燃烧室平均温升之间的比值。OTDF 是无法预测的,必须通过试验台架或发动机上的测量来获取。试验台架可以使用横向传动齿轮,而在发动机中,则可以在涡轮导向器叶片上使用示温漆。由于峰值温度严重影响涡轮导向器叶片的寿命,因此早期的量化对研制项目来说是十分必要的。需控制 OTDF 不超过 50%,小于 20% 则更理想。

RTDF(径向温度分布系数)也由公式 F5.7.7 定义。它与 OTDF 相类似,但使用周向平均值来计算。该参数决定了涡轮转动叶片的寿命,这是由于转动叶片感受到的是一个径向平面上的周向平均温度。需控制 RTDF 小于 20%。

5.7.7　基本效率和尺寸确定准则的应用

算例 C5.3 阐明了此处提供的基本尺寸定义准则的应用。

5.7.8　工业燃气轮机的干式低排放燃烧系统

如今氮氧化物（NO_x）、一氧化碳（CO）及未燃碳氢化合物的低排放对燃烧系统来说已是必不可少的。对于工业燃气轮机而言，低排放显得尤为重要。干式低排放 DLE 在工业燃气轮机的很多应用中已经成为强制性的要求。"干式"意味着不通过往燃烧室中注入任何水或水蒸气来降低火焰温度进而降低 NO_x 排放。对于这些地面燃气轮机，相关法规要求在较宽的运行范围内，NO_x 及 CO 的排放需要同时小于 10～42 百万分体积比（vppm），具体取决于地理位置。而常规的燃烧室的排放在 250 vppm 左右。

实际上，所有工业燃气轮机的设计方案均在燃烧室外预先混合燃料和空气，形成均匀混合物，随后在燃烧室中燃烧。由于燃烧室内的局部高温或低温区域将分别产生大量的 NO_x 或 CO，因此预混的设计是必不可少的。与天然气相比，柴油预混的难度大得多，因为在相同的温度和压力下，柴油的自燃延迟时间较短。图表 5.6 展示了均匀混合物燃烧所产生的 NO_x 及 CO 的排放水平与燃烧温度之间的对应关系。为了在基本负荷下同时实现 NO_x 及 CO 的低排放，主燃区必须在 1850 K 附近的温度范围内贫油燃烧，该温度远低于常规燃烧室在 2300 K 附近的燃烧温度。然而，在发动机收油门时，这带来一个重大的问题：贫油熄火发生在 1650 K 附近，这使得允许工作的范围太窄。该问题将在 5.8 节中继续讨论，在该节中将介绍有关的实际设计，如可变几何结构、串联和并联燃料分级系统。上述串联和并联燃料分级系统涉及额外的燃料喷射点，根据不同功率水平而切换。在设计点和非设计点状态，燃料分级系统对发动机总体性能的影响都只是稍许增大了燃烧室进口扩压器或/和壁面的压力损失，然而它们会显著增加控制的复杂程度。

有关 DLE 设计方案的全面介绍超出了本书的范围，然而参考文献[16]—[19] 提供了很好的介绍。粗略地说，并联分级系统的长度与常规燃烧室的相同，但燃烧室面积要增加。串联分级系统的面积与常规燃烧室的基本相同，但其长度需增加到两倍。在一些实例中，如参考文献[18]所述，建议将常规环形燃烧室替换为一系列径向放射形火焰罐，从而在保持压气机与涡轮之间原始距离不变的情况下达到所需的燃烧室长度。

5.8　燃烧室——非设计点性能

5.8.1　效率和温升

图表 5.5 可用来确定发动机非设计点性能模型中的燃烧效率。通过已知的进口条件和燃烧室容积，可计算出负荷，之后在选定的数字化曲线上插值来得到相应的效率。公式 F5.7.8 提供了一个多项式，它对应于满足所有关键设计准则（见 5.7

节)的无约束设计。事实上,油气比是图表5.5的第三个维度,但其影响较小且依赖于燃烧室的设计。由于没有通用的图表,因此前期模型可以忽略油气比的影响。

在第3章中提供的燃烧室温度的关系同样适用于所有非设计状态。

5.8.2 压力损失

冷态和热态压力损失可通过公式F5.7.9和F5.7.10来推算。其中的常数可由设计点已知的压力损失百分比和进出口参数计算。

5.8.3 燃烧室稳定性

如果燃料正确地喷射入一个设计良好的燃烧室,则稳定性主要是一个与气流速度、绝对压力和温度相关的函数。较低的速度有助于火焰稳定性,同时较高的进口压力和温度能通过创造更高的油气分子密度或更高的分子活性来促进燃烧。上述三个变量全包括在负荷参数中(速度是间接包含的)。由于燃烧始于主燃区,因此对于稳定性关联关系,仅采用主燃区的空气流量及容积来计算负荷。实际上,这样计算的结果与采用总的火焰筒容积和质量流量的结果之间没有显著的差别。当量比可以通过总的燃料流量与主燃区的空气流量来推算。

图表5.7展示了通用的燃烧室稳定性边界,反映了主燃区当量比与负荷的关系。负荷的极限值在 $1000\,kg/(s \cdot atm^{1.8} \cdot m^3)$ 附近,高于该值的燃烧是不现实的。速度是造成上述现象的主要原因。随着负荷的降低,可燃当量比的区间范围增大。除负荷外,也可以用主燃区出口速度作为自变量来绘制富油熄火和贫油熄火油气比随之变化的图表,该图表包含与绝对压力和温度相对应的一系列曲线。

对于非设计点的运行,进入主燃区的空气量占燃烧室进气量的份额为定值,因此主燃区油气比可以通过燃烧室进口总质量流量及燃料流量推算。由于其他部件往往在富油熄火前就会超温,所以在发动机中,富油熄火罕有发生。然而,贫油熄火对于燃烧室确实是一大威胁,由于准确的贫油熄火曲线高度依赖于每个燃烧室的独特设计,因此该曲线必须通过台架试验获取。不过,图表5.7中的数据依然可以作为合理的初步参考。

此外,有种名为轰鸣(rumble)的不稳定性可能在贫油混合物燃烧时发生。其特征是燃烧过程产生频率为 $300 \sim 700\,Hz$ 的噪声。

5.8.4 贫油熄火与环境条件和飞行马赫数的关系

如图表5.7所示,对于工业、船舶及机动车辆发动机,随着发动机收油门至慢车状态,负荷仅少许增高。主燃区当量比在典型情况下从1降至慢车状态时的0.4左右,在急减速过程中,供油相对于稳态要额外减少 $30\% \sim 50\%$ 左右。图表5.7表明贫油熄火发生在0.25当量比附近,因此即使在慢车状态,可允许的欠供油量为40%左右。减速调节计划的设计就是为了防止贫油熄火的发生,有了设计良好的系统及较宽的欠供油允许范围,才可以消除贫油熄火的威胁。

对于航空发动机,高海拔是贫油熄火更苛刻的非设计状态。图表5.7还展示了涡扇发动机关键工作状态的负荷和油气比的典型变化。最恶劣的情况通常是在最高海拔、最低飞行马赫数下减速至接近慢车状态。然而,最恶劣情况可能发生在中等海拔高度,这取决于慢车调节计划。与工业燃气轮机截然不同的是,航空发动机的燃烧室负荷在减速至慢车状态时显著增大,因此必须格外小心,以确保稳定性边界在整个工作包线内都符合要求。

5.8.5　起动与再起动——点火、联焰及再点火

第 9 章详细描述了起动与再起动的各个阶段。在冷运转后,必须向燃烧室计量提供燃料并将其点燃。通常点火器安装在两个不同的位置,一旦点火成功后,火焰必须联焰至其余的燃烧器或火焰筒。典型的点火边界如图表 5.7 所示,对于每个独特的燃烧室设计,准确的边界同样必须通过台架试验获取。着火发生在主燃区当量比介于 0.35～0.75 之间的时候,具体值部分取决于负荷。着火后即刻的燃烧效率大约为 60%～80%。

如第 9 章所述,对于航空发动机,再起动包线内的再点火能力是至关重要的。在高空低马赫数状态时,进口压力及温度较低,因此负荷较高,此时再点火是一个特殊的挑战。如 5.7 节所述,燃烧室的设计应确保在该飞行条件下风车运行时的负荷小于 $300\,kg/(s \cdot atm^{1.8} \cdot m^3)$。此外,尽早在台架试验项目中测量高空再点火性能也是至关重要的。

5.8.6　燃烧室台架试验

图 5.26 展示了一个典型的燃烧室台架。空气进入并通过如第 11 章介绍的文丘里管测量段。空气被压缩,如果必要也被加热,以提供符合发动机测试工况的进口压力和温度。随后空气进入燃烧室试验段,在该处与燃料发生燃烧,最后经由扩压段和节流阀流出。对于环管系统,可以测试单个头部,以此减小台架设施的尺寸。对于一个新的燃烧室设计,在任何研发发动机试车前必须先进行燃烧室台架试验,并至少确定下述特性:

- 燃烧效率与负荷和油气比之间的关系。
- 通过无燃料的流动试验获得的燃烧室冷态损失压力系数。
- 燃烧室富油和贫油熄火边界。
- 燃烧室点火边界。

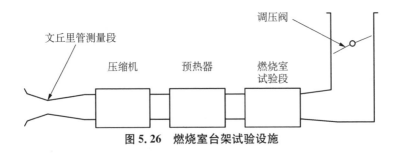

图 5.26　燃烧室台架试验设施

- 通过示温漆和/或热电偶获得的燃烧室壁温。
- 通过横向移动的热电偶耙或示温漆获得的 OTDF 和 RTDF。
- 通过位于排气出口、采样点覆盖率高的十字形探针获得的污染排放数据。

如果试验台架无法达到发动机的全压,则必须设定到与所考虑的发动机状态相同的进口换算流量 $W\sqrt{T}/P$。然而,绝对压力的不同使得负荷随之变化,因此在解读试验结果时要审慎。石英玻璃观察窗口对台架而言价值很大。在有机玻璃燃烧室模型内使用水和空气进行冷态试验也是获得满意的气动结果的极有价值的一种方法。

5.8.7　工业干式低排放系统

5.7.7 节介绍了工业燃气轮机 DLE 系统,并提到该系统在部分功率时贫油熄火可能性增加,这是由于基本负荷工况下主燃区处于预混贫油工作状态。为了克服上述问题,必须在可变几何结构或燃油分级两种解决方案中选其一。除此以外,还要使用一个常规的燃油喷嘴,以照顾到起动和低功率运行状态。

在几何可变的系统中,当发动机收油门时,进入主燃区的空气量要减少,以此保持 1850 K 左右的温度。剩余的空气溢入补燃区。

在并联燃油分级系统中,主燃区内有大量的燃烧器。当发动机收油门时,其中的一些要关闭,以此使得仍在工作的燃烧器周围的燃烧温度保持在 1850 K 左右。在串联燃油分级系统中,基本负荷时主燃区供油使温度到达 1850 K 左右,而补燃区供油的温度目标稍低一些。当发动机收油门时,计量的燃料供给主燃区以保持 1850～1900 K 的温度,从而提供一个避免贫油熄火的安全裕度,剩余的燃料溢入补燃区。由于上游主燃区的热量进入了补燃区,因此补燃区可在部分功率状态时运行到明显更低的出口温度而不会出现贫油熄火。图 5.27 展示了这些部分功率时的温度曲线。另一种方式是使用扩散火焰(即常规富油燃烧)预燃室以提供稳定性,再加上预混主燃级,两者之间的燃料分配是可变的。

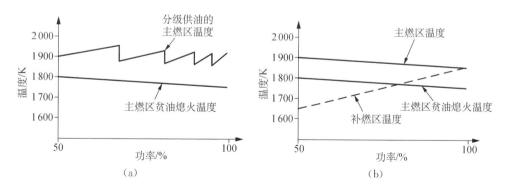

图 5.27　干式低排放燃烧——部分功率温度趋势

(a)并联分级　(b)串联分级

注:在部分功率时,主燃区贫油熄火温度会因 T31 和 P31 的降低而少许上升。

通过上述讨论可以清楚看到,DLE燃烧系统为非设计点和瞬态时的发动机性能以及控制系统设计引进了另一个维度。

5.9　轴流式涡轮——设计点性能和基本尺寸的确定

涡轮从气流中提取功率,然后驱动发动机压缩部件,或者对于动力涡轮,则是驱动负载,例如螺旋桨或发电机。参考文献[1]、[4]和[20]全面介绍了轴流式涡轮设计。5.11.6节和5.11.7节描述了对于各类应用选取轴流式或径流式涡轮的原因。5.15节讲解了涡轮叶片和盘的冷却。

5.9.1　构型和速度三角形

图5.28展示了单级轴流式涡轮构型。一个涡轮级包括一排导向叶片(NGV)和跟着的安装在盘上的一排转子叶片。带叶冠的转子叶片降低了叶尖间隙的损失,并且大多都相互锁定,从而提供机械阻尼。然而,叶冠也增大了应力水平。对于多级涡轮,叶片在环面内依次排列,各个盘由锥形结构相连并形成鼓筒。

图5.29展示了中径线上NGV和转子叶片叶型及进口、出口速度三角形,以及气流通过涡轮级时主要气动热力参数的变化。高温高压气体通常以小于0.2的马赫数沿

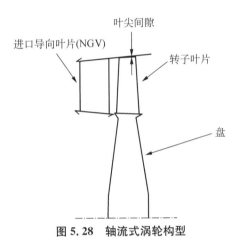

图5.28　轴流式涡轮构型

注:图5.29展示了叶片流道细节。

轴向进入第一级导向叶片,然后通过减小流通面积而被折转加速。平均的NGV出口马赫数可能在0.75至超声速之间。在这个过程中,没有功或热的传递,仅有由于摩擦和湍流带来的很小的总压损失。总温保持不变,除非有额外加入的冷却空气,静压和静温则会由于气流的加速而降低。

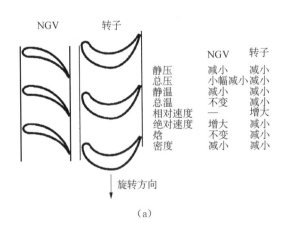

（a）

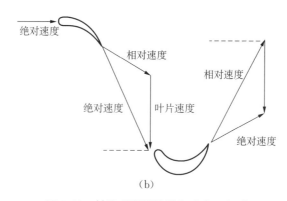

图 5.29　轴流式涡轮流道和速度三角形

(a) 中径线叶片流道　(b) 设计点速度三角形

注:转子的相对进口和出口气流角与转子叶片角度相
近;静子的绝对进口和出口气流角与静子叶片角度相近。

经过转子,功率通过切向分速度的变化而被提取出来;就如压气机一样,欧拉功等于切向分速度的变化乘以转子叶片速度。总温和总压在此过程中降低。相对速度提高,而相对总温保持不变。和压气机相似,功率可以由公式 F5.9.1 和 F5.9.2计算得出。

5.9.2　缩放已有的涡轮

5.1.2 节中关于线性缩放压气机的所有论述同样适用于涡轮。除此之外,出口旋流角度保持不变。

5.9.3　效率(公式 F5.9.3 和 F5.9.4)

如公式 F5.9.3 和 F5.9.4 所定义的,等熵效率是在给定的膨胀比下,实际输出的单位功或总温的下降除以理想值。

正如压气机那样,多变效率定义为膨胀过程中的一个无穷小步长的等熵效率,其在整个过程中为常数。如参考文献[1]所描述,它考虑到了在多级涡轮中后面几级的进口温度较低,因此同样的压降下输出较少的功。虽然多变效率并没有直接在设计点计算中用到,但它的重要性在于使得不同膨胀比的涡轮可以在相同的条件下进行比对。如果不同的涡轮具有相同的技术水平、几何设计自由度(如迎风面积)和单级膨胀比,那么无论总膨胀比是多少,它们的多变效率将是相同的。用来转换这两个效率的公式和图表见第 3 章的公式 F3.44 和图表 3.17。

基于参考文献[21]的图表 5.8 通常被称为 Swindell 或 Smith 图,它展示了随负荷(公式 F5.9.5)和轴向速度比(公式 F5.9.6)而变化的等熵效率的等值线图。除了可以用来很好地比较不同设计方案外,该图还可以用来对给定设计可达到的效率做出初步判断。以下事项需注意:

- 该图表对应于 3D 正交气动设计所能达到的最高技术水平、流通能力大于 10

kg√ K/(s・kPa)[①]的大叶片(例如用于大型发动机低压涡轮或动力涡轮的)、无影响气路的气动力学的冷却空气、无风阻损失、50%反力度、零叶尖间隙以及无其他几何设计折中。

- 在实际可行的设计中，当以上优点均具备时，最高效率可达到 95%。
- 对于叶片技术水平低下对应的另一个极端，由图表 5.8 得到的数值要下调 3 个百分点。
- 对于低的流通能力[约 0.1kg√ K/(s・kPa)[②]]，图表 5.8 中的水平还需要进一步下调约 3 个百分点，而且效率的损失在尺寸范围的底端增加得更快。
- 位于以上两个基准水平之间的涡轮效率对应中等技术水平，或者是下面介绍的一些其他关键设计参数因几何或机械约束而不能设在最优水平。
- 冷却空气同样会降低可达到的涡轮效率水平。作为一阶近似，对于每 1% 的转子叶片冷却空气，由图表 5.8 得到的效率数值应按下述方式下调。这些值都基于性能模型计算的，假设这些冷却空气在转子叶片排中不做功(见 5.15 节)。

　　每 1% 吸力面的气膜冷却空气，效率下调 1.5%。

　　每 1% 上游注入的转子叶片叶冠冷却空气，效率下调 0.5%。

　　每 1% 尾缘冷却空气，效率下调 0.5%。

　　每 1% 前缘或压力面冷却空气，效率下调 0.25%。

- 如适用，NGV 的敏感性系数约是上面转子叶片的一半。
- 叶尖间隙是不可避免的，它所造成的效率损失在 5.10.8 节中讨论。

5.9.4　基本尺寸确定的指导

进口马赫数

为了使上游流道的压力损失最小，并保证气流沿 NGV 表面各处均为加速，第一级的平均进口马赫数理想情况下需小于 0.2。它可能在接下来的各级中升高。

转子叶片进口轮毂相对马赫数

该值必须小于 0.7，以保证气流在整个叶片通道内相对于叶片一直保持加速。如果发生扩压，可能会导致分离以及压力损失增加。NGV 出口角应在 65°～73°。

转速

在通过级负荷和轴向速度比来优化效率的同时，转速的设定还必须保证轮缘速度、叶尖速度以及 AN^2 都位于机械完整性所能接受的限制范围内。它也必须是权衡其所驱动设备的转速需求之后的结果。

级负荷(公式 F5.9.5)、膨胀比和级数

与轴流压气机相同，级负荷是一个用来衡量每级所承担的任务难度的无量纲参数。对于大多数发动机，中径线上的典型值为 1.3～2，高的数值对应于前面级。这导致了每级的膨胀比在 2:1～3:1。在可接受的效率水平内，单级的最高可行膨胀

---

① ② 原文温度单位 K 缺少了根号。——校注。

比能达到 4.5：1，这将子午收缩角设计准则用到了极限。级数是在低负荷和高效率或者高负荷和低成本及重量之间的权衡结果。小型的消耗性 RPV 发动机有着最高的负荷。

轴向速度比（公式 F5.9.6）

这是轴向速度与转子叶片速度之比，又被称为流量系数或 Va/U。在已知面积、质量流量、总温和总压的情况下，环形通道内任意点的轴向速度可以根据 Q 曲线得到。可以假设这个值在整个环形通道内为常数。对于一个给定的级负荷，最佳效率对应的中径线轴向速度比很容易从图表 5.8 获得。然而，如果迎风面积是最重要的，则可以选取一个更高的轴向速度比。

子午收缩角

这是内环或外环壁面与轴向的夹角。这些角度一般保持低于 15° 以避免气流分离。

轮毂比

为了使二次损失降到最低，轮毂比应该高于 0.5，但是又得低于 0.85，因为随着叶片高度降低，叶尖间隙的影响将增大。这些数值也与合理可行的应力水平相称。

展弦比（公式 F5.1.8）

展弦比的定义与轴流压气机的一样，基于轴向弦长的该参数理想值在 2.5～3.5，然而对于低压涡轮，该值可以高达 6。

轴向间隙

为了避免叶片振动问题，这个值应取上游轴向弦长的 0.25 倍左右。

反力度（公式 F5.9.7）

这是转子前后的静压或静温的下降值与整个级前后的相应值之比。为了达到最佳的效率，中径线反力度应在 0.5 左右，然而对于转子叶片温度位于蠕变或氧化边界的情况，该值可能低至 0.3。这将增加 NGV 出口和转子叶片进口的相对速度，降低静温，进而降低叶片金属温度。这还会降低轴承必须承受的向后的轴向推力载荷。轮毂反力度理想值应始终高于 0.2。

AN^2

这个参数是沿转子叶片中间位置的环面面积与叶片转速平方的乘积。如参考文献[20]所示，叶片所受应力与 AN^2 成正比。对于高压涡轮各级转子叶片的蠕变寿命和低压涡轮各级盘的应力，这是一个关键的强度参数。对于蠕变寿命，AN^2 的许用值必须从材料蠕变曲线得出，该曲线反映了恒定的金属温度下应力与寿命的关系。对于技术水平低、无冷却的小型工业高压涡轮，该值可以低至 $20 \times 10^6 (r/min)^2 \cdot m^2$；与之相反，对于技术水平高的重型发电发动机的末级涡轮，由于温度较低，该值可以高达 $50 \times 10^6 (r/min)^2 \cdot m^2$。盘应力对应的 AN^2 许用值还取决于轮缘速度，这在下面进行讨论。

轮缘速度

考虑到盘所承受的应力，对于高压涡轮，轮缘速度必须限制在 400 m/s 左右。

对于低压涡轮的末级，如果设计中使用了 $50 \times 10^6 (\text{r/min})^2 \cdot \text{m}^2$ 的 AN^2 上限，那么轮缘速度则必须限制在 350 m/s 左右。

末级出口马赫数

涡轮末级出口马赫数应该在 0.3 左右。最高许用值是 0.55，如果超过该值，在下游的扩压流道中，例如排气装置、延伸管或涡轮间过渡段，可能会发生急剧的气流分离。一个新的设计应始终位于该范围带的较低区域，因为发动机几乎总会要求一定程度的推力或功率升级，伴随而来的是更高的流量进而更高的出口马赫数。

末级出口旋流角

为了降低下游流道压力损失（见 5.13 节），中径线上的该角度数值应小于 $20°$，而理想值为 $5°$。

5.9.5 基本效率和尺寸确定准则的应用

算例 C5.4 展示了如何使用这里讨论的基本效率和尺寸确定准则。

5.10 轴流式涡轮——非设计点性能

5.10.1 涡轮特性图

当涡轮几何形状在设计点固定后，可以做出涡轮特性图来定义所有非设计点的性能。最常用的特性图形式如图 5.30 所示。图 5.30 展示了不同换算转速下的流通能力（换算流量）、效率和出口旋流角与功参数（dH/T 或 CP·dT/T）的关系。对于每一条换算转速线，都有一个最大流通能力，无论 CP·dT/T 如何增加，它都不会被超过。这一个工作区域称为堵塞。对于如图 5.30 所示的特性图，所有换算转速线的堵塞流通能力均相同。这一般是 NGV 发生了堵塞的情况，当堵塞发生在转子叶片时，这些线会分开；当换算转速增加时，堵塞流量由于转子喉部的密度下降而略有降低。极限输出或极限负荷是特性图上的一点，超过这个点以后，即使膨胀比再增大，也没有额外的功率输出。在这种情况下，激波从转子叶片喉部移至尾缘，因此其空气动力学特性不再受到下游压力的影响。

如果忽略次要因素，如雷诺数效应，对于一个进口气流角固定的涡轮，则以下成立：

- 对于一个固定的涡轮几何形状，特性图是唯一的。
- 涡轮特性图上的工作点取决于其周边部件，而不是涡轮本身。
- 特性图上的每一个工作点都有一个唯一的速度三角形（用马赫数来表示）。
- 膨胀比、CP·dT/T 和效率用公式 F5.9.3 和 F5.9.4 关联在一起，因此事实上这三个参数中的任何两个都可以用作为特性图的纵坐标。

对于给定的涡轮几何形状，建立涡轮特性图的气动热力设计方法很复杂，并且需要用到大量的计算机代码。参考文献[21]和[23]描述了相关方法。

5.10.2 线性缩放涡轮对特性图的影响

5.1.2 和 5.2.2 节讨论了线性缩放压气机硬件对压气机特性图的影响。对于涡

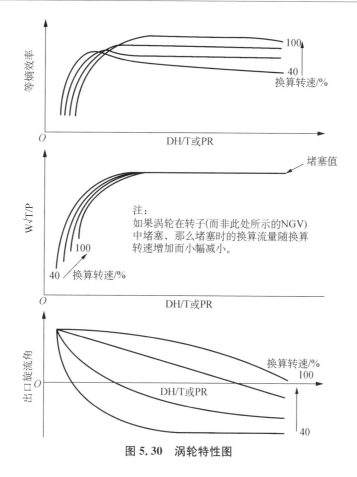

图 5.30　涡轮特性图

轮特性图,这些准则同样适用,例如,如果图 5.30 使用第 4 章中的缩放参数来绘制,那么作为一阶近似,当设计被线性缩放时,该图也不会改变。

如果是线性缩小至一个尺寸较小的涡轮,那么可能无法保证所有尺寸都得到不多不少的缩放,例如叶尖间隙及尾缘厚度,这将给等转速下的流通能力、膨胀比和效率带来更多损失。此外,还必须考虑雷诺数的影响,如下所述。

5.10.3　雷诺数和进口温度的影响

如同图 5.6 所示的压气机特性图,严格意义上雷诺数对于涡轮特性图也是第四个维度。在某一换算转速和 CP·dT/T 下,流通能力和效率都有少量的减少。然而在涡轮中,由于压力和温度都比较高,雷诺数很少会降低到临界值以下以致造成影响。公式 F5.10.1—F5.10.3 展示了针对雷诺数效应的特性图修正。

正如压气机一样,因绝对温度的变化引起的涡轮几何尺寸的变化只有三阶的影响,可以忽略不计。

5.10.4　工质的变化

当使用无量纲参数绘制特性图时,如图 5.7 所示的压气机那样,作为一阶近似,对于固定的进气角,特性图对所有的线性缩放和工质都是唯一的。涡轮特性图一般是像图 5.30 那样根据换算参数生成的,使用的是干空气的气体性质。在实际情况下,这些性质会因燃烧产物的存在、也许还有空气湿度或注入水或蒸汽而发生变化。第 3 章描述了如何计算得到新的气体性质。

大多数发动机非设计点模型均使用针对干空气的特性图,并按压气机(图 5.7)和第 12 章所述方式来处理可能的气体性质变化。

5.10.5　将涡轮特性图装入发动机非设计点性能模型

图 5.31 展示了如何对涡轮特性图进行数字化处理、然后将之整理成三个表格,以供发动机非设计点性能模型加载使用。这个特性图在此类模型中的使用在第 7 章中进行了讨论。发动机起动模型采用的特性图使用了其他的替代变量(见 5.10.7 节的描述)来帮助模型收敛。

5.10.6　进口气流角的影响——可调面积 NGV

如 5.10.1 节所述,只有在固定的进气角度下,涡轮特性图才是唯一的。如果角度发生变化,则会引起某一换算转速下流通能力和效率二阶的下降。这一点与压气机对比鲜明,压气机进气旋流的影响非常强烈。这是因为对于涡轮,第一排叶片就是 NGV,其前缘圆钝,可以容忍攻角的变化,并且其喉部位于尾缘而不是前缘。再则,气流在 NGV 通道内是加速流动的,而且即使发生任何分离,只要 NGV 出口气流角不发生变化,气流仍可重新附着。

可变面积 NGV(VAN)偶尔在回热循环的低压或动力涡轮中使用,以维持在部分功率时高的涡轮流道温度,进而高的热量回收。相比压气机的 VIGV 或 VSV,由于要在温度高得多的环境中运行,NGV 旋转轴的操作机构昂贵且复杂。考虑到工作环境的极端温度和多方面的冷却需求,在高压涡轮中使用可调 NGV 并不实际。每一个 NGV 角度代表了一个唯一的几何形状,所以具有其自身的涡轮特性图。因此必须将对应每个 VAN 角度的一整套图 5.30 那样的涡轮特性图装入非设计点性能程序。这类特性图的使用和 VAN 角度的

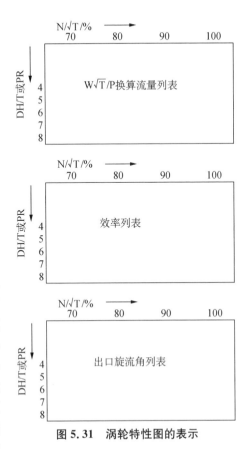

图 5.31　涡轮特性图的表示

控制计划在第 7 章有更多介绍。

5.10.7　特性图低转速区域的特殊性

在起动或风车期间的低转速下,涡轮一般不会表现出非正常的运行模式,例如压气机章节中描述的"搅拌机"现象。通常它还是表现得如一个涡轮,除了在零转速时表现得就像一排叶栅,虽然有压降,但是总温没有变化。

在接近做功为零的情况下,流量曲线在常规特性图上非常陡峭,并且效率的定义变得意义模糊。为了克服这些困难,会采用其他的替代参数组来将特性图加载到起动和风车模型中。参数组 $N/\sqrt{T}$ 和 $CP \cdot DT/N^2$ 用来读取特性图,从中获得 $W \cdot T/(N \cdot P)$ 和 $E \cdot CP \cdot DT/N^2$。为了生成新的特性图,现有的版本很容易转换为这种形式,因为新的参数组就是现成参数组的简单组合。然后新的特性图被绘制出来,并外延至低转速和低做功区域,转速为零必须与做功为零相吻合是不言而喻的。

5.10.8　叶尖间隙变化的影响

叶尖间隙是转子叶片和机匣之间的径向间距。它相对于叶高的比例必须在 $1\% \sim 2\%$,具体取决于布局设计和尺寸。这一数值比轴流压气机的更高,因为涡轮的瞬态热增长更大。叶尖间隙均方根值(rms,公式 F5.2.4)增加[1] 1%,效率会降低约 1%。这个量反映的是带叶冠的转子叶片,它具有"叶尖挡板",可以从叶尖漏气中提取额外的功。无叶冠的转子叶片则只有一个简单的缝隙,因此叶尖间隙影响更大。这个影响可以用叶片顶部凹槽结构来降低,即叶片顶部有很薄的一部分凸出来[2],并在发动机磨合过程中经受磨削,以此产生可实现的最低间隙。

5.10.9　对特性图加载因子和增量

通常在发动机概念设计阶段,可能需要一个涡轮特性图来预测非设计点性能,但是此时它还没有通过涡轮设计软件生成出来。就如压气机一样,常用的做法是在来自相似设计的涡轮特性图上加载因子和增量(见公式 F5.10.4),以使其设计点对上所需的状态。这不应与线性缩放涡轮混淆,在后者中仅仅特性图的形状被用来进行早期发动机非设计点性能建模。一个新的涡轮气动设计仍然是需要的。

5.10.10　涡轮台架试验

涡轮台架试验在整机试车前进行,并且仅针对最高技术水平的发动机。这是因为能够提供代表性进口条件的试车台价格昂贵且操作复杂,它需要单独控制的大型加热器和压气机。涡轮输出功率被水力制动器或测功器吸收,以此保持换算转速为常数,并且通过改变出口节流阀来获得该转速线的特性。

5.11　径流式涡轮——设计

在径流式涡轮中,气流方向从径向向内转变为轴向。这样,相比于仅仅通过改

---

① 原文误为"decrease"。——校注。
② 叶片顶部其余部分则构成凹槽。——译注

变气流角度和环面流道的轴流级设计方式,径流式涡轮具有大得多的面积比,进而具有大得多的膨胀比。

参考文献[4]和[24]提供了径流式涡轮设计的更多细节。参考文献[25]—[27]中描述了实际设计的细节。

5.11.1 构型和速度三角形

图 5.32 展示了径流式涡轮的典型叶片通道构型。一个涡轮级包括一圈涡轮导向器叶片(NGV),接着是一个被称为"叶轮"的叶片盘。与轴流式涡轮大不相同,此处气流几乎沿径向方向进入 NGV。对于涡轮进气流道采取何种几何形状以满足这个需求,主要取决于燃烧室类型。例如,如果使用环形燃烧室,则环形的涡轮进气流道必须在 NGV 上游很短的距离内将气流从轴向变为径向。径流式涡轮大多应用于使用单筒燃烧室的小型工业发动机,为此需要一个蜗壳,进而会在 NGV 进口产生一定的切向速度。用于机动车辆涡轮增压器的径流式涡轮常常取消 NGV,而仅通过蜗壳的效果在转子进口产生切向速度。

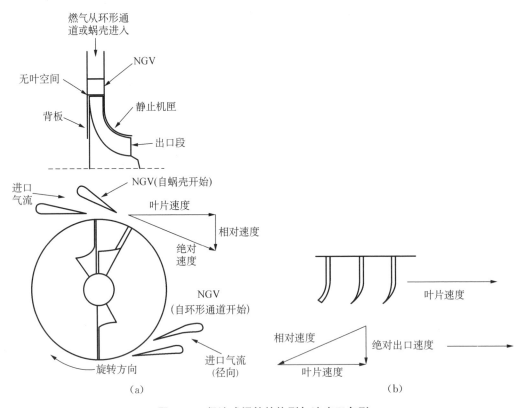

图 5.32 径流式涡轮的构型与速度三角形

(a) 径流式涡轮构型图 (b) 从出口段径向朝内观察的视图

图 5.32 还展示了进口和出口速度三角形,以及关键的热力参数在 NGV 和转子

叶片中是如何变化的,正如轴流式涡轮的图 5.29 一样。公式 F5.11.1 给出了欧拉功方程,而公式 F5.9.2 同样适用于径流式涡轮。

气体经过 NGV 会加速,其原因有两个:较小的出口半径带来面积的减少,以及气流被从径向折转到相对于径向 65°~80°的方向。平均出口马赫数可能位于 0.6 与超声速之间,后者适用于非常高的膨胀比设计。在这个过程中,没有功或热的传递,仅有由摩擦和湍流造成的微小压力损失。总温保持不变,而静压和静温均因为气流的加速而降低。

功通过转子前后切向速度的变化而被提取出来,由此产生了扭矩。为了达到这些速度,需要总压的降低,并伴随着总温的下降。在使气体膨胀的同时,转子还使气流从径向转到出口的轴向。

5.11.2 缩放已有设计

5.9.2 节对轴流式涡轮的描述同样适用于径流式涡轮。

5.11.3 效率

5.9.3 节定义的等熵和多变效率,以及公式 F5.9.3 和 F5.9.4,同样适用于径流式涡轮。如同离心压气机,效率与比转速(见 5.3 节)相关联,这和轴流式涡轮大不相同。最常见的定义如公式 F5.11.2 所示。总对总与总对静效率两种形式均有应用,后者使用出口静压,因为出口动压头已全部损失掉了。虽然总对总效率适合于循环计算,但是高的出口马赫数将不可避免地增加下游压力损失,因此用总对静效率来比较不同的涡轮设计是一个公平的方式。

图表 5.9 展示了在给定的 NGV 出口角度下总对总等熵效率与比转速的关系。该图表是针对高技术水平、大尺寸($0.5\,\mathrm{kg}\sqrt{\mathrm{K}}/\mathrm{s\,kPa}$)以及其他几何尺寸符合 5.11.4 节设计准则的情况。对于最小尺寸($0.05\,\mathrm{kg}\sqrt{\mathrm{K}}/\mathrm{s\,kPa}$)以及未使用 3D 气动代码进行设计的情况,必须在所展示的效率水平上减去多至 3 个百分点。图表 5.9 可以在设计点计算时用来评估径流式涡轮效率。

效率对应的最佳比转速在 0.6 左右。因此对于一个给定的设计,一旦确定了需要的质量流量与膨胀比,出口体积流量和焓降便可以计算出来,而且为了达到这个最佳比转速而所需的转速也可以推算出来。随着设计的推进,其他的约束条件可能会引起转速发生变化,使得比转速偏离最佳值,因而效率有所降低。

5.11.4 基本尺寸确定的指导

径流式涡轮的关键尺寸参数的设计准则如下所述。这里的许多参数也常用于其他叶轮机械,因此其定义在之前章节给出。

进口马赫数

为了使得上游流道中的压力损失最小,并保证气流沿 NGV 表面各处均为加速,该参数理想值应该小于 0.2。

转速

转速的设定必须确保其轮缘速度在机械完整性可接受的限制范围内,同时还需考虑通过比转速来优化效率。它必须还是权衡其所驱动设备的转速需求之后的结果。

比转速

如同离心压气机，比转速是一个无量纲参数，并可以用来关联效率。图表5.9展示了涡轮效率对应的最佳比转速。图5.33展示了在低的和高的比转速下根据设计准则得到的典型几何形状。

膨胀比、级数

在可接受的效率水平下，单级涡轮实际可以达到的最高膨胀比在8∶1左右。很少认真考虑两台径流式涡轮串联使用，因为涡轮间过渡段的设计十分复杂，并且在其最常应用的小型发动机中很少有足够的膨胀比。一个常见的构型是一台单级径流式涡轮驱动一台高压比的燃气发生器压气机，接着的是一个轴流式自由动力涡轮用以驱动负载。

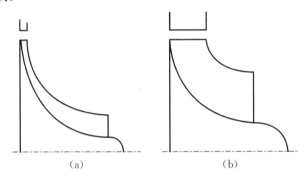

(a)　　　　　　　　　　(b)

图5.33　比转速对径流式涡轮几何形状的影响

（a）比转速＝0.25　（b）比转速＝1.2

注：比转速的值是无量纲的。

叶轮进口叶尖速度与直径

叶轮进口叶尖速度根据公式F5.11.3计算。因此当转速得到确定后，叶尖直径即可计算出来。

NGV高度

图表5.10展示了效率对应的NGV高度与转子进口直径之比的最佳值与比转速的关系。该值随比转速提高而增大，这反映了更高的体积流量。它应始终大于0.04，以避免过高的摩擦损失。

转子出口叶尖直径

图表5.10还展示了效率对应的转子出口与转子进口叶尖直径之比的最佳值与比转速的关系。该值随比转速提高而增大，这反映了更高的单位功与体积流量之比。它必须小于0.7，以避免不利的速度比。

转子出口轮毂比与长度

该比值必须小于0.4，以使得叶尖间隙的影响最小化。转子长度可以使用叶轮长度参数(F5.3.7)来估算。对于径流式涡轮转子,它应在 1.0～1.3。

无叶空间半径比

该值应该在 1.10 左右,以避免叶片激振。

NGV 半径比和出口气流角

NGV 出口与进口的半径比在 1.35～1.45。效率对应的最佳 NGV 出口角度可以从图表 5.9 中读取。

叶轮轮缘速度

可以使用公式 F5.11.3 计算给定负荷下的叶片叶尖速度。考虑到机械完整性,叶轮轮缘速度应该低于 600 m/s。然而,如果叶轮的背板做成带扇形凹口,即在叶片之间切去一部分,叶尖速度可以升至 800 m/s。

末级出口马赫数

对于一个好的设计,该值应在 0.3 左右。最高许用值为 0.55,如果超过该值,在下游的扩压流道中可能发生急剧的气流分离。与轴流式涡轮一样,新的设计应置于这个范围的低端,以留有将来推力或功率升级的余地。

末级涡轮出口旋流角

如 5.13 节所述,为降低下游流道压力损失,该角度在中径线上应小于 20°,而理想值为 5°。

5.11.5 基本效率与尺寸确定准则的应用

算例 C5.5 展示了如何应用上述关于基本效率和尺寸定义的设计准则。

5.11.6 径流式涡轮与轴流式涡轮的对比

此处对径流式与轴流式涡轮进行定性比对。5.11.7 节展示了它们各自适合的主要用途对应的流通能力和膨胀比范围。

轴流式涡轮有以下优点:

● 根据需求的不同,轴流式涡轮的尺寸、转速以及效率有很大的差异,因此可以设计用于非常大的负荷范围,大约在 1～2.2 之间。

● 对于高负荷设计,在给定的质量流量和压比下,迎风面积更小。

● 对于高负荷设计,重量更轻。

● 对于 $0.05 \, \text{kg} \sqrt{K}/(\text{s} \cdot \text{kPa})$ 左右以上的流通能力,轴流式涡轮具有更好的等熵效率,流通能力越大,这一优点更明显。

● 如果所需膨胀比需要使用一个以上的径流式涡轮,则涡轮间过渡段会很复杂。这导致了很少考虑多级径流式涡轮。对于轴流式涡轮,则没有这个问题。

● 制造(锻造)难度可能会将径流式涡轮叶轮的可行直径限制在约 0.6 m 以内,因此影响其流通能力和膨胀比能力。

径流式涡轮有以下优点:

● 单级径流式涡轮的膨胀比可以高达 8∶1。对于轴流式涡轮,这需要至少两级才能达到。

- 在同样的流通能力和膨胀比下,径流式涡轮的单位成本明显低于轴流式涡轮的。

- 在小的尺寸下,即当流通能力小于 $0.05\,kg\sqrt{K}/(s\cdot kPa)$ 时,径流式涡轮具有更好的等熵效率。同压气机一样,这是因为在该流量范围内,轴流式涡轮的效率随尺寸减小而急剧下降。其原因是在固定的制造公差下,叶尖间隙、叶片前缘和尾缘厚度以及表面粗糙度的相对水平都增加了。然而,这个流通能力范围对应着相对罕见的极小的燃气涡轮发动机。

- 径流式涡轮的轴向长度比两级轴流式涡轮的更短,只和一级的差不多。

综上所述,在要求迎风面积小、重量轻以及效率高的应用中,轴流式涡轮占主导地位,而且对于尺寸大的应用,它是唯一的选择。相反,在单位成本至关重要和尺寸较小的应用中,径流式涡轮具有竞争力。

5.11.7 适合于径流式和轴流式涡轮的流通能力范围

下表展示了主要发动机应用中适合于燃气发生器轴流式或径流式涡轮的流通能力范围。参考文献[28]和[29]使得读者可以查看生产中的发动机的涡轮构型。

	航空发动机/ $[kg\sqrt{K}/(s\cdot kPa)]$	工业、船用及车辆发动机/ $[kg\sqrt{K}/(s\cdot kPa)]$
径流式为主	<0.05	<0.15
根据需求选择径流式或轴流式	$0.05\sim0.1$	$0.15\sim0.5$
轴流式为主	>0.1	>0.5

对于推力发动机,直至很低的流通能力,轴流式涡轮都占主导地位。较高的成本是可以接受的,因为迎风面积小、重量轻对降低高速飞行时的阻力来说很关键。对于航空轴功率发动机,由于飞行速度比较低,径流式涡轮在所展示的流通能力范围的顶端也具有竞争力。对于工业、船用及机动车辆发动机,迎风面积小、重量轻的重要性让位于单位成本最小化,因此径流式涡轮在较高的流通能力下也具有竞争力。

5.12 径流式涡轮——非设计点性能

5.10节中关于轴流式涡轮非设计点运行的描述同样适用于径流式涡轮。

5.13 流道——设计

前面讨论的部件全都涉及功或热的传递。各式各样的流道需要用来纯粹在这些部件之间传递空气,以及将之吸入或排出发动机。对于航空推力发动机,后者这类流道承担着更重要的作用,因为进气道必须使自由流空气以最小的总压损失从高的飞行马赫数减速扩压,而推进喷管必须加速热的出口气流以产生推力。进气道和喷管的建模一般都与它们所对应的出口和进口流道结合考虑,因此本节一并给出各种流道的说明。

在流道内,通常需要支板来提供结构支撑或其他必不可少的作用,比如让滑油或冷却空气跨过流道。流道的压力损失不可小视,对于有些类型发动机,比如超声速飞机发动机和回热式机动车辆发动机,流道对整个发动机项目的成功非常关键。

在描述流道性能和基本尺寸之前,有一些关于管道流动的基本问题需要讨论。Q曲线的重要性在这里如何强调也不过分。参考文献[1]和[30]—[36]提供了更多的信息。

5.13.1　在面积变化但无做功或热传递的流道中的亚声速流动

大多数的燃气涡轮发动机流道中的气流都是亚声速的。对于无做功或热传递的流道中的亚声速流动,图5.34示意性地展示了面积变化对主要参数的影响。面积减小将会加速气流,并且降低静压和静温。总温在流道中不发生改变,然而总压会由于摩擦而有少许损失。相反,当面积增大时,速度降低,静温升高。如果面积逐渐增大形成了一个事实上的扩压器,静压也会升高;否则如果面积突然扩张,那么速度则会顿然受阻并耗散成湍流。同样地,这个过程中总温也不发生改变,但是总压会有损失。

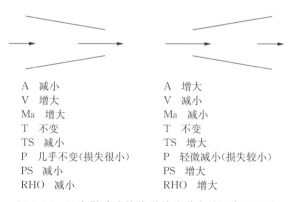

A	减小	A	增大
V	增大	V	减小
Ma	增大	Ma	减小
T	不变	T	不变
TS	减小	TS	增大
P	几乎不变(损失很小)	P	轻微减小(损失较小)
PS	减小	PS	增大
RHO	减小	RHO	增大

图5.34　没有做功或热传递的流道中的亚声速流动

因为事实上总压有损失,所以使用Q曲线只是近似方法。如果注意使用最合适的当地压力值,那么使用Q曲线带来的误差可以忽略不计,并且这是燃气涡轮发动机工业中的普遍做法。因此在流道中的某一点,如果已知Q曲线中的任一参数组,那么其他的参数组可以根据第3章中提供的图表、表格或公式得出。

5.13.2　在面积变化但无做功或热传递的流道中的超声速流动

在燃气涡轮发动机中,气流以超声速流动的流道只有航空发动机的推进喷管,以及超声速飞机发动机的进气道。图5.35展示了面积变化对超声速气流的影响,它与上述亚声速气流的情况正好相反。在这里,面积减小引起速度下降而不是上升。同样的,在流道中总温不发生变化,总压有很小的损失,并且可以使用Q曲线。

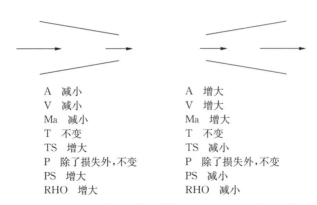

A 减小   A 增大
V 减小   V 增大
Ma 减小   Ma 增大
T 不变   T 不变
TS 增大   TS 减小
P 除了损失外,不变   P 除了损失外,不变
PS 增大   PS 减小
RHO 增大   RHO 减小

图 5.35 没有做功或热传递的流道中的超声速流动①

收敛喷管

在收敛喷管中,气流加速至喉道即出口平面。如果总压除以环境压力小于由 Q 曲线得出的堵塞值,那么气流在喉部是亚声速的。同时在这个情况下,喉部的静压则为环境压力。然而如果总压与环境压力之比大于 Q 曲线中的堵塞值,那么喉部气流速度则为声速(马赫数为 1)。此时喷管已经堵塞,并且喉部平面的静压由总压和堵塞压比得出。该静压高于环境压力,并且在喷管下游存在激波。

至于在什么地方要用收敛-扩张(即收扩)推进喷管,而不是收敛推进喷管,将在本节后面部分介绍。

收扩推进喷管

收扩喷管的形式是先收缩至喉部,然后再扩张。图 5.36 展示了总静压比和马赫数在流道中的变化。在固定的进口总压下,有 4 种不同的出口背压,从 A 线降至 D 线。对于每条线,进口总温和流道几何尺寸均不改变。用于推力发动机的实际收

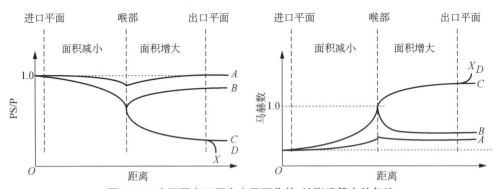

图 5.36 在不同出口压力水平下收敛-扩张喷管内的气流

注:X 为通过激波降至亚声速气流和大气静压;A、B、C、D 线的解释见正文。

---

① 原图 5.35 中箭头误为与图 5.34 一样,即"短长长短"。——译注。

扩喷管的设计应确保其总是运行在欠膨胀状态(见下文),因此只有 C 线和 D 线是真实考虑的。A 线和 B 线的讨论用来帮助理解。

A 线:气流因面积缩小而加速,在喉部仍是亚声速。在喉部之后,气流则减速直至出口。因此流道在这里的表现为文氏管。流道中的总温保持恒定,总压除了有少许压力损失外,也可以认为恒定不变。出口平面的静压就是环境压力,因此如果知道总压损失的大小,那么总压与静压之比就可以计算出来。知道了这个,再加上出口面积和流道总温,那么质量流量就可以从 Q 曲线计算出来。

C 线:出口静压较 A 线的显著更低。此时气流加速至喉部,然后流过扩张段。喉部马赫数为 1,因此该处是堵塞的,出口处气流为超声速。在这种情况下,出口平面的静压为环境压力,收扩喷管则被认为在完全膨胀运行。同样地,此处可以使用 Q 曲线,质量流量可以根据出口平面总静压比、出口面积和流道总温计算得出。从 Q 曲线可以明显地看出,由于出口平面的总静压比更高,因此相比于 A 线,C 线对应的质量流量高出很多。

D 线:出口静压较 C 线的更低。同样地,Q 曲线可以应用于此,并且在这种情况下,流道内的总静压比、进而其他 Q 曲线参数组与 C 线的一致。这包括了出口平面,因此出口气流静压高于环境压力,气流在流道外通过激波降低到环境压力。流量与 C 线的无异,即收扩喷管已经堵塞,进一步降低出口压力也不会改变这种状况。在这种情况下,喷管被认为在欠膨胀运行。

B 线:出口压力位于 A 线的与 C 线的之间,因此气流一直加速至喉部之后,喉部的马赫数为 1。然而,在扩张段途中,气流形成激波,并由此从超声速变成亚声速。气流一直加速至激波,然后在激波后开始减速直至出口。Q 曲线可以在激波前与激波后使用,但是不能用在跨激波。跨激波过程中,以下参数组发生如下变化:

- 马赫数从超声速变为亚声速。
- 总温不发生变化。
- 总压降低。
- 静温升高。
- 静压升高。
- 质量流量不变。

参考文献[1]描述了如何计算正激波以及斜激波系统中这些参数的变化,后一种激波具有更低的总压损失。

收扩进气道

对于超声速航空器,气流必须在进气道内从超声速扩压减速至亚声速。如果要保证可接受的效率,那么进气道必须为收扩构型。此时气流发展过程等同于图 5.36 中的 C①线,但是方向正好相反。超声速气流进入收缩段,并且扩压。此处几何构

---

① 原文为"B 线",疑似有误。——译注

型的设置是使得在喉部附近有一系列斜激波，这个比正激波效率更高。气流然后继续在扩张区域扩压直至压气机进口端面。正如收扩喷管，Q曲线可以在激波前后使用，但是不能使用跨激波。收扩进气道是实际使用的燃气涡轮发动机流道中唯一的在发动机内部发生激波的流道[①]。

5.13.3　构型

对于每一种燃气涡轮发动机流道类型，取决于不同的用途、各设计公司的文化与经验，都存在诸多潜在的几何构型。关于这些，可以描述的内容太多，本节无法全部讲述。不过，为了品味一下会遇到的几何形状以及所涉及的空气动力学和机械设计挑战，图5.37针对各种流道类型展示了最常见的构型。

对于工业发动机进气道，所展示的是热端驱动[②]中最常见的。在喇叭口的上游通常有一个很大的进气稳压室。雪罩的安装使得大气中的空气以垂直向上的方式抽取，而过滤器和消声器位于垂直的下气道中。如果发动机是布置用于冷端驱动[③]的，则采用环绕输出轴的塞状的径向进气道。

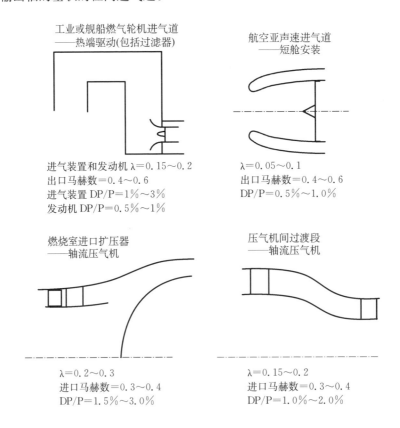

工业或舰船燃气轮机进气道
——热端驱动（包括过滤器）

航空亚声速进气道
——短舱安装

进气装置和发动机 λ＝0.15～0.2
出口马赫数＝0.4～0.6
进气装置 DP/P＝1%～3%
发动机 DP/P＝0.5%～1%

λ＝0.05～0.1
出口马赫数＝0.4～0.6
DP/P＝0.5%～1.0%

燃烧室进口扩压器
——轴流压气机

压气机间过渡段
——轴流压气机

λ＝0.2～0.3
进口马赫数＝0.3～0.4
DP/P＝1.5%～3.0%

λ＝0.15～0.2
进口马赫数＝0.3～0.4
DP/P＝1.0%～2.0%

---

① 按5.13.2节所述，推进喷管内也可能发生激波。——译注
②③ 分别指从涡轮后端和压气机前端输出功率来驱动负载设备。——译注

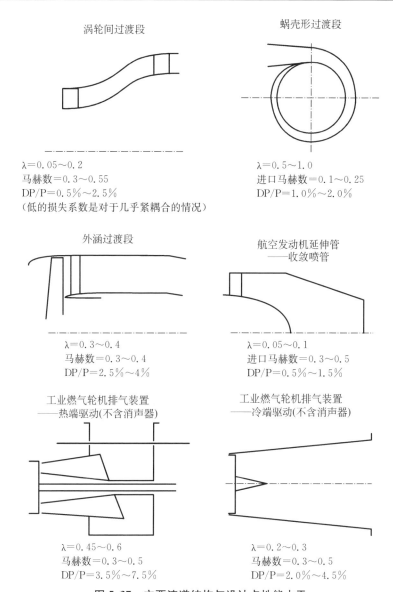

涡轮间过渡段

λ＝0.05～0.2
马赫数＝0.3～0.55
DP/P＝0.5%～2.5%
(低的损失系数是对于几乎紧耦合的情况)

蜗壳形过渡段

λ＝0.5～1.0
进口马赫数＝0.1～0.25
DP/P＝1.0%～2.0%

外涵过渡段

λ＝0.3～0.4
马赫数＝0.3～0.4
DP/P＝2.5%～4%

航空发动机延伸管
——收敛喷管

λ＝0.05～0.1
进口马赫数＝0.3～0.5
DP/P＝0.5%～1.5%

工业燃气轮机排气装置
——热端驱动(不含消声器)

λ＝0.45～0.6
马赫数＝0.3～0.5
DP/P＝3.5%～7.5%

工业燃气轮机排气装置
——冷端驱动(不含消声器)

λ＝0.2～0.3
马赫数＝0.3～0.5
DP/P＝2.0%～4.5%

图 5.37 主要流道结构与设计点性能水平

亚声速航空发动机通常采用带飞行进气道的短舱安装方式,从飞行进气道前缘到发动机进气道前缘是扩张的。由于流道截面从发动机进气道前缘的圆形转变为压气机进口的环形,所以气流沿发动机整流锥会加速。在高的飞行速度下,随着气流从一个窄小的流管流向并填满进气道前端面,飞行进气道上游也存在一定程度的扩压。相反,当静止气流从飞行进气道前缘的后面与前面都加速流向进气道前缘时,流管是收缩的;因此,为了避免出现流动分离,进气道前缘必须是圆钝的。

如上所述,超声速飞行进气道必须是收扩流道,第 7 章解释了可变面积对非设计点运行的好处。常见的是二维矩形进气道,具有可变的喉部面积,并且能够在喉部下游位置向舱外排泄或从舱外吸入部分空气。

压气机间过渡段通常采用中线半径变小的形式，可以加速气流；而对于涡轮间过渡段，则恰好相反。图 5.37 所示的燃烧室进口过渡段是环形的，后面紧接着就是一个给环形燃烧室进给空气的突扩空间。

图 5.37 展示了蜗壳形涡轮进口过渡段，典型的为一个给径流式或轴流式涡轮进给空气的单个管筒。从离心压气机出口到单个管筒的蜗壳形过渡段也采用相似的几何结构，不过气流方向是相反的。

涡扇发动机的外涵过渡段一般是等截面流道，因此气流马赫数不变。航空发动机推进喷管可以是收敛的，也可以是收扩的，取决于其用途。如果采用了加力燃烧室（见 5.21 节），那么推进喷管必须采用可变喉部面积设计。

用于冷端驱动的工业发动机排气装置一般是长的锥形扩压器。对于热端驱动的情况，因为输出轴的存在，这样的形式不实际；因此最常采用图 5.37 所示的结构。此时会有一个短的锥形扩压器，气流从这里突扩排向集气箱，然后通过装有一些消声器的垂直上气道排向大气环境。

5.13.4　缩放已有的流道设计

如果对一个现有的过渡段流道设计进行线性缩放，那么其损失系数（见下文中定义）并不会变化。因此，对于缩放后的应用，只有当流道进口的动压头或马赫数不同时，设计点的总压损失百分比才会不同。

5.13.5　流道压力损失

在设计点计算中，总压损失通过公式 F5.13.1、以进口总压百分比的形式来加以应用。流道压力损失百分比只是如下参数的函数：

- 流道几何尺寸——以损失系数（一般称为 λ）的形式计入其影响。
- 进口旋流角。
- 进口马赫数或动压头（见公式 F5.13.2 的定义）。

如公式 F5.13.3 所定义的，损失系数 λ 是进出口总压差与进口动压头之比。因此无论马赫数在什么水平，λ 都是动压头在流道中损失的比例，它的大小仅仅是流道几何尺寸和进口旋流角的函数。公式 F5.13.4 给出了总压损失与 λ 的函数关系。在 5.14 节中对 λ 随进口旋流角的变化关系进行了讨论。除了涡轮出口过渡段外，大多数流道的进口旋流角都为恒定的零度，因此 λ 只是流道几何尺寸的函数。一旦流道几何尺寸设定了，λ 也就确定了，则总压损失百分比只随着进口动压头、进而进口马赫数而变化。

传统上进口马赫数被用来判定进口条件的严苛程度。图表 3.14 展示了由 Q 曲线定义的动压头与马赫数的关系。公式 F5.13.5 同样带来了很大的便利，它表明进口动压头与进口总压之比是进口总静压比的函数。因此压力损失百分比可以通过公式 F5.13.6 计算。如第 3 章所描述，一旦已知任何 Q 曲线参数，那么进口总静压比即可确定。

对于给定的几何尺寸,λ值一开始必须根据经验和使用如参考文献[36]那样的商业上可得到的关联关系来确定。在发动机项目的后期,可以在冷态流动台架试验设施上进行有机玻璃模型试验,用试验经验方法确认前面预测的λ值。

对于主要的燃气涡轮发动机流道类型,图5.37提供了λ、进口马赫数进而总压损失百分比的设计点取值准则。这些适用于初期的发动机设计点性能计算。通常来说,相比于加速用的流道,扩压型流道的损失系数更高。这是由于逆静压梯度会使得流道内的流动更容易发生分离,从而造成高得多的湍流损失,它远大于两种流道中都存在的壁面摩擦损失。如果使用了支板,那么一般会造成所示损失系数增加5%～10%;如果存在显著的攻角或折转,那么损失会更大。航空推力发动机的流道一般趋向于工作在较高的马赫数范围,从而尽可能地减小发动机的迎风面积。从图5.37[①]还可以注意到,发动机进气道的处理方式有所不同,使用的是流道出口的动压头,而非进口动压头(进气道中所示的λ值也是相对于出口动压头的)。这是因为在ISA SLS条件下,流道进口的马赫数可能很低。

对于图5.37列举之外的流道几何结构,可以通过组合下面列出的各种基本过程来估算λ值。如果有多种基本过程串联使用,那么λ值分别应用于每个单独过程的进口动压头。

- 突然膨胀:λ值是面积比的函数,如公式F5.13.7所示。
- 突扩:这是一个突然膨胀至无限大空间的情况,根据公式F5.13.7,λ=1。
- 大的阶跃收缩:基于出口动压头,λ=0.5。如果在收缩的地方是圆弧形的,那么此值会显著降低。
- 等截面流道(如外涵过渡段)中的流动:由于摩擦导致的λ值可根据公式F5.13.8得出,摩擦系数值可通过参考文献[30]中提供的"Moody图"得到。
- 锥形扩压器:根据图表5.11,可以得到不同面积比下的λ值。锥角为6°时最佳。
- 锥形喷管:在锥角为15°～40°时,基于不同面积比,λ值在0.15～0.2之间。
- 其他加速或减速通道:可以从参考文献[36]中找到λ值。

5.13.6　航空发动机进气道——冲压恢复系数和效率

对于航空发动机进气道,一般使用冲压恢复系数作为总压损失百分比的替代选择(公式F5.13.9,注意也可以使用其他的术语)。它应用于作为机体一部分来提供的、位于发动机与飞机接口(在发动机前安装边的位置)上游的任何流道。对于亚声速进气道,典型的设计点压力损失百分比可从冲压恢复系数(通过公式F5.13.10)和图5.37中提供的数据得出。对于超声速进气道,图5.37所示的设计点冲压恢复系数水平包括了经过激波系统的压力损失和进气道下游区域的亚声速扩压损失。5.14.3节描述了推算设计点水平的方法。在所有情况下,冲压恢复系数包括了飞行进气道前缘上游的自由流的压力损失,以及进气道本身的损失。

---

① 原文"从图5.34"有误。——校注

　　另一个用于航空发动机进气道的术语是如公式 F5.13.11 定义的进气道效率。这一公式的定义是,用环境静温与出口理想总温(基于从环境静压到进气道出口总压的等熵压缩过程计算得到)之间的温度差,除以环境静温与自由流总温之间的实际温度差[①]。理想总温是一个纯粹的理论参数,因为在所有无做功或热传递的流道中总温是不变的。不过由于飞行器确实在上游做功以压缩进口的空气,并产生了自由流总温,因此进气道效率这个概念有一定的合理性。本书使用冲压恢复系数,而非进气道效率,因为前者更易于使用,而且更重要的是,在有机玻璃模型或发动机试验中更容易测量。

5.13.7　航空发动机推进喷管的额外设计点考虑

　　5.13.1 节描述了航空发动机推进喷管的基本功能。对于收敛喷管,推力由公式 F5.13.12 或 F5.13.13 计算,取决于喷管是否堵塞。在这两种情况下,都根据 Q 曲线公式 F5.13.14 计算出口速度。当喷管堵塞时,会存在一个额外的压差推力;这是因为作用于出口平面的静压大于作用于发动机前面相同面积上的环境压力。收扩喷管是设计成"欠膨胀"运行的,因此在这种情况下,对于堵塞喷管,公式 F5.13.12 的确适用。

　　如公式 F5.13.15 所定义的,推进喷管的流量系数(CD)是有效面积(可供主气流通过的面积)除以几何面积。任何的堵塞是由于壁面的气动分离造成的。图表 5.13 针对一系列不同的圆锥半角和直径比,展示了收敛喷管的典型的 CD 值随喷管膨胀比的变化关系。对于一个具有小的锥角和直径比的良好设计,在可能的设计点膨胀比 2:1～4:1 下,CD 值位于 0.95～0.97。对于收扩喷管,不能一概而论,必须对每一个设计单独进行评估。

　　如公式 F5.13.14 所示,如果推进喷管堵塞了,那么用 Q 曲线计算其出口速度及静压。因为摩擦与气流不均匀度的存在,实际速度会略小于计算结果。通过由公式 F5.13.16 和 F5.13.17 定义的推力系数(CX)或速度系数(CV)来考虑这个影响。此处使用 CX,是因为它在工业界最为常用。图表 5.14 展示了收敛推进喷管的 CX 随喷管膨胀比的变化关系,它明显与喷管锥角及直径比无关。对于可能的设计点膨胀比 2:1～4:1,CX 值大于 0.98。对于收扩喷管,由于壁面冷却、流动角度会造成额外的气流不均匀度,从而存在额外的总推力损失。出于后一种原因,喷管扩张段的扩张角必须小于 30°,以尽可能减小垂直于轴线的速度分量。这样造成喷管又长又重,高飞行马赫数下的 CX 值将在 0.95～0.97 左右,具体取决于壁面之间的锥角能否通过可变几何结构进行调整。

　　对于一台典型的发动机,图表 5.12 展示了使用收扩喷管的与使用收敛喷管的总推力之比(见公式 F5.13.18)与膨胀比之间的关系。所展示的收扩喷管总推力假设喷管正好处于完全膨胀状态。这是乐观的情况,因为出于 5.14 节中讨论的非设

计原因,以及为了保持其直径与进气道及主发动机的直径相同,会把收扩喷管设计成欠膨胀的,因此只能实现部分加速。从图表 5.12 可以明显看出,在喷管膨胀比 4:1 的情况下,收敛喷管的推力比收扩喷管的低 5%;如果考虑的是净推力,则两者相差更大,因为动量阻力部分是不变的。这个数值左右的推力差别带来的好处可以抵消收扩喷管带来的额外重量和成本;这些结论很重要,因为绝大多数超声速航空发动机采用加力燃烧室,因此推进喷管的喉部面积必须是可调的。图表 5.12 还展示了典型的涡扇、涡喷和冲压发动机的推进喷管膨胀比与飞行马赫数的关系。所以,在马赫数远超过 1 的航空器上,发动机通常会选用收扩喷管。对于冲压发动机,最低的飞行马赫数约为 2,所以总是采用收扩喷管。

5.13.8 基本尺寸确定参数

由于燃气涡轮发动机流道几何形式太多,因此不可能在这里给出适合于所有类型的基本尺寸设计准则。参考文献[31]—[35]描述了一些流道类型的实际设计。使用如下的通用设计准则,并结合上面提供的数据,可以进行最初的流道设计:

- 在定义上游部件的出口面积时,要考虑到压力损失以保证合适的流道进口马赫数。
- 使用本章提供的设计准则来定义流道的出口面积,以使得下游部件的进口马赫数处在合适范围内。
- 在面积比约为 1.1 时,压气机间和涡轮间过渡段的"鹅脖子流道参数"(见公式 F5.13.19)应限制在 4 左右,在面积比 2 时则升至 8 左右。
- 离心压气机出口或涡轮进口过渡段蜗壳一般设计为恒定的角动量。
- 由于尽可能减小发动机迎风面积和重量与保持可接受的压力损失是相互矛盾的,所以设计点的外涵过渡段马赫数一般都是设计在图 5.37 所定义的范围内,因此很容易得到外涵过渡段面积。
- 收敛推进喷管的圆锥半角和直径比应该在图表 5.13 所示的范围内。
- 对于工业发动机排气装置,为了尽可能减小排气的突扩压力损失,出口安装边的马赫数应该小于 0.05。对于涡桨发动机,假如可以调节排气方向以提供一些总推力(见第 6 章),则其出口马赫数可以高达 0.25。因此,无论哪种情况,都可以估算出排气装置出口面积。
- 根据图表 5.11,在安装空间的约束之内,工业发动机的锥形扩压排气系统的锥形夹角应尽可能接近 6°。由于长度、进而重量的约束,航空发动机的锥形扩压器采用 15°～25°的锥形夹角。
- 对于扩压器,当面积比超过 2:1 时,静压恢复系数几乎没有额外的提高,面积比超过 3:1 之后,则根本没有任何提高。

5.13.9 基本压力损失和尺寸确定准则的应用

算例 C5.6 展示了这里介绍的压力损失和尺寸定义设计准则的应用方法。

5.14　流道——非设计点性能

5.14.1　损失系数 λ

一旦通过设计过程确定了流道几何尺寸,那么损失系数 λ 与进口旋流角的关系特性就确定了。这一规律的唯一例外是,如果发生显著的流动分离,那么会明显改变流道的有效几何尺寸。

在整个工作包线内,压气机或风扇下游流道的进口旋流角一般是不变的。这是因为通常压气机或风扇最后面是静子,其出口气流角度保持不变,除非部件严重地偏离设计点工作以至于发生了失速。所以,通常只有涡轮后面的旋流角会在非设计条件下发生急剧的变化。对于涡轴发动机的最后一级涡轮,通常其出口旋流角只有在非设计条件下会显著变化,此时到环境的排气过程使得膨胀比发生较大的变化。在发电应用中,出口旋流角可能会变化得更大,因为其动力涡轮必须以同步转速运转;基本负荷与同步慢车之间的出口旋流角的典型变化高达 30°。在性能建模中,以及在流道的气动与机械设计中,有必要考虑到这个方面。如果流道内有导向叶片,那么它可能会受到气动力的激振,因此在机械设计中需要特别注意高周疲劳。

对于涡轮下游常用的流道类型,图表 5.15 给出了 λ 值的典型变动随进口旋流角的变化关系。最佳的旋流角在 15°左右。另外,对于图 5.37[①] 所示的热端驱动工业发动机的排气装置,在较高的旋流角下,λ 值会迅速上升。

一种改进的方法是按照类似于桶形[②]的 λ 与进口旋流角的关系曲线对支板的损失进行单独建模。当支板的前缘角度不为零时,这个曲线是非对称的,因为气流攻角和折转损失无法同时最小化。

5.14.2　压力损失——除航空发动机进气道之外的所有流道

同设计点一样,非设计点的压力损失可以用公式 F5.13.4 计算,其中损失系数按照 5.14.1 节确定。这需要在发动机非设计点性能模型中输入流道面积,从而根据已知的流动条件算出 $W\sqrt{T}/(AP)$。然后,总静压比可从 Q 曲线公式 F3.32 和 F3.33 获得,因此根据公式 F5.13.6 可以算出压力损失百分比。总静压比的求解过程需要进行迭代,所以是很繁琐的。

对于给定的几何形状,可以看到,$(W\sqrt{T}/P)^2$ 近似正比于进口动压头与进口总压的比值(见公式 F5.14.1)。为了减少非设计点发动机性能模型的计算量,通常的做法是使用公式 F5.14.2,而非 F5.13.6,来计算流道压力损失。准损失系数 α 与 λ 成正比,并且前面提到的所有规律同样都适用于它。对于给定的流道几何形状,根据公式 F5.14.3 和设计点的 λ 值来计算 α 值。因此,在发动机非设计点性能模型中,一旦进口条件已知,就可以通过公式 F5.14.2 很容易地算出总压损失,而无须进

---

① 原文误为"图 5.14"。——译注
② 桶形即 U 形。——校注

行前面提到的迭代。不过,马赫数值往往是未知的,所以这种简化是不可行的。马赫数必须根据流道进口条件和面积来迭代求解。

一般来说,流道进口马赫数进而压力损失百分比会随着发动机收油门而变小。例外的情况出现在下游的流通能力并没有降低时,比如对于第 7 章中提到的外涵流道,以及燃烧进口过渡段。

5.14.3 冲压恢复系数——航空发动机进气道

对于亚声速进气道,按照与其他流道相同的方式,使用 λ 或 α 值来计算非设计点条件下的冲压恢复系数。然而对于超声速进气道,在穿过激波系统的过程中会有额外的总压损失。公式 F5.14.4 是首轮计算激波前后压比的惯用方法。下游区域的压力损失必须采取 5.13.5 节中的方法计算,将这两个值相乘即可确定总的出口总压。如果需要,则可以通过公式 F5.13.9 计算总的冲压恢复系数。在飞行马赫数为 2 时,自由流总压在进气系统中一般会损失 8%～10%。

5.14.4 推进喷管的特殊性

非设计点条件下的推进喷管 CD 和 CX 值可以通过图表 5.13 和图表 5.14 得出。在发动机非设计点性能模型中,可以将这些图表以表格的形式载入,然后根据已知的推进喷管膨胀比进行线性插值。或者,可以使用其多项式拟合关系。

对于可变面积喷管,发动机非设计点性能模型必须包括其控制调节计划,这样就可以计算给定的运行工况所对应的面积。

5.15 空气系统、涡轮导叶和动叶冷却——设计点性能

5.15.1 构型

发动机的空气系统由若干与主气流流道并联的空气流路组成。每一股空气都从压气机流道沿途的截面提取出来——或通过外机匣上的引气槽,或在内部通过轴向间隙或鼓盘上的开孔。然后,或从内部通过一系列的孔口和篦齿密封,或从外部通过发动机机匣外的管路,来输送空气。引气位置越靠前,压气机对空气所做的功则越少,性能的损失就越低。不过,引气位置的空气必须具有足够的压力——在扣除了经过空气系统的损失后,其压力应该大于引气终点处主流的压力。引气源点和注气汇点的压力分别就是引气位置和返回位置的主流静压。对于早期估算,至少需要 1.3 的压比。参考文献[37]描述了并联气流流路或流路网络的基本原理。

发动机的空气系统包括以下一些或全部构成要素。

● 涡轮盘冷却和轮缘密封要求每个盘面上径向朝外的流动。

● 为了避免滑油漏入发动机,需要进行轴承腔密封。空气必须流过篦齿密封,进入轴承腔,然后通过油气分离器排到发动机舱外。

● 泄漏发生在从高压往低压的空气系统流路中。尽管人们想方设法采取机械

密封来减小泄漏,但还是不可能完全根除。

- 为了部分地减小转子轴向载荷以降低推力轴承的负荷,可能需要使用推力平衡活塞。推力平衡活塞包含两股空气系统气流,它们分别位于旋转盘的两侧,并具有不同的静压。偶尔的情况下,需要一股额外的或增强的空气系统气流来实现这个功能。

- 对于航空发动机,可能需要发动机附件冷却,此时气流流经发动机机匣上的附件安装位置,然后通常排到舱外。对于工业、船用和车辆发动机,通常通过一台风扇抽吸空气流过罩壳以冷却附件,因此并不需要相应的发动机空气系统流路。

- 操作放气:如 5.2 节所描述的,在部分功率时可能需要通过操作放气来调节压气机的喘振裕度。

- 对于如动力装置冷却系统或飞机座舱增压等功能,可能需要客户引气提取。如第 6 章所描述的,一般将此作为安装损失来考虑,因此并不包括在发动机非安装性能中。

除了上述常规的空气系统气流外,高技术发动机还需要用到更多流路,用于涡轮导向器叶片和转子叶片的冷却。

5.15.2　常规空气系统流量的量级

空气系统对发动机总体性能的影响是非常大的,所以必须准确地加以考虑。对于简单的 RPV 发动机,在燃烧室之前提取的发动机进口空气质量流量的总比例可能低至 2%,但对于高技术的航空或工业发动机,可能高达 25%。

通过使用 5.15.1 节给出的源-汇压力准则,可以根据首轮发动机性能设计点来估算引气截面。以下总结了空气系统流量的典型大小量级,每一项都以发动机进口流量的百分比来表达。

- 涡轮盘冷却和轮缘密封:对于高压涡轮,每个盘面大概需要 0.5% 的引气量。对于低压涡轮或动力涡轮,盘密封所需气量则降至 0.25%;不过若采用了低技术的轮缘密封,则还是需要 0.5% 来阻止高温燃气的渗入。如果气流返回到主流时的径向速度比较低,那么对涡轮气动效率的影响可以忽略。

- 轴承腔密封:每个腔室大致需要 0.02 kg/s 的流量。

- 从高压往低压空气系统流路的泄漏:在复杂的空气系统中,相邻流路之间的泄漏可能高达 2%。

- 推力平衡活塞:这一项很难总结,因为如果需要额外的或增强的空气系统气流,那么一定与特定的发动机设计密切相关。

- 发动机附件冷却:不同航空发动机所需的冷却空气流量差异显著,取决于发动机和安装构型。

- 操作放气:一般每一个放气阀需要大约 5%。每个压气机下游可能会安排多达 4 个放气阀。

- 客户引气提取:对于工业发动机,一般小于 1%;对于航空发动机,大概每位

乘客需要 $0.01\,\mathrm{kg/s}$。其流量如此之大,因此有理由采用针对低海拔和高海拔的两个引气源的复杂设计;对于船用发动机,则需要高达进口流量的 10%。

5.15.3　涡轮 NGV 和转子叶片冷却流量的量级

究竟哪些发动机应用有必要采取复杂的涡轮 NGV 或转子叶片冷却,第 1 章给出了一些指导。从参考文献[38]给出的复杂的转子叶片内部冷却通道可以看出,引进冷却技术会对成本有显著的影响。此外,在通过冷却实现的涡轮进口总温(SOT)升高量中,最初的约 50℃ 所带来的收益会损失掉,因为绕过涡轮且未做功的气流增加了,而且这部分气流回到主流时造成涡轮效率降低。未做功气流增加的影响程度可以从发动机设计点性能计算中得出,涡轮效率降低的典型量级则在 5.9 节中提供了。所以,只有在能够显著提高 SOT 时,才值得进行涡轮冷却。

图表 5.16 给出了典型的 NGV 和转子叶片冷却空气流量与 SOT 的关系,可用来在初步的发动机设计点性能计算中进行一阶估算。对于一套给定的 NGV 和转子叶片,准确计算所需的冷却空气流量是十分复杂的,取决于多方面的参数,比如:

- 寿命需求。
- 技术水平:材料与冷却水平。
- 燃烧室出口温度不均匀度(NGV 应考虑 OTDF,动叶应考虑 RTDF,见 5.9 节)。
- 冷却空气的温度。
- 腐蚀性环境:燃料种类和大气中存在的任何盐分。
- 反力度:对于给定的 SOT,低的反力度降低转子叶片金属温度。
- 旋转速度造成的离心应力引起蠕变——仅对于转子叶片。
- 转子叶片结构:带叶冠或不带叶冠。

5.15.4　设计点计算中的空气系统流量

空气系统流量百分比既可以按发动机进口流量的百分比定义,也可以按提取点所在部件的进口流量的百分比定义,此处采用前者。在引气源所在截面进行如下计算:

- 将空气系统流量百分比转换为物理质量流量,并将其从主流质量流量中扣除。
- 主流的总压与总温不变。
- 如果引气位置位于压气机的中间,则按照公式 F5.15.1 计算压气机的输入功率。

当空气系统气流返回到主流时,进行如下计算:

- 将空气系统的物理质量流量加入主流中。
- 主流的总压不变,即认为空气系统气流的进出口压差已经在途中损失掉了。
- 通过公式 F5.15.2 计算混合后的总温。需要用到所示的迭代循环,即一开始必须猜测一个混合后气体的 CP 值。一般认为空气系统气流沿其流路不被加热,因此它以引气源处的温度回到主流。只有在高度复杂的发动机性能模型中,或在空气系统气流流经换热器的情况下,才会对各种加热进行建模。

需要特别考虑的是,在返回到涡轮的空气系统气流中,哪部分是做功的,哪部分是不做功的。图 5.38 展示了工业界的标准做法,总结如下:

● 在转子叶片排前缘或尾缘位置进入主流的盘冷却或密封气流在该级不做功,在下游各级做功;因此在性能计算中,这部分气流在该涡轮级之后混合加入主流。

● 在涡轮导向器喉部上游引入的 NGV 叶身气膜或缘板冷却气流,以及以较高速度注入的尾缘冷却气流,被认为达到了 NGV 出口动量,所以在该级做功。因此,叶身气膜和缘板冷却气流在喉部 405 截面混合加入主流,而尾缘注入气流在转子上游的 SOT 所在的 41 截面混合加入主流。NGV 的流通能力在 405 截面进行计算。

● 在喉部下游进入的 NGV 气膜或缘板冷却气流并未达到导向器出口速度,因此认为并不做功。这股气流在转子叶片排后面混合加入主流,因此只在下游各级中做功。

● 转子叶片气膜冷却气流被认为在该级转子叶片排中不做功。所以它也在该转子叶片排下游混合加入主流,并只在下游各级中做功。

● 冷却气流造成的涡轮效率的损失在 5.9.3 节中已有讨论。

如果按照单级涡轮对一个多级涡轮进行建模,使用下列方法。

● 必须估算每一级所做的功在总的功中所占的比例。

● 出于机械设计的考虑,必须按照上述方法计算 SOT 所在的 41 截面。

● 必须估算接着的虚拟 SOT 所在的 415 截面,涡轮输出功是从这个截面计算的。让一部分在下游进入的冷却空气气流在 41 截面与 415 截面之间混合加入主流,从而使得总的输出功等于假设空气逐级进入、且应用了上面的规则而计算出来的输出功。

● 如果没有其他的涡轮,那么剩下的质量流量在最后一级的下游即 51 截面混合加入,所以这部分气流完全不做功。

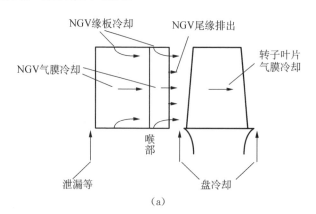

(a)

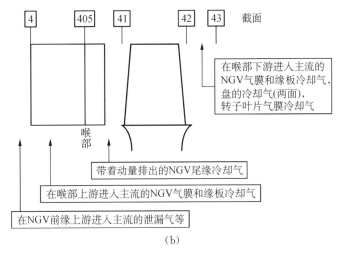

图 5.38　冷却涡轮——性能建模

（a）真实涡轮　（b）发动机性能模型

注:用于与特性图进行对比的涡轮流通能力应在 405 截面计算;涡轮
效率、膨胀比及功率应在 41(SOT)与 42 截面之间计算;有时基于除转子叶
片与末级盘之外的所有流量计算"转子进口流通能力";通过效率水平来计
入利用叶尖挡板从叶顶泄漏中提取的功。

　　除了少量的在喉部下游汇入的气膜或/和缘板冷却气以及任何损失效应以外，
第一级 NGV 的冷却不会对发动机性能产生根本的影响。但是，后续各级 NGV 的
冷却会对发动机性能有影响，因为冷却空气已经绕过了第一级涡轮。对于回热发动
机，使用回热器空气侧的排出空气对第一级 NGV 进行冷却，比使用压气机出口空
气更有好处。这是因为，虽然更高的温度会导致所需的冷却空气流量更大，但这对
发动机性能的影响可以忽略不计；而这却能换取本来在循环中损失的排气热量。

5.15.5　空气系统流量量级的估算

　　算例 C5.7 展示了对于一个给定的发动机设计，如何根据以上的准则对空气系
统流量的量级进行估算。第 6 章中的算例展示了空气提取与返回到主流的计算，包
括那些用于涡轮冷却的空气。

5.16　空气系统——非设计点性能

5.16.1　流量的建模

　　对于发动机非设计点性能建模，最常用的方法是所有空气系统流量在所有非设
计工况下保持一个固定的百分比。对于引气流路已堵塞的情况，通过保持固定的流
通能力 $W\sqrt{T}/P$ 来计算流量，可以进一步稍微改善准确度。对于操作放气，尤其如
此处理。对于远未堵塞的操作放气，如果带有多个放气阀来排向共用的歧管，则需
要更复杂的模型，或至少需要具有代表性的总体流路图。

　　如果要达到极高的计算准确度，参考文献[37]和[38]所描述的并联流路网络计算，以及主流源和汇的静压计算，都必须融入发动机非设计点计算中。但这很繁琐，很少有人尝试这样做。

5.17　机械损失——设计点性能及基本量级的确定

　　对于所有发动机构型（冲压发动机除外），都有一些会导致发动机轴功率损失的部件和机械结构。总的功率损失占沿转子所传递功率的比例可高达 5%，因此必须包括在性能计算中。此外，还必须考虑用来驱动发动机附件的功率提取。

5.17.1　轴承——构型、功率损失及其基本量级确定准则

　　轴颈轴承用来径向支撑转轴，而在推力轴承这一特殊情况中，它们用来承受转子上的轴向净推力载荷。功率的损失是由于轴承座圈之中的摩擦导致的，并表现为滑油被加热。滚珠轴承和滚棒轴承采用一个内环和一个外环，其间装有同样可以自由转动的滚珠或滚棒。滚珠轴承同时承受径向和轴向的载荷，而滚棒轴承则只承受径向载荷。液体动压轴承不在内外环之间采用滚珠或滚棒。选用哪一种轴承系统是根据机械设计问题而非性能决定的。滚珠轴承和滚棒轴承有如下优势：

- 所需的滑油流量仅为液体动压轴承所需的 5%～10%。
- 可以容许更大的轴偏心度。
- 功率损失是液体动压轴承的 10% 左右。

反过来，液体动压轴承则有如下优势。

- 在给定的载荷下，寿命更长。
- 由于不需要向轴承座圈喷射滑油，所以滑油供应系统更简单。
- 单个推力轴承就可承受大得多的载荷，而单个滚珠轴承所能承受的最大推力载荷大概是 125 kN。

　　出于以上原因，在燃气涡轮发动机中，最常用的是滚珠轴承和滚棒轴承。不过，在大型的工业发动机中，出于寿命要求的考虑，以及为了平衡巨大的推力载荷，一般使用液体动压轴承。关于轴承的选择与设计，参考文献[39]和[40]提供了更多的细节。

　　可以用合成油或者矿物油对轴承进行润滑，第 13 章中给出了这两种油的基本性质。合成油用于大多数的应用，而且专用于高温区域，因为其自燃温度更高。有时矿物油会用于工业用途的驱动设备和动力涡轮，因为其成本较低。如果使用液体动压轴承，则更是如此。

　　公式 F5.17.1—F5.17.4 给出了设计点功率损失的计算方法。这个损失与下面将提到的盘的风阻结合，可以得到机械效率（见 5.17.3 节），然后用于发动机设计点性能模型。

　　从一阶精度而言，可接受的寿命对应的最大的轴承座圈中径线直径可通过保持 DN 值小于 2.5×10^6 mm·(r/min) 来估算；DN 值等于转速与轴承座圈直径的乘

积,如公式 F5.17.5 所定义的。轴承选择所需考虑的另一个关键因素是临界转速必须是可接受的,以避免轴谐振。在小型发动机上,这可能对发动机布局有显著的影响,进而影响到性能循环的设计。如果轴的刚度要求很大的轴承直径,那么必须选择比较低的转速,以保持轴承寿命对应的可接受的 DN 值。所以,在给定的发动机外径范围内,这会影响到所能实现的压比。

5.17.2　风阻——机理和功率损失

风阻,即对旋转的压气机或涡轮盘与静止结构件之间的空气所做的摩擦功,也会造成轴功率的损失。无论是否有净流量流过盘腔,都是如此。

公式 F5.17.6 给出了轮盘风阻的计算方法。在将风阻计为机械效率项的一部分之前,必须检查它是否已经包括在涡轮或压气机效率中。如果涡轮或压气机效率是通过台架试验得到的,则很可能已经包括了风阻;相反,如果部件效率来自计算机预测,则通常没有包括风阻。

5.17.3　机械效率

如公式 F5.17.7 所定义的,机械效率将分别计算得到的各个轴承和风阻损失合并为一项。然后,按照公式 F5.17.8,使用机械效率计算轴的功率平衡。同样,可以从涡轮输出功率中扣除附加损失,而无需计算机械效率这一中间步骤。

在项目的前期阶段,可以根据以前的经验来估算机械效率,而不是根据5.17.1 节和 5.17.2 节中的公式。如果使用滚珠轴承和滚棒轴承,则机械效率范围为 99%～99.9%,随发动机尺寸增大而增加。另一种情况是,在小型工业发动机和车辆发动机中,如果使用了一些液体动压轴承,则机械效率可能低至 96%。

5.17.4　发动机附件——功率提取及其基本量级确定准则

除了以机械效率项计入的轴功率损失外,还从轴上提取功率用来驱动发动机附件,如滑油泵和燃油泵。这个功率总是从高压转子上提取,并且与客户功率提取大不相同,后者是第 6 章描述的各种安装损失的一部分。将发动机附件功耗与机械效率分开考虑是一个很好的做法,不容易出错。通常,在设计点,对小型发动机来说需要 0.5% 的轴功率来驱动附件,对大型发动机来说则小于 0.1%。不过,如果使用的是天然气燃料,并且必须将其从低压总管泵送到燃料喷射系统所需的压力,则附件功耗所占比例会更高。天然气的泵送功率需求可以使用第 13 章中提供的数据进行计算。

在大型发动机上,发动机附件的总体积所占比例小于 5%;而在小型 RPV 发动机中,所占比例则高达 20%。

5.17.5　齿轮箱

发动机附件通常通过齿轮箱来驱动。此处的各种损失包括在上面给出的发动机附件需求中。但是,对于轴功率发动机,也可以通过减速齿轮箱来驱动负载。这使得我们能独立于发电机、螺旋桨或天然气管道压气机所要求的转速,选择一个对动力涡轮效率来说最佳的动力涡轮转速。功率输出齿轮箱的成本、重量和体积都是不利因素,因此在发动机概念设计阶段就应该尽量避免采用它。

可行的齿轮箱的最大可输出功率大约为 80 MW。典型的设计点齿轮箱效率(见公式 F5.17.9)在 97.5%~99%。

5.17.6　基本效率及其量级确定准则的应用

算例 C9.1 展示了使用本节提供的公式计算机械损失的过程。算例是针对起动区域的,不过高于慢车时的计算过程也是类似的。

5.18　机械损失——非设计点性能

5.18.1　机械效率

在非设计点状态下,可以使用公式 F5.17.1—F5.17.4 以及 F5.17.6 计算轴承和风阻损失。然后将这些损失合并起来,导出机械效率,再根据公式 F5.17.8 进行轴功率平衡计算。(或者,这些功率也可以简单地加到压气机的驱动功率上,这样就无需计算机械效率,但是能知道其数值也是好的。)

5.18.2　发动机附件

在非设计点工作状态下,发动机附件损失很小,往往也没有显著的变化,因为比如电动的液体燃料泵会输送超出燃烧室所需的燃料,多余的部分则会溢回到燃料箱。因此,在所有非设计点运行中,保持功率提取恒定是可以接受的。机械驱动泵则会按转速的三次方关系运行。

一个例外情况是,对于起动期间的小型发动机,尤其是在冷运转阶段,发动机附件会从轴上提取显著的功率。在这种情况下,可以使用第 9 章中给出的公式对这些损失进行建模。在慢车以上状态的建模中,如果准确度要求很高,也可以使用这些公式。

5.18.3　齿轮箱

应该使用公式 F5.18.1 对非设计点运行期间的齿轮箱损失建模。在慢车时,齿轮箱损失大约是满负荷时的 65%,其量级为 MW。

5.19　混合器——设计点性能和基本尺寸的确定

对涡扇发动机,可以使用混合器把热、冷两股气流先混合,再通过一个共用的推进喷管排出去。参考文献[41]和[42]很好地概述了混合器装置的基本原理和实际设计。考虑使用混合排气而不是分开排气的涡扇发动机,是出于以下理由:

- 如果发动机采用了加力燃烧室(见 5.21 节),那么在加力燃烧室上游使冷、热两股气流混合可以产生大得多的加力推力。
- 如果循环设计时特意考虑了混合器,那么在巡航状态可以稍微改善单位推力和 SFC。

- 与分排式涡扇相比,单位推力和 SFC 对应的最佳风扇增压比低得多。这样可以降低风扇和低压涡轮的重量和成本。
- 当外涵道挡板式反推力装置(这是大涵道比涡扇发动机的典型设计)展开时,反推力增加。原因在于混合室中很大的突扩压力损失减弱了仍旧由内涵气流产生的向前推力。
- 对军事应用,避免热寻导弹是生死攸关的大事。此时,共用的推进喷管平面温度低,可降低红外辐射踪迹。
- 喷气噪声与喷气速度的 8 次方成正比。采用了混合器后,喷流速度比分排涡扇发动机内涵喷管喷流速度低很多,有利于降噪。

在决定是否采用混合器时,以上这些因素必须与附加的成本和重量等不利因素综合平衡。而且,如果采用外涵道式反推力装置,则需要进行复杂的密封设计,以便将反推力装置收起时的舱外漏气量降低到最小限度。对短舱阻力的影响很大程度取决于安装的设计。

以上因素的最终结果是,所有带加力燃烧室的涡扇发动机均采用混合器。对于亚声速 RPV 涡扇发动机,一般也是如此,因为这类飞机要求具有隐身性能。直到最近几年,用于亚声速民航运输飞机的中大涵道比涡扇发动机均采用内外涵分开排气方式。然而,由于越来越大的涵道比带来了值得的推力和 SFC 收益,加之日益强调的降噪要求,许多现代民用涡扇发动机也采取混排喷管。

5.19.1 构型

图 5.39 展示了三种不同类型的混合器,它们按混合长度需求增加的顺序依次如下:

- 漏斗喷注式混合器。
- 波瓣式环形混合器。
- 平直环形混合器。

由于漏斗喷注式混合器的压力损失大,最常用的混合器是波瓣式环形混合器或平直环形混合器。这两种混合器由热、冷混合器斜槽和后面的混合室组成。如果在混合过程开始的斜槽末端处采用波瓣式,而不是环形壁结构,则可以使周长增加到多达三倍。这可以大大缩短所需的混合室长度。

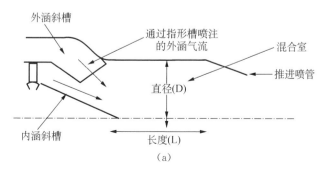

(a)

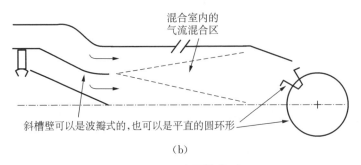

（b）

图 5.39 混合器的构型

（a）强迫喷注混合器 （b）波瓣式环形和平直环形混合器

5.19.2 缩放已有混合器设计

作为一阶近似,如果把一台已有的混合器进行线性放大,只要保持相同的热、冷两股气流的总温比和总压比,混合器性能将保持不变。每一股气流的换算质量流量按线性放大系数的平方而增加。

5.19.3 总推力、净推力和 SFC 的改善

混排涡扇相对于分排涡扇的推力和 SFC 增益的相关理论推导见文献[41]和[42]。其表达式很复杂,因此对于前期的概念设计研究,此处给出了估算设计点混合器性能的简化方法。与分排涡扇一样,也分析了发动机设计点性能,然后估算了理论总推力增益以及考虑实际效应的各个系数。因此可估算出混排发动机的总推力。最终,根据 5.19.4 节中的图表导出混排循环所需的风扇压比。

图表 5.17 是混排涡扇发动机的理论总推力增益与涵道比和热、冷两股气流的总温比之间的变化关系。另外,还有以下说明:

- 分排和混排发动机的总推力是指在其各自构型的最佳风扇压比下得到的数值。如 5.19.4 节所介绍的,在核心机相同的前提下,混排涡扇发动机的最佳风扇压比比分排涡扇发动机的低很多。

- 下游推进喷管的膨胀比大于 2.5∶1,因此,喷流速度足够高,使得混合器能有显著收益。

- 未计入斜槽或混合室的压力损失。

- 混合器是按照最佳长度直径比而设计的,这样混合器出口的温度分布不均匀度为零。

- 混排涡扇发动机的热、冷两股气流在混合器斜槽出口平面上的总压相等。

大多数涡扇发动机巡航状态的推进喷管膨胀比通常均大于 2.5,因此该图表是适用的。当膨胀比远低于 2 时,总推力增益变得无关紧要。

图表 5.18 展示了随着混合室长度直径比的变化,在所得到的理论总推力增益中,有多少是可以实现的。该图表考虑了混合室的压力损失、混合室斜槽的压力损

失和混合室出口的温度分布不均匀度。对于热、冷两股气流的总压不相等的情况，图表 5.19 展示了必须应用于图表 5.17 中的总推力增益的下调量。

从以上所述可以明显看出，对于涵道比 5：1、总温比为 3、总压相等以及波瓣式混合器的长度直径比为 2 的涡扇发动机，以马赫数 0.8 巡航时的总推力实际增益约为 2%。初看起来，这也许不像是值得一提的回报。然而，由于动量阻力保持不变，净推力增益将达到 4% 左右。对于在马赫数 2.0 工作的小涵道比涡扇发动机，总推力增益每增大 1%，净推力增益则大约增加 3%。由于核心机相同，所燃烧的燃油量不变（因为涵道比、总压比和 SOT 保持恒定），SFC 的改善与净推力一样。

图表 5.17、图表 5.18 和图表 5.19 可以与第 6 章中的分排涡扇循环图一起使用，用来预测在给定 SOT、总压比和涵道比下混合器对 SFC 和单位推力的影响。但是，必须记住的是，所导出的数值对应的混排涡扇发动机的风扇压比与相应的分排涡扇发动机的不同。

5.19.4 混排涡扇发动机的最佳风扇压比

从以上所述可以明显看出，发动机循环时的设计一开始就必须考虑混合器，这样才能在混合器斜槽出口平面上达到理想的总压相等。第 6 章展示了分排涡扇发动机的设计点性能曲线图，它们表明对于 SOT、总压比和涵道比的每一个组合，都存在一个最佳风扇压比。图表 5.20 和图表 5.21 展示了在选定的 SOT 和涵道比下，混合器对最佳风扇压比与总压比的变化关系的影响。通过内插可以得到其他 SOT 和涵道比下的数值。所列出的混排涡扇发动机风扇压比水平将保证在混合器斜槽出口平面处热、冷两股气流的总压相等。

从图表 5.20 和图表 5.21 可以清楚看出，在所有飞行马赫数以及其他循环参数的组合下，混排涡扇发动机的最佳风扇压比明显低于分排涡扇发动机的。涵道比下降时，这一最佳风扇压比差别的幅度增大。

5.19.5 基本尺寸确定的指导

参考文献[42]提供了混合器设计的详尽设计数据库和方法。在前期概念设计阶段，可以利用以下设计准则粗略地勾画出混合器的几何尺寸。

混合器斜槽出口马赫数和静压

应将斜槽设计为出口马赫数在 0.35～0.55。总推力增益对两股气流的马赫数水平以及马赫数之比并不敏感。热、冷两股气流在混合器斜槽出口平面上的静压必须相等。Q 曲线在这里适用，这样，在气流条件给定后，就可以算出所需的面积。

混合室直径

平均出口马赫数应在 0.35～0.55，才能达到满意的混合和压力损失。同样，可以利用 Q 曲线和已知的气流条件计算出所需的面积进而直径。

混合室长度

通过图表 5.18 设定混合室长度，以便达到理想的理论推力增益百分比。实际上，对许多安装形式，发动机长度限制会将长度直径比限定在大约 1.25 以内。只有少数情况,例如当发动机安装在机身内时,才允许更高的长度直径比。

5.19.6 基本效率和尺寸确定准则的应用

算例 C5.8 展示了对于给定的发动机应用,如何将本节提供的设计准则应用到混合器的设计上。

5.20 混合器——非设计点性能

5.20.1 非设计点工作

随着混排涡扇发动机从其高状态设计点往下收油门,推进喷管的膨胀比下降。一旦膨胀比降到低于 2.5,混合器的总推力增益很快下降。这种下降的百分比在静止条件下比在以大马赫数飞行时更大。而且,如上所述,给定总推力增益下的净推力增量随飞行马赫数的减小而下降。

必须在工作包线的所有角点模拟混合器的运行,以保证达到满意的发动机非设计点性能。

5.20.2 非设计点性能建模

在非设计点工作时,影响混合器性能的所有参数,如冷、热气流温比和压比,以及推进喷管膨胀比,都会发生变化。因此,为了模拟混合器,必须使用文献[42]中给出的完整方法计算出混合器中各截面的数据,再利用所得到的推进喷管条件,通过常规方法计算出总推力。

在第 7 章中介绍了分排涡扇发动机的匹配设置。对于混排涡扇发动机,必须修改这种匹配设置,因为此时只有一个推进喷管(而非两个)的流通能力可用作为匹配约束条件。不一样的是,对于混排涡扇发动机,所使用的匹配约束条件是在混合器斜槽出口平面处,热、冷两股气流的静压必须相等。

5.21 加力燃烧室——设计点性能和基本尺寸的确定

加力燃烧,有时也称为**再热**,是一种用来增大超声速航空发动机推力的机制。此处,在末级涡轮和推进喷管之间引入一个额外的燃烧室。喷管温度的急剧上升提高了喷管气流速度,进而提高了推力。由于伴随着推进效率的下降(见第 6 章),SFC 自然显著恶化。

发动机只在工作包线内的某些关键点上使用加力模式("湿"模式),即点燃加力燃烧室。例如,高马赫数军用发动机在起飞和高超声速飞行时使用加力燃烧室。用于协和号这样的超声速运输机的发动机只在起飞和加速突破声障时开加力。在所有其他飞行状态下,无论军用还是民用超声速飞机均使用不加力模式("干"模式),即不点燃加力燃烧室。

参考文献[14]和[43]提供了关于加力燃烧室设计的更多细节。而且,这里给出的关于效率和基本尺寸的设计准则同样也适用于冲压发动机燃烧室。因为冲压发动机的燃烧室面临的进口条件和直径约束与加力燃烧室的类似。

5.21.1　构型

图 5.40 给出了涡喷发动机加力燃烧室最常用的构型。离开最后一级涡轮的燃气首先必须减速扩压,以便使速度降低到能够保证良好燃烧的水平。径向翼型支板支承着周向分布的 V 形火焰稳定器,后者的作用是产生湍流混合区来稳定火焰,这类似于 5.7 节介绍的用于常规主燃烧室的双环形线形主燃烧区。在 V 形火焰稳定器后面,通过安置在支板中的加力燃油总管的加力燃油喷嘴喷入燃油。为了达到良好的加力燃烧室负荷(见 5.7 节),由于压力较低,其容积必须比发动机主燃烧室的大许多。因此,加力燃烧室的直径通常等于主发动机的直径,而其长度要比主燃烧室的长。由于火焰温度很高,必须使用带冷却的加力燃烧室隔热屏。

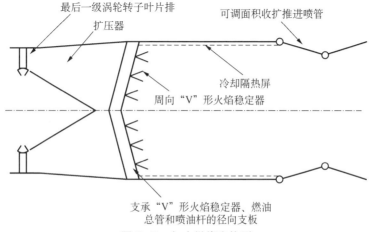

图 5.40　加力燃烧室构型

当在涡扇发动机上采用加力燃烧室时,在其上游应用一个如 5.19 节所述的混合器将热、冷两股气流混合在一起是十分有益的。如 5.22 节所述,出于操作目的,加力燃烧室下游的推进喷管必须是喉部面积可调的。此外,如 5.13 节所述,对于能够以远大于 1 的马赫数飞行的航空器,喷管通常也是收扩的。

5.21.2　缩放已有的加力燃烧室设计与无量纲性能

在 5.7.2 节中关于线性缩放已有燃烧室设计的所有论述都同样适用于加力燃烧室。

5.21.3　效率

加力燃烧室效率既反映了公式 F5.21.1 定义的化学燃烧效率,也反映了出口温度分布对产生推力的能力的影响。加力燃烧室的化学燃烧效率较低,这是因为与主燃烧室相比,加力燃烧室中的压力较低,并且存在限制可用容积的几何约束,这两者都使得加力燃烧室的负荷通常很高。温度分布降低了推力,因为能量浪费在过热的气流中;在相同的驱动膨胀比下,过热气流产生更高的排气速度。在高空和超声速设计点,加力燃烧室效率的典型值是90%。虽然,严格说来图表5.5①仅适用于常规燃烧室构型,但将从该图表中查得的数值减去大约7个百分点,可以一阶近似地估算加力燃烧室效率(见公式F5.21.1)。

正如燃烧室那样,在研发计划中,有必要在发动机试车前,先进行加力燃烧室的部件试验。只有在部件试验后,才能准确地确定加力燃烧室的效率特性。

5.21.4 温升

推进喷管出口处的总温在开加力时通常在$1850 \sim 2000\,K$左右,由于以下限制,这是所能达到的最高温度:

- 热离解:这是当燃烧产物逆反应变回反应物组成(比如$CO_2 \longrightarrow CO + O$)时的一种吸热反应。不应把热离解与燃烧效率相混淆,前者通常发生在高温和低压的情况下。

- 为了冷却加力燃烧室的壁面,大约需要10%的涡轮出口空气。这部分空气通常不参加燃烧过程,而是在加力燃烧室下游与主流燃气混合,以降低推进喷管的平均温度。

- 加力燃烧室温升也许会受到因主燃烧室的耗氧造成的空气乏氧的限制。这种情况一般仅发生在涡轮出口温度低的时候,此时希望提高加力燃烧室的燃油流量。

- 在5.22节中介绍的加力燃烧室的啸鸣。

进行初步设计时,可以使用公式F3.37—F3.41和图表3.15估算加力燃烧室温升,它是油气比的函数。虽然这些公式和图表对主燃烧室是严格的,但对于加力燃烧室它们只是一阶的近似,因为在$1900\,K$以上可能会发生热离解。当发生热离解时,压力就成为在图表3.15中必须引入的一个额外变量。参考文献[44]有针对热离解的严格的温升计算。

5.21.5 压力损失

加力燃烧室的"冷态损失"包括涡轮出口扩压器损失,以及由于支板、V形火焰稳定器等导致的损失。扩压器必须把涡轮出口的马赫数降低到加力燃烧室中的0.25左右。为了减小发动机的迎风面积,涡轮出口马赫数一般选择5.9节提供的设计准则中的较高值。由此得到的设计点总压损失在5%~7%。

如同5.7节对于常规燃烧室所述,在加力燃烧室火焰筒的燃烧段中,也有一个基本损失,即热态损失。由于此处的温升更大,设计点的这个损失大约为总压的5%~10%。

5.21.6 推力增益和SFC的恶化

正如上面所述,加力燃烧室的用途是增大推力。图表5.22对于不同的飞行马

---

① 原文为"图表5.22",疑似有误。——译注

赫数,展示了加力与不加力的净推力之比随加力与不加力的推进喷管温度之比(加力温比)而变化的关系曲线。该图表可以用来一阶近似地估算涡喷和涡扇发机的可用推力增益。每个点针对一个不变的燃气发生器工作点。因此,一旦已知不加力发动机的推进喷管温度,即可确定给定的加力燃烧室温度下的推力增益。

如果忽略加力燃烧室的额外燃油流量和压力损失,公式 F5.21.2 表明,加力与不加力的总推力之比(加力比)等于加力温比的平方根。图表 5.22 上马赫数为零的线(此时,净推力和总推力相等)实际上正是这个加力比,但其中确实为加力燃烧室压力损失和燃油流量的影响留有余量。压力损失的影响比燃油流量的影响要大,这表明,加力比实际上要小于按加力温比的平方根估算出的数值。

图表 5.22 表明,对于给定的加力温比,在飞行马赫数较大时,净推力增益比静止条件下的大得多。这是因为虽然加力燃烧室大致按加力温比的平方根来增加总推力,但动量阻力却保持不变。由于在工作时,不加力的净推力是总推力与动量阻力这两个较大数值之间相对小的差值,因此所增加的加力总推力的影响就更大了。

图表 5.22 还展示了一些典型的燃气发生器循环,全都对应 1900 K 的加力推进喷管温度。对于涡喷发动机,在马赫数为 0 和 2 时,净推力增益最高分别为 28% 和 95%。这个数据是对 1500 K 的低 SOT 循环而言的,此时涡轮出口温度很低。然而,在相同的 SOT 和压比下,涵道比 1.5 的混排涡扇发动机在飞行马赫数为 2 时的净推力增益可达 330%。这是由于涡轮出口温度较低,允许有更大的加力温比,并且净推力占总推力的比例更加低。

图表 5.23 展示了加力与不加力的 SFC 之比随加力温比而变化的关系曲线。同样地,对于加力和不加力两种情况,燃气发生器工作点保持不变。公式 F5.21.3 展示了如何一阶近似地估算燃油流量的增加,公式 F5.21.4 则用来计算加力与不加力的 SFC 之比。同样地,一旦有了发动机的不加力性能,就可以估算出给定的加力燃烧室温度下 SFC 的变化。这些公式表明,SFC 之比在很大程度上取决于燃气发生器循环参数,如压气机出口温度和 SOT。图表 5.23 表明,只要接通加力燃烧室,SFC 总是变差。这是因为低压下的燃油添加、压力的损失以及 90% 左右的燃烧效率这些不利影响超过了推力的增益。对于马赫数为 2、温比为 1.2 时的涡喷发动机,SFC 恶化达 20% 左右。但对于马赫数为 2、温比为 3 时的涵道比为 1.5 的涡扇发动机,SFC 恶化可高达 60%。

5.21.7 基本尺寸确定参数

下面介绍与加力燃烧室流道的首轮设计相关的设计准则。

轴向马赫数

为了达到满意的燃烧稳定性和着火能力,火焰稳定器进口处的马赫数应取 0.2～0.3。虽然这比主燃烧室的高,但考虑到发动机的迎风面积,取更低的值通常也不现实。为了稳定燃烧,V 形火焰稳定器下游的回流区中的当地马赫数还要低得多。大约 10% 的空气被用来冷却外壁,外环马赫数应保持在大约 0.1。如果由此得到的加力燃烧室直径比飞机机体制造商设定的或其他发动机部件的直径还大些,则不可避免地要选用更大的马赫数。这将对加力燃烧室性能有不利影响。

负荷

如果要达到90%左右的燃烧效率,加力燃烧室负荷在理想情况下应该小于$100\,kg/(s\cdot atm\cdot m^3)$。

长度

应结合针对所需的轴向马赫数而确定的面积来设定长度,以获得所需的负荷。在实际的设计中,由于飞机机身的限制,加力燃烧室长度控制在其直径的2.5倍以内。

5.21.8　基本效率和尺寸确定准则的应用

算例C5.3展示了常规燃烧室的基本尺寸设计准则的应用。对于加力燃烧室,过程是类似的,但须使用本节中的设计准则。算例C5.9展示了如何按照5.21.6节,快速地导出给定工作点下发动机加力状态的推力和SFC的近似变化。

5.22　加力燃烧室——非设计点性能

5.22.1　加力工作状态

图5.41针对典型军用战斗机的运行,展示了发动机净推力和飞机阻力随飞行马赫数的变化曲线。加力燃烧室在起飞时接通,但为了保持良好的SFC,除了格斗时外,它在亚声速飞行中不会使用,也确实不需要使用。然而,不加力状态能够达到的最大飞行马赫数为0.9,因为此时飞机阻力超过发动机的最大不加力推力。因此,在该马赫数下,加力燃烧室被点燃,所得到的额外推力使得飞机能够快速加速突破声障。在加力运行时,最大飞行马赫数变为2.2,此时飞机阻力再次超过发动机推力。

加力燃烧室一般有最大加力状态和最小加力状态。这两个额定状态与加力燃烧程度有关,并且在这两个额定状态下,燃气发生器本身可以工作在不同的额定状态下。以下内容适用于极端工作状态的组合。

最小燃气发生器状态

● 最小加力状态:这是在进近时使用的加力状态。此时,如果发生应急情况,飞行员需要猛推油门杆以便进行复飞。这个状态大约为最大加力额定状态的25%,此时燃气发生器处于最大油门位置。

● 最大加力状态:该状态不常用。

最大燃气发生器状态

● 最小加力状态:这个状态在飞机处于战斗情况下或者进行低超声速飞行时使用。这个状态大约为最大加力额定状态的90%。

● 最大加力状态:该状态在起飞时,以及在可达到的最大飞行马赫数下使用。

5.22.2　可调面积推进喷管

为了防止发生压气机喘振问题,在加力燃烧室下游采用可调面积推进喷管是必

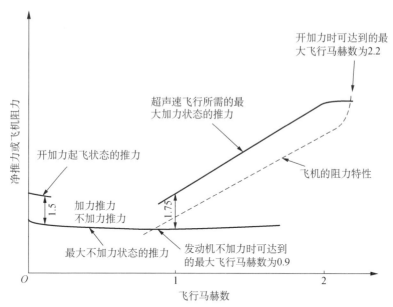

图 5.41　小涵道比军用混排涡扇发动机的典型加力燃烧室工作状态

注:图中所示的推力增益是说明性的,实际值取决于发动机循环;开加力时,SOT 的数值与马赫数为 0.9 时的不加力状态的保持相同;图中所示的飞机可达到的飞行马赫数仅用于本图示。

需的。这是因为当加力燃烧室工作时,推进喷管温度的急剧增高会使燃气发生器重新匹配工作点,导致压气机喘振。为了维持相同的燃气发生器工作点,可调喷管的面积必须按加力燃烧室出口温度的平方根规律增大。最常用的控制系统策略是,监控不加力时的换算参数的相互关系式,然后在开加力时调节喷管面积使这些关系式保持不变。涡轮膨胀比和压气机压比是最常用的监控参数,因为它们对喷管温度的变化高度敏感,这样控制就能利用它们迅速地改变喷管的面积。

在喷管膨胀比很大时,加大的喷管面积可以增加发动机的空气流量,有利于增大推力,这就是所谓的过度恢复;在喷管膨胀比很小时,最好使用较小的喷管面积,可以提高喷管膨胀比,这就是所谓的不足恢复。这两种做法都受到压气机喘振裕度的限制。

当不开加力时,推进喷管的面积必须比没有安装加力燃烧室的相同发动机的大几个百分点。这是为了使燃气发生器保持相同的工作点,因为加力燃烧室的压力损失和加力燃油流量都使喷气换算流量增大。

5.22.3　温升、效率、压力损失和壁面冷却

与在设计点时一样,一旦已知进口温度和油气比,就可以用公式 F3.37—F3.41 以一阶准确度计算非设计点的温升。如果加力燃烧室出口温度低于 1900 K,则不太可能发生热离解,因此这些计算是严格的。参考文献[44]介绍了在有热离解时,如何严格地计算温升。最低的温升大约为 200℃,它出现在燃气发生器收油门时的最小加力额定状态。

同样,在非设计点状态,化学效率可以与加力燃烧室的负荷关联在一起。作为一阶近似,可在图表5.5的水平上减去7%左右。如果某一发动机项目上马了,则必须根据5.8节通过台架试验来确定这一特性。在燃气发生器收油门时的最小加力额定状态,燃烧效率可能降到低至30%。

正如常规燃烧室,利用公式F5.7.9和F5.7.10可以确定冷态和热态压力损失系数,进而确定压力损失。在非设计状态,用于加力燃烧室冷却的空气量的百分比保持不变。

5.22.4 稳定性

在实际使用中,加力燃烧室从来不会遇到富油熄火。然而,在接近化学当量油气比的富油混合状态,可能会发生一种称为"加力嗡鸣(afterburner buzz)"的声学不稳定性。嗡鸣是由燃烧过程产生的噪声,在加力燃烧室压力较高和加力燃烧室马赫数较低的情况下更加经常发生。如果加力燃烧室连续工作在发生嗡鸣的状态,则很可能导致机械损伤。如5.21节所述,这是限制所能达到的加力燃烧室出口温度的实际设计现象之一。对于低的加力燃烧室油气比,设计必须能够防止贫油熄火。燃气发生器收油门时的最小加力额定状态的下限是贫油熄火所施加的典型限制。

5.23 换热器——设计点性能和基本尺寸的确定

间壁式(recuperator)、蓄热式(regenerator)和间冷式(intercooler)是工业、车辆和船舶燃气轮机使用的三种基本类型的机载换热器。虽然曾经有人考虑过把这些装置用在航空涡轴应用(特别是远程直升机)或涡桨发动机上,但是鉴于重量、体积和可靠性等考虑因素,至今没有任何一台采用上述装置的发动机投产。

间壁式和蓄热式回热器回收发动机排气中的废热,并将之传输给压气机出口空气。差别在于,间壁式的传热是通过其通道壁面进行的,而蓄热式则是在两股气流之间以物理方式转移热量。由于换热提高了燃烧室进口温度,因此减少了达到给定SOT所需要的供油量。间冷器用来在两个压缩部件之间传走热量,以此降低第二个压缩部件的进口空气温度。按公式F5.1.4,实现第二个压缩部件的压比所需的输入功的下降与进口温度的下降成正比。如第6章所述,间壁式和蓄热式回热器能改善热效率,但由于附加的压力损失,则会使单位功率有少量损失。相反,间冷器能改善单位功率,但除了在最高的压比外,它使热效率变差。换热和间冷两者结合的循环既能改善热效率,又能提高单位功率。

在燃气轮机上还采用其他类型的换热器,关于它们的性能和尺寸确定的完整叙述超出了本书的范围。在联合循环或CHP中,采用余热锅炉(HRSG)来利用发动机排气热量产生蒸汽。这些换热器通常是管壳式设计,燃气轮机的热排气从壳体内的管排外面流过。加压的水和蒸汽在管排内逆向流通,并随之被加热。换热器的另一种创新性用法是将管排放置在某些军用涡扇发动机的外涵道中。此处,冷侧是从管排外流过的外涵空气,而热侧是从管排中流过的百分之几的压气机出口空气。后者先被外涵冷空气冷却,然后再用来冷却涡轮导向器和转子叶片,这可以减少从压气机出口抽取的冷却空气需求量。先进循环工业燃气轮机也可以使用先经过冷却的冷却空气,以便节省冷却空气需求量。在这种燃气轮机上,换热器出来的热量交换到了天然气燃料中,结果又反过来回到了循环中。但在非设计点状态下,这样做确实给燃料喷嘴带来一些挑战。

5.23.1　构型

图 5.42 给出了间壁式回热器的基本构型。一次表面回热器由厚度大约为 0.15~0.2 mm 的波纹金属板料制成。波纹金属板一层一层积叠起来,空气和燃气每隔一层交替反向流过。热量直接通过板壁从燃气(热侧)传递给空气(冷侧)。二次表面回热器更加结实一些,因为其波纹板钎焊在大约厚 0.3~0.5 mm 的支撑平板上。之所以称为二次表面,是因为大多热量必须先沿波纹板传导到支撑板,然后再通过支撑板传递给冷侧。无论采用以上哪种构型,进口和出口总管以及封头的制造都很复杂。

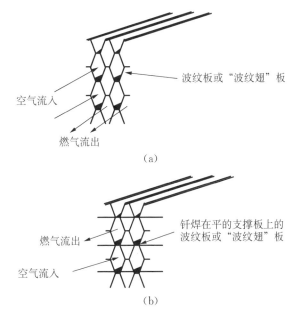

图 5.42　间壁式回热器的构型

(a)一次表面回热器　(b)二次表面回热器

注:在这两种构型中,燃气流路的通道面积必须超过空气侧的,以便在容积固定不变条件下把压力损失降到最低。

图 5.43 所示的蓄热式回热器是一种与众不同的换热器概念。它使用了一个带有轴向通道的旋转陶瓷盘,用电动机或发动机轴通过减速齿轮箱带动到转速 20~30 r/min。在蓄热式回热器陶瓷盘的两侧,冷侧空气和热侧燃气用管道引到并流经通道阵列。随着陶瓷盘通道在热、冷两股气流中转动,它被交替地加热和冷却,由此

传递热量。由于燃气密度低，盘上向燃气开放的面积比向空气开放的大很多，这样可以维持低的压降。通道的水力直径（见公式 F5.23.3）约为 0.5 mm，典型的是壁厚 0.2 mm 左右的三角形。

如图 5.43 所示，在盘的两侧各采用一个密封件，以便减少空气进口（压气机出口压力）到燃气出口（排气扩压器进口压力），或空气出口到燃气进口的气体泄漏。密封件通常是石墨密封件或者刷式密封件，因为盘必须相对它们旋转。除密封不足引起的漏气外，还有少量空气的携带漏气，即冷侧通道中的空气由盘的转动转移到燃气侧中。由于热壁面旋转进入冷侧，需要的通道流动长度比间壁式回热器的短很多，蓄热式回热器典型的盘的厚度仅为 60 mm。

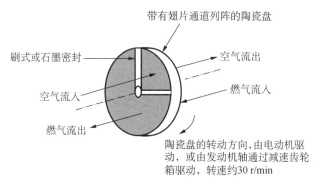

图 5.43　蓄热式回热器的构型

间冷器通常采用液态冷却介质，和间壁式换热器一样也采用钎焊的一次换热器或二次换热器。如果用海水作为冷源，通常则应避免海水与发动机直接接触。要么通过蜗形管来引出和引回空气，要么使用中间介质淡水/乙二醇环路冷却。高压压气机进口冷凝现象可以通过部分地绕过冷源来防止。

5.23.2　换热器的缩放

如果要将已有的换热器设计进行线性缩放，从一阶近似看，单位质量流量的进口流通面积应保持不变，进而流速保持不变。从制造和结构完整性角度考虑，一般要求翅片的物理形状保持不变，因而不能缩放。在这种情况下，为了达到相同的温降，要求停留时间不变，因而流通长度也保持不变（即不按比例缩放）。关于其他"缩放"问题，应该咨询换热器制造商。

5.23.3　间壁式回热器——效能、压力损失和基本尺寸的确定

如公式 F5.23.1 所定义的，间壁式回热器的热效能或称热比是空气温升与理想温升之比，而理想温升是燃气和空气进口温度之差。对于一次表面和二次表面回热器，图表 5.24 给出了设计点的效能与单位容积质量流量之间的关系。该图表可用来在给定流动条件和效能目标的情况下确定间壁式回热器的容积尺寸。容积是指除总管和封头以外的换热器阵列的容积。在流动条件给定时，容积增加导致效能改

善,因为此时换热表面积增加了。图表 5.24 是针对均匀进口流场分布的,而当速度峰值比平均值高 20%时,效能降低大约 1 个百分点。

图表 5.24 还展示了换热器阵列的压力损失与单位容积质量流量之间的关系曲线。对于给定的质量流量,随着容积增大,压力损失下降,因为速度下降了。燃气侧压力损失比空气侧的高许多,因为燃气密度低,也就决定了为保持总容积,阵列中的流速必须提高。空气侧速度较低,几乎不需要额外容积。此外,在进口和出口管道中还有进一步的总压损失,而这对整体的性能十分重要,所以一定不能忽略。按 5.13 节,实际的压力损失水平取决于几何形状的复杂性和管道进口的马赫数,典型的设计点水平如下所示。

压气机出口至空气进口	3%～6%(λ=0.7～1.5)
空气出口至燃烧室进口	1%～2.5%(λ=2.5～6)
涡轮出口至燃气进口	2%～6%(λ=0.4～1.2)
燃气出口	此处的压力损失一般都包含在排气流道中,参见 5.13 节中的指导。

5.23.4　蓄热式回热器——效能、压力损失、漏气和基本尺寸的确定

图表 5.25 展示了一台盘厚 60 mm 的蓄热式回热器的效能与单位面积质量流量之间的关系曲线。对于给定的质量流量,盘面积增加导致效能提高,这同样是因为可用的换热面积增大了。

图表 5.25 还展示了蓄热式回热器阵列的压力损失和由密封不足引起的漏气量与单位面积质量流量的变化关系曲线。同样地,对于给定的质量流量,由于流速变低,压力损失随盘面积的增加而减小。进、出口管道的压力损失与上面给出的间壁式回热器的相差无几。

对于给定的质量流量,密封不足引起的漏气量随盘面积的增加而增大,因为此时密封周长必定增大。携带漏气量在 0.25%～0.5%,基本上是盘面积的函数。

对于给定的流动条件和目标效能,可以从图表 5.25 中导出盘面积。从制造和强度考虑,实际上可行的最大直径大约是 600 mm。已经有采用最多两个盘的发动机布局。

5.23.5　间冷器——效能和压力损失

间冷器效能的定义如公式 F5.23.2 所示。包括管道在内的总的压力损失为 5%～7%,或者如果用管道把空气送到距离发动机较远的间冷器,压力损失可高达 10%。

5.23.6　间冷器的尺寸确定

由于换热器的性能水平变化范围很宽,本节中的设计准则仅提供一阶近似的估算结果。只要有可能,应该尽快地从制造商那里获得详细数据。

基于未阻塞面积,用来流过空气的间冷式换热器的尺寸大小应确保最大马赫数

为 0.04～0.05。金属和液体流道将使实际马赫数超过这个数值。在这些马赫数水平下,根据翅片形式的不同,需要的流动长度约为 0.4～0.6 m。但如果可以达到更小的流动速度,这个长度还可以更短些。

在温差为 100℃时,远离发动机布置的液体对液体换热器的尺寸约为 0.4～0.5 m³/MW,其内部流动速度应为 0.3 m/s 左右。对于相同的换热 MW 数,温差变小时,尺寸成反比地增加。

5.23.7　间壁式与蓄热式回热器的比较

历史上,间壁式回热器曾经遭遇过由热循环引起的低周疲劳问题,以及由燃烧过程积碳引起的结垢(燃气侧通道堵塞)问题。正是因为这些问题,20 世纪 60 年代人们首次构思出了蓄热式回热器。陶瓷盘的低周疲劳强度好,而且具有自清洁功能,因为在空气和燃气交替反向流过同样的通道时会吹除任何积碳。然而,最近几年间壁式回热器的发展使其具有的更好抗热循环性。同时,已经设计出通过短时间旁路冷气流来烧掉积碳的清洁循环。由于低排放燃烧室(必定是无碳的)的出现,结垢的情况也大为改善。因此,关于间壁式回热器传统的担心已经消散。

由于换热盘直径的限制,以及以上讨论的发动机布局上能实现的换热盘数目的限制,蓄热式回热器仅适用于流量小于 2 kg/s 或输出功率小于 500 kW 的发动机。因此它们已经用在许多车辆发动机的研发项目上,但所有具有更高输出功率的带换热器的发动机都采用间壁式。

对于间壁式或蓄热式回热器究竟哪一个对发动机性能更有利,取决于发动机循环和空间限制。上述设计准则能使读者估算出这两种装置的设计点性能和基本尺寸。在绝大多数情况下,间壁式回热器对发动机总体性能更有利,但需要较大的体积。

最后,蓄热式回热器的原始成本比大多数间壁式回热器的低。如果为了提供足够的低周疲劳强度,间壁式回热器不得不采用镍基合金而非不锈钢,就更是如此。然而,需要不断进行的换热盘更换维护也许会使这个成本优势大打折扣。根据所采用的材料的不同,这两种换热器的进口温度都存在 900～1000 K 左右的限制。对间壁式回热器,进口温度低的采用不锈钢,而进口温度高的采用镍基合金。

5.23.8　基本效率和尺寸确定准则的应用

算例 C5.10 中展示了本节所给出的基本热效能、压力损失和尺寸确定设计准则的应用。

5.24　换热器——非设计点性能

5.24.1　效能

间壁式和蓄热式回热器

图表 5.24 和图表 5.25 表明,在部分功率工况下,间壁式或蓄热式回热器的效

能会提高因为在容积或面积固定不变时,物理流量下降了。在慢车时,效能甚至可能比满功率时高出 10 个百分点。如第 7 章所述,间壁式和蓄热式回热器几乎毫无例外地都与可变面积动力涡轮导向叶片(VAN)一起使用。这样使得回热器进口温度即使在低工况下也能保持较高水平,以尽多地回收热量。这有助于使部分负荷 SFC 随功率的变化曲线比简单循环的平坦得多。必须注意的是,要保证在部分功率时不超过机械完整性的限制温度。

就最初的非设计点发动机性能建模而言,图表 5.24 或图表 5.25 的曲线可以通过多项式曲线拟合或插值数表的方式来加载使用。另外一种办法是,公式 F5.24.1 可以很好地以一阶精度计算间壁式和蓄热式回热器的性能,它简单地将效能与物理流量水平关联起来。之所以能够得到这一简单关系,是因为回热器工作时空气侧的温度很高,而其下游的流通能力则基本上被高压涡轮的流通能力所固定。在后期的详细设计和发动机研发阶段中,必须将换热器供应商的专有程序纳入发动机非设计点性能模型中。

间冷器

在部分功率下,效能也是增加的,但与回热器相比,空气进口条件的影响更大,并且高压压气机下游的流通能力变化更大。公式 F5.24.2 把效能与进口流量参数组相关联,并且具有良好的一阶准确度。

5.24.2 压力损失

间壁式和蓄热式回热器

对于无做功或热传递的进、出口管道,可以采用 5.16 节描述的方法模拟压力损失的变化。对于换热器的阵列,由于传热增加,部分功率时的空气侧的总压损失百分数事实上可能会增加,而燃气侧进口的流通能力、进而压力损失百分数却大大下降。可以对取自图表 5.24 或图表 5.25 的曲线进行曲线拟合,或利用公式 F5.24.3 和 F5.24.4,其中的常数在设计点计算出来。在项目后期,应采用供应商的专有程序进行计算。

间冷器

在部分功率下,由于较低的空气进口换算质量流量以及增大的热量提取,总压损失百分数降低。公式 F5.24.5 把压力损失百分数与进口流量参数组相关联,并且具有良好的一阶准确度。

5.24.3 蓄热式回热器的漏气

在所有非设计状态,密封不足引起的漏气以及携带漏气均可以认为是固定的百分比。

5.25 交流发电机——设计点性能

交流发电机的功能是将燃气涡轮发动机的轴功率转变成为交流电(AC)的电功率。直流发电机产生直流电(DC)。发电机这个通用术语可以适用于这两者。

5.25.1　构型

典型的交流发电机包含带有绕组线圈(连接成磁极对)的定子,以及在定子中旋转的绕线转子。转子由通过滑环提供的励磁电流激励。转子的转动在静止线圈中感应生成交流电。

5.25.2　缩放已有交流发电机设计

作为一阶近似,可达到的电功率与体积成正比。改变长度是可行的,但在改变直径时必须小心,因为在同步使用中,转速必须固定不变。在此情况下,必须咨询制造厂商。

5.25.3　频率和电压

如公式 F5.25.1 所示,交流发电机的输出频率与磁极对数和转速成正比。在绝大多数安装情况下,电功率输出到电网,或者在当地的输电干线环境中使用。由于电气设备的要求,频率必须保持在一个很窄的容差范围内,根据所考虑的国家的不同,可以是 50 Hz 或 60 Hz。因此,交流发电机的转速必须满足以下表中的要求:

3600 r/min:两极,60 Hz	1800 r/min:四极,60 Hz
3000 r/min:两极,50 Hz	1500 r/min:四极,50 Hz

由于即使是最大的燃气涡轮发动机的最佳设计转速也没有低到 1500 r/min,通常燃气涡轮发动机与两极交流发电机相匹配使用。对于输出转速可以远远超过 3000 r/min 或 3600 r/min 的小型燃气涡轮发动机,则必须使用减速齿轮箱。

在有些特殊应用场合下,没必要使频率保持常数,例如用于由燃气涡轮发动机推进的混合动力车辆(见第 1 章)的高速交流发电机。此时,在整个工作包线范围内,发动机的输出转速和交流发电机的频率可能变化巨大。在向电池或者轮毂电机提供直流电之前,先使用电力电子设备来稳压和整流。

公式 F5.25.2 表明一旦设定了转速,峰值输出电压就是磁场磁通量密度以及绕组数目和面积的函数。如果发出的电力由当地使用,根据国家的不同,典型的电压为 240、220 V 或 110 V,以适合于它所供应的电气设备。如果发出的电力直接输出到电网系统,交流发电机的输出电压将比第 1 章所述的高得多。

5.25.4　功率输出、电流和效率

作为一阶近似,功率输出与交流发电机的体积成正比。一旦按以上确定了输出电压,电流强度就取决于负载。对于纯电阻负载,欧姆定律(见公式 F5.25.3)表明电流是电压与电阻之比。然后,功率就是电压和电流的乘积。对于电感负载或电容负载,功率因数是交流电压和电流波形之间的相位角的余弦。纯电感负载会使电流滞后于电压,而纯电容负载使电流超前于电压,滞后或超前的相位角均为 90°。当这

些类型的负载组合在一起时,按公式 F5.25.4,电阻和超前/滞后阻抗分别算术相加在一起。通过求这两个数值的和方根值,即可获得总阻抗值。参考文献[45]讨论了交流电路的理论。

交流发电机的效率定义为电功率输出除以轴功率输入。在设计工作点,效率一般为 97.5%～98.5%。损失的构成包括轴承和滑环摩擦损失、风阻损失和定子绕组中的热损失(I^2R)以及金属框架内的涡流损失。功率因数低时,热损失和涡流损失的影响会增加。

5.25.5 极惯性矩

对于单轴构型,在进行发动机瞬态和起动性能分析时,必须知道交流发电机的极惯性矩。如果交流发电机是直接驱动的,把它的极惯性矩加到发动机轴的极惯性矩上就行了。然而,如果交流发电机是通过齿轮箱驱动的,发电机的极惯性矩就必须用公式 F9.6 换算到发动机轴,并与发动机轴的极惯性矩结合起来。

5.26 交流发电机——非设计点性能

5.26.1 频率、功率输出和电流

如上所述,在大多数应用场合中,通过保证在交流发电机被加载时的所有功率输出水平下,燃气涡轮发动机输出转速和交流发电机转速均为常数,来维持频率和峰值电压的恒定不变。功率的变化主要是由于在部分负荷时电流会下降。功率因数决定了给定的电压和电流水平下的输出功率。如前所述,效率随功率因数的下降稍有降低。

5.26.2 效率

图表 5.26 给出了效率与负荷百分数和功率因数之间的典型特性曲线。对前期的非设计点发动机性能建模而言,可以通过数表和内插的方式使用这一特性曲线。然而,应该尽早引入交流发电机制造商提供的效率特性曲线。

公式、算例与图表

公式

总的来说,下面提供的公式均采用了基于过程的平均温度确定的比热容 CP 和比热容比 γ。在第 3 章中,提供了 γ 和 CP 的计算公式,以及经常必须采用的迭代过程。如果使用完全严格的焓熵法,那么计算准确度的收益在第 3 章也有所介绍,并且还包括了计算过程。

F5.1.1 压气机输入功率(kW) = fn(质量流量(kg/s),叶片速度(m/s),切向分速度的变化(m/s))

PW2 = W2 * U * (Vwhirl into rotor－Vwhirl out of rotor) / 1000

(i) 切向分速度是与轴向垂直的绝对或相对气体速度矢量的分量。

（ii）所表示的形式是针对半径无变化时的情况。

F5.1.2　压气机输入功率（kW）= fn（质量流量(kg/s)，温升(K)，比热容[kJ/(kg·K)]）

PW2 = W2 * CP23 * （T3－T2）

F5.1.3　压气机等熵效率 = fn（比焓升(kJ/kg[①])，温升(K)）

E2 = （H3isentropic－H2)/(H3－H2）

或者近似采用平均温度下的恒定比热容：

E2 = （T3isentropic－T2)/(T3－T2）

式中，重新整理 F3.21，得到：

T3isentropic = T2 * (P3/P2)^((γ－1)/γ)

F5.1.4　压气机温升 = fn（进口温度(K)，压比，等熵效率）

T3－T2 = T2 * (P3Q2^((γ－1)/γ)－1)/ETA2

（i）由联立公式 F5.1.1 和 F3.2.1 导出；T3isentropic/T2 = (P3/P2)^((γ－1)/γ)[②]

F5.1.5　压气机负荷 = fn（比焓升(J/kg)，叶片速度(m/s)）

LOADING = CP * (T3－T2)/U^2

或

LOADING = CP * (T2 * (P3Q2^((γ－1)/γ)－1)/ETA2)/U^2

F5.1.6　多级压气机的平均级负荷 = fn（平均比热容[J/(kg·K)][③]，出口温度(K)，进口温度(K)，平均叶片速度(m/s)，级数）

LOADINGmean = CP * (T3－T2)/(Umean^2 * Nstages)

F5.1.7　速度比 = fn（轴向速度(m/s)，叶片速度(m/s)）

VRATIO = Vaxial/U

F5.1.8　展弦比 = fn（叶片高度，叶片弦长）

AR = Height/Chord

（i）可以使用轴向弦长或真实弦长。

F5.1.9　德哈勒（DeHaller)数 = fn（进口速度(m/s)，出口速度(m/s)）

DeH = V2/V1

（i）最小值限制为 0.72。

F5.1.10　扩散因子 = fn（进口速度(m/s)，出口速度(m/s)，切向分速度的变化(m/s)，节距弦长比）

DF = 1－(V2/V1)+DVwhirl * (S/C)/(2 * V1)

（i）最大值限制在 0.6，或者对转子叶尖部分为 0.4。

（ii）该值用来选择叶片节距弦长比，因此有助于选择叶片数目。

---

① 原文中 F5.1.3 和 F5.9.3 中比焓的单位误为"kJ/(kg·K)"。——译注

② 原文该处指数误为"γ/(γ－1)"。——译注

③ 原文单位误为"J/kg"。——校注

F5.2.1　轴流压气机效率的雷诺数修正(%pt[①]) = fn(特性图效率(%)，雷诺数，临界雷诺数)

RE = W2 * C2/(A2 * VIS2)

RE. crit = 0.63 * C2/K. cla

如果 RE < RE. crit

DE2 = 100−(100−ETA2. map) * (RE/RE. crit)^0.13

如果 RE > =RE. crit

DE2 = 0

(i) C2 是叶片的平均弦长，A2 是进口环面积。

(ii) K. cla 是叶片表面粗糙度的中心线平均值。典型值(单位 10^{-3} mm)为：

精密铸造表面：2～3

典型抛光锻件：0.75～1

高精度抛光：0.25～0.5

F5.2.2　轴流压气机流量的雷诺数修正 = fn(效率修正(%pt)，压比)

DE2 = 来自公式 F5.2.1 的数值

P3Q2. RE = 来自公式 F5.2.1 的数值，其中 ETA2 = ETA2. map−DE2，而且温升不变

W2. RE = W2. map * SQRT(P3Q2. RE/P3Q2. map)

F5.2.3　畸变指数 DC60(60°扇形) = fn(进口总压(kPa)，进气道动压头(kPa))

(压力最低 60°扇形 Paverage − 360°环面 Paverage)/360°环面(P − PS)average

(i) 注意，对现代压气机，也考虑采用 90°扇形的畸变指数 DC90 值。

F5.2.4　轴流压气机叶尖间隙均方根值(mm) = fn(各级叶尖间隙(mm))

TC. RMS =√(∑(TCstage^2))/n，其中 n 为压气机级数[②]

F5.2.5　在压气机特性图上加载因子和增量

WRTP2 = FACTOR1 * WRTP2map+DELTA1

ETA2 = FACTOR2 * ETA2map+DELTA2

P3Q2 = ((P3Q2map−1) * FACTOR3+DELTA3)+1

NRT2 = NRTmap * FACTOR4+DELTA4

(i) FACTOR2 通常设置为 1，DELTA4 则设置为 0。

F5.3.1　离心压气机输入功率(kW) = fn(质量流量(kg/s)，叶片速度(m/s)，切向分速度(m/s))

PW2 = W2 * (Uex * Vwhirl out of rotor−Uin * Vwhirl into rotor)/1 000

(i) 切向分速度是绝对气流速度在垂直于轴向和径向方向上的矢量分量。

---

① "%pt"表示比如效率被修正某个百分点。——译注

② 原公式误为 TC. RMS =√(∑(TCstage^2))，也没有压气机级数 n 的描述。——校注

F5.3.2　滑移因子（定义） ＝ fn（出口段绝对速度的切向分量（m/s），出口段叶片速度（m/s））

　　　　Fslip ＝ Vwhirl/Uex

F5.3.3　滑移因子（数值） ＝ fn（叶轮叶片数目）

　　　　Fslip ＝ 1－0.63 * π/Nvanes

(i)　这是 Stanitz 关系式。

(ii)　由于制造加工的限制，典型的叶片数在 20～30 之间，因此滑移因子在 0.9～0.935 之间。

F5.3.4　比转速 ＝ fn（转速（r/min），质量流量（kg/s），进口总温和总压（K，Pa），比热容［J/(kg·K)］，实际温升（K））

　　　　NS ＝ N * VOLUMETRICFLOW^0.5/TRISE. ideal^0.75

　　　　NS ＝ N * 0.104 7 * (W2 * T2 * 10 131.2/P2)^0.5/(CP * 10.718) * (T3－T2)
　　　　　　　 * ETA2)^0.75

(i)　这是 Balje 无量纲定义。

(ii)　进口处的体积流量，单位 m³/s。

(iii)　该术语常以英制单位 rpm/(ft^{0.75} · s^{0.5}) 使用，为此将以上无量纲定义乘以 129。

F5.3.5　压比 ＝ fn（效率，功率输入因子，滑移因子，出口段叶尖速度（m/s），CP［J/(kg·K)］，进口温度（K））

　　　　P3Q2 ＝ (1+(ETA2 * Fpower input * Fslip * Uex^2)/(CP * T2))^(γ/(γ－1))

(i)　功率输入因子是指背板和罩环风阻的功率损失，其典型值为 1.02～1.05。

(ii)　滑移因子由公式 F5.3.2 和 F5.3.3 定义。

(iii)　这是针对轴向进口流量，如果不是这种情况，则 Fslip * U^2[①] 应被（Vwhirl3 － Vwhirl2）* U 取代。

(iv)　这仅对直的径向叶片有效。对于后掠叶片，应使用效率和公式 F5.3.6。

F5.3.6　叶轮出口叶片速度（m/s） ＝ fn（滑移因子，后掠角（°），CP［J/(kg·K)］，温升（K），进口均方根切向分速度（m/s），进口均方根叶片速度（m/s），出口相对速度（m/s））

　　　　Uex ＝ SQRT(C+SQRT(C^2－4 * A * D))/(2 * A)[②]

　　　　式中：A ＝ 1+(Fslip/tan(beta. ex))^2

　　　　B ＝ CP * Trise+Vwhirl. in. rms * U. in. rms

　　　　C ＝ 2 * B * (1+Fslip/tan(beta. ex)^2)+Vex. rel^2

　　　　D ＝ B^2 * (1+1/tan(beta. ex)^2)

　　　　对于直的径向叶片，也即后掠角为零，不用上式，应使用下式：

　　　　Uex ＝ SQRT(CP * Trise＋Vwhirl. in. rms * U. in. rms)/Fslip

---

① 原文误为"U2"。——译注
② 原文该式最后多出一个")"。——译注

F5.3.7　长度参数 = fn(叶轮长度(m),出口段叶尖半径(m),进口段叶尖半径(m),进口段轮毂半径(m))

LP = L/(Rex tip−(Rind tip＋Rind hub)/2)

F5.3.8　弯道参数 = fn(轴向整流器内壁半径(m),扩压器叶片外半径(m),扩压器叶片高度(m))

BP = (Raxstraightener−Rdiffuser vane)/Hdiffuser vane

F5.4.1　由于叶轮叶尖间隙导致的效率下降(%) = fn(出口段叶尖间隙(分数),出口段/进口段罩环半径比)

如果 F. clnce ＞0. 02

D. ETA = (0. 48 * F. clnce＋0. 02) * Rex. tip/Rind. tip

如果 F. clnce ≤0. 02

D. ETA = (2. 48 * F. clnce−50 * F. clnce^2) * Rex. tip/Rind. tip

F5.5.1　短舱阻力(N) = fn(空气密度(kg/m³),真空速(m/s),短舱阻力因子,短舱表面积(m²))

Pod Drag = 0. 5 * RHO * VTAS^2 * C * A

(i) 阻力因子 C 在 0. 002 和 0. 003 之间。

F5.5.2　短舱表面积(m²) = fn(长度(m),直径(m))

Nacelle Area = PI * L * (D. ENGINE＋D. INTAKE＋D. NOZZLE)/3

F5.7.1　燃烧效率 = fn(输入的燃油流量(kg/s),烧掉的燃油流量(kg/s))

ETA3 = WFburnt / WF

F5.7.2　燃烧室负荷[kg/(s · atm^1.8 · m³)] = fn(质量流量(kg/s),进口压力(atm),进口温度(K),燃烧室容积(m³))

LOADING = W/(VOL * P31^1. 8 * 10^(0. 001 45 * (T31−400)))

(i) 对于效率关系式,容积是指整个火焰筒的容积,但不包括外环容积。

(ii) 对于稳定性关系式,容积和流量仅指主燃区的容积和流量。

(iii) 某些公司使用上式的倒数。

F5.7.3　燃烧室容热强度[kW/(atm · m³)] = fn(燃油流量(kg/s),燃烧效率,燃油低热值(kJ/kg),进口压力(atm),燃烧室容积(m³))

INTENSITY = Wf * ETA3 * LHV/(P31 * VOL)

(i) 容积是指整个火焰筒的容积,但不包括外环容积。

F5.7.4　停留时间(s) = fn(长度(m),燃烧室平均马赫数,气体常数[J/(kg · K)],温度(K))

V = M * SQRT (γ * R * T)

Time = L / V

(i) M 来自 Q 曲线公式 F3. 33。

F5.7.5　当量比 = fn(油气比,化学当量油气比)

PHI = FAR / FARstoichiometric

F5.7.6 化学当量气油比 = fn(碳氢重量比)

AFRstoichiometric = 11.494 * (CHratio + 3) / (CHratio + 1)

F5.7.7 OTDF 或 RTDF = fn(最大出口温度,平均出口温度,进口温度)

OTDF 或 RTDF = (T4max − T4mean) / (T4mean − T31)

(i) 对于 OTDF,T4max 是指发生在燃烧室出口平面上任何地方的最高温度。

(ii) 对于 RTDF,T4max 是指在燃烧室出口平面上从根部到尖部的最高周向平均温度。

F5.7.8 近似燃烧效率(%) = fn(燃烧室负荷[kg/(s·atm$^{1.8}$·m^3)])

ETA3 = −5.469 74E−11 * LOAD^5+3.979 23E−08 *

LOAD^4−8.737 18E−06 * LOAD^3+0.000 300 007 *

LOAD^2−0.004 568 246 * LOAD+99.7

以上适用于图表 5.5 中的无约束设计。

F5.7.9 燃烧室冷态压力损失(kPa) = fn(冷态损失因子,进口空气流量(kg/s),进口温度(K),进口压力(kPa))

DPcold = Kcold * P31 * (W31 * SQRT(T31)/P31)^2

F5.7.10 燃烧室热态压力损失(kPa) = fn(热态损失因子,进口空气流量(kg/s),进口温度(K),出口温度(K),进口压力(kPa))

DPhot = Khot * P31 * (T4/T31−1) * (W31 * SQRT(T31)/P31)^2

F5.9.1 涡轮输出功率(kW) = fn(质量流量(kg/s),叶片速度(m/s),切向分速度的变化(m/s))

PW4 = W4 * U * (Vwhirl out of rotor−Vwhirl into rotor)/1 000

(i) 切向分速度是绝对或相对气流速度在垂直于轴向方向上的矢量分量。

(ii) 所表示的公式未考虑半径的变化。

F5.9.2 涡轮输出功率(kW) = fn(质量流量(kg/s),温降(K),CP[kJ/(kg·K)])

PW4 = W4 * CP45 * (T4 − T5)

F5.9.3 涡轮等熵效率 = fn(比焓降[kJ/(kg·K)],温降(K))

ETA4 = (H4 − H5) / (H4 − H5isentropic)

或者近似采用平均温度下的恒定 CP:

ETA4 = (T4 − T5) / (T4 − T5isentropic)

F5.9.4 涡轮温降 = fn(进口温度(K),等熵效率,膨胀比)

T4−T5 = T4 * ETA4 * (1−1/P4Q5^((γ−1)/γ))

(i) 通过联立公式 F5.9.3 与 F3.21 而得到。

F5.9.5 涡轮负荷 = fn(比焓降[kJ/(kg·K)],叶片速度(m/s))

LOADING = CP45 * (T4−T5)/U^2

F5.9.6 速度比 = fn(轴向速度(m/s),叶片速度(m/s))

VRATIO = Vaxial / U

F5.9.7 涡轮反力度 = fn(转子的静温降(K),级的静温降(K))

REACTION = dTSrotor / dTSstage

(i) 反力度也可以基于压降来定义。

F5.10.1—F5.10.3 涡轮雷诺数修正

F5.10.1 ETA4 = 1−(1−ETA4map)/(RE/REcritical)^K1

F5.10.2 WRTP4 = WRTP4map * (1−K2 * (ETA4map−ETA4)/ETA4map)

F5.10.3 RE = W4 * C5/(A4 * VIS5)

(i) K1 和 K2 分别在 0.05~2.5 和 0.4~0.6 之间。

(ii) C5 是出口环面的高度。

(iii) 临界雷诺数为大约 1×10^5。

F5.10.4 在涡轮特性图上应用因子和增量

WRTP4 = FACTOR1 * WRTP4map + DELTA1

ETA4 = FACTOR2 * ETA4map + DELTA2

NRT2 = NRTmap * FACTOR4 + DELTA4

(i) 通常把 FACTOR2 设置为 1,DELTA4 设置为 0。

F5.11.1 径流式涡轮输出功率(kW) = fn(质量流量(kg/s),叶片速度(m/s),切向分速度(m/s))

PW4 = W4 * (Uex * Vwhirl out of rotor−Uin * Vwhirl into rotor)/1 000

(i) 切向分速度是绝对气体速度在垂直于轴向和径向的方向上的矢量分量。

F5.11.2 径流式涡轮的比转速 = fn(转速(r/min),质量流量(kg/s),进口总温和总压(K，Pa),CP[J/(kg·K)],实际温降(K))

NS = N * VOLUMETRIC FLOW^0.5/TDROP. ideal^0.75

NS = N * 0.104 7 * (W5 * T5 * 10 131.2/P5)^0.5/(CP * 10.718 * (T4−T5)/ETA4)^0.75

(i) 这是 Balje 无量纲定义。

(ii) 在出口处的体积流量,单位是 m^3/s。

(iii) 该术语经常以英制单位 rpm/(ft^0.75 · s^0.5)使用,为此,要在以上无量纲定义上乘以 129。

F5.11.3 径流式涡轮叶片叶尖速度(m/s) = fn(CP[J/(kg·K)],比热容比 γ,进口总温(K),膨胀比)

U^2 = CP45 * T4 * ETA4 * (1−1/P4QP5^((γ−1)/γ))

(i) 这是公式 F5.11.1 和 F5.9.4 联立的解,因此是针对零度的工作轮进口叶片角度的,因此相对速度为径向轴向出口气流,并且也是针对零出口旋流而言。因此切向分速度的变化等于叶片速度。

(ii) 如果进口或出口气流角不同,则必须利用速度三角形导出切向分速度的变化,它是工作轮叶尖速度的函数。

(iii) 以上不包括盘的风阻。

(iv) 对背板带扇形凹口的情况,叶轮轮缘速度将比这里得到的叶尖速度小。

F5.13.1　流道总压损失(%) = fn(流道压力损失(kPa),流道进口压力(kPa))

$$DPQP = 100 * (DP) / Pin$$

F5.13.2　流道进口动压头(kPa) = fn(流道进口总压和静压(kPa))

$$DHEAD = Pin - PSin$$

(i) 在马赫数小于0.25时,动压头可以近似于仅适用于不可压缩流的伯努利方程表达式。

$$DHEAD = 0.5 * RHO * Vin^2$$

F5.13.3　压力损失系数 λ = fn(进口压力(kPa),出口压力(kPa),进口静压(kPa))

$$LAMBDA = (Pin - Pout) / (Pin - PSin)$$

F5.13.4　流道总压损失(kPa) = fn(λ,进口动压头(kPa))

$$Pin - Pout = LAMBDA * (Pin - PSin)$$

F5.13.5　相当于一个动压头的流道总压损失(%) = fn(进口总压和静压(kPa))

$$(Pin - Pout) / Pin = (1 - (1 / (Pin / PSin))) * 100$$

F5.13.6　流道总压损失(%) = fn(λ,进口总压和静压(kPa))

$$(Pin - Pout) / Pin = LAMBDA * (1 - (1 / (Pin / PSin))) * 100$$

F5.13.7　突然膨胀时的总压损失系数 = fn(出口面积,进口面积)

$$LAMBDA = (1 - A1 / A2)^2$$

F5.13.8　在等截面管道中因摩擦造成的总压损失系数 = fn(摩擦系数,长度(m),水力直径(m))

$$LAMBDA = F * L / Dh$$

(i) 摩擦系数的典型值是0.04。其他详细数据可从参考文献[30]给出的"Moody图"中获得。

(ii) 水力直径 Dh 由公式 F5.23.3 定义。

F5.13.9　冲压恢复系数 = fn(冲压总压(kPa),环境压力(kPa),进气道出口压力(kPa))

$$RRF = (P1 - Pamb) / (P0 - Pamb)$$

F5.13.10　进气道总压损失(%) = fn(冲压恢复系数,冲压总压(kPa),环境压力(kPa))

$$(P1 - P0) / P0 = 100 * (1 - RRF) * (P0 - Pamb) / P0$$

F5.13.11　进气道效率(%) = fn(冲压总压(kPa),环境压力(kPa),进气道出口压力(kPa),γ)

$$ETA1 = ((P1 / Pamb)^{((\gamma - 1)/\gamma)} - 1) / ((P0 / Pamb)^{((\gamma - 1)/\gamma)} - 1)[1]$$

---

[1] 原文缺少两个左括弧。——译注

F5. 13. 12 和 F5. 13. 13 推进喷管的推力(kN) = fn(推进喷管和自由流速度,推进喷管和进气道质量流量(kg/s),推进喷管和环境静压(kPa),推进喷管几何面积(m²))

F5. 13. 12 FG = Wn * Vn * CX + (PS9 − Pamb) * A9[①]

FD = W1 * V0

FN = FG − FD

注:如果推进喷管处于堵塞状态,则 PS9 用公式 F5. 13. 14 获得。如果推进喷管未堵塞,则 PS9 = Pamb,以及

F5. 13. 13 FG = Wn * Vn * CX

F5. 13. 14 推进喷管速度(m/s)和静压(kPa) = fn(进口总压(kPa),环境压力(kPa),进口总温(K),有效面积(m²))

估算喷管膨胀比:

P9QPamb = P9/Pamb[②]

根据上述结果,利用公式 F3. 32 计算出马赫数 M。

如果 M 超过 1,喷管就堵塞,根据公式 F3. 32 给出的 M=1 时的总静压比,计算出喉部静压值:

PS9 = P9 / (P9QPS9)

根据公式 F3. 31 给出的总静温比,计算出喷管静温。如果喷管堵塞了,则用 M=1,否则用 M 的计算值。

TS9 = T9 / (T9QTS9)

用公式 F3. 35 计算喷管速度。

F5. 13. 15 流量系数 = fn(有效面积和几何面积(m²))

CD = A9effective / A9geometric

F5. 13. 16 推力系数 = fn(实际总推力(kN),理想总推力(kN))

CX = FG / FGideal

(i) 公式 F5. 13. 12 和 F5. 13. 13 展示了 CX 的应用。

F5. 13. 17 速度系数 = fn(实际喷气速度(m/s),理想喷气速度(m/s))

CV = V9 / V9ideal

F5. 13. 18 相同喷管进口条件下收扩喷管的总推力与收敛喷管的总推力之比 = fn(收敛喷管和设计在完全膨胀状态的收扩喷管的推进喷管和自由流速度(m/s),推进喷管进口质量流量(kg/s),推进喷管和环境静压(kPa),推进喷管几何面积(m²))

FG = W9 * V9full * CX / (W9 * V9 * CX + (PS9 − Pamb) * A9)

F5. 13. 19 鹅脖子流道参数 = fn(进口平均直径(m),出口平均直径(m),长度(m))

SNDP = (Dout − Din) / L

---

① 相比于原文,此处删除了等号右边最外层的一对括号。——译注

② 原文误为"P9Qlamb = P9/lamb"——译注

F5.14.1 流道的流通能力的平方近似与动压头成正比

$(Win * SQRT(Tin)/Pin)^2 \propto (Pin-PSin)/Pin$

F5.14.2 流道总压损失(%) = fn(α,进口流通能力[kg √K /(s·kPa)])

$DP/P = ALPHA * (Win * SQRT(Tin)/Pin)^2$

F5.14.3 准损失系数(pseudo loss coefficient)α(%) = fn(λ,总压(kPa),静压(kPa),质量流量(kg/s),总温(K))

$ALPHA = (LAMBDA * (1-(1/(Pin/PSin))) * 100)/(Win * SQRT(Tin)/Pin)^2$

F5.14.4 超声速进气道激波系的压比 = fn(自由流总压(kPa),飞行马赫数)

$P1 = P0 * (1-0.075 * (M-1)^{1.35})$

(i) 这是纯粹对于激波系的。进气道内还会发生其他的流道压力损失。

F5.15.1 级间放气的压气机功率因子 = fn(放气流量分数(相对于进口流量),放气的功分数(相对于对压气机出口空气所做的功))

$PWfac = 1-\sum(WBQ * DHBQ)$

F5.15.2 空气系统流量返回后的流道总温(K) = fn(流道和空气系统的质量流量(kg/s),返回前的流道总温(K),空气系统气流总温(K),流道和空气系统气流的CP[kJ/(kg·K)])

在概念设计时,可以近似采用以下公式:

$Tmixed = (\sum(WB * TB)+Wgas * Tgas)/(\sum WB+Wgas)$

如需改善精度,可用下式:

$Tmixed = (\sum(CPB * WB * TB)+CPgas * Wgas * Tgas)/((\sum WB+Wgas)^{①} * CPgas)$

(i) 应基于从0℃至各实际温度的平均温度,利用公式F3.23和F3.24获得CP值。

(ii) 也可以利用近似的标准定比热容来使用该公式:

压气机:$CP = 1.005 kJ/(kg·K)^{②}$,$\gamma = 1.4$,$\gamma/(\gamma-1) = 3.5$

涡轮:$CP = 1.150 kJ/(kg·K)$,$\gamma = 1.333$,$\gamma/(\gamma-1) = 4.0$

(iii) 上述标准CP值与基于从0℃至各实际温度的平均温度计算的CP值接近。实践上,压气机中CP的变化不太大,特别是对于较低的压比。在涡轮中,CP值实际上常常高于上面所示的数值,特别是SOT水平很高时。

严格的焓计算基本原则:

$Hmixed = (\sum(WB * HB)+Wgas * Hgas)/(\sum WB+Wgas)$

(i) 焓值来自公式F3.27。

(ii) 温度通过公式F3.27迭代获得。

---

① 原文误为"$\sum(WB+Wgas)$"。——译注

② 原文第5、6、11章共10处将比热容单位误为"kJ/kg"。—— 校注

F5.17.1　滚珠轴承功率损失(kW) = fn(节圆直径(mm),转速(r/min),滑油黏度[kg/(m·s)],滑油流量(l/h))

$$PWPAR = (4.87E-15 * D^3.95 * N^1.75 * VISoil^0.4 + 3.19E-10 * N * D * Qoil)$$

F5.17.2　滚棒轴承功率损失(kW) = fn(节圆直径(mm),转速(r/min),滑油黏度[kg/(m·s)],滑油流量(l/h))

$$PWPAR = (2.07E-15 * D^3.95 * N^1.75 * VISoil^0.4 + 1.56E-10 * N * D * Qoil)$$

F5.17.3　液体动压径向轴承功率损失(kW) = fn(直径(mm),转速(r/min),滑油黏度[kg/(m·s)],滑油流量(l/h))

$$PWPAR = (2.48E-14 * D^3.95 * N^1.75 * VISoil^0.4 + 1.87E-09 * N * D * Qoil)$$

F5.17.4　液体动压推力轴承功率损失(kW) = fn(直径(mm),转速(r/min),滑油黏度[kg/(m·s)],滑油流量(l/h))

$$PWPAR = (5.84E-14 * D^3.95 * N^1.75 * VISoil^0.4 + 3.83E-09 * N * D * Qoil)$$

F5.17.5　轴承 DN 值[r/(min·mm)] = fn(节圆直径(mm),转速(r/min))

$$DN = D * N$$

F5.17.6　盘的每一个端面风阻功率(kW) = fn(空气密度(kg/m³),直径(m),轮缘速度(m/s))

$$PWPAR = 3.75E-03 * RHO * D^2 * Urim^3$$

F5.17.7　轴的机械效率(%) = fn(涡轮功率(kW),功率损失(kW))

$$EMech = 100 * (PW4 - (\sum PWPAR))/PW4$$

(i) PWPAR 是根据公式 F5.17.6 计算的数值和根据 F5.17.1—F5.17.4 的合适选择数值之和。

F5.17.8　利用轴的机械效率,输出功率 = fn(涡轮功率(kW),机械效率(%))

$$PW = PW4 * EM$$

(i) PW 是可用来驱动压气机或输出负载的功率。

(ii) 如果是后面这种情况,则使用术语 PWSD。

F5.17.9　齿轮箱效率的定义(%) = fn(输出功率(kW),输入功率(kW))

$$E = 100 * (PWout / PWin)$$

F5.18.1　非设计点齿轮箱效率(%) = fn(设计点输入功率(kW),设计点输出功率(kW),输入功率(kW))

$$PWpar.des = PWin.des - PWout.des$$

$$PWpar = PWpar.des * (0.6 + 0.4 * (PWin / PWin.des^{①}))$$

---

① 原文误为"PWindes"。——译注

$$E = 100 * ((PWin - PWpar) / PWin)$$

F5.19.1　混合器的总推力增益 = fn(理论增益(%),系数)

$$FGmixed / FGunmixed = (图表 5.17.1 - 1) * 图表 5.18 / 100 * 图表 5.19 + 1$$

(i) 图表 5.17 提供的是理论总推力增益,图表 5.18 和 5.19 则是由于实际效应引起的增益降低。

F5.21.1　近似的加力燃烧室效率(%) = fn(负荷[kg/(s·atm$^{1.8}$·m^3)])

$$\begin{aligned} ETA3 = & -5.469\,74E - 11 * LOAD\verb|^|5 + 3.979\,23E - 08 * LOAD\verb|^|4 \\ & -8.737\,18E - 06 * LOAD\verb|^|3 + 0.000\,300\,007 * LOAD\verb|^|2 \\ & -0.004\,568\,246 * LOAD + 92.7 \end{aligned}$$

F5.21.2　加力燃烧室总推力比 = fn(出口温度(K),进口温度(K))

$$FGwet / FGdry = SQRT (T7 / T6)$$

(i) T7 是加力温度,T6 是不加力温度。

(ii) 比值是对于燃气发生器工作点不变时的情况。

(iii) 这是近似计算,因为忽略了额外的燃油质量流量和加力燃烧室的压力损失。

F5.21.3　近似的加力燃烧室加力和不加力燃油流量比 = fn(加力燃烧室进口和出口温度(K),主燃烧室进口和出口温度(K),涵道比)

　涡喷:

$$WFwet/WFdry = ((T7 - T6) + (T41 - T3)) / (T41 - T3)$$

　涡扇:

$$WFwet/WFdry = ((1 + BPR) * (T7 - T6) + (T41 - T3)) / (T41 - T3)$$

F5.21.4　近似的 SFC 比 = fn(燃油流量比,总推力比)

$$SFCwet / SFCdry = (WFwet / WFdry) / (FGwet / FGdry)$$

(i) 加力与不加力燃油流量比和总推力比从公式 F5.21.2 和 F5.21.3 得出。

F5.23.1　用热比表示的间壁式或蓄热式回热器换热效能定义 = fn(空气进口温度(K),空气出口温度(K),燃气进口温度(K))

$$EF307Q6 = (T308 - T307) / (T6 - T307)$$

F5.23.2　间冷器换热效能的定义 = fn(空气进口温度(K),空气出口温度(K),冷源温度(K))

$$EF23 = (T23 - T25) / (T23 - Tsink)$$

F5.23.3　水力直径(m) = fn(流通面积(m^2),湿周(m))

$$Dh = 4 * A / L$$

F5.24.1　近似的非设计点间壁式或蓄热式回热器换热效能 = fn(空气质量流量(kg/s),设计点空气质量流量(kg/s),设计点换热效能)

$$EF307 = 1 - (W307 / W307des) * (1 - EF307.des)$$

F5.24.2　近似的非设计点间冷器换热效能 = **fn**(进口空气流量(**kg/s**),空气进口温度(**K**),空气进口压力(**kPa**),设计点进口空气流量(**kg/s**),设计点空气进口温度(**K**),设计点空气进口压力(**kPa**),设计点换热效能)

> EF23 = 1 − (W23 ∗ SQRT(T23) / P23) / (W23 ∗ SQRT(T23) / P23).des) ∗ (1 − EF23.des)

F5.24.3　近似的非设计点回热器空气侧压力损失(**%DP/P**) = **fn**(设计点压力损失(**%DP/P**),空气流量(**kg/s**),进口温度(**K**),进口压力(**kPa**),出口温度(**K**),设计点空气流量(**kg/s**),设计点进口温度(**K**),设计点进口压力(**kPa**),设计点出口温度(**K**))

> P307D308Q307 = P307D308Q307des ∗ (W307 / P307)^2 ∗
> T308^1.55 / T307^0.55 / (W307des / P307des)^2 ∗
> T308des^1.55 / T307des^0.55

F5.24.4[①]　近似的非设计点回热器燃气侧压力损失(**%DP/P**) = **fn**(设计点压力损失(**%DP/P**),燃气流量(**kg/s**),进口温度(**K**),进口压力(**kPa**),设计点燃气流量(**kg/s**),设计点进口温度(**K**),设计点进口压力(**kPa**))

> P6D601Q6 = P6D601Q6.des ∗ W6^2 ∗ T6 ∗ P6.des^2 / (W6.des^2 ∗
> T6.des ∗ P6^2)

F5.24.5　近似的非设计点间冷器压力损失 = **fn**(设计点压力损失(**%DP/P**),进口空气流量(**kg/s**),进口空气温度(**K**),进口空气压力(**kPa**),设计点进口空气流量(**kg/s**),设计点进口空气温度(**K**),设计点进口空气压力(**kPa**))

> P23D25Q23 = P23D25Q23.des ∗ W23^2 ∗ T23 ∗ P23.des^2 / (W23.des^2
> ∗ T23.des ∗ P23^2)

F5.25.1　交流发电机频率(**Hz**) = **fn**(磁极对数,转速(**r/min**))

> F = Polepairs ∗ N / 60

F5.25.2　交流发电机峰值电压(**V**) = **fn**(磁通量密度(**Ta**),线圈匝数,面积(**m²**))

> V = B ∗ A ∗ N

F5.25.3　电流(**A**) = **fn**(电压(**V**),电阻(**Ω**))

> I = V / R

F5.25.4　组合阻抗(**Ω**) = **fn**(电阻型阻抗(**Ω**),电感型阻抗(**Ω**),电容型阻抗(**Ω**))

> R = SQRT($\sum$(Resistance)^2 + $\sum$(Capacitance)^2 + $\sum$(Inductance)^2)

(i) 电感型和电容型阻抗会分别导致电流波形滞后或超前电压90°相位角。参考文献[45]中讨论了交流电电路的理论。

---

① 原文该公式未用到进口压力,此处参考 F5.24.5 进行了修改。——译注

算例

这里列出的所有算例均采用以下固定的 CP 和 γ 值：

压气机：CP = 1.005 kJ/kg K，γ = 1.4，γ/(γ − 1) = 3.5

涡轮：CP = 1.150 kJ/kg K，γ = 1.333，γ/(γ − 1) = 4.0

对发动机设计来说，这会导致误差太大，不能接受。因此必须采用平均温度 T 对应的 CP，或者理想的是采用第 3 章中列出的严格的焓和熵的拟合多项式。算例 C3.2 展示了如何在下面的部件性能计算中包含上述方法。这涉及许多迭代，因此适合于计算机程序或电子表格程序。

C5.1 对于一台 60 Hz 的单转子发电用发动机，进行轴流压气机的首轮流道尺寸和效率估算。ISO 状态基本负荷设计点压比为 15：1，质量流量为 450 kg/s。发动机不用中间齿轮箱，而是直接驱动交流发电机。将最终使用高技术方法来设计压气机。

级数、效率和出口条件

从图表 5.2 选择 14 级压气机：这是选自图表上的"高技术"带，增加级数是以牺牲重量来达到高效率的。

选择级负荷为 0.3；这处于 5.1.4 节所列的设计准则的底端，同样是为了提高效率。

从图表 5.1 中查出多变效率 = 91.0 %。利用公式 F3.42 和 F5.1.4 计算等熵效率、T3 和 P3：

ETA2 = (15^(1 / 3.5) − 1) / (15^(1 / (3.5 * 0.91)) − 1)

ETA2 = 87.1 %

T3 − 288.15 = 288.15 * (15^(1/3.5) − 1) / 0.871

T3 = 674.5 K

P3 = 101.325 * 15

P3 = 1520 kPa

计算中径线叶片速度和半径

对于首轮设计计算，考虑叶片的内、外子午收缩角相等，因此贯穿压气机的中径线半径为常数。用公式 F5.1.6 导出中径线叶片速度，然后算出半径，别忘了对于同步运行，转速必须是 3600 r/min。

0.3 = 1005 * (674.5 − 288.15) / (Upitch^2 * 14)

Upitch = 304 m/s

304 = Rpitch * 3600 * 2 * PI/60

Rpitch = 0.806 m

考虑第一级

由于考虑的是工业燃气轮机，迎风面积不重要，因此设定进口马赫数 = 0.4，这是设计准则中的低端值。从图表 3.8 列出的 Q 曲线查出 Q = 25.4137 kg√K/(m² • kPa • s)。因此：

25.4137 = 450 * 288.15^0.5/(A2 * 101.325)

A2 = 3.0 m²

3.0 = PI * (Rtip^2 − Rhub^2)

0.806 = (Rtip + Rhub) / 2

根据轴向进气情况下的叶尖速度三角形:

叶尖相对马赫数 = (0.4^2 + (Utip / (1.4 * 287.05 * 288.15)^0.5)^2)^0.5

在中径线上:

Va / Upitch = 0.4 * (1.4 * 287.05 * 288.15)^0.5 / 304

在轮毂处:

负荷 = 0.3 * (Upitch / Uhub)^2

求解以上方程,得到:

Rtip = 1.11 m, Rhub = 0.502 m,叶高 = 0.61 m,轮毂比 = 0.45,

叶尖速度 = 418 m/s,轮毂速度 = 189 m/s,叶尖相对马赫数 = 1.29,

Va / Upitch = 0.45,轮毂负荷 = 0.78,叶尖相对角 = 71.9°。

相对于 5.1 节的设计准则,叶尖和轮毂速度以及轮毂负荷均可接受,虽然叶尖相对马赫数处于上限。然而,轮毂比低于准则中的 0.65,Va/U 低于准则中的 0.5。因此,设定进口马赫数 = 0.5,重算,得到:

Rtip = 1.052 m, Rhub = 0.560 m,叶高 = 0.492 m,轮毂比 = 0.53,

叶尖速度 = 397 m/s,轮毂速度 = 211 m/s,叶尖相对马赫数 = 1.27,

Va / Upitch = 0.56,轮毂负荷 = 0.62,叶尖相对角 = 66.8°。

因此,轮毂比仍然在准则推荐的数值以外。然而,此时继续看一看其余流道尺寸与设计准则相比较究竟如何。这样就可以更好地确定下一轮主要迭代所需要的设计更改。

第 14 级出口

设置出口马赫数为 0.3,出口旋流角为零度,以便降低下游流道的压力损失。由此,从图表 3.8 可得到 Q = 19.8575 kg√K / (s · m² · kPa)。

19.8575 = 450 * 674.5^0.5 / (A3 * 1520)

A3 = 0.387 m²

0.387 = PI * (Rtip^2 − Rhub^2)

0.806 = (Rtip + Rhub) / 2

在中径线上:

Va / Upitch = 0.3 * (1.4 * 287.05 * 674.5)^0.5 / 304

求解以上方程,得到:

Rtip = 0.844 m, Rhub = 0.768 m,叶高 = 0.076 m,轮毂比 = 0.91,叶尖速度 = 318 m/s,

轮毂速度 = 289 m/s, Va / Upitch = 0.51,轮毂负荷 = 0.78

这样,与准则相比较,所有上述参数均可接受。

环形通道

从基本几何关系可得:

平均叶高 = (0.492 + 0.076) / 2

平均叶高 = 0.284 m

设定平均展弦比为2.5。这是设计准则中的中间值,它反映的是高压比单转子压气机前面级处于范围带的顶部,而从机械设计原因考虑后面级则处于底部。此外,根据准则,所有27个轴向间隙均设定为上游轴向弦长的20%。因此:

压气机长度 = 28 * 0.284 / 2.5 + 27 * 0.284 / 2.5 * 0.2

压气机长度 = 3.794 m

根据基本几何关系,计算内、外子午收缩角:

tan (α) = (0.284 − 0.076) / (2 * 3.794)

α = 1.57°

因此,相对于准则,这个值可接受。

后续步骤

上面仅是确定压气机基本尺寸的开始,以便对设计的大致合理性建立信心。后续步骤如下:

- 用比如0.25的较低负荷重复以上所有计算步骤,进行下一轮设计。这会将环形通道沿径向向外推,可以改善第一级的轮毂比。进一步增大进口马赫数有助于改善这一参数。然而,设计准则的高端数值是对于航空发动机的,确实会带来效率上的一些损失。
- 对整个压气机逐级执行以上计算步骤,此时,各级之间的负荷分布可以不再是常数,而是变数。应该允许展弦比从前到后逐步下降。
- 为了理解敏感性,应该尝试加一级和减一级的计算。
- 应该尝试一下对所有级采取等内径设计。正如在准则中所说的,如果所有其他参数组都可以保持在可接受的水平,则等内径压气机对工业燃气轮机是成本最低的选择。此时,必须重新确定级数,因为后面级的平均叶片速度下降了,这会使其负荷增大。
- 应评定扩散因子和德哈勒数,使它们保持在准则推荐的范围内。
- 环形通道的确定应该和其他发动机部件联手进行,以确保流道是相容的。

C5.2 对于遥控无人机用涡喷发动机,进行离心压气机的首轮流道尺寸和效率估算。选择ISA SLS起飞状态作为压气机的设计点;这里要求压比为4.5 : 1,质量流量1.25 kg/s。涡轮要求的转速为53 000 r/min。最终利用低技术方法来设计该离心压气机。

计算比转速、效率和出口条件

使用猜测值ETA2 = 0.8,因此从公式F5.1.4可得:

T3 — 288.15 = 288.15 * (4.5^(1/3.5) — 1) / 0.8

T3 = 481.5 K

利用公式 F5.3.4 和猜测值 ETA2 = 0.8

NS = 53 000 * 0.104 7 * (1.25 * 288.15 * 10 131.2 / 101 325)^0.5 / (1 005 * 10.718 * (481.5 — 288.15) * 0.8)^0.75

NS = 0.718

从图表 5.3，多变效率 = 83.2 %。出于以下理由使用最低线：

- 压气机尺寸较小。
- 由于是航空应用，选择小的扩压器半径比，首轮设计计算时不考虑叶轮的后掠。
- 只采用低的设计技术。

利用公式 F3.42 计算等熵效率：

ETA2 = (4.5^(1/3.5) — 1) / (4.5^(1/(3.5 * 0.832[①])) — 1)%

ETA2 = 79.4%

现在应利用该水平的等熵效率重新计算比转速，然后重复以上计算。然而，最终的误差将很小，为了缩短篇幅，省略了这一步。

出口段

利用公式 F5.3.5 计算叶轮的叶尖速度：进口气流为轴向，出口段叶片无后掠：

4.5 = (1 + (0.794 * 1.035 * 0.90 * Utip^2) / (1 005 * 288.15))^(3.5)

4.5^(1 / 3.5) = 1 + Utip^2 / 391 545

Utip = 458 m/s

按 5.3 节的设计准则，对铝合金的叶轮，这个数值刚好能接受。无论从重量还是从成本说，都希望采用铝合金。计算叶轮尖部（轮缘）半径：

Rtip = 458 * 60 / (53 000 * 2 * PI)

Rtip = 0.083 m

进口段

设定进口马赫数为 0.5；这对应于准则的中间值。因此，从图表 3.8 可得 Q = 30.161 3 kg$\sqrt{K}$/(s · kPa · m²)，并且：

30.161 3 = 1.25 * 288.15^0.5 / (A2 * 101.325)

A2 = 0.006 9 m²

猜测 Rtip = 0.05 m，因此 Rhub = 0.017 m，轮毂比 = 0.34。

重新猜测 Rtip = 0.052，以便把轮毂比拉回到设计准则推荐的范围带中，因此 Rhub = 0.023，轮毂比 = 0.44，Utip = 289 m/s。

根据基本三角函数，计算叶尖相对马赫数：

---

① 原文误为"832"。——译注

叶尖相对马赫数 ＝ （0.5^2 ＋ （289/（1.4 ＊ 287.05 ＊ 288.15）^0.5）^2）^0.5

叶尖相对马赫数 ＝ 0.985

cos（叶尖相对气流角） ＝ 0.5 / 0.985

叶尖相对气流角 ＝ 59°

因此，进口段的参数都在设计准则的范围内。

叶轮长度

由于是航空应用，设定叶轮长度参数为 1.1，即位于准则推荐范围的底部，因此，利用公式 F5.3.7：

1.1 ＝ L / （0.083 － （0.052 － 0.023） / 2）

L ＝ 0.075 m

无叶空间

使用准则中给定的半径比 1.05，可获得 Rdiffuser in ＝ 0.087 m。

扩压器

设定扩压器出口与叶轮叶尖半径之比为 1.4，即准则推荐的针对涡喷发动机的中间值，因此：

Rdiffuser out ＝ 0.116 m。

同时考虑出口马赫数的径向分量为 0.25，因此 Q ＝ 16.8191 kg$\sqrt{K}$/（s · kPa · m^2），且可以导出扩压器高度：

16.8191 ＝ 1.25 ＊ 481.5^0.5 / （Adiff ＊ 4.5 ＊ 101.325）

Adiff ＝ 0.0036 m^2

Hdiff ＝ 0.0036 / 0.116

Hdiff ＝ 0.031 m

扩压器径向转轴向弯道

由于是航空应用，设定弯道参数为 0.4，即位于准则推荐范围的下端，因此：

0.4 ＝ （Raxstraightener － 0.116） / 0.031

Raxstraightener ＝ 0.128 m

因此，可以用 Q 曲线和出口马赫数 0.2 导出轴向整流器的内径。

后续的步骤

● 画出速度三角形草图，并确保它们是合理的。

● 试着进行后掠角 40°的另一种设计，然后确定压气机直径的增加。实际应用需求将决定这一方案是否可行。

C5.3 确定工业燃气轮机常规燃烧室（而非 **DLE** 燃烧室）的基本尺寸。构型为单管燃烧室，**ISO** 基本负荷状态的要求如下：

质量流量 ＝ 7 kg/s　　　　T4 ＝ 1400 K

P3 ＝ 900 kPa（8.88 atm）　WF ＝ 0.146 kg/s

T3 ＝ 610 K　　　　　　　LHV ＝ 43124 kJ/kg － 煤油

燃烧室容积

按 5.7 节和 5.8 节中的设计准则,为了使燃烧效率为 99.9%,将燃烧室负荷设置在 $1\,kg/(s \cdot atm^{1.8} \cdot m^3)$(基于总的质量流量和燃烧室容积)。因此,从公式 F5.7.2 可得:

1 = 7 / (VOL * 8.88^1.8 * 10^(0.00145 * (610 - 400)))

VOL = 0.068 m^3

还需要按照设计准则检查慢车状态的燃烧室负荷,然而对于不需要在高空工作也无需进行高空再点火的工业燃气轮机,通常在 ISO 基本负荷状态设置该负荷就足够了。

用公式 F5.7.3 检查燃烧室的容热强度:

容热强度 = 0.146 * 0.999 * 43 124 / (8.88 * 0.068)

容热强度 = 10.41 MW/(atm · m^3)

这个数值比设计准则推荐的 60 MW/(atm · m^3) 的最高水平低很多。

主燃区空气流量和火焰筒面积

根据准则,按当量比 1.02 设计主燃区,因此:

FAR = 1.02 * 0.067

FAR = 0.068 3

Wprimary = 0.146 / 0.068 3

Wprimary = 2.14 kg/s

设定主燃区出口马赫数 = 0.02,即准则推荐值的低端。因此根据图表 3.8,Q = 1.360 9,取主燃区出口温度为 2 300 K:

1.360 9 = 2.14 * 2 300^0.5 / (Acan * 900)

Acan = 0.084 m^2

燃烧室半径

从面积可以导出火焰筒的半径:

0.084 = PI * Rcan^2

Rcan = 0.164 m

按设计准则,设定外环通道马赫数为 0.1,因此 Q = 6.941 4 kg$\sqrt{K}$/(s · kPa · m^2),并且:

6.941 4 = 7 * 610^0.5 / (Aouter * 900)

Aouter = 0.028 m^2

0.028 = PI * (Router^2 - 0.164^2)

Router = 0.189 m

燃烧室长度

根据容积和面积求出长度:

L = 0.068 / 0.084

L = 0.81 m

现在利用公式 F5.7.4,检查停留时间:

V = 0.02 * (1.333 * 287.05 * 2 300)^0.5

V = 18.74 m/s

Time = 0.81 / 18.76

Time = 43 ms

这显然比准则中给出的 3 ms 的最短时间长了许多。然而,仅使用了主燃区的马赫数。虽然这个数值可接受,但也表明,在减小燃烧室面积、长度和容积方面还有潜力可挖。

补燃和掺混空气流量

根据设计准则,必须按当量比 0.6 来设定补燃区,因此:

FAR = 0.6 * 0.067

FAR = 0.040 2

Wsecondary = 0.146 / 0.042 3[①]

Wsecondary = 3.45 kg/s

Wterciary = 7 — 2.14 — 3.45

Wterciary = 1.41 kg/s

C5.4 对于单转子发电燃气轮机的最后一级涡轮进行首轮的流道尺寸定义。发动机功率大约为 10 MW,并且在输出轴和发电机之间有减速齿轮箱。按最高技术方法设计涡轮。对涡轮的总要求如下:

质量流量 = 45.0 kg/s　　P41 = 1 700 kPa

T41 = 1 500 K　　　　　　膨胀比 = 16∶1

计算对最后一级涡轮的要求

一开始猜测整台涡轮效率为 90%,因此对整台涡轮使用公式 F5.9.4 和 F5.9.2:

1500 — T5 = 1500 * 0.9 * (1 — 1 / 16^(1/3.5))

T5 = 761 K

PW4 = 45 * 1.150 * (1 500 — 761)

PW4 = 38 243 kW

对于首轮设计,选择三级涡轮;这样就得到平均级膨胀比为 2.5∶1,这是 5.9.4 节中提供的设计准则推荐值的中间值。还有对于首轮设计,考虑所有三级的膨胀比相等。因此,对于最后一级,利用效率猜测值 90%,有:

Tin — 761 = Tin * 0.9 * (1 — 1/2.5^(1/3.5))

Tin = 960 K

---

① 与上一行的“0.040 2”不一致。——译注

Pin = 1 700 / 2.5 / 2.5

Pin = 272 kPa

Pout = 272 / 2.5

Pout = 108.8 kPa

PWst3 = 45 * 1.150 * (960 − 761)

PWst3 = 10 298 kW

因此,第三级涡轮做了27%的功,由于其进口温比较低,产生相同的功需要更高的膨胀比,通常设计最后一级涡轮时让它做的功小一些。

出口平面

为使下游流道压力损失达到最小,设置出口马赫数为0.3,这是准则中所提供的范围的底端值。因此,从图表3.8查出 Q=19.383 4:

19.383 4 = 45 * 761^0.5 / (Aout * 108.8)

Aout = 0.588 m²

设置 AN² =50E06 (r/min)² · m²;按设计准则,这是考虑到最后一级的应力水平所允许的最高值。为简单起见,这里 AN² 基于出口面积,而不是平均的叶片环形通道面积算出:

50E06 = N^2 * 0.588

N = 9 221 r/min

设置轮毂比为0.6;这是准则提供的范围中的底端值。选择这个值是为了使盘的应力尽可能达到最小,因为 AN² 取的是上限值:

0.588 = PI * (Rtip^2 − Rhub^2)

0.6 = Rhub / Rtip

从上式中求解得到 Rtip = 0.541 m, Rhub = 0.324 m, Rpitch = 0.433 m, Utip=522 m/s, Uhub=313 m/s, Upitch=418 m/s。

按设计准则,对于应力而言,轮毂速度是可以接受的。

负荷和 Va/U

利用公式 F5.9.5 和 F5.9.6:

LOADING = 1 150 * (960 − 761) / 418^2

LOADING = 1.31

Va / U = 0.3 * (1.333 * 287.05 * 761)^0.5 / 418

Va / U = 0.39

从图表5.8可得负荷为1.3时 Va / U 的最佳值为0.72。数值为0.39的结果损失了2个百分点的效率。因此应增大出口马赫数,然后重复以上计算过程。

根据图表5.8,从以上计算导出的效率是92.1%。按设计准则,应进行以下的下调:

进口流通能力: 1.0% — 进口流通能力为5.1 kg√K /(s · kPa)

技术水平: 0 — 能得到的最高水平

冷却： 0 — 参见图表 5.16，以及 Tin = 960 K

其他参数： 0 — 最初暂不考虑折中，尽管以后可能需要更新

因此，预测的效率为 91.1%。

后续步骤

一旦重复以上步骤获得了对应负荷下的 Va / U 与速度的满意组合，就需要执行以下步骤：

- 构建轮毂速度三角形，按设计准则检查转子叶片进口轮毂相对马赫数。
- 通过建立中径线速度三角形和利用公式 F5.9.1，检查中径线出口旋流角是否可接受。
- 检查反力度应大约为 0.5。
- 按照设计准则，设定叶片展弦比约为 6。然后计算各子午收缩角，并确保它们在准则给出的范围内。
- 对前两级重复以上步骤。为了保持所有各级的参数在准则范围内，有时需要改变功的分配。还可能需要修改最后一级的半径，从而与前两级的几何尺寸相匹配。
- 画出环形通道草图。

C5.5 对于卡车用燃气轮机的径流式燃气发生器涡轮，导出其基本流道尺寸；最大功率状态的参数见下方。按低技术方法设计该涡轮。

进口温度 = 1300 K 膨胀比 = 1.7

进口压力 = 450 kPa 质量流量 = 1.5 kg/s

计算出口条件

猜测效率 = 88.0%，利用公式 F5.9.4：

1300 − Tout = 1300 * 0.88 * (1 − 1 / 1.7^(1/3.5))

Tout = 1139 K

Pout = 450 / 1.7

Pout = 265 kPa

设定转速并导出效率

假设比转速为 0.6；这是按图表 5.9 得到的总对总[①]效率对应的最佳值。利用公式 F5.11.2：

0.6 = N * 0.1047 * (1.5 * 10131.2 / 265000)^0.5 / (1150 * 10.718 * (1300 − 1139) / 0.88)^0.75

0.6 = N * 0.846 / 58192

N = 41270 r/min

因此，根据图表 5.9，绝热效率(总对总) = 90.5%。按设计准则，由于尺寸中等且采用了低技术水平，效率应该减2个百分点。因此，预测的效率就是 88.5%。

---

① 原文为"总对静"，与图表5.9纵坐标轴标题及下文说法不一致。——译注

应该利用这个效率水平重复以上两个步骤。然而,为缩短篇幅,此处予以省略。

涡轮叶轮几何尺寸

考虑径向导叶和零出口旋流角,因此,利用公式 F5.11.3:

(Utip in)^2[①]= 1150 * 1300 * 0.885 * (1 — 1 / 1.7^(1/3.5[②]))

Utip in = 431 m/s

Rtip in = 431 / (41 270 * 2 * PI/60)

Rtip in = 0.1 m

叶尖速度正好在机械结构完整性对应的设计准则范围以内。

涡轮叶轮出口几何尺寸

根据图表 5.10,比转速为 0.6 对应的出口叶尖与进口叶尖直径比=0.7,因此:

Rtip exit = 0.7 * 0.1

Rtip exit = 0.07 m

设定出口马赫数为 0.3,即准则给定的范围的下端,因此 Q=19.3834:

19.3834 = 1.5 * 1300^0.5 / (A * 265)

A = 0.016 m²[③]

0.016 = PI * (0.07^2 — Rhub exit^2)

Rhub exit^2[④]= 负值

因此马赫数 0.3 不可能达到,那么尝试 0.4。得到的 Rhub exit=0.021 m,因此轮毂比=0.3。后者在设计准则范围内,对于首轮设计计算认为是可接受的。

涡轮导向叶片(NGV)

从图表 5.9 可得到 NGV 出口角大约为 72°。从图表 5.10,对于比转速 0.6,NGV 高度与叶轮叶尖直径之比 = 0.091。因此:

NGV 高度 = 0.091 * 2 * 0.1

NGV 高度 = 0.018 m

按设计准则,设定无叶空间半径比为 1.10,以及 NGV 半径比为 1.45,后者选用较大值是由于不必考虑迎风面积。

Rexit = 1.1 * 0.1

Rexit = 0.11 m

Rin = 1.45 * 0.11

Rin = 0.16 m

后续步骤

- 画出速度三角形,并确保它们是合理的。
- 画出径流式涡轮的草图。

---

①④ 原文有误,缺少平方。——译注

② 此处 3.5 是基于空气 γ=1.4,应基于涡轮燃气 γ=1.333;后续计算因此受到影响。——译注

③ 原文计算结果如此。——译注

- 确保出口环形通道与下游的动力涡轮的几何尺寸相匹配。

C5.6　估算涡轮排气尾锥下游的锥形排气扩压器的损失系数、虚拟损失系数和设计点压力损失。在该平面上的流道直径为 **0.5 m**,安装允许的长度限制在 **1.5 m**。在 **ISO** 基本负荷状态进入流道的旋流角为零,进口条件为:质量流量为 **10 kg/s**,进口温度为 **760 K**。

流道几何尺寸

按 5.13.8[①] 节中的设计准则,设定流道出口马赫数为 0.05。根据图表 3.8,Q=3.3982,因此:

$1.0017 = Pexit / 101.325$

$Pexit = 101.5 \ kPa$

$3.3982 = 10 * 760^0.5 / (Aexit * 101.5)$

$Aexit = 0.80 \ m^2$

$Rexit = 0.50 \ m$

$Ain = PI * 0.25^2$

$Ain = 0.196 \ m^2$

$Aratio = 0.8 / 0.196$

$Aratio = 4.1$

$tan(壁面角) = (0.5 - 0.25) / 1.50$

壁面角 $= 9.5°$

锥角 $= 19.0°$

损失系数和压力损失

从图表 5.11 得到 λ=0.4。必须指出,图 5.37 中引用的损失系数还包括从涡轮出口至排气尾锥末端(即此处的进口平面)的扩压段的损失。此外,图 5.37 中的马赫数是涡轮出口的马赫数。

现在猜测 Pin=106 kPa,计算进口的 Q 值:

$Q = 10 * 760^0.5 / (0.196 * 106)$

$Q = 13.27$

从图表 3.8 可得进口 Ma = 0.20,一个动压头 = 2.6164% DP/P。因此,利用公式 F5.13.6:

$DP/P = 0.40 * 2.6164\%$

$DP/P = 1.05\%$

$Pin = 101.5 / (1 - 0.0105)$

$Pin = 102.6 \ kPa$

应该用这个进口压力水平计算 Q 值,并重复以上计算步骤。为缩短篇幅,此处

---

① 原文为 F5.13.7,有误。——译注

予以省略。

准损失系数

利用公式 F5.14.3：

ALPHA = (0.40 * 0.026 164) / (10 * 760^0.5 / (0.196 * 102.6))^2[①]

ALPHA = 0.000 098 8

有了这个，再加上按图表 5.15 针对旋流角加以调整，就可以计算所有非设计点。

C5.7 对于 SOT 为 1 250 K 的单转子工业燃气轮机，估算 ISO 基本负荷状态的非安装空气系统需求。进口质量流量为 10 kg/s，发动机有两级涡轮，第一级涡轮做功占 60%，第二级做功占 40%，还有两个轴承。轴向力由一个大型液体动压推力轴承平衡，使用较低的涡轮 NGV 和转子叶片冷却技术。

实际空气系统

利用 5.15.2 节中提供的准则：

- 0.5%(0.05 kg/s)用于四个盘面的每一个的冷却。
- 0.2%(0.02 kg/s)用于每个轴承腔，以密封到发动机外部的泄漏。
- 0.5%(0.1 kg/s)中等复杂的空气系统的漏气量。
- 不需要用空气来平衡轴向力。
- 在基本负荷功率状态下，没有操作放气。
- 发动机是非安装状态的，所以没有客户引气。

实际涡轮的冷却要求

取图表 5.16 中的低技术曲线：

- 第一级 NGV = 2.8%(0.28 kg/s)。
- 第一级转子叶片 = 0。
- 第二级 NGV = 0(进口温度低于 1 100 K)。
- 第二级转子叶片 = 0。

因此要求从压气机出口引出的总空气流量 = 5.5%。

如果只使用一张涡轮特性图，性能模型用的空气系统气流的返回点

- 认为 2.8% 的 NGV 冷却气流全都在喉道上游进入，或者从尾缘带着动量喷出。因此均包括在 SOT 的 41 截面了。

- 冷却第一级盘的两个表面的空气在第二级盘中做功，因此，在估算 T415 即虚拟 SOT(用于输出功的计算)时，认为该股冷却空气流量的 40%(即 0.4% 或 0.04 kg)混合进来了。

- 剩下的 0.6% 的第一级盘的冷却空气以及 1% 的第二级盘的冷却空气在第二级下游混合进入，因为这股空气不做任何功。

---

① 该式计算结果不等于下行数据，且与 F5.14.3 不符。——译注

- 认为 0.5% 的漏气量也在第二级涡轮下游混合进入。

C5.8 对于在 **Ma=0.8、11000 m、ISA** 状态巡航的涡扇发动机,算出混合排气设计相比于不混合排气设计的近似推力增益和 SFC 改善。此外,计算所需的风扇压比有多少变化? 短舱长度的约束使得混合器的 **L/D** 限制在 **1.25**。不混合排气发动机的性能参数为:

涵道比 = 6：1　SOT = 1470 K

Thot = 700 K　风扇压比 = 1.8：1

Tcold = 300 K　总压比 = 37：1

混合增益

计算温比:

Tratio = 700 / 300

Tratio = 2.33

考虑一台 L/D＝1.25 的波瓣型混合器,从图表 5.17— 图表 5.19:

- 混合与不混合的理论总推力比 = 1.021。
- 达到的理论总推力增益百分比(考虑到压力损失和不理想混合) = 57%。
- 达到的理论推力增益的份额(混合效果) = 1.0(将按照热、冷两股气流的压力相等进行设计)。

利用公式 F5.19 计算实际的总推力增益:

FGmixed / FGunmixed = (1.021 − 1) * 57 / 100 * 1 + 1

FGmixed / FGunmixed = 1.012

最佳风扇压比

根据图表 5.20,对于涵道比 6：1、总压比 37：1、SOT＝1470 K 的涡扇发动机,混合排气时的最佳风扇压比要比不混合排气时的约低 0.2。

C5.9 对于在以下燃气发生器工作点工作的一台涡喷发动机,估算接通加力时的总推力和总 SFC 的近似变化:

T6dry = T6wet = 1110 K　T41wet = T41dry = 1500 K

T9wet = 1900 K　　　　　T3wet = T3dry = 681 K

推力增益

利用公式 F5.21.2:

FGwet / FGdry = SQRT (1900 / 1110)

FGwet / FGdry = 1.31

SFC 的变化

利用公式 F5.21.3 和 F5.21.4 导出近似的燃油流量和 SFC 变化:

WFwet / WFdry = ((1900 − 1110) + (1500 − 681)) / (1500 − 681)

WFwet / WFdry = 1.96

SFCwet / SFCdry = 1.96 / 1.31

SFCwet / SFCdry = 1.5

与图表 5.22 和图表 5.23 的比较

该算例是针对 ISA SLS 条件下压比 15：1、SOT = 1500K 的一台涡喷发动机。计算出的推力比与图表 5.22 上该发动机对应的点(温比 = 1.7)接近。然而,图表确实考虑了额外的燃油质量流量和加力燃烧室的压力损失,而上述近似计算则未考虑。

算出的 SFC 比与图表 5.23 的相一致。它趋于所提供的范围带的顶部,该比值由于"涵道比为零"而被拉低了,但由于静态飞行条件又被拉高了。

C5.10 对于一台机动车辆发动机的换热效能为 **86.0%** 的间壁式回热器,计算需要的容积和相关的压力损失。进入回热器的燃气速度峰值比平均值高 **10%**。回热器采用二次换热表面结构,并且将使用最高技术水平来设计。发动机压比为 **4.5：1**,回热器质量流量是 **1.5kg/s**。

间壁式回热器容积

如 5.23.3 节中提供的敏感性,由于进口速度分布,将有 0.5% 的换热效能损失。为了达到 86.0% 的换热效能,均匀进口速度分布的换热效能必须达到 86.5%。因此,从图表 5.24 可得出,对二次表面回热器使用高技术曲线,W / VOL = 10kg/(s·m³)。因此:

VOL = 1.5 / 10

VOL = 0.15 m³

压力损失

利用图表 5.24 上的高技术水平但低压比时的二次表面回热器的中线。因此得到:

DP / Pgas side = 7.0%

DP / Pair side = 1.4%

如 5.23.3 节所述,进口和出口管道的压力损失也必须包括在任何性能计算中。

图表

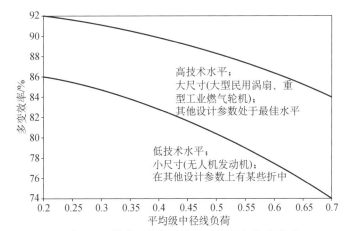

图表 5.1　轴流压气机多变效率与级负荷的关系

注:所有数据针对海平面静止条件下的 100% 换算转速。多变效率到绝热效率的转换见图表 3.16 或公式 F3.42。

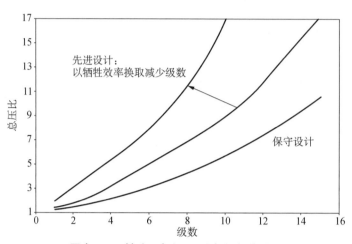

图表 5.2 轴流压气机:压比与级数的关系

注:由于进口温度较高,对于给定级数,高压压气机的压比比较低。

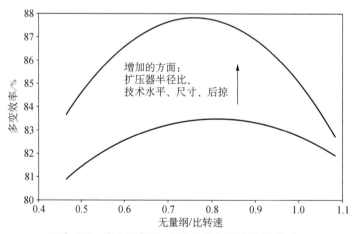

图表 5.3 离心压气机:多变效率与比转速的关系

注:公式 F5.3.4 定义比转速。

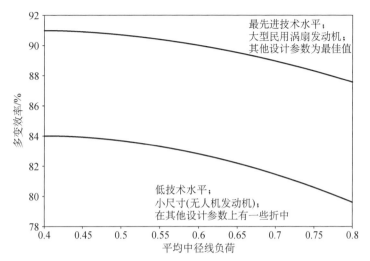

图表 5.4   单级轴流风扇多变效率与平均中径线负荷的关系

注:所有数据针对 ISA 海平面静止状态的 100% 换算转速。公式 F5.1.6 定义负荷。

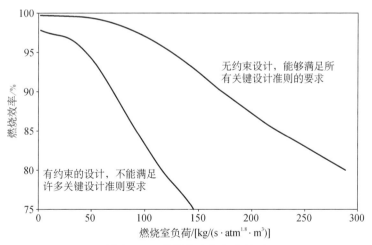

图表 5.5   燃烧效率与负荷关系

注:公式 F5.7.2 定义燃烧室负荷。把 kg/(s・atm$^{1.8}$・m^3)转换成 lb/(s・atm$^{1.8}$・ft^3)须乘以 0.06243。

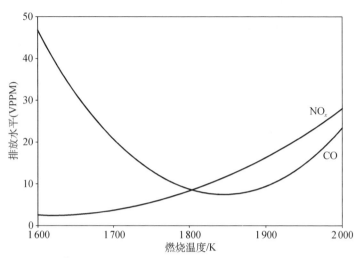

图表 5.6　NO$_x$ 和 CO 的排放水平与燃烧温度的关系

注：适用于均匀预混后的燃烧系统。

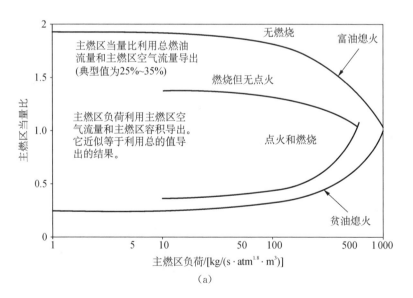

（a）

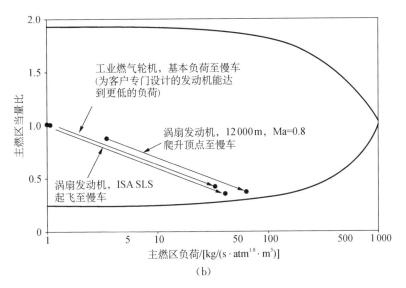

图表 5.7　燃烧稳定性与主燃区负荷和当量比之间的关系

（a）燃烧和点火稳定性边界　（b）发动机工作点位置

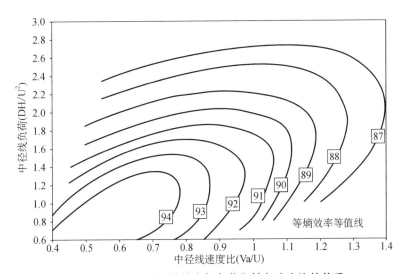

图表 5.8　轴流式涡轮效率与负荷和轴向速度比的关系

注：最高技术水平；无设计折中；无来自冷却空气、间隙和盘风阻的损失；反力度接近 50%；流通能力＞0.5 kg√K/s kPa；Va 是轴向气流速度，U 是均方根（RMS）叶片速度。

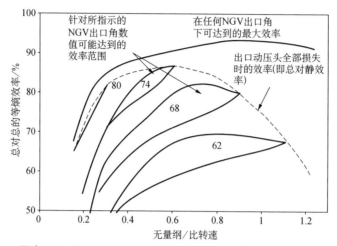

图表 5.9 径流式涡轮效率与比转速和导向器出口角的关系

注:数据是针对大尺寸、高技术水平;实际设计由于下游压力损失,不会超过 0.7 比转速。

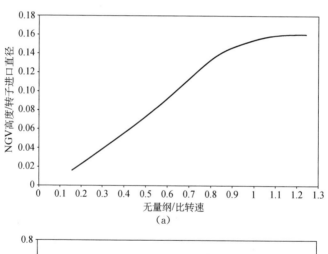

(a)

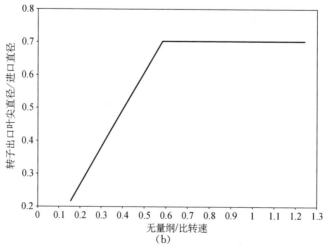

(b)

图表 5.10 径流式涡轮最佳直径比与比转速的关系

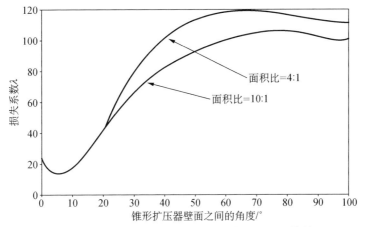

图表 5.11　锥形扩压器损失系数与锥角和面积比的关系

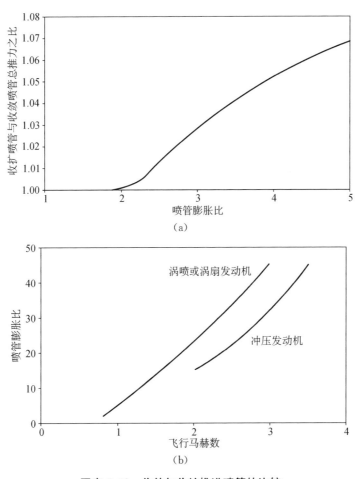

图表 5.12　收敛与收扩推进喷管的比较

（a）总推力比与膨胀比的关系　（b）典型的喷管膨胀比与飞行马赫数的关系

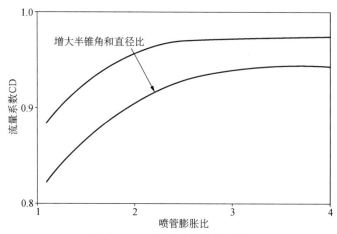

图表 5.13　推进喷管流量系数

注：典型半锥角为 $15° \sim 40°$。典型直径比为 $1.25 \sim 1.6$。

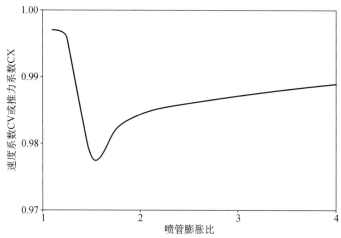

图表 5.14　推进喷管推力系数

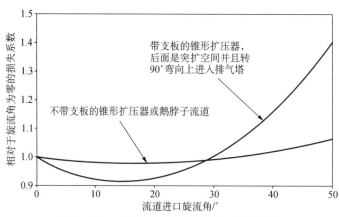

图表 5.15　流道进口旋流对损失系数的影响

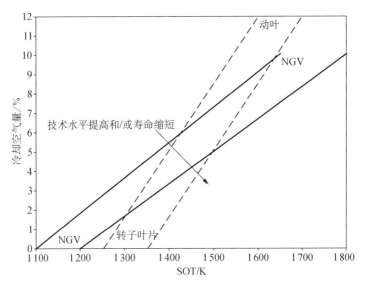

图表 5.16　涡轮 NGV 和转子叶片冷却流量需求与 SOT 的关系

　　注：SOT 是工业燃气轮机基本负荷时和飞机发动机、机动车辆和船用发动机巡航状态时的数值；冷却空气量是指相对于发动机进口流量的百分比；无冷却时，寿命 2 小时的一次性使用的 RPV 发动机的 SOT 可以达到 1450 K。

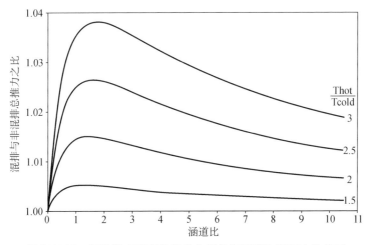

图表 5.17　混排带来的理论总推力增益与涵道比及温比的关系

　　注：非混排发动机风扇压比根据第 6 章取最佳；混排发动机风扇压比使得 Phot ＝ Pcold；斜槽或混合器无压力损失；推进喷管膨胀比 ＞ 2.5；最佳的混合室 L／D；在高飞行马赫数下，净推力增益显著更高。

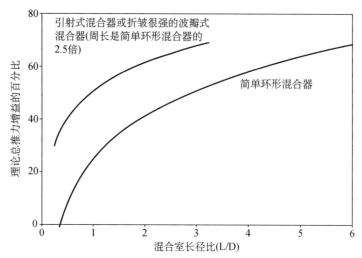

图表 5.18　混合器几何形状对总推力增益的影响

注：Phot = Pcold；推进喷管膨胀比 > 2.5；L 是长度，D 是直径；公式 F5.19.1 表明如何估算推力增益。

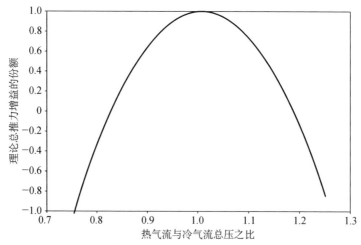

图表 5.19　两股气流压力不相等对混合器总推力增益的影响

注：在极端的热、冷气流压力之比下，推力增益可以是负值。公式 F5.19.1 表明如何估算推力增益。

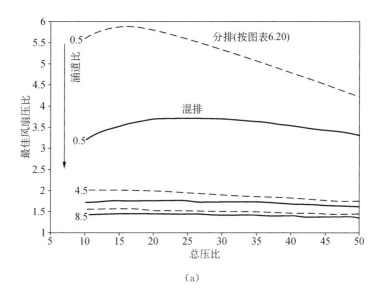

(a)

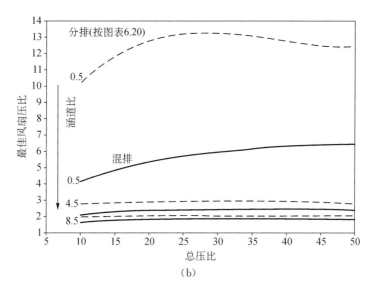

(b)

图表 5. 20　混排涡扇循环最佳风扇压比
（11 000 m、ISA、Ma = 0. 8）

（a）SOT = 1400 K　（b）SOT = 1800 K
注:在最佳风扇压比下,SFC 最低,单位推力最大。

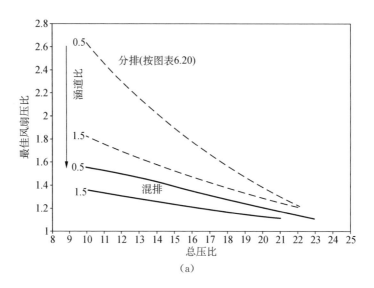

（a）

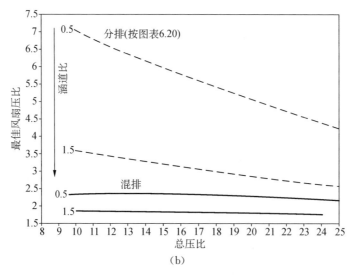

（b）

图表 5. 21 混排涡扇循环最佳风扇压比
（11 000 m、ISA、Ma = 2. 2）

（a）SOT = 1400 K   （b）SOT = 1800 K

注：在最佳风扇压比下，SFC 最低，单位推力最大。

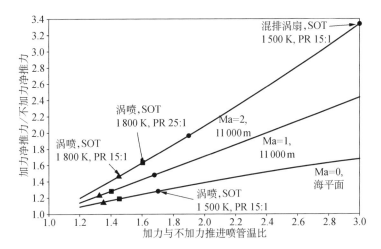

图表 5.22　加力燃烧室净推力增益与加力温比和飞行马赫数的关系

注:推力增益是相对于相同飞行条件和燃气发生器工作点的不加力状态;
在马赫数大于零时,推力增益取决于循环,所示的数值可用于一阶近似计算;本
图表适用于涡喷和混排涡扇,后者只是温比更高一些而已;所有示例的加力燃
烧室温度为 1900 K。

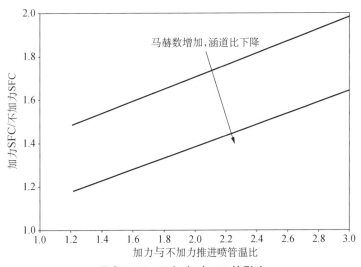

图表 5.23　开加力对 SFC 的影响

注:SFC 的变化是相对于相同飞行条件和燃气发生器工作点的不加力状态;
SFC 的变化主要取决于循环;大多数实际可行的循环将位于本图所示的边界内;
所示的数值的数量级只是说明性的。

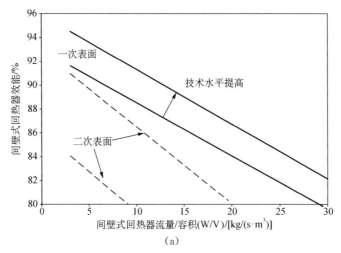

（a）

注:本图表针对均匀进气的燃气侧气流;5.23.3 节表明了流场畸变如何降低换热效能。

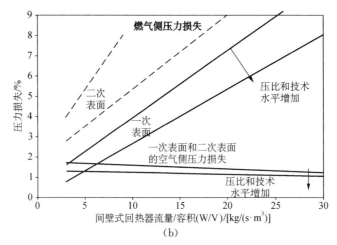

（b）

注:压力损失仅是回热器阵列的损失,不包括进、出口管道的损失。

图表 5.24　间壁式回热器设计点性能与单位容积质量流量的关系

（a）换热效能　（b）压力损失

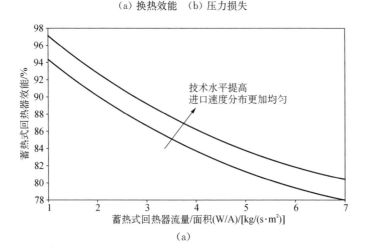

（a）

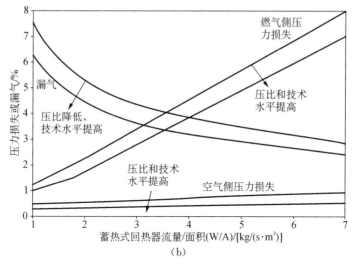

注:压力损失不包括进口和出口管道的损失。本图表对以下有效:压比
3:1~10:1,陶瓷盘厚度60mm,水力直径0.5mm,通流比70%

图表 5.25　蓄热式回热器设计点性能与单位面积流量的关系

（a）换热效能　（b）压力损失和漏气

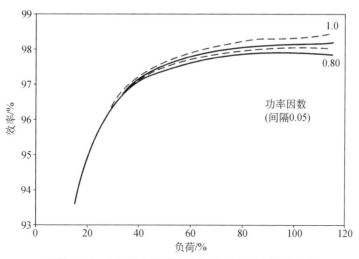

图表 5.26　交流发电机效率与负荷及功率因数的关系

参考文献

［1］Cohen H，Rogers G F C and Saravanamuttoo H I H. Gas Turbine Theory［M］. 4th edn，
Longman，Harlow. 1995.

［2］Horlock J H. Axial Flow Compressors［M］. Butterworth，London. 1958.

［3］Cumpsty N A. Compressor Aerodynamics［M］. Longman，London. 1989.

［4］Dixon S L. Thermodynamics of Turbomachinery［M］. Pergamon Press，London. 1969.

［ 5 ］ Pampreen R C. Small Turbomachinery Compressor and Fan Aerodynamics ［M］. ASME 73 - GT - 69, ASME, New York. 1969.

［ 6 ］ Smed J P, Pisz F A, Kain, J A, et al. 501F Compressor Development Program ［M］. ASME 91 - GT - 226, ASME, New York. 1991.

［ 7 ］ Carchedi F, Wood G R. Design and development of a 12 : 1 PR compressor for the Ruston 6 MW gas turbine ［J］. ASME Journal of Engineering for Power, 1982,104:823 - 831.

［ 8 ］ Howell A R, Calvert W J. Axial Compressor Performance Prediction by Stage Stacking ［M］. HMSO, London. 1981.

［ 9 ］ Raw J A, Weir G C. The Prediction of Off-Design Characteristics of Axial and Axial/Centrifugal Machines ［C］. Society of Automotive Engineers, Pennsylvania.

［10］ Came P M. The development, application and experimental evaluation of a design procedure for centrifugal compressors ［C］. Proceedings of the Institution of Mechanical Engineers, 1978,192(5):49 - 67.

［11］ Herbert M V. A Method of Performance Prediction for Centrifugal Compressors ［C］. Aeronautical Research Council, HMSO, London. 1980.

［12］ Rodgers C, Langworthy R A. Design and Test of a Small Two Stage High Pressure Ratio Centrifugal Compressor ［S］. ASME 74 - GT - 137, ASME, New York. 1974.

［13］ Chevis R W, Varley R J. Centrifugal Compressors for Small Aero and Automotive Gas Turbine Engines ［C］. AGARD 55th Specialists' Meeting, Brussels. 1980.

［14］ Lefebvre A H. Gas Turbine Combustion ［M］. Hemisphere, New York. 1983.

［15］ Williams F A. Combustion Theory ［M］. Addison Wesley, Reading MA. 1965.

［16］ Leonard G, Stegmaier J. Development of an Aeroderivative Gas Turbine Dry Low Emissions System ［S］. ASME 89 - GT - 255, ASME, New York. 1989.

［17］ Sattelmeyer T, Felchlin M P, Haumann J. Second generation low emission combustors for ABB gas turbines: burner development and tests at atmospheric pressure ［S］. Transactions of ASME, 1992, 114: 118 - 124.

［18］ Summerfield A H, Pritchard D, Tuson D W. Mechanical Design and Development of the RB211 Dry Low Emissions Engine, ASME 93 - GT - 245 ［S］. ASME, New York. 1993

［19］ Corbett N C, Lines N P. Control Requirements for the RB211 Low Emission Combustion System, ASME 93 - GT - 12 ［S］. ASME, New York. 1993.

［20］ Horlock J H. Axial Flow Turbines ［M］. Butterworth, London. 1966.

［21］ Kacker S C, Okapuu U. A mean line prediction method for axial flow turbine efficiency ［J］. ASME Journal of Engineering for Power, 1982,104:111 - 119.

［22］ Ainley D G, Mathieson G C R. A Method of Performance Estimation for Axial Flow Turbines ［C］. Aeronautical Research Council, HMSO, London. 1951.

［23］ Dunham J, Came P M. Improvements to the Ainley-Mathieson method of turbine performance prediction ［J］. ASME Journal of Engineering for Power, 1970,92:252 - 256.

［24］ Rohlik H E. Analytical Determination of Radial Inflow Turbine Design Geometry for Maximum Efficiency ［S］. NASA Technical Note TN D 4384, Washington DC. 1968.

［25］ Hiett G F, Johnston I H. Experiments concerning the aerodynamic performance of inward flow radial flow turbines ［C］. Proceedings of the Institution of Mechanical Engineers, 178, Part 3 I (ii). 1964.

［26］ Rodgers C. Efficiency and Performance Characteristics of Radial Turbines ［C］. Society of

Automotive Engineers, Pennsylvania. 1966.

[27] Mowill J, Strom S. An advanced radial-component industrial gas turbine [J]. ASME Journal of Engineering for Power, 1983,105:947 - 952.

[28] Jane's Information Group. Janes All The World's Aircraft 1997 - 8 [M]. Jane's Information Group, Coulsdon, Surrey. 1997.

[29] The Diesel and Gas Turbine Worldwide Catalog [M]. Diesel and Gas Turbine Publications, Brookfield, Wisconsin.

[30] Massey B S. Mechanics of Fluids [M]. Van Nostrand Reinhold, London. 1975.

[31] Grey R E, Wilstead H D. Performance of Conical Jet Nozzles in Terms of Flow and Velocity Coefficients [S]. NACA 933, Washington DC. 1950.

[32] Fabri J (ed.). Air intake problems in supersonic propulsion [C]. AGARD 11th Combustion and Propulsion Panel Meeting, Paris, December 1956, Pergamon Press, Elmsford, New York. 1956.

[33] Swan W. Performance problems related to installation of future engines in both subsonic and supersonic transport aircraft [C]. 2nd International Symposium on Air Breathing Engines, Sheffield, UK, March 1974.

[34] Summerfield M, Foster C R, Swan W C. Flow separation in overexpanded supersonic exhaust nozzles [J]. Jet Propulsion, 1954,24:319 - 321.

[35] Adkins R C, Yost J O. A Compact Diffuser System for Annular Combustors [S]. ASME 83 - GT - 43, ASME, New York. 1983.

[36] ESDU. Performance of Circular Annular Ducts in Incompressible Flow [M]. Fluid Mechanics Internal Flow Vol. 4, ESDU, London. 1975.

[37] Miller D S. Internal Flow Systems [M]. British Hydrodynamic Research Association, London. 1978.

[38] Fullager K P L. The design of air cooled turbine rotor blades. In: Design and Calculation of Constructions Subject to High Temperature [D]. Royal Institute of Engineers in the Netherlands, Delft. 1973.

[39] ESDU. General Guide to the Choice of Journal Bearing Type [S]. Tribiology Vol. 1, ESDU 65007, ESDU, London. 1965.

[40] ESDU. General Guide to the Choice of Thrust Bearing Type [S]. ESDU 67003, ESDU, London. 1967.

[41] Pearson H. Mixing of exhaust and bypass flow in a bypass engine [J]. Journal of the Royal Aeronautical Society, 1962,66:528.

[42] Frost T H. Practical bypass mixing systems for fan jet aero engines [C]. The Aeronautical Quarterly, May, 141 - 160. 1966.

[43] Marshal R L, Canuel G E, Sullivan D J. Augmentation systems for turbofan engines. Combustion in Advanced Gas Turbine Systems [M]. Cranfield International Symposium Series, Vol. 10, Pergamon Press, Elmsford, NY. 1967.

[44] Spiers H M. Technical Data on Fuel [S]. The British National Committee, London. 1961.

[45] Hughes E. Electrical Technology [M]. Longman, Harlow. 1973.

6 设计点性能和发动机概念设计

6.0 引言

设计点性能是发动机概念设计过程围绕的中心。为了满足给定的指标,必须选择发动机构型、循环参数、部件性能水平和尺寸。本章介绍与部件设计密不可分的设计点性能输入。在进行任何其他工作状态的分析之前,必须首先确定设计点性能。得到的最终发动机总体性能对发动机在商业上是否能够成功极为关键。

本章给出了所有燃气涡轮发动机类型通用的设计点性能曲线图和设计点计算的算例。这些图表在描述燃气涡轮发动机应用的第1章中被广泛引用。3.6.5 节囊括了主要发动机循环的温熵(T-S)图。所有类型的燃气涡轮发动机构型一并列于第 0 章。

6.1 设计点和非设计点性能计算

6.1.1 发动机设计点和设计点性能计算

对于最初的定义工作来说,传统上将发动机工作时间最长的那个状态选择为发动机设计点。对于工业燃气轮机,一般选择国际标准化组织(ISO)定义的基本负荷状态作为设计点,而对于航空发动机,则选择国际标准大气(ISA)条件下的高空巡航作为设计点。或者,也可以选择某个重要的高功率状态作为设计点。无论如何,都在设计点对发动机构型、部件设计和循环参数进行优化。所用的方法是设计点性能计算。每次改变输入参数,就重复这一计算过程;在固定的工作状态下,由此产生的发动机设计的更改要求改变相应发动机的几何尺寸。

对于此处讨论的概念设计阶段而言,部件设计点通常与发动机设计点处于同一工作状态。然而,在详细设计阶段不尽如此。例如,在详细设计阶段,航空发动机风扇的设计点可选在爬升顶点,此时换算转速和换算流量最大,而发动机的设计点却选在巡航。本章中,设计点一词是指概念设计阶段中的发动机设计点,其选取与部件设计点一致。

6.1.2 非设计点性能计算

在通过设计点计算确定了发动机几何尺寸后,其他关键工作状态的性能就可以估算出来,如航空发动机的国际标准大气、海平面静止(ISA SLS)起飞状态。这种情况下的性能计算过程就是非设计点性能计算,在第 7 章专门讨论。此时,发动机的几何尺寸固定不变,而工作状态在不断变化。如 6.12 节所述,在概念设计阶段,设计点计算和非设计点计算必须是反复迭代进行的。

6.2 设计点性能参数

6.2.1 发动机性能参数

用于定义发动机总体性能的若干关键参数可以用来评定给定的发动机设计是否适合于其应用,也可以用来比较几种可能的发动机设计。下面就来描述这些发动机性能参数。

- 发动机输出功率或净推力(PW,FN,见公式 F6.1—F6.4):

所需的输出功率或净推力几乎永远是发动机设计的根本目标,可以通过总体循环计算来估算。对于涡桨和涡轴发动机,使用的术语为有效功率或当量功率;此时,排气中的剩余推力通过公式 F1.18 转换成功率,并加在发动机轴输出功率上。

- 排气功率:

对于涡轴发动机的燃气发生器,这是指在动力涡轮的效率达到 100% 时将会产生的输出功率。当发动机的燃气发生器是在不带自由动力涡轮的情况下测试或提供时,应该加以关注;此时,自由动力涡轮可能留在安装中,或者由另一家合作公司提供。

- 单位功率或单位推力(SPW,SFN,见公式 F6.5 和 F6.6):

这是指流进发动机的单位质量流量的空气所能产生的输出功率或推力。这一参数是衡量发动机重量、迎风面积和体积的良好的一阶近似指标。对于发动机重量和体积很重要的应用场合,或者对于高马赫数飞行的航空器(此时单位迎风面积的阻力很大),尽可能提高单位功率或单位推力是至关紧要的。对于涡桨和涡轴发动机,基于由公式 F1.18 得到的有效功率,可以估算有效单位功率。

- 耗油率(SFC,见公式 F6.7 和 F6.8):

这是指在单位时间内,每单位的输出功率或推力所燃烧掉的燃油的质量。对于燃油的重量和/或成本很突出的应用场合,尽可能降低耗油率虽然是有代价的,但却十分重要。在引用 SFC 值时,必须明确燃油的热值,以及究竟是高热值还是低热值(见第 13 章),以保证有效的"背靠背"比较。此外,对于涡桨和涡轴发动机,要估算有效 SFC。

- 轴功率发动机的热效率(ETATH,见公式 F6.9):

这是指发动机输出功率除以燃油能量的输入速率,通常用百分比表示。本质上，热效率就是 SFC 的倒数，但与燃料热值无关。不过在引述热效率时，仍然需要明确是基于燃料高热值还是低热值（见第 13 章）。对于联合循环应用场合，会使用总热效率和净热效率。总热效率未扣除驱动蒸汽动力装置附属设备所需要的功率，而净热效率则扣除了。

热效率通常用于工业燃气轮机，而 SFC 则用于航空涡轴和涡桨发动机。对于船用和车辆用燃气轮机，这两个参数都使用。这一差别突出反映了燃油重量对航空应用的重要性，以及燃料热值变化的可能性相对较低。

- 轴功率循环的热耗率（HRATE，见公式 F6.10）：

热耗率这一参数仅在发电行业中使用，是指燃料能量输入速率除以有用输出功率。因此，它可以与 SFC 等同，不过与燃料热值无关。同样在提到这一参数时，需要明确在计算燃料的能量输入时假设的是高热值还是低热值，以及明确联合循环应用中用的是总热效率还是净热效率。

公式 F6.11—F6.13 表示了轴功率发动机的 SFC、热效率和热耗率之间的关系。

- 排气温度（T6）：

对于工业发电的联合循环所用的发动机，高排气温度对使总效率达到最高是至关重要的。对于热电联供（CHP），排气温度的最佳值取决于供热与发电之间哪一个需求相对更为重要。在这两种情况下，出于对蒸汽动力装置的机械结构完整性的考虑，都需要有一个排气温度限制值。

对于军用发动机，降低排气温度对减少热寻导弹探测到的红外特征信号十分重要。

- 排气质量流量（W6）：

对于联合循环或热电联供应用所用的发动机，排气质量流量很重要，因为它代表燃气轮机排气中的可用热量，进而代表热电厂的总热效率。

对于航空推力发动机，还有几个次要的性能参数。它们本身不能说明发动机的总体性能，但确实有助于发动机设计师理解不同发动机设计方案的主要性能参数的变化关系，有以下两个参数：

- 热效率（ETATH，见公式 F6.14）：

航空推力发动机的热效率定义为向空气中加入动能的速率除以燃油能量的供应速率，通常用百分比表示。喷气的能量与喷气速度的平方和飞行速度的平方之差成正比。一般而言，压比和涡轮导向叶片出口温度（SOT）一起升高时，热效率也增大（见 6.2.2 节），因为此时在给定的能量输入下喷气速度更高。

- 推进效率（ETAPROP，见公式 F6.15 和 F6.16）：

航空推力发动机的推进效率定义为发动机产生的有用推进功率除以向空气中加入动能的速率，同样用百分比表示。净推力与喷气速度和飞行速度之差成正比。由于功率是力与速度的乘积，因此推进功率正比于飞行速度与喷气速度和飞行速度之差的乘积。

如公式 F6.16 所示,降低喷气速度可以改善推进效率,因为此时以喷气动能形式浪费的能量较少。这就需要提高压比和降低 SOT。然而,喷气速度降低也使推力减小,因此,为了提高推进效率并且保证所需的推力,在降低喷气速度的同时,也必须增加发动机质量流量。这就使得发动机的单位推力下降,导致其尺寸变大,重量也增加。涡扇发动机就是基于这一原理。

如公式 F6.17 所示,推力 SFC 与飞行速度成正比,而与热效率和推进效率两者成反比。对效率的依赖在直觉上是显而易见的。在为了使 SFC 最小而选择压比和 SOT 时,必须在推进效率还是热效率最大化之间进行折中。如 6.7 节—6.11 节列出的通用设计点性能曲线图所示,存在最佳的压比和 SOT。

推力 SFC 依赖于飞行速度则是因为当热效率和推进效率固定时,燃油流量与功率相关,并且对于给定的推力,推进功率与飞行速度成正比。

6.2.2 循环设计参数

3.6.5 节用温熵图讨论了燃气涡轮发动机循环的基本热力学。这些温熵图表明工质经历的压力和温度变化对发动机性能参数有强烈的影响。通过以下循环设计参数,可以反映压力和温度变化的程度。

总压比

总压比是压气机出口总压与发动机进口总压之比。

涡轮静叶出口温度(SOT)

这是第一级涡轮转子进口前能够做功的燃气的温度,其图示见第 5 章。为了反映循环中的最高温度,也采用其他术语:

- 转子进口温度(RIT):在北美有时使用这个术语,它的意义与 SOT 相同。
- 燃烧室出口温度(COT):这是第一级涡轮导向器叶片前缘处的温度。
- 涡轮前温度(TET):可以取上面两者中任何一种含义。

这里使用的 SOT 的标准定义是:

由燃烧室出口燃气与在第一级涡轮转子上游进入的、能够做功的冷却空气充分混合而成的燃气的温度。这些冷却空气由于具有与涡轮导向器叶片气流相当的动量,所以被认为能够做功。

因此,在该定义中,包括在喉部上游进入的导向器叶片或缘板冷却空气,或以与主气流相同的动量和方向注入的尾缘冷却空气。然而,在估算 SOT 时,不包括涡轮盘前盘面的冷却空气,因为这股空气在涡轮转子中不做功。绝大多数燃气涡轮发动机都希望在机械设计约束条件以内尽可能地提高 SOT。

此外,对于涡扇发动机,由于有两个平行的气流通道,所以还有两个循环设计参数需要考虑。

风扇压比

这是风扇出口总压与风扇进口总压之比,通常风扇内涵的压比低于风扇外涵的,因为内涵的叶片速度较低。

涵道比（BPR，见公式 F6.18—F6.20）

这是外涵冷气流与内涵热气流的质量流量之比。在 5.5 节中讨论了对涵道比的实际限制。

6.2.3 部件性能参数

第 5 章介绍了从效率、流通能力、压力损失等方面定义部件性能的诸多参数。在固定数值的循环设计参数下，随着部件性能参数水平的改善，发动机设计点性能参数（见 6.2.1 节）也得到了改善。

部件性能参数的改变对发动机循环设计参数的最佳值也有二次影响。

6.2.4 机械设计参数

对于给定的设计点，实际设计中必须把机械设计参数保持在可用的材料、制造和生产技术的限制之内。第 5 章和参考文献[2]讨论了燃气涡轮发动机的机械设计约束条件。更多的信息可参阅经典应力教科书，如参考文献[3]。作为简略的指导，需要考虑的主要事项如下：

- 蠕变，是材料类型、金属温度、应力水平或者 AN^2 的函数。
- 氧化，是材料和涂层类型以及金属温度的函数。
- 循环寿命（低周疲劳），是材料类型和金属温度的函数。
- 盘和动叶的拉伸应力，是轮缘速度或 AN^2 的函数。
- 机匣破裂，是压气机出口压力的函数。
- 堵塞或失速颤振，是风扇或压气机换算转速的函数。
- 旋转部件的振动（高周疲劳），是转速和激振参数，如上游叶片数和压力水平等的函数。
- 轴的临界转速。

6.2.5 寿命参数

寿命参数主要有两个：

（1）翻修间隔时间（TBO）；

（2）循环寿命（也称为低周疲劳寿命）：这是发动机在两次翻修之间经历起动、加速到满功率并最后停车的总次数。

TBO 主要受蠕变和氧化寿命的制约，而循环寿命则由热应力的水平决定。主要的燃气涡轮发动机应用领域的典型寿命要求如下：

应用领域	翻修间隔时间/h	循环数
发电——基本负荷	25 000～50 000	3 000
发电——备用/尖峰负荷	25 000	10 000
油气泵送	25 000～100 000	5 000～10 000
机动车辆——家用轿车	5 000	10 000

应用领域	翻修间隔时间/h	循环数
机动车辆——载重卡车	10 000	5 000～10 000
船舶——军舰	5 000～20 000	2 000～3 000
船舶——高速船	5 000～10 000	3 000
航空发动机——民用飞机	15 000	3 000
航空发动机——军用战斗机*	25～3 000	25～3 000

* 过去已实现的指标和未来目标有很大区别，因为现在重点已经从性能转移到了所有权成本上了。

6.2.6　燃料种类

煤油是标准的航空燃料，而船用发动机通常使用柴油，大多数工业燃气轮机则使用天然气。对于性能，所使用的高馏分柴油与航空煤油相比相差无几，但使用天然气通常会带来性能改善，因为其燃烧产物的比热容较大。燃料种类对热效率和单位功率的影响在第13章中讨论。

6.3　设计点计算与性能曲线图

6.3.1　计算

在算例C6.1—C6.5中，给出了各种类型的燃气涡轮发动机的设计点计算，同时还说明了放弃简化假设所导致的准确度的提高和复杂性的增加。理想情况下，这些计算步骤应衔接上数字计算机编程，因此算例也是以这种方式编排的。虽然转速没有直接包含在设计点计算中，但它还是隐含在内的，因为所采用的部件效率水平和转速密切相关，尤其是在发动机直径固定不变的情况下。

6.3.2　设计点性能曲线图

把发动机性能参数与循环参数的关系画成曲线图，就是发动机设计点性能曲线图。通过在感兴趣的范围内轮流改变循环参数、重复进行设计点计算，即可产生设计点性能曲线图。图上的每一个点都代表一台几何尺寸不同的发动机。在6.7节—6.11节中列出了所有不同构型的燃气涡轮发动机的通用设计点性能曲线图。在发动机设计过程中，这些性能曲线图对选取最佳循环参数以及比较不同类型燃气涡轮发动机性能极为有用。一开始，对于所有的循环参数组合，会使用恒定的部件性能参数水平来制作设计点曲线图。而后，在发动机设计过程中，对于循环参数的每一个组合，会基于部件气动热力设计工作，使用不同的单个部件性能水平。

6.3.3　换算参数

根据第4章，如果使用单位功率或单位推力、SFC等的换算参数形式，则设计点性能图表可以适用于任何高度。用这种方式来调整设计点性能图表的基准值。不过，飞行马赫数的变化确实会改变发动机的匹配（除非所有的喷管都处于堵塞状态),也会改变冲压阻力。因此,设计点性能图表不能直接适用于其他的飞行马赫数。

6.4 部件和发动机的线性缩放

在概念设计过程中,只要有可能,均应考虑对现有部件进行缩放,偶尔也可考虑对整台发动机进行缩放。如果行之有效,这将大大降低项目的成本和研发风险。

在第4章中给出的缩放参数及其使用规则描述了给定的线性缩放比例下部件和发动机性能参数的变化。作为一阶近似,SFC、热效率、单位功率和单位推力都不随缩放而变化。因此,通用设计点性能曲线图大体上与缩放因子无关。

6.5 设计点的敏感性

设计点敏感性反映了主要部件性能水平的小变化量(通常为1%)对发动机设计点性能参数的影响。此时,当所研究的那个参数变化时,所有其他部件效率和循环参数保持恒定。实际上,为了改变流量的大小,就要求重新设计许多其他部件。由于能够凸显最敏感的部件设计区域,设计点敏感性表格在发动机设计过程中是极为有用的,因此总是需要做出这样的表格。

综合敏感性则完全不同,主要用于非设计点分析。此时只是所研究的部件更改了,任何其他部件都维持不变。所有部件都移动或者说重新匹配到一个不同的无量纲工作点。结果,部件性能参数的水平改变了,循环参数也改变了。

6.6 通用设计点性能曲线图的基本规则

6.7节—6.11节提供和讨论了所有主要的燃气涡轮发动机类型的通用设计点性能曲线图。在创建这些设计点性能曲线图时,使用的基本规则如下:

- 使用了设计点计算机程序,算例C6.1—C6.5说明了程序采用的计算过程。
- 图表6.1—图表6.4包含了所使用的部件效率水平以及设计点敏感性。
- 循环参数涵盖一个给定发动机构型很有可能使用的整个范围。
- 燃烧室温升使用公式F3.38A计算;对于其他部件,气体性质根据平均温度下的比热容CP得出。
- 采用恒定的部件性能水平,如效率、压力损失、换热效率等。这就意味着,对风扇、压气机和涡轮采用恒定的多变效率而不是等熵效率。正如第5章解释的,多变效率反映了压比或膨胀比范围内的恒定不变的技术水平。
- 所采用的冷却空气流量的百分比也是常数。
- 使用液态燃料,即煤油或柴油。
- 对于热电联供应用的设计点性能曲线图,排气塔的温度为150℃。使用柴油燃料时,这个温度水平可以防止冷凝,也因此可以防止排气塔的硫化。使用天然气燃料时,由于硫的含量比较低,排气塔的典型温度是100℃。

- 对于推力发动机,亚声速飞行时采用收敛喷管,而以马赫数 2.2 飞行时采用收敛-扩张喷管。

- 对于推力发动机,所有设计点性能曲线图都是不带加力燃烧室的。关于加力的影响在第 5 章中讨论。

- 对于涡扇发动机,这些设计点性能曲线图都是指内涵和外涵分开排气的。关于排气混合器的影响在第 5 章中讨论。

- 设计点性能曲线图上的尺度都相对于该发动机构型的典型设计点水平归一化了。这样做是为了方便对不同设计点进行比较时,能一眼看出某个参数是"高"了还是"低"了。

- 对每种循环类型,均通过机械结构完整性提供了可能制约循环参数实际组合的关键温度限制值。

对于实际发动机项目,部件性能水平和趋势与这里的通用设计点性能曲线图上使用的常数值不同。为了克服这一不足,除设计点性能曲线图外,每一节都提供了设计点敏感性以及部件性能假设。此外,通常具有很高的 SOT 和较大冷却空气流量的发动机代表着较高的技术水平,因此具有较高的部件效率。此时,变化的部件效率和冷却流量的影响倾向于相互抵消。

6.12 节说明了发动机概念设计过程。在这一过程中,通用设计点性能曲线图对以下情况十分有用:

- 对于给定的发动机类型,能指出最佳的循环参数组合。

- 能对可能满足给定发动机要求的不同发动机构型的性能进行比较。

- 在发动机设计过程中,基于恒定的部件效率,提供循环参数变化的影响的敏感性。

- 选择较小的循环参数范围来引导初始的部件设计,以此获得适用的部件性能水平。

6.7 开式轴功率循环:通用设计点性能曲线图和敏感性

除了一种例外,所有的燃气涡轮发动机构型都属于开式循环。进入发动机前端的空气不会再循环,而是被排出回到大气。以下通用设计点性能曲线图与开式轴功率循环有关:

- 简单循环:

图表 6.5——热效率与压比和 SOT 的关系。

图表 6.6——单位功率与压比和 SOT 的关系。

图表 6.1——设计点敏感性和所使用的部件效率。

图表 6.7——关键温度与压比和 SOT 的关系。

- 回热循环:

图表 6.5——热效率与压比和 SOT 的关系。

图表 6.6——单位功率与压比和 SOT 的关系。

图表 6.1——设计点敏感性和所使用的部件效率。

图表 6.7——关键温度与压比和 SOT 的关系。

图表 6.8——回热器效率对热效率最佳压比的影响。

- 间冷循环：

图表 6.5——热效率与压比和 SOT 的关系。

图表 6.6——单位功率与压比和 SOT 的关系。

图表 6.1——设计点敏感性和所使用的部件效率。

图表 6.7——关键温度与压比和 SOT 的关系。

图表 6.9——间冷器位置对热效率的影响。

图表 6.10——间冷器位置对单位功率的影响。

- 间冷回热循环：

图表 6.5——热效率与压比和 SOT 的关系。

图表 6.6——单位功率与压比和 SOT 的关系。

图表 6.1——设计点敏感性与所使用的部件效率。

图表 6.7——关键温度与压比和 SOT 的关系。

图表 6.8——回热器效率对热效率最佳压比的影响。

图表 6.9——间冷器位置对热效率的影响。

图表 6.10——间冷器位置对单位功率的影响。

- 联合循环：

图表 6.5——热效率与压比和 SOT 的关系。

图表 6.6——单位功率与压比和 SOT 的关系。

图表 6.1——设计点敏感性和所使用的部件效率。

6.7.1　简单循环

这是基本的轴功率循环。一开始，空气被压缩，然后在燃烧室中通过燃烧燃料而被加热。接着通过一台或多台涡轮膨胀而产生功率，其中一部分用来驱动压气机，剩余的即可用来作为输出功率。不论是单转子燃气轮机还是自由动力涡轮燃气轮机，其差别反映在设计点性能曲线图上，都只是所评定的涡轮总效率的微小变化。从图表 6.5—图表 6.8 可以明显看出如下几点：

- 热效率和单位功率一般随 SOT 提高而增加。虽然使用不太方便，但燃烧室温升更能衡量循环提供功率的能力。燃烧室温升低，剩余功率就低，部件效率低下造成的损失会占主导地位，既降低热效率，又降低单位功率。

- 热效率高对应的最佳压比随 SOT 提高而增大。在 1100 K 时为 12∶1，而在 1800 K 时超过 40∶1。之所以有一个最佳值，是因为除了需要高的燃烧温升外，高的热效率还要求降低排气温度，以此尽可能减小能量损失。最高热效率在燃烧室温升与排气温度之比达到最大值①时发生。燃烧室温升与排气温度之比代表热量输入与热量废弃之比。要达到这一目标,主要要求降低排气温度,因此最佳压比相对较高。图表 6.7 表明在压比过高时,低的燃烧室温升会抵消低的排气温度的有利影响,使得热效率降低。

- 单位功率大对应的最佳压比也随 SOT 提高而增大。但它只有热效率高对应的最佳压比的一半左右,即在 1100 K 时为 7∶1,而在 1800 K 时为 20∶1。最大单位功率在燃烧室温升与排气温度之差达到最大值时发生,这个差值反映了输出功。要达到这个目标主要不取决于排气温度,而更多的是需要降低压气机的功。同样,可以从图表 6.7 推断出这种趋势。

- 为了机械结构完整性,根据图表 6.7,必须把燃烧室进口温度限制在 850 K 和 950 K 之间,具体取决于技术水平。

- 如果发动机用于联合循环或热电联供,那么根据图表 6.7,必须把排气温度限制在 800 K 和 900 K 之间,具体取决于余热回收系统的技术水平。

6.7.2　回热循环

除了会有一个换热器把排气中的一部分热量传递给压气机出口空气外,它和简单循环完全一样。如果燃气和空气的气流不混合,则这样的换热器称为间壁式回热器。如果混合,就像汽车上的陶瓷旋转阵列式换热器一样,则称为蓄热式回热器。这里的设计点性能曲线图代表了间壁式回热器,而蓄热式回热器的影响在第 5 章中讨论。从图表 6.5—图表 6.9 可以明显看出如下几点:

- 热效率和单位功率一般随 SOT 提高而增加。

- 在最佳压比时,热效率比简单循环的高 10% 左右,这是因为热量的回收利用降低了燃料需求。随着 SOT 的提高,这一好处会下降,因为对应的简单循环的效率提高了。

- 热效率高对应的最佳压比相对较低,因为排气与压气机出口之间的温度差很大,这样可以回收更多的热量,这是压比的显著效应。对于在图表 6.5 和 6.6 中使用的换热效率 0.88 而言,热效率高对应的最佳压比在 1 100 K 时为 5∶1,而在 1800 K 时为 11.5∶1。

- 单位功率大对应的最佳压比在 1100 K 时为 7.5∶1,而在 1800 K 时为 23∶1,并且与换热效率无关。这与简单循环的非常相似,仅因为回热器中额外的压力损失而稍有降低。

- 换热效率是强烈影响热效率高对应的最佳压比的几个部件设计参数之一。在换热效率增加时,最佳压比下降,因为增加的回热量足以弥补差劲的简单循环效率。

- 对于给定的 SOT,燃烧室进口温度随压比下降而升高。这是因为驱动压气

---

① 原文误为"minimum"。——校注

机所需的功率下降了，进而减小了涡轮中的温降。

- 为了机械结构完整性，根据图表6.7，必须把回热器和燃烧室的进口温度限制在850K和950K之间，具体取决于技术水平。

6.7.3　间冷循环

在这种发动机构型中，利用换热器和外部介质（比如水）在压缩过程的中途降低空气温度。这样可以通过降低压气机功来增加功率输出，因为压气机功与压气机进口温度成正比。一般说来，热效率会下降，这是因为需要燃烧更多的燃料来达到给定的SOT。从图表6.5—图表6.10可以明显看出如下几点：

- 热效率和单位功率一般随SOT提高而增加。
- 在简单循环最佳压比以下，热效率比简单循环的稍差一点，而在简单循环最佳压比以上，热效率则比简单循环的好得多。这个结果取决于额外的功率输出与为了将较低的压气机出口温度升高到给定的SOT而所需的额外的燃油流量之间的相对大小关系。
- 热效率高对应的最佳压比在1100K时为18：1，而在1800K时超过40：1。这比简单循环的高，因为间冷器在相对较高的压比下会带来最大的好处。
- 图表6.9表明，当间冷器位置移动到整个增压比的30%处，即第一个压缩部件压比为总压比的0.3次方时，热效率达到其峰值。（设计点性能曲线图是针对间冷器布置在整个增压比的50%处画出的，此时两个压气机的压比相等）
- 由于用来驱动间冷器后的压气机级所需要的功率下降了，单位功率比简单循环的大致高20%～40%。对于给定的压比，这个驱动功率与压气机进口温度成正比。
- 单位功率大对应的最佳压比在1100K时为12：1，而在1800K时超过40：1。这同样比简单循环的高，且原因完全相同。
- 图表6.10表明，当间冷器位置移动到整个增压比的50%处，即两个压气机的压比相等时，单位功率达到其峰值。与此对应的是，相比于最佳热效率的情况，这浪费更多热量，并且明显需要消耗更多的燃油。

6.7.4　间冷回热循环

这是间冷和回热的组合。由于回热器空气侧进口温度较低，因此排气热量的回收增加了，于是弥补了间冷造成的热效率损失。从图表6.5—图表6.10可以明显看出如下几点：

- 热效率和单位功率一般随SOT提高而增加。
- 在各自对应的最佳压比下，对于给定的SOT，热效率要比简单循环的高约20%，因为间冷和回热两者都降低了燃料消耗量。
- 热效率高对应的最佳压比在1100K时为7：1，在1800K时为20：1。然而，相比于上述其他构型，各个循环曲线随压比的变化趋势更为平坦。
- 同样，回热器换热效率的增加大大降低了热效率高对应的最佳压比（见图表

6.8）。

● 由于回热器的压力损失，单位功率比仅有间冷的循环的低约 10%，但仍然比简单循环的高得多。

● 单位功率大对应的最佳压比在 1100 K 时为 13∶1，而在 1800 K 时超过 30∶1。同样，相比于上述其他构型，各个循环曲线随压比的变化趋势更为平坦。

● 为了机械结构完整性，根据图表 6.7，必须把燃烧室的进口温度限制在 850 K 和 950 K 之间，具体取决于技术水平。

● 图表 6.9 和图表 6.10 表明，在间冷器位置移动到 40% 压升处时，热效率达到其峰值，而当移到 50% 压升处时，单位功率达到其峰值。

6.7.5 联合循环

此处，蒸汽循环（即兰金循环）利用简单循环燃气轮机的排气热量，也产生电力。此外，还可以使用补燃，即必要时使用一台单独的锅炉来补充燃气轮机的热量输出。所示的曲线是针对一个三压再热的蒸汽动力装置。从图表 6.5 和 6.6 可以明显看出如下几点：

● 热效率和单位功率一般随 SOT 提高而增加。

● 热效率比所有其他构型的超出 20%～30% 左右。

● 热效率高对应的最佳压比在 1100 K 时为 4∶1，而在 1800 K 时约为 21∶1。这些数值比简单循环的低，因为此时在给定的 SOT 下，增大压比会降低蒸汽循环所能得到的排气热量，从而降低其热效率。在最高 SOT 水平下，热效率与压比的关系曲线要比上述其他构型发动机的平坦。当燃气轮机效率降低时，蒸汽循环能从较高的排气温度中获益，因此具有弥补燃气轮机热效率降低的趋势。

● 作为经验方法，在保持可以接受的燃气轮机出口温度时，获得最佳联合循环热效率的那个压比就是简单循环单位功率大对应的最佳值。

● 单位功率大对应的最佳压比在 1100 K 时小于 4∶1，而在 1800 K 时小于 7∶1。由于高的燃气轮机出口温度对蒸汽动力装置功率的影响，这些最佳压比值甚至比简单循环的还要低。

● 此时，必须考虑在讨论简单循环时提到的 800～900 K 的排气温度限制。

6.8 热电联供：通用设计点性能曲线图和敏感性

这种构型与上述构型不同之处在于，发动机的排气余热也在应用中得到了利用，如直接用于工业过程或产生蒸汽用于供暖。变化着的排气热量可以被利用起来或者被浪费掉，因此热电比在循环比较中是一个重要参数。同样，还可以采用补燃。相关的图表号如下：

图表 6.1——设计点敏感性和所使用的部件效率。

图表 6.11——热效率与热电比和压比的关系。

从图表中可以明显看出如下几点：

- 热效率随 SOT 提高而增加。
- 正如所料,热效率几乎随热电比的增加而线性增加。
- 提高压比可以提高热效率,虽然在压比超过 12：1 后,热效率收益变得微不足道。这反映了相应的简单循环的趋势。
- 高单位功率的燃气轮机造成的相对较高的排气温度反而常常有益,因为高品位热量对许多工业过程常常更加有用。然而,此时必须考虑在讨论简单循环发动机时提到的 800～900 K 的排气温度限制。

6.9　闭式循环：通用设计点性能曲线图和敏感性

此处,工质在循环中周而复始地流动。利用换热器取代进/排气和燃烧过程,以此给或从外部介质传递热量。最高温度受换热器机械结构完整性的限制。与开式循环不同,可以通过控制压气机进口温度来改变功率水平。这种循环可以利用不适合在燃气轮机内直接燃烧的能量来源,如核反应堆或其他替代燃料(见第 1章)。工质通常是氦,因为它的比热容很高。有关的图表号如下:

图表 6.12——热效率与压比、SOT 及进口温度的关系。

图表 6.13——功率比与压比和 SOT 的关系。

从这两张图表上可以明显看出以下几点:

- 热效率和功率比一般随 SOT 提高而增加。
- 这里提到的功率比是单位功率乘以在进口压力和温度下氦的密度与在 ISO条件下空气的密度之比。这代表对所要求的发动机尺寸大小的影响。
- 热效率高对应的最佳压比约为 4：1。
- 降低进口温度可提高热效率和功率比,因为无量纲 SOT,即 SOT/T1(见第 4章)增大了。
- 提高进口压力可增大功率比,因为流体密度增加。
- 功率比高对应的最佳压比约为 6：1。
- 由于换热器机械结构完整性的限制,现实可行的 SOT 水平较低。所显示的SOT 值为 1100 K 和 1200 K。

6.10　航空发动机轴功率循环：通用设计点性能曲线图和敏感性

此处,一个简单循环构型产生轴功率以及剩余排气推力。ISA SLS 条件下的图表与简单循环地面应用的无本质区别,但这里画的曲线是 SFC,而非热效率。相关图表如下:

图表 6.14——SFC 和单位功率与压比和 SOT 的关系(ISA SLS)。

图表 6.15——SFC 和单位功率与压比和 SOT 的关系(ISA,6 000 m,Ma＝0.5)。

图表 6.2——设计点敏感性和所使用的部件效率。

从这几张图表上可以明显看出以下几点：

- SFC 和单位功率一般随 SOT 提高而改善。
- 在 ISA SLS 条件下，SFC 低对应的最佳压比在 SOT = 1100 K 时为 12：1，而在 SOT = 1700 K 时超过 30：1。在典型的涡桨发动机巡航飞行条件（6 000 m，Ma＝0.5）下，SOT 为 1100 K 时最佳压比为 17：1，1700 K 时超过 30：1。最佳压比的少量增加是因为在高空更冷的进口条件下循环温比是增加的，尽管飞行马赫数会导致匹配变化。
- 在这两种条件下，单位功率高对应的最佳压比在 1100 K 时约为 7：1，而在 1700 K 时为 19：1。

6.11　航空发动机推力循环：通用设计点性能曲线图和敏感性

列出了以下通用设计点性能曲线图。

- 涡喷发动机：

图表 6.16——SFC 和单位推力与压比和 SOT 的关系（ISA、11 000 m、Ma＝0.8）。

图表 6.17——SFC 和单位推力与压比和 SOT 的关系（ISA、11 000 m、Ma＝2.2）。

图表 6.18——压气机出口压力和温度与压比的关系。

图表 6.3——设计点敏感性和使用的部件效率（ISA、11 000 m、Ma＝0.8）。

图表 6.4——设计点敏感性和使用的部件效率（ISA、11 000 m、Ma＝2.2）。

- 涡扇发动机：

图表 6.18——压气机出口压力和温度与压比的关系。

图表 6.19——SFC 和单位推力与风扇压比和涵道比的关系（ISA、11 000 m、Ma＝0.8）。

图表 6.20——最佳风扇压比与总压比和涵道比的关系（ISA、11 000 m、Ma＝0.8）。

图表 6.21——最佳风扇压比与总压比和涵道比的关系（ISA、11 000 m、Ma＝2.2）。

图表 6.22——SFC 与总压比和涵道比的关系（最佳风扇压比、ISA、11 000 m、Ma＝0.8）。

图表 6.23——SFC 与总压比和涵道比的关系（最佳风扇压比、ISA、11 000 m、Ma＝2.2）。

图表 6.24——单位推力与总压比和涵道比的关系（最佳风扇压比、ISA、11000 m、Ma＝0.8）。

图表 6.25——单位推力与总压比和涵道比的关系（最佳风扇压比、ISA、11000 m、Ma＝2.2）。

图表 6.3——设计点敏感性和所使用的部件效率(ISA、11000 m、Ma=0.8)。

图表 6.4——设计点敏感性和所使用的部件效率(ISA、11000 m、Ma=2.2)。

- 冲压发动机:

图表 6.26——SFC 和单位推力与 T4 和马赫数的关系。

6.11.1 涡轮喷气发动机

此处,一个简单循环构型通过高速排气来产生推力。本节中的图表是针对不加力涡喷发动机的。在第 5 章中介绍了加力燃烧室的影响。从图表 6.16—图表 6.18 可以明显看出以下几点:

- 在 ISA、11000 m、Ma 0.8 条件下,SFC 随 SOT 增加而变差(即变大),但单位推力改善。这是因为喷气速度越高,推进效率越低(见 6.2.1 节)。

- 在 ISA、11000 m、Ma 0.8 条件下,SFC 随压比提高而改善,反映了热效率的提高(见 6.2.1 节)。单位推力高对应的最佳压比在 SOT＝1100 K 时约为 7：1,而在 SOT＝1800 K 时上升为 14：1。

- 在马赫数为 2.2 时存在类似的趋势,不过例外的是,由于单位推力下降,进而循环损失占主要地位,最低 SOT 水平下的 SFC 在最高压比时再次上升。在最高 SOT 水平下,SFC 比马赫数为 0.8 时的好,这是因为此时冲压压缩增大,推进效率也上升(见 6.2.1 节)。但总体上,由于较高的进气冲压阻力的存在,单位推力变差。

- 对于给定的压比,当马赫数从 0.8 增加到 2.2,压气机出口温度会升高 300～500 K,压比则约增大至 7 倍。为了保持机械结构完整性,根据图表 6.18,压气机出口温度必须保持在 850～900 K。

6.11.2 涡轮风扇发动机

此处,原来涡喷发动机上的第一个压缩部件出口的空气分为两股,其中的一股绕过剩下的各级压气机和涡轮。这部分空气直接产生推力,附加在热排气产生的推力上。本节中的图表是针对分开排气和不加力的涡扇发动机而言的。关于混合排气,或者再带上加力燃烧室的影响,在第 5 章中叙述。从图表 6.18—图表 6.25 可以明显看出以下几点:

- 图表 6.19 表明,对涵道比、总压比和 SOT 的每一个组合,有一个能同时产生最高单位推力和最低 SFC 的最佳风扇压比。单位推力和 SFC 在这个相同的风扇压比下达到最佳,这是因为对于固定的核心机,燃烧室的质量流量是固定的,燃烧室进出口温度也是固定的,燃油流量因此也必须固定不变。对 SFC 仅存的影响来自单位推力。

- 在最佳风扇压比下,总能量到推力的转换达到最大化。推力与喷气速度(动量)成正比,而喷气动能则与速度的平方成正比。在风扇压比低时,过高的内涵喷气速度会浪费能量,而在风扇压比高时,过高的外涵喷气速度也会浪费能量。还存在从内涵气流到外涵气流的能量传递效率低造成的浪费,因为低压涡轮和风扇的效率均低于 100%。最佳的外涵与内涵喷气速度之比就是能量传递效率,它是低压涡轮效率和风扇外涵效率的乘积。因此,最佳内涵喷气速度始终高于外涵喷气速度,约为后者的 1.2 倍。如果能量传递效率能达到 100%,最佳值则意味着两个喷气速度相等。(可以通过代数求导来寻找能量水平固定不变时的最大推力,由此证明最佳喷流速度比的存在。)

- 在 SOT 和总压比固定不变时,提高涵道比会显著降低最佳风扇压比。这是因为压缩外涵气流所需的低压涡轮功率增大,从而导致内涵喷管膨胀比降低,进而喷气速度下降。

- 在马赫数为 0.8 时,对于固定的 SOT 和涵道比,最佳风扇压比在大多数情况下几乎不随总压比而变化(见图表 6.20)。例外发生在最低的 SOT 和涵道比时。低的 SOT 降低了内涵喷管膨胀比,提高了对风扇驱动功率变化的敏感性;相反,低涵道比降低了风扇压比对风扇驱动功率的影响。

- 在马赫数为 2.2 时,最佳风扇压比随总压比的增大而下降,特别是在涵道比较低时尤其如此(见图表 6.21)。这是因为在马赫数 2.2 时,进气道冲压压缩(会使发动机所有压力都升高)导致内涵喷管的喷气速度过高。内涵喷管最高喷气速度发生在低涵道比情况下(此时要求低压涡轮功率较低),和/或在其他都固定不变而总压比较低的情况下(此时要求高压涡轮功率较低)。不论哪种情况,在马赫数为 2.2 时,达到最佳喷气速度所需的最佳风扇压比都更高一些。

- 在所有马赫数下,当总压比和涵道比固定不变时,增加 SOT 会提高最佳风扇压比。这是因为在保持内涵喷管膨胀比的同时,驱动风扇的能力提高了。

图表 6.22—图表 6.25 显示了在最佳风扇压比下的每一个要点,主要影响如下:

- 在 SOT 和总压比不变时增大涵道比:

在马赫数为 0.8 时,增大涵道比通常使 SFC 大为改善,但单位推力也明显变差。然而,在涵道比超过约 5 时,SFC 的这种收益变弱,并且在低 SOT 和高压比情况下,增大涵道比实际上使 SFC 变差,因为内涵气流的推力损失增加了。

在马赫数为 2.2 时,只有低涵道比是现实的,并且即使在最高 SOT 下,超过了所示的最高涵道比 2.5 后,只能得到微小的 SFC 收益。在最低 SOT 下,增大涵道比实际上同样会使 SFC 变差。

- 在 SOT 和涵道比不变时增大总压比:

在马赫数为 0.8 时,增大压比在大多情况下改善 SFC,因为热效率改善了。在低 SOT 下,单位推力随总压比的增加而下降,此时与上面讨论的一样,是因为内涵喷气速度较低。在高 SOT 下,单位推力几乎保持不变。

在马赫数为 2.2 时,最佳总压比比较低,这是因为不管怎样,进气冲压恢复都会产生明显的压缩作用。在所有的 SOT 下,单位推力随压比增大的下降速率比马赫数为 0.8 时更陡,因为此时的净推力只占总推力的较少比例,所以对循环的变化更为敏感。

- 在涵道比和总压比不变时提高 SOT:

在马赫数为 0.8 时，在最高涵道比 10.5∶1 时增大 SOT 会由于内涵喷流速度的增大而改善 SFC。在涵道比 0.5∶1 时则恰好相反，此时内涵喷流速度已经很高，发动机更像是一台涡喷发动机。对于中等涵道比，SFC 对应的 SOT 最佳值随涵道比增大而增加。因此，为达到最佳 SFC，一般会同时提高 SOT 和涵道比。提高 SOT 总是会改善单位推力。总压比和涵道比的最佳水平随 SOT 提高而增加，因为此时在涡轮下游有更高的压力可用来产生内涵推力。

在马赫数为 2.2 时，这种情况也是明显的，虽然进气道冲压阻力的增大意味着低的 SOT 水平是不现实的。

- 马赫数：

与涡喷发动机相反，马赫数 0.8 时的涡扇发动机的 SFC 始终比马赫数 2.2 时的好，即使在涵道比为 0.5 时也是这样。像涡喷发动机一样，由于进气冲压阻力，马赫数 0.8 时的涡扇发动机的单位推力始终要比马赫数 2.2 时的好。

在马赫数为 2.2 时，只有低涵道比和高 SOT 比较现实，而且此时涡扇的 SFC 水平与涡喷的更加接近。图表 6.18 显示，对于给定的压比，马赫数从 0.8 增大到 2.2 时，压气机出口温度升高 300～500 K（突破了 850～950 K 的实际限制），压力则增大至 7 倍左右。

6.11.3　冲压发动机

此处，燃料在只依靠进气冲压效应压缩过的空气中燃烧，发动机中没有叶轮机械。因此，发动机的性能参数仅仅是 SOT 和飞行马赫数的函数。从图表 6.26 可以明显看出以下几点：

- 一般提高 SOT 会使 SFC 变差，但能改善单位推力。最大温度范围能扩大到化学当量极限，因为不必担心叶片寿命问题。相应地，所能达到的单位推力比涡喷发动机的高得多。

- 直至马赫数约为 3 时，SFC 一直随马赫数增加而改善，此后，由于压缩和冲压（包括温升）大致相互抵消，SFC 的变化趋于平坦。在马赫数约为 2.6 时，单位推力达到峰值。

- 在马赫数很低时，冲压发动机不可能工作。燃烧也不可能发生，而且此时的冲压不足以提供能产生喷气速度的排气膨胀比。

- 在高马赫数下，为了尽可能降低超声速激波阻力，冲压发动机只能是等直径的。这样就限制了喷管出口直径，使得它只能小于使排气充分实现超声速加速的理想直径。因此，列出的图表是所能达到的性能的上边界。

6.12　发动机概念设计流程

本节简要地概述复杂的概念设计过程。要想有效地引导发动机概念设计，需要充分理解燃气涡轮发动机性能和所有与此相关的设计过程，以及它们之间的相互关系。同样重要的是，参与这一过程的其他人员，如果想要做出超出自身专业的贡献，也必须具有一定的性能方面的知识。

6.12.1 需求报告

新发动机的需求报告或规格说明书可以由客户机构来提供,或者也可以由循环设计师的公司根据对市场需求的预测来确定。考虑到技术挑战以及发展潜力和单位生产成本,需要采取实事求是的态度。该文件不但要反映"市场"或"客户"的期待,而且也要反映"工程"上能达到什么,因此,它通常由多方一起联合完成。

对于性能方面,需求报告必须至少包含以下内容:

- 设计点和其他关键工作点的性能目标。还必须规定与平均或最低性能发动机的关系和服役中的衰退,以及发动机在未来的性能增长潜力。
- 以上工作状态的完整定义,以及整个工作包线范围,包括环境温度、压力或压力高度、湿度、飞行马赫数和安装损失。
- 起动包线,以及起动和慢车以上的瞬态响应时间。
- 燃料种类和排放要求。
- 发动机直径、长度和重量。
- 翻修间隔时间和循环寿命。
- 设计和研发项目的周期和成本,以及单位生产成本。
- 任何应该考虑的派生型发动机。

6.12.2 "首轮"设计点

从比如 6.7 节—6.11 节所给出的通用设计点性能曲线图,可以看出什么样的发动机构型以及循环参数水平有希望满足需求报告。下一步,设定初始的部件性能目标;此时,在第 5 章中列出的数据就够用了。为了缩小感兴趣的循环参数范围,需要画出精细的设计点性能曲线图。在这个阶段,通常并不知道部件效率随循环参数的变化。循环设计师应尽可能考虑到机械设计限制,如温度水平,并考虑使用现有的或缩放过的部件。

根据这些设计点性能曲线图,就可以正式向部件设计师发布所考虑的每一个发动机构型的首轮设计点方案。多个构型的一个例子是,简单循环和回热循环发动机在轴功率应用中都可能具有竞争性。

为了清晰起见,每个设计点方案都应使用一个版本号来标识,因为设计过程常常需要进行多轮迭代,版本更新是常有的事。

6.12.3 "首轮"气动热力部件设计

部件专家们现在应该重新评估在设计点假设的部件性能输入,并给出初始的部件尺寸。他们在分析中使用部件设计计算机代码和经验数据。机械设计参数要加以监控,凡是对限制有疑问的地方,必须咨询机械技术人员。第 5 章提供了对部件设计的基本介绍。

适当地选择转速十分重要。这对达到压气机和涡轮的目标效率水平、级数和直径是十分关键的，压气机和涡轮设计师必须就此达成一致。循环设计师在设定最初的设计点时使用的转子数目是否可行，此时就能看出来了；并且，重量和成本的内涵会变得清晰起来。

至此，对于每个设计点方案，部件性能水平将反馈给性能工程师。

6.12.4　设计点计算和气动热力部件设计迭代

通过利用新反馈的部件性能水平重复设计点计算，概念设计团队可以决定哪个发动机构型最为合适。如果一次反馈哪怕只改变一个部件，它也会改变对所有其他部件的设计点要求。对于选定的构型，这个迭代过程需要重复数个回合，以对一系列各自具有特定的部件性能水平的循环参数组合进行对比。

6.12.5　发动机总体布局

为了显露潜在的困难，很重要的一点是要尽早开始绘制发动机总体布局图。例如，对于涡扇发动机，一般都有严格的发动机直径约束。压气机和涡轮设计所需的内涵直径，加上保持合适的马赫数以降低压力损失而所需的外涵道环形通道面积，可能会超过这一直径限制。在这种情况下，循环设计师可能需要降低涵道比，或者部件设计师需要提高转速。

6.12.6　非设计点性能

一旦从以上迭代中找到一个满意的候选设计点方案，循环设计师必须冻结发动机的几何尺寸，然后发布非设计点性能。非设计点性能应该覆盖其他关键工作点以及工作包线的所有角落。第 7 章讨论非设计点建模方法。在这个关头，部件设计师常常尚未做出已冻结的部件设计的非设计点特性图，这样就不得不如第 5 章所述，使用类似设计的已有特性图，再利用因子和增量来调整它们，使之与设计点对上。在计算非设计点工况之前，性能工程师必须决定在关键额定状态（见第 7 章）下发动机是如何控制的。

在此阶段，性能工程师好的做法是，明确列出所有关键参数出现最大值和最小值时的工作状态，以及必须施加的所有裕度，如最低性能发动机的工作温度。关于合适的裕度，在 6.13 节中讨论。

6.12.7　性能、气动热力和机械设计的校审

所有的各方必须详细校核非设计点性能数据。循环设计师必须检查发动机设计是否满足除设计点外的其他性能要求。部件的气动热力和机械设计师必须从部件性能水平、应力和振动等方面保证部件能在整个工作包线范围内满足要求。

6.12.8　基本起动和慢车以上瞬态性能评估

发动机的可操作性应通过确保喘振和贫油熄火裕度与所要求的加速、减速和起动时间（见第 8 和第 9 章）相称来加以评估。应该判断是否需要可调静子叶片或放气阀（BOV）；这些也会影响到压气机的设计，除非 BOV 位于压气机出口。此外，如果利用现成的压气机，那只好继承这些阀了。除非有非同寻常的或严格的要求，瞬

态性能或起动过程的模拟通常不在概念设计阶段进行。然而,如果提出了这样的要求,或者采用了新颖的发动机构型,瞬态性能的模拟就很有必要,因为瞬态方面的考虑会对发动机的基本设计(如循环、转子数目等)有重大影响。

6.12.9 迭代

在整个过程中,经过一系列的迭代才能结束概念设计阶段。然后,将由此得到的发动机设计与需求报告进行比较,判断是否要进入详细的设计和研发阶段。

6.13 设定目标性能水平的裕度要求

十分重要提,在设定一个发动机设计方案的性能目标时,决不能有任何模棱两可之处,而且不要遗忘一些看似不起眼的事项。下面简述一下这些事项。

6.13.1 最低性能发动机

由于加工和装配公差,在生产中会存在显著的发动机与发动机之间的变异。通常情况下,发动机设计师打交道的是平均发动机数据,即生产的所有发动机的平均性能。然而,如果对客户保证了给定的性能水平,则即使是最低性能发动机(minimum engine)也必须达到这一标准。因此,必须在平均发动机性能目标中设定一个设计裕度。如果以恒定温度运行发动机,在生产试车中最低性能发动机的功率或推力及 SFC 相对于平均发动机有 $1\%\sim3\%$ 的差距,具体取决于制造质量和发动机的复杂性。如果已经向客户保证了功率或推力水平,则该最低性能发动机就需要在比平均发动机高出多达 20 K 的温度下运行才能达到保证的功率或推力。在机械设计中,必须考虑这种情况。

6.13.2 设计和研发项目的差距

在研发项目开始时,必须对部件性能达不到在任何初步的设计点分析中使用的水平这一风险进行评估。在理想情况下,应该对发动机性能风险进行一些分析,根据置信度来定量地确定性能水平的潜在不足。然后,在性能目标水平上加上适当的裕度。

然而,在项目之初,由于时间或资源以及现有的部件性能数据库的约束,也许这个级别的风险分析并不适宜。在这种情况下,必须做出判断。裕度水平应反映出在任何初步分析中使用的部件性能水平的置信度。必须单独考虑每一具体案例,不过对应部件满足设计目标的三个置信度水平,典型裕度如下:

	高	中	低
功率或推力	$+2.5\%$	$+5\%$	$+7.5\%$
SFC	-2%	-4%	-6%

当针对某个发动机应用进行竞争性投标时,由于商业上的约束,可能不允许

SFC 裕度过大。不过,对于轴功率发动机,通过放大发动机尺寸来设立功率裕度常常是可行的。在这种情况下,如果能达到在初步分析中使用的部件性能水平,那么对于额外的功率,客户几乎无一例外乐观其成。在航空应用中,由于重量和迎风面积的严格限制,提供推力裕度要困难得多。

6.13.3　增长潜力

几乎所有发动机都必须能够适应提高到更大的功率或推力水平。在航空应用中,飞机方通常有意无意地要求推力增长。此外,通过发动机系列化发展来拓宽市场并分摊研发成本,在经济上也极具吸引力。对于涡扇发动机,这样的例子不胜枚举,如罗罗公司的 RB211/Trent 系列发动机(在 25 年中,推力从 180 kN 增至 400 kN以上)、罗罗公司的 Spey 系列民用和军用发动机,以及通用电气公司的 CF6 系列发动机。在温度和转速水平上需要留有裕度,并且在增加发动机质量流量方面也必须有可行的途径。

6.13.4　发动机性能衰退

在概念设计阶段,就规定在发动机投入使用一定时数后的衰退性能要求有点不合常理。然而,如果需要这样做,则必须从一开始就要考虑留有一定裕度。所需要的裕度量取决于发动机在服役中究竟是被控制在固定的温度,还是转速,还是推力/功率水平。第 7 章介绍确定发动机额定等级的各种不同方法。根据发动机的复杂性,在恒定的 SOT 条件下,10 000 h 寿命对应的典型裕度为＋3％～＋6％SFC、－15％～－5％功率。

性能衰退与时间之间通常呈指数关系,而且在 10 000 h 以后,进一步衰退的量就很小了。对于是否将封严件最初切入的磨合效应(第 11 章)当作衰退的组成部分,实际做法各有不同。磨合的目的是通过确保关键密封件柔缓的首次接触来改善性能水平,如果不做磨合,发动机首次投入使用时的碰摩会刮除更多的材料。

一个进一步的效应是压气机结垢,此时附着在叶片表面上的空气悬浮粒子导致流量和效率下降,从而使发动机的温度水平上升。这种情况主要发生在地面燃气轮机上,可以通过清洗压气机来解决。清洗时必须使用合适的洗涤液喷嘴。温度的上升完全取决于所在的地区、过滤器的有效性以及清洗的频率。

6.13.5　安装损失

通常,性能目标都是指非安装性能,即发动机性能是指从进气道安装边至排气或推进喷管安装边。如果性能目标是指安装性能,就必须说明所有的安装影响,主要有以下安装损失:

- 动力装置进气口或飞机进气道的压力损失。
- 动力装置排气口或飞机延伸管的压力损失。
- 客户辅助设备的功率提取(即使对于非安装性能,也必须计入燃气涡轮发动机附件的功率需求)。

- 客户的引气提取。
- 轴功率输出和热效率究竟是定义在涡轮，还是齿轮箱，还是交流发电机输出端。
- 推力和 SFC 中是否包括任何短舱阻力。

公式、算例与图表

公式

F6.1 和 F6.2 轴功率(kW) = fn(动力涡轮质量流量(kg/s)，焓差或 CP(kJ/(kg·K))和温差(K))

对于严格的计算，必须使用焓的变化：

F6.1 $PW = W * DH$

对于精度 1% 内的计算，可以使用基于平均温度的 CP：

F6.2 $PW = W * CP * DT$

F6.3 和 F6.4 推力 = fn(质量流量(kg/s)，飞行速度[①](m/s)，喷气速度(m/s)，喷管面积(m²)，喷管静压(kPa)，环境压力(kPa))

F6.3 $FG = (W9 * V9) + A9 * 1\,000 * (PS9 - PAMB)$

$FD = W0 * V0$

$FN = FG - FD$

推进喷管未堵塞时，$PS9 = PAMB$，并且：

F6.4 $FG = (W9 * V9)$

$FN = FG - FD$

(i) 截面 0 和 9 分别指自由流和推进喷管截面。

(ii) 对于分开排气的带外涵道的发动机，必须使用以上公式分别计算两股气流的推力，然后把它们加在一起。

F6.5 和 F6.6 单位功率(kW·s/kg)或单位推力(N·s/kg) = fn(功率(kW)或推力(N))，进口质量流量(kg/s))

F6.5 $SPW = PW/W0$ 单位功率

F6.6 $SFN = FN/W0$ 单位推力

F6.7 和 F6.8 耗油率[kg/(kW·h)或 kg/(N·h)] = fn(燃油流量(kg/s)，轴功率(kW)或推力(N))

F6.7 $SFC = 3\,600 * WF/PW$ 轴功率发动机

F6.8 $SFC = 3\,600 * WF/FN$ 推力发动机

F6.9 轴功率发动机热效率(%) = fn(功率(kW)，燃油流量(kg/s)，燃油热值(kJ/kg))

---

① 原文为"空速"，F6.14—F6.17 类似。——译注

$$ETATH = 100 * PW/(WF * HV)$$

(i) 必须始终说明使用的是低热值（LHV）还是高热值（HHV），通常使用低热值（LHV）。

F6.10 热耗率[kJ/(kW·h)] = fn(功率(kW)，燃油流量(kg/s)，燃油热值(kJ/kg))

$$HRATE = 3\,600 * WF * HV/PW$$

(i) 必须始终说明使用的是低热值（LHV）还是高热值（HHV），通常使用低热值（LHV）。

F6.11—F6.13 SFC[kg/(kW·h)]、热效率(%)和热耗率[kJ/(kW·h)]之间的关系

F6.11 $HRATE = SFC * HV$

F6.12 $HRATE = 100 * 3\,600/ETATH$

F6.13 $ETATH = 100 * 3\,600/(SFC * HV)$

F6.14 推力发动机热效率(%) = fn(质量流量(kg/s)，飞行速度(m/s)，喷气速度(m/s)，燃油流量(kg/s)，燃油低热值(kJ/kg))

$$ETATH = 100 * 0.5 * (W9 * V9^2 - W0 * V0^2)/(WFE * LHV * 1\,000)$$

(i) 截面 0 和 9 分别指自由流和推进喷管截面。

F6.15—F6.16 推进效率(%) = fn(推力(N)，质量流量(kg/s)，飞行速度(m/s)，喷气速度(m/s))

F6.15 $ETAPROP = 100 * FN * V0 / (0.5 * (W9 * V9^2 - W0 * V0^2))$

如果推进喷管未堵塞，并且近似认为发动机进口和推进喷管的质量流量相等，则有：

F6.16 $ETAPROP = 100 * 2 / (1 + V9/V0)$

(i) 截面 0 和 9 分别指自由流和推进喷管截面。

F6.17 推力发动机 SFC[kg/(N·h)] = fn(飞行速度(m/s)，热效率(分数)，推进效率(分数)，燃油低热值(kJ/kg))

$$SFC = 3\,600 * V1/(ETATH * ETAPROP * LHV * 1\,000)$$

F6.18 涵道比 = fn(冷、热流质量流量(kg/s))

$$BPR = Wcold/Whot$$

F6.19 和 F6.20 冷、热气流质量流量(kg/s) = fn(涵道比、进口质量流量(kg/s))

F6.19 $Wcold = W0/(1 + 1/BPR)$

F6.20 $Whot = W0/(1 + BPR)$

算例

本节中给出的设计点算例向读者展示了每个部件的基本计算步骤，同时还展示

了如何把这些步骤组合在一起,从而计算出每个截面上的气路参数和总体性能参数。此处提供了以下算例。

C6.1 单转子涡喷发动机。

C6.2 单转子涡轴发动机。

C6.3 间冷回热式单转子涡轴发动机。

C6.4 双转子分开排气涡扇发动机。

C6.5 利用C6.2的发动机的热电联供(CHP)。

算例C6.1是高度简化的,因为忽略了空气系统,并使用公式F3.40(固定CP)计算燃烧室温升。算例C6.2—C6.4包括了空气系统,并使用F3.38A(精确拟合焓值曲线)计算燃烧室温升,说明了准确度和复杂性方面的增加。C6.5利用热电联供性能的简单图表。考虑到篇幅合适,计算过程按照计算机程序或电子表格程序的形式一并给出。

对所有算例中的设计点计算,固定的CP和γ值如下。

压气机: $CP = 1.005\,kJ/(kg \cdot K)$,$\gamma = 1.4$,$\gamma/(\gamma - 1) = 3.5$

涡轮: $CP = 1.150\,kJ/(kg \cdot K)$,$\gamma = 1.333$,$\gamma/(\gamma - 1) = 4.0$

对于发动机设计,这个误差是不可接受的。此处应使用平均温度下的CP,或最理想的是使用第3章给出的完全严格的焓/熵多项式。算例C3.2展示了如何把这些更准确的方法添加到下面给出的设计点计算上去。这样做需要进行大量迭代,因此最适合用计算机编程或电子表格程序。

这些设计点计算算例可以形成一台发动机设计的起始点。

● 在利用所提供的部件效率水平完成首轮设计点计算后,读者可以使用第5章提供的数据库得出更合适的效率水平。这些效率将反映所考虑的发动机的尺寸和可获得的部件设计技术水平。然后,可以重复进行设计点计算。

● 读者可以利用第5章提供的数据确定一些基本的部件尺寸,并画出根据设计点计算结果得出的发动机的实体布局草图。如果得到的尺寸不合适,读者可以改变循环和部件性能参数,重复进行设计点计算。

C6.1 利用以下循环参数,在 ISA、11000m、Ma=0.8 条件下,进行单转子涡喷发动机的设计点计算:

质量流量 $= 100\,kg/s$

压比 $= 25 : 1$

SOT $= 1400\,K$

压气机多变效率 $= 88\%$

涡轮多变效率 $= 89\%$

燃烧效率 $= 99.9\%$

煤油燃料低热值 $= 43100\,kJ/kg$

机械效率 $= 99.5\%$

进气道压力损失 ＝ 0.5％

压气机出口扩压器压力损失 ＝ 2.0％

燃烧室压力损失 ＝ 3.0％

延伸管压力损失 ＝ 1.0％

推进喷管 CD、CX ＝ 0.97、0.99

空气系统提取 ＝ 无

截面编号按 C6.2。

环境条件

从图表 2.1，对 ISA 状态，TAMB ＝ 216.7 K，PAMB ＝ 22.628 kPa

自由流条件

利用 Q 曲线公式 F3.31 和 F3.32，得出自由流总温和总压：

T1/216.7 ＝ 1 ＋ (1.4 － 1)/2 * 0.8^2

T1 ＝ 244.4 K

P1/22.628 ＝ (244.4/216.7)^3.5

P1 ＝ 34.47 kPa

进气道

总温沿流道不变，总压损失按百分比给定：

T2 ＝ T1 ＝ 244.4 K

P2 ＝ 34.47 * (1 － 0.005)

P2 ＝ 34.30 kPa

W2 ＝ 100 kg/s

压气机

利用公式 F3.42 导出等熵效率：

E2 ＝ (25^(1/3.5) － 1)/(25^(1/(3.5 * 0.88)) － 1)

E2 ＝ 0.818

利用公式 F5.1.4 导出 T3：

T3 － 244.4 ＝ 244.4/0.818 * (25^(1/3.5) － 1)

T3 ＝ 695.1 K

P3 ＝ 25 * 34.3

P3 ＝ 857.5 kPa

减去引气量，得到 W3：

W3 ＝ 100 kg/s （无空气提取）

PW2 ＝ 100 * 1.005 * (695.1 － 244.4)

PW2 ＝ 45 295 kW

因此，压气机设计参数（见算例 C7.4）为：

W√T/P ＝ 100 * 244.47^0.5/34.3

$W\sqrt{T}/P = 45.58\ kg\sqrt{K}/(s \cdot kPa)$

$PR = 25$

等熵效率 $= 81.8\%$

压气机出口扩压器

总温不变,利用总压损失百分比,导出压气机出口压力:

$T31 = T3 = 695.1\ K$

$P31 = 857.5 * (1 - 0.02)$

$P31 = 840.35\ kPa$

$W31 = 100\ kg/s$

燃烧室和 SOT 截面

使用公式 F3.40,计算截面 41(即做功冷却空气在涡轮前混合进入后)的油气比 (FAR)。利用压力损失百分比导出 P41:

$T4 = 1400\ K$

$P4 = 840.35 * (1 - 0.03)$

$P4 = 815.1\ kPa$

$FAR = 1.15 * (1400 - 695.1)/0.999/43100$

$FAR = 0.0188$

$WA = 0.0188 * 100$

$WF = 1.88\ kg/s$

$W4 = 100 + 1.88$

$W4 = 101.9\ kg/s$

涡轮

该发动机没有冷却空气,因此 SOT 所在的 41 截面的参数等于 4 截面的参数。根据涡轮功率与压气机的相等,并利用公式 F5.9.2,得到涡轮出口温度:

$PW41 = 45295/0.995$

$PW41 = 45523\ kW$

$45523 = 101.9 * 1.15 * (1400 - T5)$

$T5 = 1010.5\ K$

通过公式 F3.44 得到等熵效率 E41:

猜测膨胀比为 4,从多变效率获得等熵效率:

$E41 = (1 - 4^{\wedge}(-1/4 * 0.89))/(1 - 4^{\wedge}(-1/4))$

$E41 = 0.906$

通过公式 F5.9.4 获得膨胀比 P41Q5:

$1400 - 1010.5 = 0.906 * 1400 * (1 - P41Q5^{\wedge}(-1/4))$

$P41Q5 = 4.34$

现在应该回到前面,使用这个膨胀比重新计算涡轮等熵效率。但为了简单起见，省略了这一步骤。

用膨胀比计算 P5：

P5 = 815.1/4.34

P5 = 187.8 kPa

W5 = W4 = 101.9 kg/s

因此，涡轮设计参数（见算例 C7.4）为：

W√T/P = 101.9 * 1400^0.5/815.1

W√T/P = 4.68 kg√K/(s・kPa)

CPdT/T = 1.15 * (1400 − 1010.5)/1400

CPdT/T = 0.32 kJ/(kg・K)

等熵效率 = 90.6%

延伸管

总温不变，利用总压损失百分比得到出口压力：

T7 = T5 = 1010.5 K

P7 = 187.8 * (1 − 0.01)

P7 = 185.9 kPa

W7 = W5 = 101.9 kg/s

推进喷管

P7QN = 185.9/22.628

P7QN = 8.215

估算喷管气流参数。通过在图表 3.8 或 3.10 中的 Q 曲线，可知该喷管是堵塞的。对于 γ = 1.33，从公式 F3.32 或图表 3.8 可得到 Ma = 1 时的 P/PS = 1.8506[1]。使用 Q 曲线公式，可获得其他喷管参数。

使用喷管的堵塞膨胀比，计算喷管喉部静压：

185.9/PSN = 1.8506

PSN = 100.45 kPa

按公式 F3.31，求出 Ma = 1 时的 T/TS：

1010.5/TSN = 1 + (1.333 − 1)/2 * 1^2

TSN = 866.3 K

按公式 F3.35，V/SQRT(T)：

VN = 1 * SQRT(1.333 * 287.05 * 866.3)

VN = 575.7 m/s

按公式 F3.33，Q（堵塞值）：

39.6971 = 101.9 * SQRT(1010.5)/(AN * 185.9)

---

[1] 原文为"1.8509"，与下文不一致。——译注

ANeffective = 0.439 m²

按公式 F5.13.15,即 CD 的定义公式:

ANgeometric = 0.439/0.97

ANgeometric = 0.453 m²

按公式 F5.13.12[①],求出总推力:

FG = 101.9 * 575.7 + 0.438 * (100.45 - 22.628) * 1000

FG = 92 776 N[②]

最终计算

计算自由流速度,进而求出动量阻力。然后在总推力上应用 CX,计算出净推力:

按公式 F2.6,在 Ma = 0.8[③] 时:

V1 = 0.8 * SQRT (1.4 * 287.05 * 216.7)

V1 = 236.1 m/s

按公式 F5.13.12[④],计算动量阻力和净推力:

FD = 100 * 236.1

FD = 23 610 N

FN = 92 776 * 0.99 - 23 610

FN = 68 238 N

单位净推力:

SFN = 68 238/100

SFN = 682.4 N·s/kg

按公式 F6.8,求出 SFC:

SFC = 1.88 * 3 600/68 238

SFC = 0.099 2 kg/(N·h)

注:上述性能水平比图表 6.16 中的好。之所以产生差别是由于没有考虑任何空气系统、气体性质取常数的近似以及采用近似的温升计算方法。

C6.2 一台简单循环、单转子涡轴发动机的设计点计算:

质量流量 = 100 kg/s

压比 = 20:1

SOT = 1400 K

压气机多变效率 = 88%

---

① 原文误为"F5.13.13";下一行的 FG 计算公式与 F5.13.12 不完全一致,缺少 CX 项,且使用的是有效面积而非几何面积。——译注

② 上一行的公式计算结果实际为 92 750 N。——译注

③ 原文 Ma 误为"1.0"。——译注

④ 原文误为"F5.13.13"。——译注

涡轮多变效率＝89%

燃烧效率＝99.9%

煤油燃料低热值＝43 100 kJ/kg

机械效率＝99.5%

进气道压力损失＝0.5%

压气机出口扩压器压力损失＝3.0%

燃烧室压力损失＝3.0%

排气压力损失＝5%

空气系统按照图表 6.1，即概括在带截面编号的下图中。

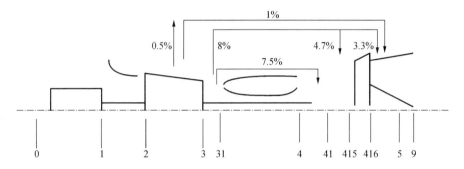

41 截面是涡轮第一级导向器（NGV）冷却空气与主气流混合后的截面，因此是涡轮实质上感受到的 SOT 截面。

如 5.15.4 节所述，415 截面是"虚拟 SOT"截面。在进入 41 截面下游的 8% 这股冷却空气中，有一部分在 41 与 415 截面之间与主流混合，其所占比例与 8% 这股冷气在涡轮中的做功能力相称[1]。

环境条件

从图表 2.1，对于 ISA 条件，可得 TAMB＝288.15，PAMB＝101.325 kPa。

进气道

总温沿流道不变，总压损失按百分比给定：

T2 ＝ T1 ＝ TAMB ＝ 288.15 K

P1 ＝ PAMB ＝ 101.325 kPa

P2 ＝ P1 * (1 − 0.005)

P2 ＝ 100.82 kPa

W2 ＝ W1

压气机

利用公式 F3.42 导出等熵效率：

E2 ＝ (20^(1/3.5) − 1)/(20^(1/(3.5 * 0.88))− 1)

---

[1] 即图中的"4.7%"表示 8% 这股冷气中的 60% 左右具备做功能力。——译注

E2 = 0.823

利用公式 F5.1.4 导出 T3：

T3 − 288.15 = 288.25/0.823 * (20^(1/3.5) − 1)

T3 = 762.1 K

根据给定的压比计算 P3：

P3 = 20 * 100.82

P3 = 2 016.4 kPa

减去引气量后，导出 W3：

W3 = 100 − 100 * (0.005 + 0.01)

W3 = 98.5 kg/s

根据公式 F5.15.1，计算所需的输入功率。认为中间级引气是以整台压气机的平均温度引出的：

Tbleed = (762.1 + 288.15)/2

Tbleed = 525.1 K

PW2 = 98.5 * 1.005 * (762.1 − 288.15) + 1.5 * 1.005 * (525.1 − 288.15)

PW2 = 47 275 kW

压气机出口扩压器

总温不变，利用百分比压力损失导出出口压力，减去空气系统流量得到出口质量流量：

T31 = T3 = 762.1 K

P31 = 2 016.4 * (1 − 0.03)

P31 = 1 955.9 kPa

W31 = 98.5 − 100 * 0.08 − 100 * 0.075

W31 = 83 kg/s

燃烧室和 SOT 截面

利用公式 F3.38A 计算 41 截面（即做功的冷却空气在涡轮前混合进入后）的油气比。利用百分比压力损失导出 P41：

T41 = 1 400 K

P41 = 1 955.9 * (1 − 0.03)

P41 = 1 897.2 kPa

FAR1 = 0.101 18 + 2.003 76E − 05 * (700 − 762.1) = 0.099 94

FAR2 = 3.707 8E − 03 − 5.236 8E − 06 * (700 − 762.1)
　　　− 5.263 2E − 06 * 1 400 = − 0.003 335

FAR3 = 8.889E − 08 * ABS (1 400 − 950) = 0.000 04

FAR = (0.099 94 − SQRT (0.099 94^2 − 0.003 356) − 0.000 04)/0.999

$FAR = 0.0184^{①}$

$WF = 0.0184 * (83.0 + 100 * 0.075)$

$WF = 1.665 \text{ kg/s}$

$W41 = 83.0 + 100 * 0.075 + 1.665$

$W41 = 92.165 \text{ kg/s}$

现在利用定比热容对应的混合焓平衡公式 F5.15.2,计算 T4:

$W4 = 83.0 + 1.665$

$W4 = 84.665 \text{ kg/s}$

$7.5 * 1.005 * 762.1 + 84.665 * 1.15 * T4 = 92.165 * 1.15 * 1400$

$T4 = 1465.0 \text{ K}$

$P4 = P41 = 1897.2 \text{ kPa}$

按照 5.15.4 节,加入在下游混合但做了功的那部分冷却空气,计算虚拟 SOT 所在的 415 截面:

$W415 = 92.165 + 100 * 0.047$

$W415 = 96.865 \text{ kg/s}$

公式 F5.15.2,定比热容对应的混合焓平衡:

$92.165 * 1.15 * 1400 + 4.7 * 1.005 * 762.1 = 96.865 * 1.15 * T415$

$T415 = 1364.4 \text{ K}$

$P415 = P41 = 1897.2 \text{ kPa}$

涡轮

通过环境压力和排气压力损失,导出 P5:

$P5 * (1 - 0.05) = 101.325^{②}$

$P5 = 106.66 \text{ kPa}$

$P416 = P5 = 106.66 \text{ kPa}$

$P415Q416 = 1897.2/106.66$

$P415Q416 = 17.79$

通过公式 F3.44 导出 E415:

$E415 = (1 - 17.79^{\wedge}(-1/4 * 0.89))/(1 - 17.79^{\wedge}(-1/4))$

$E415 = 0.922$

通过公式 F5.9.4 估算 T416:

$T415 - T416 = E415 * T415 * (1 - P415Q416^{\wedge}(-1/4))$

$1364.4 - T416 = 0.922 * 1346.4 * (1 - 17.79^{\wedge}(-1/4))$

$T416 = 718.9 \text{ K}$

---

① 该结果仅对 FHV=43124 kJ/kg 有效,应按照 F3.38B 换算到 FHV=43100 kJ/kg 对应的数值;后面算例存在类似情况。——译注

② 此处用环境压力来近似替代 P9。——译注

通过公式 F5.9.2 计算功率：

$PW415 = W415 * CP * (T415 - T416)$

$PW415 = 96.865 * 1.15 * (1\,364.4 - 718.9)$

$PW415 = 71\,905\ kW$

最后计算 4 截面和 41 截面上的换算流通能力：

$WRTP4 = 84.752 * SQRT(1\,464.9)/1\,897.2$

$WRTP4 = 1.710\ kg\sqrt{K}/(s \cdot kPa)$

$WRTP41 = 92.165 * SQRT(1\,400)/1\,897.2$

$WRTP41 = 1.818\ kg\sqrt{K}/(s \cdot kPa)$

冷却空气在涡轮下游返回

$W5 = 96.865 + 100 * 0.01 + 100 * 0.033$

$W5 = 101.165\ kg/s$

利用定比热容对应的混合焓平衡公式 F5.15.2：

$101.165 * 1.15 * T5 = 96.865 * 1.15 * 718.9 + 100 * 0.01 * 1.005$
$* 525.1 + 100 * 0.033 * 1.005 * 762.1$

$T5 = 714.6\ K$

排气装置

总温沿流道不变。利用 Q 曲线公式 F3.32 和 F3.33 确定排气平面的压力和面积：

$T9 = T5 = 714.6\ K$

$P9/PS9 = (1 + (1.333 - 1)/2 * 0.05^{①\wedge}2)^\wedge 4$

$P9/PS9 = 1.001\,67$

由于 $PS9 = PAMB$，则 $P9 = 101.49\ kPa$

$W9 = W51 = 101.165\ kg/s$

$Q = 1000 * SQRT((2 * 4/287.05) * 1.001\,67^\wedge(-2/1.333) *$
$(1 - 1.001\,67^\wedge(-1/4)))^{②}$

$Q = 3.405\ kg\sqrt{K}/(s \cdot m^2 \cdot kPa)$

$3.405 = 101.165 * SQRT(714.6)/(A9 * 101.49)$

$A9 = 7.826\ m^2$

最终计算

利用公式 F6.5、F6.7 和 F6.9：

$PW = 71\,905 - 47\,275/0.995$

$PW = 24\,392\ kW$

$SPW = 24\,392/100$

---

① 此处假设排气出口平面马赫数为 0.05，见 5.13.8 节。——译注

② 原文此处公式有误，故按 F3.33 订正。——译注

SPW = 243.92 kW·s/kg

SFC = 1.752 * 3 600/24 392

SFC = 0.258 6 kg/(kW·h)

ETATH = 3 600/(0.258 6 * 43 100) * 100

ETATH = 32.30%

注:上述数值接近图表 6.5 和图表 6.6 中的基准值。有差别是因为图表上的数值是用平均温度下的 CP(而非恒定的 CP)计算出来的。

除了以下几点外,自由动力涡轮发动机的计算过程类似。

● 燃气发生器涡轮功等于压气机功,因此算出 T45。

● 然后,根据公式 F5.9.4,用功和等熵效率导出 P45。

● P5 是用相同方法算出的。

● 因此,对于自由动力涡轮,可以通过已知 P45、T45、P5 和公式 F5.9.4 算出 T5。

● 因此,可以用公式 F5.9.2 算出输出功率。

C6.3 一台具有如下设计参数的间冷回热式单转子涡轴发动机的设计点计算:

质量流量 = 100 kg/s

总压比 = 11∶1

在考虑了流道损失后,每一个压气机的压比 = 3.42

SOT = 1 400 K

间冷器换热效率 = 81%

回热器换热效率 = 86%

压气机多变效率 = 88%

涡轮效率 = 89%

燃烧效率 = 99.9%

煤油燃料的低热值 = 43 100 kJ/kg

机械效率 = 99.5%

进气道压力损失 = 0.5%

间冷器进口流道压力损失 = 2.5%

间冷器压力损失 = 2.5%

间冷器出口流道压力损失 = 1.0%

回热器空气侧进口流道压力损失 = 3.0%

回热器空气侧压力损失 = 3.0%

回热器出口流道压力损失 = 1.0%

燃烧室压力损失 = 3.0%

回热器燃气侧进口流道压力损失 = 4.0%

回热器燃气侧压力损失 = 4.0%

排气压力损失 = 1.0%

间冷器冷源温度 ＝ 环境温度

空气系统按照图表 6.1 所示,即概括在算例 C6.2 的示意图中,不过:

导向器(NGV)冷却空气取自回热器出口,叶片和盘的冷却空气取自回热器进口。

截面编号按照算例 C6.2[①],但对额外的部件增加了以下相应截面编号:

压气机 1 出口 ＝ 21;压气机 2 进口 ＝ 26;燃烧室进口 ＝ 31;

间冷器进口 ＝ 23;回热器空气进口 ＝ 307;回热器燃气进口 ＝ 6;

间冷器出口 ＝ 25;回热器空气出口 ＝ 308;回热器燃气出口 ＝ 601。

进气道

总温沿流道不变。总压损失按百分比给定:

$T2 = T1 = TAMB = 288.15$ K

$P1 = PAMB = 101.325$ kPa

$P2 = P1 * (1 - 0.005)$

$P2 = 100.82$ kPa

$W2 = W1$

压气机 1

利用公式 F3.42 导出等熵效率:

$E2 = (3.42^{(1/3.5)} - 1)/(3.42^{(1/(3.5 * 0.88))} - 1)$

$E2 = 0.858$

利用公式 F5.1.4 导出 T21:

$T21 - 288.15 = 288.15/0.858 * (3.42^{(1/3.5)} - 1)$

$T21 = 428.8$ K

根据给定的压比,计算 P21:

$P21 = 3.42 * 100.82$

$P21 = 344.80$ kPa

减去冷却引气量:

$W21 = W2 = 100$ kg/s

根据公式 F5.15.1 计算所需的输入功率:

$PW2 = 100 * 1.005 * (428.8 - 288.15)$

$PW2 = 14135$ kW

间冷器进口流道

使用百分比总压损失。总温和质量流量保持不变:

$P23 = 344.80 * (1 - 0.025)$

$P23 = 336.18$ kPa

$T23 = T21 = 428.8$ K

---

① 原文误为"C6.1"。——译注

W23 ＝ W21 ＝ 100 kg/s

间冷器

利用公式 F5.23.2 算出 T25，然后利用百分比总压损失：

0.81 ＝ (428.8 － T25)/(428.8 － 288.15)

T25 ＝ 314.9 K

P25 ＝ 336.18 * (1 － 0.025)

P25 ＝ 327.8 kPa[①]

W25 ＝ W23 ＝ 100 kg/s

间冷器出口流道

T26 ＝ T25 ＝ 314.9 K

P26 ＝ 327.8 * (1 － 0.01)

P26 ＝ 324.5 kPa

W26 ＝ W25 ＝ 100 kg/s

压气机 2

利用公式 F3.42 导出等熵效率：

E26 ＝ (3.42^(1/3.5) － 1)/(3.42^(1/(3.5 * 0.88)) － 1)

E26 ＝ 0.858

利用公式 F5.1.4 导出 T3：

T3 － 314.9 ＝ 314.9/0.858 * (3.42^(1/3.5) － 1)

T3 ＝ 469.4 K

根据给定的压比，计算 P3：

P3 ＝ 3.42 * 324.5

P3 ＝ 1 109.79 kPa

减去冷却引气量：

W3 ＝ 100 － 100 * (0.005 ＋ 0.01)

W3 ＝ 98.5 kg/s

根据公式 F5.15.1 计算所需的输入功率：

PW26 ＝ 100 * 1.005 * (469.4 － 314.9)

PW26 ＝ 15 527 kW

回热器进口流道

T307 ＝ T3 ＝ 469.4 K

P307 ＝ 1 109.79 * (1 － 0.03)

P307 ＝ 1 076.5 kPa

减去引出的冷却空气量：

W307 ＝ 98.5 － 100 * 0.08

---

① 原文单位误为"K"。——译注

W307 = 90.5 kg/s

回热器

首先猜测回热器燃气进口温度 T6 = 840 K。然后,利用公式 F5.23.1,即回热器换热效率的定义:

0.86 = (T308 − 469.4)/(840 − 469.4)

T308 = 788.1 K

利用回热器总压损失:

P308 = 1 076.5 * (1 − 0.03)

P308 = 1 044.2 kPa

W308 = W307 = 90.5 kg/s

回热器出口流道

T31 = T308 = 788.1 K

利用流道总压损失:

P31 = 1 044.2 * (1 − 0.01)

P31 = 1 033.76 kPa

减去引出的冷却空气量:

W31 = 90.5 − 100 * 0.075

W31 = 83.0 kg/s

燃烧室

利用公式 F3.38A 计算 41 截面(即做功的冷却空气在涡轮前混合进入后)的油气比。利用百分比压力损失导出 P41:

T41 = 1 400 K

P41 = 1 033.76 * (1 − 0.03)

P41 = 1 002.75 kPa

FAR1 = 0.101 18 + 2.003 76E − 05 * (700 − 788.1) = 0.099 41

FAR2 = 3.707 8E − 03 − 5.236 8E − 06 * (700 − 788.1)
　　　　− 5.263 2E − 06 * 1 400 = − 0.003 199

FAR3 = 8.889E − 08 * ABS (1 400 − 950) = 0.000 04

FAR = (0.099 41 − SQRT (0.099 41^2 − 0.003 199) − 0.000 04)/0.999

FAR = 0.017 7

WF = 0.017 7 * (83.0 + 100 * 0.08)

WF = 1.611 kg/s

W41 = 83.0 + 100 * 0.075 + 1.611

W41 = 92.1 kg/s

现在利用定比热容对应的混合焓平衡公式 F5.15.2 计算 T4:

W4 = 83.0 + 1.609

W4 = 84.61 kg/s

$7.5 * 1.005 * 788.1 + 84.61 * 1.15 * T4 = 92.1 * 1.15 * 1400$

$T4 = 1462.9 \text{ K}$

$P4 = P41 = 1002.75 \text{ kPa}$

按照 5.15.4 节,加入在下游混合但做了功的那部分冷却空气,计算虚拟 SOT 所在的 415 截面:

$W415 = 92.1 + 100 * 0.047$

$W415 = 96.8 \text{ kg/s}$

$92.1 * 1.15 * 1400 + 4.7 * 1.005 * 467.9 = 96.8 * 1.15 * T415$

$T415 = 1351.9 \text{ K}$

$P415 = P41 = 1002.75 \text{ kPa}$

涡轮

通过环境压力和排气压力损失导出 P5:

$101.325 = P5 * (1 - 0.04) * (1 - 0.04) * (1 - 0.01)$

$P416 = P5 = 111.06 \text{ kPa}$

$P415Q416 = 1002.75/111.06$

$P415Q416 = 9.029$

通过公式 F3.44 导出 E415:

$E415 = (1 - 9.029\char94(-1/4 * 0.89))/(1 - 9.029\char94(-1/4))$

$E415 = 0.915$

通过公式 F5.9.4 估算 T416:

$T415 - T416 = E415 * T415 * (1 - P415Q416\char94(-1/4))$

$1351.9 - T416 = 0.915 * 1315.9 * (1 - 9.029\char94(-1/4))$

$T416 = 828.5 \text{ K}$

通过公式 F5.9.2 计算功率:

$W415 = W41 = 96.8 \text{ kg/s}$

$PW415 = 96.8 * 1.15 * (1351.9 - 828.59)$

$PW415 = 58255 \text{ kW}$

最后,计算 4 截面和 41 截面的流通能力:

$WRTP4 = 84.61 * 1462.9\char940.5/1002.75$

$WRTP4 = 3.277 \text{ kg}\sqrt{K}/(\text{s} \cdot \text{kPa})$

$WRTP4 = 92.1 * 1400\char940.5/1002.75$

$WRTP4 = 3.437 \text{ kg}\sqrt{K}/(\text{s} \cdot \text{kPa})$

冷却空气在涡轮下游返回

$W5 = 96.8 + 100 * 0.01 + 100 * 0.033$

$W5 = 101.1 \text{ kg/s}$

现在利用定比热容对应的混合焓平衡公式 F5.15.2:

$101.1 * 1.15 * T5 = 96.8 * 1.15 * 828.5 + 100 * 0.01 * 1.005 *$

$$428.8 + 100 * 0.033 * 1.005 * 467.9$$

T5 = 810.3 K

回热器进气通道

T6 = T5 = 810.3 K

迭代直至 T6 猜测值与 T6 计算值的误差在 0.1 K 以内为止

T6error = 810.3 − 840

T6error = − 29.7 K

T6guess2 = 810.3 K

转到回热器进口

为了控制本算例的篇幅,在此不再进行迭代,而是用由首次 T6 的猜测值 840 K 得到的数值进行下去。这将会对性能计算造成一些误差,因为燃油流量太高,并且回热器空气侧下游的气路参数将会出错。

W6 = W5 = 101.1 kg/s

P6 = 111.06 * (1 − 0.04)

P6 = 106.62 kPa

回热器的燃气侧

燃气侧放出的热量应该等于空气侧接受的热量:

101.1 * 1.15 * (810.3 − T601) = 90.5 * 1.005 * (788.1 − 469.4)

T601 = 561.0 K

P601 = 106.62 * (1 − 0.04)

P601 = 102.36 kPa

W601 = W6 = 101.1 kg/s

排气装置

总温沿流道不变。使用 Q 曲线公式 F3.32 和 F3.33,根据设计马赫数 0.05 确定排气平面的压力和面积:

T9 = T601 = 561.0 K

P9/PS9 = (1 + (1.333 − 1)/2 * 0.05^2)^4

P9/PS9 = 1.001 67

由于 PS9 = PAMB,那么 P9 = 101.49 kPa

W9 = W6 = 101.1 kg/s

Q = 1000 * SQRT ((2 * 4/287.05 * 1.001 67^(− 2/1.333) * (1 − 1.001 67^(− 1/4)))

Q = 3.405 kg√K/s m² kPa

3.405 = 101.252 * SQRT(561.0)/(A9 * 101.49)

A9 = 6.940 m²

最终计算

利用公式 F6.5、F6.7 和 F6.9：

PW = 58 255 − (15 527 + 14 135)/0.995

PW = 28 444 kW

SPW = 28 444/100

SPW = 284.44 kW s/kg

SFC = 1.602 ∗ 3 600/28 444

SFC = 0.202 8 kg/kW h

ETATH = 3 600/(0.202 8 ∗ 43 100) ∗ 100

ETATH = 41.2 %

注：上述数值接近图表 6.5 和图表 6.6 中的基准值。有差别是因为在制作图表时使用的是基于平均温度的 CP 值，也由于在算例中省略了确保 T6 猜测值在 T6 计算值的 0.1 K 误差以内的迭代过程。

C6.4　在 ISA、11 000 m、Ma＝0.8 条件下，进行一台双转子分排涡扇发动机的设计点计算：

质量流量＝100 kg/s

SOT＝1 400 K

涵道比＝4.5

压比＝25∶1

　　　　从图表 6.20 查出最佳风扇压比＝1.9，因此：

　　　　风扇叶尖压比＝风扇根部压比＝1.9

　　　　压气机压比＝14.0

风扇和压气机多变效率＝88%

涡轮多变效率＝89%

燃烧效率＝99.9%

煤油燃料低热值＝43 100 kJ/kg

机械效率＝99.5%

进气道压力损失（安装 + 发动机进气管）＝0.5%

外涵道压力损失＝3.0%

压气机中介机匣流道压力损失＝2.0%

压气机出口扩压器压力损失＝2.0%

燃烧室压力损失＝3.0%

涡轮中介机匣流道压力损失＝1.0%

延伸管压力损失＝1.0%

推进喷管 CD、CX＝0.97、0.99

空气系统按照算例 C6.2，但流量是 W26 的分数。截面编号按照算例 C6.1，但按需增加以下几个截面：

风扇根部出口 = 24；　　风扇尖部出口 = 13[①]；　　外涵道出口 = 17；

压气机进口 = 26；　　　高压涡轮出口 = 44；　　低压涡轮进口 = 46；

低压涡轮出口 = 48；　　内涵喷管出口 = 7。

环境条件

从图表 2.1,对 ISA 状态,TAMB = 216.7 K,PAMB = 22.628 kPa。

自由流状态

使用 Q 曲线公式 F3.31 和 F3.32 导出自由流总温和总压：

$T0/216.7 = 1 + (1.4 - 1)/2 * 0.8^2$

$T0 = 244.4$ K

$P0/22.628 = (244.4/216.7)^{3.5}$

$P0 = 34.47$ kPa

进气道

总温沿流道不变,压力损失用百分比表示：

$T2 = T0 = 244.4$ K

$P2 = 34.47 * (1 - 0.005)$

$P2 = 34.30$ kPa

$W2 = 100$ kg/s

风扇

利用公式 F3.42 导出等熵效率：

$E2 = E12 = (1.9^{(1/3.5)} - 1)/(1.9^{(1/(3.5 * 0.88))} - 1)$

$E2 = E12 = 0.869$

利用公式 F5.1.4 导出 T13 和 T24：

$T24 - 244.4 = 244.4/0.869 * (1.9^{(1/3.5)} - 1)$

$T24 = T13 = 301.0$ K

从给定压比计算 P24 和 P13：

$P24 = P13 = 1.9 * 34.3$

$P24 = P13 = 65.17$ kPa

计算内涵和外涵流量：

$W24 = 100/(1 + 4.5)$

$W24 = 18.18$ kg/s

$W13 = 100 - 18.18$

$W13 = 81.82$ kg/s

根据公式 F5.15.1 计算所需的输入功率：

$PW2 = 100 * 1.005 * (301.0 - 244.4)$

---

① 原文误为"3"——校注

PW2 = 5 688 kW

外涵道

总温不变,利用百分比压力损失导出出口压力,减去空气系统流量来导出出口质量流量:

T17 = T13 = 301.0 K

P17 = 65.17 * (1 − 0.03)

P17 = 63.21 kPa

W17 = W13 = 81.82 kg/s

压气机中介机匣流道

总温不变,利用百分比压力损失导出出口压力,减去空气系统流量来导出出口质量流量:

T26 = T24 = 301.0 K

P26 = 65.17 * (1 − 0.02)

P26 = 63.87 kPa

W26 = W24 = 18.18 kg/s

压气机

用公式 F3.42 导出等熵效率:

E26 = (14^(1/3.5) − 1)/(14^(1/(3.5 * 0.88)) − 1)

E26 = 0.830

用公式 F5.1.4 导出 T3:

T3 − 301.0 = 301.0/0.830 * (14^(1/3.5) − 1)

T3 = 709.2 K

从给定压比计算出 P3:

P3 = 14 * 63.87

P3 = 894.2 kPa

减去冷却空气引气流量:

W3 = 18.18 − 18.18 * (0.005 + 0.01)

W3 = 17.91 kg/s

利用公式 F5.15.1,计算所需的输入功率,其中认为级间引气温度等于压气机前后的平均温度:

Tbleed = (709.2 + 301.0)/2

Tbleed = 505.1 K

PW26 = 17.91 * 1.005 * (709.2 − 301.0) + 0.273 * 1.005 * (505.1 − 301.0)

PW26 = 7 403.4 kW

压气机出口扩压器

总温不变,利用压力损失导出出口压力,减去空气系统流量导出出口质量流量:

T31 = T3 = 709.2 K

P31 = 894.2 * (1 − 0.02)

P31 = 876.3 kPa

W31 = 17.91 − 18.18 * 0.08 − 18.18 * 0.075

W31 = 15.09 kg/s

燃烧室和 SOT 截面

利用公式 F3.38A,计算 41 截面(即做功的冷却空气在涡轮前混合进入后)的油气比;再利用百分比压力损失,导出 P41:

T41 = 1 400 K

P41 = 876.3 * (1 − 0.03)

P41 = 850.0 kPa

FAR1 = 0.101 18 + 2.003 76E-05 * (700 − 709.2)

   = 0.100 996

FAR2 = 3.707 8E-03 − 5.236 8E-06 * (700 − 709.2) − 5.263 2E-

   06 * 1 400

   = − 0.003 612 5

FAR3 = 8.889E-08 * ABS(1 400 − 950)

   = 0.000 04

FAR = (0.100 996 − SQRT(0.100 996^2 − 0.003 612 5) − 0.000 04)/0.999

FAR = 0.019 8

WF = 0.019 8 * (15.09 + 18.18[①] * 0.075)

WF = 0.326 kg/s

W41 = 15.09 + 18.18 * 0.075 + 0.326

W41 = 16.78 kg/s

现在利用公式 F5.15.2,即定比热容对应的混合焓平衡公式,计算 T4:

W4 = 15.09 + 0.326

W4 = 15.42 kg/s

1.36 * 1.005 * 709.2 + 15.42 * 1.15 * T4 = 16.78 * 1.15 * 1 400

T4 = 1 468.8 K

P4 = P41 = 850.0 kPa

按照 5.15.4 节,加入在下游混合但做了功的那部分冷却空气,计算虚拟 SOT 所在的 415 截面:

---

① 原文误为"100"。——译注

W415 = 16.78 + 18.18 * 0.047

W415 = 17.63 kg/s

16.78 * 1.15 * 1400 + 0.85 * 1.005 * 709.2 = 17.63 * 1.15 * T415

T415 = 1 362.4 K

P415 = P41 = 850.0 kPa

高压涡轮

使涡轮功率与压气机功率相等,利用公式 F5.9.2 导出出口温度:

PW415 = 7 403.4/0.995

PW415 = 7 440.6 kW

7 440.6 = 17.63 * 1.15 * (1 362.4 − T416)

T416 = 995.4 K

通过公式 F3.44 导出等熵效率 E415:

先猜测膨胀比为 4,用多变效率导出等熵效率:

E415 = (1 − 4 ^(1/4 * 0.89))/(1 − 4^(− 1/4))

E415 = 0.906

通过公式 F5.9.4 导出膨胀比 P415Q416:

1 362.4 − 995.4 = 0.906 * 1 362.4 * (1 − P415Q416^(−1/4))

P415Q416 = 4.10

这里应该回到前面,使用这个膨胀比重新计算涡轮等熵效率。不过,为简单起见,省略该迭代步骤。

根据膨胀比计算 P416:

P416 = 850.0/4.1

P416 = 207.31 kPa

W416 = W415 = 17.63 kg/s

P44 = P416 = 207.31 kPa

没有其他冷却空气返回,所以:

T44 = T416 = 995.4 K

W44 = W416 = 17.63 kg/s

涡轮中介机匣流道

总温不变。利用百分比压力损失导出出口压力,然后加入空气系统的返回气流,得到出口质量流量:

T46 = T44 = 995.4 K

P46 = 207.3 * (1 − 0.01)

P46 = 205.22 kPa

W46 = W44 = 17.63 kg/s

低压涡轮

使功率与风扇功率相等，并利用公式 F5.9.2 算出出口温度：

$PW46 = 5\,688/0.995$

$PW46 = 5\,717\ kW$

$5\,717 = 17.63 * 1.15 * (995.4 - T48^①)$

$T48 = 713.4\ K$

利用公式 F3.44 导出等熵效率 E46：

先猜测膨胀比为 4，求出等熵效率：

$E46 = (1 - 4\verb|^|(-1/4 * 0.89))/(1 - 4\verb|^|(-1/4))$

$E46 = 0.894$

利用公式 F5.9.4 导出膨胀比 P46Q48：

$995.4 - 713.4 = 0.906 * 995.4 * (1 - P46Q48\verb|^|(-1/4))$

$P46Q48 = 4.481$

现在应该回到前面，使用这个膨胀比重新计算等熵效率。但为简单起见，省略这一步骤。

$P48 = 205.22/4.481$

$P48 = 45.80\ kPa$

$W48 = W46 = 17.63\ kg/s$

涡轮后冷却空气量和延伸管压力损失

$W5 = 17.63 + 18.18 * 0.01 + 18.18 * 0.033$

$W5 = 18.41\ kg/s$

现在利用公式 F5.15.2，即定比热容对应的混合焓平衡公式：

$18.41 * 1.15 * T5 = 17.63 * 1.15 * 713.4 + 18.18 * 0.01 * 1.005 *$
$505.1 + 18.18 * 0.033 * 1.005 * 709.2$

$T5 = 707.7\ K$

$P7 = 45.8 * (1 - 0.01)$

$P7 = 45.34\ kPa$

冷推进喷管

$P17QN = 63.21/22.628$

$P17QN = 2.793$

从图表 3.8 查出 $\gamma = 1.4$ 时的堵塞膨胀比为 1.8929，因此，冷喷管处于堵塞状态，喉部马赫数 = 1，喉部静压高于环境大气压。利用 Q 曲线公式[②]导出其他喷管参数。

利用堵塞膨胀比求出喉部静压：

---

① 原文误为"T5"。——校注
② 原文遗漏了"Q"。——译注

63.21/PSN = 1.850 6[①]

PSN = 34.16 kPa

利用公式 F3.31,马赫数 = 1 时的 T/TS:

301.0/TSN = (1 + (1.333[②]— 1)/2 * 1^2)

TSN = 258.0 K

利用公式 F3.35,V/SQRT(T):

VN = 1 * SQRT (1.333[③] * 287.05 * 258.0)

VN = 314.2 m/s

利用公式 F3.33,Q(堵塞值):

39.697 1 = 81.82 * SQRT (301)/(AN * 63.21)

ANeffective = 0.566 m²

利用公式 F5.13.15,即 CD 的定义:

ANgeometric = 0.566/0.97

ANgeometric = 0.584 m²

利用公式 F5.13.12[④],计算总推力:

FG = 81.82 * 314.2 + 0.566 * (34.16 — 22.628) * 1 000

FG = 32 235 N

热推进喷管

P7QN = 45.34/22.628

P7QN = 2.004

同样地,喷管是堵塞的,计算过程与冷推进喷管的相同:

45.34/PSN = 1.850 6

PSN = 24.50 kPa

707.7/TSN = (1 + (1.333 — 1)/2 * 1^2)

TSN = 607.5 K

VN = 1 * SQRT (1.333 * 287.05 * 607.5)

VN = 482.1 m/s

39.697 1 = 18.41 * SQRT (707.7)/(AN * 45.34)

ANeffective = 0.272 m²

ANgeometric = 0.272/0.97

ANgeometric = 0.281 m²

FG = 18.41 * 482.1 + 0.272 * (24.5 — 22.628) * 1 000

---

① 原文外涵喷管堵塞膨胀比取值有误,应为"1.892 9",后面的计算均受影响。——译注

②③ 此处的 γ 为 1.333,不适用于外涵空气,应改为 1.4。——译注

④ 原文误为"F5.13.13";下一行的 FG 公式与 F5.13.12 不完全一致,缺少 CX 项,且使用的是有效面积而非几何面积。本算例后面部分有类似问题。——译注

FG = 9 385 N

最终计算

计算自由流速度和动量阻力。然后在总推力上乘以 CX,计算出净推力:

利用公式 F2.6,用 Ma = 0.8[①]:

V1/SQRT(244.4) = 0.8 * SQRT (1.4 * 287.05)/SQRT(244.4/216.7)

V1 = 236.1 m/s

公式 F5.13.13,动量阻力和净推力:

FD = 100 * 236.1

FD = 23 610 N

FN = (32 235 + 9 385) * 0.99 - 23 610

FN = 17 594 N

SFN = 17 594/100

SFN = 175.9 N • s/kg

SFC = 0.326 * 3 600/17 594

SFC = 0.066 7 kg/(N • h)

注:以上数值与图表 6.19 中的相近。差别是由于近似假设气体常数不变造成的。

C6.5 在忽略动力装置进、排气损失的情况下,针对 C6.2 中的简单循环燃气轮机,计算无补燃的热电联供性能。按 6.8 节的指导,取排气塔出口温度为 150 ℃,蒸汽装置热效率为 90%。

计算传递给蒸汽装置的热量,然后乘上蒸汽装置热效率,算出有用的热量。由此计算 CHP 的热效率、单位功率和热电比:

传递的热量 = W * CP * (Tin - Tstack)

PWtransfer = 101.252 * 1.15 * (714.6 - 423.15)

PWtransfer = 33 936 kW

PWsteam = 33 936 * 0.9

PWsteam = 30 543 kW

PWchp = 24 457 + 30 543

PWchp = 55 000 kW

SPWchp = 55 000/100

SPWchp = 550 kW • s/kg

SFCchp = 1.752 * 3 600/55 000

SFCchp = 0.114 7 kg/(kW • h)

ETATHchp = 3 600/(0.114 7 * 43 100) * 100%

---

① 原文 Ma 误为"1"。——译注

ETATHchp $=$ 72.82 %

HEATPWratio $=$ 55 000/24 457

HEATPWratio $=$ 2.25

注:以上数值与图表 6.11 中的相近。差别是因为近似假设气体常数不变造成的,并且由于分别为 1% 和 2% 的动力装置进气和排气压力损失已经包含在图表 6.11 的燃气轮机设计点的计算中了。

图表

(a) 简单循环(压比 20∶1、SOT $=$ 1400 K)

	基准值/%	数值变化/%点	导致的变化	
			热效率/%	单位功率/%
压气机多变效率	88	+1	1.93	3.02
燃烧效率	99.9	−1	−0.92	0.08
涡轮多变效率	89	+1	2.22	2.22
涡轮冷却空气百分比	7	+1	−1.01	−2.09
进气道压力损失	0.5	+1	−0.70	−0.70
燃烧室压力损失	3	+1	−0.72	−0.72
排气压力损失	5	+1	−0.73	−0.73

(b) 回热循环(压比 7∶1、SOT $=$ 1400 K)

	基准值/%	数值变化/%点	导致的变化	
			热效率/%	单位功率/%
压气机多变效率	88	+1	1.51	1.64
燃烧效率	99.9	−1	−0.94	0.04
涡轮多变效率	89	+1	1.38	1.98
回热器换热效率	86	+1	0.68	−0.03
涡轮冷却空气百分比	7	+1	−1.40	−1.71
进气道压力损失	0.5	+1	−0.75	−1.06
回热器空气侧/燃烧室压力损失	3/3	+1	−0.77	−1.09
回热器燃气侧/排气压力损失	5/1	+1	−0.78	−1.11

(c) 间冷循环(压比 20∶1、SOT $=$ 1400 K)

	基准值/%	数值变化/%点	导致的变化	
			热效率/%	单位功率/%
压气机多变效率	88	+1	1.33	1.72
燃烧效率	99.9	−1	−0.92	0.08

（续前）

	基准值/%	数值变化 /%点	导致的变化	
			热效率/%	单位功率/%
涡轮多变效率	89	+1	1.72	1.72
间冷器换热效率	81	+1	0.04	0.35
涡轮冷却空气百分比	7	+1	−0.72	−0.81
进气道压力损失	0.5	+1	−0.54	−0.54
燃烧室压力损失	3	+1	−0.41	−0.52
间冷器压力损失	2.5	+1	−0.56	−0.56
排气压力损失	5	+1	−0.57	−0.57

(d) 间冷回热循环(压比 11∶1、SOT = 1400 K)

	基准值/%	数值变化 /%点	导致的变化	
			热效率/%	单位功率/%
压气机多变效率	88	+1	1.33	1.40
燃烧效率	99.9	−1	−0.93	0.05
涡轮多变效率	89	+1	1.18	1.78
间冷器换热效率	81	+1	0.17	0.22
回热器换热效率	86	+1	0.54	−0.03
涡轮冷却空气百分比	7	+1	−1.23	−1.69
进气道压力损失	0.5	+1	−0.50	−0.73
间冷器压力损失	2.5	+1	−0.50	−0.53
回热器空气侧/燃烧室压力损失	3/3	+1	−0.51	−0.75
回热器燃气侧/排气压力损失	4/1	+1	−0.50	−0.74

(e) 联合循环(压比 13∶1、SOT = 1400 K)

	基准值/%	数值变化 /%点	导致的变化	
			热效率/%	单位功率/%
压气机多变效率	88	+1	0.70	1.43
燃烧效率	99.9	−1	−0.92	0.08
涡轮多变效率	89	+1	0.86	0.86
涡轮冷却空气百分比	7	+1	−0.45	−1.54
进气道压力损失	0.5	+1	−0.32	−0.32
燃烧室压力损失	3	+1	−0.33	−0.33
排气/蒸汽动力装置压力损失	5/2	+1	−0.34	−0.34
蒸汽循环效率	34.7	+1	1.00	1.00
压气机多变效率	88	+1	1.40	2.08
燃烧效率	99.9	−1	−0.93	0.07

(f) 热电联供循环(压比 13∶1、SOT = 1400 K)

	基准值 /%	数值变化 /%点	导致的变化			
			HTP 比为零		HTP 比为最大	
			热效率 /%	单位功率 /%	热效率 /%	单位功率 /%
涡轮多变效率	89	+1	1.97	1.97	0.09	0.09
涡轮冷却空气百分比	7	+1	−0.73	−1.81	−0.23	−1.33
进气道压力损失	0.5	+1	−0.76	−0.76	−0.03	−0.03
燃烧室压力损失	3	+1	−0.78	−0.78	−0.03	−0.03
排气/蒸汽装置压力损失	5/2	+1	−0.80	−0.80	−0.03	−0.03
蒸汽循环效率	0.9	+1	0.00	0.00	0.65	0.65

图表 6.1　轴功率循环的设计点敏感性(ISO 状态)

注:(c)、(d)中,间冷器处于前后压气机压比相等的位置。所有设计点算例的空气系统假设:从压缩过程 50%位置引出 0.5%排到机体外用于轴承封严;从压气机出口引出 7%用于涡轮冷却,其中 60%返回涡轮前(假设在涡轮中做有用功),40%返回涡轮后(假设不做功);从压缩过程 50%位置引出 1%用于涡轮盘冷却并到达涡轮出口(不做功);从压气机出口引出 1%用于涡轮盘冷却,其中 50%返回涡轮前(做功),50%返回涡轮后(不做功)。

	基准值 /%	数值变化 /%点	导致的变化			
			ISA SLS		ISA、6 000 m、 Ma = 0.5	
			SFC /%	单位功率 /%	SFC /%	单位功率 /%
压气机多变效率	88	+1	−1.74	2.70	1.16	1.97
燃烧效率	99.9	−1	0.92	0.08	0.93	0.07
涡轮多变效率	89	+1	−2.12	2.12	−1.72	1.72
涡轮冷却空气百分比	7	+1	0.91	−1.99	0.62	−1.71
进气道压力损失	2	+1	0.71	−0.71	0.54	−0.54
燃烧室压力损失	3	+1	0.72	−0.72	0.55	−0.55
排气压力损失	3	+1	0.72	−0.72	0.55	−0.55

图表 6.2　涡轴和涡桨发动机设计点的敏感性

注:循环参数:SOT = 1400 K、总压比 17.5∶1。所有设计点算例的空气系统假设与图表 6.1 的相同

参数	基准值/%	数值变化/%点	导致的变化							
			涡喷发动机		涵道比 0.5 涡扇		涵道比 4.5 涡扇		涵道比 10.5 涡扇	
			SFC/%	SFN/%	SFC/%	SFN/%	SFC/%	SFN/%	SFC/%	SFN/%
风扇尖部多变效率	88	+1			-0.14	0.14	-0.48	0.48	-0.66	0.67
风扇根部多变效率	88	+1			-0.16	0.69	-0.15	0.33	-0.09	0.18
压气机多变效率	88	+1	-0.01	0.99	-0.16	0.65	-0.53	1.37	-0.78	1.72
燃烧效率	99.9	-1	0.96	0.05	0.90	0.12	0.93	0.08	0.93	0.08
涡轮多变效率	89	+1	-0.28	0.28	-0.52	0.53	-0.99	1.01	-1.20	1.23
机械效率	99.5	-1	0.61	-0.60	0.83	-0.82	1.66	-1.61	2.09	-2.01
涡轮冷却空气百分比	7	+1	-0.34	-0.77	-0.28	-0.83	0.20	-1.29	0.47	-1.56
进气道压力损失	0.5	+1	0.17	-0.17	0.05	-0.34	0.93	-1.19	2.42	-2.58
外涵道压力损失	3	+1			-0.02	0.02	0.73	-0.72	2.15	-2.06
风扇至压气机压力损失	1.5	+1			0.00	-0.29	0.19	-0.48	0.28	-0.59
扩压器/燃烧室压力损失	2/3	+1	0.17	-0.17	0.17	-0.17	0.33	-0.33	0.39	-0.39
热排气压力损失	1.5	+1	0.17	-0.17	0.16	-0.16	0.32	-0.32	0.38	-0.38
热喷管速度系数	99	-1	0.89	-0.88	0.70	-0.69	0.49	-0.49	0.42	-0.41
冷喷管速度系数	99	-1			0.20	-0.20	1.47	-2.86	3.18	-2.99

图表 6.3　涡喷和涡扇发动机设计点敏感性(ISA、11 000 m、Ma = 0.8)

注:敏感性的比较基础是 SOT = 1400 K,总压比 25∶1,最佳风扇压比的涡扇发动机循环。性能和假设与图表 6.4 相同。

基准值 /%	数值变 化/%点	导致的变化					
		涡喷发动机		涵道比0.5涡扇		涵道比4.5涡扇	
		SFC /%	SFN /%	SFC /%	SFN /%	SFC /%	SFN /%
风扇尖部多变效率	88	+1			−0.23	0.23	−0.38	0.38
风扇根部多变效率	88	+1			−0.45	1.10	−0.54	0.81
压气机多变效率	88	+1	−1.03	3.40	−0.55	1.50	−1.70	3.09
燃烧效率	99.9	−1	0.91	0.10	0.70	0.31	0.63	0.38
涡轮多变效率	89	+1	−0.57	0.58	−0.64	0.65	−1.19	0.38
机械效率	99.5	−1	2.35	−2.24	1.47	−1.43	2.91	1.21
涡轮冷却空气百分比	7	+1	−0.44	−1.53	0.06	−1.16	0.96	−2.75
进气道压力损失	0.5	+1	0.23	−0.23	0.05	−0.56	0.79	−2.02
外涵道压力损失	3	+1			−0.16	0.16	0.13	−1.27
风扇至压气机压力损失	1.5	+1			0.02	−0.53	0.46	−0.13
扩压器/燃烧室压力损失	2/3	+1	0.24	−0.23	−0.02	0.02	0.13	−0.95
热排气压力损失	1.5	+1	0.23	−0.23	−0.02	0.02	0.12	−0.13
热喷管速度系数	99	−1	2.64	−2.51	1.58	−1.53	2.01	−1.93
冷喷管速度系数	99	−1			0.52	−0.51	4.25	−3.92

图表 6.4　涡喷和涡扇发动机设计点敏感性(ISA、11 000 m、Ma = 2.2)

注:SFN 是单位净推力。敏感性的比较基础是 SOT 1600 K、总压比 25:1、最佳风扇压比的涡扇发动机循环。风扇根部性能:风扇根部压比 = 风扇尖部压比×0.95,风扇根部多变效率 = 88%(与风扇尖部相同)。所有设计点算例的空气系统假设与图表 6.1 的相同

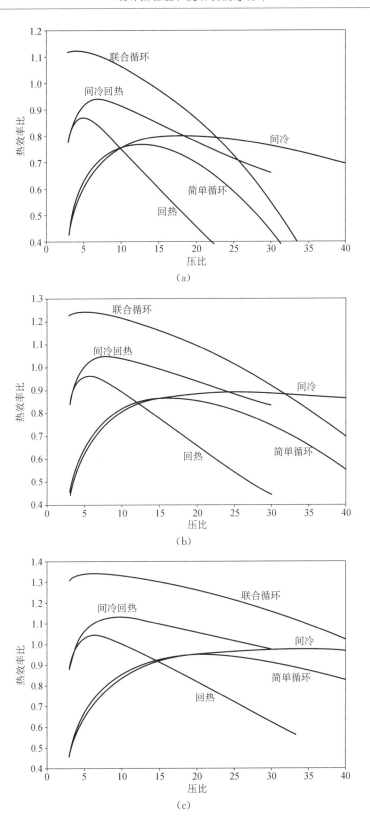

（a）

（b）

（c）

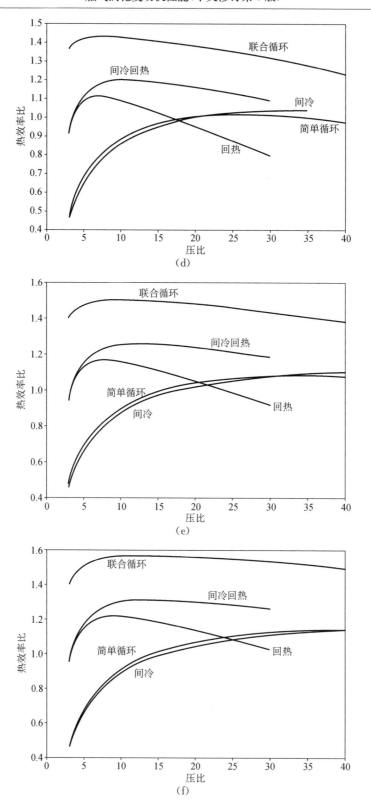

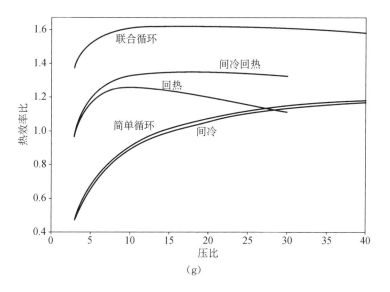

(g)

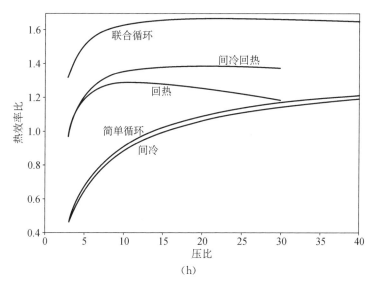

(h)

图表 6.5　轴功率循环设计点性能曲线图:热效率与压比和 SOT 的关系(ISO)

(a) SOT = 1100 K　(b) SOT = 1200 K　(c) SOT = 1300 K　(d) SOT = 1400 K
(e) SOT = 1500 K　(f) SOT = 1600 K　(g) SOT = 1700 K　(h) SOT = 1800 K

注:以 34.9%(压比和 SOT 分别为 20∶1 和 1400 K 的简单循环)为参考值对热效率进行归一化;温度必须满足图表 6.7 中的限制;6.3 节解释了这些图表在其他大气条件下的使用方法。

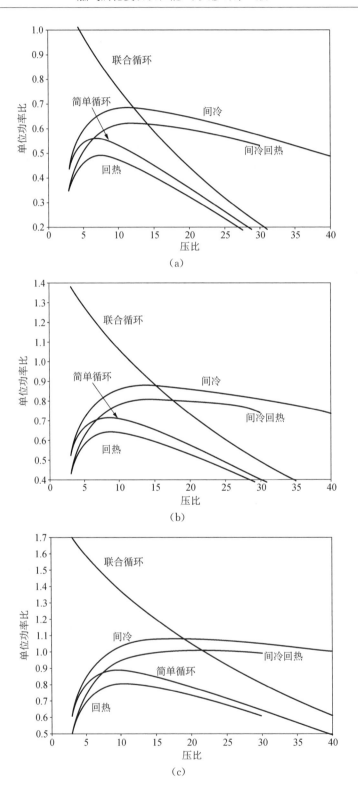

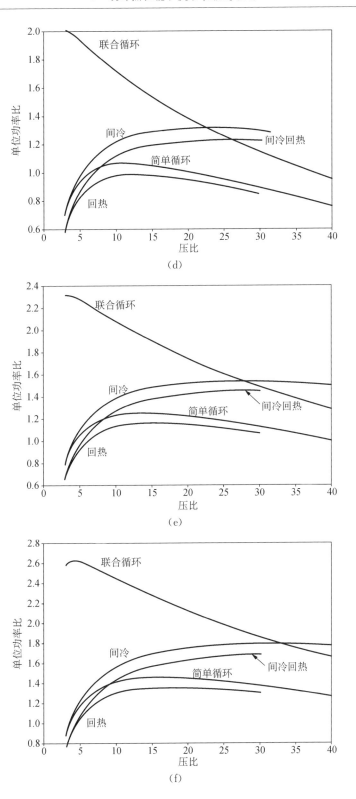

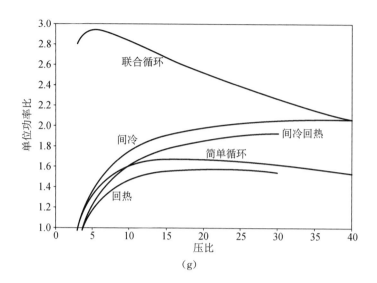

(g)

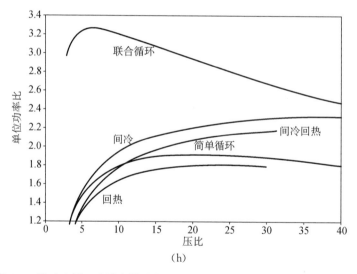

(h)

图表 6.6 轴功率循环设计点性能曲线图:单位功率与压比和 SOT 的关系(ISO)

(a) SOT = 1100 K   (b) SOT = 1200 K   (c) SOT = 1300 K   (d) SOT = 1400 K
(e) SOT = 1500 K   (f) SOT = 1600 K   (g) SOT = 1700 K   (h) SOT = 1800 K

注:以 258.1 kW·s/kg(157.0 hp·s/lb)(压比和 SOT 分别为 20 和 1400 K 的简单循环)为参考值将单位功率归一化;温度必须满足图表 6.7 中的限制;6.3 节解释了这些图表在其他大气条件下的使用方法。

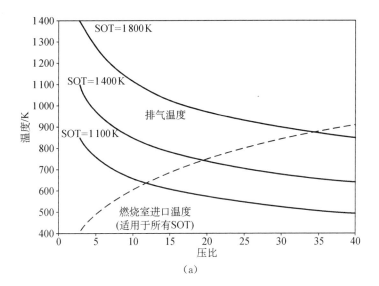

（a）

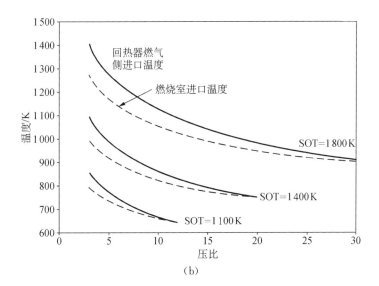

（b）

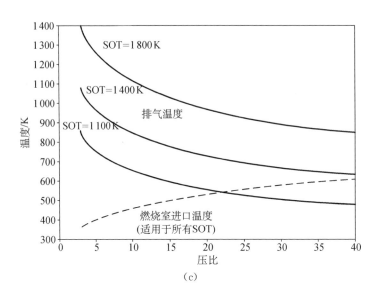

(c)

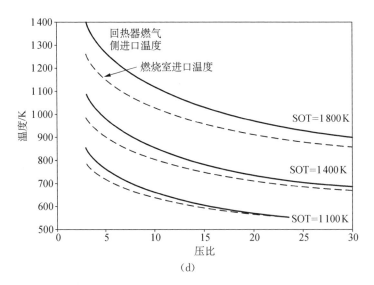

(d)

图表 6.7 轴功率循环设计点性能曲线图:关键温度与压比和 SOT 的关系(ISO)

(a)简单循环 (b)回热循环 (c)间冷循环 (d)间冷回热循环

注:6.8 节给出了限制值的指导;6.3 节解释了这些图表在其他大气条件下的使用方法。

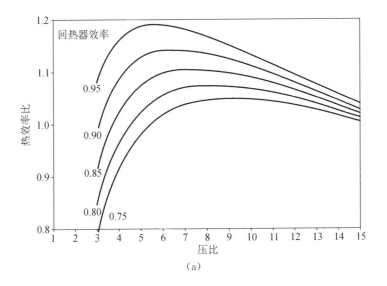

(a)

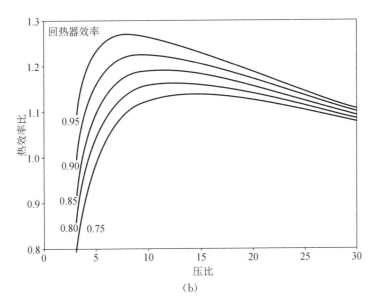

(b)

图表 6.8　换热循环设计点性能曲线图:回热器效率对热效率最佳压比的影响

(a) 回热循环,SOT = 1400K　　(b) 间冷回热循环,SOT = 1400K

注:以 34.9%(压比和 SOT 分别为 20 和 1400K 的简单循环)为参考值将热效率归一化;图表适用于 ISO 状态;其他大气条件下的影响类似。

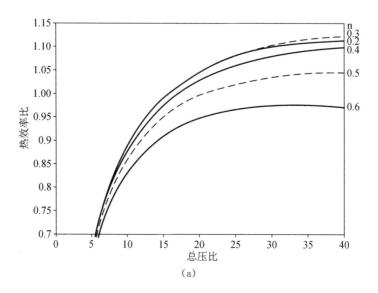

(a)

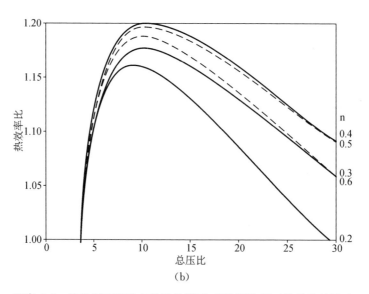

(b)

图表 6.9 换热循环设计点性能曲线图:间冷器位置对热效率的影响

(a)间冷循环,SOT = 1400K (b)间冷回热循环,SOT = 1400K

注:第一个压缩部件压比 =(总压比)^n;对于轴功率循环,n = 0.5;以 34.9%(压比和 SOT 分别为 20 和 1400K 的简单循环)为参考值将热效率归一化;图表适用于 ISO 状态;其他大气条件下的影响类似。

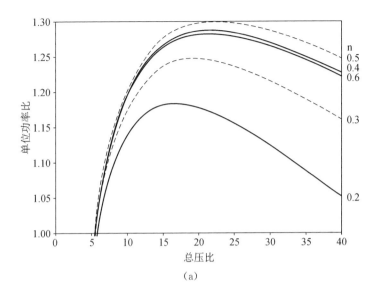

(a)

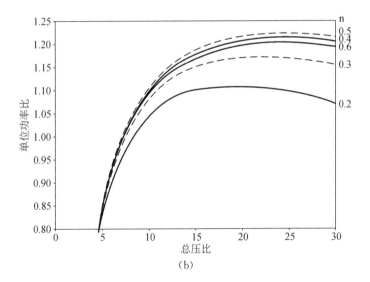

(b)

图表 6.10 换热循环设计点性能曲线图:间冷器位置对单位功率的影响

(a)间冷循环,SOT = 1400 K (b)间冷回热循环,SOT = 1400 K

注:第一个压缩部件压比 =(总压比)^n;对于轴功率循环,n = 0.5;以 258.1 kW · s/kg(157.0 hp · s/lb)为参考值将单位功率归一化;图表适用于 ISO 状态;其他大气条件下的影响类似。

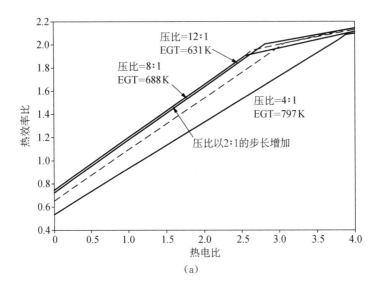

(a)

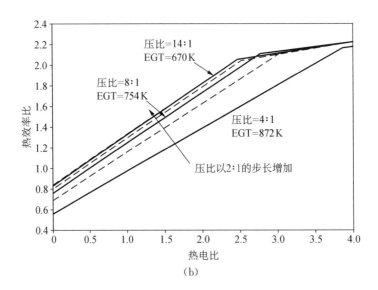

(b)

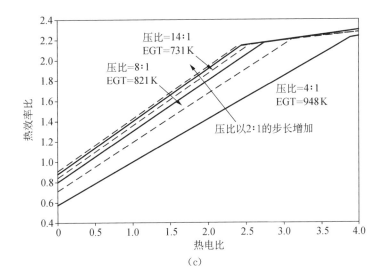

(c)

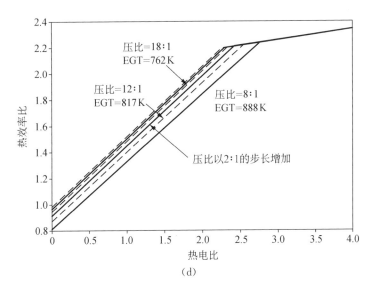

(d)

图表 6.11　热电联供设计点性能曲线图:热效率与热电比和压比的关系(ISO)

(a) SOT = 1100 K　　(b) SOT = 1200 K

(c) SOT = 1300 K　　(d) SOT = 1400 K

注:斜率的变化是由补燃造成的;以 34.9%(压比和 SOT 分别为 20 和 1400 K 的简单循环)为参考值将热效率归一化;6.3 节解释了这些图表在其他大气条件下的使用方法;温度必须满足图表 6.7 中的限制。

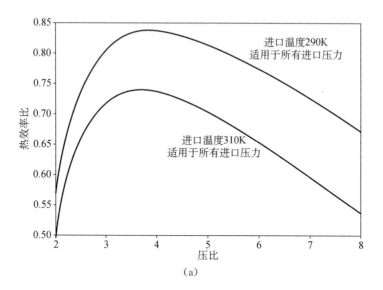

(a)

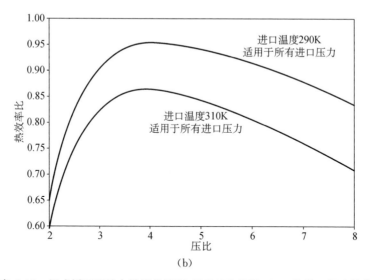

(b)

图表 6.12　闭式循环设计点性能曲线图:热效率与压比、SOT 和进口温度的关系

(a) SOT = 1100 K　(b) SOT = 1200 K

注:以 34.9%(ISO 状态下压比和 SOT 分别为 20 和 1400 K 的简单循环)为参考值将热效率归一化。

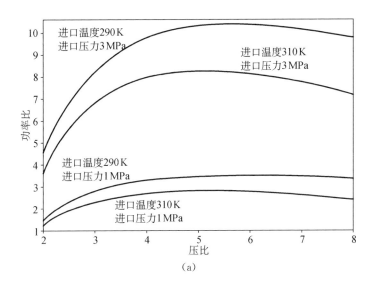

(a)

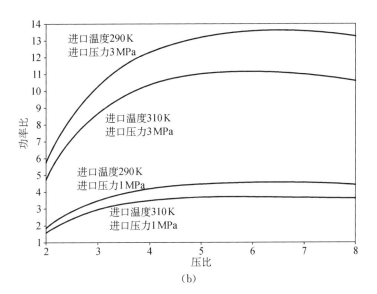

(b)

图表 6.13　闭式循环设计点性能曲线图:功率比与压比、SOT 和进口温度的关系

(a) SOT = 1100 K　(b) SOT = 1200 K

注:功率比 = 单位功率比×密度比;密度比 = 进口条件下 He 的密度/ISO 条件空气密度;以 258.1 kW·s/kg(157.0 hp·s/lb)(ISO 状态下压比和 SOT 分别为 20 和 1400 K 的简单循环)为参考值将单位功率归一化。

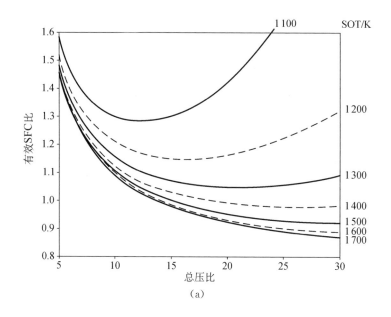

(a)

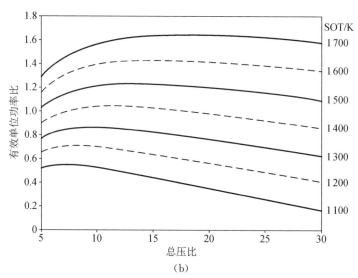

(b)

**图表 6. 14   涡轴和涡桨循环设计点性能曲线图:SFC 和单位功率与总压比和 SOT 的关系
(ISA SLS)**

注:(a)以 0. 239 kg/(kW・h)[0. 394 lb/(shp・h)](SOT 和总压比分别为
1400 K 和 17. 5∶1,ISA SLS 涡桨/涡轴循环)为参考值将有效 SFC 归一化;温
度必须满足图表 6. 7 中的限制;6. 3 节解释了这些图表在其他大气条件下的使
用方法;(b)以 266. 1kW・s/kg(161. 8shp・s/lb)(SOT 和总压比分别为 1400 K
和 17. 5∶1,ISA SLS 涡桨/涡轴循环)为参考值将有效单位功率归一化。

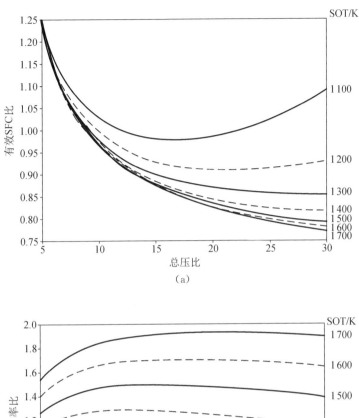

图表 6.15 **涡轴和涡桨循环设计点性能曲线图:SFC 和单位功率与总压比和 SOT 的关系（ISA、6000m、Ma＝0.5）**

注:(a)以 0.239 kg/(kW·h)[0.394 lb/(shp·h)](SOT 和总压比分别为 1400 K 和 17.5∶1,ISA SLS 涡桨/涡轴循环)为参考值将 SFC 归一化;温度必须满足图表 6.7 中的限制;6.3 节解释了这些图表在其他大气条件下的使用方法;(b)以 266.1kW·s/kg(161.8shp·s/lb)(SOT 和总压比分别为 1400 K 和 17.5∶1,ISA SLS 涡桨/涡轴循环)为参考值将有效单位功率归一化。

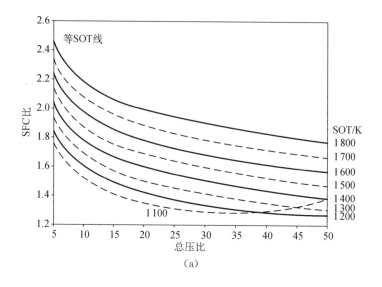

（a）

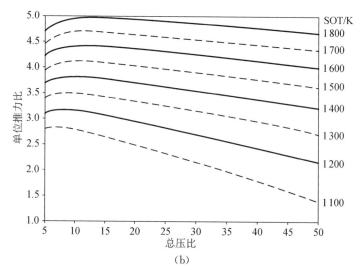

（b）

图表 6.16　涡喷循环设计点性能曲线图：SFC 和单位推力与总压比和 SOT 的关系（ISA、11000 m、Ma＝0.8）

（a）非安装 SFC　（b）非安装单位推力

注：(a)以 0.0665 kg/(N·h)[0.652 lb/(lbf·h)]（SOT、涵道比、总压比和风扇压比分别为 1400 K、4.5∶1、25∶1 和 1.9∶1 的涡扇发动机）为参考值将 SFC 归一化；6.3 节解释了这些图表在其他大气条件下的使用方法；温度必须满足图表 6.18 中的限制；(b)以 182.5 N·s/kg(18.61bf·s/lb)（SOT、涵道比、总压比和风扇压比分别为 1400 K、4.5∶1、25∶1 和 1.9∶1 的涡扇发动机）为参考值将单位推力归一化。

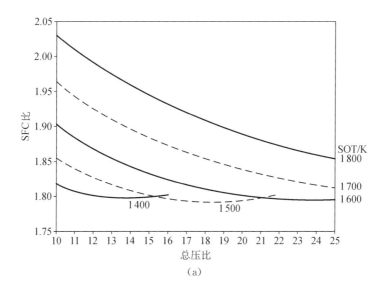

(a)

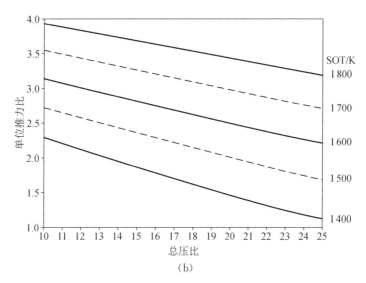

(b)

图表 6.17　涡喷循环设计点性能曲线图：SFC 和单位推力与总压比和 SOT 的关系 (ISA、11 000 m、Ma = 2.2)

(a) 非安装 SFC　(b) 非安装单位推力

注：(a) 以 0.066 5 kg/(N·h)[0.652 lb/(lbf·h)](ISA、Ma = 0.8 状态下 SOT、涵道比、总压比和风扇压比分别为 1400 K、4.5 : 1、25 : 1 和 1.9 : 1 的涡扇发动机) 为参考值将 SFC 归一化；6.3 节解释了这些图表在其他大气条件下的使用方法；温度必须满足图表 6.18 中的限制；(b) 以 182.5 N·s/kg(18.6 lbf·s/lb)(ISA、Ma = 0.8 状态下 SOT、涵道比、总压比和风扇压比分别为 1400 K、4.5 : 1、25 : 1 和 1.9 : 1 的涡扇发动机) 为参考值将单位推力归一化。

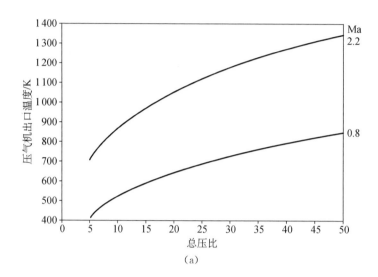

（a）

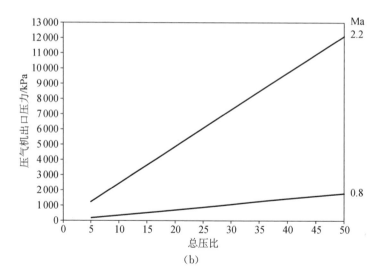

（b）

图表 6.18 **涡喷和涡扇循环设计点性能曲线图:压气机出口温度和压力与总压比的关系(ISA、11000 m、Ma＝0.8)**

（a）压气机出口温度 （b）压气机出口压力

注:6.11 节给出了限制值的指导;6.3 节解释了这些图表在其他大气条件下的使用方法。

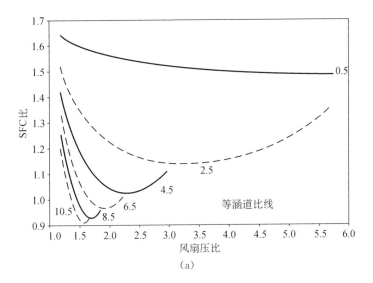

(a)

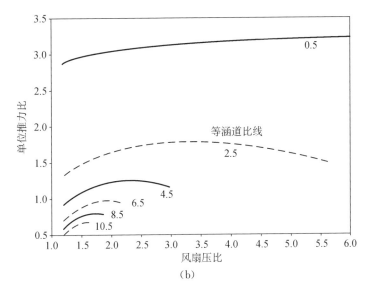

(b)

图表 6.19　涡扇循环设计点性能曲线图:SFC 和单位推力与风扇压比和涵道比的关系(ISA、11 000 m、Ma＝0.8)

(a) 固定 SOT 和总压比下的非安装 SFC

(b) 固定 SOT 和总压比下的非安装推力

注:(a)以 0.066 5 kg/(N·h)[0.652 lb/(lbf·h)](SOT、涵道比、总压比和风扇压比分别为 1400 K、4.5∶1、25∶1 和 1.9∶1 的涡扇发动机)为参考值将 SFC 归一化;图中的总压比和 SOT 分别为 30∶1 和 1600 K;温度必须满足图表 6.18 中的限制;6.3 节解释了这些图表在其他大气条件下的使用方法;(b)以 182.5 N·s/kg (18.6 lbf·s/lb)(SOT、涵道比、总压比和风扇压比分别为 1400 K、4.5∶1、25∶1 和 1.9∶1 的涡扇发动机)为参考值将单位推力归一化;图中的总压比和 SOT 分别为 30∶1 和 1600 K。

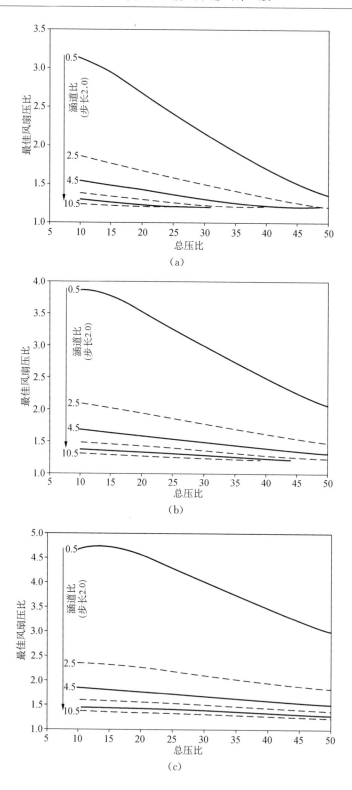

（a）

（b）

（c）

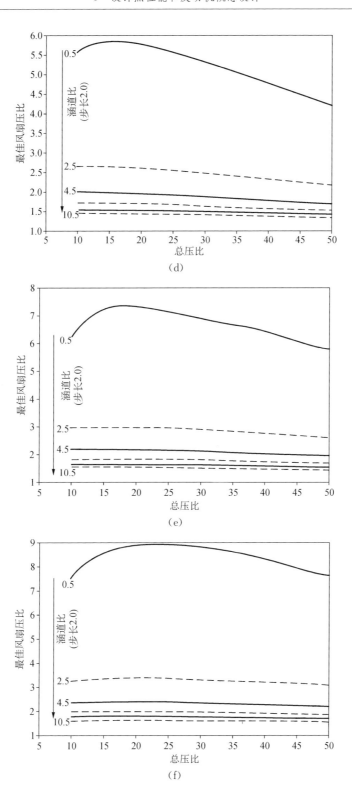

（d）

（e）

（f）

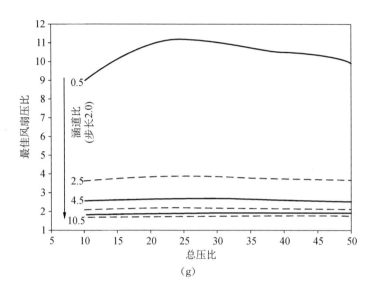

（g）

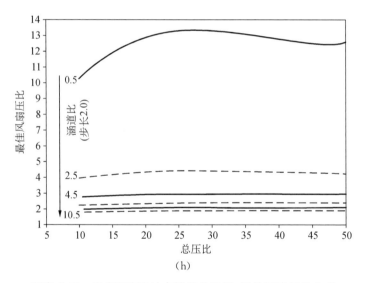

（h）

图表 6.20 涡扇循环设计点性能曲线图：最佳风扇压比与总
压比和涵道比的关系（ISA、11000 m、Ma＝0.8）

(a) SOT ＝ 1100 K　(b) SOT ＝ 1200 K　(c) SOT ＝ 1300 K　(d) SOT ＝ 1400 K
(e) SOT ＝ 1500 K　(f) SOT ＝ 1600 K　(g) SOT ＝ 1700 K　(h) SOT ＝ 1800 K

注：最佳风扇压比对应最小 SFC 和最大单位推力。

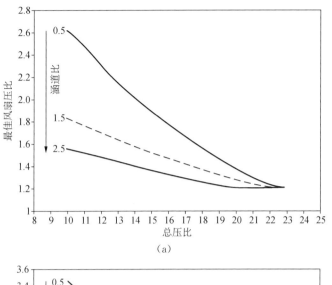

（a）

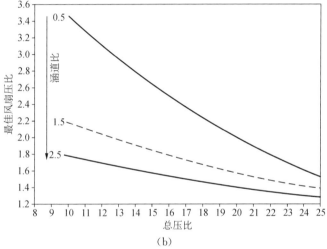

（b）

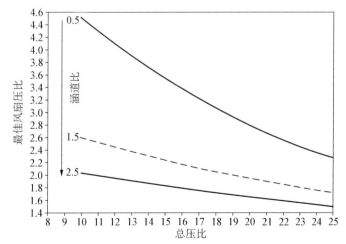

（c）

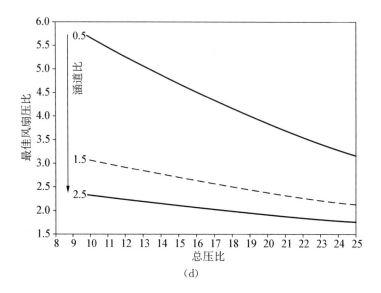

（d）

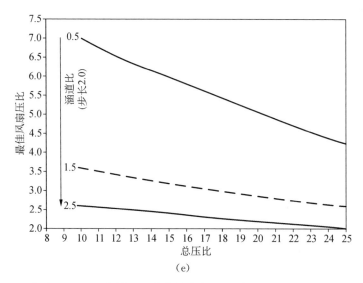

（e）

**图表 6.21 涡扇循环设计点性能曲线图：最佳风扇压比与总
压比和涵道比的关系（ISA、11 000 m、Ma＝2.2）**

（a）SOT ＝ 1 400 K　（b）SOT ＝ 1 500 K　（c）SOT ＝ 1 600 K
（d）SOT ＝ 1 700 K　（e）SOT ＝ 1 800 K

注：最佳风扇压比对应最小 SFC 和最大单位推力。

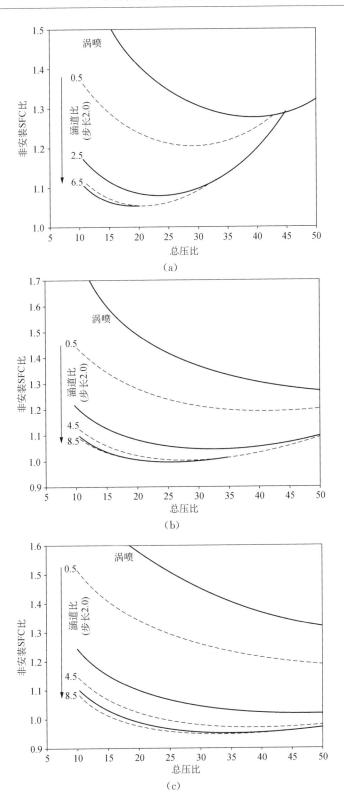

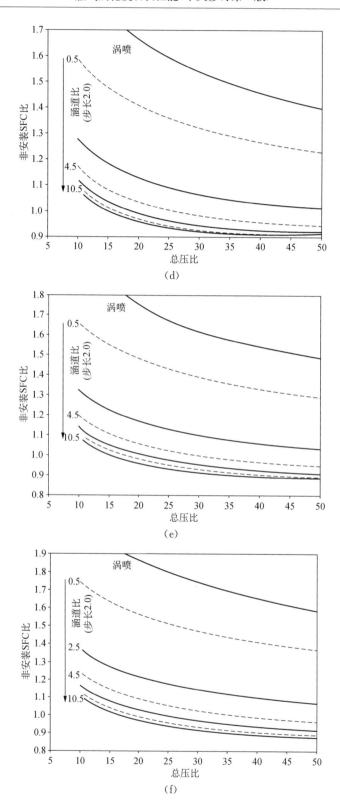

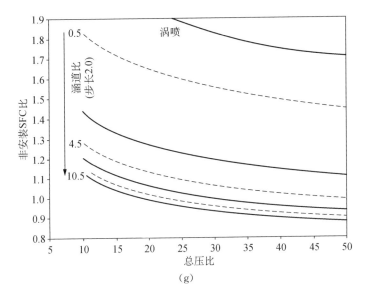

(g)

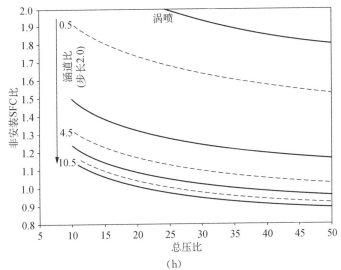

(h)

图表 6.22　涡扇循环设计点性能曲线图:SFC 与总压比和涵道比的关系(最佳风扇压比,ISA、11000 m、Ma＝0.8)

(a) SOT = 1100 K　(b) SOT = 1200 K　(c) SOT = 1300 K　(d) SOT = 1400 K
(e) SOT = 1500 K　(f) SOT = 1600 K　(g) SOT = 1700 K　(h) SOT = 1800 K

注:以 0.0665 kg/(N·h)[0.652 lb/(lbf·h)](SOT、涵道比、总压比和风扇压比分别为 1400 K、4.5∶1、25∶1 和 1.9∶1 的涡扇发动机)为参考值将 SFC 归一化;所有点均为 SFC 和单位推力对应的最佳风扇压比;6.3 节解释了这些图表在其他大气条件下的使用方法;温度必须满足图表 6.18 中的限制。

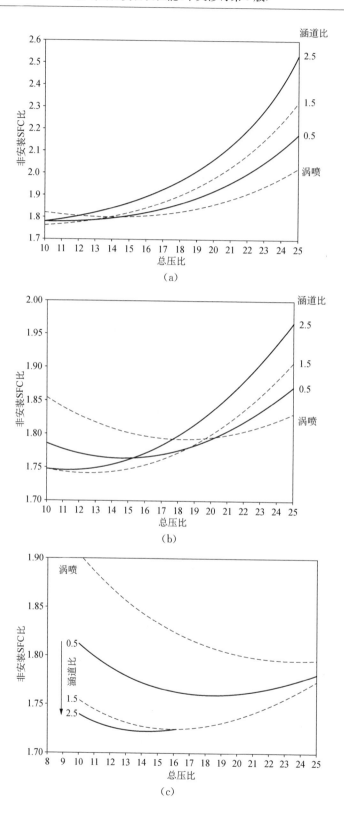

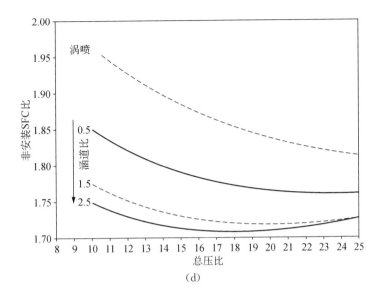

（d）

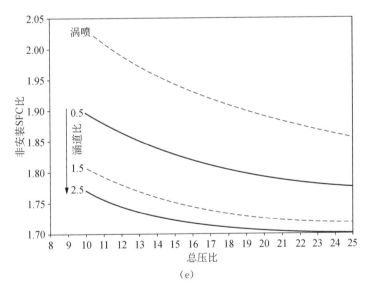

（e）

图表 6.23　涡扇循环设计点性能曲线图：SFC 与总压比和涵道比的关系（最佳风扇压比，ISA、11 000 m、Ma＝2.2）

（a）SOT ＝ 1400 K　（b）SOT ＝ 1500 K　（c）SOT ＝ 1600 K
（d）SOT ＝ 1700 K　（e）SOT ＝ 1800 K

注：以 0.066 5 kg/(N·h)[0.652 lb/(lbf·h)]（SOT、涵道比、总压比、风扇压比和马赫数分别为 1400 K、4.5：1、25：1、1.9：1 和 0.8 的涡扇发动机）为参考值将 SFC 归一化；所有点均为 SFC 和单位推力对应的最佳风扇压比；6.3 节解释了这些图表在其他大气条件下的使用方法；温度必须满足图表 6.18 中的限制。

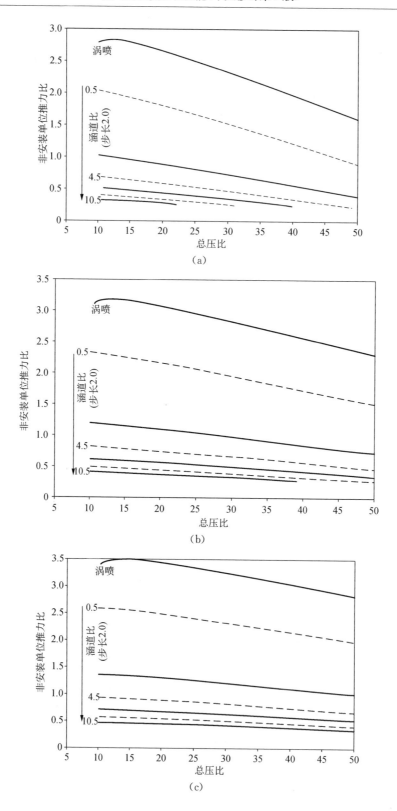

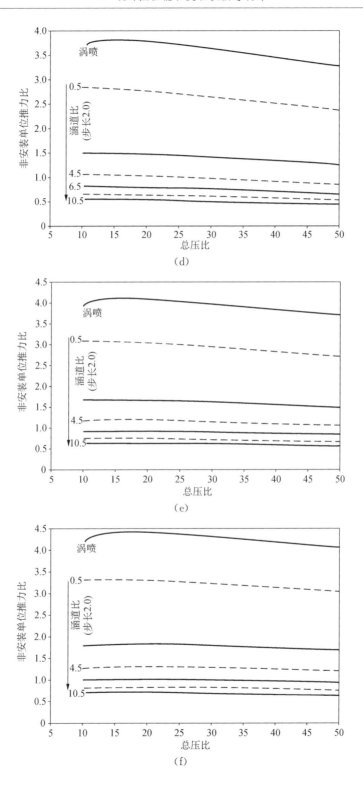

（d）

（e）

（f）

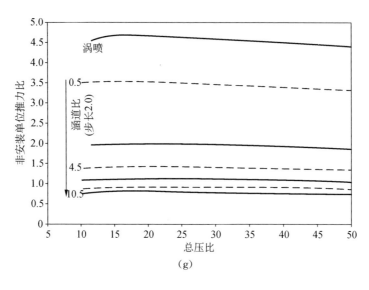

（g）

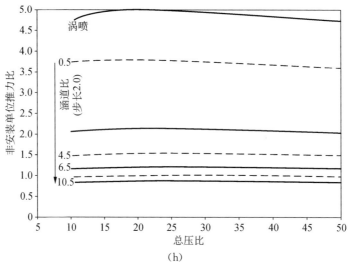

（h）

图表 6.24　涡扇循环设计点性能曲线图：单位推力与总压比和涵道比的关系
　　　　　（**最佳风扇压比，ISA、11000 m、Ma＝0.8**）

(a) SOT = 1100 K　(b) SOT = 1200 K　(c) SOT = 1300 K　(d) SOT = 1400 K
(e) SOT = 1500 K　(f) SOT = 1600 K　(g) SOT = 1700 K　(h) SOT = 1800 K

　　注：以 182.5 N·s/kg(18.6 lbf·s/lb)(SOT、涵道比、总压比和风扇压比分别为 1400 K、
4.5∶1、25∶1 和 1.9∶1 的涡扇发动机)为参考值将单位推力归一化；所有点均为 SFC
和单位推力对应的最佳风扇压比；6.3 节解释了这些图表在其他大气条件下的使用方法；
温度必须满足图表 6.18 中的限制。

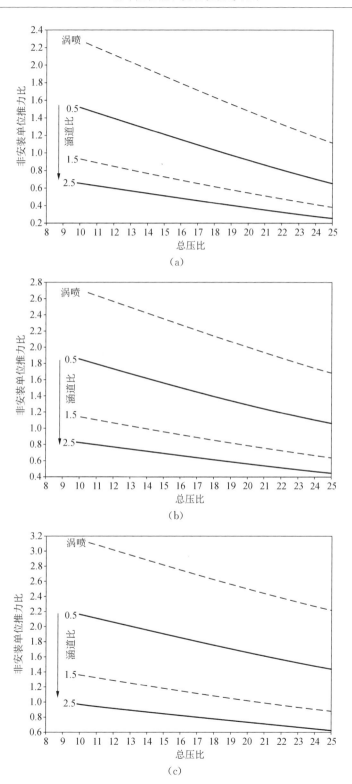

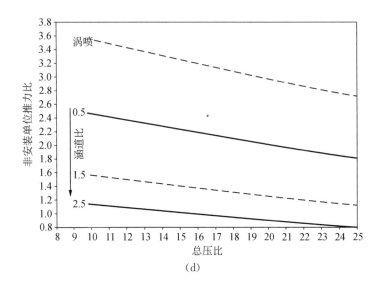

(d)

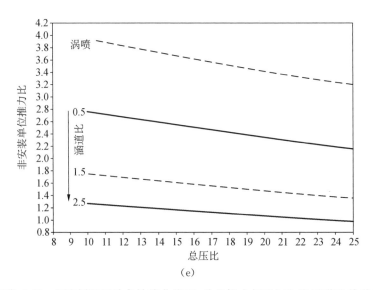

(e)

图表 6.25　涡扇循环设计点性能曲线图:单位推力与总压比和涵道比的关系（最佳风扇压比,ISA、11000 m、Ma=2.2）

(a) SOT = 1400 K　(b) SOT = 1500 K　(c) SOT = 1600 K
(d) SOT = 1700 K　(e) SOT = 1800 K

注:以 182.5 N · s/kg(18.6 lbf · s/lb)(SOT、涵道比、总压比、风扇压比和马赫数分别为 1400 K、4.5 ∶ 1、25 ∶ 1、1.9 ∶ 1 和 0.8 的涡扇发动机)为参考值将单位推力归一化;所有点均为 SFC 和单位推力对应的最佳风扇压比;6.3 节解释了这些图表在其他大气条件下的使用方法;温度必须满足图表 6.18 中的限制。

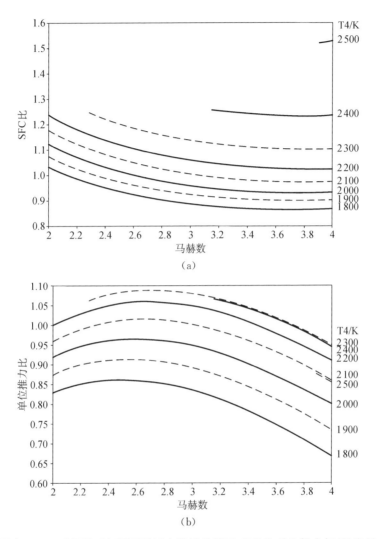

图表 6.26 **冲压发动机循环设计点性能曲线图:SFC 和单位推力与 T4 和马赫数的关系(ISA、15 240 m)**

(a) SFC (b) 单位推力

注:(a)以 0.220 7 kg/(N·h)[2.164 lb/(lbf·h)](T4、高度和马赫数分别为 2 100 K、15 240 m 和 3.0 的冲压发动机数值)为参考值将 SFC 归一化;化学当量油气比限制了更高的等 T4 线;6.3 节解释了这些图表在其他大气条件下的使用方法;(b)以 808.5 N·s/kg(82.44 lbf·s/lb)(T4、高度和马赫数分别为 2 100 K、15 240 m 和 3.0 的冲压发动机数值)为参考值将单位推力归一化。

参考文献

［1］Cohen，H. Rogers，G F C. Saravanamuttoo H I H. Gas Turbine Theory ［M］. 4th edn，Longmans，Harlow，1996.

［2］Harman R T C. Gas Turbine Engineering ［M］. Macmillan，Basingstoke，1987.

［3］Den Hartog J P. Strength of Materials ［M］. Dover，New York，1961.

7 非设计点性能

7.0 引言

本章介绍固定的发动机设计在工作状态改变时的稳态性能变化。这与第 6 章截然不同,第 6 章介绍的是固定的工作状态下发动机设计改变时的性能变化。工作状态由以下参数的给定值决定:

- 功率或推力水平。
- 在工作包线内的位置。

下面结合基本的物理原理和建模方法,介绍影响非设计点性能的主要因素。非设计点性能和性能的其他方面是密不可分的。要领会这点,融会贯通前述的以下四章的内容是很有必要的:

- 第 2 章:工作包线

发动机面临的环境和飞行条件对发动机性能有重要影响。

- 第 4 章:无量纲、准无量纲、换算和缩放参数组

叶轮机械是根据参数组工作的,因此也是根据参数组,如马赫数和压比等参数建模。

- 第 5 章:燃气涡轮发动机部件

发动机非设计点性能是部件性能的综合表现,它受部件性能趋势的影响很大。

- 第 6 章:设计点性能和发动机概念设计

在评估非设计点性能之前,要先定义候选发动机设计。在发动机概念设计阶段,这是一个反复迭代的过程,因此非设计点性能会影响发动机设计参数的最终选取。

7.1 通用的非设计点特性

本章介绍不同类型发动机通用的非设计状态特性,它们是以换算参数绘制的。

如同第 4 章介绍的那样,发动机的表现遵循无量纲关系,确定了一个或者更多个换算参数组的数值就可以确定其他换算参数组的数值。随着功率或者推力的变化,换算参数组沿着唯一的或者一系列的工作线移动,这些工作线不随环境条件变

化。作为一阶近似，非设计状态的特性可以通过体现参数组之间关系的图表来定义。对于某个特定的工作状态，知道了进口压力和温度的绝对值后，实际的性能参数值则可以很容易地计算得到。因此，这些性能图表的价值怎么强调也不为过。它们能够帮助现场迅速判断，如在发动机试车过程中或者在会议上讨论极端工作点的影响时。

如第 4 章所述，如果为了考虑诸如 P1、T1 和燃烧效率等实际二阶效应的影响而使用额外的图表和缩放系数，则发动机特性的准确性将提高。这样的效应往往对每个发动机设计都是高度具体的。为了能够生成完全严格的数据，必须使用 7.3 节介绍的热力学匹配模型。

7.1.1 单转子涡轴发动机

此处，一个涡轮同时驱动压气机和输出负载。图表 7.1 给出了其换算性能图，图 7.1 给出了其压气机共同工作线。如第 4 章所述，当发动机上有功率提取时，需要已知两个换算参数而不是一个换算参数来确定其他参数。换算功率只在这种构型的发动机特性图上才作为基本参数，因为这种发动机几乎专门用于发电行业，此时无论在哪一个功率水平，轴都必须以同步转速旋转。图表 7.1 中的第二个基本参数是换算转速，画出的线对应 −40℃、15℃ 和 40℃ 环境温度时的同步运行。图表 7.1 以这种形式给出了这一构型发动机完整的运行范围内的非设计状态特性图。算例 C7.1 给出了这些曲线的应用实例。

随着环境温度的下降和换算转速的上升，压气机出口换算压力和换算温度显著上升。对于给定的环境温度，在部分功率工况随着燃油流量的减少，涡轮换算温度急剧下降。因为转速固定，所以压气机出口换算压力和换算温度下降非常缓慢。燃烧温度低造成的循环效率的下降以及压气机效率的下降导致了耗油率（SFC）上升。图表 7.1 显示，在 ISO 条件下，20% 功率等级时的 SFC 几乎是 100% 功率等级时的 2 倍。

图 7.1 显示，对于给定的环境温度，随着燃油流量、进而涡轮导向叶片出口温度（SOT）和输出功率增加，压气机的工作点将沿着一条等换算转速线上移。同样，如果环境温度增加，则换算转速下降。如果发动机以"等额定"（flat rated）方式运行以

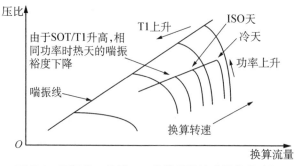

图 7.1　压气机工作线——单转子涡轴或涡桨发动机

保持功率恒定,那么高温天换算 SOT 必须增加,因此将导致喘振裕度的下降。

7.1.2　带自由动力涡轮的单转子燃气发生器涡轴发动机

在这种构型中,发动机的压气机由一个涡轮驱动,而另一个涡轮则驱动输出负载。图表 7.2 给出了发动机的换算性能图,图 7.2 给出了压气机的工作线。图表 7.2(a)给出了主要的燃气发生器参数与换算转速之间以及 SFC 与换算功率之间的关系曲线。与单转子(单轴构型——校注)发动机不一样,燃气发生器的转速与负载转速并不关联,它随着功率的降低而下降,因此对于图表它是一个合适的基本参数。在部分负荷工况下,循环压力和温度还是下降的,但是压气机效率仍然比单转子涡轴发动机的高。20%功率状态的 SFC 大概是 100%功率状态的 1.6 倍。

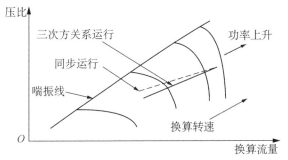

图 7.2　压气机工作线——带自由动力涡轮的单转子燃气发生器

对于固定的功率或者燃气发生器转速,动力涡轮转速可以在一个很宽的范围内变化,具体取决于被驱动负载的吸收特性。图表 7.2(b)给出了在燃气发生器等转速线上,轴输出功率和 SFC 随动力涡轮转速变化的关系曲线。作为一阶近似,每一条燃气发生器等换算转速线就是一个固定的燃气发生器工作点,所以 SFC 和输出功率随动力涡轮转速变化的关系曲线主要是动力涡轮效率的函数。动力涡轮流通能力的变化会进一步给燃气发生器的运行带来二阶的影响。

发动机可以在图表 7.2(b)所示的特性图上的任何一点工作。对于发电应用,工作线沿着等同步转速线垂直上下移动。对于按三次方关系的运行,工作线与燃气发生器等换算转速线的凸峰(等换算转速线上轴功率最大处)以及 SFC 等值线的凹谷(SFC 最低处)大致吻合。这是由于按三次方关系运行时动力涡轮的效率和流量更高。算例 C7.2 给出了两个不同动力涡轮转速水平下换算参数的估算。

图表 7.2(c)给出了在燃气发生器等换算转速线上,换算扭矩随动力涡轮换算转速变化的关系曲线。经典的失速扭矩(输出转速为 0)约为全功率和 100%转速工况下扭矩的 2 倍。图表 7.2(c)还给出了 7.1.1 节介绍的单轴构型发动机的最大可用扭矩随转速变化的关系曲线。在低的输出转速下,可用扭矩微乎其微,在输出转速为 0 时,发动机根本无法运行。所以很显然,对于按照三次方关系运行的机械驱动应用,必须采用自由动力涡轮。例如,汽车加速时需要在低的输出转速下产生较高

的扭矩和功率,只有自由动力涡轮发动机能够做到这一点。

从另一角度对发动机特性的描述是考虑动力涡轮进口条件。如第6章所述,燃气发生器产生"排气功率",动力涡轮将其转化为轴功率,其等熵效率就直接等于轴功率和排气功率之比。如果忽略动力涡轮流量变化的二阶影响,燃气发生器等换算转速线也可以认为是等换算排气功率线。图表7.2(b)中的曲线形状实际上也反映了动力涡轮效率的变化。

图7.2表明,压气机换算转速随功率水平变化。动力涡轮的转速规律决定了部分负荷的趋势;同步运行产生的流量和效率下降减小了低功率工况时的喘振裕度。

7.1.3 带自由动力涡轮的单转子燃气发生器回热涡轴发动机

和上一种构型一样,此处压气机和输出负载分别由两个涡轮驱动,不过利用了一个回热器将排气余热送回到燃烧室进口。图表7.3给出了这种发动机的换算性能图,图7.3给出了压气机工作线。这些图上同时显示了动力涡轮几何固定和可调两种情况。实际上,对应动力涡轮可调面积导向器(VAN)的每一个设置,即一个唯一的发动机几何构型,就有一组换算参数曲线。每一组曲线都和这些图中虚线表示的固定几何情况的曲线相似。实线表示的是实际通常使用的几何可调情况的曲线,可看作是穿过几何固定情况的曲线族的切面。

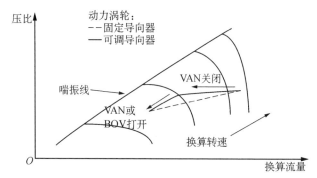

图7.3 压气机工作线——带自由动力涡轮的单转子燃气发生器回热涡轴发动机

注:上图对应动力涡轮按三次方关系运行;同步工作对于固定导向器情况抬高了部分负荷工作线,对于可调导向器情况则导致VAN调节计划的修正;BOV表示放气阀,或操作放气。

在部分功率时,VAN起初控制在关闭状态,以此保持恒定的动力涡轮进口温度T46,从而提供高的热量回收,进而降低部分功率时的SFC。VAN在40%功率附近达到关闭限位,并保持关闭直至功率下降接近慢车。事实上,在功率降到50%附近之前,SFC并不像通常的简单循环那样在部分功率时上升,因为部分功率时回热器两侧的温差大幅上升,从而保持燃烧室进口温度T31几乎恒定。在慢车时,VAN重新完全打开以降低温度,从而减轻起动或停车期间的热瞬变,尤其是对于回热器。

采用 VAN 时,由于燃气发生器涡轮膨胀比下降,功率随转速下降的速度比上面介绍的不带回热的涡轴发动机快。若给定燃油流量,关闭 VAN 将导致压气机转速下降进而进口流量下降,油气比上升进而涡轮温度上升。因此 T46 曲线有一段平坦的区域,T41 随着功率下降缓慢下降,而 T5 在这一部分功率区域内是上升的。产生这些趋势差异的原因是:每一个涡轮前后的温降随着功率的下降而下降,而膨胀比也随之下降。

动力涡轮转速对发动机性能的影响与图表 7.2(b)和图表 7.2(c)类似,但是有两个例外。SFC 变化较小,因为回热器的余热回收抵消了动力涡轮效率的变化。在50%功率以上,作用在燃气发生器性能的影响将被 VAN 的调节抵消,因为 VAN 打开更多,从而保持 T46 恒定。(另外,这可以增加动力涡轮的效率,而且实际上降低了相对于三次方关系的 SFC。)

图 7.3 显示,关闭 VAN 使压气机的工作线上移,因为燃气发生器涡轮膨胀比的降低导致相同转速下所需的 SOT 上升。

7.1.4 带自由动力涡轮的双转子燃气发生器涡轴发动机

在这种构型中,燃气发生器由两个压气机和驱动它们的涡轮组成,而负载由一个自由动力涡轮驱动。图表 7.4 给出了这种发动机的换算性能图,图 7.4 给出了压气机的工作线,这些图表中低压换算转速是一个基本参数。它的工作范围比压气机位于一个转子上的涡轴发动机的宽:低压转速在非常低的功率时急剧下降,这是由于未堵塞的动力涡轮降低了低压涡轮的膨胀比进而功率输出。高压涡轮的膨胀比仍然非常接近其设计值,所以高压轴转速也是如此。主要参数的变化趋势和带自由动力涡轮的单转子涡轴发动机的基本相似。转子数量的影响主要体现在压气机设计上。

变化的动力涡轮转速的影响大致如图表 7.2(b)和图表 7.2(c)所示,例外的是由此造成的低压转速的变化在低功率区域更大。随着发动机收油门,低压压气机工作线将像图 7.4 所示的那样明显地向喘振线移动,而高压压气机的工作线则还是更加远离喘振线。

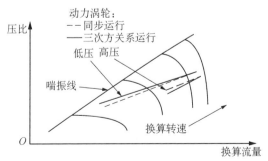

图 7.4 压气机工作线——带自由动力涡轮的双转子燃气发生器涡轴或涡桨发动机

注:放气阀(BOV)打开可以降低工作线(图中未显示)。

7.1.5　间冷回热涡轴发动机

此处,在两个压气机之间加装了间冷器,并且使用回热器回收排气余热。图表7.5 给出了这种发动机的换算性能图,图 7.5 给出了压气机的工作线。同样地,分为动力涡轮几何固定与可调两种情况,实线表示几何可调情况的曲线,代表了穿过几何固定情况的曲线族的切面。为了以换算参数完全地绘制出这种构型的特性一个额外变量是间冷器的热量提取水平,即对于不同的冷源温度与环境温度之比,各有一套特性曲线。要画出所有曲线是难以承受的,作为代表性,图表 7.5 只是对应一个冷源温度与环境温度之比。

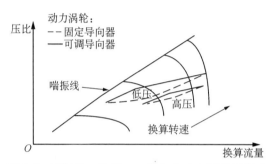

图 7.5　压气机工作线——带自由动力涡轮的间冷回热双转子燃气发生器涡轴发动机

注:放气阀(BOV)打开可以降低工作线(图中未显示);间冷不接通会提高低压压气机工作线;回热旁路工作会降低高压压气机工作线;同步的动力涡轮运行导致 VAN 调节计划的修正。

单独使用间冷可以通过减少高压压气机的耗功来提高功率;有了回热器,空气侧进口温度的降低可以增加排气余热的回收,从而导致 SFC 的下降。当功率低于30％时,这种收益尤其明显,此时高压压气机耗功占总涡轮功的比例上升。

同样,在部分功率时,VAN 控制在关闭状态,以保持恒定的动力涡轮进口温度T46,从而降低 SFC。如同回热循环,在功率降到 50％附近之前,SFC 并不像简单循环那样在部分功率时上升,因为回热器两侧的温差大幅上升,从而保持燃烧室进口温度 T31 几乎恒定。VAN 对涡轮温度的其他影响和回热涡轴发动机的一样。有一个不同之处在于:在双压气机和 VAN 的构型中,当 VAN 关闭时,在一定的功率下,低压涡轮膨胀比的下降导致低压转速的下降,最终导致低压转速范围变宽。

除了和 7.1.3 节介绍一样的两点例外之外,动力涡轮转速对发动机性能的影响与图表 7.2(b)和图表 7.2(c)相似。

图 7.5 表明,关闭 VAN 减小了燃气发生器涡轮的膨胀比,从而抬高了高、低压压气机的工作线。对低压压气机的主要影响是降低了其转速,不过,如果低压涡轮处于堵塞状态(在部分功率时不会发生),那么关闭 VAN 实际上降低了低压压气机的工作线。

7.1.6 单转子涡喷发动机

此处,一个压气机由一个涡轮驱动,排出的燃气进入推进喷管。这个喷管前后的压比产生了很高的排气速度,从而产生喷气推力。

亚声速工况

图表7.6给出了这种发动机的换算性能图,图7.6给出了压气机的工作线。相对于地面应用的发动机,多了一个飞行马赫数作为参变量。如第4章所述,对于每一个马赫数,都有一条唯一的换算工作线。只有当喷管堵塞时,这些工作线才重合。发生堵塞时的推力水平取决于飞行马赫数,马赫数导致了喷管压比的差异。

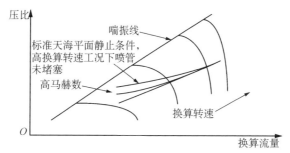

图 7.6 压气机工作线——亚声速单转子涡喷发动机

算例C7.3说明了图表7.6的使用方法。换算的燃油流量、空气流量和涡轮温度在低换算转速时随着马赫数而强烈变化,因为推进喷管未堵塞,所以涡轮膨胀比是变化的。在某一换算转速下,随着马赫数增大,换算空气流量增加,换算燃油流量下降,因此换算涡轮温度下降。换算 P3 的确切变化由压气机特性图的形状决定,所示的小的变化量对应相对平坦的等转速线。

和地面燃气轮机不一样,在推力下降到 50% 附近的过程中,SFC 显著改善,因为推进效率的上升超过了核心机循环热效率的下降。这是由于排气速度和温度降低了,从而用于任意排气动量(即推力)水平的能量更小了。当推力继续减小时,由于热效率迅速恶化,SFC 再次变差。

飞行马赫数的最大影响是产生进口动量阻力,这减少了净推力并因此使得 SFC 变差。冲压压缩可以部分抵消该影响,而且巡航高度上的可用物理推力(不是换算推力)较高。早年民航客机使用的是涡喷发动机而非涡扇发动机,在确定发动机尺寸时是根据起飞推力而不是巡航推力。7.1.7节包含了飞行马赫数对这两种类型发动机影响的对比。

图7.6显示,在推进喷管未堵塞的情况下,压气机的工作线随着飞行马赫数的增大而下降。

7.1.7 亚声速双转子涡扇发动机

此处,来自第一个低压压气机即风扇的空气部分地绕过发动机的内涵,通过外涵道从单独的外涵喷管排出。涵道比定义为外涵流量与内涵流量之比。内涵流道有一个高压压气机和两个涡轮。图表7.7给出了这种发动机的换算性能,图7.7给出了压气机的工作线。涡扇发动机的主要优势是通过增加流量和降低排气温度和速度来降低SFC,因为这提高了推进效率,从而减少了尾焰中废弃的能量。如同涡喷发动机,随着推力的下降,SFC先是由于推进效率的上升而下降,随后则因为热效率的下降而又开始上升。与涡喷发动机不同,涡扇发动机的尺寸由巡航状态而不是起飞状态决定,因此起飞时有着剩余推力可以使用。

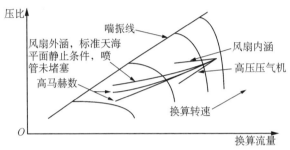

图7.7　压气机工作线——亚声速双转子涡扇发动机

如同纯涡喷发动机,飞行马赫数影响推进喷管堵塞的程度。风扇外涵工作线受其影响尤为明显,在小推力时涵道比上升,尤其是在高马赫数下;此时,由于转速下降,核心压气机流通能力的下降速度比外涵喷管的快,导致风扇内涵工作线非常平坦。

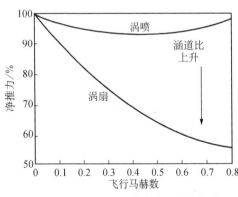

图7.8　涡喷和涡扇发动机最大额定
推力与马赫数的关系

进口质量流量增加的一个主要后果就是增大了进口动量阻力,这显著降低了高马赫数工况下的推力。图7.8给出了涡喷发动机和大涵道比涡扇发动机在最大额定状态时实际净推力与马赫数之间的关系。对于涡喷发动机,推力先随着马赫数的上升而下降,在马赫数0.8左右又恢复到静止状态时的值,当马赫数超过0.8时,推力迅速上升。这一趋势是以下因素的综合结果:换算净推力随马赫数上升而下降;进口压力上升,这增加了相同换算推力下的实际推力;动量阻力和推进效率均随着马赫数上升而上升。然而对于涡扇发动机,推力随马赫数上升而持续下降,因为大的质量流量导致的冲压阻力上升盖过了所有其他因素的影响。考虑这些原因以及短舱阻力,高飞行马赫数时宜采用小涵道比带加力燃烧室的涡扇发动机或者涡喷发动机。

7.1.8 超声速涡喷或涡扇发动机

超声速工作状态较为复杂且高度依赖选取的循环参数,所以无法提供足够通用的图表。7.3.8节介绍了非设计状态性能主要影响因素之间的相互作用。由飞行马赫数产生的高的压力上升与基本的循环压比之间有着强烈的相互作用。

在超声速运行时,进气道处于堵塞状态,从而确定了发动机的质量流量。为了低至零马赫数都能高效运行,可以采用可变几何进气道;否则发动机要求的过高流量仅仅在发动机前产生过大的压力损失而已,因为高的换算流量$(W\sqrt{T}/P)$是通过降低压力来实现的。附加进气、溢流和喉部都可采用可调面积。

由于一般装有加力燃烧室,以及应付飞行马赫数的变化,还采用可调喷管。如第5章介绍的那样,加力燃烧室一般在超声速运行或者至少是跨声速加速时使用;这就要求增大喷管面积,来防止最后一个涡轮膨胀比降低引起的发动机喘振。另外,飞行马赫数的变化改变了喷管进口压力,所以设定喷管面积时的一个主要目的是保证喷管的膨胀比和收扩面积比实现最佳的组合。喷管面积的所有指标不可能同时满足,所以不可避免地要做一些折中处理。

7.1.9 冲压发动机

此处,循环增压比仅通过自由流空气从高飞行马赫数减速扩压来实现,而不存在旋转的叶轮机械。每一款发动机的设计必须根据进气道和喷管的性能来针对其具体应用而量身定制,从而匹配要求的飞行马赫数范围。因此,无法提供足够通用的图表。7.3.9节介绍了影响非设计状态性能的主要机理。

7.2 非设计点性能建模——方法

本章聚焦几乎是公认形式的稳态非设计点模型,即热力学匹配模型。所有的模型也常常被称为"叠"(deck),因为早年的计算机通过一叠穿孔卡片加载模型。其他类型的模型,如查找表方式,因为罕有使用而未予涵盖。

第4章和第5章介绍了如何通过基于参数组的特性图反映部件的特性。一旦部件的几何构型确定了,则其特性图也随之唯一确定,它代表所有非设计状态的性能。对于给定的发动机工作条件,例如ISO和100%功率状态,每个部件特性图上的工作点也是唯一的,取决于与之关联或者说匹配的各部件的特性图。所以发动机的每一个工作条件都对应一组唯一的部件工作点。第5章介绍的压气机部件试验台就是一个简单的例子,下游节流阀的每个设置(这是唯一需要匹配的部件)和转速(类似于发动机的工作状态)都对应压气机特性图上一个不同的工作点。

发动机非设计状态性能建模确定了每一个部件的工作点,因为它与其他部件配合工作;这往往被称为匹配,而且是高度迭代的。它需要对一些部件特性图上的工作点进行逐个猜测。这些猜测值随着迭代不断更新,直到其他已知条件得到满足。一旦迭代完成,就很容易得到诸如推力或轴功率等总体循环参数。对所需建模的具体描述是说明这一过程的最好方法,下面章节将针对不同主要发动机构型加以介绍。

对于客户模型,相关的国际标准规定了很多基本的模型功能,可参见附录 A。这包括能够通过功率代码求解发动机关键参数特定值,以及不允许任何解超过输入给出的限制值。当今可用的商业性的标准软件工具越来越多。

7.2.1 串行嵌套循环与矩阵迭代法的比较

非设计状态匹配计算几乎全都在计算机上进行。发动机流路通过适当顺序的截面表示。附录 A 给出了国际公认的发动机符号命名,包括截面编号。各截面的热力学参数均基于上游的部件性能而计算。

对于稳态热力学模型,通过串行嵌套循环或者矩阵解算法实现上述迭代。前者从感知上比较容易理解,并且容易通过个人计算机程序来实现。这也是这里介绍的算例使用的方法。但是如果超过了 5 个嵌套循环,该方法就变得效率低下,所以在大型精细的系统中,采用矩阵解法正变得越来越普遍。无论采取哪种方法,对于发动机都需要几个匹配猜测和相同数量的匹配约束。在迭代过程中,匹配猜测不断更新直到满足所有匹配约束。压气机的 β 值是典型的匹配猜测参数,计算出来的涡轮流通能力和特性图上的流通能力相等则是典型的匹配约束。

在串行嵌套循环中,所有匹配猜测和匹配约束是成对的,并且在嵌套序列中求解。对于外层迭代循环的每一遍运行,内层的各个迭代循环不断重复,直至收敛。

在矩阵迭代中,总体上的相互作用是不言而喻的,而且方程同时求解。这需要使用基于偏导数的数值方法,而偏导数就是单独改变每个匹配猜测值对所有匹配约束误差的影响。这种方法的基本步骤如下。

- 选取匹配猜测初始值,比如采用固定的输入值,或者从提供的曲线图中读取。
- 沿发动机从前到后计算一遍,几乎就像设计点计算那样。
- 计算匹配约束的计算值和从部件特性图上查到的数值之间的误差。
- 依次对每一个匹配猜测进行微调,重复上面两步。
- 根据得到的误差值求出每个匹配约束的误差相对于每个匹配猜测的偏导数。最终,得到一个由偏导数组成的矩阵。
- 利用标准的数值方法对偏导数矩阵进行求逆,如高斯-若尔当(Gauss-Jordan)消元法或者 LU 分解法。
- 同时改变所有的匹配猜测,改变量等于偏导数矩阵的逆矩阵乘以误差矩阵,如公式 F7.1 所示。这一步骤可以通过标准的数值方法,如阻尼牛顿法,来提高计算效率。
- 重复上述步骤,直至匹配约束的计算值与从部件特性图上读取的数值之间的误差在允许容差带内,比如 0.1%。

第 11 章介绍了如何将矩阵迭代法拓展到发动机试验数据分析。在这种场合,串行嵌套循环则由于其复杂性变得不切实际。

7.2.2 气体性质

所有的建模必须使用正确的气体热力学性质。这里给出的算例使用的是基于部件平均温度计算的气体性质。比热容 CP 和比热容比 γ 的使用，以及基于焓和熵的更加严格的方法，都在第 3 章进行了介绍。

7.3　非设计点建模——流程图和算例

这里对于每一种主要的发动机构型，给出了利用串行嵌套循环计算非设计状态性能的流程图。除了单转子涡轴发动机模型必须同时运行到固定的转速和功率之外，所展示的其他模型都是运行到固定的低压轴转速。对于所有的构型，如果要运行到固定的其他参数，通常需要一个额外的最外层循环，它以低压转速为匹配猜测，以指定参数计算值和要求值的误差为匹配约束。有时选择不同的匹配猜测可以避免需要这个额外的循环。

7.3.10 节介绍了每个独立部件的详细计算过程，算例 C7.4 介绍了基于这些方法的涡喷发动机计算过程。在每次迭代的最后，使用公式 F7.2 和 F7.3 更新匹配猜测。匹配约束的计算值和特性图数值之间误差的收敛允许容差应该小于 0.1%。作为参考，图表 7.8—图表 7.14 给出了更加复杂的适合于矩阵迭代法的匹配设置。

7.3.1　单转子涡轴发动机

图 7.9 示出了发动机按指定的功率和转速运行的匹配流程图。转速是发电机

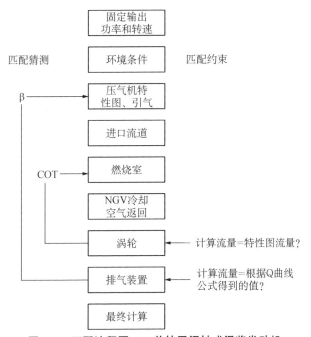

图 7.9　匹配流程图——单转子涡轴或涡桨发动机

注：图中显示的匹配猜测值需要初始值，每经过一次相关迭代循环就更新一次；输出转速由负载决定，如恒定的同步值；为简单起见，未给出第一个 NGV 下游返回的涡轮冷却空气；再循环引气需要在返回截面给出额外的流量和温度的猜测和匹配。

所需的同步值。这里有两个迭代循环,以满足燃气发生器涡轮和排气出口面积的流通能力。这需要分别调整燃烧室出口温度(COT)和压气机β值的猜测值。

7.3.2 带自由动力涡轮的单转子燃气发生器涡轴发动机

图7.10示出了发动机模型按固定的燃气发生器转速运行的匹配流程图。这里有三个迭代循环,以满足燃气发生器涡轮、动力涡轮和排气出口面积的流通能力。这需要分别调整COT、压气机β值和输出功率的猜测值。对于输出功率的每个猜测值,动力涡轮的转速根据负载特性来设定,如船用螺旋桨三次方关系或者发电机的同步转速。

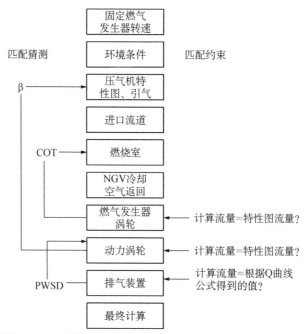

图7.10 匹配流程图——涡轴或涡桨发动机,单转子燃气发生器带自由动力涡轮

注:图中显示的匹配猜测值需要初始值,每经过一次相关迭代循环就更新一次;动力涡轮转速根据负载特性计算,如船用螺旋桨的三次方关系式;为简单起见,未给出第一个NGV下游返回的涡轮冷却空气;再循环引气需要在返回截面给出额外的流量和温度的猜测和匹配。

输出功率和压气机β值的迭代循环有重叠交叉。如果计算的排气出口流通能力和从Q曲线得到的值不匹配,则修改输出功率PWSD的猜测值,更新自由涡轮转速,并根据图7.10中显示的嵌套循环重复动力涡轮的计算。此时,新的转速和功率导致从特性图上读取出不同的流通能力水平。这和根据进口条件计算得到的动力涡轮流通能力不一致。现在必须对β值做出新的猜测,并再次进行压气机计算。整个过程不断重复,直至收敛。

7.3.3 带自由动力涡轮的单转子燃气发生器回热涡轴发动机

图 7.11 示出了发动机按固定的燃气发生器转速运行的匹配流程图。同样地，也有三个发动机迭代循环，以满足两个涡轮以及排气的流通能力，这需要调整 COT、压气机 β 值和动力涡轮输出功率的猜测值。回热器需要增加一个针对空气侧出口温度的额外迭代，因为该温度取决于尚未计算的燃气侧参数。（猜测了一个数值后，通常就可以直接计算空气侧的压力损失，然而在大多数复杂的模型中这也需要迭代。）空气侧出口温度的猜测值与通过燃气侧参数计算出来的数值进行比较，如果它们不匹配，则重新进行迭代循环。回热器迭代循环在负载迭代循环之前进行，重复该步骤将导致 β 值和 COT 循环的重新迭代。

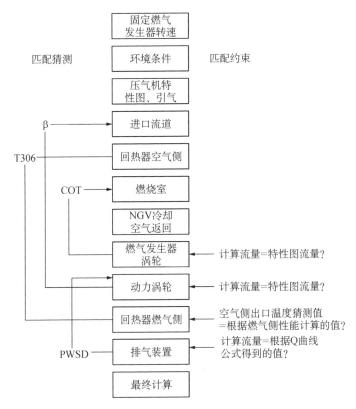

图 7.11 匹配流程图——带回热的涡轴发动机，单转子燃气发生器带自由动力涡轮

注：图中显示的匹配猜测值需要初始值，每经过一次相关迭代循环就更新一次；动力涡轮转速根据负载特性计算，如船用螺旋桨的三次方关系式；为简单起见，未给出第一个 NGV 下游返回的涡轮冷却空气；再循环引气需要在返回截面给出额外的流量和温度的猜测和匹配；动力涡轮可调面积导向器需要额外的迭代，比如以满足固定的动力涡轮进口温度。

如果动力涡轮包含可调面积导向器，则它的设定可以直接指定，也可以用于一个额外的外部迭代来满足另一个指定的参数。这通常是动力涡轮进口温度（T46），因为这样可以提供比恒定的回热器进口温度（T6）的情况更低的 SFC，同时避免了采用恒定 SOT 算法造成的过高的 T6。

7.3.4　带自由动力涡轮的双转子燃气发生器涡轴发动机

图 7.12 示出了发动机按固定的低压压气机和自由动力涡轮转速运行的匹配流程图。这里有四个迭代循环，以满足三个涡轮以及排气的流通能力，这需要调整 COT、两个压气机的 β 值以及动力涡轮的输出功率的猜测值。高压轴转速通过根据当前的流量和 β 值读取高压压气机特性图来确定。

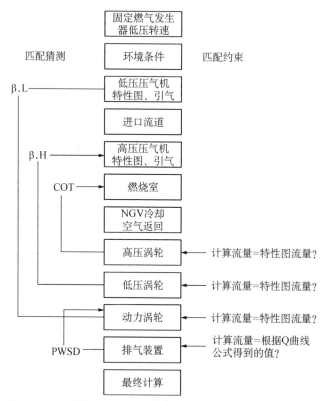

图 7.12　匹配流程图——涡轴或涡桨发动机，双转子燃气发生器带自由动力涡轮

> 注：图中显示的匹配猜测值需要初始值，每经过一次相关迭代循环就更新一次；动力涡轮转速根据负载特性计算，如船用螺旋桨的三次方关系式；为简单起见，未给出第一个 NGV 下游返回的涡轮冷却空气；再循环引气需要在返回截面给出额外的流量和温度的猜测和匹配。

7.3.5　间冷回热涡轴发动机

图 7.13 示出了发动机同样按固定的低压压气机和动力涡轮转速运行的匹配流程图。和前面构型的发动机一样，这里有四个主要的迭代循环，以满足三个涡轮以及排气的流通能力，这需要调整 COT、两个压气机的 β 值以及动力涡轮的输出功率的猜

测值。同样,高压轴转速通过根据当前的流量和 β 值读取高压压气机特性图来确定。如 7.3.3 节所述,这里同样需要增加一个针对回热器空气侧出口温度的迭代循环。

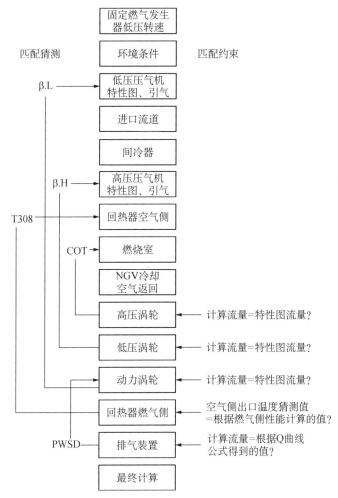

图 7.13 匹配流程图——带间冷回热的涡轴发动机,双转子燃气发生器带自由动力涡轮

注:图中显示的匹配猜测值需要初始值,每经过一次相关迭代循环就更新一次;动力涡轮转速根据负载特性计算,如船用螺旋桨的三次方关系式;为简单起见,未给出第一个 NGV 下游返回的涡轮冷却空气;再循环引气需要在返回截面给出额外的流量和温度的猜测和匹配;动力涡轮可调面积导向器需要额外的迭代,比如以满足固定的动力涡轮进口温度。

间冷器计算是"直通式"的,通常不需要迭代,但是如果采用了中介液体传输迭代循环,就会很复杂。如果动力涡轮带有可调面积导向器,那么它的设定可以直接指定,也可以用于一个额外的外部迭代来满足其他某个指定的参数,这通常是 7.3.3

节介绍的动力涡轮进口温度(T46)。

7.3.6　亚声速单转子涡喷发动机

图 7.14 示出了发动机按固定的压气机转速运行的匹配流程图。主要的迭代是为了满足涡轮和喷管的流通能力,为此分别调整 SOT 和压气机 β 值猜测值。这种匹配设置基本上与 7.3.2 节介绍的带自由动力涡轮的单转子涡轴发动机的一样。

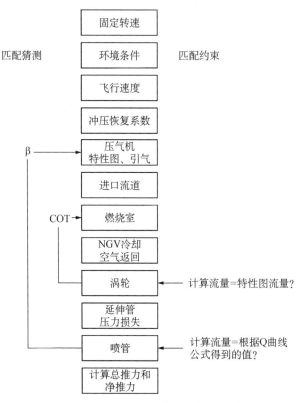

图 7.14　匹配流程图——亚声速单转子涡喷发动机

注:图中显示的匹配猜测值需要初始值,每经过一次相关迭代循环就更新一次;为简单起见,未给出第一个 NGV 下游返回的涡轮冷却空气;再循环引气需要在返回截面给出额外的流量和温度的猜测和匹配。

7.3.7　亚声速双转子涡扇发动机

图 7.15 示出了发动机按固定的风扇转速运行的匹配流程图。和其他构型不一样,这里的第一个迭代是通过调整涵道比的匹配猜测来满足外涵喷管的流通能力。另外还有三个迭代,通过分别调整 COT、高压压气机 β 和风扇 β 的猜测值来满足两个涡轮以及内涵喷管的流通能力。

如果采用混合器和共用喷管,而不是内外涵分开排气,则混合器出口平面的静压平衡取代第二个推进喷管的流通能力,成为一个匹配约束。匹配设置如下。

匹配猜测	匹配约束
涵道比	混合器出口静压平衡
高压压气机 β 值	低压涡轮流通能力
SOT	高压涡轮流通能力
风扇 β 值	共用喷管流通能力

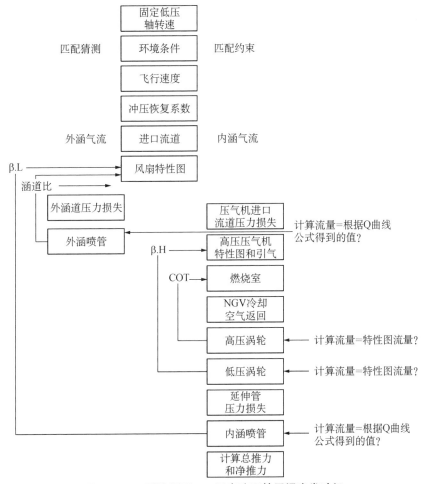

图 7.15　匹配流程图——亚声速双转子涡扇发动机

注:图中显示的匹配猜测值需要初始值,每经过一次相关迭代循环就更新一次;为简单起见,未给出第一个 NGV 下游返回的涡轮冷却空气;再循环引气需要在返回截面给出额外的流量和温度的猜测和匹配;风扇外涵和内涵采用各自的特性;流程图适用于分开排气,混排需要内外涵静压平衡的匹配。

7.3.8　超声速涡喷或涡扇发动机

超声速飞行会导致进气道堵塞。如果仅仅是为了跨声速加速,还需要配上一个加力燃烧室。为了能在一定马赫数范围(对于有人驾驶飞机,必须低至零)内高效运行,可变几何进气道是必需的,而且为了提供可以接受的压气机工作线和喷管性能,可调推进喷管也是必需的。

对于进气道,可调面积用于附加进气、溢流和喉部。建模使用了总压恢复系数或效率(见第 5 章)与面积设置、飞行马赫数和出口流通能力的关系曲线图。最后一项影响是由于喉道和发动机之间的压力随着发动机进口流通能力的变化而调整。进气道喉部决定了发动机的物理流量,而总压恢复系数需根据第一个压气机的 β 值迭代求得。对于给定的加力燃烧室燃油流量,燃烧计算决定了推进喷管进口的温度,而压气机转速迭代则用来满足推进喷管的流通能力。推进喷管的推力系数和流量系数与可变面积设定的关系以曲线图的形式加载使用。

单转子带加力燃烧室的涡喷发动机模型的匹配设置如下。

匹配猜测	匹配约束
高压压气机 β 值	进气道总压恢复系数
高压压气机转速	喷管流通能力
SOT	高压涡轮流通能力

7.3.9　冲压发动机

尽管这是机械构型最简单的发动机,但这一领域相当专业且很少有公司热衷于此,因此这里仅给出简要的总结。为了能够在宽广的马赫数范围内高效运行,有需要引入可调进气道和/或可调喷管,然而迄今为止在消耗性应用(如导弹)中,其成本效益依然不佳。由于处于堵塞状态,进气道和喷管两者都比较复杂,需要严谨地建模。

进气道

进气道设计在很大程度上取决于所需的飞行马赫数水平或范围。在超声速进口马赫数下,所有的进气道都需采用收敛-扩张(即收扩)构型,因为当马赫数超过 1 时气体只能在收缩通道中扩压。通过各种可能的激波系统,喉道处马赫数达到 1。因此喉道处于堵塞状态,其面积决定了所有燃油流量工况下的空气质量流量。在喉道下游,亚声速气流继续扩压减速至足够低的马赫数,以适合稳定燃烧。

对于建模,使用喉道总压恢复系数和飞行马赫数之间合适的关系曲线图。喉部条件决定了质量流量,而亚声速扩压器的压力损失变化,以匹配推进喷管的流量。

燃烧室

这里的马赫数仍然大大超过常规燃烧室中的马赫数,因为为了避免过大的超声速波阻,发动机直径不能超过进气道的直径。如 5.2.1 节介绍的那样,需要采用不同的火焰稳定器来保证燃烧室的稳定燃烧,而且化学燃烧效率相对较低。出于机械完整性考虑,还需采用带冷却的隔热防振屏。冷却空气和不均匀燃烧产生的温度分布被认为会进一步降低有效产生推力的能力。

建模使用化学燃烧效率与负荷之间的关系图表[①]。喷管进口理想平均温度(即基于燃烧效率100%)用于连续性和推力计算,然后推力要乘上燃烧效率值来修正。

推进喷管

高温燃气从收扩推进喷管排出,对于高的膨胀比,收扩喷管是必然的选择。同样,直径约束限制了喷管设计,其出口面积必然远小于达到完全膨胀、实现完全加速对应的面积(见5.13.2节)。

对于喉道的建模,用面积和流量系数,以及进口流量、燃油流量和温度来计算膨胀比。然后如前所述,将燃烧效率应用于通过公式F5.13.12和F5.13.16得到的总推力。

7.3.10 部件

第5章详细介绍了所有发动机部件,包括如何通过第4章介绍的参数组来表示非设计状态性能。发动机非设计状态性能模型中每一个单独部件的计算方法将在下文中介绍。各种构型发动机中这些部件计算的组合方式已在7.3节的前面部分中通过匹配计算流程图作了介绍,并辅以算例演示。

环境条件

输入:高度和相对于ISA条件的偏差。

计算方法:查阅第2章介绍的ISA表,或者根据公式F2.1—F2.3计算。

输出:环境压力和温度。

飞行条件

输入:飞行速度或者马赫数,环境条件。

计算方法:如果需要,根据第2章介绍的图表或者公式推算马赫数。根据公式F3.31和F3.32计算总温和总压。

输出:自由流总温和总压,以及相对总温(θ)和相对总压(δ)。

进气道冲压恢复

输入:环境压力和自由流总压,冲压恢复系数。

计算方法:用自由流总压减去环境压力得到动压头。使用公式F5.13.9(如果用进气道效率表示,则使用公式F5.13.11)。

输出:发动机进口总温和总压。

亚声速安装/发动机进口流道和其他流道

这些计算在下游的压气机计算之后进行,只有这样空气质量流量才是已知的。

输入:损失系数,进口流量、温度和压力。

计算方法:根据公式F3.33和F5.13.4或者F5.13.6计算压力损失。

输出:出口流量、温度和压力。

超声速安装/发动机进气道

输入:损失系数,前缘质量流量、总温、总压和飞行马赫数。

---

① 原文为"grasphs of chemical-and thrust combustor efficiency",疑为多加了"and thrust"。——校注

计算方法:利用公式 F5.14.4 计算激波系统,以及 F3.33、F5.13.4 或者 F5.13.6。

输出:出口流量、温度和压力。

低压压气机

输入:进口温度、压力、转速、猜测的 β 值。

计算方法:计算换算转速。

通过 β 值和换算转速从特性图上查找换算流量、压比和效率。

如有需要,按照公式 F5.2.5 使用缩放因子和增量。

按照公式 F5.2.1 和 F5.2.2 对特性图数值使用雷诺数修正。

计算进口绝对质量流量和出口压力。

根据公式 F5.1.4 计算出口温度。

根据公式 F5.1.2 计算功率。

输出:出口流量、温度和压力、功率、效率。

高压压气机

输入:进口流量、温度、压力、猜测的 β 值。

计算方法:如有需要,按照公式 F5.2.5 使用缩放因子和增量。

按照公式 F5.2.1 和 F5.2.2 对特性图数值使用雷诺数修正。

通过 β 值和换算流量从特性图上查找换算转速、压比和效率。

计算绝对质量流量和出口压力。

根据公式 F5.1.4 计算出口温度。

根据公式 F5.1.2 计算功率。

输出:出口流量、温度和压力、功率、效率。

风扇

输入:进口温度[①]、压力、转速、猜测的 β 值和涵道比。

计算方法:计算换算转速。

从特性图上查找换算流量、压比和效率。

如有需要,按照公式 F5.2.5 使用缩放因子和增量。

按照公式 F5.2.1 和 F5.2.2 对特性图数值使用雷诺数修正。

如果没有单独的风扇内涵特性图,计算风扇内涵的压比和效率。

计算绝对质量流量和出口压力。

根据公式 F5.1.4 计算出口温度。

根据公式 F5.1.2 计算功率。

输出:出口流量、温度和压力、功率、效率。

冷却空气提取

输入:冷却空气提取比例、压气机功的分数(若引气位置在压气机中间级)。

---

① 原文还有"流量",为错误。——译注

计算方法:引气比例乘以引气源主流截面流量,得到冷却空气流量。

减去排出的冷却空气流量,得到下游流道流量。

引气源主流截面总温和总压不变。

如有需要,根据公式 F5.15.1 计算中间级引气对压气机功耗的修正。

输出:下游流量、温度和压力,修正后的压气机功耗。

燃烧室

输入:进口流量、温度和压力,猜测的燃烧室出口温度、COT(NGV 无冷却时即为 SOT),冷态和热态压力损失系数。

计算方法:根据公式 F5.7.2 计算燃烧室负荷。

根据与负荷的关系得到效率(如公式 F5.7.8)。

从公式 F3.37—F3.40 中选择合适的公式计算油气比。

根据上面计算的油气比和进口空气流量计算燃油流量。

计算燃油流量与进口空气质量流量之和,求得出口燃气流量。

根据公式 F5.7.9 和 F5.7.10 计算压力损失。

输出:出口流量、温度和压力,燃油流量。

燃烧室——另一种方法,给定燃油流量时的计算(如对于矩阵迭代法)

输入:进口流量、温度和压力,燃油流量,冷态和热态压力损失系数。

计算方法:计算油气比。

计算燃油流量与进口空气流量之和,求得出口燃气流量。

根据公式 F3.41,迭代计算燃烧室出口温度(NGV 无冷却时即为 SOT)。

根据公式 F5.7.9 和 F5.7.10 计算压力损失。

输出:出口流量、温度和压力。

冷却空气返回

输入:进口流量、温度、压力,冷却气的流量和温度。

计算方法:简单地将冷却气流量与流道中气体流量相加,求得截面总流量。

根据公式 F5.15.2,利用焓平衡计算混合温度。

总压不变。

输出:出口流量、温度和压力。

附加损失和功率提取

输入:客户或附件功率提取、转速、盘面附近的压力和温度。

计算方法:根据轴承的类型利用公式 F5.17.1—F5.17.4 计算轴承损失。

根据公式 F5.17.6 计算所有适用盘面的风阻损失。

将每根轴上的所有功率损失相加。

输出:每根轴上总的功率损失。

涡轮

输入:进口流量、温度和压力、转速、功率。

计算方法:计算换算转速。

涡轮的输出功率等于压气机消耗功率加上损失和从轴上提取的功率。

根据进口条件计算换算流量。

根据功率、进口温度和流量计算功参数 DH/T。

从特性图上查找换算流量的匹配约束值,以及效率和出口旋流角。

如有需要,按照公式 F5.10.4 使用缩放因子和增量。

按照公式 F5.10.1—F5.10.3 对特性图数值使用雷诺数修正。

根据公式 F3.15 或者 F3.16 计算出口温度。

通过重新排列公式 F5.9.4 计算出口压力。

输出:出口流量、温度和压力、效率。

注:如果动力涡轮采用可调面积导向器,则其将成为一个额外的独立变量,而且必须使用一组特性图。

换热器

部件供应商通常都拥有特定的计算机代码,并可能提供这些代码;否则,应该得到以物理流量或者换算流量为变量的最佳拟合关联式。公式 F5.24.1、F5.24.3 和 F5.24.4 给出了回热器或者蓄热器的非设计点效能和压力损失的简单关联式,而 F5.24.2 和 F5.24.5 是针对间冷器的。

空气侧

输入:进口流量、温度和压力;对于回热器还有"携带"和泄漏气流比例。

计算方法:使用猜测的温升。

使用压力损失,它通常可以根据已知的温升计算。

对于蓄热器,减去携带和泄漏气流。

输出:出口流量、温度和压力。

回热器或者蓄热器的燃气侧

输入:空气侧和燃气侧进口流量、温度、压力。

计算方法:根据公式 F5.23.1 定义的效能,计算空气侧温升。

计算燃气侧压力损失。

利用公式 F3.15 或 F3.16,根据焓平衡计算燃气侧温降。

输出:燃气侧出口流量、温度、压力,空气侧出口流量、温度、压力。

推进喷管(推力发动机)

输入:喷管出口平面流量、温度和压力,几何面积。

计算方法:计算喷管膨胀比,即喷管出口平面总压与环境压力之比(如果喷管堵塞,则喷管出口速度为堵塞值,并且存在额外的压力推力)。

用流量系数乘以几何面积,计算喷管有效面积[①]。

---

① 这一步应与下一步交换一下顺序。——译注

读取特性图查找推力系数 CV 和流量系数 CD。

根据进口条件计算喷管的换算流量。

根据 Q 曲线公式 F3.33 计算喷管换算流量的匹配约束值。

使用公式 F5.13.12 或 F5.13.13 及推力系数和几何面积,计算总推力,即动量推力与压力推力之和。

输出:喷管流量、总推力。

发动机排气面积(工业燃气轮机)

输入:排气出口平面流量、温度和压力,几何面积。

计算方法:计算膨胀比,即排气装置出口平面总压与环境压力之比。

读取特性图查找流量系数 CD。

根据进口条件计算排气装置出口的换算流量。

用流量系数乘以几何面积,计算有效面积。

根据 Q 曲线公式 F3.33 计算排气装置出口换算流量的匹配约束值。

输出:排气流量。

动量阻力

输入:飞行条件、发动机进口空气流量。

计算方法:根据公式 F2.15 计算真空速 VTAS。

根据公式 F5.13.12,简单地将空气流量乘以真空速,得到动量阻力。

输出:动量阻力。

最终计算

输入:总推力、动量阻力、轴功率、燃油流量。

计算方法:根据公式 F5.13.12,用总推力减去动量阻力,得到净推力。

根据公式 F6.8,燃油流量与净推力之比为推力 SFC。

根据公式 F6.7,燃油流量与轴功率之比即为轴功率 SFC。

根据公式 F6.9 计算轴热效率。

输出:净推力、推力 SFC、轴功率 SFC、轴热效率。

7.4 变几何构型:建模和影响

7.4.1 可调进气道

在超声速应用中,喉道面积通过液压动作筒来调节,从而如第 5 章介绍的那样通过一组斜激波实现气流扩压。建模采用进气道总压恢复系数或效率随飞行马赫数和面积设定而变化的曲线图。这些曲线图包括了激波损失和下游扩张段损失。

7.4.2 可调静子叶片

如第 5 章介绍,许多轴流压气机的第一级或者前面几级会采用可调静子叶片(VSV)。它们在低转速时关闭,从而减小给定转速下流过前几级的流量,这可以抬高喘振线。工作线未发生改变,它是由下游的部件决定的,然而对于给定的流量和压比,压气机转速确实上升了。(这也许可以给涡轮效率带来少许好处。)

各级 VSV 几乎都是以某种优化了的方式联动,其调节计划随压气机换算转速变化。在这种情况下,可以使用一个复合的压气机特性图,因为每条等转速线对应唯一的几何开度设置。如果换一种方式,VSV 的调节计划是可变的,比如航空发动机在低空、高空和瞬态时具有不同的调节计划,则 VSV 角度就可以作为一个额外的独立变量加入特性图中。这实际上使用了多个压气机特性图,每个对应一个确定的 VSV 角度,而流量、压比和效率可通过插值的方法读取。

7.4.3　放气阀

放气阀(BOV)对压气机性能的影响已在第 5 章介绍。稳态时,它们主要在低转速时使用,从而降低压气机工作线;如果从压气机的中间级放气,则可以抬高喘振线。瞬态时,它们可能在较高转速时打开,从而在减速时维持符合要求的中压或者低压压气机喘振裕度,或者在发电应用甩负载时减缓动力涡轮的超转。

压气机下游的 BOV 不影响其特性图,只影响匹配的工作点。而对于从压气机中间级抽气的 BOV,压气机特性图随着 BOV 打开的数量而改变,尤其是低转速的喘振线会上升。如果 BOV 是根据换算转速按唯一的调节计划来控制的,则可以使用一个复合特性图,每条等转速线反映本身的放气设置。如果换一种方式,BOV 的调节计划是可变的,则 BOV 的构型就可以作为特性图的一个额外的独立变量。然后使用多个特性图,每个对应一个确定的 BOV 构型,它们之间则采用插值。

BOV 流量通常以引气截面主流流量的固定百分比建模。如果 BOV 处于堵塞状态,放气量也可以模拟成固定的 $W\sqrt{T}/P$。如果压比低至 BOV 未堵塞,就需要采用合适的特性曲线对下游岐管等详细建模,从而准确预测 BOV 的压比进而流量。

BOV 切换点通常是压气机换算转速的函数,辅以合适的瞬态编置。滞环的引入用来防止 BOV 的反复开闭,它是指加速时较高的关闭转速和减速时较低的打开转速之间的差。在这两个点之间,BOV 的构型状态取决于发动机之前是处于加速还是减速状态。这通过一个切换开关来输入给稳态模型,如果它表明发动机加速了,则将使用较高的切换点。对于建模,BOV 实际上要么打开、要么关闭,这一事实意味着它对循环匹配计算的影响是不连续的。为了使计算收敛,BOV 状态必须基于切换准则的初始猜测值冻结。一旦从发动机的计算得到了收敛值,切换准则需重新检验。

7.4.4　涡轮可调面积导向器

如 7.1 节所述,涡轮可调面积导向器(VAN)在回热发动机中使用,通常控制它来将动力涡轮进口温度维持在计划值。因此需要一组涡轮特性图,以涡轮 VAN 角度作为额外的独立变量。调节计划不是简单地随涡轮换算转速变化,并且特性图的形式会很复杂。

7.4.5　可调推进喷管

可调推进喷管对于带加力燃烧室的涡喷发动机和涡扇发动机是必不可少的,它可以为超声速飞行提供足够高的喷气速度。加力燃烧室工作时,喷管面积必须增大,从而避免压气机发生喘振。作为一阶近似,喷管面积随加力温度的平方根成正比增大。这样通过保持核心机涡轮的膨胀比来实现保持压气机工作线。

喷管建模基本上如 7.3.10 节所述使用推力系数、流量系数曲线以及流通能力匹配。唯一增加的变量是喷管的几何面积;这影响了流通能力和压力推力,并且可以作为推力系数和流量系数曲线一个的额外独立变量。

7.4.6 进口温度(T1)导致的几何尺寸变化

很少有性能模型会以显现形式足够精细地考虑 T1 效应。第 4 章介绍了这些效应如何通过诸如叶片反扭和叶尖间隙等几何变化而改变发动机的性能水平。压气机叶片反扭导致流量和压比上升,它可能因为物理转速高于录取特性图时的台架试验转速而发生。任何的叶尖间隙增加都会降低效率,并且对于压气机还会大大降低其喘振线。

压气机叶片反扭通过缩放特性以匹配发动机试验数据来计入,即通过缩放因子来降低特性图的换算转速值。叶尖间隙的改变主要在瞬态时发生,它是由于温度和转速的改变,其主要影响在压气机喘振线上。因此它们很少直接纳入性能建模中,而通常是通过第 8 章介绍的稳定性叠加来计算,即针对关键机动动作进行降稳因子叠加,然后相应地确定设计工作线。对于涡轮,叶尖间隙的影响只是体现在效率上;最先进的发动机采用主动叶尖间隙控制,即通过计量涡轮机匣的冷却空气来控制热膨胀,进而控制叶尖间隙。在这种情况下,需要对这股冷却气流进行建模。

7.5 发动机的缩放和不同工质的影响

第 4 章全面地介绍了发动机和部件的缩放以及工质的变化对换算参数组的影响。7.1 节中的通用非设计点特性图一阶近似地回答了发动机缩放和工质变化影响的问题,因为所展示的换算参数组可以等同地解释为缩放参数或者完全的无量纲参数组。

7.6 非设计点匹配:物理机理

分析其中涉及的物理过程,有助于理解并且能够预测设计更改对循环的影响。本节描述并解释了与发动机非设计点匹配有关的一些关键现象。

7.6.1 部分功率或推力

对于开式轴功率循环,降低功率意味着更少的燃油流量,这将降低涡轮进口温度并使得转子的旋转慢下来(单轴发电发动机除外)。发动机循环中的压比和 SOT 因此均下降。从第 6 章中的设计点性能曲线图中可以得知,这对循环的影响几乎意味着更差的热效率,因此 SFC 也立即恶化。此外,在非常低的换算转速时,部件效率急剧下降,并且往往会打开操作放气阀门放气。

对于推力发动机,同样由于以上原因,部分功率时的循环热效率也下降很快。

然而,排气速度和温度的降低将会提升推进效率,因此 SFC 最初有一些改善,而在最低推力水平时则变差,此时热效率降低对 SFC 的影响超过上述因素的影响。这个曲线的形状取决于马赫数,如 7.1 节所述。

在低功率情况下,大多数发动机使用 BOV;BOV 的打开对发动机循环有非常大的影响,因为5%~25%的气流都被放掉。因此,该功率或推力水平的涡轮温度显著上升,SFC 进一步恶化。后一种影响在回热发动机中会大幅降低,因为更高的回热器进口温度提高了热量的回收。

如前所述,对于涡扇发动机,当发动机收油门时涵道比上升,因为核心机压气机的流通能力下降的速度快于外涵喷管。低推力和/或低马赫数状态引起喷管不堵塞,因此风扇工作线更高。这些影响在 7.1 节中进行了描述。

7.6.2　单转子涡喷发动机

对于单转子涡喷发动机,固定压气机工作线的是涡轮和喷管的流通能力。如果涡轮流通能力下降,则在任何转速下压气机出口流通能力一定也下降。这对应的是更高的工作线,因为更低的流量和更高的出口压力都将使压气机出口流通能力下降。

如果尾喷管面积减小,同样会抬高压气机工作线。在任何压气机转速下,涡轮膨胀比的降低必须由更高的涡轮进口温度来抵消,而涡轮进口温度与涡轮功成正比。对于固定的涡轮流通能力,温度的上升对压气机流量和出口压力的影响与涡轮流通能力降低的影响相同。

7.6.3　多转子发动机

在使用两个甚至三个转子时,任何一个部件性能的改变,都会使部件间互相影响而产生独特的趋势。

虽然高的压比对于单转子压气机是可能的,即通过使用许多级和数排可调静叶,然而发动机往往使用多个压气机,分别由各自涡轮驱动。利用高压涡轮驱动高压压气机使得这些级可以运行在更高的转速上。这克服了为了达到压比而所需的功和转速提高所造成的高进口温度的影响。此外,在部分功率下,相比于作为单个轴的一部分的情况,高压轴维持在更高的转速。也因此,即使降到较低的功率或推力,低压压气机的工作线仍然维持在可接受的水平,因为下游快速转动的高压压气机能够抽吸更多气流。高压转速始终保持较高,是因为如下所述的"堵塞喷口之间的涡轮"效应使得高压涡轮的膨胀比在较宽的功率或推力范围内固定不变。

涡轮和喷管流通能力的影响

如果涡轮导向器堵塞,那么其流通能力则固定了,与换算转速无关。如果下游涡轮 NGV 或推进喷管也堵塞了,那么第一个涡轮的膨胀比也被固定。因此如果一个涡轮转子在堵塞的喷管之间运行,那么涡轮的流通能力、膨胀比进而功参数都明显地保持恒定。(如果涡轮设计成首先在转子中堵塞,那么换算转速的确会对流通能力有微小的影响,就如第 5 章所述,但是这个影响远远小于涡轮没有堵塞的时候。)多转子对压气机匹配有好处,因为在大多运行范围内,高压涡轮和低压涡轮下游均保持堵塞,因此高压涡轮膨胀比不会改变,而高压轴保持高速运转。

改变涡轮的流通能力改变了涡轮之间的功分配。例如,当低压涡轮流通能力降低时,低压涡轮的膨胀比进而做功提高,而这些在高压涡轮则降低。因此对于给定的燃油流量,低压转速上升而高压转速下降。高压压气机的工作线会上升,正如7.6.2节中所描述的单转子涡喷发动机一样。低压压气机的工作线也会上升,因为转速下降的下游高压压气机的流通能力降低了。这里反映了一个重要的结果,即对压气机工作线影响最大的因素是其驱动涡轮的流通能力。

与降低低压涡轮流通能力相比,降低高压涡轮流通能力或低压涡轮的下游流通能力有着大体相反的影响。对于带自由动力涡轮的双转子燃气发生器涡轴发动机,在恒定的功率下,当所有涡轮均堵塞时,降低各个涡轮的流通能力有以下影响。

	低压轴转速	低压工作线	高压轴转速	高压工作线	SOT
高压涡轮	降低	降低	升高	升高	升高
低压涡轮	升高	升高	降低	升高	降低
动力涡轮	降低	降低	升高	升高	升高

几何固定的发动机甚至也会遇到这些效应。对于推力发动机,内涵推进喷管在低推力和低马赫数时没有堵塞,这降低了核心机压气机转速,并导致风扇在更高涵道比运行。对于轴功率发动机,在恒定的功率下提高动力涡轮转速会降低其流通能力,如第5章所解释。

部件效率的影响

如果压气机或涡轮的效率降低,转子转速也将下降。例如,如上所述,高压涡轮用以产生驱动功率的膨胀比是固定的。如果压气机效率低下导致等转速下所需的功率上升,或者涡轮效率低下导致所产生的功率下降,那么结果都是转速降低。

当一个转子的功率较其他转子的更高时,该转子上部件效率的变化所带来的影响数量级也更高。例如,民用大涵道比涡扇发动机的大部分功率来自低压转子,而双转子燃气发生器的高压转子占的功率份额在低功率水平时会增加。

在高于设计额定值水平的换算转速下运行通常导致压气机效率下降,这盖过了循环参数升高所带来的任何好处,并导致 SFC 恶化。这一效应对推力和轴功率发动机均适用,而且对于前者,还存在使推进效率恶化的影响。部件效率对部分功率运行的影响见7.6.1节的讨论。

7.6.4　核心机流量变化的影响

如果在燃油流量不变的前提下,某个部件发生了变化,使得通过涡轮的物理空气流量下降,则油气比上升,发动机的运行温度升高。例如,对于带有自由动力涡轮的双转子燃气发生器,这可能是由于低压涡轮效率降低导致低压转速降低了,或者是由于动力涡轮转速的上升降低了其流通能力。对于大涵道比民用涡扇发动机,与低压系统相反,任何核心机部件的效率下降都会表现为发动机的运行温度更高,其原因是核心机空气流量的降低。

7.7　敏感性

敏感性将部件性能的变化与发动机参数的变化联系起来。第 6 章描述了设计点的敏感性,并提供了典型水平的数据。第 11 章描述了用于发动机试验数据分析的分析敏感性。非设计点性能敏感性的形式可以根据不同情况定义,取决于选取哪些基准参数为常量。

- 综合敏感性,即恒定几何敏感性,是至今最为普遍的,它展示了在其余的发动机硬件不变的情况下只改变研究对象而产生的实际影响。它们可以通过简单地只改变单个部件效率或流通能力等,然后运行发动机性能模型来得出。

- 基本敏感性,此处不考虑重新匹配在其他部件特性图上产生的任何其他后果。当改变研究对象时,所有其他的部件效率、涡轮流通能力都保持不变。这可以看到研究对象的变化(而非压比和 SOT 变化所导致的重新匹配)对循环参数的影响。

- 恒定循环敏感性,此处不断重复计算设计点,并且对所有其他的部件进行尺寸缩放,以尽可能维持温度和压气机工作线(即效率和压比)不变。然后这个新的几何尺寸运行在所希望的非设计点工况。这种方法可以将某一部件效率变化的影响从由其他部件效率及循环的变化引起的重新匹配的影响中孤立出来。

最合适的敏感性类型因发动机研制阶段而异,取决于更改其他部件是否可行。由于部件分界等各有不同,这些敏感性中的每一个的实际值对于每一个发动机型号甚至每一款发动机设计都是特定的。为准确确定更改的影响,应获得类似发动机型号和设计的敏感性,或者最好是运行发动机本身的非设计点性能模型。对于一个给定的发动机设计,敏感性一般都是非线性的,因此经常会给出比如 1% 和 5% 两个变化对应的影响表格。

这种非线性产生的一个重要后果是,当存在多个的部件变化时,即使在模型中分别评估了它们各自的影响,但这些结果加在一起的总和并不总是等于将所有变化都放到模型里时产生的总的影响。为了保证一致性,这些影响的输入顺序应该与模型中累积变化的顺序保持一致,但即使这样也不能绝对定义单个变化的实际影响。这种困难也说明了为什么还要采用基本敏感性和恒定循环敏感性。

7.8　额定等级和控制

额定等级定义了不同环境温度和高度下的许用功率或推力水平。它们的实现是通过控制系统,将一定的可测的额定等级表征参数控制在设定值。额定值水平的设计是为了确保满意的发动机寿命,同时满足关键运行状态下应用所需的功率或推力。例如,飞机在起飞、爬升、巡航、飞行慢车和地面慢车状态需要确定的推力水平。

水和蒸汽的注入以各种方式运用于航空和工业应用,以此改变额定等级曲线的形状,如第 12 章所描述。

7.8.1 标准定义

图 7.16 概括了航空和地面发动机的标准的额定等级定义。这些取自参考文献[1]和[2]。另外一个标准用语是"等额定方法"(flat rating),即在一个环境温度范围内提供恒定的功率或推力。这对于运营商而言好处明显,而要想预测发动机总工作寿命,还必须定义环境温度与时间的关系剖面图。

(a) 航空发动机,根据 AS681 REV E

油门杆角度(PLA)	运行状态	民用额定等级	军用额定等级
100		紧急	最大
90	加力的(包括注水或再热)	最大	最大连续
60		最小	最小加力
55		加力起飞	—
55		—	最大
50		非加力起飞	中间
45		最大连续	最大连续
40	非加力的	最大爬升	—
35		最大巡航	—
21		飞行慢车	慢车(飞行)
20		地面慢车	慢车(地面)
15	反推	慢车	慢车
5		最大	最大反推

(b) 地面发动机,根据 ISO 3977

级别	功率等级	每年运行小时数	每年起动次数
A	备用尖峰	多至 500 小时	
B	尖峰	多至 2500 小时	
B	ISO 标准尖峰负荷	2000 小时	平均 500 次
C	半基本	多至 6000 小时	
D	基本	多至 8760 小时	
D	ISO 标准基本负荷	8760 小时	平均 25 次

图 7.16　额定等级定义

7.8.2 最大功率或推力

最大额定状态对应着一些发动机完整性限制参数的最大许用值。图 7.17 和图 7.18 分别示出了工业涡轴和航空涡扇发动机典型的最大额定等级曲线。通常温度或物理转速限制热天的运行,而换算转速或压力水平限制冷天的运行。控制算法依照低选原则选择燃油流量,实现在不同的额定参数调节计划之间的转换,这意味着使用最先碰上的限制。

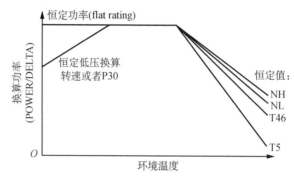

图 7.17　典型额定等级曲线,地面燃气轮机

注:图中曲线表示可能的最大额定等级;部分功率等级的线和这些线平行。

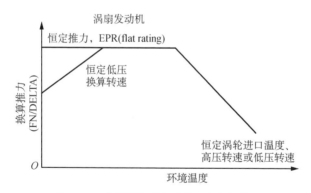

图 7.18　典型额定等级曲线,航空发动机

注:图中曲线表示可能的最大额定等级;部分功率等级的线和这些线平行;DELTA = P1/101.325 kPa①;EPR = 排气压比,用于驾驶舱推力指示;对于堵塞喷管,选择保持哪一个涡轮温度恒定影响不大。

7.8.3 部分功率或推力

部分负荷额定值一般设定为最大额定值的某个分数,大体上达到已定义的发动

---

① 原文误为"PSIA"。——校注

机能力的一定百分比。

在部分油门条件下,功率或推力可以通过开环燃油调节计划设定,然而通过某些测量参数来评定所达到的功率或推力水平会更实用并且更准确。对于工业和船用发动机,可以使用一个扭矩仪,基于测量功率进行闭环控制。一些老的发动机调节低压轴转速到特定值,功率额定值由以环境温度为变量的图表来定义。对于航空发动机,一般是调节排气压比(EPR),即喷管进口压力除以进气道总压;这和发动机在该飞行条件下的推力关联得很好。

7.8.4 慢车

这是功率或推力的最低可行等级,其理想的应用需求值实际为零。对于所有发动机,如何确定"可行"要考虑若干问题,包括燃烧室稳定性、发动机温度和喘振裕度水平。此外,一些特定的应用会有其特殊的要求。

● 航空发动机的需求主要来自加速至更高功率或推力的时间要求。这导致飞行慢车较地面慢车有更高的推力设定以保证复飞。慢车推力等级可以由转速、换算转速或压力的组合来实现,取决于其在飞行包线中的位置。

● 对于船用发动机,慢车功率耗散有时候是一个重要的问题,而且可能要求发动机在动力涡轮转子锁定的情况下运行。

● 发电发动机需要在同步慢车状态维持同步输出转速,以便于交流发电机的重新加载。为减缓起动时热瞬态过程的影响,有时也使用次同步慢车。

对于地面发动机,慢车设定一般都按固定的物理转速或换算转速来控制,而对于航空发动机,可能还要使用 P30。在慢车状态,控制器依照高选原则选择燃油流量,从而在不同的额定参数之间转换。燃油流量越高,越能保障发动机的稳定运行。

公式、算例与图表

公式

所有所需的部件公式已在第 5 章给出。

F7.1 矩阵匹配模型中匹配猜测值的更新 = fn(匹配约束误差矩阵,匹配约束对匹配猜测的偏导数的逆矩阵)

$$DX = Y * ((dY/dX)^{-1})$$

F7.2 嵌套循环迭代法中 SOT 匹配猜测值的更新(K) = fn(旧的 SOT 猜测值(K),高压涡轮流量特性图值 $[kg\sqrt{K}/(s \cdot kPa)]$,高压涡轮流量计算值 $[kg\sqrt{K}/(s \cdot kPa)]$)

$$T41new = T41old * ((W\sqrt{T}/P. map)/(W\sqrt{T}/P. calc))^{2}$$

F7.3 嵌套循环迭代法中压气机 beta 匹配猜测值的更新 = fn(旧的 beta 值猜测,尾喷管流量的 Q 曲线值 $[kg\sqrt{K}/(s \cdot kPa)]$,尾喷管流量计算值 $[kg\sqrt{K}/(s \cdot kPa)]$)

$$Beta. new = Beta. old * (W\sqrt{T}/P. Qcurves)/(W\sqrt{T}/P. calc)$$

(i) 对于多转子发动机,其他部件的流通能力可能是相关的,如低压涡轮。

（ii）可以采用更复杂的数值计算方法来加速收敛。

算例

C7.1 对于运行在同步转速的单转子涡轴发动机，求出 **250 m**[①]、**−40℃天**、换算功率为 **20%** 工况下的换算和实际的 **SFC**、**P3** 和空气质量流量，并以相对于 **ISO** 条件、**100%** 功率状态时的对应值的百分比的形式给出。

根据图表 2.1，250 m 高度下的 PAMB 为 98.362 kPa。

（i）换算参数

根据图表 7.1：

换算 PW＝20%

换算 SFC＝200%

换算 P3＝92%

换算 W1＝110.5%

（ii）实际参数

代入公式 F2.11 和 F2.12：

DELTA＝98.363/101.325

DELTA＝0.971

THETA＝233.15/288.15

THETA＝0.809

利用第 4 章给出的参数组计算实际参数值：

PW＝20 * SQRT(0.809) * 0.971

PW＝17.5%

SFC＝200%

P3＝92 * 0.971

P3＝89%

W1＝110.5 * 0.971/SQRT(0.809)

W1＝113.7%

C7.2 对于带自由动力涡轮的燃气发生器，分别考虑（i）三次方关系和（ii）同步运行，求出 **ISO** 条件、燃气发生器转速为 **86%** 工况下的换算和实际的功率、**SFC**、**P3** 和 **SOT**，并以相对于 **ISO** 条件、**100%** 功率状态时的对应值的百分比的形式给出。

由于该收油门运行状态发生在 ISO 条件，实际参数值等于换算参数值。

（i）三次方关系运行

根据图表 7.2（a）：

换算 P3＝51%

---

① 原文为"2000 m"，应是笔误。——译注

换算 T41＝75％

根据图表 7.2(b)，当燃气发生器换算转速为 86％时，在轴功率和动力涡轮转速三次方成正比的曲线上：

换算轴功率＝35％，对应动力涡轮转速 70％

换算轴 SFC＝126％

(ii) 同步运行

燃气发生器的工作状态未发生改变，所以参数值和第(i)步的一样。

根据图表 7.2(a)，当燃气发生器换算转速为 86％并且动力涡轮处于 100％同步转速时：

换算轴功率 ＝ 21％

换算轴 SFC ＝ 164％

因此可以立刻看出，在部分功率状态下，同步转速运行的 SFC 相对于三次方关系运行是多么差。

C7.3 对于单转子涡喷发动机，求出 **10000 m**、美国军用标准（**MIL**）**210** 热天、马赫数为 **0.8**、换算转速为 **70％**工况下的换算和实际的净推力、**SFC**、**P3** 和空气质量流量，并以相对于如下状态对应数值的百分比的形式给出：**(i)** 国际标准大气海平面静止（**ISA SLS**）状态和**(ii)**换算转速为 **100％**。

根据图表 2.11 可得 THETA ＝ 0.952，根据图表 2.10 可得 DELTA ＝ 0.4。

(i) 换算参数

根据图表 7.6：

换算 FN ＝ 10％

换算 SFC ＝ 160％

换算 P3 ＝ 42％

换算 W1 ＝ 60％

(ii) 实际参数

利用第 4 章给出的参数组计算实际参数值：

FN ＝ 10 * 0.4

FN ＝ 4％

SFC ＝ 130 * SQRT(0.952)

SFC ＝ 127％

P3 ＝ 42 * 0.4

P3 ＝ 16.8％

W1 ＝ 60 * 0.4/SQRT(0.952)

W1 ＝ 24.6％

N ＝ 70 * SQRT(0.952)

N = 68.3%

C7.4 进行涡喷发动机的非设计状态性能计算,工况为:高度 **11 000 m**、马赫数为 **0.8**、**ISA** 和 **100%换算转速**。发动机的设计点计算见算例 **C6.1**。这一设计点所用的涡轮和压气机的特性图如下所示,给出了流通能力、压比、**CPdT/T** 和效率。

压气机特性图:

相对换算转速 (N/√T)/%		换算流量(W√T/P) /[kg√K/(s·kPa)]			压比			效率/%		
		95	100	105	95	100	105	95	100	105
	1	38.3	43.0	46.8	22.6	27.0	32.0	82.5	81.0	80.5
	2	39.3	43.8	47.9	22.0	26.6	30.8	84.0	82.9	82.0
BETA	3	40.6	45.2	48.4	20.8	25.5	29.0	83.2	82.2	81.5
	4	41.6	46.1	48.9	19.0	24.3	27.1	82.5	81.2	79.0
	5	42.3	46.6	49.3	17.0	21.5	24.4	79.5	78.0	76.5

涡轮特性图:

相对换算转速 (N/√T)/%		换算流量(W√T/P)/ [kg√K/(s·kPa)]			效率/%		
		90	100	110	90	100	110
	0.25	4.68	4.68	4.68	89.0	89.5	89.3
CPdT/T	0.30	4.68	4.68	4.68	90.0	90.6	90.5
	0.35	4.68	4.68	4.68	90.5	90.6	90.5
	0.40	4.68	4.68	4.68	90.2	90.3	90.0

注:

设计点转速为 5 000 r/min。

所以压气机 100%N/√T = 5 000/SQRT(244.4) = 319.8 r/(min·√K)。

涡轮 100%N/√T = 5 000/SQRT(1 400) = 133.63 r/(min·√K)。

计算流程如图 7.14 所示。

(i) 计算压力损失系数

根据算例 C6.1 中的数据和公式 F5.14.2:

K12 = 0.005/(100 * 244.4^0.5/34.47)^2

K12 = 2.4E-06

K331 = 0.02/(100 * 695.1^0.5/857.5)^2

K331 = 2.12E - 03

K314 = 0.03/(100 * 695.1^0.5/840.35)^2

K314 = 3.05E - 03（为简单起见仅考虑冷态损失，公式 F5.7.9）

K57 = 0.01/(101.64 * 1 010.5^0.5/187.8)^2

K56 = 3.37E - 05

（ii）发动机非设计状态计算

自由流条件

根据 Q 曲线公式 F3.31 和 F3.32 得到自由流总温和总压：

T0/216.7＝(1＋(1.4－1)/2 * 0.8^2)

T0＝244.4 K

P0/22.628＝(244.4/216.7)^3.5

P0＝34.47 kPa

查找压气机特性图

猜测 BETA＝4

以 100％N/$\sqrt{T}$、BETA＝4 查找特性图，得到：

W$\sqrt{T}$/P＝46.1 kg$\sqrt{K}$/(s・kPa)

压比＝24.2

效率＝81.2％

进气道

沿进气道总温不变，总压损失可通过公式 F5.14.2 和第(i)步中推导的 K12 得到：

T2＝T0＝244.4 K

P0D2Q0＝2.4E - 06 * 46.1^2

P0D2Q0＝0.51％

P2＝34.47 * (1－0.005 1) * P1

P2＝34.29 kPa

W2＝46.1 * 34.29/244.4^0.5

W2＝101.1 kg/s

W1＝W2＝101.1 kg/s

压气机

T3－244.4＝ 244.4/0.812 * (24.2^(1/3.5) －1)

T3＝691.4 K

P3＝24.2 * 34.29

P3＝829.8 kPa

W3＝101.1 kg/s

PW2＝101.1 * 1.005 * (691.4－244.4)

PW2＝45 418 kW

压气机出口扩压器

总温不变,根据第(i)步得到的损失系数和公式 F5.14.2,计算出口压力:

T31＝T3＝691.4 K

P3D31Q3＝2.12E－03 ＊ (101.1 ＊ 691.4^0.5/829.8)^2

P3D31Q3＝0.022

P31＝829.8 ＊ (1－0.022)

P31＝811.5 kPa

W31＝101.1 kg/s

燃烧室

根据公式 F5.7.9,利用百分比损失系数计算得到 P41:

P31D4Q31＝3.05E－03 ＊ (101.1 ＊ 691.4^0.5/811.5)^2

P31D4Q31＝0.033

P4＝811.5 ＊ (1－ 0.033)

P4＝784.7 kPa

P41＝P4＝784.7 kPa

猜测 T4＝T41＝1 450 K

利用公式 F3.40,计算 41 截面(即能够做功的冷却空气在涡轮前混合进入后)的油气比(FAR):

FAR＝1.15 ＊ (1 450－691.4)/0.999/43 100

FAR＝0.020

WF＝0.020 ＊ 101.1

WF＝2.02 kg/s

W4 ＝101.1＋2.02

W4＝103.1 kg/s

查找涡轮特性图,并通过重新猜测 T41 进行迭代,直至特性图流通能力等于计算值。

由于未考虑冷却空气,因此 SOT 所在的 41 截面参数和 4 截面参数相等。令功率和压气机功率平衡,并利用公式 F5.9.2 得到出口温度:

PW41＝45 418/0.995

PW41＝45 646 kW

45 646＝103.1 ＊ 1.15 ＊ (1 450 －T5)

T5＝1 064.6 K

计算 CPdT/T 和 N/√T,然后查找涡轮流通能力特性图:

CPdT/T＝1.15 ＊ (1 450－1 064.6)/1 450

CPdT/T＝0.306 kJ/(kg・K)

$N/\sqrt{T} = 5\,000/\mathrm{SQRT}(1\,450)$

$N/\sqrt{T} = 131.3$ r/(min $\cdot \sqrt{K}$)

$N/\sqrt{T} = 131.3/133.63$

　　　　$= 98.2\%$

$W\sqrt{T}/P$ 特性图值 $= 4.68$ kg$\sqrt{K}$/(s $\cdot$ kPa)

根据由之前的 BETA 和 SOT 猜测值得到的流路参数,计算流通能力:

$W\sqrt{T}/P$ 计算值 $= 103.1 * 1\,450\text{\textasciicircum}0.5/784.7$

　　　　　　$= 5.00$ kg$\sqrt{K}$/(s $\cdot$ kPa)

比较 $W\sqrt{T}/P$ 的特性图值和计算值,并采用公式 F7.2 重新给出 SOT 的猜测值:

Error $= (5.00 - 4.68)/4.68 * 100\%$

Error $= 6.8\%$

T41 新猜测值 $= 1\,450 * (4.68/5.00)\text{\textasciicircum}2$

T41 新猜测值 $= 1\,270$ K

回到燃烧室计算中猜测 T41 的地方,采用 T41 猜测值 $= 1\,270$ K 重复该循环:

FAR $= 0.015$

WF $= 1.56$ kg/s

W4 $=$ W41 $= 102.6$ kg/s

T5 $= 883.1$ K

$W\sqrt{T}/P$ 特性图值 $= 4.68$ kg$\sqrt{K}$/(s $\cdot$ kPa)

$W\sqrt{T}/P$ 计算值 $= 4.66$ kg$\sqrt{K}$/(s $\cdot$ kPa)

Error $= 0.4\%$

该迭代循环应反复进行,直至 Error $< 0.05\%$,但是为了简单起见,本算例在 Error $= 0.4\%$ 的情况下继续往下计算。

完成涡轮计算

首先从特性图上查找效率:

CPdT/T $= 0.350$ kJ/(kg $\cdot$ K)

$N/\sqrt{T} = 105\%$

E41 $= 0.905\,5$

$1\,270 - 883.1 = 0.905\,5 * 1\,270 * (1 - P41Q5\text{\textasciicircum}(-1/4))$

P41Q5 $= 5.16$

P5 $= 784.7/5.16$

P5 $= 152.1$ kPa

W5 $=$ W4 $= 102.6$ kg/s

延伸管

总温不变,根据公式 F5.14.2 和第(i)步计算的损失系数,计算出口总压:

T7＝T5＝883.1 K

P5D7Q7＝3.37E－05 * (102.6 * 883.1^0.5/152.1)^2

P5D7Q7＝0.014

P7＝152.1 * (1－0.014)

P7＝150.0 kPa

W7＝W5＝102.6 kg/s

推进喷管

P7Q9＝150.0/22.628

P7Q9＝6.629

根据图表3.8给出的Q曲线或者公式F3.32和F3.33可得喷管处于堵塞状态，因此Q＝39.697 1 kg√K/(s·m²·kPa)。现在根据流路条件和算例C6.1确定的推进喷管有效面积0.439 m²计算Q，进而计算喷管流通能力的误差：

Q计算值＝102.6 * 883.1^0.5/0.439/150.0

　　　　＝46.30 kg√K/(s·m²·kPa)

Error＝(46.3－39.697 1)/39.697 1 * 100%

　　　＝16.7%

重新猜测BETA：

BETA新猜测值 ＝4 * 39.697 1/46.3

　　　　　　　＝3.43

返回到查找压气机特性图的地方，重复上述步骤直至喷管流通能力的误差小于0.05%。压气机特性图可用线性插值。对于每一个新的BETA猜测值，必须重新猜测T41来重复进行内部循环，直至计算得到的涡轮流通能力等于特性图上的流通能力。

为简单起见，此处省去重复迭代的过程而只给出最终结果：

BETA＝3.2

压比＝25

W√T/P压气机＝45.58 kg√K/(s·kPa)

W1＝100 kg/s

T4＝T41＝1 400 K

剩余的推进喷管计算和最终计算

步骤和算例C6.1给出的设计点计算一样。

注：上面算例中非设计点计算所在的工作状态和算例C6.1给出的设计点的是一样的。任何转速、高度、飞行马赫数等条件下的非设计状态性能都可以按照相同的方法计算。

一个完整的模型应该包含空气系统以及第3章介绍的更严格的方法之一给出的气体性质和第7章所述的雷诺数修正等。

图表

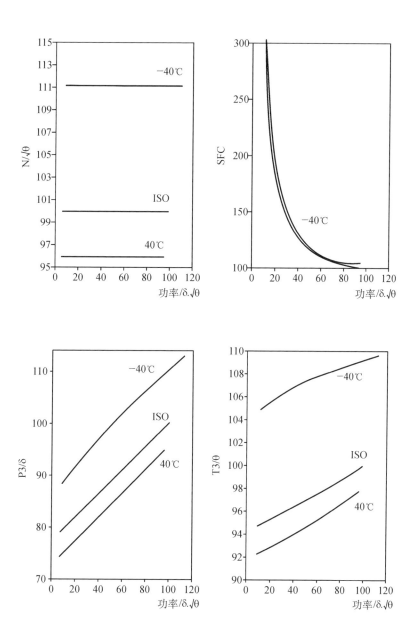

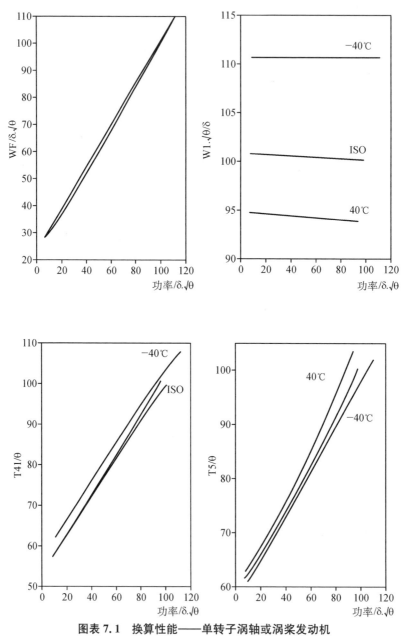

图表 7.1　换算性能——单转子涡轴或涡桨发动机

注:物理轴转速固定在同步值。

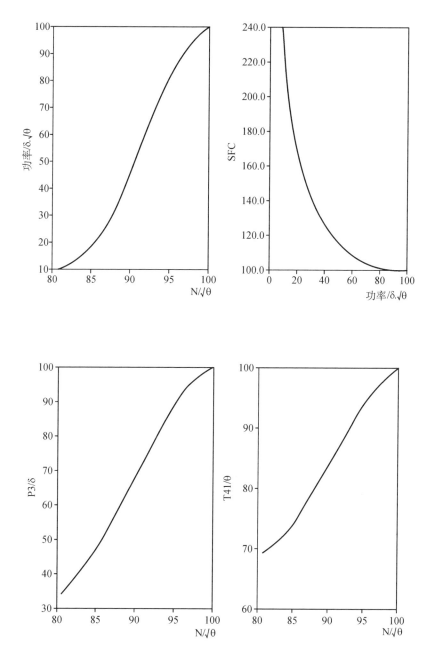

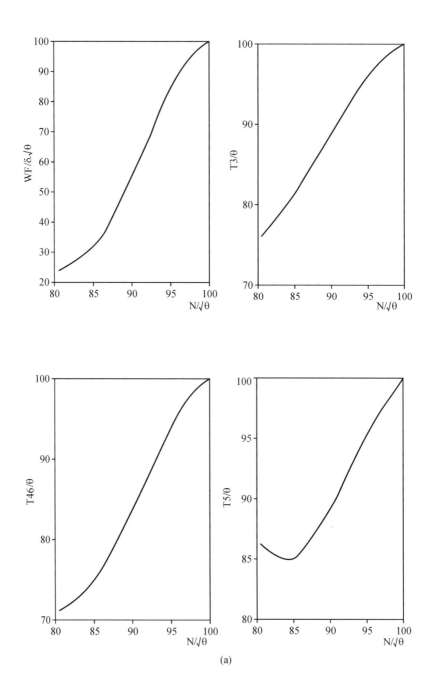

(a)

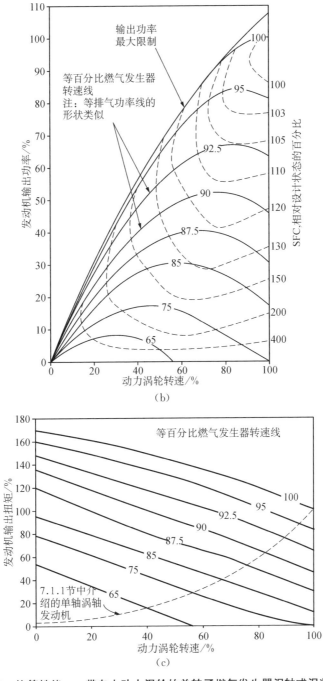

图表 7.2　换算性能——带自由动力涡轮的单转子燃气发生器涡轴或涡桨发动机

（a）换算性能图　（b）动力涡轮转速对涡轴发动机性能的影响　（c）扭矩与输出转速和功率的关系

　　注：(a)显示的数据反映了同步动力涡轮；三次方关系的运行在低功率时温度和 SFC 更低；(b)轴转速表示单转子燃气发生器转速；轴功率＝排气功率×动力涡轮等熵效率；(c)轴转速表示单转子燃气发生器转速。

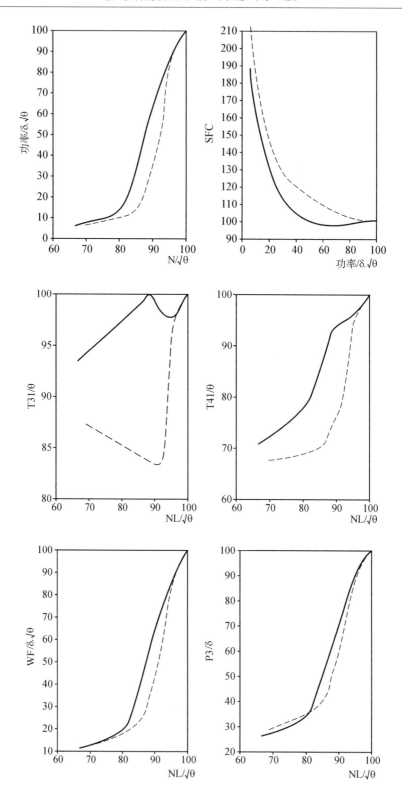

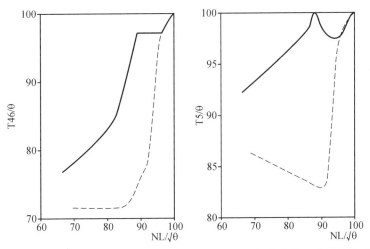

图表 7.3　换算性能——带自由动力涡轮的单转子燃气发生器回热涡轴发动机

注:实线表示带可调导叶的动力涡轮,虚线表示几何固定的动力涡轮;显示的数据反映了同步动力涡轮;三次方关系的运行在低功率时温度和 SFC 更低。

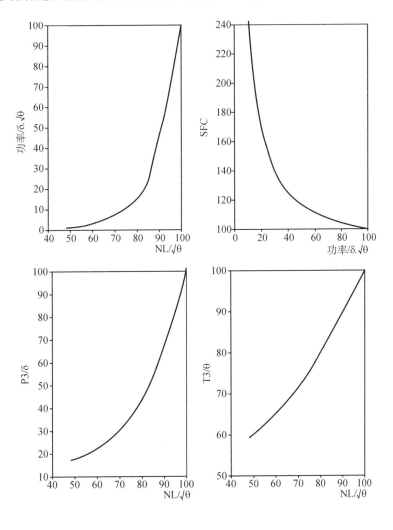

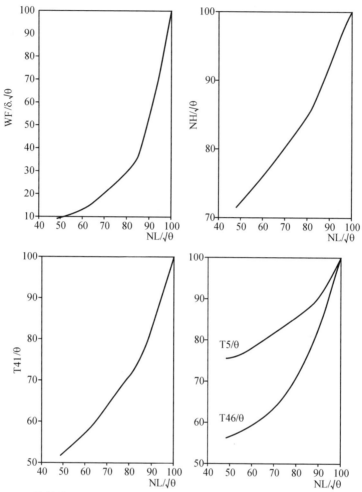

图表7.4   换算性能——带自由动力涡轮的双转子燃气发生器涡轴或涡桨发动机

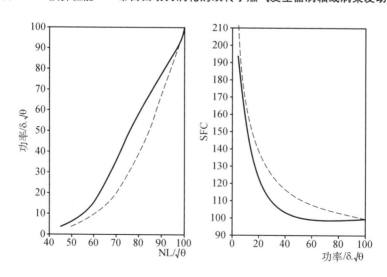

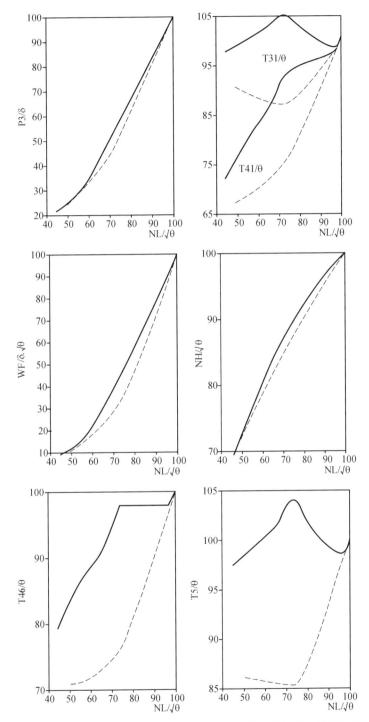

图表 7.5　换算性能——带自由动力涡轮的双转子燃气发生器间冷回热涡轴发动机

注：实线表示带可调导叶的动力涡轮；虚线表示几何固定的动力涡轮；图中间冷器冷源温度与环境温度之比是固定的，其他的比值可以做出更多系列的图。

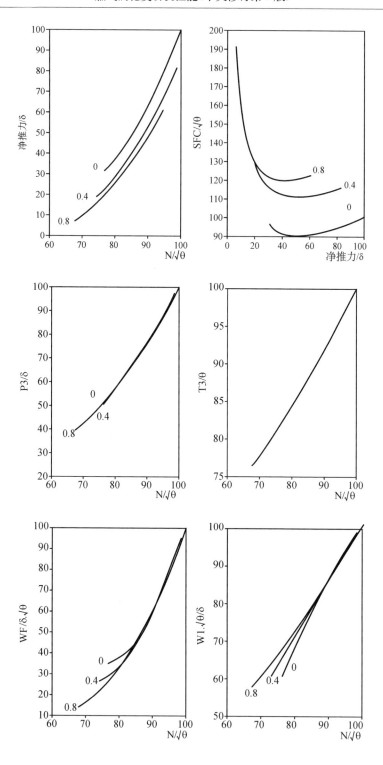

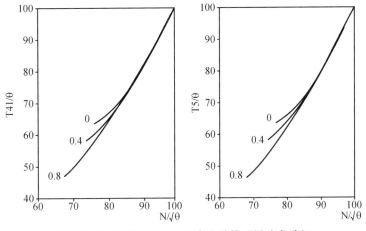

图表 7.6　换算性能——亚声速单转子涡喷发动机

注:由于动量阻力和压差推力,不同马赫数下的净推力和净推力 SFC 曲线是分开的;如果以总推力参数作图,推进喷管堵塞时的曲线是重合的。

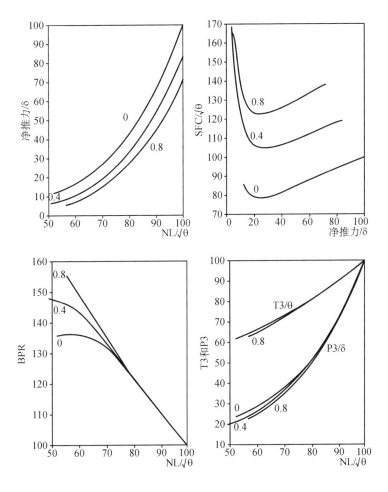

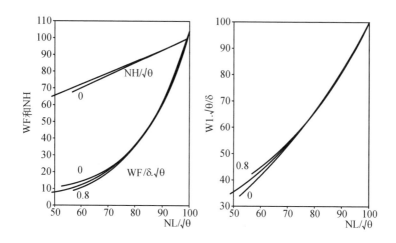

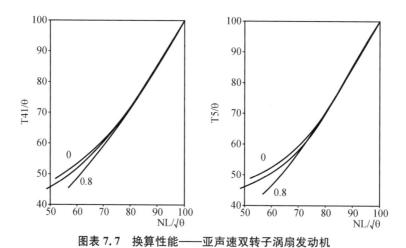

图表 7.7 换算性能——亚声速双转子涡扇发动机

注：每张图都以马赫数为参变量，分别给出了马赫数为 0、0.4 和 0.8 的曲线；数据对应的是分排发动机，第 5 章讨论了混排的影响；由于动量阻力和压差推力，不同马赫数下的净推力和净推力 SFC 曲线是分开的；如果以总推力参数作图，推进喷管堵塞时的曲线是重合的。

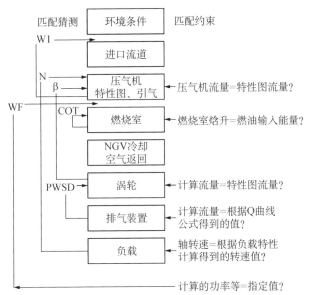

图表 7.8 矩阵迭代匹配模型——单转子涡轴或涡桨发动机

注:指向匹配猜测的线表示主要的数值关联性;总的迭代可以指定任意参数,而不仅仅是输出功率;再循环引气需要在返回截面给出额外的流量和温度的猜测和匹配;为简单起见,未示出第一级 NGV 下游返回的涡轮冷却空气。

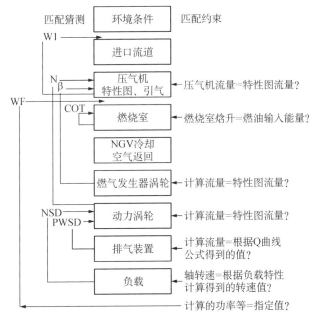

图表 7.9 矩阵迭代匹配模型——带自由动力涡轮的单转子燃气发生器涡轴或涡桨发动机

注:指向匹配猜测的线表示主要的数值关联性;总的迭代可以指定任意参数,而不仅仅是输出功率;再循环引气需要在返回截面给出额外的流量和温度的猜测和匹配;为简单起见,未示出第一级 NGV 下游返回的涡轮冷却空气。

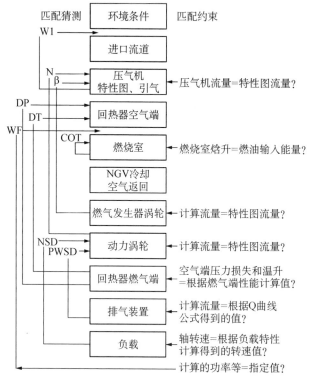

图表 7.10　矩阵迭代匹配模型——带自由动力涡轮的单转子燃气发生器回热涡轴发动机

注：指向匹配猜测的线表示主要的数值关联性；总的迭代可以指定任意参数，而不仅仅是输出功率；动力涡轮可调面积导向器需要额外的迭代，比如以满足固定的动力涡轮进口温度；再循环引气需要在返回截面给出额外的流量和温度的猜测和匹配；为简单起见，未示出第一级 NGV 下游返回的涡轮冷却空气回路。

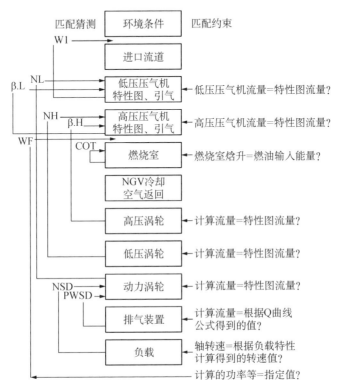

图表 7.11　矩阵迭代匹配模型——带自由动力涡轮的双转子燃气发生器涡轴或涡桨发动机

注:指向匹配猜测的线表示主要的数值关联性;总的迭代可以指定任意参数,而不仅仅是输出功率;再循环引气需要在返回截面给出额外的流量和温度的猜测和匹配;为简单起见,未示出第一级 NGV 下游返回的涡轮冷却空气。

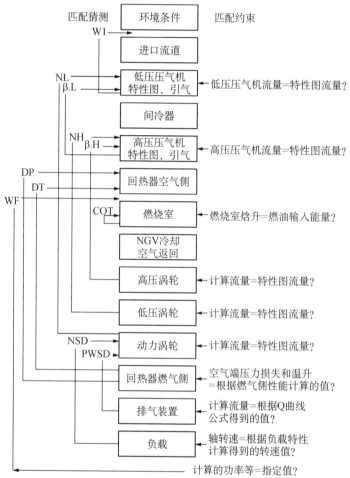

图表 7.12   矩阵迭代匹配模型——带自由动力涡轮的双转子燃气发生器间冷回热涡轴发动机

　　注：指向匹配猜测的线表示主要的数值关联性；总的迭代可以指定任意参数，而不仅仅是输出功率；动力涡轮可调面积导向器需要额外的迭代，比如以满足固定的动力涡轮进口温度；再循环引气需要在返回截面给出额外的流量和温度的猜测和匹配；为简单起见，未示出第一级 NGV 下游返回的涡轮冷却空气。

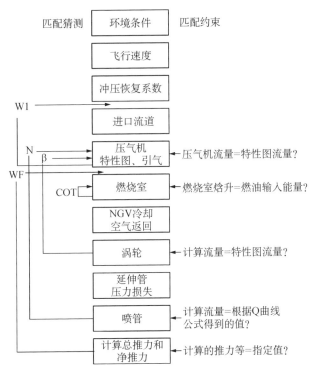

图表 7.13 矩阵迭代匹配模型——亚声速单转子涡喷发动机

注：指向匹配猜测的线表示主要的数值关联性；总的迭代可以指定任意参数，而不仅仅是推力；再循环引气需要在返回截面给出额外的流量和温度的猜测和匹配；为简单起见，未示出第一级 NGV 下游返回的涡轮冷却空气。

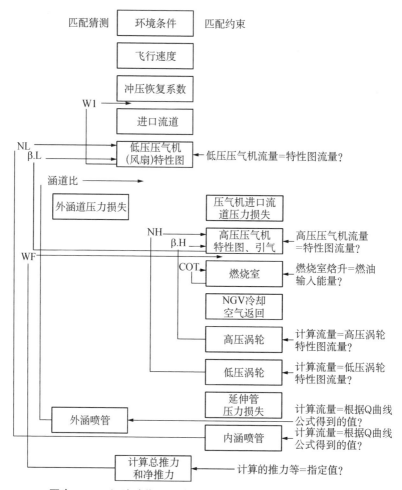

图表 7.14　矩阵迭代匹配模型——亚声速双转子涡扇发动机

注:指向匹配猜测的线表示主要的数值关联性;总的迭代可以指定任意参数,而不仅仅是推力;再循环引气需要在返回截面给出额外的流量和温度的猜测和匹配;为简单起见,未示出第一级 NGV 下游返回的涡轮冷却空气;风扇尖部和根部可以使用分开的特性图;混合排气需要静压平衡的匹配。

参考文献

［1］SAE. Gas Turbine Engine Steady State and Transient Performance Presentation for Digital Computers［S］. SAE Publication-AS681,Society of Automotive Engineers,New York. 1974.

［2］BSI, ISO. Guide for Gas Turbines Procurement,BS3863/ISO 3977［S］. British Standards Institution,London,International Organization for Standardization,Geneva. 1992.

8 瞬态性能

8.0 引言

发动机瞬态性能涉及发动机性能参数随时间而变化的工作状态。本章包括慢车以上的瞬态性能;第 9 章包括慢车以下的瞬态性能,即起动;第 11 章则描述瞬态性能试验。

在进行瞬态机动动作期间的发动机操作通常被称为操控。从本章显而易见的是,控制系统设计与瞬态性能是不可分离的,因为发动机所响应的供油、可变几何等调节计划是通过控制系统来执行的。

8.1 基本的瞬态机理

发动机的瞬态工作性能与第 7 章所描述的稳态工作性能不同。本节将通过描述每一种主要发动机构型的加速机动,来阐明主要的差别。

8.1.1 涡喷与涡扇发动机

如果一台单转子涡喷发动机正在稳态工作,控制系统突然增加燃油流量,那么由于温度的升高,涡轮输出功率会增大。此时涡轮输出功率会超出驱动压气机、附件和机械损失所需的功率。所以对于瞬态情况,存在不平衡功率,如公式 F8.1 所示。不平衡功率导致转子加速,其基本机理如公式 F8.2—F8.4 所示。转子加速时,空气流量、压力、温度等,进而推力或轴功率都会增加。这个加速过程将持续到与新燃油流量相对应的稳态实现为止。相反地,对于减速过程,不平衡功率为负值,转子转速相应降低。

对于多转子涡喷和涡扇发动机,所有转子都具有不平衡功率,其过程与单转子的类似。对于一台给定的发动机,所有转子转速、推力、压力等在相近的时间内达到其新的稳态。

8.1.2 带自由动力涡轮的轴功率发动机

以三次方关系施加的负荷,比如船舶的螺旋桨

对于这种发动机构型,燃气发生器的表现如同 8.1.1 节中描述的涡喷发动机。

当燃气发生器加速时,它为自由动力涡轮提供了超出驱动负荷需要的额外的排气功率(见第 6 章中的定义)。排气功率以与燃气发生器转速相似的速率增加。动力涡轮的加速时间则取决于其自身转动惯量,以及被驱动设备的转动惯量和负荷特性;它的加速时间可能明显长于燃气发生器的加速时间。如图表 7.2(b)所示,燃气发生器可能已处于 100% 的转速和排气功率状态,而动力涡轮却处于低转速状态,但输出很大的扭矩。此时,动力涡轮的扭矩和输出功率大于螺旋桨负荷,不平衡功率使得总的转动惯量加速。螺旋桨的功率吸收一直增加,直至动力涡轮达到新的稳态转速,此时动力涡轮功率与螺旋桨负荷相等。

以同步转速施加的负荷,比如发电

此时自由动力涡轮驱动发电机组,并以固定的同步输出转速运转。如果给机组负荷加以一个阶跃增量,由于负荷变得大于动力涡轮功率,动力涡轮的转速最初会下降。然后,控制系统增加燃油流量,燃气发生器将会加速,从而提供更多的排气功率进而动力涡轮功率,此时动力涡轮转子加速回到同步转速,动力涡轮功率再次与负荷相等。

8.1.3　单转子轴功率发动机

在这种构型中,一台单转子燃气涡轮发动机以同步转速直接驱动一台发电机。如果负荷存在一个阶跃增量,发动机转速会下降,控制系统将增加燃油流量来恢复同步转速。

此时的瞬态响应要明显快于自由动力涡轮发动机的。这是因为在单个转子的情况下,较大的转动惯量减小了转速的降低程度;而且,当燃气发生器加速时,不存在类似于通过增加排气功率以加速自由动力涡轮的加速滞后。此外,单转子发动机处理负荷骤失的能力极好,其较大的转动惯量能减小超转的趋势,因此可以更加缓慢地减小燃油流量,从而贫油熄火的风险更小。此外,该构型中只有一台保持很接近同步转速的压气机,而没有低压压气机;在这样的操作过程中,低压压气机瞬态工作线会朝喘振边界移动。

这种构型有利于在变功率水平时,保持转速恒定;但无法做到相反的,即在变转速时,保持功率恒定。所以,它并不适用于第 7 章中讨论到的机械驱动应用。

8.2　瞬态机动过程

瞬态机动过程由发动机功率或推力水平的变化构成,并通过控制系统改变燃油流量水平来实现。

8.2.1　急加速和急减速

图 8.1 展示了当油门杆角度(PLA)猛然地"阶跃"增加或减少时,燃气发生器性能参数随时间的典型响应过程。在最简单的控制系统中,每一个级别的 PLA 对应于一个给定的转速期望值。随着 PLA 的阶跃增加导致开始加速,转速期望远高于实际的发动机转速。为了响应这一动作,控制系统按照预先设定的限制速率增加燃

油流量,直至发动机达到期望的转速。典型的过量供油量为当前转速对应的稳态燃油流量的 20%～100%。由于额外的燃油流量,涡轮产生的功率超出压气机所需功率。对于减速过程,情况相反。压气机工作线不同于稳态工作时的,见图 8.2 和图 8.3。8.5 节和 8.6 节讨论与压气机表现相关的可操作性关注事项。

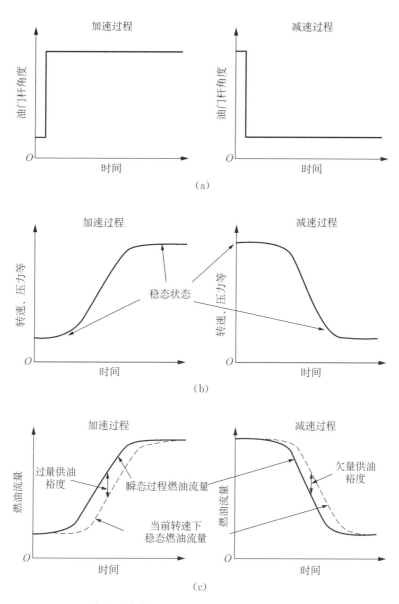

图 8.1　急加速与急减速期间的发动机性能参数与时间关系

（a）油门杆角度与时间关系　（b）发动机参数与时间关系　（c）燃油流量与时间关系

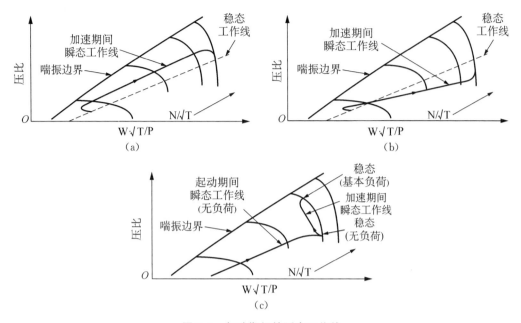

图 8.2　加速期间的瞬态工作线

（a）高压压气机（涡喷、涡扇或自由动力涡轮发动机，单转子、双转子或三转子）
（b）低压压气机、中压压气机或风扇（涡喷、涡扇或自由动力涡轮涡轴/涡桨发动机，双转子或三转子）
（c）由燃气发生器直接驱动负荷的单转子涡轴或涡桨发动机

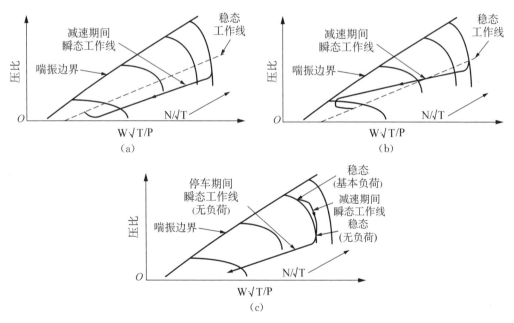

图 8.3　减速期间的瞬态工作线

（a）高压压气机（涡喷、涡扇或自由动力涡轮发动机，单转子、双转子或三转子）
（b）低压压气机、中压压气机或风扇（涡喷、涡扇或自由动力涡轮涡轴/涡桨发动机，双转子或三转子）
（c）由燃气发生器直接驱动负荷的单转子涡轴或涡桨发动机

　　与急加速相关的高温的持续时间很短,因此不会影响蠕变或氧化寿命。但是,随着瞬态时间缩短,所引起的严重的热应力会使发动机循环寿命也随之缩短。通常,将一次循环定义为起动、慢车保持期、加速到全推力或全功率、最后发动机停车。虽然主要的损害来自起动,但快速加速的次数也会造成影响。

8.2.2　慢加速和慢减速

　　只要在应用中允许发动机响应时间比急速机动操作时的更长,就应该用较缓慢的速率改变 PLA 进而燃油流量。这会在很大程度上缓解下文提到的对可操作性的担心,而且还会延长发动机的循环寿命。

8.2.3　遭遇加速

　　遭遇加速,即热态急减加速,是指图 8.4 中描述的一种特别的严重操作。发动机在服役中只有紧急状况下才采取该操作。它也称作 Bodie 操作,是以第一个在发动机飞行尝试中使用该操作的美国空军飞行员的名字命名。首先,发动机在高功率状态至少保持 5 min,以确保发动机机体处于充分热浸状态。然后急减速到接近慢车,紧接着又急加速回到高功率状态,这期间不容许发动机机体有时间在低转速下充分吸放热。

　　在燃烧室和涡轮中,热浸相当于额外的燃油流量;而在高压压气机中,它则降低了喘振边界线,如 8.4.4 节所述。热态急减加速对高压压气机瞬态工作线的不利影响也见图 8.4,这将在 8.5 节中进一步描述。在发动机研制项目中,运用这种机动操作来让发动机在比正常使用更严苛的状态下工作,从而找出所有潜在的喘振裕度不足隐患。

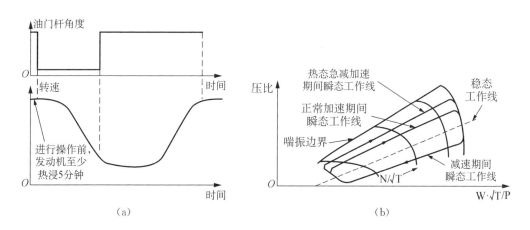

图 8.4　热态急减加速操作

(a) 油门杆角度、发动机转速与时间的关系　(b) 高压压气机瞬态工作线

8.2.4　冷起动加速

除军事应用外,在服役中只有紧急情况下才使用冷起动加速;但在发动机研制

试验中,也可以用它来寻找潜在的喘振裕度不足。试验前,将发动机停用一整夜,使其冷浸回到环境温度。然后将发动机起动到慢车状态,紧接着立即急加速到最大额定状态。而在正常情况下,发动机应该在慢车状态下热浸至少 5 min(往往长达 30 min),从而允许机体温度逐渐地升高。

冷起动加速之所以是特别严重的情况,是因为它使得盘和转子叶片的热增长相对于机体的热增长的差异达到最大(见 8.4.3 节所述),因此产生最大的叶尖间隙。如第 5 章所描述的,较大的叶尖间隙显著降低压气机喘振线。通常最大叶尖间隙,进而最小喘振裕度点在发动机达到最大额定状态后的 30~80 s 之间出现。

8.2.5　轴断裂

燃气发生器的轴失效事件很少出现,但是万一发生了,发动机转子将迅速超转,这是因为涡轮的输出功率不再与其所驱动的压气机连接,留下很小的转动惯量和巨大的功率来加速涡轮转子。类似地,对于轴功率发动机,动力涡轮的轴失效会造成动力涡轮加速度快于甩负荷时的加速度,这是因为发电机转动惯量以及负荷会在瞬间一起失去。在发动机设计过程中,必须考虑到这些瞬态现象,因为盘的破裂对于安全性来说是不可接受的,而且可能在远小于 1 s 的时间内发生。

为了防止超转,控制系统必须立即关闭主燃油阀并打开放气阀。这是希望发生喘振的一个特例,因为它能够阻止气流流向涡轮。不过,一旦错误地触发,这样的控制系统动作的后果也是十分严重的,尤其对于航空应用更是如此。此外,用来足够快地实现这些动作的传感器和作动器可能既笨重又昂贵。因此在很多情况下,使用可靠性数据来证明轴失效的概率极低,因而无需相应的控制功能;或者换一种方式,使用试验数据来证明即使轴确实失效,也不会出现盘破裂。

8.2.6　紧急停车

一个标准的发动机停车过程由以下动作组成:缓慢减速到慢车、一个短时间的稳定期(最多 5 min 左右)、然后关闭主燃油阀使发动机降转。但是,在任何工作状态下,如果监测到会危害到人员安全或发动机的故障如超温或超转,控制系统(或外部系统)可以发出一个紧急停车的信号。此时,主燃油阀立即关闭,放气阀可能要打开。正如 8.5 节中描述的,对于低压压气机喘振裕度,这是一种严重的机动动作。即使在紧急停车的时候,喘振也是不可接受的。

对于具有大容腔部件如回热器或干式低排放燃烧室的发动机,快速减速会降低高压压气机的喘振裕度。这是因为存储在加压容腔中的空气质量将会释放出来,从而降低了通过高压压气机的流量。这将在后续章节中进一步描述。

8.2.7　甩负荷或螺旋桨出水

对于发电发动机,下游的电力故障可能会导致甩负荷,即电力负荷的突然丧失。这与紧急停车截然不同,因为负荷失去后,必须更快地减油以免发动机超转,发动机必须减速到慢车状态,以便能够立即重新加载负荷。因此,甩负荷是对燃烧室稳定性的一种挑战;也是对多转子发动机的挑战,因为它对低压压气机可操作性更为不利。

在船舶应用中,可能要面对在颠簸起伏的大海中螺旋桨出水的问题,这取决于船舶的设计;这种机动操作类似于发电应用中的甩负荷。另一种处理方法是,当处于可能出现这种现象的海况时,船舶的控制器可以限制发动机的功率,从而限制动力涡轮的转速;这样,动力涡轮的加速不会有超转的风险。螺旋桨重新入水前的这一段时间很短,一般只有 1~2 s。

8.2.8 吸鸟或吸水

根据适航当局的规定,航空发动机在吸入一定数量的鸟或给定数量的水/冰期间和之后都必须能够安全运行。由于发动机运行的高度重要性,吸入事件期间的瞬态性能通常是很多的瞬态建模,或者研发阶段这种试验的瞬态试验数据分析的主要课题。这些将在第 11 章中进一步讨论。

8.3 发动机加速和减速要求

对于每一种发动机应用,都有针对关键的瞬态机动操作的时间要求;接下来,将总结不同应用的瞬态时间要求的指标性水平。以油门杆角度 PLA 改变的瞬间作为加速和减速时间中的零时刻。通常,燃气发生器的加速过程计时到 98% 的转速(对应约 95% 的推力或排气功率)。所有的时间必须在没有 8.5 节所提到的任何可操作性担心的条件下实现。此外,发动机必须满足循环寿命需求。

对于一台给定的发动机,随着高度、环境温度和飞行马赫数的变化,其加速和减速时间的调节方法在 8.10 节中讨论。

8.3.1 发电

自由动力涡轮发动机

对于并入到电网的简单循环应用,其动力涡轮和发电机处于恒定的同步转速,其典型的加载周期为 2 min。所以,燃气发生器必须在 2 min 内从慢车状态加速到 95% 功率状态。在卸载的时候,燃气发生器的减速时间要求也相似。虽然燃气发生器明显具有快得多的加减速能力,但是在实际应用中并无必要,所以采用 2 min 的时间要求以延长发动机的循环寿命。在联合循环或热电联供(CHP)应用中,发电机的加载或者卸载时间将会超过 15 min,这是因为受到蒸汽动力装置的限制。

对于未并入电网的独立发电商,所要求的功率变化速率更快。这是因为其负荷装置很少,这些装置能立即接通和断开。一般来说,50% 的负载变化必须在频率进而动力涡轮转速仅变化 2% 的情况下实现;这就需要在大约 5 s 的时间内排气功率变化 50%。确切的燃气发生器加速或减速时间取决于动力涡轮和发电机的转动惯量。

此外,在以上两种应用中,燃气轮机也必须应对更加剧烈的由电力负荷引起的发电机扭矩变化。对于 8.2.7 节中讨论的甩负荷,发电机设计准则通常允许 10% 的超转,动力涡轮则一般允许 15% 的超转。尽管减速时间取决于动力涡轮和发电机的转动惯量,通常要求燃气发生器必须在不到 3 s 的时间内从额定功率减速到距离慢车功率 5% 以内。对于电力短路,或与电网的不同步,产生的瞬时扭矩可能会比满负荷时的扭矩大好几倍。

单转子发动机

单转子发动机的加载和卸载速率与自由动力涡轮发动机的一样。这些情况下转子转速的变化比较小,所以更加容易实现。如 8.1.3 节讨论到的,在甩负荷期间,发动机不易发生可操作性方面的问题。

8.3.2　油气泵送

在这种应用中,典型加载速率是 2 min 内从慢车状态加速到 95% 的额定功率状态。燃气发生器的加速要求是类似的,因为在这么慢的速率下动力涡轮转速的滞后可以忽略。卸载的速率同样是约 2 min 内从额定功率减速到距离慢车输出功率 5% 以内。由于管道(长达数百千米)中天然气的容积压缩效应(见 8.4.2 节),因此发动机的加速时间对总的气体输运变化速率的影响很小。

发电发动机中讨论到的甩负荷情况不适用于此处,因为正常情况下不可能从输送管道中的压缩机上瞬间移除负荷。只有在动力涡轮输出轴失效时,才会出现这种情况。

8.3.3　机动车辆

对于家庭用的轿车,车辆的加速时间要求一般是在 15 s 内从 0 加速到 100 km/h,所以在 ISO 条件下,发动机燃气发生器必须在不到 3 s 的时间内从慢车加速到 95% 的最大额定状态。动力涡轮的加速时间与车辆加速时间一样,因为它与车轮通过齿轮啮合。

对于高性能的超级跑车,燃气发生器的加速时间要求缩短为不到 1 s,以使车辆在一般不到 6 s 的时间内从 0 加速到 100 km/h。迄今为止,对于车用燃气轮机项目来说,要实现上述要求还很困难。不过,对于混合动力车辆(见 1.4.7 节)这个不难达到,因为发动机只有一个转子,且以固定转速工作,具备 8.1.3 节中提到的优点。此外,电池功率可以用来补充燃气轮机。

对于卡车,车辆加速时间可以慢很多,所以低于 5 s 的燃气发生器加速时间通常是可以接受的。不过坦克的加速要求却是令人惊讶的严苛,它们必须在不到约 7 s 的时间内从 0 加速到 30 km/h,以便在受到攻击时能非常迅速地移动一个车辆长度的距离。各类坦克设计差异巨大,所以对其燃气发生器的加速时间并没有独特的要求,不过在 ISO 条件下的指标值在 3 s 左右。

一般而言,减速时间要求是差不多的,以免对制动能力和耐用性的要求过高。对于具有可调动力涡轮导向器叶片(NGV)的发动机,可以通过将 NGV 转动到超出轴向的位置以产生负的扭矩,来加快车辆的减速。

8.3.4　船舶

在正常工作时,船用发动机燃气发生器的典型加速时间要求是在 30 s 内从慢车加速到95%的额定功率。通常,从额定功率到距离慢车5%以内的减速时间要求也是30s。动力涡轮的加速或减速时间取决于其本身以及传动系统和螺旋桨的转动惯量。对应于30s的燃气发生器加速时间,动力涡轮的加速时间会在40～60s之间;通常螺旋桨不能加速得太快,以免出现气穴现象以及随之引起的叶片侵蚀。通常,船舶可以在动力涡轮达到其额定转速后10s内达到新的速度。

如8.2.7节所述,根据不同的应用情况,可能提出进一步的瞬态要求。如果船舶设计者规定要求考虑螺旋桨出水的情况,那么燃气发生器的减速时间取决于动力涡轮、传动系统以及螺旋桨的转动惯量。一般要求从额定功率到距离慢车5%以内的减速时间少于2s。如果发动机驱动发电机,则一旦出现甩负荷事件,要求相类似的燃气发生器减速时间。

8.3.5 民用飞机

为使飞机在中止着陆事件中能够复飞,适航要求[如美国联邦航空管理局(FAA)的]规定飞机必须能够在要求起飞推力后的8s内达到至少3.2%的爬升梯度。这一般需要发动机必须在4500m高度(即可能的最高跑道高度),在少于约8s的时间内从飞行慢车加速到95%推力。为了实现4500m高度处的这一时间要求,在海平面的时间要求则一般为5s,实际上这是更进一步的适航要求。这些加速时间必须在使用最大允许的客户引气和功率提取的条件下实现。此外,飞机机体制造商通常会规定整个起飞包线内从最小慢车到98%转速的加速时间少于15s,而极端高度下则应少于30s。

为了确保在中止起飞情况下飞机能够在安全距离内停止于跑道上,适航要求规定了减速时间。这通常要求,在最高到4500m的海拔高度,完成起飞与最小慢车之间75%的推力变化的减速时间应该少于7s;这意味着在海平面上必须达到4.5s。此外,飞机机体制造商可能还规定,在4500m处完成起飞与地面慢车之间90%的推力变化所需的减速时间应少于11s,在海平面则应少于7.25s。对应于飞行慢车,则时间要求还应该减去1s。

以上飞机要求同样适用于涡桨发动机和推力发动机。发动机瞬态要求很大程度上取决于可变桨距螺旋桨机构的能力,还取决于发动机布局,比如单转子或是自由动力涡轮;对于前者,转速变化很小,所以功率的变化相对容易实现。

8.3.6 军用飞机

军用飞机的要求则大相径庭,具体取决于其应用目的。但是,最常用的加速时间要求是在海平面上使用最大客户引气和功率提取的条件下,从最小慢车到98%转速的加速时间应少于4s。从起飞推力到完成起飞与飞行慢车之间75%的推力变化,最快的减速时间要求也是大约4s。

8.3.7 直升机

同样的,在海平面上从最小慢车到全功率的时间要求是大约4s。快速运动的旋翼桨叶片中存储的能量和桨距控制一起使得向下的推力变化得比较快。直升机可以使用自由动力涡轮和单转子两种发动机构型;对于后者,可以在没有发动机转子加速滞后的情况下实现功率的变化。

旋翼中存储的能量在自旋期间也会得到利用,即发动机失效后直升机能在旋翼风车作用下有效地滑翔,且通过调整桨距在着陆前减慢降落速度。

8.3.8 冲压推进航空器

冲压发动机的工作对飞行器的加速和减速的响应强烈,这是因为飞行马赫数是影响循环参数的主导因素。发动机的运行和飞行器的运行无法完全分开。因为冲压发动机没有旋转叶轮机械,所以不用考虑转动惯量或压气机喘振问题;燃油流量变化后不到 1s 的时间内推力就会响应。这考虑了燃油阀响应和燃烧室延迟。为了防止燃烧室的贫油熄火,推力降低的速率要缓慢些。

8.4 瞬态性能现象

除了第 7 章描述的稳态工作需要考虑的事项外,还必须考虑一些瞬态性能独有的现象。下面将总结这些现象,参考文献[1]—[4]提供了更多的参考资料。本章后面还会讨论这些现象对瞬态性能的影响以及对之建模的准则。

8.4.1 吸放热

在瞬态工作期间,工质与发动机金属之间存在显著的净热流,这与稳态工作时净传热可忽略不计的情况不同。比如说,由于从慢车加速到全功率或全推力,发动机机体必须浸透到一个新的更高的稳态工作温度,这一般需要吸收约 30% 的额外燃油能量。这种从工质到金属的净传热称为热浸,它对发动机性能有显著的影响。

在采用换热器的情况下,由于热惯性很大,发动机瞬态工作期间热浸现象的影响可能十分显著。在常规的发动机各部件中,燃烧室的影响最大,因为其表面积、热质量和温度变化都很大。

8.4.2 容积效应

在稳态工作期间,一个给定的容腔(比如流道)的进口质量流量等于该容积的出口质量流量。但是在瞬态工作时不再如此,因为流体的压力、温度进而密度都会随着时间而变化。这称为容积效应,也可能对发动机的瞬态性能造成可观的影响,特别是对于那些最大的容腔,如流道、换热器等。虽然对于快速瞬态过程,也必须考虑其他部件,但对于大多数其他发动机,燃烧室具有最大的容积,所以它成为主要关注的对象。

8.4.3 叶尖间隙变化

在加速期间,压气机或涡轮的盘的热膨胀比机匣的受压膨胀和热膨胀要慢,从而引起转子叶尖间隙暂时地增加;在减速期间则恰好相反,可能导致叶尖与机匣刮磨。压气机几何尺寸的这种变化会影响其特性图,主要的问题是降低了喘振边界,如 5.2.12 节所讨论的。在等转速下,流量和效率也存在二阶的降低。

8.4.4　多级部件内的热传递

当使用单个特性图对多级部件(如轴流式压气机)进行建模时,在瞬态过程中,净传热会对特性图造成二阶的影响。这是由于净传热影响到流经部件的气体温度,进而影响到级间匹配,因为它改变了后面级的换算转速,进而改变了流通能力。

8.4.5　燃烧延迟

在燃油离开喷嘴与燃油在燃烧室内实际燃烧放热之间存在时间延迟(见 8.11.6 节)。对于稳态性能,这种延迟是毫不相干的;但是对于瞬态性能,就必须考虑。

8.4.6　控制系统延迟与滞后

在瞬态期间,发动机控制系统的液压机械部件,如燃油阀、可调进口导叶(VIGV)作动环等,需要一段有限时间来移动到控制器所期望的新位置。这一有限的时间可以包括延迟(即在一定时间内装置并未移动)和/或滞后(即装置正在移动但是滞后于期望信号)。此外,测量诸如压力、温度等参数的控制系统传感器,也会显示出相对于实际发动机状态的延迟和滞后。

8.5　可操作性问题

在瞬态操作期间,相比于稳态运行发动机的运行更容易发生不愿见到的事件。这些事件可能会危害到发动机应用乃至人员生命,是发动机运营商不可接受的,所以必须通过发动机和控制系统的设计来避免。本节将讨论引起这些事件的可操作性问题。

8.5.1　瞬态工作线偏移

在瞬态工作期间,压气机的工作线会显著偏离其稳态工作线位置。由此引起瞬态工作线与喘振线/失速线交叉,从而导致出现喘振、旋转失速或深度失速。这些情况在第 5 章中做了详细描述,在发动机服役期间必须尽一切可能避免其发生。(起动期间着火前的旋转失速是例外,将在第 9 章讨论。)

图 8.2 示出了加速期间的工作线偏移,从中可以看出以下几点:

● 对于涡喷、涡扇以及自由动力涡轮发动机,加速期间的高压压气机瞬态工作线处于其稳态工作线上方。无论燃气发生器是单转子、还是双转子或是三转子的,都是这样的情况。

唯一的例外是带有可调动力涡轮 NGV 的回热式自由动力涡轮发动机(图 8.2 中未示出)。其稳态调节计划在加速期间通常被超控,导向器叶片保持全开状态以造成一条较低的瞬态工作线。

● 双转子或三转子发动机的低压压气机(或风扇)和中压压气机的工作线起初朝着喘振方向稍微移动,然后很快明显地掉到稳态工作线下面。

● 对于用以发电、控制在固定转速的单转子发动机，当发动机加上负荷后，喘振裕度降低。此外，在瞬态期间转速也有所降低，直到控制器通过增加燃油流量来做出响应。

在加速期间，高压压气机工作线朝喘振方向移动的基本原因是，高压涡轮流通能力（换算流量） $W405\sqrt{T405}/P405$ 必须得到满足。高压涡轮在正常情况下是堵塞的，因此其换算流量不随膨胀比变大而增加。当加大燃油流量而开始加速时，$T405$ 几乎即时上升。高压压气机的转动惯量使得转速无法即时上升，压气机通过沿等转速线往上移动工作点来响应。由此造成的空气流量降低和压力增加抵消了 $T405$ 的升高，从而满足高压涡轮的流通能力。随着保持过量供油，转子则开始加速，通常燃油控制使得加速工作线差不多平行于喘振线。事实上，无论高压涡轮是否堵塞，这一基本效应都在发生。

在加速期间，低压或中压压气机工作线一开始出现沿着等转速线稍微往上走的情况，这是为了匹配高压压气机流量的减小。当高压压气机加速并且能够抽吸更多流量后，低压或中压压气机工作线就被"拖曳"到其稳态工作线下方。低压或中压工作线落到稳态工作线下方的量是其转动惯量高出高压转子转动惯量程度的函数。如图 8.3 所示，正是由于相反的原因，减速时的情况恰好相反。

当加速或减速时间缩短时，这些瞬态工作线的偏移变大。如第 5 章所述，可以使用可调导叶、压气机放气阀来"管理"这些工作线偏移，和/或影响喘振线。8.7 节中给出了喘振裕度要求。

8.5.2　瞬态现象对工作线偏移的影响

对于 8.4 节提到的瞬态现象如何产生额外影响，下面将通过两个例子进行解释。

在 8.2.3 节所述的遭遇加速（Bodie）机动操作过程中，相对于正常的加速过程，喘振的倾向增加了。图 8.4 给出了高压压气机工作线的情况，它在减速期间是完全标准的；而在再加速期间，高压压气机工作线比正常加速工作线要高，这是因为发动机机体来不及充分吸放热降到低功率、低温度状态。因此在再加速期间，会有一股来自金属的较高的热流，它相当于额外的燃油流量。正如之前所述，对于正常加速，情况相反，金属从气流中吸收热量。

在快速减速期间，容积动力学效应能够显著地影响压气机工作线的偏移。对于具有大容腔（如回热器或某些 DLE 燃烧室）的发动机，高压压气机工作线实际上是上升的；因为当压力降低时，离开容腔的空气要多于进入的空气。由此造成的进入高压涡轮的流量的增加要比 $T405$ 的降低程度大，因此压气机出口流量与压力之比必须降低，即形成更高的工作线。

8.5.3　燃烧室稳定性

第 5 章中讨论过燃烧室的稳定性。在图表 5.7 中，典型的稳态运行线叠置在燃烧室稳定性边界图上。为了促使发动机减速，燃油流量必须低于相应的稳态转速下的值,典型的低约20%～50%。同时,如8.5.1节所述,等转速下的高压压气机出口流量增加。这意味着燃烧室工作在低于正常值的油气比状态,这会带来贫油熄火的风险。最坏的情况一般是急减速期间正好快要到慢车状态的时候。减速要求越快、慢车设定越低或工作高度越高,贫油熄火的可能性就越大。其中最后一项影响是因为燃烧负荷高,而非油气比低。

减速期间的油气比可以通过瞬态模型进行预测,或在发动机试车期间测量获得。作为一阶近似指导,瞬态运行时油气比应该保持大于0.008。因此,稳态慢车油气比应该是0.01左右,以保证留有充足的欠量供油裕度。这些准则是基于总的燃烧室空气流量而不只是主燃区内的流量。主燃区的当量比在慢车状态应该大于0.35,在减速过程中应该大于0.28。

除了在起动期间外,在加速期间绝不会出现富油熄火,这是因为其所需的燃油量比通常情况下引起高压压气机喘振或超温的燃油量还多。万一发生了贫油熄火,控制系统必须能立即检测到,并切断供油。这可以避免注入额外的燃油,否则它们可能在燃烧系统之外被点燃。熄火通常会伴随着一种低沉的"砰"的声音,并可以通过转速和温度的下降检测到。对于环管燃烧系统,部分的熄火会引起温度分布不均匀程度的跃增。

8.5.4　降转

正如8.10节所述,控制系统将会执行加速燃油流量调节计划,当中设定了发动机的最大允许瞬态燃油流量。在正常工作时,这一燃油流量要显著高于稳态的燃油期望值,以确保加速所需的过量供油裕度。但是,随着发动机在服役过程中衰退,所需的稳态燃油流量会增加。如果所需的稳态慢车燃油流量高于加速调节计划所设定的限制值,则控制系统会阻止计量所需的稳态燃油流量,发动机就会降转。对于正在进近的航空发动机而言,这是特别严重的事件。

8.6　喘振、旋转失速和深度失速——现象和检测

8.6.1　喘振

第5章中讨论了压气机特性图、喘振线和喘振现象。图8.5给出了一台双转子燃气发生器在热态急减加速(Bodie)操作后很快发生的喘振现象期间主要的性能参数与时间的关系。在这个例子中,燃烧室保持烧着状态,并且发生了三个喘振循环直到发动机完全恢复。如果在喘振期间燃烧室熄火了,发动机将会降转。对于航空应用,此时发动机必须尽快地再起动。

在第一次喘振的瞬间,由于压气机前后压升的损失,压气机出口压力显著地降低。然后,压气机出口压力恢复到接近初始值,紧接着又发生下一次喘振。喘振现象再次重复,但这以后,恢复的压气机出口压力明显变低,这是因为此时已经打开了操作放气阀(图中未显示),且减小了燃油流量。这能使发动机从喘振序列中完全恢复。每一次喘振循环的持续时间大概是0.05～0.2 s,具体取决于发动机的

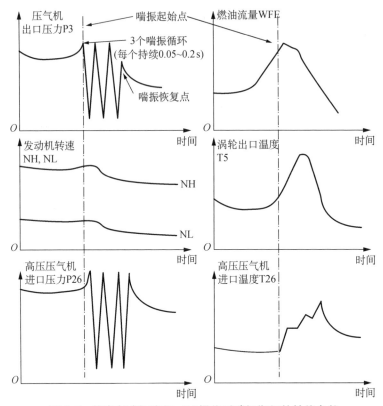

图 8.5　热态急减加速（Bodie）操作后喘振期间的性能参数

尺寸和构型。图 8.5 中并未示出质量流量的变化情况，但是其对喘振和恢复的反应规律与压气机出口压力的相同。部分的气流发生倒流，实际上燃烧室的火焰经常会窜到发动机进气道。

　　大多数的发动机控制系统会检测到压气机出口压力的急剧降低，然后做出响应来减小燃油流量，如图 8.5 所示。但是在第一次喘振现象后的一定时间内，燃油流量会继续增加，这是因为在控制系统检测到变化之前存在一定的延迟，而且随后液压机械燃油系统部件的响应也存在一定的滞后。

　　在喘振发生后，因为喘振和燃油流量的减小，发动机转速的加速率随即降低，然后高低压转子转速都很快下降。在喘振序列过程中，涡轮出口温度持续上升，直到燃油流量显著降低。在喘振期间，由于热的燃气在发动机中向前倒流，高压压气机进口温度升高；一旦喘振恢复了，它就降低。在第一次喘振的瞬间，高压压气机进口压力立即急剧升高，这也是因为高压的热燃气倒流；然后如同压气机出口压力，反复循环。每一次循环一开始，低压或中压压气机也将跟随高压压气机在短时间（数毫秒）之后发生喘振，因为其压比升高了。类似的，低压压气机压比的垮塌（比如由于进入了旋转失速）通常会引起高压压气机喘振，因为这提高了它的压比。

在发动机试车台上,喘振是容易发现的,因为每次出现时可以听到冲击波带来的很大的"砰"的声音,而且从进气道可看到火焰。必要时,操作员接下来将迅速收油门来减少燃油流量,并且打开操作放气阀。

发动机设计和研发项目将确保服役中的发动机罕有喘振发生。然而,一些孤立的事件,比如航空发动机遇到鸟撞,仍会引起喘振发生。依赖于人工干预是不够的,因为正在驾驶大型飞机的飞行员,或者对于从遥控室远程操作的工业燃气轮机,不一定能听到"砰"的声音。不过,如果试车结果显示标准控制器不足以使压气机从所有喘振中立即恢复,那么还必须安装喘振检测系统,它将在喘振发生时自动打开操作放气阀。最常用的检测机制是测量压气机出口压力与其绝对值之比的变化速率。一般而言,下降速率大于 $500\%/s$(对于大容积燃烧室为 $150\%/s$)时意味进喘,而比较低的下降速率则是正常的机动操作,比如急减速或发动机停车。

8.6.2　旋转失速

如第 5 章所述,旋转失速会导致多级轴流式压气机前面一些转子叶片的失速区以大约一半的发动机转速旋转。这一现象的出现只会导致发动机性能发生不太大的变化,涡轮温度会上升,因为等转速下的压气机流量、压比和效率降低了。需要避免这一现象的一个非常重要原因是由此引起的转子叶片激振可能引起高周疲劳损伤。在发动机起动期间,着火后的旋转失速是一个主要课题,对此第 9 章有叙述。

在旋转失速中稳态运行的发动机会发出一种可听得见的低的嗡嗡声,这远没有喘振时怪异的砰砰声那么明显。在发动机研发期间,检测旋转失速的最好途径是使用紧密耦合的(close coupled)[①]快速响应的传感器来测量压气机压力。扰动频率大概是发动机转速的 $40\%\sim70\%$。为了避免气动上的滞后,传感器与取压孔之间的引压管线长度应短于 $1\,m$。传感器的动态信号可以在一台示波器上显示出来,然后进行频谱分析以将频率从宽带噪声中区分开来。同样地,发动机设计和研发项目必须确保服役期间在着火后不出现旋转失速。不过,如果真的发生了也很难检测到,而且得依赖于飞行员或操作员的经验来察觉起动问题;要不然,为了保持转速、功率或推力,发动机会工作在过热状态。

8.6.3　深度失速

与旋转失速一样,深度失速也伴随着轻微的嗡嗡声。不过,如第 5 章所述,深度失速要严重得多,因为此时压气机的流量、压比和效率降低到等转速下正常值的一半左右。深度失速远比旋转失速明显,因为转速会降低,发动机则会迅速过热。在这种情况下,飞行员、操作员或控制系统必须立即关掉发动机,以免出现机械损伤。

8.7　喘振裕度要求和喘振裕度叠加

公式 F8.5 给出了喘振裕度的定义;这是国际上公认的 SAE 定义,尽管早些年

---

① 和测压点近距离连接的。——校注

使用过其他的定义方式。最小的稳态喘振裕度要求取决于发动机构型与应用需求。最小喘振裕度发生时所处的发动机功率或推力水平也是变化的。在发动机概念设计阶段，可使用稳态模型预测喘振裕度的窄点。

对于每一种发动机应用，最恶劣的工作状态和瞬态需求是变化的，要能覆盖所有的组合也是不现实的。通常只在几个关键的工作状态下进行喘振裕度叠加。一旦这些状态所需的裕度达到了，可以将不同类型的发动机在其他某个工作状态下的数值进行比较。这个状态通常是 ISA SLS 最大额定状态。

8.7.1　喘振裕度叠加

所需的喘振裕度是通过喘振裕度叠加来评估的，此时必须在最恶劣的工作状态下检视一系列的因素，包括瞬态工作线的偏移。这些因素列表如下，表中还包括在 ISA SLS 条件、额定功率或推力状态下的民用航空发动机高压压气机的典型值。所需的喘振裕度通过将系统偏差的算术和与随机变化的和方根相加获得，如公式 F8.6 所示。例如：

新的产品发动机之间的工作线变化	$0 \pm 1.5\%$
新的产品发动机之间的喘振线变化	$0 \pm 4.0\%$
服役期间工作线衰退	-2.0%
服役期间喘振线衰退	-4.0%
控制系统燃油计量、VIGV 位置等	$0 \pm 1.0\%$
雷诺数效应	-1.0%
进气畸变	-1.0%
瞬态余量	-12.0%
总计	$20\% \pm 4.4\%$
所需喘振裕度	24.4%

8.7.2　ISA SLS 最大额定状态的典型喘振裕度要求

ISA SLS、最大额定状态下所需的喘振裕度变化很大，这取决于加速和减速时间要求、发动机构型、是采用离心式还是轴流式压气机、在部分负荷时使用放气阀还是 VSV，等等。下表给出的喘振裕度要求水平可作为一阶近似指导。

	风扇	低压/中压压气机	高压压气机
发电		15～20	15～20
油气泵送		10～15	15～20
机动车辆		15～20	20～25
船舶		10～15	15～20
民用航空	10～15	15～20	20～25
直升机		15～20	20～25
战斗机	15～20	20～25	25～30

对于风扇,最大的需求部分是进气道畸变,其必须预留的喘振裕度高达 5%。

8.8 参数组与瞬态性能

在第 4 章和第 7 章中,讨论了稳态的换算参数组和准无量纲参数组关系。在发动机瞬态期间,除了稳态性能所需的那些参数组外,还需要规定一个额外的参数组,用来确定所有其他的参数组。在 4.3.6 节中,以涡喷发动机为例讨论了关于瞬态性能的参数组。对于那一瞬态案例,除了飞行马赫数以外,还必须规定两个参数组,用来确定所有其他的参数组。当推进喷管堵塞的时候,这些关系则与飞行马赫数无关。

如下面 8.10 节所述,在定义发动机的瞬态控制策略时,用到了这些基本的换算或准无量纲参数组关系。在这两种控制策略案例中,都通过与换算转速的关系制订某一换算参数组的调节计划;一旦确定了这两个换算参数组,也就确定了所有其他参数组。因此,在瞬态期间,无论环境温度、环境压力等是多少,某一换算转速下的压气机压比和进口换算流量是确定的。所以在所有环境条件下,瞬态工作线都是唯一的。减速也采用类似的调节计划,从而使得换算油气比和燃烧室马赫数也具有唯一的瞬态轨迹,以防止贫油熄火。

发动机衰退以及客户功率提取和引气改变了发动机硬件,进而改变了换算参数关系。所以,制订控制策略时必须考虑这些情况。

8.9 缩放参数组与瞬态性能

4.3.4 节中描述了发动机缩放对瞬态性能的影响。当发动机线性放大时,加速和减速时间理论上会等比例地增加;但是实际上,它们并不会显著变化。对于缩放后的发动机,在其控制系统中会使用相同的缩放参数组来瞬态地调节燃油流量、VIGV 和放气阀等。这意味着,缩放后的喘振裕度基本保持不变。发动机放大后,燃烧室的贫油熄火稳定性会稍有改善,这是因为燃烧室负荷变小了,如 5.7.2 节所述。

8.10 瞬态过程的控制策略

8.10.1 数字控制器

大多数现代的燃气涡轮发动机采用数字控制系统,相比于以前所有的液压机械系统,它能实现复杂得多的控制策略。实际上,数字控制器是一台封装好的计算机,能够承受所处的发动机环境。对于航空器,该封装件是极其精良的,安装在发动机机匣上,能够承受住雷击等。对于工业燃气轮机,则通常是一个远离发动机的安装于支架上的系统。在以上两种情况中,都必须保留一些液压机械装置,用来和数字控制器一起驱动燃油阀、VSV 等。

发动机的关键性能参数,如转速、温度、压力,要进行测量。然后,这些模拟信号经过模拟-数字转换器转换后传送给数字控制器。数字控制器读取这些输入后，完整执行一遍程序算法，再发送出输出信号。通常每隔 10～30 ms 重复一次这个时序。数字控制器的输出信号以毫伏(mV)为单位，并被放大增强，从而引起步进电机运动来触发燃油控制阀作动器，激活液压换向来移动 VSV 作动器等等。

控制算法极其复杂，其最大的设计挑战来自发动机瞬态操作。对于这些操作，数字控制器存储前几遍运算的数据，从中推算出参数变化的速率。发动机瞬态性能与控制系统的设计研发密不可分。

8.10.2　燃油控制调节计划的要求

燃油控制的控制理念是通过数字控制器内的一整套算法来执行的。必须设定这些算法和调节计划水平，从而实现 8.3 节提到的响应时间，同时避免出现 8.5 节提到的发动机不稳定性。加速计划必须设置得足够高，以避免发动机降转，并实现最大燃油流量发动机情况所要求的加速时间，同时避免高压压气机喘振。减速计划则必须设置得足够低，以实现所要求的减速时间；但又不能过低，以免造成贫油熄火和低压或中压压气机喘振。

下面章节将描述最常见的两种控制理念。换算燃油流量方法传统上一直用于液压机械控制系统。然而，随着数字控制器的出现，实际中已经采用 NDOT(转速变化率)技术，并且由于这里提到的这些优势，该方法几乎专门用在飞机上。地面和船舶发动机没有这么严苛的加速或减速时间要求，所以即使在使用了数字控制器时，通常还保留使用换算燃油流量方法。(如附录 A 所示，ARP 755 中对于转子加速率［单位为 r/(min·s)］的符号命名是 NU。但是，在工业界讨论到控制系统设计时，更多地使用 NDOT 这一术语。)

在上述两种情况中，控制器通常都会有一个关于发动机转速期望与 PLA 输入关系的查找表式调节计划。猛推油门杆后(按照图 8.1 所示方式)，所期望的转速与测得的实际转速之间的差值使控制器增加燃油流量，并按照由加速调节计划设定的限制水平计量燃油流量，如下文所述。

8.10.3　换算燃油流量与换算转速关系

图 8.6 给出了换算燃油流量与换算转速关系的控制理念示意图。根据 WF/(P3·$\sqrt{T3}$)与 NH/$\sqrt{T26}$ 的关系制订加速燃油调节计划，然后制作成一张查找表，编码到数字控制器中。控制器测量 NH、T26、P3 和 T3，然后用来根据调节计划表算出需要控制计量的燃油流量。在瞬态开始的时候，"阶跃和变化率(jump and rate)"算法会限制所允许的燃油阀步进和移动速率，直至达到了加速调节计划。减速过程的执行方法与之类似。

图 8.6 还显示了这种控制理念的显著特征。一台没有客户引气和功率提取的新发动机，将比带引气和功率提取的衰退发动机加速更快、减速更慢。这是因为后者需要更大的稳态燃油流量，这会分别造成加速调节计划和减速调节计划所提供的过量供油减小、欠量供油增大。所以，设计加速调节计划时必须保证带有引气和功

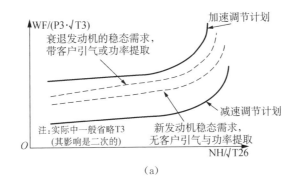

(a)

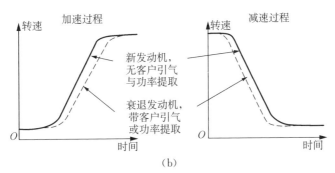

(b)

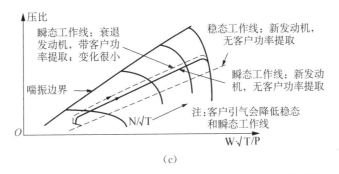

(c)

图 8.6　换算燃油流量与换算转速关系的瞬态燃油调节计划

（a）加速和减速调节计划　（b）发动机转速与时间关系　（c）高压压气机瞬态工作线

率提取的衰退发动机正好达到加速时间要求。相反,设计减速调节计划水平时必须保证不带引气和功率提取的新发动机达到减速时间要求。

图 8.6 还表明,在使用这种控制理念时,功率提取或发动机衰退对高压压气机瞬态工作线的不利影响很小,甚至没有,这是因为瞬态换算燃油流量没有发生变化,所以工作线也不会变化。但是无论如何,引气提取总是降低稳态和瞬态的工作线。

随着高度升高,加速和减速时间大约以环境压力与 ISA 海平面压力之比（即 δ）的反比而增加。这是因为,如 8.8 节所述,在瞬态期间固定每个点上的换算转速与换算燃油流量,则所有其他换算参数组都会固定。所以换算不平衡扭矩和换算转子加速率(即图表4.1中的参数组NU)也都是不变的。从图表4.1明显看出,实际NDOT值会随着P1变小而降低。另一个重要结果是它们与T1没有关系。

　　飞行马赫数变大的影响是使加速时间变短,而使减速时间变长。这是因为如第7章所示,在一定换算转速下,由于冲压对未堵塞喷管的影响,稳态的换算燃油流量随着马赫数增加而减小。但是,加速和减速调节计划并未改变,所以加速时的过量供油增加,减速时的欠量供油减小。

　　对于换算燃油流量与换算转速关系的控制方式,下表总结了不同发动机条件对响应时间和工作线偏移的影响。

	加速时间	瞬态高压喘振裕度	减速时间	瞬态低压喘振裕度
衰退	更慢	小变化	更快	更坏
功率提取	更慢	小变化	更快	更坏
引气提取	更慢	更好	更快	小变化
飞行马赫数	更快	更好	更慢	更好

8.10.4　换算的转速变化率与换算转速关系

　　图8.7给出了换算的转速变化率(NDOT)与换算转速的关系的瞬态燃油调节计划。通常采用加速调节计划(即限制换算燃油流量调节计划)作为并行的"拦阻"。

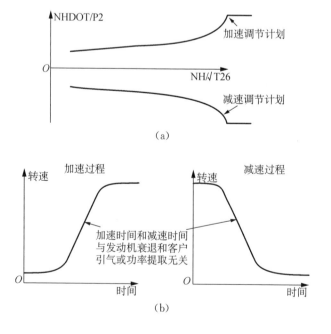

(a)

(b)

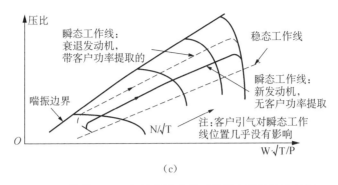

（c）

图 8.7 换算 NDOT 与换算转速关系的瞬态燃油调节计划

（a）加速和减速调节计划 （b）发动机转速与时间关系 （c）高压压气机瞬态工作线

对于一个给定的运行条件,使用 NDOT 控制可确保加速和减速时间始终不变,与发动机衰退、客户提取等无关。这对飞机有利,特别是双发飞机,两台发动机将总是以相同的速率响应,从而在沿着跑道滑行时飞行员不用担心偏航。不过,在有功率提取和发动机衰退时,瞬态压气机工作线的偏移会更大。

同样地,瞬态时间随着 P1 降低而增加,但明显与 T1 无关。飞行马赫数的影响是使加速时间和减速时间都变小。这是因为换算 NDOT 保持不变,P1 的增加意味着实际的 NDOT 要增加。未堵塞喷管的任何影响都会被燃油流量的改变所补偿。

对于 NDOT 控制方法,下表总结了不同发动机条件对响应时间和工作线偏移的影响。

	加速时间	瞬态高压喘振裕度	减速时间	瞬态低压喘振裕度
衰退	无变化	更坏	无变化	小变化
功率提取	无变化	更坏	无变化	小变化
引气提取	无变化	小变化	无变化	更好
飞行马赫数	更快	更好	更快	更好

8.10.5 可变几何调节计划

VSV、VIGV 以及操作放气阀的调节计划通常是随相关压气机的换算转速来制订的。这意味着由此得到的复合的压气机特性图仍然是唯一的,因为在每一个换算转速下压气机具有唯一的几何形式。如第 5 章所讨论的,更精细的特性图也会用到。

8.11 瞬态性能和控制模型

当今,在发动机详细设计和研发中,瞬态性能和控制模型是必不可少的设计工具,通常使用热力学匹配模型和一个由其改编而成的实时模型。本节将描述不同类型的瞬态模型及其应用。除了在前期的设计阶段外,所有模型都包括控制系统以及发动机,以确保以有意义的方式调节燃油流量等。

8.11.1　热力学匹配瞬态性能和控制模型

图 8.8 说明了涡喷发动机热力学匹配瞬态性能和控制模型的构型。它包含一个与数字控制算法耦合的发动机热力学模型,以及一些对液压机械装置建模的子程序。在这种模型中没有任何硬件,这与后面将提到的其他模型不同。

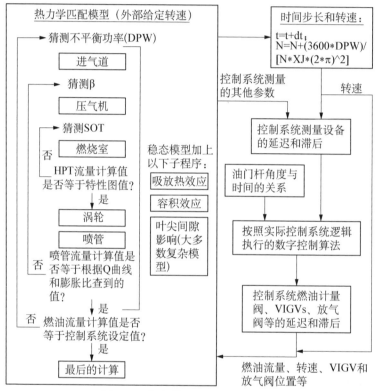

图 8.8　热力学匹配瞬态性能模型

热力学匹配方法的核心实际上是按规定转速运行的稳态模型(见第 7 章)。在时间等于零时,完全按照稳态模型运行一个稳态匹配点。数字控制算法几乎必用到前几个时间步的过去值;此时所有这些过去值都被初始化成对应参数的稳态值。

然后,时间递增,模型切换到瞬态模式,同时激活对瞬态现象(如吸放热、容积动力学等)建模的子程序。关于这些现象的建模方法将在 8.11.6 节介绍。接下来,将不平衡功率引入转轴以计算轴的加速。在稳态模型之外的一个附加的迭代循环中使用不平衡功率。在这个循环中,先猜测一个轴的不平衡功率值(匹配猜测),然后计算燃油流量,并与由控制算法外部设定的燃油流量值(匹配约束)进行比较。不断调整猜测的不平衡功率来进行迭代,直至由发动机模型计算出的燃油流量与由控制算法设定的值相匹配为止。

一旦达到这个匹配点,时间继续递增,并按照公式 F8.4,根据最初的转速、不平衡功率和已知的转子转动惯量计算新的转速。然后,将控制系统从发动机中测量得到的参数值,在运用合适的延迟和滞后(参考 8.11.6 节)以后,再输入给控制系统子程序。正常情况下,控制算法使用与发动机模型相同的计算机语言执行,但是所遵循的逻辑流程与在实际控制器中执行的机器代码程序的相同。然后,这个控制程序提供燃油流量、VIGV 位置等,就如由实际控制器调节一样。延迟和滞后被用来对液压机械控制硬件建模,从而燃油流量等被提供给热力学匹配模型。然后,重复上述整个过程,就这样一步一步地完成瞬态机动操作的匹配计算。算例 C8.1 说明了涡喷发动机的这个过程。

正如第 7 章所描述的稳态模型一样,可以不用图 8.8 所示的嵌套迭代循环,而用矩阵解法来加速收敛过程。对于涡喷发动机的例子,匹配猜测(猜测值)和匹配约束(已知值)如下表所列。

稳态		瞬态	
猜测	约束	猜测	约束
涡轮导向器出口温度(SOT)	高压涡轮流通能力	SOT	高压涡轮流通能力
β	推进喷管流通能力	β	推进喷管流通能力
		不平衡功率	控制系统提供的燃油流量

对所有其他发动机构型,整体的计算过程是一样的。对于每一种发动机类型,将不平衡功率的匹配猜测、控制系统设定的燃油流量的匹配约束加入到第 7 章所述的稳态匹配设置中。对于双转子发动机,高压转子转速也根据其不平衡功率和轴转动惯量计算获得。在稳态模型中,高压转速是一个匹配猜测,而在瞬态模型中则用高压转子不平衡功率代替它。对于双转子涡喷发动机,匹配猜测和约束如下表所示。

稳态		瞬态	
猜测	约束	猜测	约束
SOT	高压涡轮流通能力	SOT	高压涡轮流通能力
低压 β	推进喷管流通能力	低压 β	推进喷管流通能力
高压转速	低压涡轮流通能力	高压不平衡功率	低压涡轮流通能力
		低压不平衡功率	控制系统提供的燃油流量

理想情况下,模型的时间步长应该设定为与实际数字控制器一致(10~30 ms),以避免控制系统历史参数、延迟和滞后等出现一阶误差。对于包含发动机和来自初步调节计划的燃油流量等输入的初始模型,可以使用最大为 0.25 s 的时间步长,这样计算出来的发动机性能参数的准确度有一点小的损失。

对于这种类型的瞬态模型,参考文献[5]提供了一些航天航空业推荐做法。它包括最准确的发动机瞬态性能参数表达,因此其主要用途包括如下。

- 发动机控制理念的设计。
- 燃油流量、VIGV、可变面积推进喷管等控制计划的设计，从而实现发动机瞬态需求，且保持充足的喘振和贫油熄火裕度。
- 在发动机可用于瞬态试验之前，对设计阶段的发动机瞬态性能进行研究。
- 在发动机工作包线中无法进行发动机试验的极限转角处，预测发动机的瞬态性能。对于航空发动机，一旦模型已经用比较方便的工作条件下的试验数据校准过，那么适航当局将会接受此类模型产生的数据作为安全性证明。
- 研究某些太昂贵或不实际而无法进行试验的机动动作，比如轴断裂。

即使是使用目前可得到的最快的计算机，上述的热力学匹配模型一般也无法真正地实时运行。匹配点的收敛所需时间会超过 $10 \sim 30 \, ms$ 的可用时间步长。为了实现实时执行，必须对热力学匹配模型进行大刀阔斧的简化，当然其后果是会损失计算准确度。所以，标准的热力学发动机模型无法与硬件控制系统相结合。而且，由于每个时间步的解可以随机落在允许的容差范围内，因此迭代方法会产生输出参数上的噪声。这种噪声引起的扰动会妨碍系统稳定性的评估。

8.11.2　实时瞬态性能模型

图 8.9 展示了与硬件控制系统相结合的实时瞬态性能模型的构型。硬件中示出了液压机械系统和数字控制器。这种布局在航空应用中通常被称作铁鸟，它需要用到液压压力、电力等来作动所有液压机械系统。在项目的前期，这些系统可以用软件建模代替，硬件只有数字控制器。

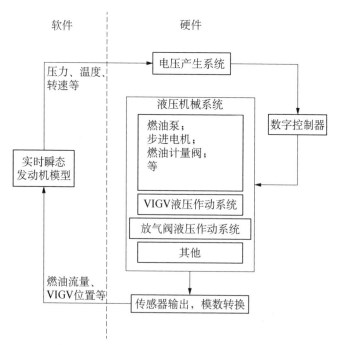

图 8.9　与硬件控制系统耦合的实时瞬态模型

　　参考文献[6]是关于实时模型的航天航空业推荐做法。所有实时发动机模型都尽可能多地使用查找表，而不是多项式，这样计算机执行速度更快。实时模型有多项用途：

- 在不依赖发动机的情况下开发控制液压机械硬件。这样可以节约很大成本，也意味着在发动机可用之前的项目前期就能够进行控制硬件试验。
- 在应用于真实发动机前，检验机器代码数字控制器算法。因此，可以对使用匹配模型设计的控制原理的机器代码的执行进行确认，以保证不存在可能危害到发动机的转换错误。
- 对产品控制系统进行"交付试验"。
- 为训练飞行员的飞行模拟器提供发动机模型。
- 在没有迭代及其所导致的输出参数噪声情况下，评估控制系统和总体稳定性。

8.11.3　实时气动热力瞬态性能模型

　　在众多用来对发动机瞬态性能参数进行建模的实时发动机模型中，气动热力模型是最准确的。参考文献[7]详细描述了这种类型的模型。图 8.10 给出了双转子涡喷发动机所用的部件分解和截面编号，图 8.11 则给出了计算过程与所需的公式。先按照匹配模型计算一个稳态点，然后模型切换到瞬态模式，以与数字控制器的更新时帧相应的时间间隔计算一系列点。

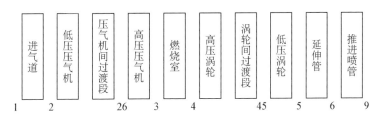

图 8.10　双转子涡喷发动机的气动热力实时模型的部件和截面编号

　　在计算中，叶轮机械之间的容积很重要。图 8.11 显示，当时间从 t−1 增加一个步长到 t 后，首先使用在前一个时刻 t−1 结束时根据容积动力学算出的 dP/dt 的值计算 P26、P45 和 P6。还要使用不平衡功率、前一个时刻的转速以及转子转动惯量计算 t 时刻的转速。

　　然后，计算转移到燃烧室，使用控制系统所计划的燃油流量、前一个时间步算出的质量流量和温度来计算 T4、P4 和 P3。接下来，在高压涡轮计算中，按照匹配模型的方式使用部件特性图，但是利用已知的膨胀比和换算转速查找换算流量和效率。这样得到 T45 和 W4。然后，计算过程回到燃烧室循环三次，以便将 W4 更新为 t 时刻（而非 t−1 时刻）的值。

　　接下来，按照稳态子程序计算进气道，然后根据已知的压比和换算转速读取低压压气机特性图，获得 W2、W26 和 T26。在高压压气机特性图上重复这个过程，获得 T3 和 W3。然后计算过程回到燃烧室循环三次，将 W3 和 T3 更新为 t 时刻（而非

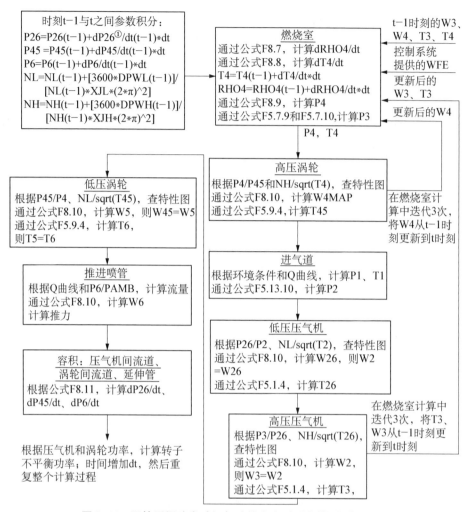

图8.11 双转子涡喷发动机气动热力实时瞬态模型（体积法）

t−1时刻)的值。如果这些循环使计算速度降低得不可接受,则省略它们对计算准确度也几乎没有什么损失。

　　然后,根据已知的膨胀比和换算转速读取低压涡轮特性图,进而计算出 T6、W45、W5。推进喷管的流通能力进而 W6 可以根据其膨胀比、有效面积和 Q 曲线公式计算出。其中,膨胀比指的是 P6 与环境压力之比,当喷管堵塞时则取临界值。

　　对于三个部件间过渡段容积,都根据前面算得的容积进口和出口的质量流量计算出相应的 dP/dt。最后,在计算出转子不平衡功率后,时间再次递增一步,开始下一个瞬态点的计算。

　　相对于匹配模型,使用这个方法的实时模型无需迭代,所以它在执行时间上很

---

① 原文误为"dP2"。——译注

占优势,不过这会损失一些计算准确度。对于发动机控制系统硬件开发来说,这是最常用的模型;因为它是最准确的实时发动机模型。后面描述的其他模型更适合于准确度要求较低的飞行模拟器。

8.11.4 实时传递函数瞬态性能模型

在这种类型的实时模型中,通过传递函数方程将关键性能参数与燃油流量联系起来,如公式 F8.12 所示。时间常数必须从瞬态匹配模型的输出或发动机试验数据中得到。模型的输出仅限于那些已经推导出其传递函数的参数。通常该模型的准确度比气动热力实时模型的要低,但是它更简单和快速。尽管有时会用于控制系统开发,但它更常用于飞行模拟器。在此,除了发动机性能参数外,还需要诸如滑油或起动系统的附件系统参数,而以这种方式对它们进行建模也很容易。

8.11.5 实时集总参数瞬态性能模型

在这种类型的实时发动机模型中,根据气动热力模型或试验数据生成一个很大的稳态和瞬态性能参数矩阵。这些参数被划分为反映能量存储的状态参数(如转子转速)和输入参数(如燃油流量)。分别求出状态变量对其他所有参数的偏导数。然后,使用公式 F8.13 和上述矩阵,计算瞬态期间性能参数随时间的变化。这种模型也更适用于飞行模拟器,但是不如上述传递函数方法那么常用。

8.11.6 瞬态现象建模

在 8.4 节中讨论到的瞬态现象建模的详细指导超出了本书的范围,所以此处只作一些简单介绍。下面讨论其方法学,算例 C8.2 和 C8.3 提供了基本的说明;参考文献[1]—[4]、[8]和[9]提供了详细的解释。

热浸(吸放热)

为了准确地对热浸现象进行建模,必须使用公式 F8.14—F8.16 计算流入或流出金属部件的净热流量。计算中需要部件几何数据、热质量和传热系数;后者必须根据基于雷诺数和普朗特数之类参数的关系式计算,且很难准确计算。所以一旦能够得到瞬态试验数据,经常就对传热系数使用经验的关联因子来调整模型,使其计算结果与瞬态试验数据一致。

对于那些不包含换热器的发动机,公式 F8.17 提供了一种简单模型的方法(见参考文献[1])。此处认为所有热浸现象都发生在燃烧室,并使用一个时间常数来计算热浸与时间的关系。对于热浸影响的粗略计算,在整个加速瞬态过程中,有效的过量供油(指燃烧掉的燃油,而非计量的燃油)可能降低了 30%。

容积动力学

在过渡段流道、燃烧室和换热器中必须考虑容积动力学。公式 F8.18 给出了离开容积的质量流量相对于进入容积的质量流量的变化的计算方法。

压气机性能

改变叶尖间隙和级间加热可能显著地降低喘振线,这取决于压气机的设计。通常最适合的方法是通过第11章描述的发动机试验获得的经验方法。不过，由于所引起的压气机特性图变化是二阶影响因素，在简单的瞬态性能模型中可以忽略。参考文献[3]和[4]详细描述了这些现象，并提供了建模的指导。

燃烧延迟

从燃油注入燃烧室到燃烧释放出热量的时间延迟是 $1\sim2\,ms$ 的量级。无论哪一个参数的延迟都可以很容易地运用公式 F8.19 来计算。

控制系统延迟和滞后

可以使用公式 F8.19 来计算控制系统硬件部件运动的延迟，使用公式 F8.20 来模拟滞后。其中，延迟时间和时间常数需要由控制系统部件制造商提供。

公式与算例

公式

此处给出的所有公式都使用比热容和 γ 值。对于严格计算，则必须使用焓。第3章给出了所需的方法。

F8.1 不平衡功率(kW)＝fn(压气机和涡轮质量流量(kg/s)，温度变化(K)，CP[kJ/(kg·K)]，机械效率(分数))

$$DPW = W4 * CP * (T4 - T5^{①}) - W2 * CP * (T3 - T2)/ETAM$$

(i) 注意，对于稳态运行，DPW 为零，所以：

$$W4 * CP * (T4 - T5) = W2 * CP * (T3 - T2)/ETAM$$

(ii) 这些公式适用于没有涡轮冷却空气造成额外的温度降低的情况。

F8.2 和 F8.3 基本的力学方程($N \cdot m$, $kg \cdot m^2$, rad/s^2, W, rad/s)

F8.2 $TRQ = XJ * NDOT$

F8.3 $PW = TRQ * N$

F8.4 转子加速率[$r/(min \cdot s)$] ＝ fn(不平衡功率(W)，转动惯量($kg \cdot m^2$)，转速(r/min))

$$NDOT = DPW/(XJ * N * (P1 * 2/60)^2)$$

F8.5 喘振裕度(%) ＝ fn(喘振压比，工作线压比)

$$SM = 100 * (PRsurge - PRworking\ line)/PRworking\ line$$

(i) 压比是在等换算流量下的。

F8.6 需要的喘振裕度(%)＝fn(系统喘振裕度(%)，喘振裕度变化量(%))

$$SMrequired = SMsystematic + SQRT\ (\sum(SMvariances^2))$$

F8.7 燃烧室出口的密度变化率[$kg/(m^3 \cdot s)$]＝fn(燃烧室进口和出口质量流量(kg/s)，燃油流量(kg/s)，容积(m^3))

$$dRHO4/dt = (W3 - W4 + WF)/V$$

---

① 原文误为(T5-T4)。——译注

F8.8 T4 变化率(K/s) = fn(CP3、CP4、CV[W/(kg · K)],燃烧室进出口质量流量 (kg/s)和温度(K),燃油流量(kg/s),燃油低热值(J/kg),燃烧室出口密度变化率 [kg/(m³ · s)],燃烧室容积(m³))

$$dT4/dt = (CP3 * T3 * W3 - CP4 * T4 * W4 + WF * LHV)/(CV * T4 * V * dRHO4/dt)$$

F8.9 燃烧室出口压力(kPa) = fn(马赫数,γ,气体常数[kJ/(kg · K)],密度(kg/m³),温度(K))

$$P4 = (1 + (\gamma-1)/2 * M4^2)^{(1/(\gamma-1))} * R * RHO4 * T4$$

F8.10 质量流量(kg/s) = fn(流通能力[kg√K/(s · kPa)],温度(K),压力(kPa))

$$W = Q * P/T^{0.5}$$

F8.11 容积内压力的变化率(kPa/s) = fn(马赫数,γ,气体常数[kJ/(kg · K)],平均 总温(K),进出口质量流量(kg/s),容积(m³))

$$dP/dt = (1 + (\gamma - 1)/2 * M^2)^{(1/(\gamma-1))} * R * T * (Win - Wout)/V$$

F8.12 传递函数方程:t 时刻的转速 = fn(t 和 t-1 时刻的燃油流量,t-1 时刻的转 速,超前时间常数,滞后时间常数)

$$NL(t) = WFE(t) * (1-TClead/TClag) + (1 - TClead/TClag) * (NL(t - 1) + (NL(t) - WFE(t-1)) * (1-e^{(dt/TClag)}))$$

F8.13 集总参数方程——举例

$$\partial NL/\partial t = (\partial NLdot/\partial NL) * (NL - NLb) + (\partial NLdot/\partial NH) * (NH - NHb) + (\partial NLdot/\partial WFE) * (WFE - WFEb)$$

(i) 用稳态参数数值及其对其他参数的偏导数的存储矩阵表征发动机的稳态和瞬态 响应。

(ii) 根据发动机构型选择需要考虑的相关参数的数目;可分为输入参数(如 WFE), 或状态参数(能量存储参数,如 NH)。

(iii) 对于所有的状态参数,都求其对其他所有状态参数和输入参数的偏导数。

(iv) 在不同的基本工作点"b",根据热力学模型或试验数据获取数值。

(v) 在本例中,低压转子的加速率通过 NLdot 对 NL、NH 和 WFE 的偏导数计算获 得。

F8.14—F8.16 热浸 = fn(传递的热量(kW),传热系数[kW/(m² · K)],气体和金属 温度(K),气体质量流量(kg/s),金属面积(m²),金属质量(kg),金属的 CP[kJ/(kg · K)])

F8.14 $QU = h * A * (Tgas - Tmetal)$

F8.15 $dTgas = -QU/(W * CPgas)$

F8.16 $dTmetal/dt = QU/(Mass. metal * CPmetal)$

(i) 公式 F8.14 中,Tgas 和 Tmetal 是 t 时刻的值。因此,对于给定的传热系数,可 以求得 QU;而对于给定的时间步长 dt,dTgas、dTmetal 则分别通过公式

F8. 15、F8. 16 计算。

F8. 17 近似的热浸＝fn(最大热浸(kW)，时间(s)，时间常数(s))

QU ＝ QUmax ＊ e^(−t/TC)

(i) 时间常数范围为：5s(质量为 200 kg 级别发动机)到 40s(质量为 2 000 kg 级别发动机)。

F8. 18 一定容积中存储的质量的变化率(kg/s)＝fn(γ，马赫数，气体常数[kJ/(kg・K)]，平均温度(K)，平均压力(kPa)，容积(m³))

Win − Wout ＝ V ＊ dP/dt/((1 ＋ (γ − 1)/2 ＊ M^2)^(1/(γ − 1)) ＊ R ＊ T)

其中，dP/dt 由已知的 t 时刻、t−1 时刻的 P 值计算。

F8. 19 参数的延迟值＝fn(延迟(s)，旧值，时间(s))

Value (time ＝ T) ＝ Value(time ＝ (T − delay))

比如，80 ms 的燃烧滞后，则烧掉的 WF 值等于 T−0. 08 时刻计量的 WF 值。

F8. 20 参数的滞后值＝fn(前一个时间步的滞后值，时间步长(s)，时间常数(s))

Lagged. value (time ＝ T)

＝(Lagged. value (time ＝ T − DT) ＋ Actual. value (time ＝T))/(TC ＋ DT)

(i) 例子：气体温度的实际值，和热电偶读到的滞后值。

(ii) 例子：发动机转子转速的期望值，和实际转速的滞后值。

算例

C8. 1 一台单转子涡喷发动机的转动惯量为 0. 1 kg・m²，其慢车转速为 15 000 r/min，此时燃油流量按照加速调节计划增加。使用 8. 11 节描述的热力学匹配模型模拟该瞬态操作，算出来的第一个瞬态匹配点的不平衡功率为 16. 1 kW。时间步长为 50 ms，计算第二个瞬态匹配点的转子转速。

F8. 4 NDOT＝DPW/(XJ ＊ N ＊ (PI ＊ 2/60)^2)

应用公式 F8. 4：

NDOT ＝ 16 100/(0. 1 ＊ 15 000 ＊ (PI ＊ 2/60)^2)

NDOT ＝ 979 r/(min・s)

计算第二个瞬态匹配点的转速：

N ＝ 15 000＋979 ＊ 0. 05

N ＝ 15 049 r/min

C8. 2 对于上面的算例，求出第二个瞬态匹配点的第一次迭代时的燃烧室进、出口的质量流量之间的差值；燃烧室容积为 0. 006 m³。

第二个瞬态匹配点的第一次迭代：

平均总压 ＝ 203. 4 kPa

进口马赫数 ＝ 0. 35

平均总温 ＝ 675 K

第一个瞬态匹配点的收敛值：

平均总压 = 200 kPa

F8.18 W1−W2 = V * dP2/dt/(R * T)/(1+(γ−1)/2 * M^2)^(1/(γ−1))

应用公式 F8.18：

Wout−Win = 0.006 * (203.4−200)/0.05/(0.287 05 * 675)/(1+(1.333−1)/
   2 * 0.35^2)^(1/(1.333−1))

Wout−Win = 0.002 kg/s

C8.3 下面列出了一个加速过程的最初 **120 ms** 内的燃油流量期望。燃油系统的时间常数为 **10 ms**，燃油被计量与在燃烧室中被燃烧之间存在 **2 ms** 的延迟。瞬态性能和控制模型的更新时间为 **20 ms**，最初 **6** 个时间步里控制系统期望的燃油流量如下，计算 **120 ms** 时燃烧掉的燃油。

时间/ms	0	20	40	60	80	100	120
燃油期望/(kg/s)	1.0	1.05	1.10	1.15	1.20	1.25	1.30

首先计算计量燃油流量随时间的关系

在 20 ms 时，将数值代入公式 F8.20，认为零时刻是一个稳态点，即此时计量的燃油流量等于所期望的燃油流量：

WFmetered 20ms = ((WFmetered 0ms * 0.01)+
   (WFdemand 20ms * 0.02))/(0.01+0.02)

WFmetered 20ms = ((1.0 * 0.01)+(1.05 * 0.02))/(0.01+0.02)

WFmetered 20ms = 1.033 kg/s

现在，针对后续的各个时间步，重复上述过程，得到：

时间/ms	0	20	40	60	80	100	120
计量的燃油/(kg/s)	1.0	1.033	1.077	1.126	1.175	1.225	1.275

运用延迟

由于燃烧的延迟，燃油的燃烧落后于其被计量的时间为 2 ms；因此，在 120 ms 时刻，燃烧的燃油流量为 1.270 kg/s（运用线性插值）。

参考文献

[1] Thomson B. Basic transient effects of aero gas turbines [C]. NATO AGARD Conference Proceedings No. 151，AGARD，Brussels. 1975.

[2] MacCallum N R L. Further studies of the influence of thermal effects on the predicted acceleration of gas turbines [S]. ASME 81-GT-21，ASME，New York. 1981.

［3］ Neal P F. Mechanical and thermal effects on the transient and steady state component performance of gas turbine engines ［S］. NATO AGARD Conference Proceedings No 324 – Engine Handling, AGARD, Brussels. 1982.

［4］ MacCallum N R L. Axial compressor characteristics during transients ［C］. NATO AGARD Conference Proceedings No 324 – Engine Handling, AGARD, Brussels. 1982.

［5］ SAE. Gas turbine engine transient performance presentation for digital computers ［C］. SAE Publication – ARP1257, Society of Automotive Engineers, Warrandale, Pennsylvania. 1989.

［6］ SAE（1996）Gas turbine engine real time performance model presentation for digital computers ［C］. SAE Publication – ARP 4148, Society of Automotive Engineers, Warrandale, Pennsylvania. 1996.

［7］ MacIsaac B D., Saravanamuttoo H I H. A comparison of analog, digital and hybrid computing techniques for simulation of gas turbine performance ［S］. ASME 74 – GT – 127, ASME, New York. 1974.

［8］ Onions R A., Foss A M. Developments in the dynamic simulation of gas turbines ［C］. NATO AGARD Conference Proceedings No 324—Engine Handling, AGARD, Brussels. 1982.

［9］ Koff B L. Designing for fighter engine transients ［C］. NATO AGARD Conference Proceedings No 324—Engine Handling, AGARD, Brussels. 1982.

9 起　　动

9.0　引言

起动是燃气涡轮发动机性能中最有技术挑战的任务之一。它涵盖了从操作员或驾驶员选择起动模式直至确立稳定慢车的整个发动机运行过程。第8章介绍的瞬态性能基本原理也适用于起动,并且同慢车以上瞬态性能一样,起动也与控制系统的定义密不可分。对于起动而言,相比慢车以上瞬态性能,还必须应对例如冷运转、点火和燃烧室联焰等问题。燃烧室着火的挑战绝不能低估。发动机在整个工作范围内都能着火是在燃烧室台架试验项目中必须加以解决的。

所有类型的发动机都包括地面起动和再起动,对于航空发动机还包括空中再起动。第1章讨论了每一种燃气涡轮发动机应用所需起动能力的背景,第11章描述了起动试验。本章谈到的发动机构型在第0章已介绍。

9.1　基本起动过程

本节描述的基本起动过程是通用性的,对所有发动机类型均适用。它还介绍了轴转速、扭矩、功率和压气机工作线在起动过程中如何变化。9.2节描述了每一类型发动机的特定起动特性。

9.1.1　起动的各个阶段

起动过程中各重要阶段简要地定义如下。每一阶段在随后章节中进行更为全面的介绍。

冷运转:起动机带动发动机的高压轴,此时没有燃料通过计量阀送入燃烧室。

吹扫:这项操作确保发动机流道或排气系统中不存在因之前运行或起动失败而残留的燃料,因为这些燃料可能会被点燃并带来损害。发动机以起动机所能维持的最大转速进行恒定冷运转,将可能存在的燃料排入大气中。

着火:计量的燃料进入燃烧室,点火器通电。这会引发燃烧室局部点火,然后联焰至所有的燃烧器。

加速至慢车:这个阶段通过燃料流量的稳定增加和起动机的持续辅助来完成。

　　热浸：发动机通常要停留在慢车状态，使得机体可以充分吸放热，然后达到一个新的温度，以保持发动机循环寿命。

　　图 9.1 示出了带自由动力涡轮的涡轴发动机和航空涡扇发动机起动过程中转速随时间的变化，图 9.2 示出了高压转子上的扭矩和功率平衡。

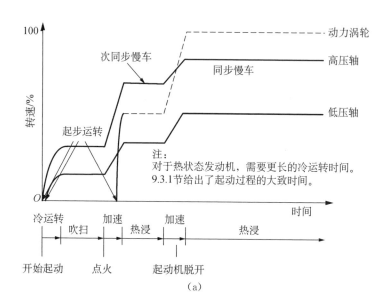

(a)

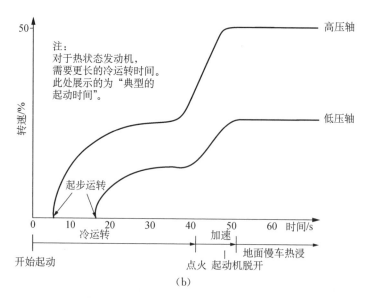

(b)

图 9.1　发动机起动的主要阶段中转速随时间的变化关系

（a）带自由动力涡轮的双转子燃气发生器发电发动机　（b）双转子涡喷或涡扇发动机

　　图 9.2 所示的两条曲线通常被称为发动机阻力/辅助力曲线和起动机辅助力曲线。前一条曲线是起动过程中发动机的净不平衡扭矩或功率输出,负值为阻力,正值则为辅助力。根据标准惯例,即使起动机带转扭矩或功率为辅助力,其曲线仍用负值来表示。这样可以帮助使用者从两条曲线垂直方向的差异,迅速地看出净不平衡的辅助扭矩或功率的大小。公式 F9.1—F9.4 根据基本的机理,展示了转速、扭矩、不平衡功和加速度之间的关系。除了还包含起动机输出功率之外,这些公式与慢车以上瞬态性能中用到的公式(公式 F8.1—F8.4)相似。[①]

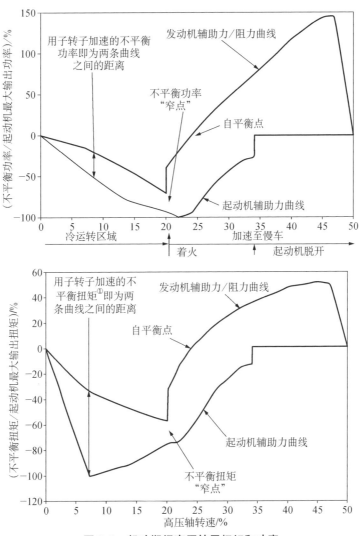

图 9.2 起动期间高压转子扭矩和功率

① 原文误为"功率"。——译注

图 9.3 展示了带有典型的起动工作线的起动区域中的高压和低压压气机特性图。该图还展示了旋转失速和起动悬挂的边界，这在 9.5 节中有全面的介绍。

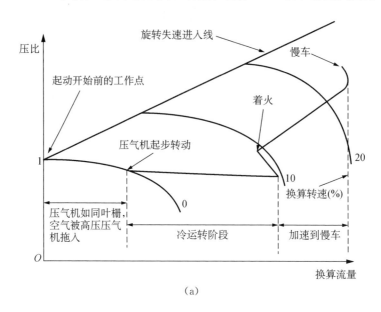

(a)

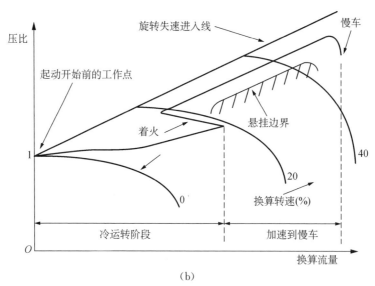

(b)

图 9.3　起动过程中压气机瞬态工作线走势

（a）风扇、低压或中压压气机　（b）高压压气机

9.1.2　冷运转

冷运转的目的是使燃烧室内形成足够的压力和质量流量以满足着火条件。在起动起始阶段，起动机激活后将扭矩施加给高压转子。为了使冲击扭矩载荷降到最

低,可以比如通过缓慢地开启涡轮起动机的空气阀,来逐渐施加扭矩。由于剩余的起动辅助功率,高压转子开始旋转并加速。高压压气机引发的气流流动带动起低压转子,如果有自由动力涡轮的话,最终还会使自由动力涡轮克服轴承中的滑油黏滞阻力,从而起步转动。

如图 9.2 所示,起动机扭矩在起动过程开始后不久便达到峰值,而起动机功率通常在慢车转速的 50% 左右时达到峰值。在冷运转阶段,发动机高压转子上的阻力随冷运转转速增加而增大,此时涡轮输出功率还小于压气机、附件、轴承和风阻损失的消耗功率。关于发动机各部分阻力的相对数量级和计算方法在 9.9.1 节中给出。

图 9.3 表明高压压气机工作线的压比始终大于 1,然而,在最低的冷运转转速下,高压压气机可能处于旋转失速状态。低压压气机表现的变化如下所述:

- 在起步转动之前,它表现得如同一个叶栅。虽然流量为正值且有压力损失,但是由于没有做功,因此也就没有总温的变化。

- 在起步转动之后,它在冷运转阶段的大部分时间中表现得如同一个划桨或搅拌器,有压力损失,但同时还吸收轴功,因此带来总温的升高。

- 在达到最大冷运转以前,它就进入了压气机的运行状态,功的输入使得压力以及总温都得到提高。

无论什么时候,低压压气机的功率输入都完全由低压涡轮提供。通常在起动过程中会将操作放气阀打开以降低工作线;而对于级间放气,就如第 5 章所述,则可以提高喘振裕度。保障放气阀的驱动压差以使气流通过是至关紧要的,而放气的水平在设计初期就应该进行评估。低压转子转速较低时,低压压气机放气阀实际上是吸进空气。

起动机总是带转高压转子而非低压转子,因为这是为燃烧室提供点火和联焰所需质量流量和压力的最有效方法。在发动机压比大部分由高压压气机产生的情况下起动更容易,因为通过直接输入轴功率来加速高压压气机各级避免了能量损失在效率处于低下状态的低压涡轮中。与此相关的一个影响是相对较大的低压转子惯性将会延长低压转子加速的时间,继而延长整个起动时序。换一种方式,如果采用起动机带转低压转子,将会导致燃烧室上游的压气机压力损失更多。

对于航空发动机,空中起动前的自由风车状态,如 9.2.6 节中所讨论,可以认为与冷运转相类似。

9.1.3　吹扫

在所有使用气体燃料的起动和再起动过程中都需要进行吹扫,并且如果使用的是液体燃料,则在起动失败或紧急停车后也可以使用该操作。取决于发动机大小和需要清除的残留燃料种类,吹扫的步骤一般需维持 1~10 min。吹扫步骤所在的恒定冷运转阶段并没有在图 9.2 中显示。在该阶段中,燃烧室在高压转子加速到发动机净阻力与起动机辅助力相等前已点火成功。

9.1.4　着火——点火和联焰

在这个阶段,点火器被激活,控制系统按照恒定的着火平直供油规律持续地将燃油计量提供给燃烧室。对于小型的遥控飞行器(RPV)涡喷发动机,着火平直段的功率可以低至 $300\,kW$,对于大型涡扇发动机则可以高至 $5000\,kW$。一旦点火器附近的燃油被点燃,这个火焰必须能环绕燃烧室周向传播并稳定。关于着火成功的要求,在 5.8.5 节进行了讨论,图表 5.7 还介绍了燃烧室的点火包线。对于适合于着火的燃烧室条件所处的高压转速,必须通过结合建模、燃烧室台架试验和最终发动机试验确定。着火对于燃烧室来说是一个关键的设计工况,因为要克服很多实际问题,如冷天条件下煤油和高黏度柴油的雾化。如 5.8.5 节所介绍,燃烧室在着火时的典型燃烧效率为 $10\%\sim50\%$,并且一般着火发生在 $15\%\sim25\%$ 的高压转速。较低的值通常用于高空再点火。图表 5.5 展现了燃烧室效率随负荷的变化趋势,该表可以用于起动过程一阶准确度的计算。

图 9.2 表明在着火发生时,发动机阻力骤然降低,然而此时仍需起动机的辅助力去继续带动高压转子加速。这时候涡轮发出功率通常仍小于高压压气机消耗功率、轴承和风阻损失以及附件消耗功率的总和。

图 9.3 表明由于着火的发生,两个压气机的工作线也都出现了急剧上移,其中高压压气机离旋转失速进入线最近。为了避免高压压气机发生旋转失速,很有必要合理选择起动机大小,进而最大冷运转的高压转速,以及着火平直供油规律。控制系统通常利用安装在涡轮出口的热电偶检测点火及联焰。如果在特定时间(例如 10 s)内着火仍然没有成功,则控制系统会终止起动,切断供油并进入吹扫阶段。

9.1.5　加速至慢车

随着燃油持续地增加,发动机加速至慢车,这和第 8 章描述的慢车以上加速方式非常相像。起动机在联焰后继续提供带转辅助力。随着转速的上升,发动机的辅助力最终使起动机的辅助力显得微不足道,因此起动机将在慢车前通过断开供能并分开离合器达到脱开。

如图 9.2 所示,在着火后很短时间内,发动机阻力即穿过 x 坐标轴并变为辅助力。这一个交点称为"自平衡",理论上在该点即使起动机脱开,发动机也可以稳定运行。然而考虑到涡轮寿命,此时燃烧室出口温度场的不均匀性使得在此状态稳定下来不切实际,因此必须瞬态通过这个转速。在加速过程中,制订的燃油调节计划要使得压气机大致沿着与旋转失速进入线平行的工作线工作。用来制订这个阶段燃油计划的控制策略在 9.7 节介绍。

很多燃烧系统采用了独立、低流量的燃油喷嘴用于起动。这是因为在低的燃油流量下,主燃级喷嘴可能产生不了足够的雾化,这时燃烧室的稳定性和效率将主要取决于使用哪些喷嘴。在许多情况下,如果低于特定的临界值,则主燃系统可能实际上不会通过任何燃油流量。在选择系统之间的转换点时,必须记住这些问题,以避免熄火、失速或起动悬挂。

达到慢车后,燃油供应量减少,发动机的辅助力/阻力变为零,即对于稳态的慢车运行,不需要不平衡功率。慢车点在高压压气机特性图上的位置低于瞬态的起动工作线,而在低压压气机上则高于起动工作线。如 9.3 节所述,可以定义不同等级的慢车。

热浸(吸放热),如第 8 章所述,能够在热机再起动或者冷浸起动过程中对工作线产生非常显著的影响。对于在发动机停车后立即进行再起动,来自机体的传热就如同额外的燃油流量,会将压气机逼向旋转失速并且提高涡轮温度。另外,如 9.5.1 节所述,压气机的喘振边界线也因此下降。相反,在长时间的冷浸后,起动时向机体的传热则如同减少燃油流量一般,并可能造成发动机发生悬挂。

9.2 主要发动机类型及其应用的起动过程

9.2.1 发电

图 9.1 表明,对于发电应用,有两个慢车等级,即次同步慢车和同步慢车。对于这两个慢车状态,交流发电机的功率输出为零,而涡轮输出功仅用来克服附件以及轴承和风阻损失。次同步慢车在起动过程中使用,此时其转速仅为同步转速的 50% 左右。停留在此处可以使发动机在转速和温度都很低的时候充分吸放热,以减少热应力并改善循环寿命。在此之后燃料流量提高,发动机将加速至同步慢车,到达 100% 的输出转速,交流发电机与电网进行连接。同样地,在该状态将进行一定的停留以增强循环寿命。天然气燃料的广泛使用意味着总是需要在最大冷运转时进行吹扫以避免爆炸的风险。

9.2.2 油气输送

对于油气输送的应用,自由动力涡轮构型是再普通不过的了。慢车一般仅在自由动力涡轮最大转速的 40%~50% 左右,因为它保持与气体压缩机相连接,而气体压缩基本遵循三次方的负荷关系。不像发电应用需要有一个同步慢车,此处不需要中间慢车状态。

9.2.3 船舶发动机

在起动阶段,自由动力涡轮转速较低,在慢车时还不到最大转速的 25%。如果螺旋桨是可变桨距的设计,则它设定为空载以防止船舶运动。如果螺旋桨是定桨距的设计,那么它将与动力涡轮离合器脱离或是由刹车系统锁定。通常情况下,即使它不被锁定,动力涡轮也会因传动系统中显著的静摩擦阻力而直到慢车时还保持静止。

9.2.4 机动车辆发动机

起动过程与船舶用发动机相类似,自由动力涡轮与传动系统离合器脱离。

9.2.5 间冷和回热发动机

间冷器

间冷器通常在起动阶段保持接通状态,避免接下来需要额外的按时序进行的操作。此外,在起动过程中,间冷器对高压压气机进口温度基本无影响,因为在上游的低压压气机当中几乎没有温升。有一个例外是极地水域的船舶,那里的海水冷源温度可能比环境温度高出多达35℃左右。在这里，间冷器可能成为"间热器"，有益于加热空气来帮助燃料汽化。不过，必须考虑水在换热器内冻结的风险。

回热器

由于所涉及的相对流动的体积和温度，回热器通常可以在空气侧而不在燃气侧开放旁路。有一些论点赞成在起动过程中同时保持接通和开放旁路：

● 保持接通的回热器会经受较少的低周疲劳，因为在转入接通状态时，冷空气进入热的回热器会引起热冲击。

● 旁路回热器对压气机喘振裕度更有利，因为即使在冷起动过程，这样做仍带来较低的压降。对于再起动，它也同时避免了变化无常的热量从热的回热器金属传回到燃烧室的上游所带来的影响，这些热量如同添加了额外的燃料。

一个折中的方法是在冷运转时打开回热器旁路，以此避免不能退出旋转失速这个最大的风险。然后，在加速到慢车的过程中，让回热器过渡到起作用状态。此处，可以用调节供油的方式补偿传回的可变热量。

9.2.6 有人驾驶航空器推力发动机

定义了两个慢车状态，以下按推力等级从小到大列出：

（1）地面慢车：用于在跑道上的刹车状态；

（2）飞行慢车：用于下降期间，在迅速需要大推力进行复飞时，用来缩短加速时间。

图9.1[①]也展示了双转子涡喷和涡扇发动机从起动至地面慢车的发动机转速与时间的关系。通常有一段停留以减缓热应力，但这并不是强制性的。

虽然空中再起动并不属于正常操作，但是发动机是否具备这个能力是生死攸关的。其具体的要求和图9.4（显示了典型民用涡扇发动机的再起动包线）随后一同介绍。对于包线内的起动机辅助起动区域，起动过程同地面起动过程类似。在风车起

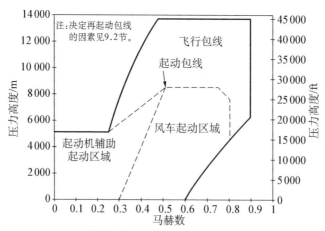

图9.4 有人驾驶航空推力发动机的再起动包线

动区域内将不使用起动机,冷运转完全通过高飞行速度所带来的冲压效应实现,如第 10 章中所描述。对于每一种方法,能成功起动的高度和飞行马赫数范围由燃烧室的着火能力、高压压气机失速和悬挂边界决定,将在下面进行描述。对于这两个区域,随着飞行马赫数上升,起动时间均减少,而高压压气机工作线下移。

起动机辅助起动

起动机辅助起动包线的左侧很大程度上由位于点火包线外的、低的燃烧室空气质量流量和负荷决定。为了保证合理的油气比水平,燃油流量必须很低,以致即使实现了点火,发动机还是会悬挂。着火后的旋转失速同样是一个需要考虑的问题,因为低马赫数时风车辅助力和转速较低,意味着需要较高的油气比使发动机加速至慢车。这个和低马赫数下不堵塞的喷管都使得高压压气机工作线抬高。起动机辅助起动包线的右侧受限于燃烧室马赫数是否超过了着火允许的边界。

风车

在风车起动包线内,不使用起动机。过了起动机辅助起动包线后,回归到自由风车状态,此时空气流量减少了,而且燃烧室马赫数不再过高,为燃烧室的着火提供了条件。左边界事实上是由于低转速的限制,因为其会引起驱动泵高温或过低的燃油压力。风车起动包线的右边界是由于超过了燃烧室空气质量流量和负荷的限制,正如起动机辅助起动包线一样。燃烧室在自由风车状态下的进口质量流量、温度和压力变化将在第 10 章中描述。

9.2.7 航空器涡桨与涡轴发动机

涡桨与涡轴发动机的起动过程与发电用的发动机类似,但是没有次同步慢车阶段。螺旋桨桨距通常设在低的位置(即桨叶指向周向)以降低推力和防止航空器向前移动的刹车力。相反地,将桨距设在高的位置(即桨叶指向轴向)通常是要避免的,因为这会导致动力涡轮输出轴上的力矩过高。

9.2.8 亚声速导弹,无人机或遥控飞行器

这些应用仅使用地面起动或空中起动,无再起动能力。地面起动通常与有人驾驶航空器的一样,不过就如 9.8 节所述也会使用一些更新型的起动系统。

空中起动必然会很快,并且通常在发动机进气道上使用一个具有气动型面的堵盖以使燃烧室点火及联焰更容易。当飞行器发射时,点火器被激活,燃油计量阀按照着火平直供油规律打开,同时堵盖脱离。发动机起动试验必须使用高空台以模拟发射时的冲压效应。

9.2.9 冲压发动机

冲压发动机必须在飞行中起动。如第 7 章所述,由于冲压发动机性能与飞行马赫数紧密相关,因此飞行器的加速是起动过程中非常关键的部分。超声速进气道可能需要自起动,例如通过加速到设计飞行马赫数以上来建立内部激波系。由于尺寸约束,冲压发动机燃烧室马赫数相对比较高,因此需要带保护罩的预燃级以保证燃

烧稳定性。在起动过程中，预燃级必须先供油然后点火，一旦检测到点火成功则主燃级供油开始。点火过程很快，从开始供油到最大推力只需大概 0.25 s。

9.3　发动机的起动要求

每种应用都在 ISO 条件或 ISA 海平面静止条件下以及整个运行包线内有起动时间要求。起动时间定义为从操作员或驾驶员选择起动这一瞬间，到发动机运行至比慢车转速低 2% 或全功率转速时的时间。快速的起动时间的实现受限于 9.5 节中所列的操作性问题以及高的热应力对循环寿命的不利影响。事实上，起动成功后，发动机往往在慢车状态保持相当一段时间以达到热稳定。

9.3.1　发电

对于主要的发电发动机类别，ISO 条件下的典型起动时间需求如下所示：
- 备用/应急发电机：10～30 s。
- 调峰：2 min。
- 中间和基本负荷航空派生型：10～15 min。
- 重型简单循环基本负荷：30 min～1 h。
- 重型联合循环：1～4 h。

这些起动时间需求一般随着发动机尺寸增加而增加。简单循环重型发动机允许相对比较长的起动时间，因此可以使用低成本的重型构件，此如整锻转子或大而厚的盘和厚的机匣。快速起动会引起这类部件中出现高得难以承受的瞬态热应力。联合循环起动所需时间更长，因为蒸汽动力装置的热响应较慢。以上时间均为从起动至全功率的时间，还包括了为进行第 8 章所述的热浸透而在慢车停留的时间。在冷天该停留时间更长，这也是上述起动时间跨度如此之广的主要原因。用来清除未燃烧气体燃料的吹扫时间需另行计算。

通常起动包线与 2.1.6 节中的环境包线相同。经常会要求系统具备黑起动能力，即燃气轮机必须在没有任何外部电源向其所在建筑物供电的情况下，按下起动按钮就完成起动。这需要用到电池电源等解决方案。

在海平面，热天或冷天的起动时间较 ISO 条件下的高 25% 通常是可以接受的。此外，起动时间通常与环境压力成反比，因此在 3000 m、15℃ 条件下所允许的起动时间应是海平面的 1.45 倍。

9.3.2　油气输送

取决于环境温度，15～30 min 的起动时间很正常；这样相对比较长的起动时间可以缓解通常是重型构造的动力涡轮的热应力。除此之外，对于紧急情况会要求具备 4 min 快速起动时间加上吹扫时间的能力。同样，发动机需在 2.1.6 节中所描述的环境包线内任何位置都能起动。起动时间可能随环境条件变化，就和发电用的发动机一样。

9.3.3　机动车辆燃气轮机

在 ISO 条件下,15 s 的起动时间是可取的,不过对于卡车,长达 30 s 的起动时间也可以接受。尽管这较活塞式发动机的时间更长,不过大多数客户也能接受。同样,发动机必须在 2.1.7 节中所描述的环境包线内都能起动。起动时间可能随环境条件变化,就和发电用的发动机一样。

9.3.4　船舶发动机

对于大多数船舶发动机,在整个运行包线内起动时间小于 90 s 是强制性要求。发动机经常在港口起动,因此需要考虑在 2.1.8 节中描述的更极端的环境包线。

9.3.5　有人驾驶航空器推力发动机

民航适航要求,例如美国联邦适航条例,并没有对起动时间提出要求。其具体要求是"发动机必须能在所有环境温度和相对应的滑油温度下完成地面起动,以及在生产制造商声明的再起动包线内任何位置完成再起动,而不对发动机造成任何损害。"民用飞机机体制造商一般要求在 ISA SLS 条件下起动时间小于 1 min,在地面起动包线内任何其他位置小于 2 min。地面起动一般会要求到 5 000 m,其所对应的环境包线可以参考 2.1.9 节。

对于所有航空器而言,由于运行时发动机偶尔确定会发生熄火,因此空中再起动能力非常重要。在一个著名的事件中,一架波音 747 在飞过印尼的火山云时,四台发动机全都熄火。但发动机均成功地再起动,飞机最终安全着陆。

图 9.4 展现了使用涡扇发动机作为动力装置的民用飞机的典型的再起动包线。同样,其所对应的环境包线可以参考 2.1.9 节。再起动包线较飞行包线的范围小,如 9.2.6 节讨论的,在所示的马赫数以上,燃烧室无法实现再点火。

对于军用战斗机,要求 10~20 s 左右的时间起动到慢车,在正常情况下要在慢车停留至少 1 min 去加热发动机的机体,然后再选择全推力。军用要求的再起动包线同民用飞机的类似,高超声速马赫数对再起动的好处就不用去琢磨了,因为发动机一熄火,飞机就会快速地减速。

9.3.6　有人驾驶航空器涡桨和涡轴发动机

如同民用推力发动机那样,通常要求涡桨发动机地面起动时间小于 1 min。再起动包线通常依照飞行包线而定,但由于风车程度降低了,起动机辅助起动的部分比起涡扇发动机要延伸至更高的马赫数。对于再起动,长达 90 s 的时间通常都是可以接受的。

对于直升机的发动机,通常在整个运行包线内起动和再起动的时间均要求小于 1 min。再起动包线也与飞行包线相对应,但是起动机总是要使用的,因为此处可用的风车辅助力几乎可以忽略不计。

9.3.7　亚声速导弹,无人机或遥控飞行器

许多遥控飞行器具有地面起动能力,与下文讨论的地面弹射不同。在 ISA SLS

状态,地面起动时间通常要求小于1 min。地面起动能力要求覆盖如2.1.9节所示的整个环境包线,热天或冷天的起动时间为ISA SLS的两倍通常是可接受的。地面起动后的遥控飞行器几乎都不具有空中再起动的能力。

在借助火箭的地面弹射或从运载飞机中释出以后,遥控飞行器可能需要空中起动。通常要求起动时间小于15 s,以迅速提供推力来维持飞行。具体的空中起动的设计问题在9.2.8节中描述。同样,空中再起动在一般情况下是不要求的。

9.3.8　使用冲压发动机的超声速导弹

由冲压发动机推进的导弹必须使用火箭来发射,以提供足够的冲压来保证燃烧室能被点燃。起动时间主要就是导弹加速时间。如果是从飞机上发射的,那么这种导弹则必须在高达20 000 m的空中开始运行。如2.1.9节所示的全环境包线的起动能力均要考虑。空中再起动是不切实际的,因为必须保持高马赫数才能使冲压发动机运行起来。

9.4　环境温度和压力的影响

9.4.1　冷天

冷天对起动过程的影响是复杂的,它是燃烧室、起动机大小和压气机可操作性的关键设计点。实际上,冷天的起动时间从与ISO条件的相当到长达其两倍不等。其中各影响因素讨论如下。

对于各种地面轴功率发动机,发动机外的燃料、滑油和起动机系统部件经常处于温度保持在0℃左右或以上的空间里面。这样的空间要么是发动机外壳以外的机器空间,要么是外壳本身。

滑油黏度

如第13章所述,滑油的黏度随温度下降而大约呈指数上升。根据公式F5.17.1—F5.17.4,轴承阻力随着滑油黏度增大而增加,因此在冷天,发动机的阻力将急剧增大。滑油罕有在起动前进行预热,但是一个例外情况是装载在其载机下面的从空中发射的遥控飞行器。此处,滑油能够冷浸透到非常低的温度,而且由于起动时间要求非常短,因此滑油箱和连接至轴承的管路可能会进行电预热。对于人工操纵的发动机应用,常常在起动前进行冷运转,来保证轴承中的滑油足够暖和,从而可以提供合乎需要的润滑。

燃料

如第13章所述,煤油和柴油的黏度随温度下降而呈指数上升。实际上,当温度低于5℃时,柴油的雾化就会有问题,而到了−20℃左右则会出现"燃油析蜡"现象,具体取决于其所使用的添加剂。燃油黏度的上升大幅度降低了燃油的雾化质量,进而降低了着火能力和燃烧效率。因此冷天着火是燃烧室另一个关键设计点,并且必须进行相应的台架试验。对于天然气燃料,黏度不是问题,但如果当地的天然气混合物含水量较高,则应进行与露点温度相关的检查。

起动机

起动机的辅助力可能会明显地受到冷天温度的影响，这取决于系统本身和其安装位置。环境温度对每个主要的起动辅助系统的影响在 9.8 节讨论。

燃油调节计划

对发动机阻力/辅助力特性的最终影响通过燃油调节计划落实。考虑到低周疲劳和热冲击的影响，需设置燃烧室出口温度限制以保障涡轮的机械完整性。因此在冷天时，只要压气机没有达到旋转失速边界，就可由控制系统计量提供额外的燃油。

9.4.2 热天

热天是起动过程另一个重要的设计点。情况同冷天一样复杂，起动时间随其他环境条件的变化取决于整个起动系统。燃油和滑油的黏度较 ISO 天的略低，因此此时不存在冷天的黏性阻力过高的影响。然而发动机本身的辅助力往往也较 ISO 天的低，因为燃油流量必须降低以防止燃烧室出口温度超出机械完整性限制。同样，如同冷天起动，起动机辅助力的变化取决于系统的构型。

9.4.3 环境压力

根据第 4 章描述的参数组，发动机的辅助力/阻力与环境压力成正比，因此起动时间与环境压力成反比。环境压力对起动系统的影响在很大程度上取决于其构型。同样如 5.8 节所述，在大气环境压力低的时候点火更加困难，因此起动需要的最低压力水平必须在燃烧室设计和台架试验项目中给予考虑。

9.5 可操作性问题

通过设定燃油和操作放气调节计划以实现点火和联焰、并克服悬挂、同时避免旋转失速或超温是很复杂的设计过程。如图 9.3 所示，在失速与悬挂之间可能仅有很小的窗口来设计燃油调节计划。这些现象均在以下章节进行讨论。

在设计阶段，所有相关的可操作性问题均需得到考虑。然而，由于其复杂的本性，起动过程的预测必定是不够精准的，因此需要进行大量的发动机试验，以保证在整个起动和再起动包线内完全排除相关可操作性问题。

9.5.1 旋转失速

压气机的旋转失速和深度失速现象在 5.2.6 节已有描述。深度失速一般不发生在起动过程中，然而旋转失速则与起动过程很相关。如图 9.3 所示，高压压气机的起动工作线对于多转子发动机最为关键，而低压和中压压气机工作线的影响相对而言比较温和。低压压气机对高压压气机进口条件的影响主要体现在旋流和压力水平，而后者可能会减少高压压气机级间操作放气量。

在冷运转的初期，高压压气机的旋转失速是常见的。这是可接受的，因为起动机功率设计就是为了克服高压压气机效率降低导致的能量吸收增加。并且此时压力低，不足以产生引起高周疲劳损伤的激振。失速应该在转速很低时退出，尽管在失速进入线和退出线之间可能有明显的迟滞。燃烧室着火或以上的转速时发生失速是不能接受的。为了保证高压转子在压气机低效的情况下持续加速，需要过高的涡轮进口温度。

在研发试验中，为了应对旋转失速，要么必须降低燃油调节计划，要么调整压气机放气和气流旋转角调节计划。如第 5 章描述，增加出口的操作放气将会降低工作线，而关小 VIGV（可调进口导叶）或 VSV（可调静子叶片）将会升高喘振边界。增加压气机级间放气则能同时起到以上两个作用。

不管是单转子发动机或是高压压气机，再起动时一个重要的因素就是吸放热对压气机喘振裕度的影响。燃烧室或涡轮的热浸效应类似于添加额外的燃油，将会导致加速更快、工作线更高。除此之外，压气机前几级的热浸降低了后几级的换算转速。这继而降低了后几级的流通能力，从而使得前几级趋向失速，并降低了压气机整体的喘振边界。

在冷浸透起动过程中，压气机盘的热增长较机匣来得更慢，这使得叶尖间隙增加，从而降低了喘振边界。叶尖间隙可能要用数分钟时间达到稳定，这也是在慢车状态要有停留的更深层次的原因。

9.5.2　燃烧室点火和联焰

在 5.8 节中已经对燃烧室点火包线进行了描述。如前面所强调的，点火是燃烧室的重要设计点，并且必须在燃烧室设计和台架试验阶段加以考虑。如果在发动机试验中，最初无法满足点火要求，那么点火器的位置和燃烧室的几何构型都可能需要更改。如果上述更改无法实现，那么为了改变燃烧室进口条件，可以更改操作放气阀调节计划和起动机的传动比，甚至在极端情况下更换起动机本身。

如果可以成功点火但是无法联焰，那么问题一般不在于进口条件。通常出问题的要么是燃油喷嘴，要么对于环管燃烧室，则是联焰管的几何尺寸。

9.5.3　悬挂

转子的加速度小到无足轻重的情况称作悬挂，这时带转辅助力加上涡轮输出功率仅刚刚高于驱动压气机和克服机械损失所需的功率。发生悬挂往往是因为转速太低，这可以由带转或风车冲压辅助不足或者燃油调节计划过低所造成。通常在悬挂后的短时间内，起动就必须终止，否则高的涡轮温度及其不均匀分布可能会引起机械损伤。

克服悬挂的第一步是提高带转辅助力。如果这不太可能实现，则可以提高燃油调节计划，然而它可能受制于旋转失速和涡轮进口温度限制。起动过程中任何的操作放气都将增加压气机功率消耗，因此必须进一步增加燃油流量来克服悬挂。如果要考虑 9.4 节中的冷天、热天及空中起动，则情况将更为复杂。

容易让人混淆的是，旋转失速时的一些现象，即高温和缓慢加速，有时也被称为"悬挂"。为了清晰起见，此处保留了对失速与悬挂的区分。

9.6　起动和参数组

8.8 节表明，对于慢车以上瞬态性能，必须规定两个参数组的数值，喷管未堵塞时还需规定飞行马赫数,以确定所有其他参数组。在起动过程中,要外加规定起动机换算功率。吸放热等实际效应的影响更加显著,喷管未堵塞,而且燃烧效率低下且多变,这些使得换算参数关系变得更为复杂。无论如何,这些换算参数关系构成了起动控制策略的基础,如 9.7 节中所描述。

　　起动过程的缩放准则与慢车以上瞬态性能相似,正如在 8.9 节中所描述。当一台发动机被线性放大时,实际上整个起动系统的尺寸也必须重新定义。发动机的起动机功率需求要么为线性放大系数的平方以保证相同的恒定冷运转叶尖切线速度,要么为线性放大系数的立方以保证相同的加速时间。如果放大后发动机惯性的增加小于理论值,则后者的要求可以降低,如 4.3.4 节所述。此外还应该注意起动机的输入传动比,因为起动机的缩放可能对其转速和功率特性产生不同的影响。

9.7　起动过程的控制策略

　　起动燃油调节计划通常包括三个部分,即着火平直供油、起动加速调节计划和慢车调节器控制规律。图 9.5 展示了典型的由此产生的燃油流量与高压压气机换算转速的关系。起动过程的燃油加速调节计划必须足够低以避免旋转失速和超温,但同时也必须足够高以避免悬挂,并且能满足所需的起动时间要求。慢车以下无需专门的减速调节计划,因为从慢车关机仅需简单地关闭燃油开关即可。

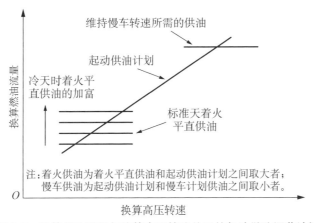

图 9.5　换算燃油流量与换算高压转速关系的起动燃油调节计划

　　着火平直供油是一个燃油能量流不随时间变化的过程,一般开始于比旋转失速退出转速最多高 10% 的转速。对于空中起动机辅助再起动,燃油计量可能需在更低的高压转速开始,因为快速的转子加速意味着很容易错过点火窗口。如同 9.1.4 节所述,点火阶段的燃油流量需计量以达到点火并使得燃烧室联焰。点火的具体燃油流量需在燃烧室台架试验中得到,典型的主燃区当量比为 0.35～0.75。如图 9.5 所示,该燃油流量的数值通常根据环境温度和压力调整,使其绝对量级在冷天上升,在空中则下降。在 −40℃ 天,燃油流量可能较 ISO 天的高出 5%～10%。

联焰可以通过排气的热电偶检测。在此之后,换算燃油流量通常根据换算转速来调节。另外一种选择是"NHdot"(高压转子加速率)控制,按高压转子转速变化率随换算转速的关系来调节燃油流量,就如第 8 章慢车以上瞬态性能中所介绍的那样。在 8.10 节中给出了这两种调节方式的基本比较。起动过程中唯一的不同是 8.4 节和 9.6 节所描述的瞬态性能现象对起动有更加明显的影响。需要大量的发动机试验来修正根据经验预测的理论调节计划。

当发动机接近了慢车状态,慢车调节器将超控加速计划,随之达到了稳定慢车状态。不同的慢车推力等级在第 7 章讨论。

如前所述,VIGV 在起动过程中通常全关以得到最高的旋转失速边界,同时放气阀通常打开以得到最低的工作线,而对于级间放气则还提高了旋转失速边界。控制系统中点火器和起动机工作的时序在 9.1 节中讨论。

对于热状态再起动,最常见的控制策略是冷运转发动机,直到排气热电偶温度降低到表明当前热浸的程度是可以接受的。另一种可靠性低一点的策略是根据热电偶的读数来降低燃油调节计划。对于使用气体燃料的工业燃气轮机,吹扫过程可以提供足够的冷却。

9.8 起动系统的类型及其选取

燃气涡轮发动机各类应用中用到了许多不同的起动机系统。在发动机设计和试验过程中考虑整个起动系统是至关重要的,因为辅助力是主起动装置及其动力源的函数。例如,如果主起动装置是一台直流电动机,那么驱动它的电池堆的性能也必须在整个起动包线范围内考量。对于空气涡轮起动机,驱动它的 APU 的非设计点性能和供气管道压力损失都必须加以考虑。起动系统的性能是复杂的,因此这里仅讨论最常用系统的基本问题。如果读者想了解更多细节,本章末提供了参考文献。

9.8.1 空气涡轮

空气涡轮是大型飞机和船舶应用中最常见的起动机,原因是这些应用通常有高压空气可供使用,并且这种起动机的系统重量和尺寸最小。除此之外,泵送天然气的发动机传统上使用涡轮辅助起动,只是不用空气而用从输气管道引出的高压天然气来驱动,然后通过排气塔排出。

如图 9.6 所示,空气涡轮起动机模块包括进气阀、进气道、通常为单级的轴流式涡轮以及排气装置。这一涡轮通过起动机自身的行星减速齿轮、离心式离合器、发动机附件齿轮箱、径向传动杆以及最终的转接锥齿轮来带动发动机高压转子。

对于航空发动机,提供给空气涡轮的压缩空气来自机载 APU、地面起动车或另一台发动机交叉引气。安装时使用一个三通阀和管道使得以上三种方式均可实现。地面起动车通常是安装在移动平台上的一台柴油发动机(驱动负载压气机)或燃气涡轮发动机。空中再起动必须使用交叉引气或 APU 供气。参考文献[1]给出了几种类型的 APU 及其在整个工作包线内的性能特性。对于船舶发动机,空气可以由高压

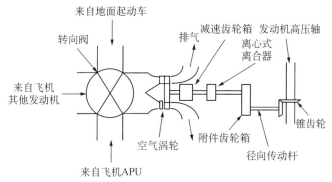

图 9.6　空气涡轮起动系统的主要部件

储气罐或气瓶、柴油或燃气轮机辅助发动机或另一个主发动机交叉引气提供。

在 ISA SLS 状态使用 APU 供所时,空气涡轮起动机进口典型条件为总温 480 K 左右、总压 170~270 kPa。如参考文献[1]所示,当环境温度升高时,可用的压力和质量流量降低。在环境温度为 40℃时,起动机辅助功率仅为 −40℃的 60%。当使用高压储气罐时,空气涡轮起动机进口温度通常与环境条件相同,并且在各环境温度下进口压力恒定,因此冷天的起动机辅助功率将会小一些。起动系统必须在起动包线的所有拐点进行评估,不过,海平面冷天常常作为主系统的设计点。

9.8.2　电池和电动机

APU、地面起动的遥控飞行器、小型涡桨发动机、直升机发动机、车辆发动机和发电应用大多首选这种系统。对于最后一个应用场景,需要黑起动能力,因此即使不需要发动机输出功率,发动机也必须定期起动以对电池充电。

图 9.7 展示了电动机起动系统。它主要包括电池和电动机,电动机通过离合器、齿轮箱和锥齿轮驱动高压转子。参考文献[2]详细地描述了这个系统,包括它在所有环境条件下的性能。12 V 或 24 V 铅酸蓄电池系统与串励直流电动机的组合几乎是专用的,在慢车工况以上该装置往往又做直流发电机用。直流电动机具有最合适的扭矩特性以及低的重量和体积,其功率和扭矩的输出大致与体积成正比。

图 9.8 展现了电池的性能特性,并表明了在低温情况下最初的输出功率如何显著地下降。参考文献[2]同样展示了它随时间的衰退,如果持续提取最大功率,其输出可能在 5 min 内衰减 50%,而当其负载较轻时,可能在 30 min 内才衰减 10%。此外,电池的输出随着储存时间和循环使用而衰减。这些考虑因素强调了在设计完整的起动系统时必须考虑到所有相关的因素,以满足应用的起动需求。

另一种使用电动机的情况是在一些工业发动机应用中使用交流电动机。这种情况下,往往使用液力偶合器或者说变矩器来将电动机的扭矩-转速特性匹配上带转负载。

9.8.3　液压马达

液压起动系统是发电类应用最常选用的起动系统。由电池供电的电动机,或另

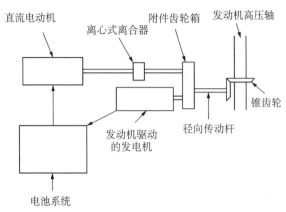

图9.7 电动起动系统中的主要部件

注:直流电动机和发电机常常组合在同一个外壳中。

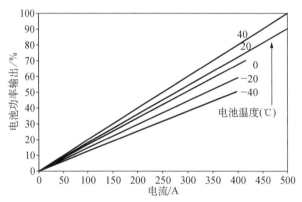

图9.8 电池功率输出与电流和温度的关系

一台发动机,驱动着液压泵,提供高压的液压油给起动机来带转发动机。这个系统特别适合于装有多台发动机的应用,因为一台电动机和一台液压泵即可向所有发动机提供所需的液压油。

液压系统正更多地用于油气输送应用,因为出于环境保护的原因,空气涡轮起动机排出的大量天然气(见9.8.1节)在世界上很多地方都是不可接受的。不过,这种系统的确需要有充足的电源来驱动电动机。

9.8.4 冲击

火药筒几乎专用于一次性遥控飞行器,比如在空中起动且无再起动能力要求的导弹或导弹诱饵。这是重量最轻并且最经济的系统。高压蓄压器的空气冲击常常用于应急发电装置,其起动时间的要求可以低至10s。这种情况下,如果使用比较常规的起动系统来达到该时间要求,则整个系统将会体积极其巨大并且造价高昂。

如参考文献[3]中所描述,这种起动系统在涡轮机匣上使用了2~4个静止喷嘴,以几乎成90°的角度对着高压涡轮叶片,或者偶尔对着盘面上外加的凹槽。一旦起动过程开始,火药筒就被引爆,或者蓄压器的阀门就被打开。从喷嘴喷出的高压燃气或空气提供了带转辅助力。如参考文献[3]中所描述,冲击式涡轮的效率仅仅在 20%～40% 量级,效率随冲击喷嘴数量的增加而提升。

9.8.5 起动机功率的确定

定义起动机系统的功率是一件难度很大的工作,因为在量化很多影响现象的时候都存在不精准的问题,而且通常只有到了发动机项目的详细设计阶段才会解决。9.9 节中介绍了不同的起动建模方法,可以选用其中的一个,建模的复杂程度主要取决于可用的资源。热天、冷天以及空中起动需求均需要考虑,同时还有 ISO 条件的需求以及所有的再起动需求。由于模型的高度不精准性,分析时需要有合理程度的保守,以确保选定的系统有能力起动发动机。在发动机研制过程中,起动机功率大小、传动比或其电源可以不断优化,以保证在整个起动包线内都能满意地起动。

为了说明起动机输出功率量级,以下列出了一些指示性水平:

200 daN RPV 涡喷发动机	1.5 kW
25 MW 船用发动机	100 kW
200 kW APU	4 kW
45 000 daN 涡扇发动机	250 kW
1.2 MW 坦克发动机	8 kW

9.9 起动及控制模型

对于起动过程,要建立一个如同第 8 章中用于慢车以上运行的复杂模型是极度困难的一件事。运行位于部件特性图中不确定的陡峭区域上,不容易得到数值收敛解。因此比较普遍使用的是更为简单的外插模型。

9.9.1 外插模型

外插模型是最容易构建的模型,它提供了一个很好的工具来定义能满足起动时间需求的起动机功率。算例 C9.1 描述了这个方法,它很适合于电子表格分析工具。这种方法对于单转子发动机特别有效。它同样也能用于多转子系统,然而由于该模型仅对被带转的高压转子进行计算,因此准确度不免打折扣。下文所描述的每一个影响该过程功率的因素都需推导计算,并且将其与高压转子转速的关系制成表格。然后,将公式 F9.1 和 F9.4 运用于离散时间间隔,从零到慢车的转速与时间的关系即可通过积分算出。这个分析程序可以使用不同的起动机功率、传动比输入不断重复,直至起动时间需求得到满足。整个过程必须在评估起动的每一个环境条件下重复。

压气机输入与涡轮输出功率

慢车以上开始,直到慢车以下区域中仍能收敛的最低功率或推力,运行稳态的匹配模型(第 7 章)计算一系列的点;此时放气阀、VIGV 等均置于起动过程对应位置。为了模拟引起水平加速的不平衡功率,要在每一个工况点施加功率提取,使得压气机喘振裕度达到最小允许水平,或者发动机在最高允许温度运行。通过这些计算,得出压气机输入功率并列表,然后按照与转速的三次方关系(见公式 F9.5)外插至零转速时的零输入功率。涡轮输出功率也制成表格,并利用三次方关系外插,但仅仅外插至着火点。该着火点必须估算,通常介于 15%～20% 的高压转速之间。在着火点以下,涡轮输出功率会大幅下降,因为其与进口温度成正比;一般最高冷运转转速下的功率为点燃时该转速下功率的 25%。自这个未点燃的最大冷运转点起,涡轮输出功率又可以同样地基于三次方关系向下外插至零转速时的零输出功率,就如公式 F9.5 所示。

轴承与风阻损失

这些损失使用公式 F5.17.1—F5.17.4 和 F5.17.6 计算得出。如果发动机是直接驱动发电机的单轴构型,那么它也会有损失,应该从制造商那里获得这些损失的具体信息。

滑油泵和燃油泵功率需求

在 ISO 条件下,这些功率提取相对比较小,然而在冷天起动前如没有对滑油或燃油进行预热,则这些损失将变得非常显著。同样,三次方关系(见公式 F9.5)可以用来计算慢车及慢车以下的泵送功率;而泵轴承的摩擦损失相对比较小,因此忽略不计。

齿轮箱

如果发动机具有直驱齿轮箱,则如公式 F5.17.9① 所定义的齿轮箱效率在整个起动范围内可以用公式 F5.18.1 估算。

起动系统

如上所述,起动系统的输出功率也制成与转速相关的表;整个计算过程通过用一个缩放系数来调整输出功率而不断重复,直至起动时间需求得到满足。起动机输出功率与转速关系的特性可以从制造商处得到。重要的是不仅要考虑起动机的特性,还要考虑驱动起动机的装置(例如电池或 APU)的特性。

系统转动惯量

对于所有以齿轮啮合在发动机高压转子上的部件,都应使用公式 F9.6 将其转动惯量换算至高压转子上,然后再相加。该公式计入了传动比对扭矩和转速的影响。在大多数情况下,叶轮机械的转动惯量盖过了其他部件的。有一个例外是对于直接驱动发电机的单轴发动机,将发电机的转动惯量直接加在叶轮机械的上即可。

9.9.2 热力学匹配模型

起动的热力学匹配和控制模型是 8.11.1 节中描述的慢车以上模型的扩展。然而要建立一个准确或可靠的模型是非常有挑战的,因为吸放热等实际效应的影响更为明显而且很难预测,部件特性图一般不够准确,而且燃烧室效率可能显著低于

---

① 原文误为"F5.17.10"。——校注

100％。不过,尽管有这些困难,起动的热力学瞬态匹配模型还是可以建立的,它为理解给定发动机的起动和控制机理提供了一个很有价值的设计工具。对于需要在不同飞行条件下再起动的航空发动机,尤为如此。

相对于慢车以上模型,主要的额外特点是增加了起动机功率输入,使用如第 5 章所描述的基于不同变量的部件特性图,以及放宽了匹配的容差。通过这些手段,才可能摸清远低于着火点的发动机的表现。

9.9.3　实时模型

就像 8.11 节中所描述的慢车以上模型那样,控制系统硬件的测试和飞行模拟器也同样需要发动机起动过程的实时模型。由于起动过程很难准确建模,此时的实时模型通常由一系列的环境或飞行条件下关键参数与时间的关系制表建成。

公式、算例与图表

公式

F9.1　不平衡功率(kW)＝fn(压气机和涡轮流量(kg/s),温度变化(K),比热容 CP [kJ/(kg·K)],起动机辅助功率(kW),功率提取(kW))

DPW＝W4 * CP * (T4－T5)－W2 * CP * (T3－T2)＋PWstarter－PWpar

(ⅰ) 发动机不平衡功率(特性)被称为发动机辅助力/阻力特性。

(ⅱ) 功率提取包括轴承、风阻损失、附件等。

F9.2 和 F9.3　基本的力学方程(N·m, kg·m², rad/s², W, rad/s)

　　F9.2　TRQ＝XJ * NDOT

　　F9.3　PW＝TRQ * N

F9.4　转子加速率[r/(min·s)]＝fn(不平衡功率(W),转动惯量(kg·m²),转速(r/min))

NDOT＝DPW/(XJ * N * (PI * 2/60)^2)

F9.5　三次方关系:部件吸收功率(W)＝fn(基准功率(W),基准转速(r/min),转速(r/min))

　　PW＝PWdatum * (N/Ndatum)^3

(ⅰ) 压气机、涡轮的基准工况在 9.9.1 节中进行了讨论;

(ⅱ) 附件的基准工况可以是任何已知工作点,如全功率状态或发动机慢车工况。

F9.6　考虑传动比的等效转动惯量(kg·m²)＝fn(转动惯量(kg·m²),传动比)

　　XJR＝XJ * GQ^2

(ⅰ) 传动比 GQ 是被驱动部件(如附件)转速与驱动部件(如高压转子)转速之比。

算例

C9.1　计算一台 200 daN 单转子 RPV 涡喷发动机的起动时间。 在当地 ISO 环境条件下,压气机输入功率和涡轮输出功率通过 9.9.1 节描述的方法外插至慢车以下区域。这些数值与制造商提供的起动辅助特性一同列表如下。滑油处于 15℃ 的环境温度,动力黏度是 **0.3 kg/(m·s)**。全功率下燃油和滑油泵功需求分别是 **50 和 500 W**,滚珠和滚棒轴承的中径均为 **45 mm**。风阻在盘的一侧的作用直径为 **0.3 m**。考虑空气在环境条件下,其密度为 **1.225 kg/m³**。黏度基于 **288.15 K 空气温度的假设**。

滑油黏度＝0.3 kg/(m·s)

转动惯量＝0.005 kg·m²

着火发生在 10% 转速

滑油流量＝0.001 gal/min

起动机脱开转速＝40% 转速

100% 转速＝40 000 r/min

慢车＝40% 转速

压气机		涡轮		起动机辅助	
N/%	功率/kW	N/%	功率/kW	N/%	功率/kW
0	0			0	0
5	0.065			5	0.5
10	0.52	10	0.68	10	0.9
15	1.755	15	2.295	15	1.25
20	4.16	20	5.44	20	1.5
25	8.125	25	10.625	25	1.25
30	14.04	30	18.36	30	0.8
35	22.295	35	29.155	35	0.4
40	33.28	40	43.52	40	0.1
45	47.385	45	61.965	45	
50	65	50	85	50	

F9.1　不平衡功率(kW)

$$DPW = W4 * CP * (T4 - T5) - W2 * CP * (T3 - T2)/ETAM + PWstarter$$

F9.5　三次方关系式:部件吸收功率(kW)

$$PW = PWdatum * (N/Ndatum)^3$$

F5.17.1　滚珠轴承功率损失(kW)

$$PW = (4.87E-15 * D^{3.95} * N^{1.75} * VISoil^{0.4} + 3.19E-10 * N * D * Qoil)[①]$$

F5.17.2　滚棒轴承功率损失(kW)

$$PW = (2.07E-15 * D^{3.95} * N^{1.75} * VISoil^{0.4} + 1.56E-10 * N * D * Qoil)$$

F5.17.6　盘风阻功率(kW)

$$PW = 3.75E-03 * RHO * D^2 * Urim^3$$

---

① 引用的公式 F5.17.1、F5.17.2 和 F5.17.6 均根据 Wiley 勘误表更正。——校注

(i) 估算发动机辅助力/阻力功率

转速/(r/min)	压气机/kW F9.5	涡轮/kW F9.5	滚棒轴承/kW F5.17.2	滚珠轴承/kW F5.17.1	风阻/kW F5.17.6	滑油泵/kW F9.5	燃油泵/kW F9.5	辅助力/阻力/kW F9.1
0	0		0	0	0	0	0	0
2 000	0.065		0.002 841 3	0.006 781 2	0.000 314 9	6.25E − 06	0.000 062 5	−0.075 006 1
4 000	0.52		0.009 482 7	0.022 482 2	0.002 489 2	0.000 05	0.000 5	−0.555 004 1
4 001	0.52	0.68	0.009 486 8	0.022 491 9	0.002 491 1	0.000 168 8	0.001 687 5	0.123 673 9
6 000	1.755	2.295	0.019 194 9	0.045 391	0.008 344 5	0.000 168 8	0.001 687 5	0.465 213 3
8 000	4.16	5.44	0.031 659 2	0.074 759 6	0.019 687	0.000 4	0.004	1.149 494 1
10 000	8.125	10.625	0.046 673 8	0.110 114 2	0.038 313 7	0.000 781 3	0.007 812 5	2.296 304 6
12 000	14.04	18.36	0.064 093 3	0.151 113 8	0.066 014 9	0.001 35	0.013 5	4.023 928
14 000	22.295	29.155	0.083 805 6	0.197 495 2	0.104 576	0.002 143 8	0.021 437 5	6.450 541 9
16 000	33.28	43.52	0.105 720 3	0.249 045 9	0.155 777 9	0.003 2	0.032	9.694 255 9
18 000	47.385	61.965	0.129 761 9	0.305 588 9	0.221 398	0.004 556 3	0.045 562 5	13.873 132
20 000	65	85	0.155 866	0.366 973 2	0.303 210 6	0.006 25	0.062 5	19.105 2

(ii) 估算不平衡扭矩与转速关系

转速/(r/min)	辅助力/阻力/kW	起动机辅助/kW	不平衡功率/kW	不平衡扭矩/(N·m)
0	0	0	0	2.5
2 000	−0.075 006 1	0.5	0.424 993 9	2.030 225 5
4 000	−0.555 004 1	0.9	0.344 995 9	0.824 034 8
4 001	0.123 673 9	0.9	1.023 673 9	2.444 469 9
6 000	0.465 213 3	1.25	1.715 213 3	2.731 231 4
8 000	1.149 494 1	1.5	2.649 494 1	3.164 204 8
10 000	2.296 304 6	1.25	3.546 304 6	3.388 189 1
12 000	4.023 928	0.8	4.823 928	3.840 707
14 000	6.450 541 9	0.4	6.850 541 9	4.675 074 1
16 000	9.694 255 9	0.1	9.794 255 9	5.848 480 8
18 000	13.873 132		13.873 132	7.363 658 4
20 000	19.105 2		19.105 2	9.126 688

注:零秒的扭矩为起动机扭矩外插至零秒得到。

(iii) 积分转速与时间的关系

时间/s	不平衡扭矩/(N·m)	加速率/[r/(min·s)]	转速/(r/min)
0	2.5	500	0
2	2.5	500	1 000
4	2.357 166 8	471.433 37	2 000
6	2.030 233 7	406.046 74	2 942.867
8	1.553 356 2	310.671 23	3 754.96
10	1.011 431 5	202.286 29	4 376.303
12	2.652 338 6	530.467 71	4 780.875
14	2.635 177	527.035 4	5 841.811
16	2.635 884 6	527.176 93	6 895.881
18	2.702 131	540.426 21	7 950.235
20	2.833 752 2	566.750 43	9 031.088
22	3.036 531 9	607.306 37	10 164.59
24	3.322 982 1	443.064 29	11 379.2
26	3.713 780 7	495.170 76	12 265.33
28	4.053 619 1	540.482 55	13 255.67
30	4.488 059 6	598.407 95	14 336.64
32	5.028 081 5	670.410 87	15 533.45
34	5.706 126 3	760.816 85	16 874.27

注:使用了着火前和着火后的扭矩与转速关系的曲线拟合。

参考文献

［1］ Rodgers C. The Performance of Single Shaft Gas Turbine Load Compressor Auxiliary Power Units ［S］. AIAA，New York. 1983.

［2］ Fizer L A. Electric Direct Current Starter Motor for Gas Turbine Engines ［R］. SAE Technical Paper 841569，SAE，Warrandale，Pennsylvania. 1984.

［3］ Rodgers C. Fast Start System for a 200 kW Gas Turbine Generator Set ［R］. SAE Technical Paper 841568，SAE，Warrandale，Pennsylvania. 1984.

10　风　　车

10.0　引言

风车状态是指空气流经未点燃的发动机导致转子旋转的现象。这种现象大多发生在航空发动机上,是由冲压压力引起的。发动机在飞行中熄火,或者需要在空中发射的无人飞行器在发射前由载机携带时,都是风车状态的例子。风车状态时的转子旋转方向与正常工作时相同。地面和船用发动机在某些条件下也会处于风车状态。自由风车状态是指发动机各转子都能自由转动。转子锁定风车状态则是指使用机械装置制止高压转子的转动。

了解风车期间的关键性能参数是十分必要的:

● 为了确保成功点火或再点火,合适的燃烧室设计需要了解风车状态的燃烧室进口压力、温度和质量流量。

● 航空器系统设计师必须知道在风车状态下从发动机可以提取多少功率(如果有的话)。

● 为了了解风车状态下轴承的润滑要求和发动机附件的性能,需要知道转速。

● 航空器设计师必须知道发动机风车状态的阻力(即负推力)。阻力是由空气流经发动机时减速而产生的。

本章介绍风车过程的基本原理,并提供一些数据,以便能够对上述参数作粗略估算。然而,必须指出的是这些参数值主要取决于具体的发动机设计。因此,应该尽早设法获得风车状态的计算机模型预测值,或者最好得到试验数据。对于比较复杂的构型,如多转子涡扇发动机,这一点尤为重要。

10.1　涡喷发动机的风车状态

10.1.1　涡喷发动机风车过程

图 10.1 示意性地展示了如何把常用的无量纲关系式扩展到风车状态。图中给出了在高的和低的飞行马赫数下,换算燃油流量和空气质量流量与换算转速的关系曲线。

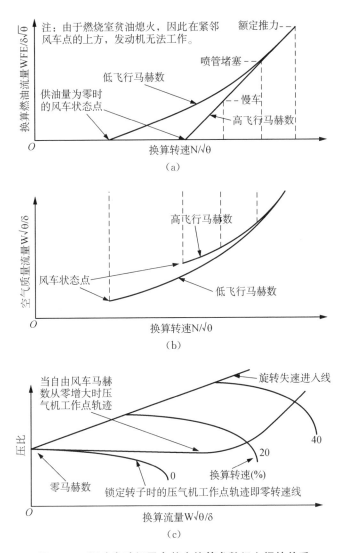

图 10.1 涡喷发动机风车状态换算参数组之间的关系

（a）换算燃油流量与换算转速的关系 （b）空气质量流量与换算转速的关系 （c）压气机工作点

在燃油流量为零的风车状态下，明显可以看到风车点的轨迹。由于马赫数越高换算转速也越高，因此质量流量随飞行马赫数的增加而增加。在曲线的左下部分，发动机不可能工作，因为燃烧室在此很可能会贫油熄火，导致发动机减速到风车状态点。也可使用同样方法画出其他换算参数组的变化曲线。最后，图 10.1 展示了压气机低转速特性图上的自由风车和转子锁定风车状态的工作点轨迹。

图表 10.1 和图表 10.2 给出了风车状态下涡喷发动机关键截面的压比和温比。压气机的表现取决于飞行马赫数：

- 当飞行马赫数从零开始增大时，压气机压比一开始从 1.0 往下降，但温比却始终大于 1.0，因而压气机工作在搅拌机或划桨状态。这一工作模式在第 5 章中有更详细的描述。对于多级轴流压气机，其前几级实际上像涡轮那样工作，而整体上压气机是净吸收功的。

- 当马赫数进一步增加时，压比增加并最后超过 1.0。在那些高设计压比和多级轴流压气机上尤其如此。这时，压气机整体上，尤其后面几级都工作在压气机模式。通常压气机设计压比越高，在给定飞行马赫数下的风车压比就越高。对给定的设计压比，离心压气机在某个飞行马赫数下却趋向于一个较低的压比，这是因为它不存在能够正常工作的后面几级。

在稳态风车状态，总的来说压气机始终是在消耗功率。否则转子就会加速，因为此时没有任何其他影响大的功率消耗机制，而轴承和风阻损失一般很小。涡轮能够给压气机提供输入功率，因为从冲压压比中扣除了各流道、燃烧室以及或许还有压气机等导致的所有压力损失后，仍然剩余一些膨胀比。燃烧室、进气道、尾喷管和其他流道产生总压损失，但总温不变。

推进喷管的膨胀比很小，并且一般与涡喷发动机的设计压比无关。喷管的总温比冲压总温稍低，这少许温降的产生是因为轴承和发动机附件提取了功，要不然的话，压气机和涡轮功就相互抵消了。

参考文献[1]进一步讨论了涡喷发动机的风车状态。算例 C10.1 展示了如何应用这里列出的信息来估算一台处于风车状态的涡喷发动机的关键参数。

10.1.2　自由风车状态的燃烧室进口条件

从上面讨论过的图表 10.1 和图表 10.2，可以估算燃烧室进口压力和温度。随着风车飞行马赫数的增大，燃烧室进口质量流量增加，并可以通过图表 10.3 或者图表 10.4 中复制的英国工程科学数据库（ESDU）曲线来估算。图表 10.3 是在高的和低的单位面积流量设计点值下，换算质量流量与飞行马赫数的典型曲线关系。图表 10.3 中的数值还应乘上设计点的燃烧室进口质量流量和发动机进口质量流量之比。在 10.2.2 节中介绍了来自参考文献[2]的 ESDU 曲线的使用方法。

10.1.3　自由风车状态的阻力

空气流经发动机内部而产生的阻力称为内阻力，反映了自由流和喷管出口之间的动量下降。由于推进喷管没有堵塞，因此标准的推力关系式可以如公式 F6.4 那样针对风车状态进行简化。图表 10.3 也示出了在高的和低的单位面积流量设计点值下，换算内阻力与飞行马赫数的典型曲线。同样地，所使用的面积是包括整流锥在内的第一个压气机进口面积。内阻力简单地近似正比于发动机质量流量，因为如前显示过的在给定马赫数下，喷管膨胀比和总温以及喷气速度，对所有涡喷发动机设计均近似相等。

内阻力也可以利用图表 10.5 中复制的 ESDU 曲线来估算。在 10.2.3 节中介绍了这些曲线的使用方法。

除了内阻力外，还有溢流阻力，它是由于没有进入发动机的空气被短舱周围的静压场加速而产生的。溢流阻力随马赫数的增大而逐渐增大。对于涡喷发动机,溢流阻力在典型情况下是内阻力的 $10\%\sim20\%$。参考文献[3]和[4]对此进一步进行了阐述。

10.1.4 自由风车状态的转速

图表 10.6 显示了单转子和双转子涡喷发动机的换算转速随飞行马赫数的典型变化水平。一般来说,如前面 10.1.1 节所述,离心压气机涡喷发动机的转速比轴流发动机的转速低。对于双转子发动机,高压转子的换算转速百分数比低压系统的高,部分原因是空气通过低压压气机时没有通常工作情况下的温升。

10.1.5 客户功率提取和转子锁定状态

图表 10.7 展示了不同的等飞行马赫数线上,换算功率提取随换算转速的变化关系。这些抛物线形状的曲线是按照第 7 章中的工业燃气轮机的方式呈现的,即此处发动机输出转速由负载转速控制。当没有功率提取时,发动机处于其自由风车转速。随着功率提取增大,风车转速下降,直至达到最大功率提取点。如果由于负载所需的扭矩较大而迫使发动机转子在更低转速下运转,那么可用的功率就会下降。利用这些曲线族,可以估算在给定转速下可用的最大功率。零转速的情况是转子锁定状态,这时扭矩的水平称为停转扭矩。

图表 10.7 还展现了功率提取对风车状态的关键参数的影响。图中给出了转子锁定状态与自由风车状态的压比、换算质量流量和阻力的典型水平。对于转子锁定的单转子发动机,压气机出口温度等于冲压温度,因为压气机的表现就如无功提取的叶栅。对于所有参数,存在有用的功率提取时,发动机的运行将介于自由风车状态和锁定转子状态的水平之间。

图表 10.7 既适用于单转子涡喷发动机,也适用于双转子涡喷发动机。对于后者,客户功率通常从高压转子上提取,这是出于机械安排的考虑。当高压转子被锁定时,低压系统通常以 25% 的自由风车转速旋转。

10.2 涡扇发动机的风车状态

10.2.1 涡扇发动机的风车过程

外涵道给风扇迎面处的冲压压力提供了一条阻力最小的路径,因而大多数气流从这条路径通过。这就意味着风扇需要高输入功,因而核心机必须与之相匹配,从而使低压涡轮具备高的膨胀比。因此,高压涡轮的输出功率就比较低,高压压气机的压比要比相当的涡喷发动机中的低很多。

10.2.2 燃烧室进口条件(公式 F10.1)

对于涡扇发动机,随着设计点涵道比不断增大,风车状态的压气机出口压力不断下降。对于一台涵道比为 $5:1$ 的涡扇发动机,其压气机出口压力大约是具有相同设计压比的涡喷发动机的 60%。作为一阶近似,这个比例随涵道比呈线性变化。

相应地，压气机出口温度也低于涡喷发动机中的。

发动机进口质量流量可以利用图表 10.4 中复制的 ESDU 曲线（见参考文献 [2]）来估算。这些曲线给出了自由和转子锁定风车状态下 ESDU 质量流量函数（见公式 F10.1）与国际标准大气、海平面静止（ISA SLS）条件下起飞单位推力的变化关系。为了估算核心机流量，必须知道风车状态的涵道比。设计涵道比为 5∶1 的涡扇发动机在风车状态的涵道比高达 80∶1。对于设计涵道比低的涡扇发动机，风车状态涵道比也会成比例地降低一些。最后，应假设核心机进口流量与燃烧室进口流量之比与设计点的相同。正如在参考文献 [2] 中所描述的，这些曲线是通过结合基本原理和经验数据而推导出的。

10.2.3　风车阻力（公式 F10.2）

风车状态内阻力可以用图表 10.5 中的 ESDU 曲线估算。首先，图上给出了自由风车和转子锁定风车状态的理论内阻力系数与 ISA SLS 条件下的起飞单位推力之间的关系曲线。同时，图表 10.5 中还展示了根据经验推导出的理论阻力系数的下调差值，其为 ISA SLS 条件下的起飞单位推力和飞行马赫数的函数。最终得到的阻力系数可以利用公式 F10.2 转换成阻力。参考文献 [2] 说明了从基本原理出发的推导过程。

在小涵道比时，溢流阻力的百分数与涡喷发动机的相似。但是，随着涵道比的增大，溢流阻力越加显著；由于迎风（短舱）面积大于涡喷发动机，因而内阻力成比例地低于涡喷发动机的。在设计涵道比为 5∶1 时，溢流阻力近似等于内阻力。参考文献 [3] 和 [4] 对溢流阻力的估算进行了深入描述。

10.2.4　转速

图表 10.8 给出了涵道比为 5∶1 的一台涡扇发动机在风车状态的高、低压转子换算转速随飞行马赫数的变化关系。因为风扇自身吸收的功率大，所以低压转子转速显著高于高压转子转速。这与图表 10.6 中的双转子涡喷发动机的情况明显相反。中等涵道比的情况介于这两张图表之间。

10.2.5　客户功率提取

随着涵道比的增大，高压转子上可提取的最大换算功率迅速降低，其原因如 10.2.1 节所述。事实上，涵道比为 5∶1 时，可提取的功率小得可以忽略不计。如同双转子涡喷发动机，涡扇发动机通常不以机械方式从低压转子上提取功率。

10.3　涡桨发动机的风车状态

螺旋桨的桨距是涡桨发动机风车状态特性的决定性参数。而且，各种单转子和带自由动力涡轮的涡桨发动机可能有着与之匹配的一系列不同的螺旋桨推进效率。这就决定了无法将涡桨发动机的风车状态特性精简成数量不多的通用图表。因此，只能对涡桨发动机的风车过程进行一般性的描述。

10.3.1 单转子涡桨发动机的风车过程

参考文献[5]中提供了两台单转子涡桨发动机在高空试车台的风车试验例子,此时桨距为最大风车转速下的设置。在这种构型中,螺旋桨的作用相当于涡轮,流过它的气流的压力和温度均降低,从而产生轴功率。结果就是,在飞行马赫数不到0.4时,转子换算转速就能达到100%,并且还能提供相当可观的客户功率提取。在所有飞行马赫数下,因为螺旋桨和涡轮都在带动压气机,所以压气机压比均大于1.0。正如图10.2所示,因为燃油流量为零,燃烧室温升为零,所以风车状态下涡桨发动机压气机的工作线低于正常工作时的空载工作线。在换算转速达到100%时,压气机压比大约是其ISO条件起飞设计点数值的25%。这个压比值减去燃烧室和其他流道的压力损失,就使得涡轮能够膨胀做功。此时,换算空气流量大约是在同样飞行马赫数下的涡喷发动机的两倍。

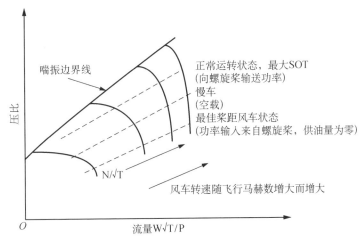

图 10.2　单转子涡桨发动机风车状态:压气机工作线

注:在螺旋桨顺桨状态,风车转速为零。

涡桨发动机产生的阻力主要来自螺旋桨。高速飞行时,螺旋桨产生的阻力在量级上接近发动机正常工作时巡航状态的推力。实际飞行时,这么大的阻力将使得在上述桨距下发动机无法工作。因此,在涡桨发动机的齿轮箱中装有"扭矩反向开关"。它通过扭矩方向的改变来判断发动机是否进入风车状态,因为风车状态下,螺旋桨驱动发动机转子旋转,而不是反过来被后者驱动。这时,控制系统就把桨距粗调到顺桨位置,也即螺旋桨桨叶与飞行方向平行的位置,以防止发动机转子的转动,并确保风车状态的阻力达到最小。

10.3.2 带自由动力涡轮涡桨发动机的风车过程

这种发动机一旦进入风车状态,螺旋桨必须立即顺桨,否则就会使得动力涡轮超转。其原因是压气机和动力涡轮之间没有任何机械连接来吸收螺旋桨和动力涡轮自身发出的功率，只有少部分的可用功率被附件、轴承和风阻所吸收。

10.4　工业燃气轮机的风车状态

工业燃气轮机安装地点的风力条件有可能使得燃气轮机进口处产生中等程度的冲压压力，导致燃气轮机进入风车状态。这种情况特别容易发生在露天安装的燃气轮机上，例如海上石油钻井平台，最大的冲压效果相当于 0.1 左右的飞行马赫数。对于带自由动力涡轮的燃气轮机，燃气发生器换算转速可以达到 5%，因此需要周期性的轴承润滑。如果自由动力涡轮与负载永久连接在一起，那么它在风车状态通常不会转动。对于与负载永久连接的单转子燃气轮机，通常轴承的静摩擦力很大，足以防止风车转动。

安装了很长排气通道的燃气轮机在热状态停车后会发生对流。由于"烟囱效应"，发动机排气通道中的负压能够抽吸空气通过燃气轮机。这会导致燃气发生器转动，而且如果自由动力涡轮与负载脱档，它也会旋转。这种现象随着排气冷浸回到环境温度而逐渐消退。换算转速峰值为 1%～2%。对于单转子燃气轮机，如果没有发生这样的风车现象，则停车后需要对转子进行盘车，以防自然对流使转子上部比下部更热而发生转子弯曲。

10.5　船舶燃气轮机的风车状态

船舶燃气轮机进气口通常处于掩蔽良好的大型结构里以防吸入海浪。这意味着几乎不可能存在由当地天气条件引起的作用于发动机前端的任何冲压效应。正如工业燃气轮机那样，在热发动机停车时可能发生"烟囱效应"，因为也许存在很长的排气流道，它们要穿过好几层甲板才到达烟囱。几乎所有的船用燃气轮机都带有自由动力涡轮，它此时通常是与船的齿轮箱脱档的。

船舶燃气轮机最常发生风车的场合是共用一个齿轮箱的双发动机安装方式。当其中一台发动机停车时，离合器是脱开的，但是离合器系统中滑油的黏性力可以使得动力涡轮的换算转速高达 5%。此时诱导气流可能使得燃气发生器换算转速高达 2%。处于风车状态的发动机的转速是另一台正常工作发动机的输出转速的函数。因此，在设计润滑系统时必须要考虑这种风车运行的模式。

10.6　环境条件的影响

对于航空发动机，在给定的飞行马赫数下，高度逐渐增加带来的压力下降导致换算参数水平降低。对于涡喷发动机，在飞行马赫数为 0.8 时，高度每增加 5 000 m 可使换算转速降低 1% 左右。这是因为轴承摩擦和发动机附件两者消耗的功率不随高度变化，但是可用轴功率却随着环境压力的下降而成比例地减小。

假设滑油温度保持在一个合理的水平，比如 0℃ 以上，则环境温度对换算参数之间的关系影响不大。然而，当滑油温度冷浸到更低的环境温度时，滑油黏性的增加将给轴承的摩擦阻力,进而发动机的风车状态性能带来显著的影响。其效果等同于客户功率提取。

本章的所有图表名义上都针对飞行高度 5000 m、无客户功率提取以及滑油处于暖和状态的情况。

10.7 发动机缩放

在本章图表中,质量流量、功率和阻力等参数组都是缩放参数,包含了物理尺寸项。转速参数组仅仅是归一化的换算转速形式,因此可以使用合适的基准值。这样,就可以评估线性缩放发动机对实际的阻力和质量流量等参数的影响。

10.8 风车试验

本章提供的数据可以用来初步估算发动机风车状态性能。然而,为了获得特定发动机的准确数据,必须进行风车状态试验。最理想的情况是在能够施加进口冲压压力的高空试车台(参见第 11 章)上进行风车状态试验。所使用的测试设备必须在风车运行区域内具有足够高的测量准确度,例如测量较低的压力时必须使用低量程的压力传感器。进行风车状态试验时,通常选定两个不同飞行高度,按照间隔 0.2 增加飞行马赫数,测量性能数据,然后导出相关换算参数,并绘制出其随飞行马赫数的变化曲线。

另外一种办法是在飞行试验中记录风车状态的数据,但是这样获得的数据质量可能不如高空试车台测得的那样良好,特别是空气质量流量和风车阻力,因为它们在飞行试验中是无法直接测量的。

10.9 风车状态建模

风车状态可以通过如第 7 章所述的非设计点发动机匹配程序来模拟。但是,应该谨慎使用这样获得的数据,尤其是在模型未经风车试验数据校准过的情况下,因为部件特性图上换算转速很低的那部分可能不可信。尽管如此,在设计阶段,这样的模型对于了解发动机风车状态的运行极具价值,而且可以用来估算前面讨论过的、发动机设计所必需的风车状态关键参数。

在第 5 章和第 9 章中详细介绍了部件特性图低转速特性的外延方法、部件特性图应该采用的形式以及慢车以下建模的其他重要方面。在风车状态,燃油流量为零,因此它不是一个变量。对于单转子涡喷发动机,匹配参数如下:

匹配猜测	匹配约束
转速	涡轮流通能力
压气机工作点(β值)	推进喷管流通能力

参考文献[1]提供了一个涡喷发动机风车状态建模的非匹配求解方法。

公式、算例与图表

公式

F10.1 ESDU 质量流量函数＝fn(质量流量(kg/s)，气体常数[J/(kg·K)]，总温(K)，面积(m²)，总压(Pa)，马赫数)

Wflow fn＝W1 * SQRT(R * T1)/(A2 * P1 * fn(M))

式中：

fn(M)＝SQRT(γ) * M/(1 ＋0.5 * (γ － 1) * M^2)^(0.5 * (γ ＋1)/(γ － 1))

(ⅰ) 面积 A2 是第一个压气机迎风面积，总温和总压是在飞行马赫数下的冲压值。

F10.2 阻力系数＝fn(内阻力(N)，空气密度(kg/m³)，真空速(m/s)，压气机迎风面积(m²))

CDwm＝Fdrag/(0.5 * RHO * VTAS^2 * A2)

(ⅰ) 面积 A2 是第一个压气机迎风面积，总温和总压是在飞行马赫数下的冲压值。

算例

C10.1 一台装有设计点压比为 **20∶1**、进口面积为 **0.1 m²** 的轴流压气机的单转子涡喷发动机在 **5 000 m** 高空、**MIL 210** 冷天条件下，处于飞行马赫数为 **0.6** 的自由风车状态。在 **ISA SLS** 条件下的起飞单位推力是 **450 N·s/kg**，并且 **5%** 的进口空气从燃烧室旁路流过。求下列参数的近似值：

(1) 燃烧室进口压力、温度和质量流量；

(2) 转速；

(3) 发动机阻力；

(4) 最大可提取的功率。

F10.1 Wflow fn＝W1 * SQRT(R * T1)/ (A2 * P1 * fn(M))

式中：

fn(M)＝SQRT(γ) * M/(1＋ 0.5 * (γ－1) * M^2)^(0.5 * (γ ＋ 1)/(γ－1))

F10.2 CDwm＝Fdrag/(0.5 * RHO * VTAS^2 * A2)

进口条件、真空速和环境大气密度

由图表 2.11 得出 MIL STD 210 冷天下，THETA＝0.848。

由图表 2.10 得出 DELTA＝0.69。

由图表 2.3 得出 RHOREL＝0.65。

注意，这些也可以通过图表 2.1、公式 F2.12 和公式 F2.11 计算出来：

T1＝288.15 * 0.88

T1＝253.6 K

P1＝101.325 * 0.69

P1＝69.9 kPa

RHO=0.65 * 1.225

RHO=0.796 kg/m³

由图表 2.15 得出，真空速 VTAS=360 kn=185 m/s。

缩放参数组

由图表 10.1、10.2 和 10.3 可得出：

压比=1.0

温比=1.021

质量流量函数=7.4 kg $\sqrt{K}$/(s·m²·kPa)（中等的单位面积流量）

由图表 10.6 得出：

换算转速=29%

由图表 10.3 得出：

内阻力函数=80 N/(kPa·m²)（中等的单位面积阻力）

由图表 10.7 得出：

轴功率=0.05 kW/(m²·kPa·$\sqrt{K}$)

注：此时换算转速降低至 15%。

实际参数

P3=1.0 * 69.9

P3=69.9 kPa

T3=1.021 * 253.5

T3=258.8 K

W1=7.4 * 69.9 * 0.1/253.5^0.5

W1=3.25 kg/s

W3=3.25 * 0.95

W3=3.1 kg/s

阻力=80 * 69.9 * 0.1

阻力=559 N

最大可提取功率=0.05 * 0.1 69.9 * 253.5^0.5

最大可提取功率=5.6 kW

根据 ESDU 曲线估算质量流量和阻力，并进行比较

由图表 10.4 得出：

ESDU 质量流量函数=0.213

代入到公式 F10.1 和 F10.2 中有：

f(M)=SQRT(1.4) * 0.6/(1+0.5 * (1.4−1) * 0.6^2)^(0.5 * (1.4+ 1)/
(1.4−1))

f(M)=0.7099/1.072^3

f(M)=0.576

W1＝0.213＊0.1＊69900＊0.576/SQRT（287.05＊253.5）

W1＝3.18 kg/s

W3＝3.18＊0.95

W3＝3.0 kg/s

由图表 10.5 得出：

CDwm 理论值＝0.246

CDwm 修正量＝0.08

CDwm＝0.246 －0.08

CDwm＝0.166

代入到公式 F10.2,有：

阻力＝0.166＊(0.5＊0.796＊185^2＊0.1)

阻力＝226 N

图表

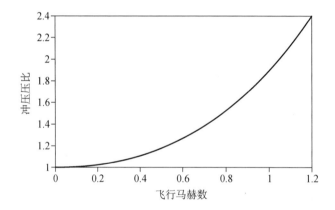

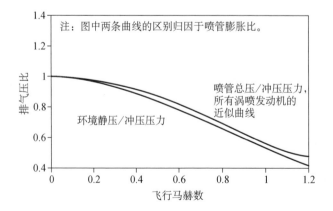

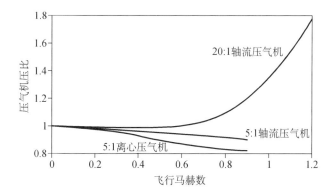

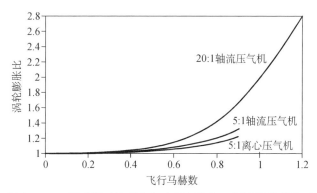

图表 10.1 涡喷发动机风车状态下压比与飞行马赫数的关系

注:以上曲线适用于单转子或双转子涡喷发动机;曲线形状是准确的,其量级只是示意性的,取决于发动机具体设计。

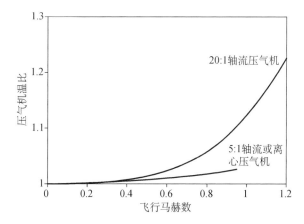

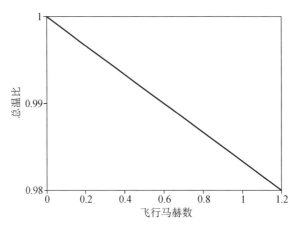

图表 10.2　涡喷发动机风车状态下压气机温比和总温比与飞行马赫数的关系

注：总温比＝喷管出口温度/进气道进口温度；图中曲线适用于所有涡喷发动机；图中曲线形状是准确的，其量级只是示意性的，取决于发动机具体设计。

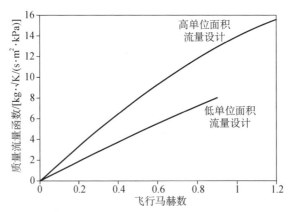

注：面积为压气机进口迎风面积，包括整流锥在内。图中曲线形状是准确的，其量级只是示意性的，取决于发动机具体设计。

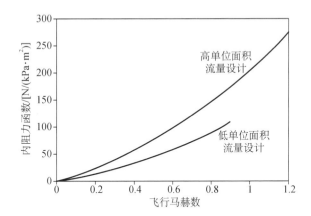

图表 10.3 涡喷发动机风车状态质量流量和内阻力与飞行马赫数的关系

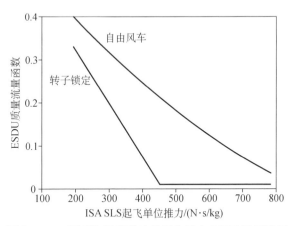

图表 10.4 涡喷和涡扇发动机风车状态 ESDU 质量流量函数与单位推力的关系

注:定义见公式 F10.1;感谢 ESDU 允许使用来自 ESDU 81009 的此图。

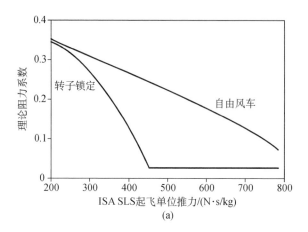

(a)

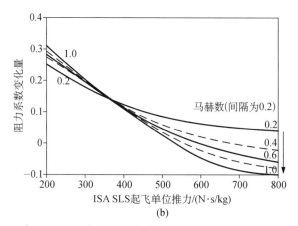

(b)

图表 10.5 涡喷和涡扇发动机风车状态内阻力系数与单位推力和马赫数的关系

(a) 理论阻力系数 (b) 马赫数的影响

注:(a)图中阻力系数应基于下图进行马赫数修正,感谢 ESDU 允许使用来自 ESDU 81009 的此图;(b)本图给出了针对马赫数影响应从上图得到的理论阻力系数扣除的修正量,感谢 ESDU 允许使用来自 ESDU81009 的此图。

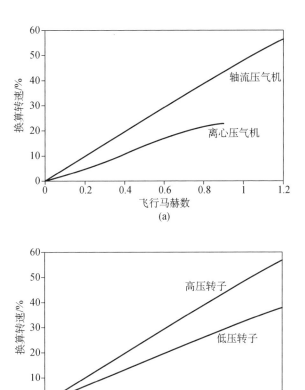

(a)

(b)

图表 10.6 单转子和双转子涡喷发动机风车状态换算转速与飞行马赫数的关系

（a）单转子涡喷发动机 （b）双转子轴流涡喷发动机

注:图中曲线形状是准确的,其量级只是示意性的,取决于发动机具体设计。

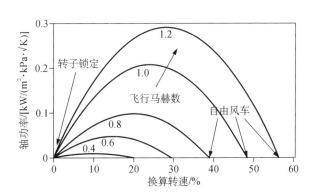

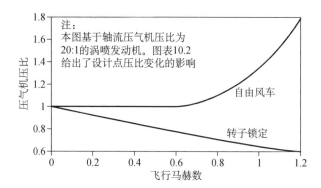

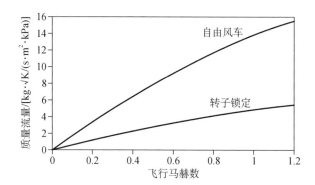

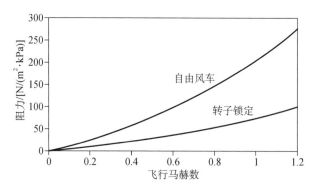

图表 10.7　涡喷发动机风车状态：功率提取的影响

注：图示缩放参数组中的面积为压气机进口迎风面积（包括整流锥）；图中曲线形状是准确的，其量级只是示意性的，取决于发动机具体设计。

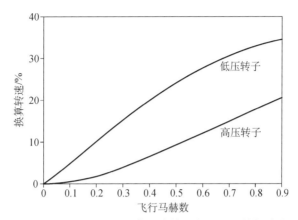

图表 10.8   涡扇发动机风车状态转速与飞行马赫数的关系

注:本图基于涵道比为 5∶1 的发动机。图中曲线形状是准确的,其量级只是示意性的,取决于发动机具体设计。

参考文献

[1] Shou Z Q. Calculation of Windmilling Characteristics of Turbojet Engines [S]. ASME 80-GT - 50,ASME,New York. 1980.

[2] ESDU. Estimation of Windmill Drag and Airflow of Turbojet and Turbofan Engines [S]. ESDU 81009,Performance Volume 4,ESDU,London. 1981.

[3] ESDU. Estimation of Spillage Drag for a Wide Range of Axisymmetric Intakes at M Less Than 1 [C]. ESDU 84004,Performance Volume 4,ESDU,London. 1984.

[4] ESDU. Estimation of Drag due to Inoperative Turbojet and Turbofan Engines using Data Items Nos 81009 and 84004 [C]. ESDU 84005,Performance Volume 4,ESDU,London. 1984.

[5] Wallner L F,Welna H J. Generalisation of Turbojet and Turbine Propeller Engine Performance in Windmilling Condition [R]. NACA RM E51J23,Cleveland,Ohio. 1951

11   发动机性能试验

11.0   引言

一款发动机的详细设计和研发项目从开始到投入服役一般需要 3～7 年。对于这样一种高技术产品，"一步到位"的设计是不现实的。研发过程包括各个部件的试验和随后数百小时的发动机试验；然后根据这些试验结果需要进行许多设计更改。最终达成的产品发动机标准应尽可能符合最初的规格说明书要求。

在投入使用时，通常对每一台产品发动机均需进行产品交付试验或产品性能达标试验，以保证满足关键验收准则。这种试验是在把发动机交付给客户之前对部件制造和发动机装配质量的最终检验。

本章简述各种类型的发动机试验，并提供了关于试车台、测试仪表和分析方法的细节。参加发动机研发或产品合格验收过程的各专业的工程师必须了解性能试验技术的基本知识，因为这才是这两个过程的中心任务。

11.1   发动机试车台的类型

本节介绍发动机试车台类型，同时提供为实现下列要求而必须遵守的设计准则：

● 发动机进口流场必须均匀。任何进气畸变均会影响压气机性能（见 5.2.10 节），并导致质量流量测量的错误。在最坏情况下，从地面和墙壁脱落漩涡的吸入会导致压气机叶片的高周疲劳失效。

● 不得发生热排气再吸入的现象。如果发生热排气再吸入，则导致的进口温度畸变同样会影响压气机的性能。这还会影响进气温度的测量准确度，而进气温度对被测试发动机性能的换算是必需的。

● 对于推力发动机，发动机周围的静压场应尽可能接近自由流条件下的静压场。如下文所述，必须对推力读数进行静压场影响的修正：影响越小，修正过程中的误差范围也越小。

● 用推进喷管出口平面上的静压分布可以准确确定平均静压值。否则推力测量就会有误差，发动机性能可能受到影响。

如 11.2 节所述,除了以上提到的参数,还有许多其他参数要测量。对这些参数来说,准确度取决于实际测量方法,而不是试车台的整体设计。

11.1.1 露天海平面推力试车台

露天海平面推力试车台简图如图 11.1 所示,基本上由支承发动机和提供推力测量的一个露天台架构成。侧风对进口条件的影响可通过安装在发动机进口周围的一个大型球面网孔整流罩来消除。试车台附近区域应无气流流动的障碍物,以确保推力和空气流量读数的有效性。这是最有权威性的推力试车台,因为室内试车台有侧壁产生的流场,影响了推力和空气流量的准确测量。露天试车台一般都建在远离人烟的地方,以尽量减少噪声对环境的干扰。由于露天试车台有物流管理方面的困难,还受不利天气条件的影响,因此大多数国家都偏好室内试车台,其测量结果参照露天台进行校准。

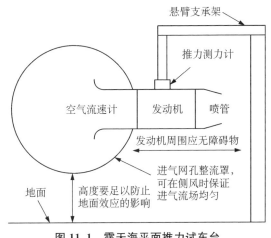

图 11.1 露天海平面推力试车台

注:为了把噪声的影响降到最低,应将露天试车台建造在远离市区的地方。天气条件也会影响露天试车台的选址。

11.1.2 室内海平面推力试车台

如图 11.2 所示,发动机在室内试车台上的布局与图 11.1 类似。通向发动机的空气流路设计至关重要,因为必须把对流动的干扰尽可能降到最小。发动机喷管的排气进入引射筒,而引射筒除了排出炽热的燃气外还提供消音功能。

对给定的发动机,在室内试车台上测量出来的推力可以比在露天试车台上测量出来的低多达 10%。这是由不代表发动机实际情况的静压作用在发动机和支架上的力造成的,根源在于试车间内流过发动机周围的空气速度。通过发动机喷气的引射作用,这一空气被吸入引射筒,它不仅可以防止热燃气被发动机再次吸入,还可以冷却引射筒。此外,如果发动机尾喷管未堵塞,则试车台的构型会改变喷管出口的局部静压分布,进而导致发动机的重新匹配。室内试车台尽管能够做到全天候使

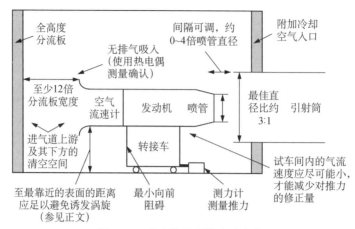

图 11.2 室内海平面推力试车台

注:海平面燃气发生器试车台的布局类似,但没有推力测量。

用,但正如在11.3节中所讨论的那样,除非室内试车台是纯功能性的,否则必须对照露天试车台进行校准,以便确定静压场和重新匹配的影响。

下面展示室内试车台设计的关键准则。按照这些设计准则操作,可以把上面提到的测量推力与真实推力的差额降到最小,还可以防止诸如旋涡之类的极端流场进入空气流速计。由于试车台内部的复杂流动,试车台需要具有一定的可调整性,并通过后续的试验来调试。

- 空气应通过前面的全高度进气道进入试车台,进气道装有分流板用于进气整流和噪声衰减。只有当尺寸约束使之绝对需要时,才可以添加侧面进气口。
- 从进口分流板到发动机空气流速计之间的距离应至少超过12倍分流板宽度。
- 可以使用流量高达主进气道流量10%的后进气道,以便在尽量降低流过发动机周围流速的情况下,给引射筒提供额外的冷却空气。
- 为了避免旋涡的吸入,在接近速度是喉部速度的0.01倍时,自空气流速计中心线至地面或墙壁的高度应超过5倍空气流速计喉部直径,而在接近速度是喉部速度的0.1倍时,则应超过2倍空气流速计喉部直径。这一准则会影响试车间高度和宽度的选择。
- 在空气流速计上游和周围的空间应该是畅通无阻的,以避免可能影响气流测量的流动干扰。
- 在试车间内流过发动机外机匣的空气流速不应超过10 m/s。这一速度也可能会影响试车间的尺寸,虽然试车间尺寸主要取决于被引射的空气流量,这一点将在下面讨论。
- 发动机支架和陪试设备的迎风面积应尽量最小,才能减少推力修正。
- 必须防止发动机热排气再次被吸入发动机进气道。在试车台试运行调试时,应利用在适当位置的热电偶对此加以确认。

● 如果引射筒使气流转弯垂直向上,那就要安装带导流叶栅的转折段来减少压力损失。

● 引射筒的进口直径应大约是发动机喷管直径的 3 倍。这一直径越大,被引射的空气流量也就越大。

● 引射筒与发动机喷管之间的轴向间距应该是可调的;推荐的数值是至少 2 倍发动机喷管直径,理想情况下是 3 倍或更大。增大这个数值不影响引射流量,但会通过避免喷管出口平面四周的压力干扰来减少推力损失和重新匹配。

● 引射比作为引射夹带空气流量与发动机推进喷管流量之比,可以根据测得的温度和公式 F11.1 简单的焓平衡来计算。对于涡喷发动机,3∶1 被认为是一个很好的设计目标;对涡扇发动机这个值比较低,因为发动机流量较大,排气温度也较低。

● 在发动机试车台试运行调试期间,可以利用烟的流动可视化对试车台空气动力学品质做进一步检查。这样可以确认没有发生热燃气的再吸入或者涡旋的吸入,并且确定试车间静压测量的合适位置。

11.1.3　室内海平面涡轮轴发动机燃气发生器喷气试车台

当涡轴发动机的燃气发生器试车时是带着尾喷管和引射筒,而非其动力涡轮,就用这种试车台。理论排气功率可根据燃气发生器出口流量、压力和温度计算出来,即在假设动力涡轮效率为 100% 且无流道总压损失的情况下动力涡轮所能获得的功率(见公式 F3.15、F3.19—F3.21)。无论动力涡轮包含在现成的安装内还是由另一家公司提供,均有必要进行这样的试车。这种试车台主要适用于陆基发动机,一般不需要使用高空舱。

注意要点如下:

● 准确测量空气的质量流量对于功率的计算是十分关键的。如同对于室内推力试车台,必须尽量避免靠近空气流速计的气流扰动和涡流的吸入。

● 如同对于推力发动机,必须避免热排气被进气道再吸入。

● 引射筒的作用不太关键,因为陪试喷管的出口面积可以进行微调,来保证喷管的流通能力与动力涡轮流通能力合适地匹配。

11.1.4　室内海平面轴功率试车台

这种试车台用于需要直接测量输出功率的涡桨和涡轴发动机的试车。图 11.3 展示了这类试车台的关键特点。它与室内推力试车台的主要区别如下:

● 可以直接用管道将空气从大气中引到发动机前面,而不必流过试车间。此时,在试车台外面的流道进口测量空气流量。试车台的构型对空气流量的测量没有影响,因此对测得的发动机性能也没有影响。试车台的建筑物仅起到在恶劣天气条件下提供保护的作用。

● 另外一种方法是像推力试车台那样,空气通过分流板进入试车台,然后进入发动机。此时,试车台的构型将影响空气流量的测量,因此必须遵守在 11.1.2 节中

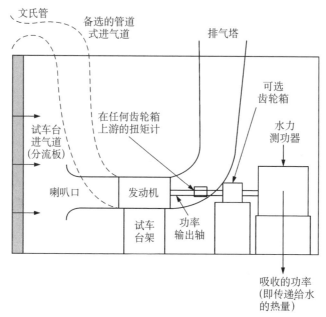

图 11.3　室内海平面轴功率试车台

注:如果使用喇叭口测量质量流量,其位置设计准则参阅图11.2;轴
功率试车台几乎没有任何排气引射空气流;如果使用齿轮箱来匹配动力
涡轮和测功器之间的转速,则扭矩/功率测量必须排除齿轮箱的损失。

提供的规则。

● 排气速度很低,直接由管道通向大气,不需要使用引射筒。因此,不必考虑气流引射效应。

在轴功率试车台上,必须利用某种装置来吸收发动机的输出功率,以做出合适的负载与转速之间的特性。为此有以下几种可能性:

● 对于涡桨发动机,可以在试车台上安装一个飞机螺旋桨。

● 可以利用一台交流发电机来发电,然后通过电阻装置消耗掉,或者送入电网。虽然后者比较环保,但在发动机研发项目中这样做不太现实,因为建造成本高,转速受电网频率的牵制,而且对电网营运商来说,时断时续的工作状态也很难令人接受。

● 测功器可以在一系列的功率和转速的组合下吸收功率,还常常用来测量扭矩。在水力型测功器内,叶轮转子和静子组成的系统通过桨叶搅动水流。所吸收的功率使水温升高,必须加以冷却,或者提供新的水。阀门用来控制测功器内的水位,这样就能在任何给定转速下改变所吸收的功率,并允许各种不同的功率/转速规律。利用在外壳上的制动臂和砝码系统可进行扭矩测量,而外壳由轴承支撑,可以自由摆动。输入扭矩则是通过水和轴承摩擦力传递给外壳的。

11.1.5　高空试车台

上述推力试车台或轴功率试车台均可安置在一个所谓高空试车台(ATF)内。

高空试车台可以模拟飞行高度和马赫数变化导致的发动机进气条件。图 11.4 展示了 ATF 的关键特点。与海平面试车台不同,即使发动机没有运行,高空试车台也必须提供连续的空气流,以保持降低的压力和温度状态。

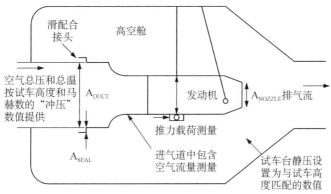

图 11.4 高空试车台(ATF)

注:总推力 = 推力载荷 + A_{SEAL} * $(PS_{SEAL} - PS_{CELL})$ + A_{DUCT} *
$(PS_{DUCT} - PS_{CELL})$ + W_{DUCT} * V_{DUCT};

净推力=总推力 - W_{DUCT} * V_0;

W_{DUCT},推力载荷,PT_{DUCT},T_{DUCT},PS_{CELL} 和 PS_{SEAL} 是直接测量的;
V_{DUCT} 和 PS_{DUCT} 是利用 Q 曲线(参阅第 3 章)根据测量值计算出来的;V_0
是飞行速度,用马赫数和静温计算。

图 11.5 描绘了高空试车台两种可能的布局。为了模拟环境条件和飞行马赫数,发动机进气总压和总温必须控制为该高度和马赫数下的冲压(自由流总参数)值。同时,喷管出口平面的静压必须调整到试车高度的静压值。这些参数在高空大都低于环境的数值,因此各种类型的高空台的共同特点是可实现大幅度的减压、骤冷和干燥的能力,以及将排出空气再压缩到环境条件的能力。精确测量推力是很复杂的任务,在 11.2.7 节中讨论。

在飞行条件下测试发动机的另外一种可能是采用 11.1.6 节介绍的飞行试验台,此时,发动机安装在一架飞机上进行试车。高空试车台的主要优点是:
- 可以在一个地理位置上测试完整范围的环境和飞行条件。
- 可以采用较好的测试仪表,包括直接测量空气质量流量和推力。
- 可以在任何天气条件下试车,具有很高的可用性。

11.1.6 飞行试验台

重要的航空发动机研发项目也常常使用飞行试验台。典型的做法是,改装一架四台发动机飞机,使其某一吊挂上安装一台新研发的发动机。与高空试车台比较,飞行试验台有以下优点:
- 可以较好地模拟如机体载荷和进气畸变这样的功能性影响。
- 资本投入较低。

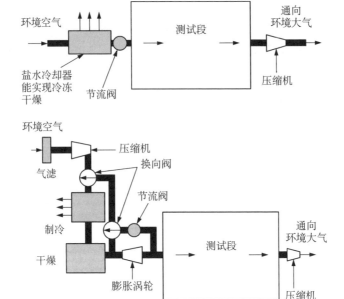

图 11.5 高空试车台（ATF）可能的平面布局

注：根据所要求的压力和温度水平，使用不同的阀门设置。

然而，正如上面提到的，不能对推力和空气质量流量进行直接测量。它们必须按以下方法进行计算：

● 推进喷管的推力系数和流通能力从台架试验和发动机试车中获得，理想的情况下从高空台试车获得。

● 喷管的进口总压和总温直接测量，测量应有足够的覆盖率（即所布置的测点数量）以获得有效的平均数据。

● 喷管的质量流量及出口速度用公式 F3.33 和 F3.35 计算。

● 所有提取的空气和短舱喷射气流根据设计数据估算。

● 燃油流量直接测量。

● 进口空气流量用公式 F11.2 计算。

● 净推力是出口总动量与进口总动量之差。如果喷管堵塞了，则应加上所有压差推力，如公式 F11.3 所示。

11.2 试验方法和试验仪表

发动机试验需要使用不同数量和不同复杂程度的测试仪表，这主要取决于试验目的。许多研发试验需要对性能进行细致研究，因此差不多每一截面的压力和温度都需要测量，还有发动机功率或推力、轴转速、燃油及空气流量等。而在另一个极端，对于产品交付或持久试验，只需要进行除产品控制系统测量外的少量参数测量，如环境条件、功率或推力水平、燃油流量。

本节提供了每个可能的测量参数所使用的试验仪表的背景。提供了指示性的准确度和覆盖率要求，及这些试验仪表的工作原理摘要。

发动机试车非常昂贵，因此为了确保获得高质量的数据，以下几条的重要性怎么强调都不过分：

- 试车台和所有试验仪表必须按 11.3.1 节进行正确校准。
- 试车计划应包括对试验仪表需求的详细规格清单。
- 在试车期间，对关键的测量应反复检查以保证数据的有效性。必要时必须推迟发动机下台的时间，重复进行试车。

对所有以上几条，应了解其比较有可能的准确度水平。

11.2.1 压力

需要进行压力测量的理由如下：

- 确定发动机总体性能需要环境压力或试车间压力，这样才能把参数换算到第 4 章所介绍的标准条件。
- 发动机的截面压力值有助于确定部件性能，例如压比、喘振裕度和流通能力。
- 质量流量测量是根据当地总压和静压水平之差间接获得的，如 11.2.5 节所示。

图 11.6 描述了典型的压力测量系统的主要元件，参考文献[1]全面深入地介绍了压力测量方法。被称为取压孔的局部小孔可使发动机气流压力通过很细的直径为 1～2 mm 的毛细管传递到发动机外的测量装置上。参考文献[2]给出了推荐的取压孔设计。一般在一个截面上周向至少要在三个位置布上测点，以增加覆盖率，并通过比较读数检测出测量错误。引压管线发生漏气时的读数值通常较低，虽然也需要考虑这些引压管线是否通过高压区。另外一种压力测量方法是把从几个取压孔的引压管线连通到一个歧管中，然后读取歧管压力作为气动平均压力值。虽然这一方法相对来说比较便宜，但是如果其中某一根引压管发生漏气，则很难检测出来。下面介绍所使用的测量装置。

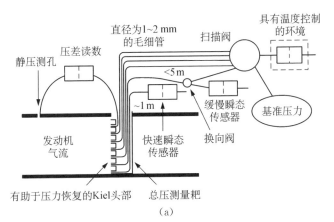

(a)

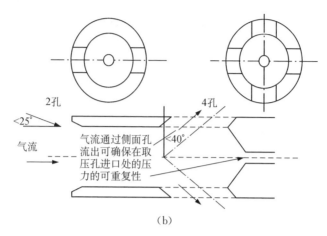

图 11.6 压力测量系统

(a) 系统原理图 (b) Kiel 头部详图

注:(a)总压测量头也可以安装在导向叶片前缘;静压测孔常常放置在与总压测量耙相同的平面上;为了有助于热稳定性,快速瞬态传感器外面还可以有水冷隔热套;除非另外表示,这里所介绍的传感器均连接到环境条件;也有内部为真空的传感器型号。

压力计

对于低于 2 bar 的压力,老式试车台使用水柱或水银压力计。在这里,用目视读取玻璃管中液柱的高度。利用公式 F11.4 和 F11.5 对液柱高度进行小的温度修正。对于设计较好的系统,准确度在 0.25% 左右。由于自动数据记录的使用越来越广,老式压力计实际上已经消失了。

传感器

现代试车台均使用传感器,它能把压差导致的膜片运动转变为电信号。该膜片的另一侧可以处于环境压力或真空状态,分别给出表压和绝对压力。膜片运动转变为电压,由数据记录系统读取。在许多传感器上这种转变是通过一个激励电压和贴在膜片上的电阻型应变片完成的。另外一类传感器则采用压电石英晶体,它自身产生电压或感应电流。校准曲线将电信号与压力水平关联起来,它的获得要么是通过静重压力标定台(它施加已知的力,进而空气压力),要么是通过与其他已校准传感器的比较。传感器设计针对不同压力量程进行优化;选择传感器应确保工作在其量程的最线性的部分,典型值是满量程的 10%~90%。应该控制传感器的温度,因为温度影响应变片的电阻。即使采用补偿电路也不能完全消除温度的影响。本书中所引用的准确度是针对传感器温度受控的情况。

基本传感器稳态典型的准确度是满量程的 0.1%,然而,发动机压力测量良好的总准确度为 0.5%。这一数字考虑了校准漂移、阻滞、发动机稳定性和压力分布、传感器的非线性和电源电压的漂移。试车间静压不易受发动机的影响,因此 0.25% 的准确度是可达到的。

对于稳态试车,通过扫描阀依次读取许多压力测点。这时,这种可转动式阀门轮流把每个取压孔连接到一个传感器上。为了达到最佳准确度,该传感器放在一个温度可控的环境中,并且每扫描一次也须一次或多次读取已知的基准压力值,这样就对传感器的校准进行连续的自动更新。采用最佳实践,总准确度可以达到0.25%左右,因为大多数的传感器误差均已消除,剩下那些误差是由发动机压力分布和完成一次扫描所需的时间内的稳定性导致的。这类压力测量系统不能用来进行瞬态测量,因为此时读数是间断的,并且引压管本身存在压缩过程。后一个效应意味着在获得准确读数之前,大约需要4 min才能达到稳定状态。

下面介绍沿发动机各截面的压力测量。

环境压力——气压计

气压计用来测量环境压力,准确度可达到0.1%左右。它们可以分为两类:

(1) 空盒气压计由表盘和指针组成,指针由带波纹状侧面和起弹簧作用的中空金属圆柱盒控制。环境压力的改变导致指针转动,可在表盘上读出来。

(2) 在玻璃管中的水银,即福廷(Fortin)气压计利用在上端抽真空后封闭的玻璃管中的汞柱。汞柱的高度用目视读取,公式F11.5—F11.7提供了温度、纬度和高度差对读数的修正系数。

公式F2.1可用于确定海拔高度的变化对环境压力的影响,例如为此可以将气压计放置在发动机进气道以上,甚至以下数米的地方。

试车间静压

对于进气道在试车台内部的所有发动机都要求测量试车间静压,并且至少应在试车间内两个气流速度较低的位置上测量。通常的位置是在喷管出口平面处的两侧墙壁上,与发动机中心线高度相同。测试仪表由直径为1~2mm的末端开放的毛细管组成,末端周围还有带孔的"胡椒罐"式套管,可以消除来流速度的影响。然后把毛细管连接到传感器或水柱压力计上。

发动机静压

如果压力取压孔的轴线与气流方向垂直,则读数就是静压值,因为动压头没有得到任何恢复。参考文献[2]说明了壁面静压测孔的关键几何特点。从这些取压孔获得的读数比浸入式探头上的侧面或朝后的取压孔更准确,因为浸入式探头会干扰被测的气流。如果对照总压读数进行过校准,静压测孔也可以用来代替总压读数(见下文)。然而,如果旋流角度有变化这类校准就失去了作用,因为旋流角的变化会改变当地马赫数。

发动机总压

为了达到气流动压头的充分恢复,进而测得总压,取压孔应安装在其轴线朝向气流方向的探头中。如果气流角的变化超过±5°,则应使用Kiel测压头,如图11.6所示。这种测压头利用一个带导角的进口,能够在气流偏角高达±25°时有效地恢复气流的动压头。当气体温度超过1300 K左右时,总压探头就不再靠得住了。由于此时需要冷却,探针尺寸就变得很大,以致所造成的压力损失太大。

覆盖率需求取决于对所在截面上的压力均匀性的了解程度,并且应就此与相关部件的设计师达成一致。许多径向及周向位置上的测量可以通过在导向叶片前缘处的多头部探针或者插入燃气流中的若干个多头部测量耙来解决。测量头部往往放置在等环面积的中心,以便按照11.8.2节所述方法来对截面数据进行平均。还可以进行部件试验台与发动机测试仪表的相互校准。根据发动机的尺寸大小,在冷端部件(如压气机)上的覆盖率要求为,应至少布置三支有1～5个头部的测量耙。如果径向或周向很不均匀,则需要布置更多的测点,就像在航空发动机风扇下游截面,可以使用多达10个测量头部。对于热端部件,常常有强烈的涡旋,所以需要采用更大的覆盖率。建议布置大约6个测量耙,或者最好采用有前缘测试预埋的导向叶片,根据发动机尺寸大小,每一个耙或叶片上有2～5个测量头部。

在同一平面上设置的总压测量耙和壁面静压测孔可以结合在一起使用。根据静压测孔就可以定义总压分布,因为在壁面上静压和总压相等。此外,如果静压比较均匀,则表明旋流角比较低。按照公式F3.10和F3.11,总静压差就代表气流速度。

在布置总压测量耙时应考虑像支板下游的涡旋区这样的明显误差源。比较好的做法是推导出已安装的测试仪表与上述所列的覆盖率较大的仪表之间的校准系数。

压差

测量压力时,通常测的是气流和环境大气压之差(即表压),然后再把表压读数加上环境压力,就获得绝对压力数值。为了读出两个点之间的压差,传感器的两端要连接到所研究的发动机截面上的取压孔。这样就允许使用更加精准但量程较小的传感器,也可避免差别不大的数值相减导致不确定度增大的后果。与扫描阀系统不同,这种压差测量的缺点是,如果不将测试仪表断开,就无法对这样的传感器进行再次校准。

瞬态压力

对于瞬态试车,每个测压点都需要使用按瞬态响应速率优化设计的专用压力传感器。与扫描阀系统不同的是,这样的压力传感器系统提供连续读数。传感器就安装在发动机附近,可使引压管容积达到最小,因此能对压力变化做出快速响应。也许这些传感器还需要使用隔热水套来提高热稳定性。引压管长度限制对于一般用途大约是5 m,对于像燃油脉冲阶跃试验(见11.5.2节)这样的快速瞬态试车约为1 m。对前一种情况,可以采用换向阀,以便让稳态扫描阀读取同一个引压孔的读数;但如果引压管较短,空间小了就无法实现。典型的扫描速度范围为每秒10～500次。专用瞬态传感器的绝对准确度比扫描阀系统的低,大约为1.5%满量程,而且,传感器经常有漂移的困扰。

在每个工作日开始时应先运行一根校准曲线，以便与稳态测试仪表进行比较。此外，要执行一次瞬态操作动作，检查由于换向阀故障引起的滞后。

压力的动态测量

所谓"压力动态测量"是针对高频压力扰动，而不是在速度头中的那个动压。这样的测量可用于检测如在发动机压缩和燃烧系统中可能发生的旋转失速或低频振荡燃烧那样的气流不稳定性现象。因为其设计优化是针对响应速率，并且其热环境一般也是不控制的，因此在确定振幅方面的准确度较低，大约为量程的 10%。目前都在使用 kistler（电阻型）和 kulite（压电石英型）动态压力探头，这些探头中均包含容积很小的压力传感器，因此，即使对于非常高的频率也能做到快速响应。kistler 探头很易因振动而损坏，但能承受高达 350℃ 的温度，比 kulite 探头所耐的温度高 80℃。信号可以用于控制室中的示波器显示，并且通常以模拟量的形式记录在磁带上。事后对振幅和频率的研读有助于准确地确定不稳定性的原因，或者至少发生的起始点。高频现象也可利用在普通瞬态压力信号上的噪声定性地显示。

11.2.2 温度

通过温度测量可提供关于发动机及其部件性能的以下信息：

- 确定发动机总体性能需要进气温度，这样参数才能换算到标准状态。
- 确定部件性能，如效率和流量，需要部件的当地温度值。
- 为保证发动机工作不超出机械完整性规定的限制，需要知道温度值。
- 测量质量流量也要用到温度值。

温度测量很复杂。遵循这里概括的良好的设计和工作准则是至关重要的，否则测量的准确性可能大有问题。参考文献[3]提供了深入的说明。

温度读数更接近反映总参数而非静参数（见第 3 章），因为在气流中的测温耙使气体在其表面滞止。事实上不可能测量得到纯粹的静温。被恢复的动温分数称为恢复系数（见公式 F11.8）。与压力测量一样，测温耙也采用允许来流旋流角变化大于 5°的 Kiel 头部，以确保动温能在宽广的来流角变化范围内得到恢复。如果温度探头设计得很好，把测温耙的恢复系数做到恒定的 0.94，那么一般导致的误差很小。

图 11.7 中描绘了典型温度测量系统的主要元件。下面介绍所使用的测试仪表。

电阻球包温度计（RBT）

这种温度计利用被加热材料的电阻变化测量温度。最常用的是铂，因此常用的另外一个名称是铂电阻温度计（PRT）。理论上电阻温度计可测温度高约 1000 K，如果校准得好，则可能达到的准确度大约为 0.1 K。然而，这类温度计比较脆弱，实际上在发动机的内部很少使用。最常见的用途是测量空气进气温度和下面要讲的热电偶系统中用到的所谓基准温度。

蛇形温度计

蛇形温度计也是电阻温度计，长度有时可达数米，用于测量空气的平均进气温

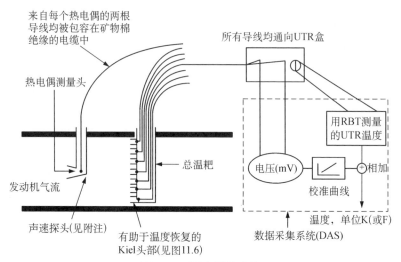

图 11.7　温度测量系统

注：试车台进气温度用多个 RBT 测量，在老式试车台上用蛇形温度计测量；实际上不可能测量得到静温，因为大多数动温总是得到恢复的；UTR＝均匀温度基准；RBT＝电阻球包温度计；声速探头通过使流过热电偶测量头①的气流加速并向外流出，来增加对热电偶的换热；吸气式探头利用辅助空气引射器使气流加速流过探头；在导向叶片前缘也可以安装热电偶。

度。例如，它可以从进口碎片护罩上或分流板上牵线引出。其缺点是尺寸太大，使得不可能对它进行精确校准，因此使用时都喜欢将多个电阻球包温度计来作为替代方法。蛇形温度计指示性的总准确度是 1～2K。

热电偶

如果两根不相同的金属丝连接为一个结，而未连接的自由端保持在某个基准温度，在结和基准之间则产生一个取决于温差的电压。通常，这个结就是焊接在一起的直径为金属丝 1.1 倍的一粒珠状结。热电偶的准确度比 RBT 低，但比较结实耐用。金属丝自由端的温度可以通过两种方法来保持：均匀温度基准(UTR)盒(其本身的温度用 RBT 测量)，或者冰点槽。在热端和冷端之间应使用单根金属丝，否则每个额外结都会导致测量不确定度增加约 2K。对于单根金属丝，可以进行成批金属丝校准。这时对用特定批次的热电偶丝制造的若干个热电偶进行一次校准。如果结果一致，则校准曲线可适用于用同一批次热电偶丝制造的热电偶。

采用不同金属丝材料的热电偶产生不同的电压曲线。不同类型的热电偶的标准曲线见参考文献[4]，不同等级的热电偶位于这些曲线的不同公差带内。1 级热电偶的准确度在 1.5K 或 0.4％的标准曲线两者中大者以内，而 2 级热电偶相应的

---

① 原文"dead"应为"bead"之误。——译注

两个数值则为 2.5 K 或 0.75%。尽管热处理可以改善热电稳定性,但在高温下,漂移和阻滞两者会导致另外 3 K 的不准确度。此外,电路和热结周围的传导效应会导致 1 K 的误差。对所有这些误差因素求和方根后,得到的系统总误差在 1000 K 时对 1 级和 2 级热电偶分别为 5.6 K 和 8.2 K。K 型热电偶使用镍-铬/镍-铝(Ni-Cr/Ni-Al)金属丝。相比于 K 型热电偶,1990 年前后出现的 N 型热电偶(Nicrosil/Nisil, Ni-Cr-Si/Ni-Si)寿命较长,其稳定性也有改善。在 1000 K 时,系统总误差降低到 4.2 K 和 7.6 K。

在选择热电偶安装位置时,必须避开来自相邻表面的辐射,否则测得的温度就不是气流温度。对于那些辐射很强的位置,应在热电偶外面加遮热罩。最多可用遮热罩使用多达四层的同心薄壁套筒围绕在热电偶测量头周围。

下面介绍上述测温装置在发动机关键截面上的应用。

空气进气温度

推荐的覆盖率应达到在进气道碎片保护罩上至少安装 3 个 RBT,如果怀疑进气温度场不均匀,还可以安装更多。应适当调整试车台的布局,以确保各个读数间的差异小于 1 K,否则很难确定测得的平均温度是真实的,而温度分布对发动机性能有根本的影响。也可以使用蛇形温度计甚至热电偶,但正如上面已经提到的,这将导致测量结果的准确度较低。

冷端(压气机)温度

通常采用热电偶,其准确度如上所述。覆盖率应至少达到周向三点,而根据发动机尺寸和预期的径向温度场,测温耙在径向可布置 1~5 个测量头。热电偶测量头通常放置在等环面的中心处,以获得均匀的覆盖率且有助于求得平均温度。但航空发动机风扇比较特殊,其温度场不均匀度大,所测温度也较低,可以使用最多有 10 个测量头的测温耙。

热端(涡轮)温度

涡轮的温度测量要困难得多,主要有以下两个原因:

(1) 在温度达到 1300 K 以上时,温度探头的机械完整性成了问题。这就要求探针必须体积大并带有冷却设计,这会严重干扰流道。所以很少有人尝试进行这样的测量。

(2) 在燃烧室出口存在严重的温度"图案分布",导致极不均匀的周向和径向温度分布,这一温度不均匀分布贯穿至涡轮系统,只是在程度上递减。这是由于在燃烧系统中燃油喷射点是离散分布的,而下游又有冷却空气的喷入。要根据有限数量的读数获得热力学上有效的平均温度是不现实的。

由于以上两个原因,不可能测量燃烧室出口温度,并且几乎不可能进行高压涡轮第一级出口的温度测量。对于下游各个测量截面,根据发动机尺寸的大小,要求的最低覆盖率要达到周向至少 8 点,径向 3~5 个热电偶测量头。除了上面讲的热电偶的不准确度外,温度的不均匀分布还会引起附加的误差。热电偶测量头不再放置在等环面中心，而是常常朝温度梯度最为陡峭的壁面偏置。

瞬态温度

热电偶的另外一个重要特性是响应时间。从物理层面说，由于热惯性，大尺寸的热电偶对温度变化的响应迟缓，因此不适合用于研发瞬态试车。响应时间主要受热电偶结本身的时间常数制约。对研发瞬态试车，应该采用物理尺寸小的热电偶结，安装使用时使得导热和辐射换热降到最低。

对于控制系统的测试仪表，需要使用大而结实的产品型装置。此时，热电偶的时间常数可以在控制算法中考虑进去，或者通过增大热电偶结的流量来增加换热。凡是环境大气压的压比超过大约1.2时，须采用如图11.7所示的声速探头。从气流流道中引出一小股气流，通过围绕热电偶测量头的一个文氏管。气流在测量头处加速到堵塞状态，然后扩压并排出到机体外。否则就要采用抽吸法，此时喷射一股高压空气，借助引射作用带动气流流过测量头。

11.2.3　液态燃料的能量流量

测量燃油流量要达到以下两个主要目的：

（1）用于计算热效率和SFC。

（2）需要燃油量来计算燃烧室和高压涡轮的工作温度从而计算出寿命，因为无法测量这些温度，见11.2.2节。

在所有情况下，都需要测量燃油的体积流量，然后根据实际的燃油密度换算得到质量流量，最后利用燃油热值（FHV）导出能量流量。为获得燃油密度和热值，需要定期抽取燃油样品进行实验室分析。这种分析至少对每批交付的燃油做一次，对于关键的性能试车甚至每天都要做。公式F11.9表示如何根据体积流量、燃油热值和比重计算燃油能量流量。

体积流量

对液体燃料有三种主要的测试仪表可以使用：

（1）容积式流量计利用与一根转动的曲轴相连接的活塞，来测量一段时间内的体积流量。体积流量与转速成正比，因为这样就能确定充满和排空活塞容积的速率。容积式流量计还需要对燃油黏性进行校准，因为燃油黏性的二次效应可高达1%。因此必须考虑不同的燃油温度和燃油种类，如柴油或煤油。容积式流量计测量对于稳态试车几乎是必用的，如果发动机工作稳定，则测量准确度很高，大约可达到0.25%或更小。由于不受进口流动分布或旋流的影响，因此无须对上游的流动条件作出要求。

（2）涡轮流量计指示燃油体积流量的瞬时值，其中要用到以转速为变量的校准曲线。和第（1）条一样，也必须考虑黏性的影响。开始使用时准确度很高，可达0.5%，然后由于叶片尖部和轴承的磨损，准确度逐渐漂移到1%，比其他类型的流量计都低。涡轮流量计受进口流场畸变的影响较大，因此必须在上游留有至少10倍管径的最小稳流段长度，同时还要在稳流段进口处加一块过滤板作为整流装置。

（3）玻璃量杯和秒表可用于小型发动机的稳态试车时燃油流量的测量。对目测的已知体积的燃油消耗进行计时，其准确度为 1% 左右。该方法不适用于自动数据录取系统。

由于燃油流量极为重要，因此应该串联使用至少两种上述测量装置。图 11.8 展示了燃油流量测量系统的主要元件，包括典型的安装要求。

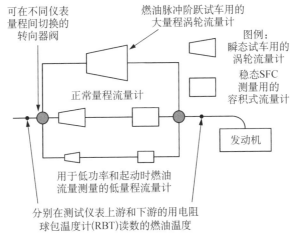

图 11.8　燃油流量测量系统

> 注：在燃油流量计与管道弯头之间的距离应至少达 10 倍管径，以防止流场扰动对测量精度的影响；应至少用两种不同燃油流量计以串联方式进行稳态燃油流量测量，以确认测量精度；对每批燃油至少进行一次燃油样品分析，对关键的稳态试车应做到每日进行燃油样品分析；RBT＝电阻球包温度计；如上文中所述，涡轮流量计需要在上游安排燃油流量的平直稳流段。

密度

为了测量燃油样品的密度，需使用比重计（hydrometer）。从比重计浮子上的刻度尺上目视读数。单位通常是相对密度即比重，如公式 F11.10 所示，就是实际密度（单位容积的质量）与标准值 1000.0 kg/m³ 之比。测量准确度大约为 0.1%。

实际密度随温度变化，如公式 F11.11 所示。因此无论是实验室样品测试还是发动机的燃油供给，均需要温度读数。对于后者，则在燃油管路中放置电阻球包温度计，理想位置是放在离流量计 10 倍管径处，以防止可能的流动扰动干扰测量。

燃油热值

燃油热值也是通过在实验室对燃油样品的分析获得。主要方法是：

- 氧弹量热器，在该装置中，燃油样品在燃烧后释放出的热量通过温升直接测得。
- 通过光谱仪进行燃油组成分析，得到的碳和氢百分比用来通过公式 F11.12 计算在燃烧时释放出的热能。

上述方法的准确度大约为 0.1%。如果没有任何实验室分析条件，只能利用公式 F11.13 根据密度来计算煤油燃料的热值。

瞬态燃油流量测量

对于瞬态燃油体积流量的测量只有涡轮流量计适合，因为其转速给出瞬时的燃油流量。可用的范围为 10%～100% 满量程。因此，对起动和燃油脉冲阶跃试验，应使用不同的测试仪表，其范围分别为正常运行的大约 20% 和 300%。燃油密度和低热值的数值与稳态的完全相同。容积式流量计及用量杯和秒表进行的流量测量对瞬态不再适用，因为这两种方法均要求燃油流量稳定下来后才能测量。

有一种备份方法对瞬态试车测量燃油流量可能特别有用，它是通过燃烧室燃油喷嘴的流量数（flow number）来获得流量值。有了上游的燃油压力测量，燃油流量就是流量数与压降平方根的乘积，见公式 F11.14。在进行如 11.5.1 节所述的燃油脉冲阶跃试车时，这种方法特别有用。此时燃油流量的变化极快，以至于即便使用涡轮流量计，读数也会有惯性产生的滞后。这种方法可以用以前稳态测量中使用的主要测试仪表来进行校核。

11.2.4　气体燃料的能量流量

测量过程与液态燃料的相似，通过体积流量、密度和低热值来估算能量流量。

体积流量

由于容积式流量计依据的是只适用于不可压缩的液体燃料的正排量原理，而气体燃料是可压缩的，即其密度随压力而改变，所以不能使用容积式流量计测量气体燃料的流量。可以使用以下两种方法中的一种：

与测量液体燃料时一样，可以使用涡轮流量计测量气体燃料的流量，且其安装准则和测量精度也差不多。无须对黏性进行校准。

也可以使用孔板流量计，只要其几何尺寸严格按照参考文献[2]来做，可以达到 ±1% 的准确度。在参考文献[2]中还介绍了安装准则，气流必须在测量段进口处有一个整流段，且在典型情况下在其上、下游各有长度至少分别为 10 倍和 5 倍管径的平直段。然而，与涡轮流量计相比较，孔板流量计有以下重大缺点：

● 孔板流量计仅在流量量程比约为 4∶1 时可保持准确度，而涡轮流量计可轻易在 10∶1 的量程比上保持准确度。

● 孔板流量计的压降比较大，因而燃料供给系统必须考虑这一点。

● 功率小于 5 MW 左右的发动机，不可能达到所要求的制造公差。

在校准孔板时，可以使用一系列并联的声速喷管。这是一个极为复杂的系统，一般很难在发动机试车台上使用，而更适合在实验室中使用。

密度

由于气体燃料的可压缩性，对其密度进行估算很复杂。最准确的方法就是根据压力、温度、气体常数和可压缩性因子，通过公式 F11.15 来确定气体燃料的密度。静压应该是在体积流量测量装置上、下游大约 5 倍直径处测得数值的平均值。该上游位置有意布置在气流整流段的压力损失后面。温度应该是利用电阻球包温度计在气流整流段上游处和体积流量测量装置下游大约 5 倍直径处分别测得的平均值。对于气体常数和可压缩性因子项 z,必须利用气体色谱仪进行样品分析,然后用参考文献[5]和[6]中列出的公式计算获得。最后的测量是十分必要的,因为事实上供应商提供的气体燃料的组成难免有一些变化,而相对很小的组成变化就能够导致对气体常数和可压缩性因子的重大影响。如果不做这项测量,则会导致最高可达±5%的不准确度。

采取了上述所有措施后,可使气体燃料的质量流量的测量准确度约为±1%。这是能够达到的最好准确度,不论采用和方根(置信度为 95%)还是算术和(置信度为 100%)来联合这些影响,准确度均无很大的变化。主要的不准确度来自体积流量,其准确度最好时约为±0.75%,压力的最好准确度只有±0.25%~±0.5%。温度的影响很小,如果使用 RBT 只有±0.1K。如公式使用正确无误,则可压缩性因子和气体常数应该是准确的。

燃料热值

利用气体色谱仪的输出和参考文献[5]中的公式,能够以 0.1% 以内的准确度估算出燃料热值。利用公式 F11.9,按照与液体燃料完全相同的方法,可以根据体积流量、密度和燃料热值计算出燃料能量流量。

11.2.5 空气的质量流量

由于以下理由,发动机进口质量流量的测量极为重要:

- 对推力发动机,进口质量流量确定动量阻力,因而也确定了净推力和 SFC。
- 对任何发动机,燃烧室和高压涡轮中的温度水平只能通过空气质量流量、燃烧室进口温度和燃料的能量流量计算出来。
- 在确定压气机喘振裕度和部件流通能力时,需要知道质量流量。
- 对于试验时不带自由动力涡轮的轴功率发动机,空气质量流量在排气功率的计算中需要用到。

在已知面积的管道中读取总压和静压,还有总温;通常此处管道是收缩的,使得动压头增加。可以利用公式 F11.16 或 Q 曲线(见第 3 章)计算出质量流量。在其他截面也可以进行测量,而在不可能直接测量的截面上,则可以利用空气系统的设计假设,根据流量连续原理进行计算。

空气流速计

如图 11.9 所示,有两种相似的仪表来测量发动机进口流量:

(1) 喇叭口(flare)是一个带钟形口(bellmouth)的短流道,它就紧挨地安装在发动机前方。这在发动机上仅仅施加了一个小的压降。

(2) 文氏管是一个位于较长的上游流道上的收缩段,接着是扩压段。它放置在上游足够远处,以至于发动机导致的任何弓形激波都影响不到。其几何特征决定了在文氏管喉部一般都产生比喇叭口更大的压降——也即总压和静压之差。这个压降即使在流量很低时,也能比较准确地测量。

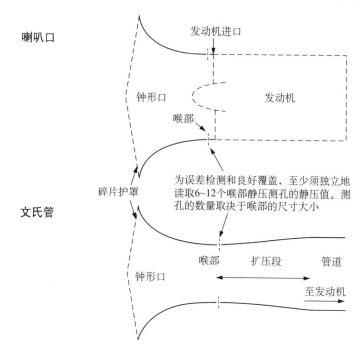

图 11.9　发动机进口空气质量流量测量

注：上游温度测量通常使用安装在试车间进口分流板或碎片保护罩上的多点 RBT；上游压力测量可以是试车间静压、环境大气压（大气压力）仪表，也可以是安装在碎片护罩上的总压探头；RBT＝电阻球包温度计；空气流速计的喉部尺寸应按照马赫数不超过 0.7 来确定；参考文献[2]给出了空气流速计的设计准则。

空气流速计这一术语适用于以上两种装置。这两种空气流速计均需要使用流量系数 CD，其物理意义是有效流通面积与几何面积之比（见公式 F11.17）。这个值小于 1，因为第一，由于表面摩擦力的存在，速度总是小于理想值，即在上游测量值和喉部之间有总压损失。第二，由于附面层的增长，气流不可能充满整个喉部。如果发动机前端面很近，例如采用喇叭口，则还要加上弓形激波的影响。流量系数可以由以下几种方法确定：

● 与现有的、在同一个发动机型号和试车台上进行过校准的空气流速计进行交叉校准（见 11.3 节）。

● 利用有许多总压测量头的高覆盖率测量靶对喉部状态进行评定。

● 使用标准空气流速计尺寸以及如参考文献[2]中给出的流量系数计算方法。

● 利用计算流体力学（CFD）方法进行理论预测。

至少要使用 6～12 个喉部静压测孔并分别读取，以便进行差错检测；测点数量取决于尺寸。对于喇叭口，总压应是试车间的总压。对于文氏管，在喉部上游可能会有一些压力损失，因此总压也必须测量，或者通过校准来计入损失的影响。理想情况下,如11.2.2节所述,应使用RBT进行总温测量。总的来说,只要取压孔是干净的,典型准确度数值大约是流量的0.5%。

涡扇发动机的内涵流量

对于涡扇发动机,最受关心的是实际进入内涵的质量流量,如11.8.3节所述,可以使用各种方法确定内涵质量流量。

空气系统

一旦确立了第一个压气机进口的质量流量值,为了获得在其他各截面处的质量流量,起初需假设用于冷却和漏气流量的空气系统设计数据。利用11.8.3节中讨论的方法,或者干脆直接测量每一股单独的空气系统流量来检验这一假设。

其他测量

对所有发动机截面,包括进口截面,总压、静压和总温的测量可以提供指示性的质量流量测量。结果可以对照某些真实直接测量值或者空气系统数据进行校准,这取决于截面位置。

瞬态空气质量流量

为进行瞬态试车,特别是在高压压气机进口,通常安装一个流量探头。以此通过专用的压差传感器,得到总压和静压之差;这里用到了长度很短的平衡压力导管系统来消除气动噪声。质量流量是用有效面积来计算的,并且对照基于空气流速计进口流量读数的稳态数据进行校准。如果空气流速计是一个紧密耦合的喇叭口,使用引压管长度为1m或5m的专用传感器,那么也可以用于读取瞬态测量。

11.2.6 注入的蒸汽流量

如第12章所述,可以通过在燃烧室中注入蒸汽来降低污染物排放和增大功率。至少在发动机研发阶段,必须直接测量注入的蒸汽流量。这通常是利用涡街流量计来实现的。在这种流量计上,气流中的一个钝体由于脱落的旋涡尾迹而发生振动(恰如在风中的电话线会发生振动那样)。振动频率大致与体积流量成正比。这种装置需要对照堵塞(临界)喷管进行校准,才能确定准确的关系。

11.2.7 推力

对航空发动机,推力测量的重要性出自以下原因:

(1)推力是主要的设计目标,其重要性不言而喻,并且决定了发动机/飞机组合是否能够满足所期望的飞行任务。

(2)计算SFC也必须要有推力。

(3)任何推算出的部件寿命信息也需要包含推力水平才有意义。

图11.1、图11.2和图11.4展示了海平面推力试车台和高空推力试车台的基本布置图。发动机安装在支架上,在轴向受到测量轴向推力的测力传感器的约束。这些测力传感器包含若干个弹簧往往预先加载,并且安装在相反方向以保持刚度。标准的做法是在试车前和试车后进行校准,经常使用挂重方法,而在试车期间使用其平均值作为有效值。测力传感器的典型准确度水平是0.25%读数值以内,为了把它

转换成推力,还需要进行试车台校准,见 11.3 节。对室内试车台,基本上都要估算相对于无限大气条件的静压场对发动机的影响。这导致推力测量的总准确度约为 1%。

如图 11.4 所示,在高空舱中还有对推力测量的附加影响。进口过渡段包含一个滑配合接头,以防把轴向力传递给发动机。这一接头有一个比上游过渡段尺寸更大的密封区域。发动机实际产生的总推力是测力计的测量值加上进口动量阻力以及作用在管道和密封区域上的压力载荷。典型准确度为大约 1.5%。对于这两种试车台,质量流量的测量也很重要,用来确证在各种飞行条件下动量阻力的预测。

11.2.8 轴转速

轴转速的测量能提供以下有价值的部件信息:

- 叶轮机械,特别是压气机的期望性能受转速的影响强烈。
- 涡轮寿命和轴的临界转速与转速有决定性依赖关系,航空发动机轴转速水平也是取证的一个事项。
- 对轴功率发动机,输出轴转速是决定性参数,也是计算输出功率时要使用的参数。

一般使用音轮及拾音器。这一方法很准确且可靠,因此甚至可以作为产品发动机的测试装置来使用。电磁线圈感知装在轴上的齿轮转过的齿数。知道了每一转的脉冲数,就可以将产生的脉冲数转换为轴转速。为此可以使用以下两种主要方法:

(1) 时钟和脉冲计数器适合于稳态转速测试,就是在固定的时间周期内数出脉冲数目。假设发动机工作稳定,则准确度为 0.1% 左右。

(2) 频率—直流转换器适合于瞬态转速测试,可以读出即时的轴转速。准确度同样为 0.1% 左右。

11.2.9 发动机输出轴扭矩和功率

扭矩和轴功率高度相关,因为功率是扭矩和转速的乘积。进行这两个参数测量的原因恰如在 11.2.7 节中关于推力讨论的那样。

扭矩仪构成承载轴的一部分,通过感受长轴两端的相对扭转角度即可测出扭矩。如图 11.3 所示,必须在输出轴的合适点测量轴的扭矩,以排除发动机以外的任何损失。图 11.10 描绘了音轮法,它也用于转速测量,音轮连接在轴和无负载的外层筒体上。通过这样的手段,轮齿都位于同一平面,录取的波形的变化表示角位移,也即扭矩。按发动机的稳定程度,扭矩仪的总准确度为 0.5%~1%。另外一种方法是用应变片测量轴的扭转变形,但这种装置比较脆弱,因此没有得到广泛的成功应用。

如 11.1.4 节所提及的,水力测功器也可以测量扭矩。输入扭矩通过水和轴承摩擦力传递到外壳。而外壳则安装在轴承外圈上,并允许自由摆动,因此可以通过一根制动臂和砝码校准系统准确测出扭矩值。

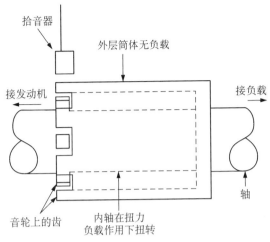

图 11.10　轴扭矩的测量

注：内轴的扭转改变了音轮的角向关系；根据拾音器输出
波形的变化可计算轴的扭矩；所展示的类型被称为"相移计"。

11.2.10　湿度

必须测量湿度，才能将试车数据换算到干燥或 ISO 状态，以便在已定义的基础上进行评定。湿度测量有以下三种方法：

（1）电容传感器利用吸水材料介电常数的变化测量湿度。

（2）冷镜湿度计利用反射光水平的变化测量湿度，因为不同的相对湿度导致不同的冷凝量。

（3）干湿球温度计利用空气干燥其中一个球上的湿纱布条，从而降低该球的温度读数的原理测量湿度。根据在湿球和干球之间的温差，然后查找类似在参考文献[7]中给出的表格，即可求得湿度。传统的方法曾经是安装在一个"足球赛摇响器"一般的框架上的简单玻璃温度计，然而现在使用的是带管道风扇的通风干湿球温度计和其他的测量仪表。

所有这些方法的指示性准确度水平为 5% 相对湿度或 0.2% 比湿度之间的较大值。第 2 章提供了在各种不同环境条件下，相对湿度和比湿度之间的转换方法。第 12 章讨论了湿度对发动机性能的影响。

11.2.11　几何参数

在轴流式压气机上可调静子叶片已经广泛采用，而回热式燃气轮机则常常采用可调涡轮导向器。为了直接测量导向叶片的转角，应使用大约三个外部的旋转可变位移传感器（RVDT）。RVDT 是一个旋转位移变压器，它利用线圈的相对位移可改变互感的原理。假设所有导叶都有相同角度，测量准确度比较高，大约为 0.5°。还有一种替代办法是使用线性可变位移传感器（LVDT）测量带动可调叶片联动环的作动筒的线位移，如果这样做还要包括其他相关影响，如联动环的容差和总机械系统的松弛度等。此时，叶片位置的测量准确度就完全取决于系统的设计。

涡轮喉部面积有制造变异，一般是在装配时进行几何尺寸测量，其可重复性为0.1%左右。然而，测量方法（因而定义方式）的调整会产生明显的阶跃变化。涡轮喉部面积和流通能力之间的换算系数可从涡轮气动设计数据中获得。

对于推力发动机，需要知道发动机推进喷管的面积。定义和测量某些面积并非轻而易举。例如，在涡扇发动机上，外涵喷管平面可能包含支板；如果使用混合器，还需要考虑混合器的面积。

11.3　试车台的校准

在室内试车台上测得的发动机性能与在无限大气中有所不同，其原因已在11.1节中讲过。试车台校准能使室内试车台的数据得到调整，以便能够代表无限大气条件下的发动机性能数据。此外，给定标记的发动机可以在多个试车台上试车，每一个试车台的构型不同，因而校准系数也不同。

对于典型安装方式的轴功率发动机，即空气从环境条件下由流道吸入，且测量安排在流道的进口，一般不需要对试车台构型进行校准。剩下来的是常规需求，以确保所有测试仪表都令人满意地运行。

试车台的定义

试车台的批准是一个正式过程，对于航空发动机涉及相关适航当局的条例，对其他类型发动机还需要客户高度参与。虽然也使用其他类似术语，但经常使用以下基本定义。

- "黄金"标准试车台：

对同一个发动机型号的所有其他试车台的交叉校准而言，该标准试车台是一个基准。这样的校准可以直接进行，也可以通过对一个中间"白银"标准试车台的校准来完成。

- "白银"试车台：

"白银"试车台直接对照"黄金"标准试车台进行过交叉校准。它可用于对该型号发动机的其他试车台进行交叉校准。

- "青铜"试车台：

"青铜"试车台直接对照"白银"标准试车台进行过校准。"青铜"试车台可用于发动机性能试车，但不能用于校准其他试车台。

- 功能试车台：

功能试车台未进行过以性能方面作为目的的校准，它只能提供指示性的试车结果。这类试车台也许可以用于持久试验或演示批产发动机的功能而非性能。

交叉校准一般是指在不转移试车台陪试设备的情况下，比较同一台发动机在两个试车台上运转获得的结果。如果发动机在从一个试车台转移到另一个时，需要工作量巨大的设备改造，那么交叉校准的好处就会消失殆尽。

11.3.1　黄金标准试车台的校准

对推力发动机,用于某一型号的首台发动机的黄金标准试车台只有在针对无限大气条件下的露天试车台进行校准后才能称为黄金标准试车台。对于轴功率发动机,需要利用在 11.2.5 节中讨论的方法进行质量流量测量的直接校准。

11.3.2　试车台交叉校准的步骤

对试车台进行交叉校准的目的是在将测量数据换算到标准大气条件,比如 ISA SLS 条件后,复现在黄金标准试车台上获得的性能测量结果。步骤如下:

- 试车台的所有测试仪表均进行校准。
- 进行不确定性分析,以确定所有测量的很有可能的误差及来自所有来源的导出参数的累积误差。参考文献[8]提供了各种方法的指南,虽然其中不少方法明显地仅针对特定的试车台。
- 在两个试车台上运行校准曲线(即按设定位置的顺序推油门),包含从慢车到最大额定状态的大约 1 打(12 个)稳态点。
- 理想情况下,试车台应采用“1—2—1”顺序,以“黄金”或“白银”试车台为“2”。根据过往经验可以检测到故障。例如,进气压降与质量流量的关系曲线是众所周知的,在校准试车时如实测结果与该曲线有任何偏离,应该是可检测到的。如果要校准无如此过往经验的试车台,则需要进行两次运转来证明其可重复性。如果可信度较高,以至于交叉校准变得像是确认性的练习,则可采用其他试车顺序。
- 必要时,在最后试车中须对要校准的试车台的物理构型进行调整,目的是考虑构型对空气流量进而对推力测量的影响。这包括对进、排气细节,发动机位置和试车间的辅助设备的调整。11.1.2 节中给出了比较理想的构型特点的设计准则。
- 最后,导出校准系数并按照与如转速的关系列表表示,以便将来试车时使用。这些系数体现了在推力、空气流量以及截面温度和压力方面的差异。

11.3.3　试车台审核

由于校准时需要运行发动机,因此试车台的校准是很昂贵的。一旦试车台校准好了,校准过程很少再次重复,除非试车台构型发生改变或者批产发动机性能有了不明原因的变化。然而,为了使试车台保持其经批准的状态,通常每半年需要进行一次审核。在审核时需要考虑的重要特点如下:

- 如 11.7.1 节所述,绘制发动机和总体参数的趋势曲线图。
- 测试仪表的校准状态。
- 对比“黄金”或“白银”试车台以及回到无限大气条件的原始试车台校准。
- 比较试车台构型状态和在原始校准期间正式记录下来的构型状态。物理布局、测试仪表类型和序列号等事项均应受到检验。
- 数据精简处理(data reduction)软件的质量控制。
- 实际工作做法与发动机试车计划中做法的对比。

- 自上次审核以来出现的所有重大事件或变更。
- 以前历次审核或者自审核以来记录到的所有行动项的完成情况。

11.4 稳态研发试验

11.4.1 特定的性能试验

在研发结束后,必须证明其达到发动机性能标准。合同上的发动机性能本身既是客户的要求,也是发动机制造商渴望达到的。在研发期间,通过具有如下目的的特定性能试验来达到标准:

- 为了确认稳态性能模型,或者弄清楚哪个部件未达到预测的或基于部件试验的承诺的性能水平,为此需要继续研发。
- 为了确定在研发项目期间实施的部件更改的效果。理想地说,这些更改应单个地按照"背靠背"顺序进行试验,然而如果时间紧迫或者更改的好处是显而易见的,就不在此列。
- 为了制订发动机在不同额定级别的控制计划及优化部分功率性能。例如,对于给定的喘振裕度水平,既有放气阀,也有可调静子叶片的发动机在部分功率就有多种可能的操作设置。

典型的试验是获得由大约 $5 \sim 10$ 个稳定的点组成的发动机性能曲线。这些稳态点涵盖从对于应用十分重要的最小功率或推力水平(通常指慢车)至最大额定状态的范围。录取读数前的稳定时间需要 $4 \sim 20 \, \text{min}$,后者针对使用大型换热器的情况。时间过短不利于扫描阀压力读数的稳定。

对航空发动机,还在高空试车台或飞行试验台上进行类似的性能试验,以便准确地模拟巡航遇到的条件。由于所占的时间较长,因此对于 SFC,高空巡航是试验的最重要状态。

11.4.2 风车

第 10 章已全面描述了风车。对于航空发动机,在高空试车台或飞行试验台上,在一系列的马赫数和高度下测量发动机的阻力、附件功率的能力和燃烧室进口条件。对于其他类型的发动机,一般不作风车状态试车。

11.4.3 发动机部件研发的支持

在发动机研发期间必须进行各种这样的试验,评定性能不是其目的,但是确定性能的水平对于满足主要试验目标是十分关键的。以下是这些试验的实例。

航空发动机的吸入试验

吸入事件对于航空发动机是不可避免的,因为过滤来流并不现实。吸入试验是法规的要求,以保证发动机的满意表现,如以下简述:

- 吸鸟试验时,在发动机最大额定状态把若干只死的禽鸟同时射入发动机进口。适航性要求发动机在遭遇鸟撞后还能保持 75% 推力一段时间,或者安全停车,取决于所吸入鸟的大小。

- 吸水试验,在静止状态吸入最多 4% 的水,以便模拟下雨的情形。然而,为模拟在飞行速度下风扇离心力效应的减小,一般还需进行高压喷水,甚至在风扇下游喷水这样的额外试车。

- 吸雹试验,包括用专用雹炮向发动机进口以一定的分布模式发射直径为 25 mm 和 50 mm 的冰雹。

- 在低空气流量下,在风扇前面,甚至在风扇叶身上会结冰,然后冰层脱落后被吸入发动机。在进行吸冰试验时,要吸入发动机在进入结冰条件后 2 min 防冰系统还未接通时所凝结的冰。吸冰与吸水具有相同的热力学影响,但吸冰还额外增加了对机械结构完整性的威胁。

示温漆

利用示温漆可以记录关键热端部件,如燃烧室和涡轮叶片的金属温度。示温漆是一种专用漆,它能根据达到的温度变成不同颜色。不同等级的示温漆对应于不同的温度范围。先把发动机运行在低状态,使机身加热,以保证达到典型的密封间隙进而冷却空气流量。然后在所希望的高功率状态保持运转 3～10 min。示温漆一般需要 3 min 固色,如果有的发动机,如回热式联合循环燃气轮机,稳定时间很长,则可以使用更长的固色时间。但此时需要考虑示温漆因承受高温时间过长引起变质的风险。在试车完成后,通过分解发动机对示温漆进行判读,或者偶尔也使用孔探仪进行判读。然后将示温漆指示的部件表面温度与气流流道和冷却空气的温度进行关联,后者根据性能测量和分析进行评定。

部件温度

除了用示温漆试验外,还可以在某些部件的关键区域,如压气机、涡轮的盘表面上,安装热电偶测量金属温度。这样就可以在一个构型台份上评定许多工作状态。以及在大功率状态,或者在研发前期阶段冷却流量不足的情况下,提供安全监测。

空气系统

可以在关键的空气系统腔室中进行压力和温度读数测量,以便确认冷却流量、冷却温度和压力裕度的设计数据。

应变测量

为了评定发动机的流道部件对共振的承受能力,应在关键位置埋设应变片。应变片由嵌入一块底板中的几根细金属丝组成。振动导致金属丝伸长,改变其电阻。试验通常由缓慢加速和减速(每个大约 4 min)构成,要记录选择的各个应变片。所测得的信号的频率和振幅代表了叶片的振动响应特性,由此辨认出可能有害的共振。试验应包含该型发动机可能遇到的物理转速和换算转速的完整范围。物理转速决定激振力的频率,换算转速产生可能导致激振的气流流动条件,而压力水平则决定振幅的大小。

要达到最高转速,在试验硬件条件有限时并不容易,虽然可以通过高空舱来应对发动机使用环境条件的多变性。可能要达到非常高的循环温度,这个问题常常可以借助改装特制尺寸的涡轮导向器和推进喷管来缓解。

轴承载荷

为了进行轴承载荷试验，需要内装的特殊应变片测量设备，才能测出作用在轴承上的轴向力载荷。发动机在一系列具有代表性的工作范围内运行，以便评定轴承寿命。稳定发动机的时间也许比较长（20 min甚至更长），因为空气系统的压力水平取决于密封间隙，进而取决于盘的热膨胀。

排放

发动机排气取样通常是用放置在排气中的十字形采样耙完成的。然后，用光谱仪分析污染物的排放水平。污染物中包括未燃烧的碳氢化合物、一氧化碳和氮氧化物。这类试验对合同方面的目的而言越来越重要，因为法规越来越严格。

11.4.4　持久试验和取证试验

所有的发动机在投入使用前，都必须完成某种形式的苛刻的持久试验。持久试验可以采取以下几种形式：

* 航空主管部门，如美国联邦航空管理局（FAA）规定了取证试验。其中包括150 h的循环运行，包含发动机在比任何服役允许的涡轮导向器出口温度（SOT）更高的温度水平下的运行。发动机制造商根据最热天/最高海拔起飞条件，考虑发动机变异和性能衰退等允许量确定该SOT温度水平。最后一项，即性能衰退，特别具有灵活性，但如果取证试验温度相对于新发动机或翻修后发动机的温度裕度给低了，就会导致维修频繁而增加成本。

* 对船舶发动机，类似的试验就是美国海军的鉴定试验。典型的鉴定试验由3 000 h循环运行组成，其中40%是在与环境温度37.8℃（100℉）下达到必须达到的功率所对应的高压涡轮温度下运行。必须连续调整这个温度水平，以便反映出性能衰退，这在试验中通常使用调节客户引气来实现。

* 对工业燃气轮机，试验程序一般由发动机制造商规定，通常由100～300 h的循环试验组成，试验的最高SOT要比基本负荷时的高出10～20 K。

11.5　瞬态性能试验

瞬态性能试验的目的是确认发动机能在规定的时间内执行被称为瞬态动作（handling）的加速和减速瞬态过程。潜在的可操作性问题包括喘振和贫油熄火。在对新型发动机试验前，瞬态性能工作一般将根据发动机的瞬态模型来进行。瞬态模型用瞬态试验数据进行确认后可用于支持试车，并证明发动机在某些无法试验的极端条件下的瞬态能力。第8章详细描述了瞬态性能。

11.5.1　瞬态动作

为了表明对发动机满意运行的高度信心，发动机试验的机动动作应超过在正常使用中遇到的最严苛的状态。例如：

* 快速加速，此时，由于过量供油使得高压部件工作线上移。

- 缓慢加速和减速,能刚好避免触发操作放气的瞬态偏置。这样产生高的工作线。

- 第 8 章所述的热态急减加速(Bodie 或 reslam)瞬态动作,此时发动机减速后几乎立即再加速。热浸使工作线比正常的加速工作线高,但仍应在已下移的高压压气机喘振线下面。

- 从冷浸状态起动后进行加速。此时高压压气机叶尖间隙最大,因此喘振线降低。

在执行上述机动动作期间测量关键参数,以此确定转速与时间的关系、瞬态工作线的偏移和贫油熄火裕度等。此时合适的测试仪表的扫描速率应为每秒 10～15 次。对于航空发动机绝大部分工作是在海平面试车台上完成的,然而,进行一些高空试车台试车或飞行试验台试车必不可少,因为这样才能验证所能遇到的精确条件下的各种效应。

11.5.2 喘振线的测量

影响喘振线的有这样几个因素,如发动机结构载荷产生叶尖间隙不对称,进气畸变,或高压压气机的热浸使减速瞬态动作后的喘振线下移等。可能有必要测量发动机的实际喘振线,或者至少应能定义一个无喘振区,而不是仅仅依靠台架试验或预测的数据。要测量关键参数,使得能够定义真实的喘振轨迹。主动引发喘振,即逼喘的方法如下:

对于高压压气机,最常用的方法是所谓燃油脉冲阶跃试验(fuel spiking)。此时,在大约 200 ms 时间内瞬间喷入介于 100％～400％ 的额外燃油量。合适的扫描速率是每秒 100～500 次。可以使用一个专用喷油设备,也可以使用经过重新编程的标准控制系统。

对于低压压气机或风扇,最常用的方法是装配一台研发发动机,其低压涡轮或外涵喷管的流通能力分别加以降低,由此来上移共同工作线。放气用来保证在大功率状态下的稳定工作;然后将发动机缓慢减速直到喘振发生。在不同放气流量下重复进行这一过程,便可在特性图上画出喘振线。

其他不太常用的技巧包括在目标压气机下游注入空气;比如在小型发动机上,或者在可利用换热器旁路能力的场合。在一个台份发动机上的首次喘振可能会增大压气机叶尖间隙,导致工作温度上升和喘振线下移。这些影响需要通过进一步试验来量化,还要用孔探仪检查压气机有无损伤。后续喘振导致的性能衰退会小很多。

11.5.3 控制器和发动机可操作性试验

如第 8 章所述,瞬态性能和控制是密不可分的。在大量海平面和高空试车台试车过程中,最初的控制策略和算法进一步得到发展。一个令人关注的特殊试验是退喘,此时控制器必须确保发动机因某种原因在服役中发生喘振后能够安全恢复。在研发期间,通过由所描述的逼喘方法之一诱发喘振而对退喘进行验证。

11.5.4 起动试验

第 9 章详细描述了发动机起动。着重于点火区域的特殊试验有:

- 对于空气涡轮起动机,按照航空发动机的实际做法,应测量带转转速与起动机供气压力,包括服役时飞机辅助动力装置(APU)的供气压力的关系。
- 起动机性能的验证。从燃油流量为零的稳态带转状态将起动机脱开。知道了高压轴转动惯量,从起始的减速速率可以估算出带转扭矩。
- 调试带转转速与点火流量试验矩阵的组合关系,识别出着火窗口和旋转失速边界。
- 对可调静子叶片位置和放气流量的敏感性。

在点火和慢车状态之间需要做多次试验才能确定可接受的供油上下边界。供油量过多会导致压气机失速,而失速受放气和旋流大小的影响。供油量太小则会引起悬挂,此时,在低转速就达到了某些限制值,如超温、喘振或降转。这可以通过在不同起动机功率水平减少燃油流量来进行研究。

对于工业燃气轮机、船舶用燃气轮机和机动车辆发动机,起动试验通常是在海平面试车台当前环境条件下进行的。至于在冷天或热天使用中可能出现的问题,是在问题发生后才去处理的。但对于航空发动机,冷天和热天起动试车是研发项目中必做的科目。方法是把发动机运送到寒冷或炎热气候的地区,在冷冻间里骤冷发动机,或者在发动机进口使用大型电加热器。此外,还必须在高空试车台或飞行试验台上通过试验来证明高空再起动能力符合风车起动和起动机辅助起动的包线。

另外一项对所有类型的发动机必须做的是热机再起动试验,即在停车后不久,发动机机体还处于高温时进行再起动。正如影响到密封间隙那样,气流流道中的热量会使喘振线下移和工作线上移。

11.5.5 发动机故障调查

研发期间的发动机机械故障一定少不了瞬态维度。为了应对这样的故障事件,除了记录任何瞬态性能数据外,不论用模拟量还是用至少每秒1000次的速率扫描,均须记录关键的机械参数,诸如振动、转速和压力。为防止存储的数据量过大,可以每30 min 改写一次。

发生故障时,可以对这些记录进行查询,以便分辨原因与后果。一个实例是,判断一次喘振究竟是发生在压气机机械损伤之前(因此喘振就是原因)还是之后(因此喘振就是后果)。如果是喘振发生在先,则首先出现由喘振导致的压气机出口压力的突降,伴随着宽带振动的突升,然后具有转速相应频率的噪声或振动振幅将增大。

11.6 应用试验

在投产放行之前,经常将新发动机安装在其应用场合,继续进行研发试验。这样可以解决以下关键问题:

- 在应用场合测量发动机的总体性能水平,这与11.3节所述需要校准系数的试车台对比鲜明。这对于试车台影响特别大的航空推力发动机尤其重要。这类试验通常在商业上有特别重要的地位,因为据此就能最终确定该发动机/飞机的组合是否能满足性能担保。

- 应使用真实的附件硬件和安装管道,而不使用任何试车台的陪试设备。
- 发动机的机械完整性面对的是实际的典型结构载荷、振动水平、环境条件和工作剖面。

11.7　产品交付

11.7.1　产品交付试验

无论是新生产发动机还是翻修或维修发动机,习惯的做法都是每一台发动机在即将交付给客户之前,必须进行产品交付试验。即使满足了公差要求,在加工制造和装配尺寸上都不可避免存在变异,导致各台发动机之间在部件和发动机整体性能(如第 6 章所述)上的变异。典型的产品交付试验次序如下:

- 起动:是不可避免的试验,也是至关重要的。
- 磨合:此时通过比如一系列越来越快的加速、加长时间的冷运转或在不断增加的功率状态或推力水平停留,使得转子密封件逐渐磨入静子的内衬中。
- 性能曲线:此时对 SFC、推力或功率与温度、工作线、轴转速等的关系曲线进行评定。
- 瞬态动作试验:进行加、减速试验,以证明发动机满足其规格说明书的要求。
- 控制系统设置:设置所有需要的控制系统限位、配平和限制。配平是指针对发动机之间性能变异对测量信号的调整。

但是,出于实用性的原因,上述试验程序对重型燃气轮机是网开一面的。

11.7.2　验收准则

在交付试验中,发动机性能参数必须满足各种不同的限制水平。这通常包括演示在不超过设定的温度和转速限制条件下达到担保的功率或推力以及担保的 SFC。验收准则通常是在某些标准条件下声明的,测量数据必须如 11.8.3 节所述换算到标准条件。由于测试仪表故障或偶然的制造组装问题,发动机可能最初通不过交付试验。

除了性能参数外,某些机械完整性问题也是需要应对的,如燃油泄漏、振动、滑油消耗量、测量的温度分散度等。

11.7.3　发动机性能趋势

部件的机械加工或装配工艺的改变可能会导致通不过交付试验的发动机台数增加。要很早就在通常分散的数据中识别这些改变是很困难的。虽然在交付试验中可以安装一些特殊测试仪表,更多的现代实际做法是依靠产品控制系统的测试仪表。因此,测试仪表常常数量很少,准确度也不高,因而不适用于 11.8 节所述的常规分析方法。虽然可以采用这些测试仪表,但还需要采用着重与其他发动机进行比较的额外的方法。图 11.11 就是一个示例,表示的是根据一组产品交付试验数据的实例绘制的低压涡轮进口温度变化图。

发动机编号	SOT/K	SOT-1 200/K	累积和/K	发动机编号	SOT/K	SOT-1 200/K	累积和/K
1	1 206	6	6	17	1 203	3	21
2	1 201	1	7	18	1 199	−1	20
3	1 197	−3	4	19	1 205	5	25
4	1 214	14	18	20	1 212	12	37
5	1 204	4	22	21	1 195	−5	32
6	1 208	8	30	22	1 211	11	43
7	1 190	−10	20	23	1 202	2	45
8	1 196	−4	16	24	1 207	7	52
9	1 205	5	21	25	1 214	14	66
10	1 192	−8	13	26	1 190	−10	56
11	1 207	7	20	27	1 201	1	57
12	1 202	2	22	28	1 210	10	67
13	1 201	1	23	29	1 207	7	74
14	1 196	−4	19	30	1 213	13	87
15	1 193	−7	12	31	1 196	−4	83
16	1 206	6	18	32	1 211	11	94

(a)

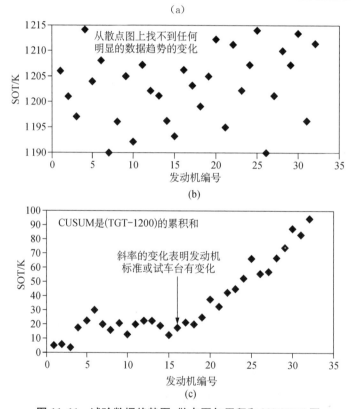

(b)

(c)

图 11.11 试验数据趋势图:散点图与累积和(CUSUM)图

(a) 试车数据与累积和(CUSUM)列表

(b) 散点图:涡轮静子叶片出口温度(SOT)与发动机编号之间的关系曲线

(c) 累积和(CUSUM)图:涡轮静子叶片出口温度(SOT)与发动机编号之间的关系曲线

● 散点图(mass plots):这些曲线图上表示了感兴趣的交付试验性能参数与一段时间内的发动机编号之间的关系。它们实际上确定了发动机的平均性能和分散度,对检测出测量误差和"调皮捣蛋"的发动机十分有用。

● 累积和(CUSUM)图:该曲线图表示了每一台发动机例如温度与在其分散带内的一个任意数值之间的差的累计总和随发动机编号变化的趋势。平均线的斜率的变化指示出了在散点图上几乎不可能发现的变化趋势。公式 F11.18 对此进行了定义。

参考文献[9]提供了燃气轮机验收试车的指导,包括像测试仪表的准确度这样的细节。

11.8 试验数据分析

11.8.1 试验数据分析步骤

在作工程结论之前,要求对试验数据进行相当可观的处理:

(1)测试仪表的信号必须从例如 mV(毫伏)变换为工程单位,如 K、kPa 等。

(2)必须检测出错误读数。

(3)凡是有多个读数的截面,必须进行数据的平均。

(4)必须对发动机和单个部件的隐含性能都进行计算。对关键参数进行误差带分析是必需的。

(5)必须将估算的部件和发动机性能水平与期望值进行比较。

(6)必须确定发生差别的原因。

以上这些步骤不总是按上述理想的排列次序进行。测量误差不一定很容易就能检测到,例如测量误差可能是系统误差,且作用于某一截面上的所有读数。去伪存真的工作使分析过程可能需要很长时间才能真正结束。此外,包含循环匹配的某些方法把第(4)和第(5)步合并在一起。

11.8.2 初步差错检测和数据平均

在利用测量数据之前,进行差错检测是必需的。下面列出了一些差错检测技巧:

● 比较在相同浸入深度处的测量头部的读数。压力值低通常表示有漏气,任何离谱的温度读数都表明可能有差错。

● 把每个测量靶的读数绘制成以浸入深度为变量的径向分布曲线。这是对有效性更精细的检查,因为对于测量靶得到的分布图,在靶与靶相互之间以及与历史数据的比较,都应该表现出可重复性,特别对压气机测量靶更是如此。

● 检查一下任何总压与静压之比是否合理。

● 比较试车间和气压计的压力,特别是在高空试车台试车时。

● 画出空气流量计静压测孔读数与周向位置关系的曲线,然后与历史数据相比较。

- 比较根据串联布置的不同体积流量测量装置计算的燃油流量。
- 测试仪表的读数应与靠近该截面的其他读数，例如来自控制器或空气系统测试仪表的读数一致。

测量耙数据需要做平均处理，以便能够在每个有测试仪表的截面上形成一个如性能模型所表示的热力学平均值。这样的平均值通常用面积加权平均或者质量加权平均，其定义分别见公式 F11.19 和 F11.20。公式 F11.21 表示测量头如何放置在等面积的中心处，以便简化平均过程。质量加权是最理想的，但由于需要知道准确的静压分布，而这在有旋流时是很难测准的，所以面积加权使用更为广泛。无论用哪一种方法，为了使平均值有意义，都必须检测并排除任何有故障的测量头。

11.8.3 试车台分析（TBA）计算

试车台分析（TBA）计算直接从测量数据计算发动机和部件性能水平，例如推力、SFC 和等熵效率。按照从发动机前到后的顺序，进行每个截面的几乎所有参数的计算。这要求假设放气流量、各种压力损失和功率提取。涡轮出口状态根据在压气机中测得的功和功率提取值来评估。算例 C11.1 描述了这个方法。

试车台分析（TBA）计算可以在试车发动机所处的状态下进行，也可以在第 2 章的 ISA 海平面状态或 ISO 标准状态进行。如果是后面这种情况，则需要利用 θ、δ 和第 4 章中所述的适当的无量纲参数组进行换算。为了计入由于温度和油气比的变化导致的气体性质变化，θ 值的指数（称为 θ 指数）可以是标准的 1.0 或 0.5 以外的其他数值。其实际值应通过运行发动机循环模型获得。图 11.12 列出了可能的典型范围。算例 C11.1 包含了一个换算到标准状态的算例。

参数	理论指数	典型指数
温度	1	0.97～1.03
压力	0	0.0～0.06
燃油流量	0.5	0.64～0.76
轴转速	0.5	0.48～0.50
空气质量流量	0.5	0.47～0.52

图 11.12 性能数据换算用的 θ 指数

注：θ 的定义是 T1/288.15K（此处 T1 是发动机进口温度）；为了把测量数据换算到标准状态，应取表中所示的 θ 指数。第 4 章阐述了 θ 值、无量纲参数组和它们的用法；理论值和典型值之间的差别反映了由于油气比和温度变化导致的气体性质变化（第 3 章有说明）；通过运行热力学模型即可获得特定型号发动机的 θ 指数；θ 指数用于把发动机性能参数转换为其他进口温度下的数据，例如可以把试车数据换算到标准状态，以便与所期望的性能进行比较。

在此阶段，利用导出参数进行测试仪表的差错检测仍然是必需的。根据如下的考虑可以检测出差错：

- 对几何固定、放气构型固定的发动机，任何参数与另一个参数的关系曲线图应是光滑的。如果不光滑，则用这两个参数对第三个参数画出曲线，就能看出哪个读数有错。

　● 计算的部件效率不应是过份散乱的,而且,当然应低于100%。真实硬件的缺陷可能会导致低于台架试验水平的数值。

　● 计算的部件流通能力应与任何可获得的测量值相匹配,例如根据测得的喉部面积计算的流通能力。

　● 对推力发动机,推进喷管的系数与推力水平的关系曲线应是均匀的,并且应该与期望的水平很相像。

　● 对空气流速计,无量纲流量与压降的关系曲线应汇合到唯一的一条曲线,不论它是在试车间、发动机进口还是在喉部均如此。

　● 明显的互为消长的部件变化通常由单个的测量差错引起,例如在两台压气机之间的压力或温度测量差错。

　试车台分析(TBA)的一个特殊情况是涡扇发动机。此时内涵质量流量不是直接测量的,是必须计算的。有几种方法,为了方便起见,把两种最常用的方法分别在这里称为方法"A"和方法"B"。方法"A"利用核心机热平衡(见图11.13),而方法"B"利用对高压涡轮流通能力的了解。在算例C11.2中描述了这两种方法。另外一种替代方法是瞬态质量流量探头,它是指示性的,而不是绝对准确的流量测量(见11.2.5节)。

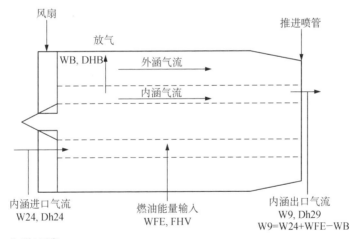

热(焓)平衡:
W24 * DH24 + WFE * FHV=WB * DHB + (W24 + WFE − WB) * DH9
因此 W24=(WFE * (DH9 − FHV) + WB * (DHB − DH9)) / (DH24 − DH9)

图 11.13　涡扇发动机质量流量计算:方法"A",内涵热平衡法

　注:用公式F11.22根据温度和油气比计算比焓,单位为kJ/kg,如果使用平均比热容的话,一般应转换为相对于基准温度0℃;以下参数是直接测量的:放气流量WB(kg/s),燃油流量WFE(kg/s),内涵进口和出口温度T24和T9(K)。

11.8.4　不确定度分析

对从试车台分析(TBA)计算获得的关键参数,估算由测量的不确定度导致的可能误差带是必不可少的。第一步须估算由于每个关联的测量值单独导致的某个计算参数的潜在误差。第二步，把这些误差的影响结合在一起。通常的做法是采用和方根，其置信度为95%。对于99%的置信度，采用算术和。算例C11.3描述了对测得的功率使用上面两种方法的结果，而参考文献[8]则给出了详细的指导。这个过程也称为误差带分析。

11.8.5　试验结果与期望值的比较

通常在试验前就做出一个被试发动机的试车前匹配模型。对研发试车，一般包括实测的喉部面积和其他特定硬件的影响，而对产品发动机这些是期望值（确切地说是要求），因而保持恒定。这可以简单地通过实测参数与标准状态下的推力或功率关联的曲线图表来表达。

要对试验结果与期望性能进行有效的比较，则要求两者都基于相同的进口压力和温度条件以及安装损失等。此外，由于合同方面的目的，前面已经说了，一般要求给出在标准状态下的发动机性能。为此，可以用两种主要方法来达到这些目的：

（1）如11.8.3节所示，将测量值换算到标准状态下。这样就能提供可直接用于合同目的的发动机性能数据。

（2）在试车功率或推力及环境条件下运行发动机循环模型。这样做更严谨，对于如第4章所讨论的不具有无量纲特性的发动机而言，这样做是必需的。此时，如11.8.6节所述，调整模型使其与试车结果相匹配，然后再次运行模型，来预测标准工作状态下的发动机性能水平。

对这两种方法，均绘制出模型计算参数和试验参数与某些功率设定值参数之间的关系曲线。对于换算数据，必须采用无量纲形式。

11.8.6　发动机部件性能的评估

有各种不同的方法可以尝试用来解释由未知的测量误差，或发动机部件性能相对于预测结果的差异导致的异常现象。试验数据分析的困难是众所周知的，因为一旦和真实数据打交道，误差的可能性相当宽泛。下面介绍各种方法，最好是组合在一起使用。

传统方法

工程判断和逻辑思维很久以来就是分析试验数据的办法。知道什么地方可能引起问题是极有价值的，这可能是基于已知的部件缺陷的潜在原因、分解中的发动机硬件的状态，以及像对泄漏进行过何种检查等关于试验的其他知识。即使它容易被测量误差和重新匹配误导，有不确定性，但是通过将预测性能与试车台分析（TBA）的部件效率及流通能力进行比较，仍可获得对部件性能水平的了解。这一传统方法加上某些试凑法，可用于确定试车前预测模型中部件性能的变化，这样的变化使得模型在整个功率范围内复现所有有效的试车测量值。

利用敏感性表格，有助于达到修正的模型和测量值之间的一致性。综合敏感性的概念在第7章中已介绍，它显示出给定的部件效率误差是1%的条件下发动机性能参数的变化。分析敏感性是根据试车台分析（TBA）计算，显示出每个关联的测量值误差为1%所导致的性能参数的误差值。传统方法的优点是这类分析的结果具有很高的可信度,因为过程本身很容易理解,不需要任何附加设置。其缺点是与下面介绍的更自动化的方法相比,不能获得直接的答案。

循环匹配法

此时在被试条件下运行扩展的性能匹配模型。这一方法既用于将试验数据与期望性能进行比较,也用于解释由部件性能变化带来的结果。第7章介绍了性能匹配模型。为了进行试验分析,对匹配方法进行了扩展,用测量值作为附加的匹配约束,并用部件缩放比例系数作为附加的匹配猜测值。模型由此而改变部件性能,从而再现输入的测量值。

这种方法的主要优点是分析在试车的条件下自动进行;这比换算试验数据更准确。此外,凭借很少的测量就可以获得发动机截面数据,其他发动机截面的参数根据预测的部件性能计算得到。然而,这种方法也有一些缺点。该方法只把性能差异归因于在匹配时放开作为猜测值的部件系数,而这些部件系数的数量受限于参数测量的数量。如果有的部件出了故障,则答案往往是错误的。匹配迭代不一定总是可行的,或者甚至是不恰当地设置的,以至诸如可重复性水平这样的测量误差,都会在数个部件之中产生很大的、相互抵消的变化。因此,在在线应用上,要求有其他备份计算。

大型涡扇发动机制造商,以及某些(虽然还不是所有的)客机制造商,已经成功地使用了循环匹配方法。该方法在工业燃气轮机行业的应用尚不广泛。

基于概率的方法

此时,计算机程序既"调整"测量值,又"调整"部件性能水平,利用敏感性表格使计算的和测量的截面参数匹配。根据定义存在无穷多解。得到的是根据在部件和测量中的误差概率的输入值获得的最可能的解。在无正式解的情况下,这至少能给出一个可能的答案,也许能产生有用的线索。然而,解不是唯一的,如果没有工程依据,就没有什么用途。

11.8.7　瞬态数据

此时,测试仪表覆盖率减小且传感器有漂移,需要对数据进行相当大量的处理,才能使测试仪表的读数与对应的稳态参数对齐。一旦达到这一点,就将瞬态测试轨迹与瞬态性能模型预测值进行比较,然后对模型进行调整,使之达到一致。模型必须已经与发动机稳态参数有良好的一致性,在此,调整主要集中在瞬态过程的热浸建模,反正热质量和传热系数到底有多准确通常也很难说。

此处列出的所有公式都采用比热容和γ。严格计算应使用焓。计算所使用的方法见第3章。

公式与算例

公式

F11.1　试车台引射比＝fn(引射的空气流量(kg/s),空气温度(K),发动机排气温度

（K），混合排气塔排气温度（K））

　　　Wair/Wgas＝(Hgas － Hmix)/(Hmix － Hair)

（i）温度必须是测量值。

（ii）H 是根据温度和油气比用公式 F3.26 或 F3.27 算出的焓。

（iii）在排气塔出口处，为了保证获得准确的气体性质，可能需要小的迭代。

F11.2　飞行试验台，进口空气流量（kg/s）＝fn（喷管流量（kg/s），放气流量（kg/s），引射吸入流量（kg/s），燃油流量（kg/s））

　　　W1＝W9 ＋ WB － Wentr. － WF

F11.3　飞行试验台，净推力（N）＝fn（进口空气流量（kg/s）），进口速度（m/s），出口空气流量（kg/s），出口速度（m/s），喷管静压（kPa），环境压力（kPa），喷管面积（m²））

　　　FN＝(W9 * VN) － (W1 * VTAS) ＋ (PS9 － Pamb) * A9/1 000.

F11.4　水柱压力计：温度对读数的影响

　　　DL＝0.21 * 10^－3 * DT

（i）DL（％）是由水和玻璃的热膨胀导致的液柱高度读数变化。

（ii）DT（C）是温度变化。

（iii）制造商应说明压力计校准时的水温。这一修正考虑了在该温度和当前水温之间差值的影响。

F11.5　水银气压计和水银压力计：温度对读数的影响

　　　DL＝0.18 * 10^－3 * DT

（i）DL（％）是由水银和黄铜的热膨胀导致的汞柱的高度读数变化。

（ii）DT（C）是温度变化。

（iii）例如，20℃的温度增加使汞柱高度变化 0.36％。

（iv）制造商应说明压力计校准时的温度。这一修正考虑了在该温度以及当前温度之间差值的影响。

F11.6　水银气压计：纬度对读数的影响

　　　DL＝0.066 04 － 0.134 257 142 * (cos (LAT) ^2)

（i）DL（mm）是由于地球自转的离心力导致的汞柱的高度读数变化。

（ii）LAT（deg）是纬度。

（iii）例如，在英国中部和埃及之间的纬度差导致汞柱高度变化 0.24％。

（iv）制造商应说明校准气压计时所在的纬度。这一修正考虑了校准时的纬度与使用气压计所在地的纬度之间差值的影响。

F11.7　水银气压计：高度差对读数的影响

　　　DL＝－ 8 * 10^－6 * DELV

（i）DL（mm）是由地球自转的离心力导致的汞柱的高度读数变化。

（ii）DELV（m）是海平面以上的高度差（并非压力高度）。

（iii）例如，5 000 m 高度差导致汞柱高度变化 0.05％。

(iv) 制造商应说明校准气压计时所在的高度。这一修正考虑了校准时的高度与使用气压计所在地的高度之间差值的影响。

F11.8 温度测量的恢复系数＝fn(总温(K),静温(K),测得温度(K))

$$RF=(Tmeas - TS) / (T - TS)$$

F11.9 燃料能量流(kW)＝fn(体积流量(m³/s),燃料热值(kJ/kg),密度(kg/m³))

$$QU=UVOL * FHV * RHO$$

F11.10 燃料比重＝fn(实际燃料密度(kg/m³),标准密度(kg/m³))

$$FSG=RHOmeas/1\,000.$$

(i) 这也称为"相对密度"。

(ii) $1\,000\ kg/m^3$ 是水在 4℃时的标准密度。

F11.11 燃料比重＝fn(样品比重,实际燃料温度(℃),样品温度(℃))

$$FSG=FSGsample - (Tfuel - Tsample) * 0.000\,74$$

(i) "样品"是指已测量比重和温度的燃料样品。

(ii) 把 FSG 转换成为实际密度,须乘以 $1\,000\,kg/m^3$。

F11.12 燃料热值(kJ/kg)＝fn(氢含量(％质量),硫含量(％质量),在 15℃ 下的燃料比重 FSG)

$$FHV=37\,290 + 566 * Hyd - 330 * S - 2\,300 * FSG$$

(i) 其余组成是碳含量的质量百分比。

(ii) 该公式对于燃料比重(FSG)范围为 0.79～0.83,氢含量为 13％～14.1％,硫含量为 0.3％ 以下时有效。在比上述更宽的范围内,公式只能提供指示性信息。

(iii) 为把 15℃时的燃料比重(FSG)转换为实际燃料密度,须乘以 $1\,000\,kg/m^3$ 并使用公式 F11.11。

F11.13 煤油的燃油热值(kJ/kg)＝fn(15℃下的燃油比重 FSG)

$$FHV=48\,142.3 - 548.05 * FSG - 6\,850 * FSG^2$$

(i) 从 15℃时的比重 FSG 转换为实际密度,须乘以 $1\,000\,kg/m^3$ 并使用公式 F11.11。

F11.14 燃油流量(kg/h)＝fn(喷油嘴燃油压力(kPa),燃烧室压力(kPa),流量数[kg/(h·√k·Pa)])

$$WF=SQRT (PF - P4) * FLOW\_NO$$

F11.15 气体燃料的密度(kg/m³)＝fn(静压(kPa),气体常数[kJ/(kg·K)],温度(K),可压缩性因子)

$$RHO=P/(R * T * z)$$

F11.16 空气质量流量参数组 Q[kg√K/(s·kPa·m²)]＝fn(γ,总压(kPa),静压(kPa),气体常数[kJ/(kg·K)],流量系数,几何面积(m²))

$$Q =W * SQRT(T)/(Ageom^① * CD * P)$$

---

① 原文误为"Aeffective"。——译注

$$=1000 * \text{SQRT}(2 * \gamma/((\gamma-1) * R) * (PT/PS)^{\wedge}(-2/\gamma) * (1 - (PT/PS))^{\wedge}((1 - \gamma)/\gamma))$$

F11.17　有效流通面积（m²）＝fn（流量系数，几何面积（m²））

AE＝CD * Ageom

F11.18　下一个 CUSUM＝fn（前一个 CUSUM，下一个试车数据值，任意基准）

CUSUMn＝CUSUMm ＋（VALn － DATUM）

(i) n 是当前试车发动机的序列号。

(ii) m 是前一台试车发动机的序列号，通常 m＝n － 1

F11.19　面积加权测量耙平均值＝fn（测量头个数，所有测量头的读数，加权系数）

对每一个放置测量头的半径，RingAve＝Σ（HR）/ Nrakes

(i) RingAve 是环面平均值，所有安装在所考虑的半径上的有效测量头的平均值。

(ii) HR 是在所考虑的半径上每一个有效测量探头的读数。

(iii) Nrakes 是在所考虑的截面上的测量耙的个数。

　　　对每一个半径，AWC＝（RADp^2 － RADm^2)/(RADo^2 － RADi^2)

(i) AWC 是第 n 个测量头的面积加权系数。

(ii) 测量头是通过从最内径处算起的顺序编号来表示其位置的。

(iii) p 是下一个半径处的测量头的编号，p＝n+1。

(iv) m 是前一个半径处的测量头的编号，m＝n－1。

(v) RADi 是环面的内侧半径。

(vi) RADo 是环面的外侧半径。

(vii) 对第一个和最后一个测量头，应分别使用流道内、外径代替 RADm 和 RADp。

　　　总 AWRA＝Σ（RingAve * AWC）

(i) AWRA 是总的面积加权测量耙平均值。

(ii) RingAve 是环面平均值，即在每个半径上的所有有效测量头的平均值。

(iii) AWC 是每个半径上的面积加权系数。

F11.20　质量加权测量耙平均值

　　　总 MWRA＝Σ（RingAve * MWC）

(i) MWRA 是总的质量加权测量耙平均值。

(ii) RingAve 是环面平均值，即在每个半径上的所有有效测量头的平均值，按公式 F11.19。

(iii) MWC 是每个半径上的质量加权系数。

　　　对每个半径，MWC＝AWC * W/Wtotal

(i) AWC 是按公式 F11.19 的面积加权系数。

(ii) W 是与在该半径上的测量头相关的质量流量，用公式 F11.16 求得。

(iii) 总压、温度和静压值根据截面上的其他测量值进行内插获得。

(iv) Wtotal 是所有半径的质量流量之和。

（v）流通面积就是 AWC 与环面积的简单乘积。

A＝AWC＊PI＊(RADo^2 － RADi^2)

（i）RADi 是环面内径。

（ii）RADo 是环面外径。

F11.21 **为了把测量耙的测量头放置在等面积的中心处,测量头半径(m)＝fn(环面所在半径(m),径向测量头位置编号)**

对第一个测量头：

RAD1＝SQRT(RADi^2 ＋ (RADo^2 － RADi^2)/2＊N)

对其余测量头：

RADn＝SQRT(RADm^2 ＋ (2＊n － 1)＊(RADo^2 － RADi^2)/N)

（i）RADi 是环面内径。

（ii）RADo 是环面外径。

（iii）测量头是通过从最内径处算起的顺序编号来表示其位置的。

（iv）n 是所考虑半径处的测量头的编号,n＝2 至 N。

（v）m 是前一个半径处的测量头的编号,m＝n－1。

F11.22 **方法"A"涡扇发动机内涵热平衡法,内涵流量(kg/s)＝fn(燃油流量(kg/h),喷管出口温度(K),燃料低热值(kJ/kg),内涵放气流量(kg/s),放气温度(K),内涵进口温度(K))**

以平均 T 形式得到的 CP

W24＝(WF＊(DT9＊CP.9 － FHV) ＋ WB＊(DTB＊CP.B － DT9＊CP.9))/
　　　(DT24＊CP24 － DT9＊CP.9)

（i）这一形式通常用于根据实际温度和 0℃的平均温度,用公式 F3.23 和 F3.24 计算得到比热容值,DT 是与 0℃的温差。

（ii）为了保证有效的油气比和气体性质,可能需要小的迭代。

（iii）另外一种替代方法是可以使用标准的比热容值：

压气机：CP＝1.005 kJ/(kg・K)(此时对应的 γ＝1.4)。

涡轮：CP＝1.150 kJ/(kg・K)(此时对应的 γ＝1.333)。

（iv）参见算例 C11.2。

严格形式

W24＝(WF＊(DH9 － FHV) ＋ WB＊(DHB － DH9))/(DH24 － DH9)

（i）该式使用由公式 F3.26 或 F3.27 得到的比焓值。基准仍然取 0℃,尽管这一形式下的任何数值都是正确的。

（ii）为了保证有效的油气比和气体性质,可能需要小的迭代。

注：在所有场合下都会从发动机损失一定数量不明原因的热量。损失量取决于发动机设计,但通常在 0.5%～1%之间。

算例

为简单起见,这里演示的所有算例中,使用如下固定的 CP 和 γ:

压气机:CP＝1.005 kJ/(kg・K)[①],　γ＝1.4,　γ/(γ−1)＝3.5

涡轮:CP＝1.150 kJ/(kg・K)[②],　γ＝1.333,　γ/(γ−1)＝4.0

对基于发动机试车数据分析方面的目的,这是不可接受的误差。必须使用基于平均 T 的 CP,最为理想的是根据第3章完全严谨的焓熵多项式。算例 C3.2 显示了如何将上述方法结合于以下给出的试车数据分析的计算。

算例中的其他简化包括:不考虑空气系统,使用简单的燃烧室温升(见公式 F3.40)。还有,不考虑湿度效应。读者可以根据其他章节的算例,把这些因素包括进来。

C11.1 进行(i)一台涡喷发动机的试车台分析计算,以及(ii)换算到标准条件。经过工程单位转换、错误检测和多读数的平均,试车数据如下:

转速	30 900 r/min
大气压力	103.1 kPa
试车间压降	0.6 kPa
发动机进口总温	294.2 K
空气流速计压降	5.1 kPa

(压力计的开放管端是大气压力,压力损失可以忽略)

空气流速计流量系数和面积	0.95, 0.035 m²
压气机出口压力	458 kPa
压气机出口温度	486 K
燃油流量	0.133 L/s
燃油温度	19 ℃
实验室测试燃油比重(14 ℃)	0.821
实验室测试燃油低热值	43 150 kJ/kg
涡轮出口温度(只在一个浸入深度测了4个点)	1170 K
涡轮出口压力	233 kPa
测量的推力	2730 N

其他信息:

压气机出口扩压器准损失系数	0.6
燃烧室冷和热的准损失系数	1.1, 0.06
由负荷特性得到的燃烧室效率	0.998
相对于露天试车台的试车台校准推力损失	2.3%

假设无空气引气系统。

---

①② 原文单位误为"kJ/kg"。——译注

F11.17 $Q = W * SQRT(T)/(Ageom * CD * P)$
$= 1\,000 * SQRT(2 * \gamma/((\gamma-1) * R) *$
$(PT/PS)^{\wedge}(-2/\gamma) * (1 - (PT/PS)^{\wedge}((1-\gamma)/\gamma)))$

F11.10 $FSG = RHOmeas/1\,000$

F11.11 $FSG = FSGsample - (Tfuel - Tsample) * 0.000\,74$

（i）计算试车环境条件下的参数

发动机进口条件：

$P1 = 103.1 - 0.6$

$P1 = 102.5$ kPa

$P1/PSairmeter = 102.5/(103.1 - 5.1)$

$P1/PSairmeter = 1.046$

$T1 = 294.2$ K

$Q = 1\,000 * SQRT(2 * 1.4/(0.4 * 287.05) *$

$1.046^{\wedge}(-1.486) * (1 - 1.046^{\wedge}(-0.285\,7)))$

$Q = 17.065$ kg $\sqrt{K}/(s \cdot kPa \cdot m^2)$

$W1 = 17.065 * 0.035 * 102.5/294.4^{\wedge}0.5$

$W1 = 3.57$ kg/s

压气机和进气道组合在一起,使用公式 F5.1.3 和 F5.1.2：

$P3/P1 = 458/102.5$

$P3/P1 = 4.47$

$E2 = 294.4/(486 - 294.4) * (4.47^{\wedge}(1/3.5) - 1)$

$E2 = 82.0\%$

$PW2 = 3.57 * 1.005 * (486 - 294.4)$

$PW2 = 687$ kW

注:也可以通过在压气机端面上进行另外的总压测量,或者通过利用设计的准损失系数计算 P2,把进气道与压气机分开。

压气机出口扩压器

总温不变,通过采用百分比压力损失导出出口压力：

$T31 = T3 = 486$ K

$P31 = 458 * (1 - 0.61 * (3.57 * 486^{\wedge}0.5 / 458)^2)$

$P31 = 449.8$ kPa

$W31 = 3.57$ kg/s

燃烧室

应用公式 F11.10 和 F11.11 计算燃料流量：

$FSG = 0.822\,1 - (19.3 - 14.1) * 0.000\,74$

$FSG = 0.818\,3$

RHOfuel＝0.818 3 ＊ 1 000

RHOfuel＝818.3 kg/m³

WF＝818.3 ＊ 0.101E－03

WF＝0.082 6 kg/s

FAR＝0.082 6/3.57

FAR＝0.023 1

应用公式 F3.40：

0.023 1＝1.15 ＊ (T4 － 486)/0.998/43 150

T4＝1 351

利用公式 F5.7.9 和 F5.7.10 计算 P4：

P4＝449.8 ＊ (1 － 1.1 ＊ (3.57 ＊ 486^0.5/449.8)^2 －

    0.06 ＊ (3.57 ＊ 486^0.5/449.8)^2 ＊ (1 351/486 － 1))[①]

P4＝433.2 kPa

W4＝3.57 ＋ 0.082 6

W4＝3.653 kg/s

涡轮

不考虑冷却空气，所以 SOT 的 41 截面的参数与 4 截面参数相同。使涡轮功等于压气机功，再利用公式 F5.9.2 可得到出口温度：

PW415＝687/0.995

PW415＝690 kW

690＝3.653 ＊ 1.15 ＊ (1 351 － T5)

T5＝1 187 K

注：测得温度＝1 170 K，这里使用计算值，这是由于 T5 的测量耙的覆盖率不足，而燃烧室 OTDF 导致的温度场分布还是合适地计入的。

通过公式 F3.44 导出 E41：

P41Q5＝433.2/233

P41Q5＝1.86

1 351 － 1 187＝E41 ＊ 1 351 ＊ (1 － 1.86^(－1/4))

E41＝0.893[②]

最终计算

通过对测量推力值应用试车台校准系数，修正测得的净推力：

FN＝2 730 ＊ 1.023

FN＝2 793

---

① 原文此处公式最后少了一个右括号。——译注

② 原文计算结果如此。——译注

SFC=0.082 6 * 3 600/2 793

SFC=0.106 kg/(N·h)

注：利用在第 6 和 7 章中提供的设计点和非设计点性能计算方法，可以计算许多其他参数。例如，到达喷管的压力和温度也可以利用延伸管准损失系数来计算。如果一个参数可以用两种方法计算，那么最好这么做，这样可以校核测量的准确度。

（ii）将参数换算到标准天状态

THETA=294.2/288.15

THETA=1.021

DELTA=102.5/101.325

DELTA=1.011 6

利用在第 4 章中提供的参数组，换算到标准状态：

W1R=3.57 * 1.021^0.5/1.011 6

W1R=3.566 kg/s

T3R=486/1.021

T3R=476

P3R=458/1.011 6

P3R=452.7 kPa

WFR=0.082 6/(1.021^0.5 * 1.011 6)

WFR=0.080 8 kg/s

FNR=2 793/1.011 6

FNR=2 761 N

SFC=0.106/1.021^0.5

SFC=0.105 k/(N·h)

注：以上假设推进喷管未临界，因此不用去计算总推力参数的全部项。如 11.8.3 节所述，利用稳态性能模型可以取得非标准 θ 和 δ 值，以包容实际效应。

C11.2 利用（i）中的方法"A"和（ii）中的方法"B"，根据以下测量值，计算内涵质量流量：

内涵压气机进口温度	346.4 K
内涵涡轮出口温度	1001 K
燃油流量	0.188 kg/s
燃油低热值	43 100 kJ/kg
离开控制体的空气放气量	0.171 kg/s
空气放气温度	671.3 K
高压涡轮流通能力	0.318 kg $\sqrt{K}$/(s·kPa)
燃烧室进口温度	671.3 K
燃烧室进口压力	1291 kPa
燃烧室总压损失系数	0.82 $s^2 \cdot kPa^2/(kg^2 \cdot K)$

（i）方法"A"

按图 11.13 和公式 F11.22：

W24 * 1.005 * (346.4 − 273.15) + 0.188 * 43 100 = 0.171 * 1.005 * (671.3 − 273.15) + (W24 + 0.188 − 0.171) * 1.15 * (1 001 − 273.15)

73.62 * W24 + 8 102.8 = 68.424 + 837.0 * W24 + 14.23

763.4 * W24 = 7 020.1

W24 = 10.51 kg/s

（ii）方法"B"

猜测燃烧室进口质量流量＝10.0 kg/s。然后应用公式 F3.40：

FAR = 0.188/10

FAR = 0.018 8

0.018 8 = 1.15 * (T4 − 671.3)/0/987/43 100[①]

T4 = 1 366.7 K

P4 = 1 291 * (1 − 0.82 * (10.188 * 671.3^0.5/1 291)^2)

P4 = 1 247 kPa

Qcalculated = 10.188 * 1 366.7^0.5/1 247

Qcalculated = 0.302 kg√K/(s・kPa)

现在计算 Qmeasured 和 Qcalculated 之间的误差：

Error = (0.302 − 0.318)/0.318 * 100

Error = −5.0%

重新猜测进口质量流量：

W3guess = 10.0 * 0.318/0.302

W3guess = 10.53 kg/s

现在返回到计算开始处，并且重复直至换算流量误差小于 0.05% 为止。

这样迭代的结果为：

W3 = 10.65 kg/s

T4 = 1 324.3 K

P4 = 1 240.9 kPa

注：方法"A"和"B"获得的最终值相差一般在 1% 以内。这对应于所有的测量误差和不明原因的热损失，后者的典型值是 0.5%～1%。这些方法也可以用来对涡喷和涡轴发动机的空气流速计的测量准确度进行校验。

C11.3 按照（i）95% 和（ii）99% 的置信度，计算由测量误差导致的换算输出功率的误差。有关测量值的影响已经单独用以下办法进行了评定：

确定每个参数的测量误差。

---

① 原文如此。——译注

用上述的误差分别改变每个数值，然后计算对功率的影响。

以上方法的结果如下：

测量参数	换算输出功率的误差
输出扭矩	0.75%
输出转速	0.1%
T1	0.1%
P1	0.25%

(i) 置信度95%的和方根组合误差

Error95＝SQRT(0.75^2 ＋ 0.1^2 ＋ 0.1^2 ＋ 0.25^2)×100%

Error95＝0.8%

(ii) 置信度99%的算术和误差

Error99＝0.75% ＋ 0.1% ＋ 0.1% ＋ 0.25%

Error99 ＝1.2%

参考文献

[1] ASME. Pressure Measurement，ANSI/ASME PTC 19.2－1964 [S]. American Society of Mechanical Engineers，New York. 1964.

[2] BSI, ISO (various) Methods of Measurement of Fluid Flow in Closed Conduits，BS1042，ISO 5167－1 [S]. British Standards Institution，London，International Organization for Standardization，Geneva. 562 Gas Turbine Performance

[3] ASME. Temperature Measurement，ANSI/ASME PTC 19.3－1974 [S]. American Society of Mechanical Engineers，New York. 1974.

[4] BSI. International Thermocouple Reference Tables，BS 4937 [S]. British Standards Institution，London. 1993.

[5] AGA. Gas Energy Metering, Gas Measurement Manual Part 1 [S]. American Gas Association，Arlington，Virginia. 1981.

[6] AGA. Compressibility and Supercompressibility for Natural Gas and Other Hydrocarbon Gases [R]. Transmission Measurement Committee Report No. 8，American Gas Association，Arlington，Virginia. 1985.

[7] CIBS. CIBS Guide，Part C，1－2 [S]. Chartered Institution of Building Services，London. 1975.

[8] ASME. Measurement Uncertainty. Instruments and Apparatus，Part 1，ANSI/ASME PTC 19.1－1985 [S]. American Society of Mechanical Engineers，New York. 1985.

[9] ISO. ISO 2314 Gas Turbines-Acceptance Tests [S]. International Organization for Standardization，Geneva. 1985.

12 水的影响——液态水、水蒸气和冰

12.0 引言

本章介绍水的所有形态,即液态水、水蒸气和冰,对燃气轮机性能的影响。当只有水蒸气存在时,气体便称为蒸汽,而不是空气。水之所以存在于燃气轮机使用的空气中,有以下几个原因:

- 环境的湿度。
- 水或冰的吸入。
- 水或蒸汽的注入。

上述的水分是发动机燃烧过程产生的水蒸气以外的。在燃烧过程中,水和二氧化碳的生成量取决于燃油性质及油气比。如第3章所述,其对性能的影响通过修正气体性质的方法来计算。超出燃烧生成水分范围的任何额外水分都会对发动机性能产生以下不同的影响:

- 因含有水蒸气而改变了气体性质。
- 发动机吸入液态水或冰时,固态或液态的水会吸收压气机功率,影响压气机的空气动力学,这也可能使得压气机喘振边界线下移。
- 冰的融化、水的局部蒸发或冷凝导致潜热的吸收或释放,因而改变了温度。
- 增加了质量流量。比如,在燃烧室中注入水或蒸汽,相对于压气机,额外增加了涡轮中工质的质量流量。

本章涵盖与发动机吸入或注入各种形态水的现象相关的性能建模,包括发动机试验数据的湿度修正,并提供了相关的数据表格和图表。对于大多数燃气轮机循环而言,空气中水蒸气的含量很低,水和空气的混合物基本上仍然属于完全气体。而在极少的情况下,当气体中水的含量大于10%时,就不能视为完全气体,而必须使用水蒸气表。

12.1 气体性质

第3章描述了三个基本的气体性质:

（i）比定压热容 CP。

（ii）气体常数 R。

（iii）比热容比 γ。

公式 F3.2—F3.8 定义了上述参数之间的关系。

12.1.1 气体性质的变化

水蒸气的存在改变了这些气体性质的数值,这能够显著地影响从前到后整个发动机的热力学过程。如图表 12.1 所示,随着气体中水蒸气含量的增加,CP 和 R 迅速增大,γ 缓慢减小。其原因是水分子的摩尔质量远小于干空气的,这些在第 3 章有详细阐述。公式 F12.1—F12.3 为 CP、R 及 γ 随水含量变化的计算方法。公式 F3.23 给出了干空气和水蒸气 CP 多项式的系数。

12.1.2 对部件性能的影响

如第 4 章所述,发动机部件遵循无量纲关系,其性能通过不同形式的参数组在特性图上呈现出来。当采用完全的无量纲参数组时,即使气体中的水蒸气含量是变化的,这些特性图仍是唯一的。常用的准无量纲参数组省略了气体的性质变化,以此绘制的部件特性图是基于干空气的气体性质。这种形式的参数组能够与流量、转速、压力和温度等最直观的发动机参数关联起来,因此十分有用。上述的气体性质变化了,准无量纲特性图也发生变化。当气体中含有水蒸气时,如何使用这些特性图,在 12.8.6 节讨论。

对于压气机,当换算转速 $N/\sqrt{T}$ 和压比 PR 恒定时,水蒸气的存在使换算流量 $W\sqrt{T}/P$ 减小。这是因为与干空气相比,工质为湿空气时的无量纲转速 $N/\sqrt{(\gamma RT)}$ 降低了,原因是气体常数 R 增加的幅度高于 γ 减小的幅度。在较低的无量纲转速下,流过压气机的无量纲流量 $W\sqrt{(RT)}/(P\sqrt{\gamma})$ 就较小。此外,由于气体常数 R 的增大,导致准无量纲流量 $W\sqrt{T}/P$ 进一步减小。

对于涡轮,当 $N/\sqrt{T}$ 和 $\Delta H/T$ 恒定时,水蒸气对换算流量 $W\sqrt{T}/P$ 影响很小甚至没有影响。这是因为,如第 5 章所述,与压气机不同,涡轮转速的降低通常或增加其流通能力,或没有影响。湿度对涡轮进一步的影响是增大比热容,在给定的膨胀比下减小温降。这些因素对发动机性能影响的程度取决于水从什么地方进入发动机的。

12.2 湿度

12.2.1 说明

正如第 2 章中所述,湿度是大气中自然存在的水蒸气。

- 比湿度是水蒸气与干空气的质量之比;
- 相对湿度是空气与饱和湿空气的比湿度之比。

　　图表 2.7 显示了在极端环境温度下,相对湿度为 100％湿空气的比湿度随着压力高度的变化关系。因为温度不变时,水蒸气压力是恒定的,所以在给定的相对湿度下,随着空气压力降低,比湿度增加。图表 2.8 和图表 2.9 可用于比湿度与相对湿度的相互转换,而公式 F2.8—F2.10 定义了这些以及在空气中水的饱和蒸汽压力。

12.2.2　对发动机性能的影响

　　图 12.1 定性地显示了湿度对发动机主要参数的影响。图表 12.2 显示了湿度对主要性能参数的通用敏感性,可以用来以一阶的准确度预测湿度对发动机关键性能参数的影响。这些影响推导的根据是认为在给定的工作状态下,所有完全无量纲参数组等于常数。由于所有参数都要考虑进去,因此湿度的影响比一眼看上去的要大。例如,比湿度为 0.04(环境温度为 36℃时的 100％相对湿度)时,轴功率增加约 1％,而低压涡轮进口温度降低约 1％。因此,如果控制低压涡轮进口温度不变,则轴功率会增加 3％～4％。湿度对性能参数准确的影响程度取决于发动机的热力循环。

　　图表 12.2 还可以以一阶近似用于将发动机试验数据从任何湿度水平修正到 ISO 状态:

　　● 所有参数除以图表 12.2 中各自对应的修正因子,可获得干空气时的发动机性能。

　　● 所有参数乘以各自对应比湿度为 0.0064(在 288.15 K 和 101.325 kPa 条件下的相对湿度为 60％)的修正因子。

参数	变化趋势		
	低压转速恒定	最后一个涡轮进口温度恒定	功率或推力恒定
低压转速	不变	增大	增大
高压转速	忽略不计	增大	增大
质量流量	减小	减小	减小
燃油流量	减小	增大	增大
输出功率	减小	增大	不变
净推力	减小	增大	不变
SFC	增大	增大	增大
温度	减小	见注 1	减小
压力	减小	增大	减小

图 12.1　湿度对发动机主要参数的影响

注:(1)最后一个涡轮进口上游的温度变化忽略不计,下游的温度降低;(2)表中都是物理参数,而不是换算参数。

12.3　注水

12.3.1　说明

　　注水已经被用来改善航空发动机和工业发动机的性能,通常利用气路上的两个加注点中的一个注入：

- 在第一个压气机进口注入水——增加发动机功率或推力而对 SFC 影响甚微。只需用相对少量的水通过蒸发来降低进口温度。
- 在燃烧室注入水——主要用来降低工业燃气轮机的污染排放，同时也增大发动机功率，但是使得 SFC 变差。

上述两种方法现在大多被其他技术手段取代。对于航空发动机，改进燃烧温度控制手段和加大涵道比；对于工业燃气轮机，采用干式低排放（DLE）燃烧技术，这样不注水也能降低污染排放。

压气机进口注水——航空发动机

正如 7.1.7 节所述，起飞状态，特别是在高温天或高原机场，对于老式的涡喷或小涵道比航空发动机尤其重要。通过喷嘴将水注入发动机，为了防止结冰，在水中掺入甲醇。发动机功率或推力的增加主要是受益于降低了压气机进口温度压气机内的间冷作用，而不是注水增大的质量流量。如果注入水的量超过了能够在压气机内完全蒸发的量，那么此时与燃烧室注水产生的效果类似，进一步增大了发动机功率。但是，提供净化水所需的水箱、水泵等增加了重量，这是不利的方面。

压气机进口注水——工业燃气轮机

在高温和干燥环境工作的工业发动机进气道的上游经常装有蒸发冷却器。它由湿帘组成，水沿湿帘流下，而空气穿过湿帘进入燃气轮机。这样，发动机的进口气流经过冷却和加湿，从而能够运行到更大的功率和/或更低的操作温度。此时水的消耗比航空发动机要少些，因为只有立即蒸发的部分被利用了。很明显，这样的设备不适于航空发动机。

燃烧室注水——工业燃气轮机

在燃烧室中注入水，是为了降低氮氧化合物（NO_x）的排放。它通过降低燃烧室主燃区的温度峰值来减缓大气中氮气的离解。其附加的影响包括推力的增加，但是降低温度常常导致一氧化碳（CO）排放的增加，特别对于较低的压比和较短的停留时间。除此之外，燃烧室流场变得更加不均匀，其造成的温度不均匀分布和噪声可能诱发机械问题。由于燃烧室温度很高，蒸汽的饱和不是问题，因此采用介于 $1\sim2$ 之间的水油比（WFR）。大量的水和相关设备是巨大的不利因素，因为水需要净化，再通过泵和管线以及总管输送到加注点。另外，水的喷嘴必须与火焰筒一体化设计，而且必须具备合适的控制能力。由于供水管可以采取保护措施来预防低温，因此不需要使用甲醇。水的蒸发需要消耗大量的热量，所以 SFC 将会变得更差。

对于可能用到蒸汽厂的安装场合，12.4 节中所述的注蒸汽取代了注水，因为它克服了液态水的骤冷作用所带来的不利影响。不过，如前所述，现代工业燃气轮机甚至船舶燃气轮机越来越多地往 DLE 燃烧方向发展。

12.3.2　对发动机性能的影响

由于液态水不可压缩，注水泵送需要的功率很小，因而对发动机性能不造成多少影响。然而，与注水相关的装置的物流和重量却是明显的问题。

压气机进口注水

图12.2列出了压气机进口注水对发动机主要性能参数的影响。正如概述过的，水的蒸发有效地产生了较冷的环境和100%相对湿度，使得压气机进口温度降低了。在热天保持涡轮导向器出口总温（SOT）不变时，压气机进口注水对发动机总体性能最大的提高为：

- 功率或推力增大20%。
- 轴功率SFC改善5%～10%。

参数	变化趋势		
	低压转速恒定	最后一个涡轮进口温度恒定	功率或推力恒定
低压转速	不变	增大	减小
高压转速	减小	忽略不计	减小
质量流量	增大	增大	增大
燃油流量	增大	增大	忽略不计
输出功率	增大	增大	不变
净推力	增大	增大	不变
SFC	减小	减小	忽略不计
温度	减小	见注（1）	减小
压力	增大	增大	增大

图12.2　压气机进口注水对发动机主要性能参数的影响

注：（1）最后一个涡轮进口上游的温度变化可忽略，下游的温度降低；（2）变化的都是物理参数，不是换算参数；（3）用甲醇作防冻剂可以降低耗油率，若不能在燃烧室中持续喷入液态水，那么这种影响就很小。

SFC的改善是因为在无量纲项中，部分负荷时的SFC恶化给发动机带来的不利影响要少一些。巧合的是，（水中的）甲醇使得在保持SOT不变时燃油消耗不会增加（除非液态水源源不断地通过燃烧室，这一影响也非常小）。进口空气饱和度决定了进口温度的可降低程度，因而初始的湿度水平有很强的限制作用。

压气机进口注水对压气机工作线的影响如图12.3所示，低压和高压压气机的情况是类似的。当保持物理转速不变时，压气机进口温度降低使换算转速增加，导致工作点沿着原来的工作线向上移动。保持SOT不变时，压气机换算转速提高更多，同样工作点沿着原来的工作线移动。

燃烧室注水

图12.4列出了燃烧室注水对发动机主要性能参数的影响。通常保持SOT不变时，未针对排放进行优化设计的燃烧室通过注水可以降低85% NO_x 排放，但是CO排放增加可高达三倍。当WFR为1∶1时，注水对发动机性能影响如下：

- 输出功率增加10%～20%。
- SFC增加6%～8%。

发动机输出功率的增加,是因为涡轮的质量流量大于压气机的,以及水导致的涡轮中流体的比热容 CP 增加。水的汽化潜热需要消耗额外的燃油,因此增加了 SFC。保持 SOT 不变,压气机转速增加,进口质量流量也跟着增加。

图 12.3 表明,这两种情况都导致高压压气机工作线升高;这是因为高压涡轮必须通过含有水蒸气的燃气,于是为保持所需的高压涡轮流通能力,就需要在等换算转速下提高高压压气机压比。由于涡轮中的温降减小,功率不同程度地增加了,其水平取决于将哪个涡轮进口温度视为恒定的。

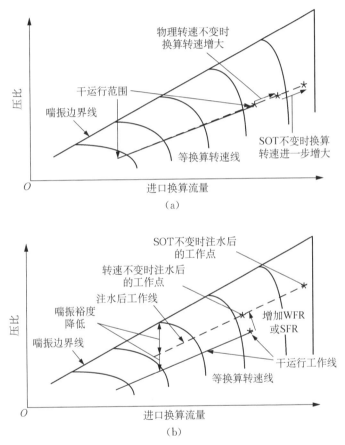

图 12.3　注水和蒸汽对压气机工作线的影响

(a) 压气机进口注水　(b) 燃烧室注水或注蒸汽

注:对于单轴发动机而言,燃烧室注水时转速不会上升;SFR 为蒸汽与燃油之比,WFR 为水与燃油之比。

与 12.4 节所示的注蒸汽不同,在高压涡轮下游的涡轮注水时,发动机没有任何收益。水的蒸发吸收的大量热能大大降低了涡轮进口温度,进而也减小了可实现的单位功率。对于燃烧室注水,不同之处是需要同时增添额外的燃油来弥补因为水导致的温度下降。对于其他涡轮中注水,若采用增添额外的燃油来弥补温度的下降,会使得高压涡轮温度高得离谱,或者不得不在涡轮之间增设结构复杂的燃烧室。

参数	变化趋势		
	低压转速恒定	最后一个涡轮进口温度恒定	功率或推力恒定
低压转速	不变	增大	忽略不计
高压转速	忽略不计	增大	忽略不计
质量流量	减小	增大	减小
燃油流量	增大	增大	增大
输出功率	增大	增大	不变
净推力	增大	增大	不变
SFC	增大	增大	增大
温度	减小	见注(1)	减小
压力	增大	增大	增大

图 12.4　燃烧室注水对发动机主要性能参数的影响

注:(1)除了最后一个涡轮进口外,涡轮温度降低;(2)表中变化的都是物理参数,不是换算参数;(3)未使用甲醇作为防冻剂。

12.3.3　可操作性和控制理念

压气机进口

压气机进口注水对压气机工作线没有影响,因此引起的问题不多,仅仅导致在给定 SOT 时换算转速增大。其目的是在保持处于相同的工作限制以内的前提下增加功率,增大压气机换算转速仅在某些情况下进行,即压气机换算转速只有在远低于其限制时才会增加。正常的温度和转速限制的控制策略仍然适用。

燃烧室

稳态的基准控制策略总是在所有功率水平保持恒定的水油比,以及控制额定功率使得注水前后发动机的 SOT 不变。然而,在热天和冷天,压气机的物理或换算转速首先达到限制值,功率的增加就受到限制。实际上,在非常寒冷的天气,即便是"干式"运行的发动机,时常已经达到换算转速限制值,而不可能再提高功率。

然而,对于瞬态操作,控制规律必须解决注水带来的下列两个主要问题:

(1)避免熄火:发动机减速期间,一般要减少或完全关闭水流。因为水的蒸发需要吸收额外热量,这将会增加贫油熄火的趋势。

(2)避免喘振:发动机加速期间,也需要减少或完全关闭水流。否则,加速过程的过量供油导致高压压气机喘振裕度损失过大,因为注水已经降低了喘振裕度。也只有这样做了,稳态喘振裕度的降低才能接受。

12.3.4　高注水流量燃烧室的发动机特殊设计

当燃烧室注水的水油比超过 2∶1 左右时,通常要求重新选择涡轮的流通能力,以避免出现前文所述的喘振裕度过小或者超转的问题。即使真有这样的改装,也是非常少见的,因为大多数发动机必须也运行"干式"模式。然而,在发动机设计阶段,

"干式"和"湿式"的运行状态都是要考虑的。另外一个需要解决的问题是,保持SOT不变时动力涡轮进口温度(PTET)升高,其原因是驱动压气机的涡轮温降减小了。

高的注水流量势必要求涡轮流通能力的改变。其原因是对于同一个气压机工作点,燃烧室注水时压气机功已经固定了,但是涡轮的质量流量和比热容更高了。例如,对于带有动力涡轮的双轴燃气发生器,要求如下:

- 高压涡轮流通能力必须增加。这样可以接纳注水导致的额外流量,防止高压压气机工作线上移。这也减小高压涡轮膨胀比进而输出的功率,以防 12.3.2 节中所述的高压压气机转速升高。
- 低压涡轮流通能力必须有中等程度的减少,尽管质量流量更高了。这样迫使低压涡轮进口压力增大,因而进一步减小高压涡轮膨胀比。
- 动力涡轮的流通能力同样也必须减小,以减小低压涡轮的膨胀比以及防止低压压气机超转。减小的高压和低压涡轮的膨胀比是显而易见的,因为动力涡轮进口压力及温度都增加了,这增加了发动机的输出功率。

在铸造余量允许范围内重新设计涡轮叶片的安装角,当 WFR 为 4 时可使功率增大达 30%。例如,当 WFR 为 6 时,为了保持可接受的压气机工作线和转速,发动机的变化近似地如下:

- 功率增大 70%。
- SFC 增加 10%~15%。
- 高压涡轮流通能力增加 20%,膨胀比减小 20%。
- 低压涡轮流通能力减小 5%,膨胀比减小 20%。
- 动力涡轮流通能力减小 20%,膨胀比增大 50%。

12.4 注蒸汽

12.4.1 说明

工业燃气轮机采用注蒸汽来降低 NO_x 排放,并增大功率。余热锅炉(HRSG)利用发动机排气的热量产生蒸汽,再将蒸汽注入发动机,这样发动机的 SFC 也改善了。蒸汽对燃烧室的骤冷作用比液态水的小很多,而且更加均匀,因此只少量或几乎没有增加 CO 排放和燃烧噪声。

相比于往燃烧室中注蒸汽,往其他涡轮中注蒸汽虽然对压气机可操作性的影响要少一些,但它只能得到大约一半的 SFC 改善和 1/5 的功率增加。现今,这样的系统有不同的专利名称,例如 STIG(注蒸汽燃气轮机)或程氏循环。为了增加蒸汽产量,也可以使用自带专用燃烧室的锅炉进行补燃。

除了需要蒸汽装置和喷注装置之外,就像注水一样,注蒸汽的另一个重要问题就是需要大量的净化水。因为注蒸汽可以改善 SFC,所以与注水比较,高的流量对于注蒸汽更为重要。由于冷却塔的费用和复杂性等原因,加上用过的蒸汽全部通过排气塔排出，几乎所有系统都是全损失。全部这些原因使得注蒸汽几乎仅适用于工业燃气轮机，而不适用于移动性的应用场合。

12.4.2　对发动机性能的影响

图12.5概括了注蒸汽对发动机循环的影响。在典型情况下，一台航空派生型工业燃气轮机在SOT不变、蒸汽与燃油之比（SFR）为2：1时可以实现：

- 功率增加15%～20%。
- SFC减小10%。

参数	变化趋势		
	低压转速恒定	最后一个涡轮进口温度恒定	功率或推力恒定
低压转速	不变	增大	忽略不计
高压转速	忽略不计	增大	忽略不计
质量流量	减小	增大	减小
燃油流量	减小	增大	减小
输出功率	增大	增大	不变
净推力	增大	增大	不变
SFC	减小	减小	减小
温度	减小	见注(1)	减小
压力	增大	增大	增大

图12.5　注蒸汽对发动机主要性能参数的影响

注：(1)除了最后一个涡轮进口外，涡轮温度降低；(2)表中变化的都是物理参数，不是换算参数。

把蒸汽温度提到发动机排气温度和HRSG设计允许的上限，可以得到最佳的SFC。这反映了从燃气轮机排气中回收能量的最高效率。

根据部件的重新匹配来看，注蒸汽和注水带来的影响相类似：燃气质量流量和比热容的增加使涡轮功率增大。和注水一样，注蒸汽导致高压涡轮必须通过更多的质量流量，因而高压压气机工作线上移，如图12.3所示。保持几何尺寸不变，在喘振裕度不超限的前提下，当蒸汽与燃油之比（SFR）为最大值时，涡轮功率的增加达到最大，而这个SFR的数值通常不超过2。

12.4.3　可操作性和控制理念

12.3.3节所述的适用于注水的结论几乎可套用于注蒸汽，只不过注蒸汽时不需要蒸发，所以燃烧室中的骤冷作用较小，减速过程比较不易熄火。

12.4.4　高蒸汽流量燃烧室的发动机特殊设计

除了SFC得到改善而不是变差以外，几乎所有关于注水对发动机影响的结论都可以应用于注蒸汽。对于涡轮的完全重新设计，当SFR为6：1时，发动机的改变如下：

- 涡轮流通能力的变化如同12.3.4节中WFR为6的注水的例子。
- 功率增大70%，同样如同WFR为6的注水的例子。

- SFC 减小 20%。

有一个与注水不同之处是,SFC 的改善使得高 SFR 的注蒸汽更有吸引力。然而与注水一样,由于要与"干式"运行时的性能折中,因此实际应用几乎是前所未闻。参考文献[1]和[2]有更多的实例和讨论。

就发动机循环选择,还有两个因素对产生蒸汽的能力有显著的影响:

(1) SOT 和压比不变时,SFR 增大使得发动机出口温度升高。这是因为注蒸汽时涡轮中流量和比热容增大,导致涡轮中的温降减小。

(2) SOT 不变时,高压比循环发动机可产生的蒸汽量减少,这是由于发动机排气温度降低。

12.5 冷凝

12.5.1 说明

冷凝发生在发动机的"冷"端,即压气机一端,仅受环境湿度的影响。凝结出来的水会沿着流道再次蒸发。一旦气流条件导致当地静温低于当地水蒸气分压力对应的饱和值,就会发生冷凝。这取决于当地静压和水蒸气浓度;饱和则对应于第 2章中所述的 100% 相对湿度。实际的冷凝速率取决于停留时间和空气中微小颗粒的存在,这些颗粒形成了水滴的凝结核。12.7 节中讨论了各种形态的水的基本性质。

在冷端有两个区域水蒸气会冷凝:

(1) 进气道:发动机第一个压缩部件上游的流体加速,使得静温更低,有利于发生冷凝。图表 12.3 显示了在环境压力下,可能发生冷凝的当地马赫数和环境相对湿度的范围。马赫数阈值在 40% 的环境相对湿度(RH)时为 0.5,在 80%RH 时为 0.24。

(2) 中间冷却器:第一个压缩部件压力的增大使得水蒸气分压力增大。一旦中间冷却器降低了气体温度,水蒸气分压力可以超过饱和值。中间冷却器换热器列管里的流体速度较低以达到所需的热量交换,这使得水蒸气有足够的停留时间发生冷凝,冷凝发生在冷的通道表面。如果冷凝形成小水滴,则下游压气机叶片的侵蚀会是严重的问题。与注水或吸雨的重要区别是,如果不降低中间冷却的程度,则在某些地理位置,中间冷却器会几乎连续不停地发生冷凝。

12.5.2 对发动机性能的影响

进气道

进气道冷凝对试车台上的发动机性能能够产生重要的影响。保持燃油流量不变的情况下,冷凝将导致功率或推力降低以及 SFC 增加,热天时这些参数变化高至2%,温带气候下约为 0.5%。导致发动机性能损失的原因也许不会显而易见,因为压力和温度变化发生在试车台进口压力和温度测量截面下游。假如可以准确测量压气机实际的进口压力和温度,相对于无冷凝的情况,发动机换算参数受到的影响可以忽略不计。在缺少准确测量或修正方法的情况下,高湿度或雨雪天气时不应该进行性能试验。

冷凝导致进口空气温度升高和总压降低，以及压气机前面几级的比湿度减小。温度升高是潜热的释放导致的，而压力损失反映了由密度减小引起的加速过程中的动量变化。冷凝水一旦进入发动机便在下游很快蒸发。

由于参数换算到发动机进气道唇口，因此任何在试车台上（甚至在服役中）的发动机都会经历真实的性能不一致的情形。

中间冷却器

对于中间冷却器系统，某些冷凝控制算法常用来防止引起下游叶片侵蚀的冷凝。通过对冷却程度的控制，使得最冷空气的温度必须保持高于计算的饱和值。例如，对一个在冷却器和发动机之间有中间传递回路的系统，可以有部分旁路绕过冷却器。中间冷却器出口温度因而增加，这对发动机运行产生的两个主要结果如下：

（1）质量流量减小导致低压压气机喘振裕度减小：中间冷却减少意味着更高的高压压气机进口温度，这导致高压压气机换算转速和换算流量降低。另外，对于给定的高压压气机换算流量，实际的质量流量减少得更多。

（2）涡轮温度和高压轴转速增大：驱动高压压气机所需的功率直接与其进口绝对温度成正比。如果这一功率增加，则发动机必须以更高的温度和更快的转速运行才能产生相同的输出功率。

12.6 吸雨与吸冰

当飞机飞越暴风雨雪的时候，发动机将会吸入大量的雨水和冰雹。此外，发动机进气道处表面会在冷天结冰，冰块会偶尔脱落进入发动机。重大的吸入事件通常限于涡扇和涡喷发动机，这类发动机在合格审定时必须通过吸入试验，如 11.4.3 节所述。在航空涡桨和涡轴发动机中，所有这些现象都可以通过在进气道安装颗粒惯性分离器的方法缓解。这里的空气被吸入后，环绕一个急转的弯道，较重的颗粒未能转弯，它们沿直线流动并被引到发动机之外。工业燃气轮机、车用和船用燃气轮机通常在进气口安装过滤器加以防护。

12.6.1 说明——吸雨

最大雨量的吸入发生在飞机飞越季风环境的时候。对于涡扇发动机，风扇的离心力作用使得绝大部分液态水被甩到外涵道，即旋转的叶片迫使较重的颗粒沿径向向外流动。这种效果取决于颗粒的停留时间，因此随着宽弦风扇叶片宽度增大而变好，随着飞行速度增大而变差。然而，总是会有一部分水进入内涵的压气机。

在极端情况下，一旦液态水持续进入燃烧室，其蒸发过程的吸热导致相当程度的骤冷作用。这可能成为一个严重的问题，比如，CFM56 涡扇发动机发生吸雨确实导致了几次发动机降转和至少一次飞机迫降。

12.6.2 说明——吸冰与吸雹

吸冰发生在飞机飞行中遇到相当于冻雾那样的寒冷云层时，原先含有水蒸气的空气的温度降到 0℃以下。这导致了飞机机翼、发动机进气道或短舱结冰。这些冰在到达临界厚度,或遇到热空气,或开启防冰系统的时候可能会自然脱落。在发动机上,防冰系统通过电力或引气对进气道表面进行加热。风扇帽罩通常是用橡胶制成的,以确保其有足够的柔性使得冰在达到危险厚度之前就脱落。

吸雹仅发生在飞机飞越雹暴的时候,最糟糕的情况往往由雷雨云产生。无论是吸冰还是吸雹,主要的问题都是保持机械完整性。

12.6.3 对发动机性能的影响

如果将机械问题放一边,吸水和吸冰产生的影响基本上是类似的。此时的控制策略必须增大燃油量以防止发动机降转甚至熄火。虽然冰导致的骤冷作用大于液态水,但是实际上其总的浓度要低于液态水的,所以不是主要的关注对象。

一旦燃油量增大,热力学特征就会更近于燃烧室注水的情况(见 12.3 节),而不是压气机进口注水。然而在内涵的压气机内部,会产生其他不可准确预测的现象:

● 水在通过压气机时不断地蒸发,影响了气体性质、温度水平和气体质量流量。同时还产生了间冷效应,其程度也因压气机类型而异。当水的分压和温度超过如图 12.6 左边所示的饱和液体边界线的时候,蒸发便开始。它一直持续到右边的饱和蒸汽边界。这种蒸发作用的速率因压气机类型而异,也取决于向水传热的停留时间,因此只能依靠试验来确定。

● 喘振边界线可能会降低,因为液态水被向外离心甩出,影响了叶尖处的空气动力学特性。

● 吸收额外机械功率来做功,用以在压气机的每一级通过改变旋流速度来加速液态水。

正是因为上述各种影响,计划要获取一条重要性能参数曲线的试验,遇到下雨通常要暂停。压缩部件吸雨[①]与注水的不同之处在于一个是有意地通过蒸发作用降低进口温度,而不是使得大量的液态水通过压缩部件。

12.7 水的热力学性能

众所周知,水在很大的温度范围内可以以液态和气态的形式共存。压力为 1 bar 温度为 100℃ 时,一旦加入了能量,水就能蒸发为蒸汽。这所需的能量就是汽化潜热,其过程被称为沸腾。在此条件下,水在蒸发后的体积增大至 1 600 倍。水沸腾所需的温度随着压力增大而升高,因为产生的体积变化不同。众所周知,在高山上烧开的水沏不好茶,因为温度太低。相反,如果水在一个封闭的容器中被加热,一旦沸腾开始,其压力和温度同时上升。

图 12.6 显示了在传统的温熵(T-S)图中,三种形态下水的性质。此图在第 3 章已描述,对于水被称为莫里尔(Mollier)图。特有的"屋顶"形状定义了可以发生蒸发的区域,在这个区域内水以湿蒸汽的形式存在,即液态水和气态水的混合物。"屋

---

① 原文误为"rain injection"(注雨)。——译注

顶"区域的左方只有液态水，右方和上方只有干蒸汽。0℃以下，液态水不能存在，只有冰和其升华产生的几乎可忽略的水蒸气。0℃点是三相点，此时水可呈现为冰、液态水和水蒸气。当压力为 220.9 bar、温度为 373.7℃时，"屋顶"的顶点被称为临界点。

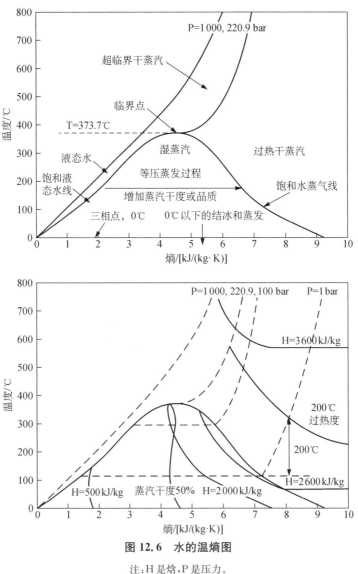

图 12.6　水的温熵图

注：H 是焓，P 是压力。

图 12.6 中有数条等压力曲线。在每条曲线左边的末端都有一条饱和液态水曲线，在相当宽的压力范围内，这些曲线是重合的；因为液态水几乎完全不可压缩，所以压力的变化带来的影响很小。保持压力不变，加热液态水使温度升高，直到饱和

液态水曲线,此时便达到了沸腾温度。保持加热引起水等温地蒸发,因而在"屋顶"区域内部向右移动。蒸发的程度用蒸汽干度描述,其定义为蒸汽与总共的质量之比。"屋顶"区域右边界是饱和蒸汽曲线,此时水完全蒸发,为干蒸汽。在"屋顶"区域之外继续加热,温度升高,干蒸汽变得过热。过热度是有不同形式的一个术语,指的是在一定压力下,与饱和曲线的温度差。如果压力增大至大于临界点压力(220.9 bar),便为超临界状态。此时,液态水蒸发为蒸汽时,密度并无可分辨出的阶跃变化,而是随温度升高均匀地降低。

由于极化的水分子之间存在引力,因此水蒸气不是完全气体,其焓值取决于压力和温度。在低密度和高温度时,这种引力的影响很小。

为了说明,图 12.6 还包含以下内容:

- 一条 50% 等干度线。
- 一组等焓线,显示蒸发所需的大量能量输入。
- 一条等过热度线。

参考文献[3]列出了水蒸气温熵图完整的数字形式数据。

在动力循环中,蒸汽的使用利用了在封闭的容器中加热水时压力增大的原理。与燃气轮机循环不同,由于对不可压缩的液态水进行加压仅仅需要很少的能量,因此此时不需要大量的功输入。主要由于这个原因,蒸汽循环的发展远远早于燃气轮机循环。燃气轮机中注入的蒸汽在整个发动机里处于过热状态,而在一些纯蒸汽循环中蒸汽会冷凝。例如,蒸汽轮机后面级工作在"湿式"的状态,一些往复式循环利用了蒸汽冷却造成的减压状态。

图 0.4 说明了燃气轮机下游可能的蒸汽动力装置的布置,其中包括蒸汽涡轮产生额外轴功率的联合循环。参考文献[4]中,介绍了不同的蒸汽循环,而这些超出了本书讨论的范畴。

相关的公式如下:

- 公式 F12.4 给出了饱和蒸汽的焓与温度的函数关系。
- 公式 F12.5 给出了蒸发温度与压力的函数关系。
- 公式 F2.10 给出了饱和压力与温度的函数关系。
- 公式 F12.6 给出了水蒸气分压力与其浓度的函数关系。
- 公式 F12.7 给出了液态水焓与温度的函数关系。
- 公式 F12.10 给出了过热蒸汽和超临界蒸汽的焓与温度以及压力的函数关系。

12.8　燃气涡轮发动机性能建模和试验数据分析

下面几节将描述各种形态的水对发动机单独影响的建模方法。这些方法对于预测和试验数据分析都适用。它们如何相互作用的流程图见图 12.7。显然,好些情况下很多影响是共通的。

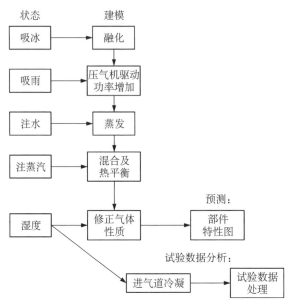

图 12.7　发动机性能建模:主要因素和顺序

12.8.1　冰及其融化

建立准确的理论模型并不实际,不过,经验和近似足以建立起水对压气机效率和喘振边界的影响。冰是在燃烧室还是压气机中融化,取决于停留时间和颗粒的尺寸;可以通过依次假设这两种情况来确立极端状态;就整体循环而言区别可能很小。一旦冰融化了,就会变成水滴,下面将会讨论。可以用公式 F12.8 计算冰融化时吸收的热量,然后用第 3 章的公式求出空气温度的降低。

12.8.2　液态水及其蒸发

压气机现有的特性依然适用于气流,同时也必须考虑平行的水流,此时驱动压气机的功率相应增大。在每一级中将液态水加速到一定的旋流速度,其吸收的功为液态水完全达到平均叶片速度所需的功的 $40\%\sim60\%$,可用公式 F12.9 来近似计算每一级水蒸发前需要吸收的功率。虽然大部分水会通过压气机进入燃烧室,但是少部分仍可能在压气机中蒸发,其相对数量必须用经验或试验结果来估算,如 12.6.3 节所述。

在燃烧室和压气机蒸发过程中的吸热量可根据总温和分压力由公式 F12.7 和 F12.10 之差计算得到。如 12.8.4 节所述,由此产生的流道温降必须通过混合和热平衡计算得到。这种方法如算例 C12.1 所示。

12.8.3　注蒸汽

混合及热量平衡计算如 12.8.4 节所述。对于 WAR 大于 10% 这样较高的蒸汽流量,涡轮中热力计算应采用蒸汽的计算公式,如 12.7 节所示。HRSG 的建模必须考虑以下几个要点:

- 在蒸汽侧必须使用蒸汽计算公式,包括供给的液态水的蒸发。
- 在燃气侧也可能使用蒸汽计算公式,这取决于蒸汽的浓度。
- 蒸汽和燃气两侧的焓值变化必须相等。
- 必须维持主要温度差的最小设计水平。
- 蒸汽供汽压力必须比发动机喷注点压力高出某个确定的量。

为了满足最后的两个条件,可以在匹配模型中变化蒸汽供汽温度和/或蒸汽产生速率作为匹配猜测值。

12.8.4　混合与热平衡

冰/水和空气流动在蒸发之前被认为平行不相关。而后,一旦用 12.8.2 节所述方法计入潜热的吸收,这些流体就必须用混合与热平衡的计算结合在一起:

- 每一股流体的焓值变化相等,符号相反,如算例 C12.1 所示。
- 混合过程中总压不变,因为通常认为蒸汽是总的流量中的很小部分。
- 混合平面下游的气体性质需要通过 12.8.5 节所述方法之一进行修正。

这样的计算可能需要迭代,如果这样做了,它们其实就是第 7 章所述的"匹配"模型的扩展。

12.8.5　气体性质

对于热力学计算,有三种方法通过调整气体性质来计入水蒸气的影响,按照准确度从低到高依次列出如下:

(1) 使用公式 F12.1—F12.3,得到修正因子,然后应用于如图表 12.1[①] 所示的气体性质随水蒸气浓度变化关系。这种方法假设压力不影响焓值(即水蒸气是完全气体),气体性质的比率也不受温度影响,这种方法对于一阶近似是合适的。

(2) 使用第 3 章所列的各个比热容公式。对于煤油或柴油来说,分别采用公式 F3.23 和 F3.24 计算干空气和燃烧产物,公式 F3.23 还用来计算额外的水蒸气。公式 F3.25 适用于样品天然气;对于其他组成,应该使用公式 F3.23 分别对每一个组分进行计算。在所有情况中,总比热容需要根据气体组分和水蒸气按摩尔平均,然后就很容易求出比热容比 γ 的值。这种方法仍然假设水蒸气是完全气体,当水蒸气含量低于 10% 时,其误差可以忽略不计。这种方法目前应用最为广泛。

(3) 采用公式 F12.11 计算额外的水的 CP,此时没有假设水蒸气为完全气体,同时计入了压力对水蒸气性质的影响。这种方法计算得出的 CP 与参考文献[3]中水蒸气表一样。气体常数和比热容比的计算与方法(2)中的一致。这是最严谨的计算方法,适用于水的含量大于 10% 的情况。

12.8.6　部件特性图

图 5.4 和图 5.30 分别显示了压气机和涡轮的特性图。在仅含有水蒸气,没有

---

① 原文误为"Fig 12.1"(图 12.1)。——校注

液态水和冰的场合,这些部件特性图通常采用 4.1 节中所列的简化后的准无量纲参数组表示。这些参数组与流量、转速、压力和温度相关,而且不言而喻地使用干空气的气体基本性质、比热容比 γ 和气体常数 R。如 12.1 节所示,水蒸气会改变这些性质,因而当水蒸气存在时,必然要采用完全形式的无量纲参数组,如图 5.7 所示。

在液态水或冰存在的情况下,使用部件特性图时必须结合相对湿度 RH100% 的 γ 和 R,更常见的是其对应于干空气值的比例。这是附加在 12.8.1 节和 12.8.2 节所示计算之上的,在该计算中液态水/冰作为平行独立的流动。气体性质的变化反映了对特性图自变量参数和特性图上读取的因变量参数两者的影响。压气机中的蒸发导致了间冷作用,其程度因压气机设计而异。由于蒸发的位置的不确定性,通常只好保持同样的压气机特性图。

12.8.7　试验数据

为理解试验时发动机的表现,必须考虑湿度带来的影响。这是因为湿度导致气体性质变化,以及还可能发生冷凝。首先需要准确测量试验条件下的湿度,方法如 11.2.10 节所示。如 11.8 节所概括,有两种主要的试验数据处理办法。

无量纲修正

发动机试验数据通过无量纲参数组换算到标准条件,使得可以与预测及其他试验数据进行有效比较。对于潮湿的环境,可采用 12.8.5 节中的任何方法计算修正了的气体性质 CP、比热容比 γ 和气体常数 R。然后使用图表 4.1 中完全形式的无量纲参数组,换算到标准条件。

严格建模

不去将试验数据修正到标准条件,而是使用如第 7 章所述的严格的热力学预测模型,以试验条件运行,将得到的期望值与试验数据对比。建模时计入了湿度对气体性质及部件特性图和热力学过程等的影响,如 12.8.5 节和 12.8.6 节所述。这同样适用于通过如 11.8.6 节所述的匹配的方法来分析部件性能的变化。

进气道冷凝

如前所述,可能导致进气道发生冷凝的颗粒的浓度和性质(疏水的、带电的等)是无法确定的。可以用相对湿度和进气道马赫数计算出可能出现冷凝时的理论最大冷凝率。参考文献[5]表明了这一点,而公式 F12.12 提供了近似的计算方法。这里有两个途径,按照其计算准确度从低到高排列:

(1)假设冷凝以理论最大冷凝率的 50% 水平发生。

(2)将测量的发动机性能与理论最大冷凝率相互关联。这可以在一系列不同的发动机上进行,其中也包括了生产和装配的波动性。可以确定冷凝对主要测量参数的影响系数,比如测得的环境条件下的曲线平均斜率与理论温升的关系。发动机之间的比较采用这些系数将数据修正回相同的理论温升。

在试验中,直接测量实际冷凝率无疑是更可取的,然而截至本书编写之时,还没有哪种方法被证明是绝对成功的。

中间冷却器冷凝

控制算法应当调整间冷的程度来防发生冷凝。因而要求对取决于特定系统的控制动作进行准确建模。这里完全不必调整试验数据。

公式、算例与图表

公式

F12.1 湿空气的比热容因子＝fn(水气比)

CPfac ＝（WAR. molar ＊ CPW ＋（1 － WAR. molar）＊ CPA）/CPA

WAR. molar ＝ WAR ＊ 28.96/18.015

(i) CPfac 是湿空气与干空气的比热容之比。

(ii) WAR. molar 是水与干空气的物质的量之比。

(iii) CPW，CPA 分别为水和干空气的比热容，如公式 F3.23 所示。

(iv) WAR 是水与干空气的质量之比。

(v) 18.015、28.96 分别为水和干空气的摩尔质量。

F12.2 湿空气的气体常数因子＝fn(水气比)

Rfac ＝ Ro/(MW ＊ RA)

MW ＝ 1/((WAR/18.015) ＋ ((1 － WAR)/28.96))

(i) Rfac 为湿空气与干空气的气体常数 R 之比。

(ii) Ro 是通用气体常数，等于 8.314 3 J/(mol · K)[①]。

(iii) MW 是湿空气的摩尔质量。

(iv) RA 是干空气的气体常数，等于 0.287 05 kJ/(kg · K)。

(v) WAR 是水与干空气的质量之比。

(vi) 18.015、28.96 分别为水和干空气的摩尔质量。

F12.3 湿空气的 γ 因子＝fn(水气比)

GAMMAfac ＝ （WAR. molar ＊ GAMMAW ＋ （1 － WAR. molar） ＊
GAMMAA）/GAMMAA

WAR. molar ＝ WAR ＊ 28.96/18.015

(i) GAMMAfac 是湿空气与干空气的比热容比之比。

(ii) WAR. molar 是水与干空气的物质的量之比。

(iii) GAMMAW 和 GAMMAA 分别为水和干空气的比热容比，由公式 F3.4，
F3.23 和 F3.7 求出。

(iv) WAR 是水与干空气的质量之比。

(v) 18.015、28.96 分别为水和干空气的摩尔质量。

F12.4 饱和蒸汽的焓(kJ/kg)＝fn(温度(℃))

---

① 原文气体常数单位为"kJ/(mol · K)"，误差千倍。——校注

$$H = -7.352E - 06 * T^3 - 2.333E - 03 * T^2 + 2.437 * T + 2492 + 6349/(T-387.5)$$

(i) 温度范围为 0~370℃，准确度在 0.6% 以内。

F12.5 蒸发温度（℃）＝fn（压力（bar））

$P = 1~25$ bar 时，

$$T = -1.811E - 05 * P^6 + 0.0014006 * P^5 - 0.043 * P^4 + 0.67482 * P^3 - 5.9135 * P^2 + 33.2486 * P + 72.1585$$

$P = 25~210.5$ bar 时，

$$T = -1.11726E - 11 * P^6 + 8.97543E - 09 * P^5 - 2.9476E - 06 * P^4 + 0.00051476 * P^3 - 0.05329436 * P^2 + 3.933136 * P + 152.0676$$

(i) 准确度在 0.5℃ 以内。

F12.6 湿空气的水蒸气分压力（bar）＝fn（比湿度，压力（bar））

$$Pw = P/((0.622/SH) + 1)$$

(i) Pw 是水蒸气的分压力。

(ii) SH 是比湿度，每千克干空气中含有的千克水蒸气。

(iii) 0.622 是水与干空气的摩尔质量之比。

F12.7 液态水的焓（kJ/kg）＝fn（温度（℃））

$$H = 3.1566E - 12 * T^6 - 2.9348E - 09 * T^5 + 1.0407E - 06 * T^4 - 0.16703E - 03 * T^3 + 0.0120915 * T^2 + 3.87675 * T + 0.74591$$

(i) 平均准确度在 0.7% 以内。

(ii) 温度范围为 0~370℃。

F12.8 冰的溶解潜热（kJ/kg）

$$DHif = 333.5$$

F12.9 液态水在压气机中的耗功（W）＝fn（水的流量（kg/s），平均叶片速度（m/s））

$$DPW = 0.5 * Wwater * U^2$$

(i) 对于轴流压气机，DPW 为每一级的功耗。

F12.10 干蒸汽的焓（kJ/kg）＝fn（温度（℃），压力（bar））

过热蒸汽：

$$H = 2.98E - 04 * T^2 + 1.83 * T + 2500 - (5.14207E08 * P/(T + 276)^3 - (1.03342E37 * P^3 - 6.42613E31 * P^5))/(T + 276)^{14.787}$$

(i) 平均准确度在 0.2% 以内。

(ii) 压力范围为 0.01~210 bar，温度范围为饱和温度到 800℃。

超临界蒸汽：

$$H = P * (T^3 * (1 + 0.001634 * P) + T^2 * (1094.941 - 1.663087 * P) - 8169907)/5.37E07 + 0.004505 * T * (738.0074 + 31929.78/P - 0.30077 * T) + 611.736 + 39.64329 * (9.551098 - 0.002642$$

$\ast$ P) $\ast$ arctan((T ＋ 0.005 184 $\ast$ P $\ast$ T － 0.009 188 $\ast$ P － 8.630 696)/

(1 ＋ 0.005 184 $\ast$ P))[①]

(ⅰ) 平均准确度在 0.5% 以内。

(ⅱ) 压力范围为 220～400 bar, 温度范围为 100～600℃。

F12.11　蒸汽比热容(kJ/kg K)＝fn(温度(℃), 焓(kJ/kg))

$$CP=dH/dT=(H(T+DT)-H(T-DT))/(2 \ast DT)$$

(ⅰ) H 是焓值, 为温度的函数, 如公式 F12.10 所示, T 为温度, 单位为℃。

(ⅱ) DT 是温度的微小增量, 比如 5℃。

F12.12　理论最大冷凝率＝fn(温度, 压力, 马赫数, 湿度)

下列所述为近似的计算方法:

(1) 利用 T0、SH, 由公式 F3.14 和 F3.23 计算空气和水蒸气总焓的初始值;

(2) 未发生冷凝时, 利用 T0、Ma, 由公式 F3.31 计算流体加速后的当地静温;

(3) 计算冷凝后升高了的当地静温 TS, 即以上温度＋TRISE;

(4) 利用 P0、Ma, 由公式 F3.32 计算流体加速后的当地静压;

(5) 通过公式 F12.11 计算水蒸气分压力;

(6) 由公式 F2.10 和 F12.6 计算水蒸气分压力的饱和值, 这也给出了饱和状态比湿度 SHsat;

(7) 计算冷凝水量, 使得水蒸气分压力降低到饱和值;

(8) 利用 T0＋TRISE、SHsat, 由公式 F3.14 和 F3.23, 计算空气和剩余水蒸气的焓值;

(9) 由公式 F12.7 计算冷凝后的液态水的焓值;

(10) 迭代计算 TRISE, 直到冷凝前后焓值平衡。

(ⅰ) 主要的近似是忽略了放热引起的气流速度增加带来的动量变化导致的总压损失。

算例

C12.1　吸入的雨在压气机中蒸发, 求:(ⅰ)液态水在压气机中的耗功范围;(ⅱ)压气机出口气体状态;(ⅲ)改变液态水耗功的压气机级数假设, 求压气机出口温度的变化。

已知条件:叶片速度为 700 m/s, 压气机等熵效率为 0.86, 压气机压比为 5, 压气机为 6 级, 且有下表所示参数:

	水	空气
温度/K	293	293
压力/kPa	100	100
质量流量/(kg/s)	1.0	100

————————

① 原文缺少一个右括号。——译注

(i) 液态水功耗

利用公式 F12.9 计算压气机每级消耗的功:

DPW＝0.5＊Wwater＊U^2

DPW＝0.5＊1＊700^2

DPW＝245kW(每一级)

因为蒸发需要一定的温升,所以最起码有一级压气机对液态水做了功,最大的做功级数为全部的 6 级:

DPW＝245 kW 为最小值,而 6＊DPW＝1 470 kW 为最大值

(ii) 压气机出口气体状态

经过压气机后,干空气温度升高。忽略间冷效应导致的压气机性能变化。

由公式 F5.1.4 可得:

T3－T2＝T2＊(P3Q2^((γ－1)/γ)－1)/ETA2

T3－T2＝293＊(5^(2/7)－1)/0.86

T3＝492 K＝219℃

根据 12.8.2 节进行蒸发计算:

利用公式 F12.7 计算吸入水的焓值:

Hwater＝3.156 6E－12＊20^6－2.934 8E－09＊20^5＋1.040 7E－06＊20^4－
　　　　0.167 03E－03＊20^3＋0.012 091 5＊20^2＋3.876 75＊20＋0.745 91

Hwater＝81.94 kJ/kg

利用公式 F12.6 计算压气机出口水蒸气分压力:

Pw＝P/((0.622/SH)＋1)

Pw＝5/((0.622/0.01)＋1)

Pw＝0.079 1 bar

利用公式 F12.10 计算过热蒸汽的焓,加上压气机第一级中液态水的耗功:

Hsteam＝2.98E－04＊T^2＋1.83＊T＋2 500－5.142 07E08＊P/(T＋276)^
　　　　3－(1.033 42E37＊P^3－6.426 13E31＊P^5)/(T＋276)^14.787

QUwater＝(Hsteam－81.94)＊1.0＋245

再计算由于液态水吸热导致的空气焓值的变化:

QUair＝100＊1.005＊(219－Tmix)

混合计算:

利用表格处理软件自带函数或手动更新进行迭代计算,使得 QUair＝Uwater,最后求得收敛解:Tmix＝193.5℃。

(iii) 机械功率吸收变化的影响

前文已求得液态水每级耗功为 245 kW,用 QUair＝QUwater＋245 重复以上迭代:Tmix＝195.9℃。

因而可以求得一个级的差异会导致出口温度变化 2.4 K,5 级总共变化 12 K。

注:对于此处水的含量很小的情况,实际上可以忽略水,而仅考虑空气来计算压气机出口温度的变化。

图表

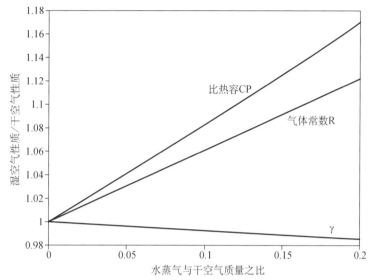

图表 12.1 水蒸气性质随水蒸气含量变化

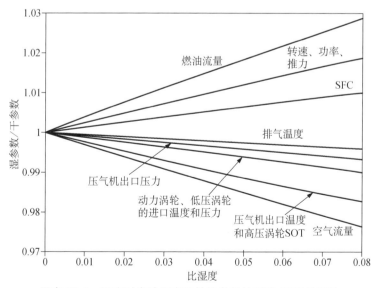

图表 12.2 湿度对发动机主要性能参数的影响:通用敏感性

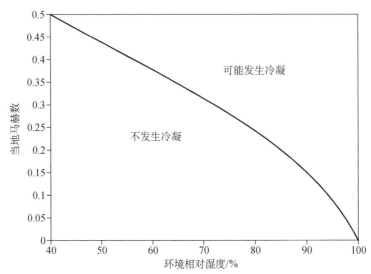

图表 12.3 进气道冷凝：当地马赫数阈值与环境相对湿度的关系

参考文献

［1］ Chauhan MS . Effects of Steam Injection into an Industrial Gas Turbine ［D］. MSc Thesis, Cranfield University，Cranfield. 1995.

［2］ Noymer P D，Wilson EG. Thermodynamic Design Considerations for Steam-Injected Gas Turbines，ASME 93‐GT‐432 ［S］. ASME，New York. 1993.

［3］ Mayhew Y R，Rogers GFC. Thermodynamic and Transport Properties of Fluids ［M］. 2nd edn，Blackwell Science，Oxford. 1967.

［4］ Rogers，Mayhew. Engineering Thermodynamics Work and Heat Transfer ［M］. Longman, London. 1957.

［5］ Blake J C. Effects of Condensation in the JT9D Engine Bellmouth Inlet ［S］. AIAA Paper No 75‐1325，AIAA，New York. 1975.

13　燃料、滑油的性质及其影响

13.0　引言

在计算设计点、非设计点、风车、起动、瞬态及试验数据分析等状态的发动机性能时都需要燃料和滑油的性质。本章将介绍相关的参数并提供相应的数据库，来涵盖上述计算的所有需求。

更为通用的与各类燃气涡轮发动机设计专业领域相关的燃料、滑油性质的题目数不胜数，此处无法囊括。参考文献[1]—[6]全面详细地介绍了相关内容。

13.1　燃烧过程及燃气轮机燃料种类

13.1.1　燃烧过程

燃烧过程主要涉及碳氢化合物与氧气之间的放热反应，结果产生二氧化碳和水。每一个反应物和生成物的物质的量由燃料组成所决定。例如，煤油中某一个碳氢化合物的燃烧反应如下所示。

$C_{10}H_{20}$	$+$	$15O_2$	$==$	$10CO_2$	$+$	$10H_2O$	化学反应方程式
1		15		10		10	物质的量
$10*12+20*1$		$15*32$		$10*(12+32)$		$10*(2+16)$	质量
140		480		440		180	质量

然后可以很容易地推导出该燃料对应的化学当量油气比，即空气中氧气恰好完全被消耗时燃料与空气的质量之比。燃烧所需空气的物质的量通过上式计算，然后转化为质量。计算过程中所涉及的空气摩尔含氧量与空气的摩尔质量由第3章提供，相关计算过程如下所示：

$$15*(1/0.2095)=71.6 \qquad 空气物质的量$$
$$71.6*28.964=2073.8 \qquad 空气质量$$
$$140/2073.8=0.0675 \qquad 油气比(FAR)$$

实际上，燃烧过程中由于许多反应同时进行，因此化学反应远为复杂。这些同时进行的反应不仅包括上述全部范围的碳氢化合物，也包括了一氧化碳和氮氧化物（NO_x）的生成与消耗。其中 NO_x 的形成是由于大气中氮气的离解。

13.1.2　直接火焰加热和间接火焰加热

绝大多数的燃气涡轮发动机采用直接火焰加热的方式，即将燃料注入发动机燃烧室并点燃。这种方式适用于三种主要燃料：煤油、柴油及天然气，以及一些不那么常见的燃料。

然而对于某些鲜为人知的工业发动机燃料，由于燃料自身的腐蚀性或侵蚀性，直接火焰加热是不现实的。使用这些燃料的唯一方式就是通过间接火焰加热，即燃料在燃气轮机外部燃烧，通过换热器将热量传递至压气机出口空气。如第1章和第6章所述，间接火焰加热的另一应用为核动力闭式循环。

对于间接火焰加热，在性能计算上必须作出以下改变：

- 燃烧室的计算不加入燃料的质量。
- 燃烧室下游的 CP 为给定温度下空气的 CP，而非燃烧产物的 CP。

由于上述两项变化使得涡轮内质量流量及 CP 值降低，因此会导致发动机的输出功率及热效率的降低。确切的功率损失值取决于具体的发动机循环，其介于4%～8%之间。

13.1.3　煤油

煤油是原油产品的一类，其主要构成是一个范围内的碳氢化合物，平均组成为 $C_{12}H_{23.5}$，摩尔质量为 167.5。市场上有一些精炼至严格规范水平的商品级煤油，如 JP4、JP5、Jet A1 以及 AVTUR。受专利保护的 JP10 是一种高成本的高密度燃料，应用于包括导弹在内的某些军事用途。煤油这一术语也通常用来泛指轻型航空汽油（AVGAS）。

航空发动机几乎专门使用煤油，因为煤油具有的高的热值使得燃料重量最小化，并且它不含有硫等腐蚀性元素，而这对于此类高成本发动机来说十分必要。这些优点使得煤油有理由价格不菲。

13.1.4　柴油

柴油是原油产品中比煤油更重的一类，其主要构成也是一个范围内的碳氢化合物，平均组成为 $C_{12.9}H_{23.9}$，摩尔质量为 178.7。柴油的精炼程度与煤油相比较低，因此成本较低，但同时也包含了少量的其他元素，如腐蚀剂硫。柴油这一术语，普遍地与燃料油互换使用。燃料油有包括1号燃料油至6号燃料油的一系列等级划分，与煤油相比，燃料油每个等级的名义规格容差要宽松得多。燃料油的编号越低越接近于煤油，含硫量也越低（典型的容许含量为质量比小于1.5%），因此燃气轮机通常仅使用1号和2号燃料油。

考虑到成本，柴油几乎专门用于船舶发动机，而在军事用途中，柴油也表现了其相对较低的爆炸风险。由于船舶发动机在设计时都必须考虑如何承受海水环境带来的腐蚀性工作氛围,因此柴油中的腐蚀性硫含量不是一个大问题。

虽然地面发电燃气轮机通常依靠燃烧天然气运转,但为预防天然气供给的中断,也往往要求有备用的液体燃料供给系统。此外,某些满足特殊需求的地面燃气轮机只使用液体燃料。同样,出于成本考虑,采用 1 号和 2 号燃料油,但使用液体燃料的燃气轮机的使用寿命会比使用天然气的短。

13.1.5 天然气

天然气主要成分包含占 80% 以上的甲烷,以及少量的乙烷、丙烷、丁烷及更重的碳氢化合物。此外还可能含有二氧化碳、氮气和氢气。在世界范围内,存在种类繁多的天然气混合物。一种常见天然气混合物的摩尔分数组成如下所示,在第 3 章中,它作为典型的天然气被用来推算燃烧产物的气体性质。

成分	摩尔分数	成分	摩尔分数
甲烷	95%	异戊烷	0.1%
乙烷	1.9%	正戊烷	0.1%
丙烷	0.5%	己烷	0.1%
异丁烷	0.5%	氮气	1.5%
正丁烷	0.1%	二氧化碳	0.2%

如上所述,绝大多数的工业发电发动机采用天然气作为燃料。这是因为天然气有着充裕的储备量、有竞争力的低成本,以及可忽略不计的硫等腐蚀性元素含量。采用天然气作为燃料的益处包括较低的二氧化碳排放及良好的发动机寿命。同时,与航空或船舶推进不同,对于工业燃气轮机,应用天然气所带来的庞大的燃料体积不会导致物流问题。由于较轻的碳氢化合物包含较多的氢元素,因此在燃烧过程中产生较多的水和较少的二氧化碳,从而降低了二氧化碳的排放。如后文所述,对于给定的发动机及 SOT 水平,燃烧产物的含水量越高,输出功率和热效率越高。天然气泵送发动机无一例外地就地取材,燃烧从管道引出的天然气。

液化石油气(LPG)可以以液态或气态的形式注入燃气轮机中燃烧。作为炼油过程中的副产物的炼油厂尾气也是受到关注的燃料。其他气体燃料,如凝析油及石脑油的天然生成量较少。它们的组成中没有像天然气那么高的甲烷含量,其性质难以满足燃料的喷射要求。例如,凝析油经受压力,在常温下就会凝结成液体。

13.1.6 其他燃料

除上述燃料之外的其他燃料也有用于某些特殊工业发动机,但是没有一个成功地占有可观的市场份额。

迄今为止,有关如何将煤炭开发为燃气轮机燃料的研究虽然已经广泛地进行了数十年,然而却鲜有成果。煤气化过程是煤在水蒸气和氧气(而不是空气)的氛围内进行热解反应。反应生成的燃料主要包括一氧化碳、氢气以及少量的二氧化碳、甲烷和硫化物。除煤气化外还进行了一些其他尝试，比如将煤粗磨至 1 mm 左右的颗粒，再对其进行化学清洗以去除带有腐蚀性及侵蚀性的成分，如钠、钾、钒以及灰渣（硅基化合物）。再将清洗后的颗粒精磨至 10 μm 以下的颗粒，使之具有直接燃烧的气体特征。

由于氢具有高的热值，用氢作为航空发动机的燃料一直是研究的课题。然而，氢燃料的体积大到不可承受，需要复杂的储罐装置。许多天然气混合物中含有氢气；过高的氢气含量会导致燃料喷嘴流量数方面的问题。

生物质（biomass）是一种由天然植物产生的气体燃料。近年来它被认为是一种可再生燃料，但由于生产可持续供应一台发动机的生物燃料将占用过多的耕地，所以它没有被广泛使用。

13.2 用于性能计算的燃料关键性质数据库

本节介绍了一些用于性能计算的燃料关键性质，并提供了相关的数据库。对于燃气涡轮发动机，还有很多其他的燃料性质也是必需的，如挥发性及浊点，但这些已超出了本书的讨论范围。

13.2.1 质量基准或体积基准的热值或发热量

如公式 F13.1 所示，热值是单位质量的燃料燃烧所释放的热能。总热值，即高热值（HHV），是总发热量，它不扣除燃烧过程生成的液态水汽化所需的潜热。因此，总热值是一个理论参数且很少使用。净热值，即低热值（LHV），考虑了汽化潜热，因此是燃气涡轮性能计算最常用的参数。LHV 的严格定义如下：在恒定体积的压力下，当燃烧产物冷却到 25℃ 的初始温度时燃烧反应的发热量。因此对于详尽严格的燃烧计算，焓平衡需包括：

- 将燃料温度调整至 25℃ 所释放/吸收的热量；
- 将压气机排气温度降至 25℃ 所释放的热量；
- 燃料燃烧所释放的热量；
- 上述热量的总和就是可用来将燃烧产物温度从 25℃ 升至燃烧室出口温度的热量。

有时气体燃料的热值以体积基准定义（见公式 F13.2），其单位为 kJ/m³ 或 kJ/scm。scm（基准立方米）是在 ISO 压力及温度（101.325 kPa，288.15 K）时体积为 1 m³ 的气体量。公式 F13.3 展示了如何计算在任何给定压力和温度下某一体积的气体燃料所对应的 scm 值。

在设计点、非设计点及试验数据分析等绝大多数性能计算中均使用 LHV。三种主要的燃气轮机燃料的 LHV 名义值如下所示，接着介绍的是在发动机试验中特定批次燃料 LHV 的推算方法。

- 煤油　　　43 124 kJ/kg
- 柴油　　　42 600 kJ/kg

- 天然气　　　　38 000～50 000 kJ/kg
- 样品天然气　　48 120 kJ/kg

液体燃料

对于发动机试验,测量煤油的比重后,可以通过公式 F13.4 计算出 LHV。如果知道煤油或轻质柴油燃料的碳氢比及含硫量,则可以通过公式 F13.5 计算出燃料的 LHV。如第 11 章所述,测量 LHV 最准确的方法是在氧弹量热器中对燃料样品进行测试,该方法也是性能试验中通行的做法。

天然气

在以天然气为燃料的发动机的关键性能试验中,必须首先通过气体色谱仪测定燃料的组成。用以接下来计算 LHV 的公式很复杂,是一个包含很宽范围组分的函数。该公式及所需数据在参考文献[5]中提供,一旦天然气的组成已知,该公式的准确度可达到 ±0.1%。另外,天然气的 LHV 还可通过泡式量热器测量,但该方法仅用于"担保"性能试验的目的,用以进一步校核计算值。

13.2.2　密度和比重

如第 11 章所述,燃料密度,即给定体积燃料的质量(见公式 F13.6),在发动机性能试验中很重要。体积流量总是通过测量得到,而燃料的密度必须推算出来才能进行放热计算,燃料密度对于其他与燃气轮机性能有关的讨论题目关系不大。

比重普遍用于液体燃料,如公式 F13.7 所示,它是燃料密度与 4℃ 水密度的比值。图表 13.1 提供了常用煤油和柴油的比重与燃料温度的关系。在 15℃ 时,AVGAS 的比重为 0.704,其他煤油的比重则处在 0.76 至 0.818 之间,而柴油的比重分布在 0.82 至 0.88 之间。对于给定的煤油种类,容差在 ±0.1 左右,而对于柴油,容差范围更宽。因此图表 13.1 仅能够提供比重的指示性水平,对于发动机关键性能试验,比重必须通过测量获得。如第 11 章所述,燃料样品的比重测量可在实验室内用校准过的比重计来完成。必须同时测量燃料样品的温度,并通过公式 F13.8 推算在发动机性能试验期间测量的燃料温度下的燃料比重。

气体燃料密度可通过公式 F13.9 计算,其中压缩性因子(z)被用来修正完全气体定律,因此非完全气体也可使用该公式。气体燃料的压力与温度必须在靠近涡轮流量计的位置测量。参考文献[7]和[8]表明,一旦已知天然气的组成,便可推算出 R 和 z。压缩因子 z 的计算过程复杂,但如果不去遵循就会导致显著的误差。

13.2.3　动力黏度和运动黏度

动力黏度是指一层流体相对于另一层流体运动所产生的内摩擦力,其定义如公式 F13.10 所示。运动黏度等于动力黏度除以密度(见公式 F13.11),是黏性力和惯性力之比。液体燃料的动力黏度在性能计算中有时要用到,比如在起动建模时确定燃料泵的功率需求。在用于测量液体燃料体积流量的容积式流量计及涡轮流量计的校准中,运动黏度是一个二阶变量。

图表13.2提供了燃气轮机液体燃料的运动黏度。动力黏度可结合图表13.1及图表13.2[①]并通过使用公式F13.11推算。通常会把燃料的动力黏度作为性能计算程序的输入值。因此需从图表13.1及图表13.2中获取适当的数值。如果必要，读者可将图表中的数据拟合成多项式并嵌入计算机程序中。

当液体燃料的运动黏度小于1cSt时，液体燃料变得不可泵送，而当运动黏度高于10cSt时，液体燃料雾化不满足要求。图表13.1表明即使在−50℃的低温时，煤油的黏度一般也小于10cSt，因此总能满足雾化的要求。然而，柴油肯定会超过这个限制，因此当其温度低于相应的阈值时就需要加热。

上述温度的影响对气体燃料而言微不足道，这是由于气体燃料的黏度要低一个数量级，因此不在此处提供相应的数据库。

13.2.4　燃料的比热容

对于完全严格的建模，需要燃料比定压热容CP来计算燃料在燃烧前的焓值。燃气轮机主要燃料的CP近似水平如下所示：

- 煤油　　　　　2.0kJ/(kg·K)
- 柴油　　　　　1.9kJ/(kg·K)
- 天然气　　　　2.0～2.2kJ/(kg·K)
- 样品天然气　　2.1kJ/(kg·K)

13.2.5　燃烧产物的比热容

在设计点、非设计点以及试验数据分析中，所有牵涉到燃烧的性能计算都需要使用燃烧产物的比热容CP。第3章给出了煤油或柴油燃料在空气中燃烧产物的CP计算公式。由于经过精确的煤油和柴油的组成可重复性良好，因此上述公式具有普适性和较高的准确性。

然而，对于天然气混合物，情况就不是这样了，这是因为天然气混合物种类繁多，而每种天然气混合物大多有10种以上的成分。第3章提供了13.1.5节中提及的典型组成天然气CP的公式。然而当准确度降低到不可接受的程度时，必须严谨地估算给定天然气的组成的燃烧产物的CP。上述复杂的计算过程将在算例C13.1中介绍。

13.2.6　燃烧温升

有关估算三种主要燃气轮机燃料温升的图表及公式可查阅第3章。

13.3　主要燃料种类综合敏感性

第7章介绍了综合敏感性。工业燃气轮机往往可兼容一种以上的燃料，实际上，很多发动机在外场就能够进行天然气和柴油之间的切换。面对气体燃料的供

---

① 原文图表编号误为"11.1"和"11.2"。——校注

应可能的中断,上述的设计使得运营商在享受气体燃料低费用的同时不必顾虑燃料的可得性。同时,尽管这些发动机在运行中主要以天然气为燃料,但它们也经常在制造商的设施上经受使用煤油的产品交付试验(见第 11 章)。

因此,不同燃料种类对发动机性能的二阶效应往往能引起人们极大的兴趣。产生的性能变化主要归结于燃烧室下游燃气的性质变化。任何由不同热值导致的燃料质量流量变化,及换算参数涡轮特性图的变化(完全的无量纲特性图不变化),仅产生三阶效应。

13.3.1　煤油到柴油

煤油和柴油的燃烧产物气体性质,以及这两种燃料的低热值都非常相似。因此燃烧两种燃料中任意一种带来的性能变化都可忽略不计。

13.3.2　液体燃料到天然气

如第 3 章所述,天然气燃烧产物的 CP 较液体燃料燃烧产物的 CP 高 2％左右。对于发动机性能,这将带来看得出来的影响,这些影响包括对给定燃烧室温升所需燃料能量流量的增加,以及轴输出功率的提高。上述影响的净效应是 SFC 有所改善。将燃料从液体燃料转变成天然气所带来的确切的性能变化取决于发动机循环,但在恒定 SOT 下相对于液体燃料,燃烧天然气带来的变化范围如下所示:

- 输出功率　　　　　　　＋4％～＋6％
- 转速　　　　　　　　　＋0.5％～＋1.5％
- 进口质量流量　　　　　＋2％～＋3％
- HPC 出口压力　　　　　＋2％～＋3％
- 燃料能量流量　　　　　＋3％～＋4％
- SFC　　　　　　　　　－2％～－1％

13.4　滑油种类及关键性质数据库

13.4.1　滑油种类

燃气涡轮发动机使用的滑油包括矿物油及合成油两大类。矿物油是原油精炼过程的产物,当其用于燃气轮机润滑时往往会添加抗氧化剂及抗腐蚀剂。合成油是酯基有机物,其成本约为矿物油的 10 倍。

由于具有极高的自燃温度,合成油几乎为供燃气发生器使用。矿物油通常用于轴承腔温度足够低的工业发电燃气轮机。对于使用轴颈轴承而非球轴承的场合,使用矿物油更加普遍。这是由于轴颈轴承需要比球轴承高出 20 倍的滑油流量以带走巨大的摩擦产生的热量,因此使用合成油的成本高到无法接受。轴颈轴承往往应用于大型动力涡轮,因为这种轴承结构可承受大得多的推力载荷。

13.4.2　密度

公式 F13.12 给出了在 15℃时密度为 1100 kg/m³ 的典型合成油的密度与温度

之间的函数关系。此公式可以乘以一个系数用来和矿物油在 15℃时的典型密度值对齐,然后再用来计算矿物油在其他温度下的密度。在 15℃时滑油的典型密度值如下所示:

- 轻质矿物油　　　　　　850 kg/m³
- 中等矿物油　　　　　　860 kg/m³
- 合成油　　　　　　　　1100 kg/m³

13.4.3　运动黏度和动力黏度

运动黏度及动力黏度的定义如 13.2.3 节所示。如 5.17 节所述,滑油黏度对轴承及齿轮箱的损失计算是重要输入。

图表 13.2 显示了燃气轮机常用滑油的运动黏度与温度之间的关系。在图表中两条曲线限定了一段范围,轻质矿物油处于该段范围的下端,合成油处于中部,而中等矿物油处于顶端。对于图表 13.2 中数据带的中线,公式 F13.13 定义了运动黏度与温度之间的关系。对一个滑油样品,此公式可以乘以一个系数来和在给定温度下实测的运动黏度值对齐。

动力黏度可通过公式 F13.13 及上述滑油的密度值计算。给出的公式足以满足所有性能计算的准确度要求。

公式、算例与图表

公式

F13.1　燃料低热值(kJ/kg)＝fn(释放的热量(kJ),燃料质量(kg))

　　　LHV ＝ Q/Mass

(i) 高热值与低热值的区别见 13.2.1 节。

(ii) 低热值也常被称为热值。

F13.2　燃料体积基准低热值(kJ/m³)＝fn(释放的热量(kJ),气体燃料基准立方米数(m³))

　　　LHV ＝ Q/SCM

(i) 高热值与低热值的区别见 13.2.1 节。

(ii) 低热值也常被称为热值。

F13.3　基准立方米(m³)＝fn(体积(m³),气体燃料压力及温度(kPa, K))

　　　SCM ＝ Volume $*$ (288.15 $*$ P)/(101.325 $*$ T)

(i) 本公式所计算的基准立方米等量于在当前压力和温度下给定体积内的气体。

(ii) 当体积基准 LHV 已知时,可通过 F13.3 的结果乘以 F13.2 的输出来计算释放的热量。

F13.4　煤油燃料热值＝fn(15℃时的燃料比重(FSG))

　　　FHV ＝ 48142.3 － 548.05 $*$ FSG － 6850 $*$ FGS^2

(i) 若需将 15℃时的 FSG 转换为实际密度,可将 15℃时的 FSG 乘以 1000 kg/m³,

再通过 F13.8 得到。

F13.5 燃料热值(kJ/kg)＝fn(含氢量(质量％),含硫量(质量％),15℃时的 FSG)

$$FHV = 37\,290 + 566 * Hyd - 330 * S - 2\,300 * FSG$$

(i) 其余组成是碳含量的质量百分数。

(ii) 本公式对 0.79～0.83 范围内的 FSG 值,13％～14.1％的含氢量,以及小于 0.3％的含硫量的燃料适用。在超出上述范围的情况下,本公式仅能提供指示数据。

(iii) 若需将 15℃时的 FSG 转换为实际密度,可将 15℃时的 FSG 乘以 1000 kg/m³,再通过 F13.8 得到。

F13.6 密度(kg/m³)＝fn(质量(kg),体积(m³))

$$RHO = Mass/Volume$$

F13.7 燃料比重＝fn(实际密度(kg/m³),标准密度(kg/m³))

$$FSG = RHO/1000$$

(i) 标准密度为在 4℃时水的密度,1000 kg/m³。

F13.8 燃料比重＝fn(燃料样品比重,燃料样品温度(℃),燃料温度(℃))

$$FSG = FSGsample - (Tfuel - Tsample) * 0.000\,74$$

(i) "sample"是指在实验室中测量了比重及温度的燃料样品。

(ii) 若需将 FSG 转换为实际密度,可将 FSG 乘以 1000 kg/m³。

F13.9 气体燃料密度＝fn(静压(kPa),气体常数[J/(kg·K)],温度(K),可压缩性因子)

$$RHO = P/(R * T * z)^{①}$$

F13.10 动力黏度(N·s/m²)＝fn(剪切应力(N/m²),速度梯度[m/(s·m)],静温(K))

$$VIS = Fshear/(dV/dy)$$

(i) Fshear 为流体中的剪切应力。

(ii) V 为剪切应力方向上的速度。

(iii) dV/dy 为与剪切应力垂直方向上的速度梯度。

F13.11 运动黏度(cSt)＝fn(动力黏度(N·s/m²),密度(kg/m³))

$$VISkinematic = 1\,000\,000 * VIS/RHO$$

F13.12 滑油密度(kg/m³)＝fn(滑油温度(K))

$$RHOoil = 1\,405.2 - 1.059\,2 * T$$

(i) 本公式适用于典型合成油。

(ii) 通过使用 13.4.2 节中提供的数据,本公式可以乘以一个系数,用于计算各种矿物油的密度。

---

① 原文缺少括号。——译注

F13.13 滑油运动黏度(cSt)＝fn(滑油温度(K))

A ＝2.778 79E＋01＋T ＊(－1.684 34E－01＋T ＊(3.495 86E－04＋T ＊

(－2.498 37E－07)))

VISkinematic ＝ 10^A[①]

(i) 本公式为图表 13.2 的中线。

(ii) 本公式可以乘以一个系数来和一个滑油样品在样品温度下的运动黏度对齐,用于计算滑油样品的黏度。

F13.14 燃烧产物的平均摩尔质量＝fn(组分的摩尔质量,各组分的物质的量)

MWav ＝ $\sum$(Moles ＊ MW)/$\sum$. Moles

算例

C13.1 描述 13.1.5 节所列典型天然气与干燥空气当量混合后燃烧反应物 CP 值的计算过程。

计算燃料的摩尔质量

如 13.1.1 节所述,燃烧产物的物质的量如下计算:

MW＝0.95 ＊(12＋4 ＊1)＋0.019 ＊(2 ＊12＋6 ＊1)＋

0.005 ＊(3 ＊12＋8 ＊1)＋(0.005＋0.001) ＊(4 ＊12＋10 ＊1)＋

2 ＊0.001 ＊(5 ＊12＋12 ＊1)＋0.001 ＊(6 ＊12＋14 ＊1)＋

0.015 ＊14＋0.002 ＊44

MW＝16.677[②]

燃料物质的量＝2000/16.677

燃料物质的量＝119.93

计算燃烧产物的物质的量

CO_2＝119.93 ＊(0.95 ＊1＋0.019 ＊2＋0.005 ＊3＋

0.006 ＊4＋2 ＊0.001 ＊5＋0.001 ＊6＋0.002)

CO_2＝125.327

H_2O＝119.93 ＊(0.95 ＊4＋0.019 ＊6＋0.005 ＊8＋

0.006 ＊10＋2 ＊0.001 ＊12＋0.001 ＊14)/2

H_2O＝242.98

随后可计算出燃烧消耗氧气的物质的量,注意每摩尔 C_XH_Y 燃料燃烧消耗(X＋Y/4)摩尔的氧气。

随后可如 13.1.1 所述计算出空气的物质的量。

氮的物质的量等于空气中氮与燃料中氮的总和。

---

① 公式 F13.13 根据 Wiley 勘误表更正。——校注

② 原文计算结果如此。——译注

注：

(i) 出于简易说明的目的，计算过程忽略了大气中少量的二氧化碳及惰性气体（氩气及氖气）。这样简化带来的误差可忽略不计，如需包括氩气和氖气的数据可从图表 3.5 中获取。

(ii) 另一种替代方法是，将燃料表示为一个平均的化学式 C_nH_m，其中 n 与 m 可以为非整数。

计算以 J/(mol·K) 为单位的燃烧产物 CP 值

通过第 3 章提供的组分多项式，可推算在给定温度下各组分以 kJ/(kg·K) 为单位的 CP 值。

将上述 CP 值乘以各组分的摩尔质量，可推算出以 J/(mol·K) 为单位的 CP 值。

估算摩尔平均 CP 值：

摩尔平均 CP＝∑（每种组分的物质的量＊CP）/总物质的量

计算以 kJ/(kg·K) 为单位的燃烧产物 CP 值

通过公式 F13.14 及上述计算中获得的每种组分的物质的量，可推算出所有燃烧产物的平均摩尔质量。

将燃烧产物摩尔平均 CP 除以平均摩尔质量，可得出以 kJ/(kg·K) 为单位的 CP 值。

图表

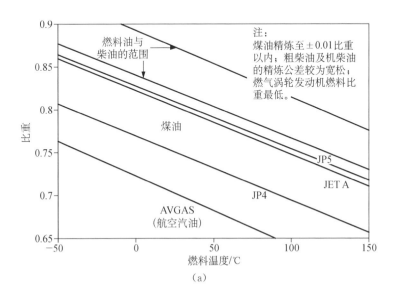

(a)

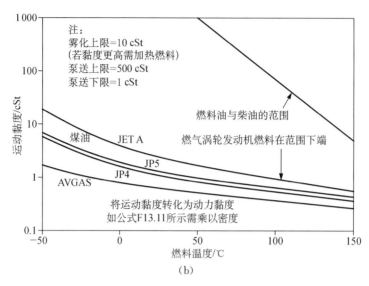

图表 13.1　燃料比重及黏度与温度的关系

（a）比重与温度间的关系　（b）黏度与温度间的关系

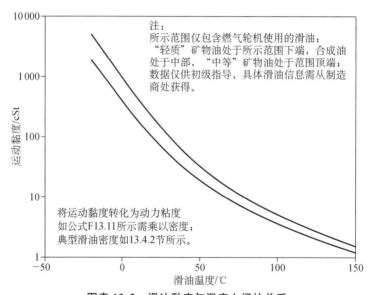

图表 13.2　滑油黏度与温度之间的关系

参考文献

［1］Lefebvre A H. Gas Turbine Combustion［M］. Hemisphere，New York. 1983.

［2］Spiers H M. Technical Data on Fuel［S］. The British National Committee，London. 1961.

［3］Goodger E M. Hydro-Carbon Fuels ［S］. Macmillan，London. 1975.

［4］Walowit J A，Anno JN. Modern Development in Lubrication Mechanics ［M］. Applied Science Publishers，Barking，Essex. 1975.

［5］BSI. Liquid Fuels for Industrial Gas Turbines，BS EN 590，ASTM D975 ［S］. British Standards Institution，London. 1993.

［6］BSI. Liquid Fuels for Industrial Gas Turbines，BS EN 590，ASTM D2880 ［S］. British Standards Institution，London. 1994.

［7］ASME. Performance Test Code PTC-22，ASME ［S］. New York. 1993.

［8］ASME. Gaseous Fuels PTC 3. 3，ASME ［S］. New York. 1969.

14   在役产品发动机的性能

14.0   引言

在役产品的性能历来都带来技术上的挑战。然而,它的重要性近年来大幅度提升,这是由于全寿命周期成本得到高度的关注,而性能是全寿命周期的中心。此外,互联网技术使得发动机外场性能数据能够几乎在瞬间传输至技术中心的个人电脑,而成本只是本地电话通信的费用而已。

14.1   测试仪表和试验的数据分析

14.1.1   测试仪表

发动机外场工作时使用一套稀疏分布的产品测试仪表。这些仅够用于发动机控制和健康监控,而且它们也不是设计用来准确诊断在役发动机性能的。这些测试仪表主要的驱动因素是价格低廉且坚固耐用,而非研发用测试仪表所要求的严格的准确度。

第7章叙述了发动机的额定等级,以及如何通过控制系统中的设定点来实现,这也就决定了所需的稳态测试仪表。在产品交付时,产品测试仪表通常要重新校准或修正,以便匹配在试验中通过其他测量装置获得的更为准确的数据。测试仪表的漂移或失效是在役发动机需要解决的潜在问题之一。第8章叙述了瞬态控制理念和控制系统使用的性能参数。

14.3节叙述了健康监控系统设计及其在燃气轮机产业中日益受到的重视。可以越来越多地看到,商业案例要求设置专门用于健康监控系统的某些测量,而不是让健康监控系统只能被动地利用已有的发动机控制提供的功能。

定期进行专项性能试验可诊断外场发动机的服役性能问题。此时可适当增加额外的测试仪表。然而测试仪表水平比起研发试验的仍然相差甚远,这是由于外场发动机完整性的忧虑、有限的数据获取能力以及尽可能不中断现场运行的需要。

外场运行事故(例如发动机失效)时的仪表数据通常是特别缺乏的。这是因为产品仪表读数的历史记录在典型情况下仅仅是每秒扫描一次,而且只对于有限的运行时段。数据存储的要求不允许更加频繁的读取,而大部分事故有很强的瞬态因素。事故的关键因素,例如喘振或轴失效发生在0.5 s以内,致使外场性能测量数据作用有限。

14.1.2　在役性能数据分析

用在役发动机原始数据计算出性能参数,然后换算到标准环境条件,这与11.8节和算例C11.1—C11.3所讨论的情况类似。然而,通常由于测量仪表有限,一些参数不得不根据由非设计点模型或产品交付数据确定的关系式,通过其他测量数据推导出。显然,比起全套的测量,其准确度要差一些。

14.2　在役发动机的常见性能问题

14.2.1　外场性能担保验收试验

如第11章所述,大部分燃气轮机产品都要完成交付试验以演示每一台发动机均符合对客户担保的性能。然而,对于其他一些发动机,例如功率非常大(75～350 MW)的重型燃气轮机,这样做是不切实际的。因为试验设施成本太高,而且发动机无法整体运输,只能分成数个模块再运送至外场。

对后一种情况,当这些重型燃气轮机在外场投入使用时,必须演示其性能与担保相符。参考文献[1]是一个很有价值的文件,它为如何实施验收试验提供了详细的指导,包括应采用哪些具体的测试仪表。同样重要的是它还规定无论对于制造商还是客户(即运营商),不准确度的分配应该事先决定。

14.2.2　性能衰退

6.13.4节讨论了在役发动机性能衰退且给出了典型的衰退水平。这与压气机流道结垢引起的性能损失不一样,因为后者可以通过清洗压气机来得到恢复。客户购买新燃气轮机时,日渐重视性能衰退的担保,原因是即使功率、推力或燃油效率损失1%,也会对全寿命运营成本产生可观的影响。

为了应对性能衰退,普遍的做法是允许测量的涡轮温度随着使用时间推移而升高直至限制值,只要超过这个点以后,功率或推力就会降低。一旦涡轮排气温度(TGT)裕度相对于取证声明值不足,航空发动机通常需要换下进行维修。

性能衰退只能由发动机测量来确定,然而,获得准确的数据很不容易。经验表明,发动机研制项目中的持久试验数据从来不能代表外场运行发生的情况。

最好的方法就是使用第11章所述的产品交付试验所获得的新发动机的性能数据。当发动机从外场返回翻修时,还要进行接收试验。然而,因为在产品试车台上这两种试验测得的SFC准确度仅在±1%左右,而SOT不变时SFC的衰退也不过3%～6%,因此衰退的测量误差相对较大。此外,通常交付试验与接收试验相隔数年,这期间试车台的校准和仪表也可能有所改动。另外,在很多情况下,可能不清楚发动机曾经是怎样运行的,例如在油田和天然气田,可以得知发动机工作的小时数,但是其功率水平可能未知。因此,为了得到合理的可信度,必须至少测试 10 台发动机,从而获得最佳拟合的衰退曲线,即性能数据随时间或/和发动机循环次数的变化关系。

对于无须进行产品交付试验的发动机类型,例如大型重型工业燃气轮机,必须进行"背对背"外场试验。由于外场性能试验的仪表限制和测量准确度较低,因此可信地预测性能衰退会困难重重。

热端部件翻修时,涡轮和燃烧室部件的某些零件得到更换。由于此时压气机中叶尖和封严的间隙仍旧较大,因此其交付试验的预期性能会低于新产品发动机的。发动机完整翻修时,剩下的易于老化的硬件也得到更换,所以其预期性能与新产品的一样。对这样的发动机,一个常用的术语称为"归零寿命发动机"。

14.2.3　在役发动机问题和故障诊断

在役发动机产生机械问题或故障的根本原因的诊断是变化多端的,且常常带来充满魅力的挑战。在诊断过程中,发动机性能分析总是关键的一环,因为了解发动机在故障点如何工作至关重要。由于问题或故障可能发生在稳态、瞬态或起动过程,这就要动用在其他章节描述的全范围的发动机性能技术。

一些典型的问题及其可能的根本原因如下所示:

- 发动机稳态输出功率或推力降低——控制系统热电偶读数错误地偏高,气路部件受损,某一发动机模块更换后控制设定点被错误地重新设置等。
- 在役发动机喘振——控制系统测量参数读数错误,压气机机械损伤,控制算法中未能预见的路径导致了燃油阶跃等。
- 发动机起动失败——放气阀卡滞关闭,起动机输出功率低,热电偶错误的读数限制了起动供油量,高海拔冷天(研发项目中复制这些条件是不实际的)起动条件,因此起动系统需要进一步改进等。

14.2.4　在役产品设计改进

一旦充分地了解了外场的问题或故障,就需要改进发动机设计以防止未来重蹈覆辙。如第 11 章所述,对这些改进的设计和试验的流程来说,性能是中心所在。

严重的外场问题可以使整个机队被迫以降功率或降推力的状态运行,直到改进方案制订出来并付诸实施为止。此时,性能成为决定如何设置限制以及在控制系统中实现这些限制的关键。

14.2.5　排放试验

对于地面燃气轮机,外场排放试验很重要,因为通常政府法规严格规定了NO_x、CO、未燃碳氢化合物以及烟尘等污染物的排放水平。5.7 节和 5.8 节描述了低排放燃烧室的设计与运行。一旦某一台外场发动机排放超标,性能就成为查清原因和实施纠正措施的关键。

14.3　健康监控

随着燃气轮机全寿命成本受到高度重视,发动机健康监控技术变得日益重要。

如第 15 章所述,许多合同安排,例如"小时功率"交易,驱使制造商尽量减少发动机维护的需求。一直以来,维护大体上是被动的,即问题出现再解决,或者是预防性的,即进行定期维护以防止问题发生。后者往往过于谨慎,影响了可用性。

健康监控系统能够诊断哪些部件是发动机性能变化的源头,以此来显著增加其价值。这些信息可被用来汇编翻修计划以及理解性能退化等。

另外,通过分析往往是实时的外场发动机数据,这些诊断使得预测性维护能够实现,预测机械问题何时开始,以便及时采取维修措施。因而,可靠性和可用性都得到改善。性能分析绝对是这些基于原始数据的诊断算法的核心。

14.3.1　可靠性和可用性

对于燃气轮机运营商来说,可靠性和可用性是其关键的产品属性。可靠性,如公式 F14.1 所示,是发动机无计划外停运事件的工作时间的百分比,这些事件包括比如机械故障、控制系统虚警跳闸或起动失败。可用性,如公式 F14.2 所示,为发动机可用的工作时间百分比。这计入了计划外和计划内的停运时间,后者是计划维护所需的停运。

对于燃气轮机制造商的挑战可以说得更明白一点,发电运营商通常在合同中要求燃气轮机可用性达到 98%。这样每年计划内和计划外允许的停运时间仅为 7 天;这不仅包含发动机维修工作所需的时间,还包括维修人员、设备和零部件等抵达维修地点的物流活动所需的时间。对于航空发动机或航空派生型工业燃气轮机而言,常常通过替换燃气发生器或发动机来提高动力装置的可用性,这可以在一天内完成。对于大型重型工业燃气轮机,则不可能那么快,其计划内维护时间跨度很大,可长达 2 个月左右。根据以往经验,花费的这些时间换取了故障发生频率的降低和维护时间间隔的延长。

14.3.2　健康监控系统

图 14.1 为典型的健康监控系统。原始数据来自外场发动机记录,然后通过互联网传输至数据仓储。经过健康监控系统的算法处理之后,原始数据和计算得出的参数经过互联网传输至制造商的区域支持中心和全球技术中心,并且也返回给外场。如果健康监控系统预测到一个即将来临的问题,警报将自动地传送至上述三方,并且通过移动电话提醒负责人员。

如果警报不严重或是重复过去发生过的问题,则现场人员将做出适当处理。若情况比较复杂,则将上报至制造商的区域支持中心。而对最严重的情况,其可能造成高昂的费用时,需要提交给全球技术中心,那里配备齐全的工程团队可以帮助解决这些问题。

14.3.3　趋势图

在带有限制的趋势图中,关键参数被绘制成随时间而变化的曲线,并与上下告警限制(也被称为"边线")进行比较。为了绘制这样的趋势图,数据通常以每个运行

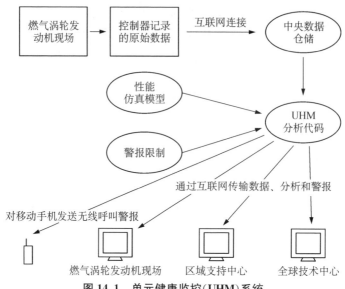

图 14.1 单元健康监控（UHM）系统

条件下的发动机性能程序预测值的百分比形式表示。告警值的范围小于跳闸限制线之间的范围，这些跳闸限制线嵌入发动机控制系统中用以触发停车。预警系统能够让运营商可以调查为什么某一参数在停车前向其跳闸值移动。通常，下述更复杂的系统之一会起作用，但其趋势图实质上总是保留以作为第一道防御线。

另外一种趋势图的形式是累积和（CUSUM）方法，如 11.7.3 节所述用于发动机产品交付试验。对于健康监控，曲线是随时间而不是随发动机编号变化。同样，也是以发动机性能程序在每个运行条件下的预测值的百分比形式来表示数据。

TGT 的分散度通常需要监控。这个术语用来描述多个温度读数开始呈现发散时的周向温度畸变；最常见的原因之一是其中某个燃烧室的燃烧器出现堵塞。应用基于研发试验数据绘制的图表，可以根据某一特定截面周向不均匀的低温来确定相对应的某一燃油流量减少了的燃烧器。温度分散程度也作为告警和跳闸限制值的依据。

14.3.4 性能诊断技术

发动机和传感器的诊断由三个步骤组成：

（1）首先，必须定义正常值。

正常值可以通过以往的性能数据特征识别或者非设计点性能模型来确定，这两种方法都必须针对所分析的具体发动机进行调整。

（2）其次，必须定义正常值与异常值差值的阈值。

（3）最后一步是识别根本原因。

特征识别

这一方法既可以用简单的，也可以用高度复杂的形式来实现。例如，机队里可能发生了数起因发动机涡轮导向器前缘烧穿引起的事故，导致计划外的停车。这时可人工查找这些发动机的健康监控数据,并识别在故障发生之前性能参数的偏移,比如排气温度以 30 摄氏度/千小时(℃/kh)的速率升高,而正常的性能退化是10℃/kh。那么此阈值可以编码到健康监控系统中,当某发动机中出现 30℃/kh 温升之时,告警信息将自动发出,要在接下来的时限例如 200 h 内换下发动机进行翻修。另一种简单方法的例子是,健康监控系统通过周向及径向排气温度分布的变化来诊断燃油喷嘴是否堵塞。

神经网络

神经网络用于最复杂的特征识别形式。首先,训练神经网络根据参数相互间的关系识别正常工作的足迹。一旦训练完成,它们就能够不断地实时检查性能数据,如果数据特征超出正常的足迹,就会发出告警。然后还可能将某个异常特征与一个给定部件的变化联系到一起。

其他主要类别的发动机和传感器故障诊断技术利用非设计点性能模型进行气路分析。可以采用先进的数值方法既可以将平均发动机模型调整到和所分析的实际发动机一致的性能衰退状态,再进行故障诊断。

卡尔曼滤波器

这种方法应用于一些商业化系统中,它基于一个假设,即对于一组给定的测量结果,最可能的答案是与期望值差别最小的那个。

采用卡尔曼滤波器时,首先根据非设计点模型生成敏感性。这些敏感性表示了当每一个关键部件性能参数,例如效率、流通能力等变化 1%时健康参数(测量参数)随之变化的百分比。它们类似于 7.7 节所述的综合敏感性。然后,卡尔曼滤波器通过求解公式 F14.3 来得到一组部件变化和测量误差,其具有部件性能期望参数和实际测量参数两者的最小二乘误差。

遗传算法

这是计算密集型方法,其尝试将一系列的解作为非设计点模型的输入,以便使公式 F14.3 或最小绝对误差函数(见公式 F14.4)最小化。新的潜在解是仅仅由之前的最优解"繁殖"出来的,因而称为"遗传"。这种求解器最适合于系统中有不连续性的情况。而非设计点性能模型的情况并非如此,因此使用更加直接确定的误差函数解法通常是恰当的。

Ansyn

Ansyn 是"分析-综合"(analysis - synthesis)的简称,它采用扩展的性能模型,把测量数据的变化归因于发动机部件性能的变化。服役产品配备简化的测量系统,Ansyn 主要用来确定某些东西是否变化了,因为它正是在服役条件下运行模型。如果有足够的测量手段,则在很多情况下,能够根据过去的经验识别具体问题的特征标志。

14.3.5   其他发动机测量参数的使用

许多非性能参数也能够用于健康监控,包括发动机振动、滑油系统磁性金属屑探测器的碎片自动检测以及发动机噪声特征信号。然而,这些始终必须通过发动机性能参数来与可接受的水平或之前的数值相关联。

14.3.6 已用寿命计算

当发动机达到取证时规定的小时数或循环数时，传统的做法是翻修发动机。然而，这时常是消极的做法，因为其假设发动机是按照标准工作剖面使用的。例如，在海军舰船用燃气轮机的实际使用剖面中，大部分时间的功率设定比最初用于发动机寿命取证的要低。

健康监控能够使已用寿命的计算这样执行，即如果发动机工作在较低功率、较冷的环境温度，或者加减速循环数显著低于计算标准寿命时使用的循环数，那么，可以对这一台发动机进行延寿评估。必须注意的是，如果在外场更换了组件，那么就需要跟踪每个组件的寿命。

至于工作小时数，关注的一个主要问题是涡轮的蠕变和氧化。一种方法是定义一些转速和燃烧温度的工作带，每一个工作带都被赋予一个有效寿命。在基本负荷或巡航状态附近的工作带工作时，实际工作 1 小时就是 1 小时有效时间。然而，在下一个更高的工作带使用 1 小时，则可能相当于 2 小时有效寿命。在较低的工作带使用 1 小时，可能仅相当于 0.7 小时有效寿命。有效寿命图被嵌入 UHM 软件中。转速和温度从发动机控制系统中读取，用来计算有效寿命。然后将每一次实际工作小时数的有效寿命累加，便可计算总的已用寿命。

已用循环寿命也可以通过在控制系统中统计起动和停车的次数来实现。基于性能的算法可以用在健康监控软件中，从而允许在某些情况下，得到延寿的益处，例如实际的运行循环比标准循环寿命所基于的更缓慢，或者只起动到中等功率，或者只从中等功率停车。在第一种情况下，如果起动时间是原来的比如说 2 倍，则强度工程师们可以宣称有效循环寿命只算作比如说 0.7 个循环。

14.4 其他服务

对于围绕在役发动机所能提供的许多其他服务项目，性能分析也能起到至关重要的作用。

14.4.1 训练模拟器

图 14.2 显示了一台典型的用来训练飞行员的飞行模拟器。显而易见，它能够使学员在无需承受使用真实航空器的风险和成本的前提下，经历大量高价值的训练。这种训练能够为航空公司或空军节省非常可观的费用。

学员坐在复制了驾驶舱硬件的模拟器中训练，使用和真实飞机一模一样的测试仪表、操纵杆等装置。软件用来提供驾驶舱仪表数据，以及整个机场或飞行场景的风挡视界。模拟器中使用了如 8.11 节所述的发动机实时模型及其控制系统。模拟器对来自驾驶舱的输入做出反应，为驾驶舱测试仪表提供输出，还为实时飞机模型提供随时间变化的推力数据。后者还获取来自驾驶舱的输入，并与机场或飞行模型互动，使得产生的飞行轨迹可视化。作动器还被用来使飞行模拟器俯仰和偏航，以模仿飞机的响应。

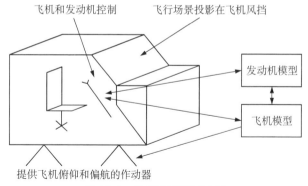

图 **14.2**　飞行模拟器示意图

14.4.2　机队管理

第 15 章叙述了在客户(即运营商)购买燃气轮机前,非设计点性能对于评估全寿命周期成本的重要性。在服役中,这个模型还能用来在技术-经济层面帮助作出运营决策。其考虑了发动机性能以及收益问题、维护和可用性影响等方面。这里,发动机制造商深度参与客户的业务,尽可能获取更多的价值。这是工业界越来越流行的趋势。

公式

公式

F14.1　可靠性

可靠性 = 1−计划外每年停运时间(h)/计划内每年运行时间(h)

F14.2　可用性

可用性=1−(计划外每年停运时间(h)−计划内每年停运时间(h))/8 760

(i) 其中 8 760 为一年的小时数。

F14.3　最小二乘函数＝fn(部件因子及增量(y)与其标准偏差的商之和,测量误差(Z)与其标准偏差的商之和)

LS 函数＝$\sum(\Delta y/\sigma)^2+\sum(\Delta Z/\sigma)^2$

F14.4　最小绝对函数＝fn(部件因子及增量(y)与其标准偏差的商之和,测量误差(Z)与其标准偏差的商之和)

LA 函数 = $\sum(\Delta y/\sigma) + \sum(\Delta Z/\sigma)$

参考文献

[1] ANSI/ASME. Performance Test Code on Gas Turbine Power Plants PTC‑22,ASME [S]. New York. 1995.

15　燃气涡轮发动机的性能与经济性

15.0　引言

不论是对制造商还是运营商而言,性能都是燃气轮机经济可行性的关键因素。性能包含一定燃料流量产生的推力或轴功率、寿命、重量、排放、发动机直径和单位成本,它是燃气轮机制造商销售和运营商采购的基础。如果制造商设计的燃气轮机性能低劣,它将很难在市场中存活,很可能导致项目亏损。同样地,采购性能不佳的燃气轮机会给运营商带来经济损失。

以投资水平的角度观察,研制一款大型民用航空发动机通常要花费近 10 亿美元,且至少需要 3 年时间。即使是一款新型号的 50 kW 用于地面发电的微型燃气轮机的研发经费也会超过 1 000 万美元。运营商的投资水平也相当高,一座 50 MW 的发电厂的原始成本大约为 3 000 万美元,每年的持续运营成本大约为 500 万美元,通常燃气轮机服役时间为 25 年。

工程师对燃气涡轮发动机的关注不能仅停留在技术层面。在当今的经济形势下,工程师必须掌握与燃气轮机研发、采购有关的经济学,因为这些是建立经济性模型即商业案例的主要要素。技术经济分析已成为常态,即便对政府拨款的军用产品也不例外。性能与商业案例是密不可分的,因为燃料消耗、寿命、维护要求等都与性能参数息息相关,其中燃料消耗通常是最为突出的。例如,基本负荷发电的燃料成本约占运营成本的 85%,而波音 737 的与发动机性能相关的成本占运营成本的 35%。

15.1　燃气涡轮发动机项目的商业案例

商业案例首先要明确以下两个前提:

● 第一,燃气轮机制造商必须确定研制新产品需要的大规模投资会换取高额回报。投资不仅包括工程设计和研制项目的成本,还包括制造或者组装设施投资和先期产品的保修成本。回报不仅来自燃气涡轮发动机销售,也来自产品的售后支持,包括备件、修理和翻修服务等。

● 第二,购买和运营燃气涡轮发动机的客户要确定财务回报,如客运收入,要能够轻松超过原始投资和全寿命周期内的运营成本。

以上两点务必在概念设计阶段(见第 6 章)的开始就要考虑,想要一款产品获得成功,这两点必须得到强有力的保证,使制造商和运营商或用户实现双赢。参考文献[1]和[2]全面论述了企业在决策是否要研制一款新产品时所面临的问题。

15.1.1　会计术语

参考文献[3]是一本介绍公司财会的书籍,通过阅读,读者能够知晓用于衡量公司财务情况的主要工具。

- 盈亏账户(P&L)。汇总和比较会计期(通常为 1 年)内的交易事项,例如与产品或服务销售有关的收入和产品生产的支出。
- 资产负债表。显示公司在某一时间点财务状况的报表。一方面包括公司的有形资产,如土地(使用权)、建筑、机械设备、股票、债务人和现金;另一方面包括债权人、借款、股票发行等。
- 现金流报表。显示一段时间(比如 1 年)内,公司持有现金变化的报表。
- 投资资本。为能够贡献收益而进行采购,其收益通常可持续多年,而且往往覆盖多个项目。例如,某制造商建立一个新的试验设施。

所有以上事项显示公司一整年或者某一时间点的财务状况。可是,当一家公司在决策是否要投资一个新的燃气涡轮发动机的研制或者购置时,需要论证项目的收益,通常周期至少需要 10 年。

15.1.2　货币的时间价值

在商业案例中,会通过建模来预测产品在全寿命周期内所有的收入和支出,再通过两者相减得到每年的现金净流量。在项目的前几年,现金净流量会是负值,到若干年后便会转为正值。

需要注意的是,仅仅通过将项目生命期内的每年现金流回报累加,来判断项目的整体盈亏,会产生相当的误导。货币的时间价值也是必须要考虑在内的,一般可借助以下两个重要参数:

(1) 现金流折现率(DCFR)或货币的成本。可以等同地视为一家公司通过银行、债券、股市融资或投资产生的利率,较典型的值为 10%。很显然,考虑燃气涡轮发动机项目所能遇到的所有风险和挑战后,制造商和运营商期望他们投资的收益率能够轻而易举地超过原本其他投资(比如股市追踪基金)的现金流折现率。

(2) 现金流折现(DCF)。如公式 F15.1 所示,利用现金流折现率将给定年份的现金流回归至现值。

为了解释“货币时间价值”这个概念,下面举例说明:假设现在用 100 万美元投资一项产品,经过 10 年后,单笔现金流回报为 200 万美元。如果不考虑货币的时间价值,那这个项目表面上盈利 100 万美元。但是如果考虑每年 10% 的现金流折现率,那 10 年后的 200 万美元的现金流在当前的价值只有 77 万美元。换句话说,这个产品实际是亏损的。

15.1.3 商业案例输出

有数个重要的商业案例输出参数能够完整地计算货币的时间价值：

● 净现值(NPV)。指在一定的现金流折现率下，一项投资产生的货币利润具有的当前价值。公式F15.2给出了净现值的定义，算例C15.1解释了净现值的用法。大部分电子表格工具(如Microsoft Excel)都含有净现值的标准函数。

● 内部收益率(IRR)。使得净现值为零所对应的收益率，它是用于判断投资收益率是否明显大于现金流折现率的另外一个方法。如果它与现金流贴现率相等，那么这家公司不妨不用去考虑这项投资了。但如果内部收益率为25%，现金流折现率为10%，那么说明投资是有吸引力的。公式F15.3和算例C15.1解释了内部收益率的用法。同样，在大部分电子表格工具中都能找到它的标准函数。

● 年度最负现金流。在项目的前期，项目会经历最高的年度亏损，现金流为负。通过年度最负现金流与具有代表性的公司整体年度盈利水平比较，可评估出财务可行性。

● 盈亏平衡时间。累积现金流为零时的年份，体现项目开始为公司盈利的时间点。

15.1.4 运营商商业案例输入

如第1章所述的寿命、排放、噪声、瞬态能力和安全性，这些对运营商而言都是必须要考虑的。具备这些因素后，才能针对各个竞争产品进行商业案例分析。算例C15.2展示了为一个客户考虑的采购一座100 MW联合循环燃气轮机发电厂的商业案例。很明显，所有的关键要素都与性能紧密相关。这些大部分都是从第6章和第7章描述的概念定义和非设计点性能设计过程中得出的。

收入的来源主要依赖于设备的用途。例如，发电设备取决于发电量和市场电价；民用航空领域主要考虑发动机贡献的客运里程。很明显，燃气涡轮发动机性能对运营商的收入至关重要。比如，在同一市场板块里，更高的功率或推力意味着更高的收入，其区分作用显著。

运营成本通常合并转化为电力成本(美分/千瓦时)，或者里程成本(美分/座英里)表示。运营成本传统地可以分解为以下几点：

● 燃料成本，通常是商业案例的最关键参数。从算例C15.2中可以看出，燃料成本占年度总运营成本的85%。燃料成本主要的决定因素是燃气涡轮发动机的性能和单位千瓦时的燃料价格。

● 原始成本，等同于燃气涡轮发动机的价格，主要由燃气涡轮发动机性能决定。单位成本(美元/千瓦，美元/千牛)很重要，并与第6章所述的单位功率和单位推力关系紧密。多数情况下，单位成本的水平随着额定功率或推力的增加而降低。

● 翻修和维修成本，大约是燃料成本的15%。

● 发动机重量，是在航空领域主要考虑的因素，发动机太重会导致载客量或军用载重能力下降。

现今有一种趋势，运营商只为持续的性能买单，而将设备不可靠性带来的风险

转由制造商承担。因此,影响运营成本的因素随之改变:

- 长期服务协议(LTSA)。制造商担保设备交付后的可用性,以获得预付款项。
- 按照"功率(推力)小时"交易方式,发动机实际上是租赁的。
- 有些燃气涡轮发动机的制造商正在转向,对运营商机构的各个层级提供服务,利用燃气涡轮发动机作为杠杆来扩展业务量。著名的有 GE 资本(通用电气旗下的金融子公司)投资波音 777 - 300ER 的研制,取得了 GE90 - 115B 的专用权。

15.1.5 制造商商业案例输入

制造商需要预测每年度的燃气涡轮发动机销量,再乘以预估单价,获得收入评估:

- 新产品销量预测。产品的市场规模预测报告每年都会发布,但这本质上是个不精确的过程,主要依赖历史市场规模进行外推和根据客户调查获取市场趋势。为了预测销量,即明确自身产品在市场上所占据的份额,必须要与竞争对手的产品做详细比较分析。竞争对手分析的主导因素就是产品的性能:功率/推力、燃料效率、单位成本、重量等。
- 新产品单价。客户准备为产品所支付的金额,取决于客户具有良好的商业案例,以及与竞争对手产品的比较分析。下文所述的价格与成本之差称为毛利润。
- 售后市场预测与价格:这部分收入往往可以区别一个产品的商业案例是亏损还是盈利的:收入可以从备件销售和翻修、修理服务中获得,也可来源于上述的长期服务协议预付款。

在过去,燃气涡轮发动机通常是亏本卖出,通过配件获取高额的利润,这意味着达到盈亏平衡需要较长的时间。在某些情况下,比前几代产品更好的发动机寿命和可靠性可能还不利于制造商的盈利。近年来,长期服务协议的预付款模式不仅改变了这种局面,而且还使得"长寿命"和"高可靠性"对于制造商更为必不可少。

制造商的主要支出:

- 项目研发成本。15.0 节给出了颇具代表性的研发成本金额,包含工程师的报酬和管理费用,研发硬件采购费用,第 5 章提到的部件台架试验费用,第 11 章提到的研发发动机试验费用。一个补偿部分试验费用的方法是采用商业示范模式,即让早期的发动机在客户现场完成持久试验并获取收入,而不是在制造商的装置上耗费燃料。同样地,性能决定了整个研发费用的高低,研发费用与性能水平在已有基础上的提升程度密切相关,如排放、高压涡轮静子出口温度、压比、部件效率等参数。
- 单台生产成本。如第 6 章所述,性能依然是该项成本的主要决定因素。压比上升会使压气机和涡轮的级数上升,较高的高压涡轮静子出口温度会使材料更加昂贵、冷却结构更加复杂。相反,提高单位功率或推力可以减小燃气涡轮发动机的尺寸,进而降低成本。成本同时也与产量密切相关。
- 售后备件、修理、翻修或维修成本。如果制造商初入市场,则需要额外的投资来建立提供备件和翻修服务的客户支援基础设施。

● 试验、制造和生产设施成本。如果新产品可以和其他项目的产品共用设备,那么成本可以按一定比例分摊。如第 11 章所述,性能决定了试验设施的需求,从而也较大程度影响这部分成本。部件的先进程度会决定台架试验水平的需求,如第 5 章所述。

● 外场问题。解决在役中问题而可能发生的费用,包括重新设计和客户赔偿。性能改变的程度越大,成本上升的可能性越高。

15.2 商业案例与性能模型耦合

15.2.1 运营商

如图 15.1 所示,运营商的商业案例计算可以很容易地与非设计点性能模型耦合。运营商可将所估计的年度使用剖面作为输入,包括时间、环境温度、压力高度、湿度、功率设定。由此,可以针对这个剖面,而不是假设单个点的运营情况,来快速算出内部收益率、净现值等。

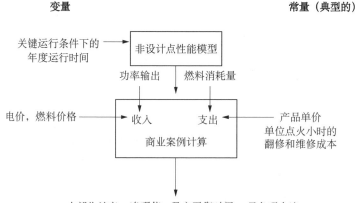

图 15.1 非设计点性能模型与运营商商业案例耦合

注:在各个关键运行条件下,都要计算相应的收入和支出,从而获取性能和收入的关系;典型的商业案例考虑的时间周期为 10～25 年,从而获取货币的时间价值;公式 F15.3 定义了内部收益率;公式 F15.2 定义了净现值。

这样类型的模型还可以被制造商用来估算客户的净现值等,比较产品的概念设计方案竞争性。如第 6 章所述,不同的非设计点性能模型的建立,使得数个发动机设计方案可以在最终定案前进行比较。像绘制 SFC 曲线图和推力曲线图一样,类似运营商的净现值这样的财务参数也能绘制出与循环参数的关系曲线图,从而使得技术经济评估用于循环方案比较。参考文献[4]介绍了使用此类模型来权衡推力、重量和客户净现值。

15.2.2　制造商

图 15.2 展示了制造商如何能够将 15.2.1 节介绍的耦合方法延伸至自己的商业案例。

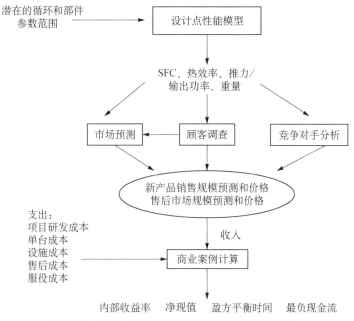

图 15.2　设计点性能模型与制造商商业案例耦合

注:在所有关键运行条件下,都要计算相应的收入和支出,从而获取性能和收入的关系;典型的商业案例考虑的时间周期为 10~25 年,从而获取货币的时间价值;公式 F15.3 定义了内部收益率;公式 F15.2 定义了净现值。

制造商商业案例的净现值、内部收益率等参数,以及运营商商业案例的上述参数,与循环参数的关系同样可以用曲线图绘制出来。这一方法与第 6 章中用发动机性能参数如热效率、SFC、单位功率或推力绘制出曲线图完全类似。由此,技术经济性分析从项目的开始便可形成完整的闭环。

15.3　使用服役模型的运营计划

15.3.1　利用运营商商业案例模型模拟产品服役

15.2.1 节介绍了非设计点性能模型如何支撑客户(即运营商)在购买燃气涡轮发动机前对产品全寿命周期的商业案例进行评估。这种全寿命周期的商业案例模型同样可以很好地在服役中充分运用。在当前的市场条件下(例如天然气价格、电价),运营商可以确定是否值得运行动力装置、何时进行定期维护、何时采购备件等。这个模型加以扩展,来覆盖一批燃气涡轮发动机,如安装在同一段天然气管道或同一个飞机机队中的发动机。

15.3.2　动力装置模型

新一代的服役模型通过商业案例模型加上可靠性和可用性模型，在线将性能和运营成本结合在一起。例如，如果一家石油和天然气运营商在一个管道站拥有 3 台燃气轮机，则可运行一个模型，一方面评估关停一台燃气轮机进行维护时的经济影响，另一方面评估沿管线能够压缩最低必需天然气量的可靠性降低了多少。这个模型还能算出另外一台燃气轮机计划外失效关停的概率统计和造成的财务影响。

15.4　商业案例的敏感性

检验商业案例各项输入参数的变化的敏感性是很有必要的。分析敏感性的做法和第 6 章、第 7 章发动机设计点、非设计点的相同。利用商业案例模型，输入各个参数的百分比变化率，得到主要输出参数百分比变化率。不言而喻，商业案例模型的敏感性最高的输入都是性能相关参数，如燃料效率、价格、功率和排放税费。

15.5　产品研发模型敏感性

决策是否要投入更多的研发成本和时间来提高产品的属性（如性能、单位成本），贯穿整个燃气涡轮发动机研制项目。为了简化基于商业案例的决策过程，产品研制敏感性分析结果可由 4 个参数单独获得。例如，如果产品的 SFC 降低 10%，那么额外的销量可以估算出来，由此就可以算出到净现值的变化。

图 15.3 概括了如何实现 4 个参数之间的权衡。一个典型的决策要面对 2 个或 2 个以上的参数同时变化。例如，如果增加 5% 的研制成本，SFC 和推力会进步 3%，但是产品的单位成本会提高 1%。项目研制的时间计划不会改变。产品的净现值随性能、研制经费和单位成本的变化很快就能加在一起，从而可以看到结果是正的还是负的。

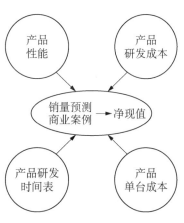

图 15.3　产品研制敏感性

注：每项输入依次地变化 10%，得到其对净现值的影响；通过净现值变化的相加，来评估牵涉多个参数变化的决定。

公式与算例

公式

F15.1　第 n 年折现现金流($)＝fn(第 n 年现金流($)，现金流折现率(%)，n)

DCF ＝ (第 n 年实际现金流)/(1 ＋ DCFR/100)^n

DCF——第 n 年折现现金流

DCFR——现金流折现率

n——年份

F15.2 净现值($)＝fn(从 0 至 n 年的现金流($),现金流折现率(%)，n)

NPV ＝ SUM(从 0 至 n 年的 DCF)

NPV——净现值

F15.3 内部收益率(%)＝fn(较高 DCF(%),较低 DCF(%),较高 DCF 的净现值($),较低 DCF 的净现值($)

IRR＝a＋NPVa/(NPVa－NPVb)/(b－a)

IRR——内部收益率

a——对应较高 DCF

b——对应较低 DCF

NPVa——较高 DCF 的净现值

NPVb——较低 DCF 的净现值

注:这是一个近似公式,使用了线性插值以及很可能的 DCF 上下边界。

算例

C15.1 利用以下的现金流,为一个潜在的投资项目计算净现值,内部收益率,最负累积现金流和盈亏平衡时间。认为第 10 年后的残余价值为 0,现金流折现率为 10%。评价这是否是一个好的投资项目。

第 1 年初＝－1,第 1 年末＝－2,第 2 年末＝－1,第 3 年末＝－0.2,第 4 年末＝0.5,第 5 年末＝0.75,第 6 年末＝1,第 7 年末＝1.25,第 8 年末＝2,第 9 年末＝2,第 10 年末＝2,单位:百万美元。

(i) 利用公式 F15.1 计算每年的折现现金流,折现率为 10%:

年份	现金流 (百万美元)	折现现金流 (百万美元)	年份	现金流 (百万美元)	折现现金流 (百万美元)
0	－1.00	－1.00	6	1.00	0.56
1	－2.00	－1.82	7	1.25	0.64
2	－1.00	－0.83	8	2.00	0.93
3	－0.20	－0.15	9	2.00	0.85
4	0.50	0.34	10	2.00	0.77
5	0.75	0.47			

(ii) 利用公式 F15.2 计算净现值:

NPV＝折现现金流总和＝0.76(百万美元)

(iii) 利用 5% 和 20% 的折现率(很可能的范围)计算净现值:

年份	现金流 (百万美元)	5%折现现 金流 (百万美元)	20%折现现 金流 (百万美元)	年份	现金流 (百万美元)	5%折现现 金流 (百万美元)	20%折现现 金流 (百万美元)
0	−1.00	−1.00	−1.00	7	1.25	0.89	0.35
1	−2.00	−1.90	−1.70	8	2.00	1.35	0.47
2	−1.00	−0.91	−0.69	9	2.00	1.29	0.39
3	−0.20	−0.17	−0.12	10	2.00	1.23	0.32
4	0.50	0.41	0.24	NPV		2.52	−1.07*
5	0.75	0.59	0.30				
6	1.00	0.75	0.33				

* 若把被舍去的数字加进来,结果则为−1.08。

(iv) 利用公式 F15.3 计算内部收益率

$$IRR = (5 + 2.52/(2.52 + 1.08) * (20 - 5)) \times 100\% = 15.5\%$$

(v) 项目总投资为 420 万美元,净现值为 76 万美元。年度最负现金流为 200 万美元,盈亏平衡时间为 9 年。期望实现净现值为正的内部收益率为 15.5%,大于 10%的折现率。大部分的公司只有在风险很低或者项目本身具有战略性质的时候,才会投资这个收益等级的项目。

C15.2 一家电力公司欲购买一台联合循环燃气轮机装置,可以输出 100 兆瓦的功率,制造商 A 提供了发动机的报价:

完整安装的设备价格(百万美元)	72
热效率(%)	54.0
功率输出(兆瓦)	98
翻修/维护成本(美元/兆瓦时)	4

利用以下假设条件计算这个产品的净现值:

每年运行小时	8000
平均电价	55 美元/兆瓦时
燃料价格	0.33 美分/兆焦
评估周期	10 年
折现率	10%

(i) 计算使用制造商 A 发动机的每年度支出:

燃料成本＝输出功率/热效率 * 3 600 * 每年运行小时 * 燃料价格

燃料成本＝98/0.54 * 3 600 * 8 000 * 0.003 3

燃料价格＝1 725 万美元

翻修和维护成本＝功率输出 * 运行小时 * 翻修及维护成本

翻修和维护成本＝98 * 8 000 * 4

翻修和维护成本＝314 万美元

(ii) 计算使用制造商 A 发动机每年度获得的收入：

收入＝输出功率 * 运行小时 * 电价

收入＝98 * 8 000 * 55

收入＝4 312 万美元

(iii) 利用公式 F15.1,将使用制造商 A 发动机产生的支出和收入相加,求出每年度的折现现金流,折现率为 10%。

年份	现金流 （百万美元）	折现现金流 （百万美元）	年份	现金流 （百万美元）	折现现金流 （百万美元）
0	−72	−72.0	6	22.7	12.8
1	22.7	20.6	7	22.7	11.6
2	22.7	18.8	8	22.7	10.6
3	22.7	17.1	9	22.7	9.6
4	22.7	15.5	10	22	8.8
5	22.7	14.1			

(iv) 计算使用制造商 A 发动机的净现值：

利用公式 F15.2 折现现金流列求和,

净现值＝6 730 万美元。

参考文献

［1］ Robert M. Product Innovation Strategy［M］. McGraw-Hill，New York，1995.

［2］ Smith P G，Reinersten D G. Developing Products in Half the Time ［M］. Van NostrandReinhold，New York，1995.

［3］ Reed W，Myddleton D R. The Meaning of Company Accounts［M］. 6th edn，Gower，Bournemouth，1997.

［4］ Hartsel J. ASME 98 - GT - 182［S］. ASME，New York，1998.

附录 A　发动机截面编号和符号命名

A.0　引言

本附录完整地提供了本书使用的关于发动机截面编号和符号命名的国际标准。一开始，这个话题看上去平淡无奇且无足轻重。然而在工业界，能够在全球范围准确无误地传递性能数据可以提高效率和避免误解，因而大幅度节约成本。因为研发新的发动机需要巨额费用，事实上每一个燃气涡轮发动机公司与其他公司之间都会进行某种形式的结盟或合资。此外，如飞机制造商这类客户，大多都设有大型工程部门处理燃气涡轮发动机性能的问题。

A.1　国际截面编号和符号命名标准

参考文献[1]，ARP 755A，是关于燃气涡轮发动机截面编号和符号命名的主要国际认可标准（"ARP"意指"航空航天推荐做法"）；这是为了提高企业间数据传送的效率和质量控制而在航空航天工业界内发展形成的。事实上，在引入 ARP 755A 之前，甚至在一个公司自有产品范围内都存在不同的截面编号和符号命名方法，这给参与不同发动机项目的工程技术人员造成了混乱。ARP 755A 是目前全世界航空燃气涡轮发动机公司、飞机制造商等几乎普遍采用的标准。

参考文献[2]，AS681，通过客户性能计算机程序（customer deck；"deck"这一名称开始于以一叠卡片的形式提供计算机程序和数据的年代）更严格地定义了在数字计算机上表示发动机稳态性能的要求；这确保了由不同公司提供的、使用于相同应用的发动机程序具有互换性。A.4 节描述了客户程序的主要特征。很多燃气涡轮发动机公司内部就使用 AS681 系统，以避免在对外交付程序时还需要进行转化。

发动机性能标准随着设计和研发的推进而发展。AS681 提到了初步设计性能计算机程序，此时发动机及其性能程序基本上还没有完成；另一个极端则是规格程序（specification deck），是对满足规格说明书要求的产品发动机进行建模。此外，还有一些状态程序（status deck），适用于研制过程中各个发展状态的发动机性能。参考文献[3]对此进行了更充分的定义。最后一类是用于发动机试验数据精简处理

(data reduction)的性能程序,如参考文献[4]所定义。

参考文献[5],ARP1257,适用于瞬态性能程序。其要求是对 AS681 中的要求的延伸,还给出了额外的与仿真时间坐标相关的必要参数。

参考文献[6],PTC 22,包括一种工业燃气轮机的符号命名方法。不过,使用更广泛的是 ARP 755A,因为很多工业发动机是由航空派生的,而且目前大多数重型发动机制造商为了技术转让与航空燃气涡轮发动机公司形成伙伴关系。

由于其在整个业内的广泛使用,本书自始至终采用 ARP 755A 的截面编号和符号命名。

A.2　ARP 755A 截面编号

本节描述了截面编号的基本原则。在第 0 章中,图 0.1—图 0.4 描述了主要的发动机构型,并标注了基本的截面编号。通过在参数符号(如总压符号)上附加截面编号,可以准确识别该压力值出现在发动机的哪个点上。

A.2.1　基本截面编号

下面给出发动机内涵流道的基本截面编号:

AMB　　　　　环境条件

0　　　　　自由流的冲压条件

1　　　　　发动机进气道前安装边或前缘

2　　　　　第一个压气机即风扇的前端面

3　　　　　最后一个压气机的出口截面

4　　　　　燃烧室出口平面

5　　　　　最后一个涡轮的出口截面

6　　　　　混合器、加力燃烧室等的前端面

7　　　　　推进喷管的进口

8　　　　　推进喷管的喉部

9　　　　　推进喷管或排气扩压器的出口平面

A.2.2　中间截面编号

对于基本截面之间的中间截面,通过在其上游的基本截面编号后附加第二位数字来编号。一般而言,这不是正式的定义,因此不同的公司有各自的做法。比如,T4 是燃烧室出口即涡轮第一级导向器叶片前缘的温度,而 T41 通常用来表示第一级静子出口温度(见 6.2.2 节的定义)。

当需要超过 10 个中间截面时,则使用第三位数字。继续上面的例子,涡轮第一级导叶喉部处于截面 4 与 41 之间,通常编号为 405。

A.2.3　涡喷发动机

最常用于双转子涡喷发动机的中间截面编号如下所示。为了处理冷却气流回

到主流时的混合,可以给出额外的截面编号。

24	第一个压气机出口
26	第二个压气机前端面
31	压气机出口的扩压器出口即燃烧室进口
405	第一个涡轮导向器叶片喉部
41	第一个涡轮静子出口[①]
44	第一个涡轮出口
45	第二个涡轮导向器叶片前缘

A.2.4　涡扇发动机

对于涡扇发动机外涵流道,在基本截面编号前加一个 1 来进行编号;而内涵流道的编号则按照 A.2.1—A.2.3 节的方式进行。对于分排涡扇发动机,常用的外涵流道截面编号包括:

12	风扇叶尖前端面(如果其条件与风扇叶根前端即截面 2 不同)
13	风扇出口
17	外涵推进喷管进口
18	外涵推进喷管喉部

对于更加复杂的混排加力涡扇发动机,通常采用下述混合器或加力燃烧室截面编号:

16	外涵混合器进口
6	内涵混合器进口
65	混合器出口即加力燃烧室进口
7	加力燃烧室出口即推进喷管进口

对于三转子涡扇发动机,常用的额外截面编号是第二个压气机进口截面 24,和第三个压气机进口截面 26。

A.2.5　轴功率发动机

对于简单循环的轴功率发动机,基本截面按照 A.2.1—A.2.3 节来编号;但是截面 6、7、8 通常是多余的,因为在截面 5 与 9 之间只有一个排气扩压器。对于工业发动机,截面 1 可以是发动机进口安装面,截面 9 可以是发动机排气安装面,截面 0 可以用于动力装置进气道安装面,而截面 10 可以用于动力装置排气安装面。

对于更加复杂的间冷、回热轴功率发动机循环,一般可以使用如下规则对这些部件进行编号:

21	第一个压气机出口截面
23	间冷器进口截面
25	间冷器出口截面
26	第二个压气机进口截面

---

① 原文误加了"temperature"。——校注

307	回热器空气侧进口截面
308	回热器空气侧出口截面
31	燃烧室进口
6	回热器燃气侧进口
601	回热器燃气侧出口

A.2.6　转子转速、转动惯量等

对于转子转速、转动惯量等参数,按照给定转子的第一个压气机的进口截面进行编号。比如,对于双转子涡喷发动机,第一个转子转动惯量为 XJ2,第二个转子转动惯量为 XJ26。

A.3　符号命名方法

A.3.1　基本参数和常用比值、函数等

根据 ARP 755A,下面列出了基本参数、常用比值等的符号命名方法,适用于本书全文。下面列出的有些符号并没有出现在本书中,但在此列出以供参考。对于某些参数,同时给出了推荐符号和替代符号,两者都可以使用。星号表示在本书中已使用过该替代符号。在 FORTRAN 计算程序中,对"推荐"符号的使用进行了管控。比如,"XM"是马赫数的推荐符号,这是由于 FORTRAN 语言中会把替代符号"M"作为整型变量处理(不过,"M"更常用于计算机代码以外的场合[①])。

通过使用 A.3.2—A.3.5 节中的规则,可以由基本参数符号得出更多的参数名称,每节中都提供了一些例子。下面列出来的一些常用函数的符号,比如 SFC,并不遵守这些规则;但是由于在工业界广泛使用它们,所以在 ARP 755A 中保留下来。为了表述清晰,在本书中也使用了一些通用叫法,如"SOT"(高压涡轮静子出口温度)、"PR"(压比);这些也是广泛使用的,而下面并未列出。

	推荐命名	替代命名	
几何面积	A		
有效面积	AE		
压力海拔高度	ALT		
角度	ANG	α、β、γ 等	*
熄火裕度	BOM		
涵道比	BPR		
流量系数	CD		
速度或推力系数	CV		
相对压力(P/101.325 kPa)	DEL	δ	*
直径	DI		

[①] 马赫数在国标中的符号为 Ma。——译注

（续前）

	推荐命名	替代命名	
密度	RHO	ρ	
阻力	FD		
绝热效率[†]	E	η	
多变效率	EP		
单位质量总焓	H		
单位质量总熵	S		
熵函数	PHI	φ	
力	F		
油气比	FAR		
燃油流量	WF		
燃油低热值	FHV		
燃油比重	FSG		
频率	FY	f	
单位质量气体常数	R		
传热速率	QU	Q	
转动惯量	XJ	J	
长度	XL	L	
着火裕度	XLOM	LOM	
马赫数	XM	M(Ma)	*
质量	GM	m	*
质量流量	W		
分子量	XMW	MW	*
油门杆角度	PLA		
功率	PW		
静压	PS		
总压	P		
半径	RAD		
比热容比	GAM	γ	*
相对湿度	RH		
雷诺数	RE		
雷诺数指数	RNI		
转速	XN	N	*
耗油率	SFC		
比重（单位重力）	SG		
比定压热容	CP		
比定容热容	CVOL		
喘振裕度	SM		
轮缘切向速度	U		
静温	TS		

（续前）

	推荐命名	替代命名	
总温	T		
相对温度(T/288.15 K)	TH	θ	*
总推力	FG		
净推力	FN		
时间	TIME	t	
扭矩	TRQ		
速度	V		
真空速	VTAS		
当量空速	VEAS		
校正空速	VCAS		
声速	VS	a	
速度动压头	VH	q	
黏度	VIS		
体积	VOL		
重量	WT	w	

† 严格的科技术语应该是等熵，即意指绝热和可逆。此外，也通常用"ETA"表示效率。

A.3.2　截面编号和基本参数符号的组合

A.2 节中的截面编号作为后缀加在 A.3.1 节中的参数符号后面。比如：

P2　　　　第一个压气机前端面的总压

PS5　　　 最后一个涡轮出口截面的静压

W31　　　 燃烧室进口质量流量

T1　　　　发动机进口总温

FAR8　　　推进喷管喉部油气比

FG19　　　外涵喷管总推力

A.3.3　运算符号

除了"AV"（平均值）一般作为后缀之外，下面列出的运算符号通常嵌入组合参数组里。

	推荐命名	替代命名
平均值	AV	
对时间的导数	U	d/dt
对 X 的导数	UX	d/dX
差值	D	-或 Δ
商，或比值	Q	/
平方根	R	

下面是上述运算符号的使用示例:

P3Q2	总压比
WRTQP26	26 截面的 W * √T/P
T4D5	截面 4 与截面 5 的总温差值
UN*	转速对时间的变化率
DTRQ	不平衡扭矩

注:如果超出了字符长度限制,那么可能会省略掉运算符号;比如,在 FORTRAN 66 里允许的符号长度为 6 个字符,所以将"WRTQP26"简化成"WRTP26";一般用 NDOT 来表示 UN。

A.3.4 流体的描述

为了说明流体的类型或用途,经常在基本参数后面紧接着附加额外的符号;在主气路中很少需要采用这种方式。如下是 ARP 755A 中推荐的一些符号:

空气	A
放气	B
边界层	BL
冷却剂	CL
燃油	F
泄漏	LK
水	W

下面是上述流体描述符号的使用示例:

WB3405	从截面 3 到截面 405 的引气流量
WF	燃油流量
WW3	压气机出口 3 截面的注水的流量
PSB3	压气机出口 3 截面的放气气流静压

A.3.5 一般的描述符号

为了帮助理解符号的含义,可以在参数名称后面加上如下的符号:

环境条件	AMB
被控参数	C
畸变	DIST
有效的	E
提取	X
总的	G
高的,最大的	H
理想的	I
安装的	IN
低的,最小的	L

特性图值	M
净的	N
附件的	PAR
多变的	P
换算的（校正的）	R
相对的	REL
海平面	SL
轴输送	SD
标准的	STD
静态的	S
旋流	SW
叶尖	TIP

下面是上述后缀符号的使用示例：

UTIP	动叶叶尖切向速度
ANGSW5	最后的涡轮级出口的旋流角度
P3Q2M	原始压气机特性图上的压气机压比（未使用任何修正因子或差值）
TAMB	环境温度
W3R2	换算到压气机前端面 2 截面条件的压气机出口流量
PWPAR	附件功率
PWSD	发动机输出功率
NSD	发动机输出转速

A.4 客户发动机性能程序的要求

如前所述，为了确保由不同的发动机公司提供的客户发动机性能程序之间的兼容性，参考文献[2]—[5]制订了各种约定要求。主要有如下几点：

● 必须全面覆盖发动机的特点，包括客户引气、功率提取、进口畸变、冲压恢复以及风车等条目。

● 发动机功率或推力等级必须是可选的，既可以运行到功率或推力以及其他发动机参数的特定值，也可以通过额定等级代码值运行。

● 所采用的热力学关系必须是已定义的，比如标准的空气性质和燃油性质。

● 程序用户手册的内容和结构必须遵照指定的方式。

● 术语的命名必须遵照 ARP 755A 的规定，带上指定的延伸部分以便于定义和识别"案例"（点）。比如在一个参数名称前面加上"Z"表示是一个输入值，而且要增加比如"标题"（TITLE）等条目。各种单位的打印形式也要指定；在 20 世纪 60 年代正确地做到这一点不容易，因为当时编程没有上标、小写等。

● 必须规定计算机的兼容性和计算机语言。必须使用 FORTRAN 66，当然，如果与客户达成一致，也可以使用后续增强版。

● 发动机程序必须以一个子程序的形式运行，几个 FORTRAN 公用程序块构成了完整的数据传递界面。FIXIN 和 FIXOUT 都有固定的条目，VARIN 和 VAROUT 的条目则取决于发动机构型，EXPIN 和 EXPOUT 的条目则由使用者和提供者一起确定（上述名称来源于"fixed 固定的""variable 可变的""expanded 扩展的""input 输入""output 输出"）。

● 模型程序执行中出现的错误必须用称为数值状态指示符（numerical status indicator，NSI）的输出信息来显示。这些信息有四位数字，每一位都具有特定的含义。

在计算技术方面的与时俱进是显见的。部分为此原因，这些标准确实能确保性能程序与用户的主机系统之间实现兼容。

参考文献

[1] SAE. Gas Turbine Engine Performance Station Identification and Nomenclature, Aerospace Recommended Practice, ARP 755A [S]. Society of Automotive Engineers, Warrandale, Pennsylvania. 1974.

[2] SAE. Gas Turbine Engine Steady-State Performance Presentation for Digital Computer Programs, Aerospace Standard, AS681 Rev. E [S]. Society of Automotive Engineers, Warrandale, Pennsylvania. 1989.

[3] SAE. Gas Turbine Engine Status Performance Presentation for Digital Computer Programs, Aerospace Recommended Practice, ARP 1211A [S]. Society of Automotive Engineers, Warrandale, Pennsylvania. 1974.

[4] SAE. Gas Turbine Engine Interface Test Reduction Computer Programs, Aerospace Recommended Practice, ARP 1210A [S]. Society of Automotive Engineers, Warrandale, Pennsylvania. 1996.

[5] SAE. Gas Turbine Engine Transient Performance Presentation for Digital Computer Programs, Aerospace Recommended Practice, ARP 1257 [S]. Society of Automotive Engineers, Warrandale, Pennsylvania. 1989.

[6] ASME. Performance Test Codes, Gas Turbines, PTC 22 [S]. The American Society of Mechanical Engineers, New York. 1993.

附录 B 单 位 换 算

B.0 介绍

本附录按照物理量英文名称的首字母顺序,给出了燃气涡轮发动机性能计算中所有可能需要用到的单位换算关系。对于所有表格(除了压力或应力换算表),在给定单位的数值右边乘以下一列的数值,即换算到换算因子列的右边列中的单位。给出的换算关系可以是组合的,比如对于加速度,可以通过乘以 0.447 后再乘以 3.28084,而从 mile/(h·s)换算成 ft/s²。

几乎所有转换因子都取自本附录后的参考文献。

B.1 加速度

原单位	换算因子	新单位/原单位	换算因子	新单位
ft/s^2	0.3048	m/s^2	3.28084	ft/s^2
$km/(h·s)$	0.27778	m/s^2	3.6	$km/(h·s)$
$mi/(h·s)$	1.609344	$km/(h·s)$	0.621371	$mi/(h·s)$
$mi/(h·s)$	0.447	m/s^2	2.23714	$mi/(h·s)$

B.2 面积

原单位	换算因子	新单位/原单位	换算因子	新单位
in^2	645.16	mm^2	0.00155	in^2
in^2	$6.4516×10^{-4}$	m^2	1550.0	in^2
ft^2	0.092903	m^2	10.7639	ft^2

B.3　密度

原单位	换算因子	新单位/原单位	换算因子	新单位
lb/ft^3	16.0185	kg/m^3	0.062428	lb/ft^3
lb/in^3	27679.9	kg/m^3	0.0000361273	lb/in^3
lb/UKgal	0.0997763	kg/m^3	10.0224	lb/UKgal
lb/USgal	0.0830807	kg/m^3	12.0365	lb/USgal

B.4　排放(近似值)

原单位	换算因子	新单位/原单位	换算因子	新单位
CO mg/Nm^3	0.8	vppm	1.25	mg/Nm^3
CO mg/(kW·h)燃料	0.278	vppm	3.6	mg/(kW·h)燃料
CO mg/kg 燃料	0.0204	vppm	49	mg/kg 燃料
UHC mg/Nm^3	1.41	vppm	0.71	mg/Nm^3
UHC mg/(kW·h)燃料	0.455	vppm	2.2	mg/(kW·h)燃料
UHC mg/kg 燃料	0.036	vppm	28	mg/kg 燃料
NO$_x$ mg/Nm^3	0.487	vppm	2.053	mg/Nm^3
NO$_x$ mg/(kW·h)燃料	0.164	vppm	6.1	mg/(kW·h)燃料
NO$_x$ mg/kg 燃料	0.0125	vppm	80	mg/kg 燃料

注: 天然气燃料 = 47 MJ/kg, 0.9 kg/Nm^3。

vppm 单位中忽略了水的含量, 且等效于 15% 的氧含量(该值指定了油气比, 且禁止进行稀释)。

本处 UHC(未燃烧的碳氢化合物)认为是 CH_4, 对于绝大部分天然气这是一个合理的假设。

所有的氮氧化物都认为是 NO_2, 这是排放法规的通常做法。

Nm^3 表示 1 个大气压、0℃[①]条件下的一个标准立方米。

B.5　能量

原单位	换算因子	新单位/原单位	换算因子	新单位
Btu	0.555558	Chu	1.799992	Btu
Btu	778.169	ft·lbf	1.28507×10^{-3}	Btu
Btu	1.05506	kJ	0.947817	Btu
cal	4.1868	J	0.238846	cal
cal	0.0022046	Chu	453.597	cal

---

① 原文为"20℃", 通过验算发现应为"0℃"。——译注

（续表）

原单位	换算因子	新单位/原单位	换算因子	新单位
Chu	1 899.105	J	0.000 526 6	Chu
Chu	1 400.7	ft · lbf	$7.139 3 \times 10^{-4}$	Chu
hp · h	1.98×10^{6}	ft · lbf	$5.050 5 \times 10^{-5}$	hp · h
hp · h	2.684 52	MJ	0.372 506	hp · h
kW · h	$2.655 22 \times 10^{6}$	ft · lbf	$3.766 17 \times 10^{-5}$	kW · h
kW · h	3.600	MJ	0.277 778	kW · h

B.6 力

原单位	换算因子	新单位/原单位	换算因子	新单位
kgf	9.806 65	N	0.101 972	kgf
lbf	0.453 592 4	kgf	2.204 62	lbf
lbf	32.174	lb · ft/s^{2}① (pdl)	0.031 081	lbf
lbf	4.448 22	N	0.224 809	lbf
tf(英制)	9 964.02	N	$1.003 61 \times 10^{-4}$	tf

B.7 燃油消耗

原单位	换算因子	新单位/原单位	换算因子	新单位
mi/UKgal	0.354 006	km/L	2.824 81	mi/UKgal
mi/UKgal	0.832 67	mi/USgal	1.200 96	mi/UKgal
mi/USgal	0.294 77	km/L	3.392 48	mi/USgal

B.8 长度

原单位	换算因子	新单位/原单位	换算因子	新单位
ft	0.304 8	m	3.280 84	ft
in	0.025 4	m	39.370 1	in
in	25.4	mm	0.039 370 1	in
mi	1.609 344	km	0.621 371	mi
n mile	1.852	km	0.539 957	n mile
yard	0.914 4	m	1.093 61	yard

注：上表中指的是国际海里；英制海里已经废弃不用。

---

① 原文误写为"lb/(ft · s^{2})"——译注

B.9 质量

原单位	换算因子	新单位/原单位	换算因子	新单位
lb	0.4535 92 37	kg	2.204 62	lb
lb	0.031 056	slug	32.199 9	lb
OZ	28.349 5	g	0.035 274	OZ
t	1 000	kg	0.001	t
t(UK)	1 016.05	kg	$9.842\,04\times10^{-4}$	t(UK)
t(UK)	1.016 05	t	0.984 204	t(UK)

B.10 转动惯量

原单位	换算因子	新单位/原单位	换算因子	新单位
$lb \cdot ft^2$	0.042 140 1	$kg \cdot m^2$	23.730 4	$lb \cdot ft^2$
$lb \cdot in^2$	2.9264×10^{-4}	$kg \cdot m^2$	3 417.17	$lb \cdot in^2$

B.11 角动量

原单位	换算因子	新单位/原单位	换算因子	新单位
$lb \cdot ft^2/s$	0.042 140 1	$kg \cdot m^2/s$	23.730 4	$lb \cdot ft^2/s$

B.12 线动量

原单位	换算因子	新单位/原单位	换算因子	新单位
$lb \cdot ft/s$	0.138 255	$kg \cdot m/s$	7.233 01	$lb \cdot ft/s$

B.13 功率

原单位	换算因子	新单位/原单位	换算因子	新单位
Btu/s	0.555 558	Chu/s	1.799 992	Btu/s
Btu/s	778.169	$ft \cdot lbf/s$	$1.285\,07\times10^{-3}$	Btu/s
Btu/s	1.055 06	kW	0.947 817	Btu/s
Chu/s	2.546 74	hp	0.392 66	Chu/s

（续表）

原单位	换算因子	新单位/原单位	换算因子	新单位
Chu/s	1.899105	kW	0.5266	Chu/s
ft · lbf/s	1.35582	W	0.737561	ft · lbf/s
hp	550	ft · lbf/s	1.81818×10^{-3}	hp
hp	0.7457	kW	1.34102	hp
PS	0.98632	hp	1.01387	PS
PS	75	kgf · m/s	0.0133333	PS
PS	735.499	W	1359.62×10^{-6}	PS

注：PS 也叫做"公制马力"，hp 是英制马力。

B.14 压力

见本附录结尾处图表 B.1。

B.15 比能

原单位	换算因子	新单位/原单位	换算因子	新单位
Btu/lb	2.326	kJ/kg	0.429923	Btu/lb
Chu/lb	45066.1	ft²/s²	2.219×10^{-5}	Chu/lb
Chu/lb	4.1868	kJ/kg	0.238846	Chu/lb
ft · lbf/lb	2.98907	J/kg	0.334552	ft · lbf/lb

B.16 SFC

原单位	换算因子	新单位/原单位	换算因子	新单位
kg/(kW · h)	0.735499	kg/(PS · h)	1.35962	kg/(kW · h)
lb/(lbf · h)	0.10197	kg/(N · h)	9.80681	lb/(lbf · h)
lb/(lbf · h)	1.0197	kg/(daN · h)	0.980681	lb/(lbf · h)
lb/(lbf · h)	0.60828	kg/(kW · h)	1.64398	lb/(lbf · h)
lb/(lbf · h)	0.447387	kg/(PS · h)	2.2352	lb/(lbf · h)

热效率的单位换算见 B.21。

B.17　比热容

原单位	换算因子	新单位/原单位	换算因子	新单位
Chu/(lb · K)	1	Btu/(lb · °R)	1	Chu/(lb · K)
Chu/(lb · K)	4 186.8	J/(kg · K)	$2.388\,46 \times 10^{-4}$	Chu/(lb · K)
ft · lbf/(lb · °R)	5.380 32	J/(kg · K)	0.185 863	ft · lbf/(lb · °R)
HPs/(lb · K)	1 643.99	J/(kg · K)	$6.082\,77 \times 10^{-4}$	HPs/(lb · K)

B.18　单位推力

原单位	换算因子	新单位/原单位	换算因子	新单位
lbf · s/lb	9.806 65	N · s/kg	0.101 9716	lbf · s/lb

B.19　应力

见本附录结尾处图的表 B.1。

B.20　温度

$$°C = K - 273.15 \qquad °C = (°R - 491.67)/1.8 \qquad °C = (°F - 32)/1.8$$

$$°F = 1.8 \times K - 459.67 \qquad °F = °R - 459.67 \qquad °F = 1.8 \times °C + 32$$

$$°R = 1.8 \times K \qquad °R = 1.8 \times (°C + 273.15) \qquad °R = °F + 459.67$$

$$K = °C + 273.15 \qquad K = (°F + 459.67)/1.8 \qquad K = °R/1.8$$

B.21　热效率

对于涡轴发动机,热效率与 SFC 之间的单位换算见本附录结尾处的图表 B.2。

B.22　扭矩

原单位	换算因子	新单位/原单位	换算因子	新单位
lbf · ft	0.138 255	kgf · m	7.233 01	lbf · ft
lbf · ft	1.355 82	N · m	0.737 561	lbf · ft
lbf · in	0.112 985	N · m	8.850 73	lbf · in

B. 23 角速度

原单位	换算因子	新单位/原单位	换算因子	新单位
deg/s	0.017 453 3	rad/s	57.295 8	deg/s
r/min(rpm)	0.104 720	rad/s	9.549 3	r/min(rpm)
r/s	6.283 19	rad/s	0.159 155	r/s

B. 24 线速度

原单位	换算因子	新单位/原单位	换算因子	新单位
ft/s	0.592 48	kn	1.687 82	ft/s
kn	1.852	km/h	0.539 957	kn
kn	0.514 444	m/s	1.943 85	kn
mi/h	1.466 67	ft/s	0.681 817	mi/h
mi/h	1.609 344	km/h	0.621 371	mi/h
mi/h	0.869 6	kn	1.150 8	mi/h
mi/h	0.447 04	m/s	2.236 94	mi/h

B. 25 动力黏度

原单位	换算因子	新单位/原单位	换算因子	新单位
lb/(ft • s)	1.488 16	kg/(m • s)	0.671 971	lb/(ft • s)
lb/(in • s)	17.858	kg/(m • s)	0.055 997	lb/(in • s)
lbf • h/ft^2	0.172 369	MN • s/m^2	5.801 51	lbf • h/ft^2
lbf • s/ft^2	47.880 3	kg/(m • s)	0.020 885 4	lbf • s/ft^2
Pa • s[kg/(m • s)]	1000	cP	0.001	Pa • s[kg/(m • s)]
Pa • s	1.0	N • s/m^2	1.0	Pa • s

B. 26 运动黏度

原单位	换算因子	新单位/原单位	换算因子	新单位
cSt	1.0×10^{-6}	m^2/s	1.0×10^{6}	cSt
ft^2/s	0.092 903	m^2/s	10.763 9	ft^2/s
in^2/s	6.451 6	cm^2/s	0.155	in^2/s

B. 27　体积

原单位	换算因子	新单位/原单位	换算因子	新单位
in^3	16.3871	cm^3	0.0610236	in^3
ft^3	28.3168	L	0.0353147	ft^3
gal(UK)	4.54609	L	0.219969	gal(UK)
gal(UK)	1.20095	gal(US)	0.832674	gal(UK)
gal(US)	3.785	L	0.2642	gal(US)
yard^3	0.764555	m^3	1.30795	yard^3

参考文献

［1］ BSI. BS 350 Parts 1 and 2：Basis of Tables，Conversion Factors and Detailed Conversion Tables [S]. British Standards Institution，London，1967,1974.

［2］ BSI. BS 5555 Specification for SI Units and Recommendations for the Use of their Multiples and of Certain Other Units [S]. BSI，London，1993.

［3］ Cook J L. Conversion Factors [M]. Oxford：Oxford Scientific Publications，1995.

图表 B.1　压强和应力的单位换算

	atm	bar	in Hg	in H$_2$O	kgf/cm^2	mm Hg	mm H$_2$O	lbf/in^2(psi)	kPa
atm		1.013325	29.9213	406.782	1.03323	760	10332.3	14.6959	101.325
bar	0.986923		29.53	401.463	1.01972	750.062	10197.2	14.5038	100
in Hg	0.0334211	0.0338639		13.5951	0.0345316	25.4	345.316	0.491154	3.38639
in H$_2$O	0.0024583	0.002491	0.073556		0.00254	1.86832	25.4	0.036127	0.249089
kgf/cm^2	0.967841	0.980665	28.959	393.701		735.559	10000	14.2233	98.0665
mm Hg	0.0013158	0.0013332	0.03937	0.53524	0.0013595		13.5951	0.0193368	0.133322
mm H$_2$O	0.0000978	0.0000981	0.002896	0.03937	0.0001	0.073556		0.0014223	0.009807
lbf/in^2	0.068046	0.0689476	2.03602	27.68	0.070307	51.7149	703.07		6.89476
kPa	0.0098692	0.01	0.2953	4.01463	0.0101972	7.50062	101.972	0.145038	

注：将最左侧列中的单位换算为最上行的单位时，乘以该行该列对应格中的数值即可。
对于与水（H$_2$O）有关的单位的换算因子，水的均匀密度是 1000 kg/m^3，且处于标准重力加速度（9.806 65 m/s^2）环境。
对于与汞（Hg）有关的单位的换算因子，汞的均匀密度是 13590 kg/m^3，且处于标准重力加速度（9.806 65 m/s^2）环境。
1 kPa = 1 kN/m^2。

图表 B.2　涡轴发动机热效率、SFC 与热耗率之间的单位换算

SFC 单位是 lb/(hp·h)，LCV 单位是 CHU/lb
Heat Rate 热耗率的单位是 BTU/(kW·h)
Heat Rate 热耗率单位是 BTU/(hp·h)

ETATH = 1413.6/(SFC·低热值 LCV 单位)
ETATH = 3413/Heat Rate
ETATH = 2545/Heat Rate

索　引

发动机制造商和用户商家索引

大飞机出版工程
书   目

一期书目（已出版）

《超声速飞机空气动力学和飞行力学》（译著）

《大型客机计算流体力学应用与发展》

《民用飞机总体设计》

《飞机飞行手册》（译著）

《运输类飞机的空气动力设计》（译著）

《雅克-42M和雅克-242飞机草图设计》（译著）

《飞机气动弹性力学和载荷导论》（译著）

《飞机推进》（译著）

《飞机燃油系统》（译著）

《全球航空业》（第2版）（译著）

《航空发展的历程与真相》（译著）

二期书目（已出版）

《大型客机设计制造与使用经济性研究》

《飞机电气和电子系统——原理、维护和使用》（译著）

《民用飞机航空电子系统》

《非线性有限元及其在飞机结构设计中的应用》

《民用飞机复合材料结构设计与验证》

《飞机复合材料结构设计与分析》（译著）

《飞机复合材料结构强度分析》

《复合材料飞机结构强度设计与验证概论》

《复合材料连接》

《飞机结构设计与强度计算》

三期书目（已出版）

《适航理念与原则》

《适航性:航空器合格审定导论》(译著)

《民用飞机系统安全性设计与评估技术概论》(第2版)

《民用航空器噪声合格审定概论》

《机载软件研制流程最佳实践》

《民用飞机金属结构耐久性与损伤容限设计》

《机载软件适航标准 DO-178B/C 研究》

《运输类飞机合格审定飞行试验指南》(编译)

《民用飞机复合材料结构适航验证概论》

《民用运输类飞机驾驶舱人为因素设计原则》

四期书目(已出版)

《航空燃气涡轮发动机工作原理及性能》(第2版)

《航空发动机结构强度设计问题》

《航空燃气轮机涡轮气体动力学:流动机理及气动设计》

《先进燃气轮机燃烧室设计研发》

《航空燃气涡轮发动机控制》(第2版)

《航空涡轮风扇发动机试验技术与方法》

《航空压气机气动热力学理论与应用》

《燃气涡轮发动机性能》(中文修订第3版)(译著)

《航空发动机进排气系统气动热力学》

《燃气涡轮推进系统》(译著)

《燃气涡轮发动机的传热和空气系统》

五期书目(已出版)

《民机飞行控制系统设计的理论与方法》

《民机导航系统》

《民机液压系统》(英文版)

《民机供电系统》

《民机传感器系统》

《飞行仿真技术》

《民机飞控系统适航性设计与验证》

《大型运输机飞行控制系统试验技术》

《飞行控制系统设计和实现中的问题》(译著)

《现代飞机飞行控制系统工程》

六期书目（已出版）

《民用飞机构件先进成形技术》

《民用飞机热表特种工艺技术》

《航空发动机高温合金大型铸件精密成型技术》

《飞机材料与结构检测技术》

《民用飞机构件数控加工技术》

《民用飞机复合材料结构制造技术》

《民用飞机自动化装配系统与装备》

《复合材料连接技术》

《先进复合材料的制造工艺》（译著）

七期书目（已出版）

《支线飞机设计流程与关键技术管理》

《支线飞机验证试飞技术》

《支线飞机电传飞行控制系统研发及验证》

《支线飞机适航符合性设计与验证》

《支线飞机市场研究技术与方法》

《支线飞机设计技术实践与创新》

《支线飞机项目管理》

《支线飞机自动飞行与飞行管理设计与验证》

《支线飞机电磁环境效应设计与验证》

《支线飞机动力装置系统设计与验证》

《支线飞机强度设计与验证》

《支线飞机结构设计与验证》

《支线飞机环控系统研发与验证》

《支线飞机运行支持技术》

《ARJ21－700新支线飞机项目发展历程、探索与创新》

《飞机运行安全与事故调查技术》

《基于可靠性的飞机维修优化》

《民用飞机实时监控与健康管理》

《民用飞机工业设计的理论与实践》

八期书目

《民用机载电子硬件开发实践》

《民用飞机机载总线与网络》

《民用客机健康管理系统》

《航空电子软件开发与适航》

《民用飞机飞行记录系统——"黑匣子"》

《民用飞机驾驶舱集成设计与适航验证》

《民用飞机飞行管理系统》

《航空电子系统综合化与综合技术》

《航空电子适航性分析技术与管理》

《飞机环境综合监视系统》

《航空电子系统安全性设计与分析技术》

《数字航空电子技术(上、下)》

《民用飞机无线电通信导航监视系统》

《民用飞机客舱与机载信息系统》

《民用飞机驾驶舱显示系统》